# physica status solidi

VOLUME 9 · NUMBER 1 · 1965

AKADEMIE-VERLAG · BERLIN

THEORIA CUM PRAXI

# Contents



*(Continued on cover three)*

# physica status solidi



Volume 9

1965

AKADEMIE-VERLAG · BERLIN

Subscriptions and orders for single copies should be addressed to

AKADEMIE-VERLAG GmbH, 108 Berlin, Leipziger Straße 3–4 or to Buchhandlung KUNST UND WISSEN, Erich Bieber, 7 Stuttgart 1, Wilhelmstr. 4–6 or to Deutsche Buch-Export und -Import GmbH, 701 Leipzig, Postschließfach 160

Schriftleiter und verantwortlich für den Inhalt: Professor Dr. Dr. h. c. P. Görlich, 102 Berlin, Neue Schönhauser Str. 20 bzw. 69 Jena, Humboldtstr. 26. Redaktionskollegium: Dr. S. Oberländer, Dr. E. Gutsche, Dr. W. Borchardt. Anschrift der Schriftleitung: 102 Berlin, Neue Schönhauser Str. 20, Fernruf: 426788. Verlag: Akademie-Verlag GmbH, 108 Berlin, Leipziger Str. 3–4. Fernruf: 220441, Telex-Nr. 011773. Postscheckkonto: Berlin 35021. — Die Zeitschrift „physica status solidi" erscheint jeweils am 1. des Monats. Bezugspreis eines Bandes MDN 60,—. Bestellnummer dieses Bandes 1068/9. Gesamtherstellung: VEB Druckerei „Thomas Müntzer" Bad Langensalza. — Veröffentlicht unter der Lizenznummer 1310 des Presseamtes beim Vorsitzenden des Ministerrates der Deutschen Demokratischen Republik.

# Contents

## Short Notes

# Author Index

# physica status solidi



Volume 9 · Number 1 · Pages 1 to 292 and K 1 to K 72

April 1, 1965

AKADEMIE-VERLAG · BERLIN

Subscriptions and orders for single copies should be addressed to

AKADEMIE-VERLAG GmbH, 108 Berlin, Leipziger Straße 3—4 or to Buchhandlung KUNST UND WISSEN, Erich Bieber, 7 Stuttgart 1, Wilhelmstr. 4—6 or to Deutsche Buch-Export und -Import GmbH, 701 Leipzig, Postschließfach 160

**Editorial Note:**

"physica status solidi" undertakes that an original paper *accepted for publication* before the 8th of any month will be published within 50 days of this date unless the author requests a postponement. In special cases there may be some delay between *receipt* and *acceptance* of a paper due to the review and, if necessary, revision of the paper.

Schriftleiter und verantwortlich für den Inhalt: Professor Dr. Dr. h. c. P. Görlich, 102 Berlin, Neue Schönhauser Str. 20 bzw. 69 Jena, Humboldtstr. 26. Redaktionskollegium: Dr. S. Oberländer, Dr. E. Gutsche, Dr. W. Borchardt. Anschrift der Schriftleitung: 102 Berlin, Neue Schönhauser Str. 20, Fernruf: 426788. Verlag: Akademie-Verlag GmbH, 108 Berlin, Leipziger Str. 3—4, Fernruf: 220441, Telex-Nr. 011773, Postscheckkonto: Berlin 35021. — Die Zeitschrift „physica status solidi" erscheint jeweils am 1. des Monats. Bezugspreis eines Bandes MDN 60,-. Bestellnummer dieses Bandes 1068/9. Gesamtherstellung: VEB Druckerei „Thomas Müntzer" Bad Langensalza. — Veröffentlicht unter der Lizenznummer 1310 des Presseamtes beim Vorsitzenden des Ministerrates der Deutschen Demokratischen Republik.

# *Review Article*

phys. stat. sol. 9, 3 (1965)

*Physikalisch-Technisches Institut der Deutschen Akademie der Wissenschaften zu Berlin*

# Theorie der magnetoakustischen Effekte in Metallen (IV)

Von

H. Stolz

## Inhaltsverzeichnis



## XI. Überblick über die Experimente

### *XI.0 Vorwort*

Die ersten drei Teile[1]) des Berichtes über die magnetoakustischen Effekte in Metallen, von welchem hiermit der vierte und letzte Teil vorliegt, verfolgten das Ziel einer systematischen und zusammenhängenden Darstellung der Theorie dieser Erscheinungen. Wegen ihrer Vielfalt wurde seinerzeit darauf verzichtet, dieser Darstellung einen Überblick über das experimentelle, von der Theorie zu beschreibende Material voranzustellen, und auch in der Darstellung selbst wurde auf das Verhältnis von Theorie und Experiment nur gelegentlich Bezug genommen. Im vorliegenden vierten Teil des Berichtes soll dieses nachgeholt werden. Wir versuchen, einen Überblick zu geben über diejenigen der in den voraufgegangenen Teilen behandelten Effekte, die tatsächlich beobachtet wurden, und über die Art und Weise, in der sich ihre Bedeutung für die Untersuchung der Fermiflächen der Metalle manifestiert. Wir betrachten es in diesem Zusammenhang nicht als unsere Aufgabe, die mittlerweile beträchtlich angewachsene Literatur über magnetoakustische Untersuchungen von Fermiflächen vollständig zu berücksichtigen, beschränken uns vielmehr auf ausgewählte Beispiele, welche die Arbeitsweise und die Effektivität solcher Untersuchungen verdeutlichen sowie die Aussagen der Theorie prüfen sollen. Experimentell-Technisches bleibt außer Betracht. Der an den technischen Einzelheiten der Experimente interessierte Leser sei auf die Originalarbeiten verwiesen.

---

[1]) I: phys. stat. sol. 3, 1153 (1963),
II: phys. stat. sol. 3, 1493 (1963),
III: phys. stat. sol. 3, 1957 (1963).

Von der Theorie werden wir im vorliegenden Teil des Berichtes nur die wesentlichen Gedanken, welche zur Interpretation der behandelten Beobachtungen erforderlich sind, reproduzieren, hinsichtlich der Details jedoch auf die früheren Teile des Berichtes verweisen.

### *XI.1 Die Fermifläche*

Die Elektronen, welche die magnetoakustischen Effekte in Metallen hervorrufen, bewegen sich auf der Fermifläche, welche die Gesamtheit der Punkte im $\boldsymbol{k}$-Raum darstellt, die der Bedingung

$$\varepsilon_\nu(\boldsymbol{k}) = E_F \tag{XI. 1}$$

genügen. Darin ist $\varepsilon_\nu(\boldsymbol{k})$ die Blochenergie der Elektronen, gegeben durch die Eigenwerte der Einelektronen-Schrödingergleichung

$$\left\{\frac{1}{2\,m}\,\mathfrak{p}^2 + V_0(\boldsymbol{r})\right\} \Psi_{\boldsymbol{k}\nu}(\boldsymbol{r}) = \varepsilon_\nu(\boldsymbol{k})\,\Psi_{\boldsymbol{k}\nu}\,, \tag{XI. 2}$$

und zwar zweckmäßigerweise im wiederholten Zonenschema, d. h. als periodische Funktion von $\boldsymbol{k}$ im reziproken Gitter

$$\varepsilon_\nu(\boldsymbol{k} + \boldsymbol{K}) = \varepsilon_\nu(\boldsymbol{k})$$

($\boldsymbol{K}$ Vektor des reziproken Gitters). Das Energiebandschema $\varepsilon_\nu(\boldsymbol{k})$ der Valenzelektronen wird im Falle $T = 0$, auf den wir uns hier beschränken können, von Elektronen besetzt, von dem tiefsten Valenzzustand beginnend bis zur Fermienergie $E_F$. Diese berechnet sich aus der Zustandsdichte $N(E)$ (II. 10) gemäß

$$\int\limits_0^{E_F} N(E)\,dE = \frac{1}{4\,\pi^3} \int\limits_0^{E_F} \sum_\nu \int \frac{df_\nu}{\hbar\,v_\nu}\,dE = n_0\,.$$

Darin ist $df_\nu$ das Flächenelement der Fläche $\varepsilon_\nu(\boldsymbol{k}) = E$ und

$$\boldsymbol{v}_\nu = \frac{1}{\hbar}\,\frac{\partial \varepsilon_\nu}{\partial \boldsymbol{k}}$$

sowie $n_0$ die Zahl der Elektronen im cm$^3$. Die innere Integration und Summation verläuft über einen vollständigen Bereich nichtäquivalenter Punkte der Fermifläche. Ist $\Omega_0$ das Volumen der Elementarzelle des Gitters und $Z$ die Zahl der Valenzelektronen pro Elementarzelle, so ist $n_0 = Z/\Omega_0$, so daß $E_F$ gegeben ist durch

$$\frac{\Omega_0}{4\,\pi^3} \sum_\nu \int\limits_0^{E_F}\!\!\int \frac{df_\nu}{\hbar\,v_\nu}\,dE = Z\,. \tag{XI. 3}$$

Durch diese und die Gleichung (XI. 1) ist die Fermifläche definiert. Sie wird demnach vollständig bestimmt durch die Größen $Z$, $\Omega_0$ und $\varepsilon_\nu(\boldsymbol{k})$. Zu ihrer Konstruktion benötigt man das Energiespektrum $\varepsilon_\nu(\boldsymbol{k})$. Es hat sich nun jedoch gezeigt (Harrison 1960 [79, 80]), daß es insbesondere für mehrwertige Metalle gelingt, eine außerordentlich gute Approximation der realen Fermifläche zu erhalten, wenn man die Valenzelektronen als frei annimmt, in welchem Falle die Fermifläche eine Kugel vom Radiums $k_F$ ist, gegeben durch

$$\frac{4\pi}{3}\,k_F^3 = \frac{4\,\pi^3}{\Omega_0}\,Z\,. \tag{XI. 4}$$

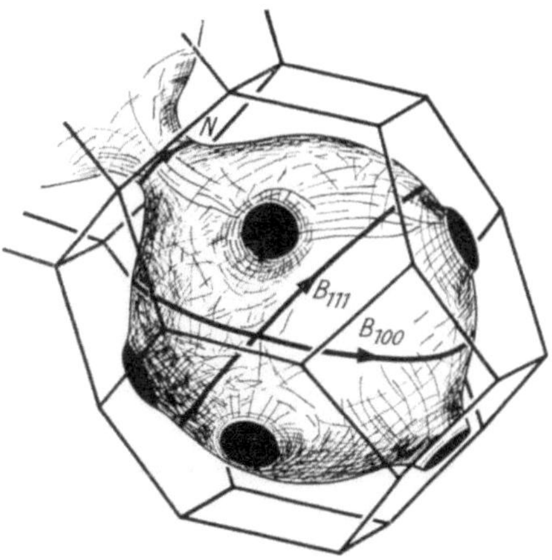


Fig. 33. Fermifläche der Edelmetalle mit speziellen Elektronenbahnen. N — ,,neck"-Bahn für $\boldsymbol{B}_0 \| [111]$, $B_{111}$ — ,,belly"-Bahn für $\boldsymbol{B}_0 \| [111]$, $B_{100}$ — ,,belly"-Bahn für $\boldsymbol{B}_0 \| [100]$ (nach Ziman [102])

Von den Fermiflächen der einwertigen Metalle sind es vor allem die der Alkalimetalle, insbesondere die des Natriums, welche gut durch eine Kugel approximiert werden können, die, wie sich aus (XI. 4) ergibt, ganz im Innern der 1. Brillouinzone liegt, so daß im wiederholten Zonenschema die Fermifläche ein System distinkter, einander weder berührender noch schneidender Kugeln ist. Eine solche Kugel kommt bei Na den nullpunktsnächsten Teilen der Brillouinzonengrenze bis auf etwa 10% ihres Abstands von $\boldsymbol{k} = 0$ nahe, so daß zu erwarten ist, daß die reale Fermifläche in anderen Fällen die Begrenzung der Brillouinzone durchsetzt. Dies ist bei den Edelmetallen der Fall, und die Pippardsche Kupfer-Fermifläche ist das klassische Beispiel für eine offene, in einem Band verlaufende Fermifläche geworden. Fig. 33 zeigt die Fermifläche der Edelmetalle. Sie besteht im wiederholten Zonenschema aus einem System von Kugeln, welche durch die die sechseckigen Begrenzungsflächen der die 1. Brillouinzone durchsetzenden sogenannten ,,necks" verbunden sind. Diese Fermifläche kann als Prototyp einer offenen Fermifläche gelten, auf der es neben geschlossenen auch offene Bahnen der Elektronen gibt (vgl. Kap. II).

Geht man zu mehrwertigen Metallen über, so rückt nach (XI. 4) die Kugel der freien Elektronen in die höheren Brillouinzonen des ausgebreiteten Zonenschemas vor, so daß, wie es z. B. bei Aluminium der Fall ist, häufig die 1. Brillouinzone ganz im Innern der Kugel liegt. Um zu einem Bild der Fermifläche im reduzierten Zonenschema zu kommen, hat man durch Addition entsprechender Vektoren des reziproken Gitters die höheren Brillouinzonen und die in ihnen enthaltenen Teile der Kugelfläche (XI. 4) in die 1. Brillouinzone zu verschieben. Man erhält dann mehrere Teile der Fermifläche, welche von den Partien der Kugel in der 2., 3. usw. Brillouinzone des ausgebreiteten Zonenschemas herrühren. Das Ergebnis dieser Operationen für Aluminium zeigt Fig. 34. Die so entstandenen Teile der Fermifläche bezeichnet man als ,,Lochflächen", wenn sie nach außen konkav sind, die unbesetzten Zustände also in ihrem Innern liegen, im anderen Falle nennt man sie ,,Elektronenflächen".

Die Tatsache, daß die so gewonnenen Fermiflächen vielfach in guter Näherung mit den tatsächlich experimentell bestimmten übereinstimmen, beruht auf dem Umstand, daß in der Entfernung von den Brillouinzonengrenzen die Blochfunktionen des Problems (XI. 2) durch je eine sogenannte orthogonalisierte ebene Welle (OPW) [81] approximiert werden können. Die OPW sind Wellenfunktionen, welche in den interatomaren Räumen sich annähernd wie ebene Wellen verhalten und nur in unmittelbarer Nachbarschaft der Atome heftig oszillieren, so daß sie auf den Wellenfunktionen der Rumpfelektronen in den besetzten Schalen orthogonal sind. Dies Verhalten der Wellenfunktionen wiederum ist eine Folge des Charakters des Potentials, welches die Wellenfunktionen bestimmt und der am deutlichsten hervortritt in der Formulierung des Problems (XI. 2) mittels des soge-

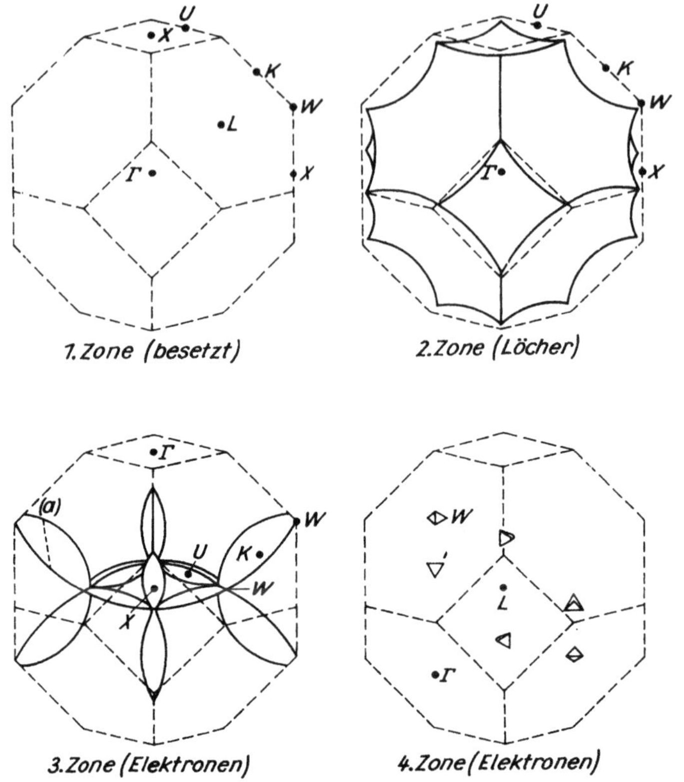


Fig. 34. Die Fermifläche von Aluminium in der Näherung quasifreier Elektronen (nach Harrison [103])

nannten Repulsionspotentials [81] und die Möglichkeit der OPW-Approximation der Valenzwellenfunktionen erkennen läßt.

Der approximative Charakter der Harrisonschen Fermifläche besteht nun darin, daß ihr Verlauf vor allem in der Nähe von Brillouinzonengrenzen nicht mit dem der wirklichen Fermifläche übereinstimmt. Vielmehr weist diese Verbiegungen auf, welche durch die Aufhebung der Entartung der ebenen Wellen auf den Zonengrenzen infolge des Blochpotentials entstehen. Dementsprechend weicht auch in der Entfernung von Zonengrenzen die reale Fermifläche von der Harrisonschen ab, verläuft dort aber im wesentlichen parallel zu letzterer. In vielen Fällen bewährt sich die Harrisonsche Fermifläche als außerordentlich nützliches Hilfsmittel bei der Interpretation von Messungen, welche gewisse geometrische Eigenschaften der realen Fermifläche widerspiegeln, wenn sie sich nicht geradezu durch diese Messungen als vorzügliche Approximation der letzteren erweist.

### *XI.2 Geometrische Resonanzen und Zyklotronresonanzen im transversalen Magnetfeld*

#### a) Geometrische Resonanzen

Der experimentell am häufigsten beobachtete und für die Untersuchung der Fermifläche wohl bedeutsamste magnetoakustische Effekt ist der üblicherweise als „geometrische Resonanz" bezeichnete (vgl. Kap. V). Man erzeugt ihn im transversalen Magnetfeld, d. h. in einem Magnetfeld, welches senkrecht zum Ausbreitungsvektor des Ultraschalls orientiert ist ($\boldsymbol{q} \perp \boldsymbol{B}_0$). Die Perioden $\Delta(1/B_0)$ des Absorptionskoeffizienten gestatten die Bestimmung der senkrecht zu $\boldsymbol{q}$ gemessenen Entfernung $\Delta k$ derjenigen Punkte der Fermifläche, in denen sich die Elektronen parallel zu Ebenen gleicher Phase der Schallwelle bewegen, und zwar für diejenigen Bahnen, für die $\Delta k$ extremal ist (vgl. Fig. 2, 3 und 21). Die entsprechende Formel (vgl. (V. 11)) lautet

$$\Delta k = \frac{|e|\,\lambda}{\hbar\,c}\left[\Delta\left(\frac{1}{B_0}\right)\right]^{-1}. \tag{XI. 5}$$

Die Bedingung für die Beobachtbarkeit des Effektes ist, daß die freie Weglänge der Elektronen größer ist als die von den Elektronen zwischen zwei homologen Punkten ihrer periodischen Bahn zurückgelegte räumliche Entfernung.

Nach (XI. 5) bedarf es bei gegebener Schallfrequenz $\omega$ einer möglichst genauen Messung der Schallgeschwindigkeit zur Bestimmung der Wellenlänge $\lambda$. Meist wird mit longitudinalem Schall gearbeitet, wobei die Wahl der Richtung von $\boldsymbol{q}$ so erfolgen muß, daß sich keine transversalen Komponenten der Polarisation ausbilden. Die Bestimmung der Perioden $\Delta(1/B_0)$ geschieht üblicherweise so, daß man die beobachteten Maxima der Absorption, welche offensichtlich zu einer Periode gehören, numeriert und die laufende Nummer der Maxima als Funktion der entsprechenden Werte von $1/B_0$ aufträgt (Fig. 35). Die sich so ergebenden Punkte sollten auf einer Geraden liegen, aus deren Anstieg man unmittelbar $\Delta(1/B_0)$ bestimmt.

Durch Extrapolation dieser Geraden auf $B_0 = \infty$ erhält man die Phase der Oszillationen. Nach (V. 7) bis (V. 10) gilt für den Absorptionsbeitrag einer konvexen Bahn (bzw. einer offenen Bahn der in Fig. 21 dargestellten Art) ein Ausdruck der Form

$$\alpha \approx A + B \sin\left(\frac{2\,\pi\,c\,\hbar\,\Delta k}{|e|\,B_0\,\lambda} \pm \frac{\pi}{4}\right),$$

wobei das obere Vorzeichen für „Minimalbahnen", das untere für „Maximalbahnen", d. h. für minimales $\Delta k$ bzw. maximales $\Delta k$ gilt. Besitzt eine Bahn mehr als zwei Punkte, an denen $\boldsymbol{q}\,\boldsymbol{v} = 0$ ist, so liefert sie mehrere Beiträge zur Absorption mit verschiedenen Perioden und Phasen (vgl. die Diskussion von Fig. 3). So ist z. B. der Beitrag der Punkte $P_2$, $P_3$ in Fig. 3 zur Absorption um $\pi/2$ gegenüber dem Beitrag der Punkte $P_1$, $P_2$ oder $P_3$, $P_4$ verschoben. Die Phasenverhältnisse sind

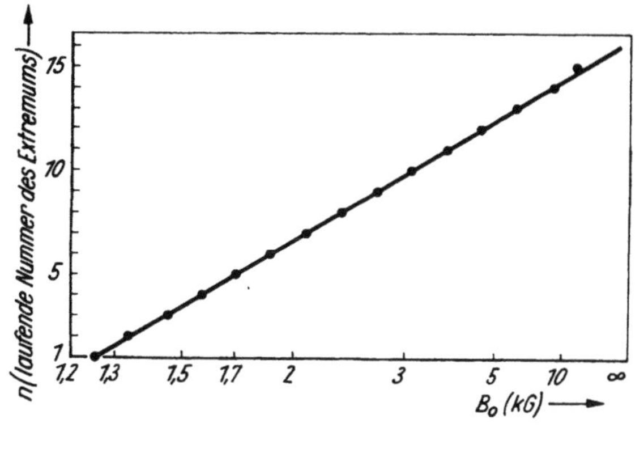


Fig. 35. Zur Bestimmung der Periode $\Delta(1/B_0)$ einer geometrischen Resonanz (nach Easterling u. Bohm [82])

zudem nur so übersichtlich, wenn die zur Gewinnung der Absorptionsformel (V. 10) benutzte Sattelpunktintegration eine gute Näherung darstellt. Ferner hat man zu beachten, daß unter Umständen auch die die Kopplung zwischen Elektronen und Schallwelle beschreibende Größe $G_A$ (vgl. (V. 10)) zur Phase der Absorption beitragen kann, wenn sie stark oszillatorischen Charakter besitzt, was vor allem bei transversalem Schall in Betracht kommt. Es zeigt sich dann auch in den Experimenten, daß die beobachteten Phasen nicht in allen Fällen dem hier erläu-

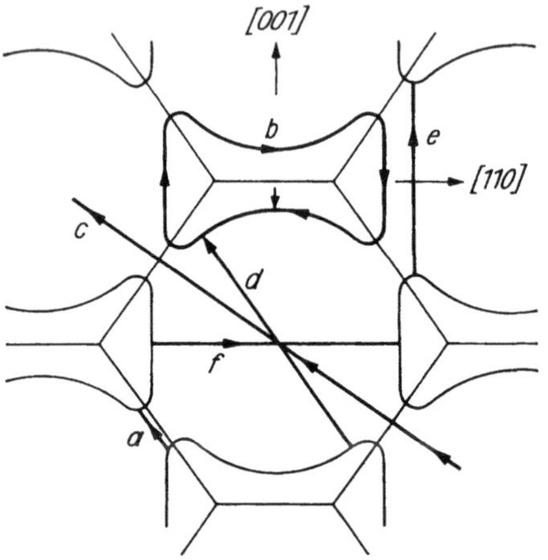


Fig. 36. Elektronenbahnen in Edelmetallen (nach Bohm u. Easterling [83])
a — „neck"-Bahn, $B_0 || [111]$;
b — „dog's bone"-Bahn, $B_0 || [1\bar{1}0]$;
c — offene Bahn, $B_0 || [112]$;
d — „belly"-Bahn, $B_0 || [111]$;
e — „belly"-Bahn (nichtzentral), $B_0 || [110]$

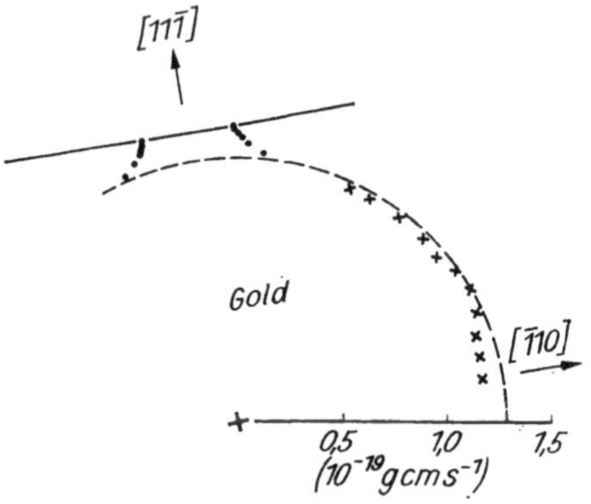


Fig. 37. Zur Bestimmung des [112]-Querschnitts der Fermifläche von Gold (nach Bohm und Easterling [83])

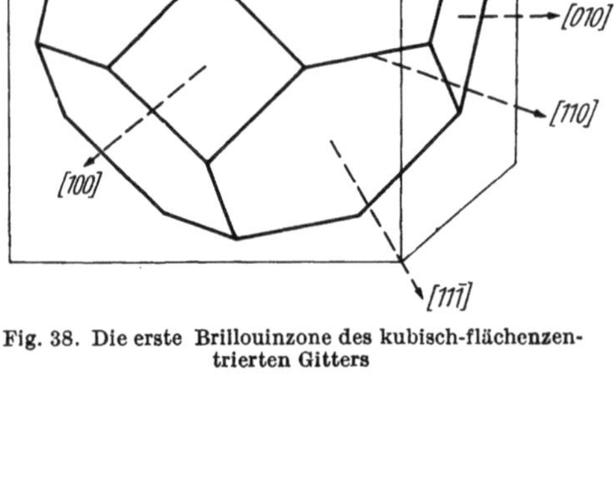


Fig. 38. Die erste Brillouinzone des kubisch-flächenzentrierten Gitters

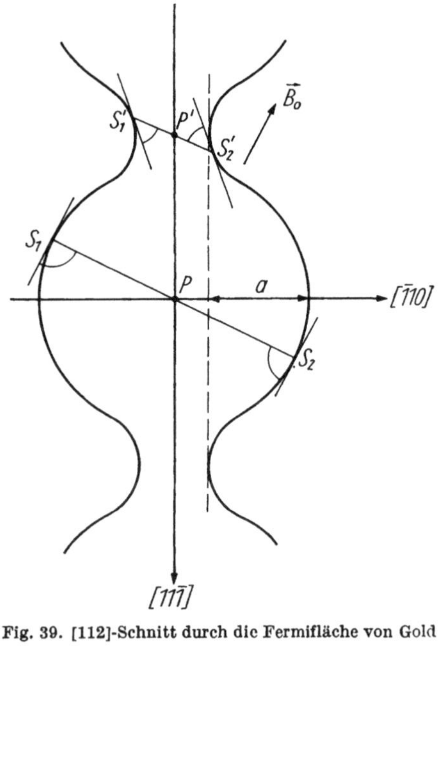


Fig. 39. [112]-Schnitt durch die Fermifläche von Gold

terten Schema gehorchen. Aus der Phase der Oszillationen kann daher nur mit Vorsicht auf den Charakter der entsprechenden Bahnen geschlossen werden.

Als ein erstes Beispiel für die Arbeitsweise der Untersuchung einer Fermifläche mittels der geometrischen Resonanzen erwähnen wir die Arbeiten von Bohm und Easterling an den Edelmetallen [82, 83]. Die Fermiflächen sind sämtlich vom Typ der Pippardschen Kupfer-Fermifläche (Fig. 33), und eine Anzahl möglicher Bahnen bei entsprechender Orientierung von $\boldsymbol{B}_0$ zeigt Fig. 36. Für alle diese Bahnen gelangen Messungen der extremalen Abmessungen mit einer Genauigkeit von einigen Prozent. Diese Genauigkeit reicht aus, um z. B. die detaillierte Form der „necks", in denen die Fermifläche die hexagonalen Begrenzungsflächen durchsetzt, zu ermitteln. Dies verdeutlicht Fig. 37 für die Fermifläche von Gold. Die in ihr aufgetragenen Meßpunkte wurden folgendermaßen gewonnen: der Ausbreitungsvektor $\boldsymbol{q}$ ist in [112]-Richtung orientiert (vgl. Fig. 38), und die Magnetfeldrichtung variiert in der von den Richtungen $[11\bar{1}]$ und $[\bar{1}10]$ aufgespannten Ebene. Mit dem Magnetfeld in $[11\bar{1}]$-Richtung gibt es zwei Perioden, eine kurze, welche den $[1\bar{1}0]$-Durchmesser der „belly" Bahn zu bestimmen gestattet, und eine lange, welche den entsprechenden Durchmesser der „necks" in $[11\bar{1}]$ und $[\bar{1}\bar{1}1]$-Richtung mißt. Nun ist die Schnittfigur, welche von der [112]-Ebene und der Fermifläche erzeugt wird, symmetrisch in bezug auf die $[11\bar{1}]$- und die $[\bar{1}10]$-Richtung, wie aus Fig. 39 ersichtlich. Variiert man daher die Richtung des Magnetfeldes in der [112]-Ebene und trägt die Werte

$$\hbar\, k = \frac{|e|\,\lambda}{2\,c}\left[\Delta\left(\frac{1}{B_0}\right)\right]^{-1} \tag{XI. 6}$$

für die kürzere Periode von $P$ als Zentrum, für die längeren von $P'$ in Richtung senkrecht zu $\boldsymbol{B}_0$ auf (der Abstand $P\,P'$ berechnet sich aus der Gitterkonstanten), so kann man die Schnittfigur punktweise konstruieren. Die Tatsache, daß die Schnitte $S_1\,S_2 = 2\,k_{12}$ und $S_1'\,S_2' = 2\,k_{12}'$ Extremalschnitte sind, ergibt sich unmittelbar aus der Gleichheit der Winkel bei $S_1$ und $S_2$ bzw. $S_1'$ und $S_2'$,

$$\frac{\partial k_{12}}{\partial z} = \frac{\partial k_{12}'}{\partial z} = 0\,,$$

($z$ Magnetfeldrichtung).

Wählt man $\boldsymbol{q}\,||\,[11\bar{1}]$ und $\boldsymbol{B}_0\,||\,[112]$, so sollte man eine Periode beobachten, welche den offenen Bahnen in $[11\bar{1}]$-Richtung entspricht und die Bestimmung des Stückes $a$ (Fig. 39) gestattet. Dies ist auch tatsächlich der Fall. Addiert man zu $a$ den „neck"-Radius, so müßte sich gerade der „belly"-Radius (beides in $[\bar{1}10]$-Richtung) ergeben. Die entsprechenden Werte für Gold lauten:

| | |
|---|---|
| „belly"-Radius $[\bar{1}10]$ | $0{,}930 \pm 0{,}012$ |
| „neck"-Radius $[\bar{1}10]$ | $0{,}180 \pm 0{,}006$ |
| $a$ (Fig. 7) | $0{,}774 \pm 0{,}022$ |
| $a$ + „neck"-Radius | $0{,}954 \pm 0{,}028$ |

Die Zahlenwerte sind in Einheiten des Radius der Harrison-Fermikugel $\hbar\, k_0 = 1{,}274 \cdot 10^{-19}$ g cm s$^{-1}$ angegeben.

In ähnlicher Weise ergibt sich eine größere Zahl von Prüfungsmöglichkeiten der Meßwerte und ihrer Interpretation aus den geometrischen Relationen der ihnen zugeordneten Charakteristika der Fermifläche.

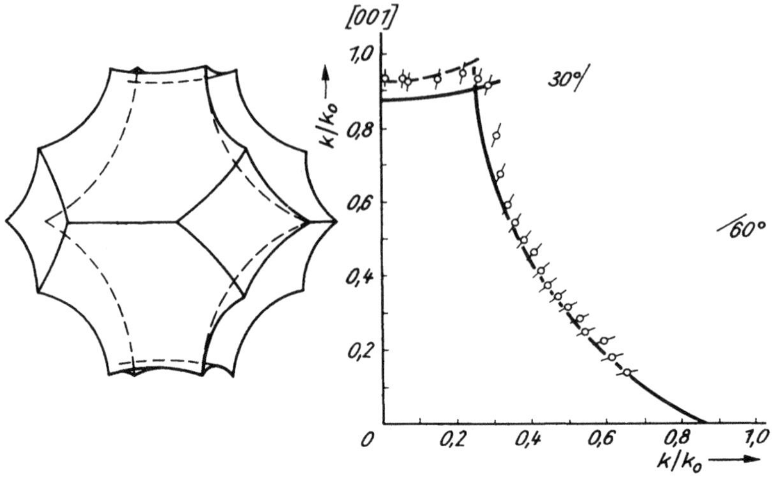


Fig. 40. Ausmessung der Aluminium-Fermifläche. Erläuterung im Text (nach Fossheim und Olsen [87])

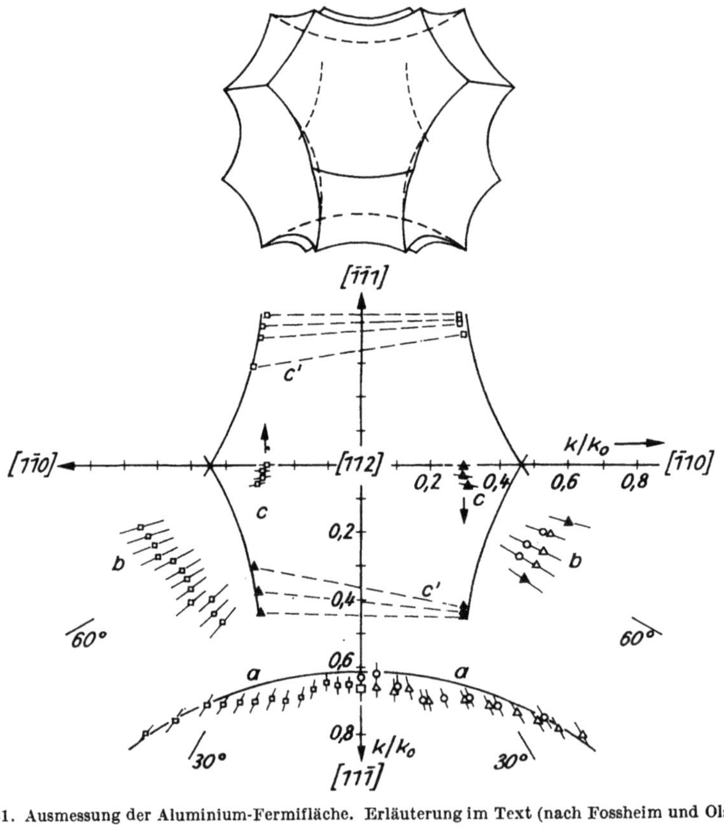


Fig. 41. Ausmessung der Aluminium-Fermifläche. Erläuterung im Text (nach Fossheim und Olsen [87])

Als weiteres Beispiel für die Ausmessung einer Fermifläche mittels der geometrischen Resonanzen seien noch Untersuchungen an Aluminium [84 bis 87] angeführt.

Besonders übersichtlich gestalten sich die Resultate in dem Falle, daß $\boldsymbol{q}$ zwischen [100] und [110] liegt und mit [110] einen Winkel von 16° einschließt. Fig. 40 zeigt die Fermifläche in der 2. Zone, in dieser Richtung gesehen. Gestrichelt gezeichnet ist die Schnittlinie der Harrison-Fermifläche mit einer durch das Zentrum der Brillouinzone verlaufenden Ebene senkrecht zur Betrachtungsrichtung. Diese Ebene wird von der Fermifläche senkrecht durchsetzt, ihre Tangente senkrecht zu $\boldsymbol{B}_0$ ist dort parallel zu $\boldsymbol{q}$. Jedem zentralen Schnitt durch die gestrichelte Kontur entspricht eine Extremalbahn wegen der Symmetrieverhältnisse der Kontur. Es ist daher bei der Analyse der Perioden der Absorption wieder die Formel (XI. 6) anwendbar. Die Ergebnisse sind ebenfalls in Fig. 40 dargestellt. Dabei ist der $k_0$ radiale Abstand der Brillouinzonengrenze vom Zentrum, gemessen in [100]-Richtung; es ist $k_0 = \frac{2\pi}{a_0}$, $a_0 = 4{,}0323 \cdot 10^{-8}\,\mathrm{cm}^{-1}$. Komplizierter sind die Verhältnisse für $\boldsymbol{q}\|[112]$ (Fig. 41). Die Meßpunkte $a$ entsprechen der Schnittlinie des Zentralschnittes senkrecht zu [112] durch die hexagonale Begrenzungsfläche $[11\bar{1}]$. Die nach (XI. 6) aufgetragenen Meßpunkte $c$ entsprechen keinem zentralen Schnitt, können jedoch nach (XI. 5) als zu nichtzentralen Bahnen gehörig interpretiert werden. Die Meßpunkte der $c$-Serie, welche einer Bahn senkrecht zur $[\bar{1}\bar{1}1]$-Richtung entsprechen, geben die Dimension der viereckigen Begrenzungsfläche in [001]- bzw. $[00\bar{1}]$-Richtung, wenn man sie in Pfeilrichtung in die Positionen $c'$ verschiebt. Tut man dasselbe mit den übrigen Punkten $c$ unter Beibehaltung ihres Azimuts bezüglich des Achsenkreuzes der Figur, so lassen sie sich mühelos als zu der nichtzentralen gestrichelten Kontur der Fermifläche gehörig (siehe oberer Teil von Fig. 9) interpretieren. Die Interpretation der Serien $b$ ist nicht klar, die Autoren vermuten, daß sie zu nichtzentralen Bahnen gehören, deren Beitrag zur Absorption auf einer starken Wechselwirkung der Schallwelle mit den Elektronen an den Kanten der Fermifläche beruht.

In der hier erläuterten Weise sind zahlreiche magnetoakustische Messungen an einer beträchtlichen Zahl von Metallen interpretiert worden. Wir haben uns auf die Beispiele Gold und Aluminium beschränkt, welche, einem einwertigen bzw. einem dreiwertigen Metall entsprechend, das Wesen der Interpretation von geometrischen Resonanzen verdeutlichen sollen.

### b) Akustische Zyklotronresonanzen

Die geometrischen Resonanzen beobachtet man im Bereich von Schallwellenlängen bzw. magnetischen Feldstärken, für welche

$$q\,R \gtrsim 1$$

ist ($R$ Bahnradius einer Elektronengruppe im Ortsraum).

Diese Bedingung bedeutet, daß die Zeit $T$, in der die Schallwelle um eine Wellenlänge fortschreitet, um den Faktor $\sim v_F/v_S$ ($v_F$ Fermigeschwindigkeit, $v_S$ Schallgeschwindigkeit) größer ist als die Umlaufzeit $T_c$ der Elektronen. Für Zeiträume der Größenordnung $T_c$ kann man die Schallwelle daher als eine statische Störung behandeln.

Die akustischen Zyklotronresonanzen beobachtet man im Bereich schwacher Magnetfelder, und zwar für $q\,R \gg 1$, genauer für

$$\omega = n\,\omega_c \qquad (n = 0, 1, 2, \ldots)\,. \qquad \text{(XI. 7)}$$

Diese Bedingung besagt, daß während des Umlaufs der Elektronengruppe durch ihre Bahn die Schallwelle um ein ganzes Vielfaches von Wellenlängen fortgeschritten ist, so daß während des nächsten Umlaufes die Elektronen an homologen Stellen ihrer Bahn dieselben Phasenverhältnisse vorfinden wie beim vorherigen. Eine Elektronengruppe mit der Zyklotronmasse $m_c$ liefert einen periodischen Beitrag zur Absorption mit der Periode

$$\Delta\left(\frac{1}{B_0}\right) = \left|\frac{e}{m_c\, c\, \omega}\right| . \tag{XI. 8}$$

Der Beitrag wird um so ausgeprägter sein, je größer die Zahl der Elektronen mit gleichem $m_c$ ist, die Beiträge der übrigen Elektronen werden also dann überwiegen, wenn $m_c$ extremal ist.

Die akustischen Zyklotronresonanzen erfordern zu ihrer Beobachtung die Realisierung der Bedingung

$$\omega_c\, \tau \gg 1$$

bzw., nach (XI. 7),

$$\omega\, \tau \gg 1 ,$$

was um den Faktor $v_F/v_S$ schärfer ist als $q\,l \gg 1$, was zur Beobachtung der geometrischen Resonanzen ausreicht. Daher sind Halbmetalle mit kleiner effektiver Masse $m_c$ und großem $\tau$ zur Beobachtung der akustischen Zyklotronresonanz besonders geeignet.

Im Unterschied zur geometrischen Resonanz, welche kein echtes Resonanzphänomen ist, trägt die akustische Zyklotronresonanz ihren Namen zu Recht, d. h., die Maxima werden um so schärfer, je größer $\omega\,\tau$ ist. Daher stellt die Temperaturabhängigkeit der Schärfe der Maxima ein Kriterium für die Unterscheidung der akustischen Zyklotronresonanz von den geometrischen Resonanzen dar. Ein weiteres Unterscheidungsmerkmal besteht darin, daß die Periode $\Delta(1/B_0)$ der Zyklotronresonanzen mit $\omega$ variiert, die der geometrischen Resonanzen mit $\lambda$. Bei fester Frequenz wird sich daher die Periode der geometrischen Resonanzen beim Übergang zu transversalem Schall ändern, während die der Zyklotronresonanzen unverändert bleibt. Entsprechendes gilt, wenn man bei fester Polarisation des Schalls zu anderen Richtungen von $\boldsymbol{q}$ mit anderem $v_s$ übergeht.

Entsprechend den erschwerten experimentellen Bedingungen liegen nur spärliche Beobachtungen der Zyklotronresonanzen vor. Erste Hinweise finden sich in den von Reneker [30] an Wismut gewonnenen Messungen, sicher identifiziert wurde der Effekt von Roberts anhand von Messungen an Gallium [88]. Fig. 42 zeigt die Resultate dieser Messungen im Vergleich mit dem nach Cohen, Harrison und Harrison [48] zu erwartenden Verlauf der Absorption.

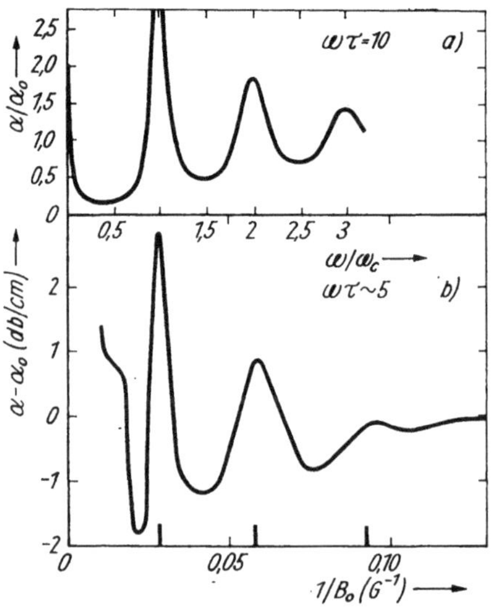


Fig. 42.
a) Zyklotronresonanzen in der Ultraschallabsorption (nach der Theorie von Cohen, Harrison und Harrison [48]).
b) Beobachteter Effekt in einem Ga-Einkristall (nach Roberts [88])

### *XI.3 Der Bereich hoher Feldstärke des transversalen Magnetfeldes*

Unter dem Bereich hoher Feldstärken verstehen wir hier denjenigen, für welchen $q\,R \ll 1$ ist, welcher aber noch im Anwendungsbereich der halbklassischen Theorie liegt, d. h. für den gleichzeitig $\hbar\,\omega_c \ll k\,T$ ist. Die Voraussagen der Theorie für diesen Bereich der magnetischen Feldstärke (vgl. Kap. VI und IX. 4) sind nicht sehr übersichtlich, ein Gleiches gilt für die Resultate der Experimente.

Für $\boldsymbol{q} \perp \boldsymbol{B}_0$ sollte im Bereich $q\,R \ll 1$ die Absorption einem Sättigungswert

$$\alpha_\infty = a\,\alpha_0\,q\,l \tag{XI. 9}$$

zustreben für longitudinalen Schall und geschlossene Bahnen bzw. wenn es offene Bahnen nur in Richtungen des Ortsraumes gibt, welche senkrecht zu $\boldsymbol{q}$ sind. Dabei ist $a$ ein numerischer Faktor und $\alpha_0$ die Absorption für $B_0 = 0$. Für freie Elektronen hat $a$ den Wert $\frac{2}{5\pi}$. Für transversalen Schall soll $\alpha_\infty \sim 1/B_0^2$ sein, jedoch nur im Falle der Stromneutralität und des ausgebildeten collision drags (vgl. Kap. VI. 4) und für freie Elektronen. Falls das Deformationspotential die Wechselwirkung beherrscht, sollte für $q\,l \gg 1$ (XI. 9) auch für transversalen Schall gelten.

Reneker [30] beobachtete an Wismut sowohl für longitudinalen als auch transversalen Schall stets Sättigung der Absorption auf Werte oberhalb $\alpha_0$. Messungen von Rayne und Chandrasekhar [60] an Indium ($q\,l > 400$) ergaben für $\boldsymbol{q}||[001]$, $\boldsymbol{B}_0||[100]$ einen Sättigungswert $\alpha_\infty < \alpha_0$ der Absorption von longitudinalem Schall. Charakteristisch für den Sättigungswert $\alpha_\infty$ ist seine starke Anisotropie in Abhängigkeit von der Orientierung von $\boldsymbol{q}$ und $\boldsymbol{B}_0$ relativ zum Kristall, die auch in den Messungen von Galkin, Kaner und Koroljuk an Zinn und Indium [60] erkennbar

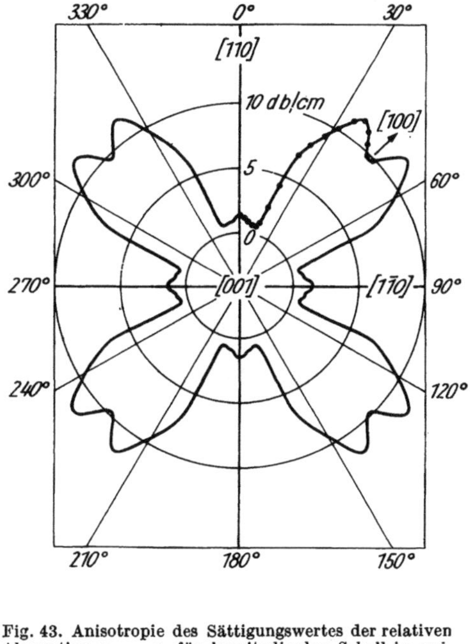


Fig. 43. Anisotropie des Sättigungswertes der relativen Absorption $\alpha_\infty - \alpha_0$ für longitudinalen Schall in weißem Zinn ($\boldsymbol{q}||[001]$, $\boldsymbol{q} \perp \boldsymbol{B}_0$) (nach Olsen [89])

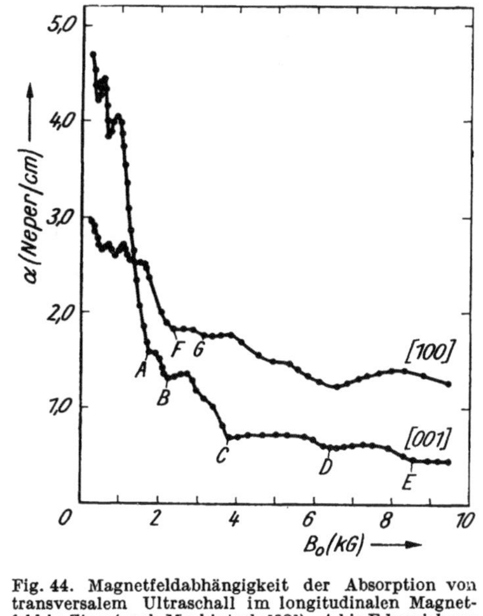


Fig. 44. Magnetfeldabhängigkeit der Absorption von transversalem Ultraschall im longitudinalen Magnetfeld in Zinn (nach Mackintosh [92]). A bis F bezeichnen Kjeldaassche Absorptionskanten

ist, welche für weite Bereiche dieser Orientierungen Sättigungswerte erhalten, die wesentlich unterhalb $\alpha_0$ liegen.

Die Anisotropie des Sättigungswertes der Absorption ist besonders charakteristisch beim Vorhandensein offener Bahnen (vgl. Kap. IX. 4). Ist $\psi$ der Winkel zwischen $\boldsymbol{q}$ und der Richtung der offenen Bahnen im $\boldsymbol{k}$-Raum und ist $\sin\psi \gg \frac{1}{q\,l}$, so ist der Beitrag der offenen Bahnen zu $\alpha_\infty$ um den Faktor $\frac{1}{q\,l\,\sin^2\psi}$ kleiner als $\alpha_0$. Für $q\,l \gg 1$ ist demnach ein scharfer Abfall der Absorption zu erwarten bei bereits geringer Abweichung von $\boldsymbol{q}$ von der Richtung der offenen Bahnen. Dementsprechend beobachtet man einen Abfall der Absorption, wenn man bei festem $\boldsymbol{q}$ die Richtung von $\boldsymbol{B}_0$ variiert und dabei für eine entsprechende Richtung von $\boldsymbol{B}_0$ offene Bahnen auftreten, welche nicht parallel zu $\boldsymbol{q}$ verlaufen. Anisotropien dieser Art beobachteten Galkin, Kaner und Koroljuk [60] sowie Olsen [89] an Zinn (vgl. Fig. 43). Die Fermifläche von weißem Zinn besitzt zwei offene Zweige [90], von denen der eine, eine Lochfläche, topologisch äquivalent ist einem Netz einander senkrecht durchdringender Zylinder. Demnach gibt es offene Bahnen in den Zylinderrichtungen (z. B. $[\bar{1}10]$) sowie sogenannte sekundäre offene Bahnen [91], welche diagonal durch das Zylindernetz laufen (z. B. in Richtung [010]). Auf erstere deutet der Abfall der Absorption hin für $\boldsymbol{q}\,||\,[001]$ $\boldsymbol{B}_0\,||\,[110]$, auf letztere der Abfall für $\boldsymbol{q}\,||\,[001]$, $\boldsymbol{B}_0\,||\,[100]$ (vgl. Fig. 43).

### *XI.4 Magnetoakustische Effekte an geschlossenen Bahnen im longitudinalen Magnetfeld*

Die Ultraschallabsorption im longitudinalen Magnetfeld kann verschiedene Typen von Periodizitäten bezüglich $1/B_0$ aufweisen, und zwar

1. periodische Inkremente mit abnehmendem Magnetfeld,
2. echte Resonanzen,
3. Oszillationen mit Sinuscharakter vom Typ der geometrischen Resonanzen

(vgl. Kap. VII und VIII. 1).

Falls die Geschwindigkeit $v_z$ der Elektronen über einen Bahnumlauf nur wenig variiert, tragen für $q\,l \gg 1$ vorwiegend diejenigen Bahnen zur Absorption bei, für welche die Bedingung

$$q_z \bar{v}_z - \omega + n\,\omega_c = 0 \qquad (n = 0, \pm 1, \ldots) \tag{XI. 10}$$

erfüllt ist bzw. die äquivalente Bedingung

$$\bar{v}_z\,T_c = v_s\,T_c + n\,\lambda\,. \tag{XI. 11}$$

Darin ist $\bar{v}_z = \frac{1}{2\pi}\int\limits_0^{2\pi} v_z\,d\Theta$ das Mittel von $v_z$ über die Bahn, $v_s$ die Schallgeschwindigkeit und $T_c = \frac{2\pi}{\omega_c}$. Die absorbierenden Elektronen geraten also nach Umlauf wieder in eine Ebene gleicher Phase der Schallwelle. Es absorbieren jedoch nicht alle Elektronen, welche (XI. 11) erfüllen, sondern nur diejenigen, für welche die Fourierkomponente

$$g_A^{(n)}(\boldsymbol{k}_z) = \frac{1}{2\pi}\int\limits_0^{2\pi} \boldsymbol{v}\,\boldsymbol{F}\,e^{-in\Theta}\,d\Theta \tag{XI. 12}$$

von Null verschieden ist. Darin ist $\boldsymbol{F}$ die unter dem Einfluß der Ultraschallwelle auf die Elektronen ausgeübte gesamte Kraft. Für freie Elektronen und longitudinalen Schall ist (XI. 12) nur für $n = 0$ von Null verschieden und hat einen magnetfeldunabhängigen Wert. Die Absorption ist dieselbe wie für $B_0 = 0$ (siehe [48]). Für transversalen Schall ist nur $g_A^{(\pm 1)}(\boldsymbol{k}_z) \neq 0$. Die Absorption ist sehr gering für hohe Magnetfelder und zeigt einen starken Anstieg mit abnehmendem Magnetfeld für $\omega_c/\omega \approx \text{Max}\,|\tilde{v}_z/v_s|$ (Kjeldaas [63]).

Im allgemeinen Falle nichtsphärischer Fermiflächen ergeben sich für die Absorption Inkremente mit abnehmendem Magnetfeld, und zwar für alle $n$, für welche $g_A^{(n)}(k_z)$ von Null verschieden ist. Diese Inkremente treten für diejenigen Werte von $B_0$ auf, für die zu einem betrachteten $n$ die Gleichung (XI. 10) mit abnehmendem $B_0$ zum ersten Mal eine Lösung besitzt (Gurewitsch [37]). Die Abstände der Inkremente bezüglich $(1/B_0)$ sind daher jedenfalls Vielfache von

$$\Delta\left(\frac{1}{B_0}\right) = \left|\frac{e}{c\, m_c(\bar{k}_z)\, q_z\, \tilde{v}_z(\bar{k}_z)}\right|,$$

wenn die Fermifläche spiegelsymmetrisch bezüglich der $x\,y$-Ebene und $\bar{k}_z$ der maximale Wert aller erlaubten $k_z$ ist, in dessen Umgebung die Fermifläche die Darstellung

$$2\,\hbar\,(\bar{k}_z - k_z)\, v_z = \frac{\hbar^2 k_x^2}{m_x} + \frac{\hbar^2 k_y^2}{m_y} \tag{XI. 13}$$

(vgl. (VII. 28)) zuläßt, d. h. einen „elliptischen Grenzpunkt" besitzt. Hat die Fermifläche mehrere solcher Grenzpunkte, so korrespondiert jedem derselben eine Serie von Inkrementen, deren Interpretation schwierig ist, wenn mehrere Fourierkomponenten (XI. 12) von Null verschieden sind.

Mackintosh [92] beobachtete in der Ultraschallabsorption für $\boldsymbol{q}\,||\,\boldsymbol{B}_0$ und transversalen Schall an Zinn Inkremente mit abnehmendem Magnetfeld (vgl. Fig. 44). Er deutete sie als Inkremente 1. Ordnung, für welche die absorbierenden Elektronen die Gleichung (XI. 10) mit $n = 1$ für $k_z = \bar{k}_z$ erfüllen. Sie sind mit den Kjeldaasschen Absorptionskanten identisch, für welche

$$\frac{\omega_c}{\omega} = \text{Max}\left|\frac{\tilde{v}_z}{v_s}\right| = \frac{\tilde{v}_z(\bar{\boldsymbol{k}}_z)}{v_s}$$

gilt. Da

$$\frac{\omega_c}{v_z(\bar{k}_z)} = -\frac{e\,B_0}{\hbar\,c}\sqrt{\frac{\hbar^2}{v_z^2\, m_x\, m_y}} = -\frac{e\,B_0}{\hbar\,c}\sqrt{K}$$

ist, wobei $K$ die Gaußsche Krümmung der Fermifläche im Grenzpunkt bedeutet, kann man aus den Absorptionskanten diese Krümmung bestimmen:

$$\sqrt{K} = \left|\frac{\hbar\,c\,q}{e\,B_0}\right|.$$

Von Mackintosh in dieser Weise gewonnene Werte für $\sqrt{K}$ korrespondieren zum Teil der Fermifläche von Zinn in der Näherung quasifreier Elektronen [92].

Ist die Fermifläche so beschaffen, daß für entsprechende Werte von $k_z$ die Größe $\frac{q_z\,\bar{v}_z}{\omega_c}$ extremal, d. h. $\frac{d}{dk_z}\left(\frac{q_z\,\bar{v}_z}{\omega_c}\right) = 0$ ist, so sagt die Theorie scharfe Maxima der Absorption voraus für diejenigen Werte des Magnetfeldes, für die (XI. 10) mit diesen $k_z$-Werten erfüllt ist [42] (vgl. Kap. VII. 5). Die Abstände dieser Resonanzmaxima lassen sich in der Form

$$\Delta\left(\frac{1}{B_0}\right) = \left|\frac{\hbar\,c\,q}{2\,\pi\,e}\cdot\frac{\partial S}{\partial k_z}\right|^{-1}\cdot \nu \tag{XI. 14}$$

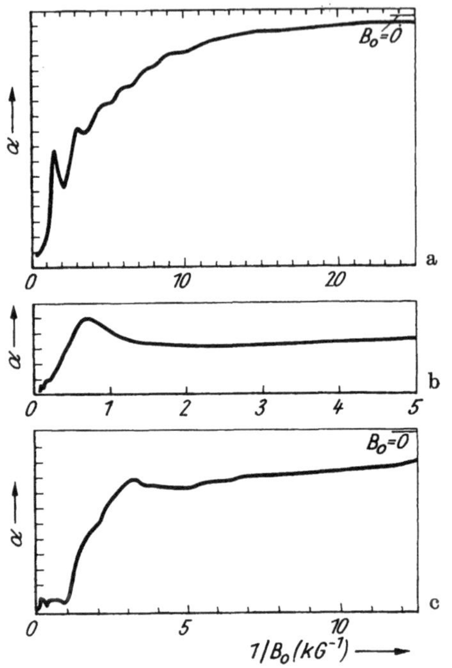


Fig. 45. Longitudinaler magnetoakustischer Effekt in Aluminium (nach Jones [93]).
a — $\boldsymbol{q}||\boldsymbol{B}_0||[100]$, b — $\boldsymbol{q}||\boldsymbol{B}_0||[110]$,
c — $\boldsymbol{q}||\boldsymbol{B}_0||[111]$ (longitudinaler Schall)

schreiben, wobei $S$ die Fläche eines Schnittes durch die Fermifläche senkrecht zu $B_0$ ist und dieser Schnitt extremal bezüglich $\partial S/\partial k_z$ sein muß. Die zur Interpretation der Resonanzen erforderliche ganze Zahl $\nu$ (sie bestimmt die Werte von $n$, für die $g_A^{(n)}(k_z) \neq 0$ ist) ergibt sich aus der Symmetrie der Fermifläche in bezug auf die $\boldsymbol{B}_0$-Richtung. Charakteristisch für die durch (XI. 14) erklärten Resonanzen ist, daß sie in einem Bereich mit fallendem Magnetfeld ansteigender Absorption liegen und daß ihre Schärfe mit abnehmendem Magnetfeld zunimmt. Außerdem verschieben sich die Maxima hinsichtlich $B_0$ proportional zur Frequenz, wobei ihre Höhe und Schärfe mit $\omega$ zunimmt.

Resonanzen mit diesen Eigenschaften wurden von Jones [93] an Aluminium beobachtet (Fig. 45) sowie bereits früher von Mackinnon und Daniel [65] (siehe Fig. 46) an Cadmium. Sie sind nach (XI. 14) für diejenigen Orientierungen von $B_0$ zu erwarten, für die die zugehörigen Schnitte durch die Fermifläche so beschaffen sind, daß für möglichst große $k_z$-Bereiche $\partial S/\partial k_z = \text{const}$ ist. Jones hat die Funktion $S(\varepsilon, k_z)$ für Aluminium auf Grund des Harrisonschen Modells berechnet und gefunden, daß es für $\boldsymbol{B}_0||[110]$ einen großen Bereich mit $\partial S/\partial k_z \approx 1{,}68\,k_0$ ($k_0$ Durchmesser der Brillouinzone in [100]-Richtung) und für $\boldsymbol{B}_0||[100]$ einen Bereich mit schwacher Variation $1{,}65\,k_0 < \partial S/\partial k_z < 2{,}2\,k_0$ gibt in der Lochfläche der 2. Zone. Die Messungen (Fig. 45) ergeben bei longitudinalem Schall mit der Interpretation (XI. 14) $\partial S/\partial k_z = 1{,}65\,k_0$ für $\boldsymbol{B}_0||[100]$ und $\partial S/\partial k_z = 1{,}70\,k_0$ für $\boldsymbol{B}_0 = [110]$.

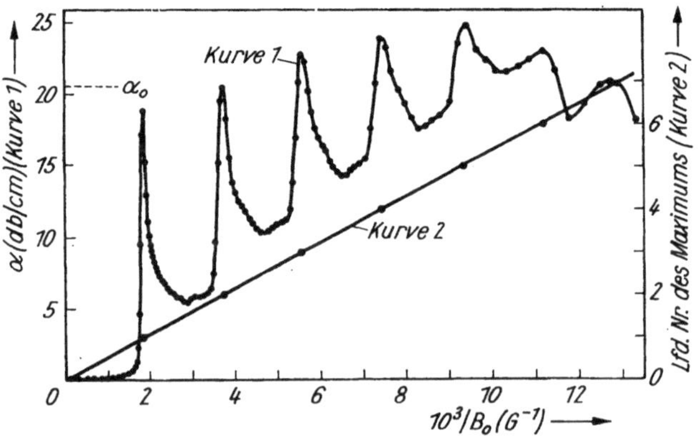


Fig. 46. Absorption für $\boldsymbol{q}||\boldsymbol{B}_0||[0001]$ in Cadmium (Kurve 1). Kurve 2 zeigt die strenge Periodizität der Maxima in $1/B_0$ (nach Mackinnon u. Daniel [65])

Der letzte Wert wurde direkt aus (XI. 10) mit $\nu = 2$ (entsprechend der zweizähligen Symmetrie der [110]-Richtung) gewonnen.

Falls $v_z(k_z, \Theta)$ als Funktion des Bahnparameters $\Theta$ stark variiert, besteht die Möglichkeit des Auftretens sinusartiger Oszillationen der Absorption vom Typ der geometrischen Resonanzen (vgl. Kap. VIII. 1, Schluß). Die Entstehung dieser Oszillationen veranschaulicht Fig. 20. Ist das Magnetfeld hinreichend stark, so daß nur die Elektronen mit $\tilde{v}_z = 0$ zur Absorption beitragen ((XI. 10) habe nur Wurzeln für $n = 0$, $v_s/\tilde{v}_z$ vernachlässigen wir), so kann es bei geeigneter Form der Fermifläche geschehen, daß diese Elektronen eine Bewegung ausführen, deren Projektion auf die Richtung von $\boldsymbol{B}_0$ eine Oszillation zwischen den Punkten $P$ und $P'$ ist, wobei die Länge $\Delta k_{PP'}$ dieser Bahnprojektion kommensurabel mit $\lambda$ wird (Fig. 20). Die Absorption zeigt dann Maxima mit Sinuscharakter und der Periode

$$\Delta\left(\frac{1}{B_0}\right) = \frac{|e|\,\lambda}{\hbar\,\Delta k_{PP'}\,c} \tag{XI. 15}$$

(vgl. (VIII. 21)). Entsprechende Maxima können auch auftreten, wenn für schwächere Magnetfelder die absorbierenden Elektronen der Gleichung (XI. 10) mit $n = 0$ genügen, wenn nur die Bewegung der Elektronen in $z$-Richtung hinreichend stark ausgeprägte periodische Inkremente besitzt (vgl. auch Fig. 2 in [69]). Rayne und Chandrasekhar [60] beobachteten eine große Anzahl von Oszillationen im longitudinalen Magnetfeld an Indium, konnten jedoch keine Periodizität in $1/B_0$ feststellen. Mackintosh [92] interpretiert einige Oszillationen an Zinn im Bereich $B_0 \lesssim 1\,k\,\mathrm{G}$ (vgl. Fig. 44) im Sinne von (XI. 15), findet jedoch ebenfalls keine strenge Periodizität in $1/B_0$, was er auf eine möglicherweise vorhandene starke Interferenz der Beiträge verschiedener Bahnen zurückführt.

### *XI.5 Magnetoakustische Effekte in Abhängigkeit vom Winkel zwischen $\boldsymbol{B}_0$ und $\boldsymbol{q}$*

Für die Situation bei von $\frac{\pi}{2}$ verschiedenem Winkel $\frac{\pi}{2} - \varphi$ zwischen $\boldsymbol{B}_0$ und $\boldsymbol{q}$ ist charakteristisch, daß es in diesem Falle auch auf geschlossenen Fermiflächen Bahnen mit $\boldsymbol{q}\,\tilde{\boldsymbol{v}} \neq 0$ gibt (vgl. Kap. VIII). Ist $q\,l \sin\varphi \gg 1$, so werden die Bahnen, welche vornehmlich zur Absorption beitragen, daher wieder durch die Resonanzbedingung

$$\omega - \boldsymbol{q}\,\tilde{\boldsymbol{v}} - n\,\omega_c = 0 \tag{XI. 16}$$

ausgewählt. Ist auf diesen außerdem noch an entsprechenden Punkten die Gleichung $\boldsymbol{q}\,\boldsymbol{v} - \omega = 0$ erfüllt, so ist die Bedingung für das Auftreten von geometrischen Resonanzen auf diesen nichtextremalen Bahnen gegeben. Damit die Resonanzbedingung (XI. 16) für die Auswahl der absorbierenden Bahnen wirksam werden kann, muß jedoch außerdem $\sin\varphi > v_s/\tilde{v}_{z\,\max}$ sein, was zusammen mit $q\,l \sin\varphi \gg 1$ auf $\omega\,\tau \gg 1$ führt. Diese Forderung ist nun jedoch für Metalle unter den üblichen experimentellen Bedingungen nicht realisiert, sondern kann allenfalls für Halbmetalle erfüllt werden. Daher sind Untersuchungen der magnetoakustischen Effekte in Abhängigkeit von $\varphi$ an Metallen offenbar nicht durchgeführt worden, da bei Verletzung der erwähnten Bedingungen sich gegenüber den Verhältnissen bei $\varphi = 0$ hinsichtlich der geometrischen Resonanz keine Veränderungen ergeben, außer daß in (XI. 5) $\lambda$ durch $\lambda \cdot \cos\varphi$ zu ersetzen ist und im Bereich der Zyklotronresonanzen $\omega$ durch $\omega - q_z\,\tilde{v}_z$. Falls (XI. 16) wirksam ist, gibt es geometrische Resonanzen auf nichtextremalen Bahnen, welche nach der ausführlichen Theorie schärfer sein sollten als im Falle $\varphi = 0$.

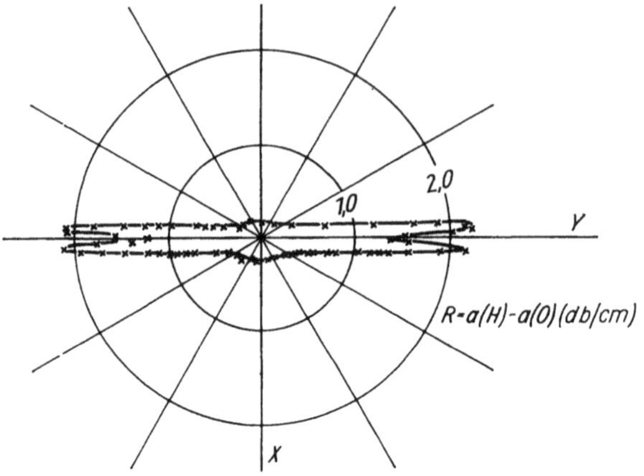


**Fig. 47.** $\alpha(B_0) - \alpha(0)$ als Funktion des Winkels zwischen $\boldsymbol{q}$ und $\boldsymbol{B}_0$ für longitudinalen Schall in Wismut (nach Reneker [30]). Es ist $\boldsymbol{q} \| x$, und $B_0$ variiert in der $xy$-Ebene

Für die Abhängigkeit des Sättigungswertes $\alpha_\infty$ der Absorption von $\varphi$ für longitudinalen Schall ergibt sich unter den gleichen Bedingungen, daß die Absorption $\alpha_\infty(\varphi)$ im Bereich $\sin \varphi \approx v_s/\bar{v}_{z\,\max}$ wesentlich oberhalb des Wertes $\alpha_\infty(0)$ liegt, weil die unter dieser Bedingung vorhandenen Elektronen mit der Geschwindigkeit

$$\bar{v}_q = \bar{v}_{z\,\max} \sin \varphi = v_s$$

in Phase mit der Schallwelle bleiben über einen Umlauf im Magnetfeld und so stark zur Absorption beitragen. Ein entsprechender starker Anstieg der Absorption bei Auslenkung der Richtung von $\boldsymbol{B}_0$ aus der Richtung $\varphi = 0$ wurde von Reneker [30] an Wismut beobachtet (vgl. Fig. 47). Die detaillierte quantitative Behandlung dieses sogenannten „tilt"-Effektes (Spector [66]) ergibt, daß die Funktion $\alpha_\infty(\varphi)$ einen Wendepunkt besitzt, welcher für $\omega \tau \approx 1$ in sehr guter Näherung bei $\varphi \approx \arcsin v_s/\bar{v}_{z\,\max}$ liegt. Reneker bestimmte den Schnittpunkt der Wendetangente der Kurve $\alpha(\varphi)$ mit der Tangente dieser Kurve im Punkte $\varphi = 0$ und setzte den so gewonnenen Winkel $\varphi_R$ gleich $\arcsin v_s/\bar{v}_{z\,\max}$. Das entsprechende Resultat erwies sich als konsistent mit den Werten der Parameter der Wismut-Fermifläche für Elektronen [30]. Weitere experimentelle Untersuchungen des tilt-Effektes scheinen bislang nicht unternommen worden zu sein.

### *XI.6 Spezielle Effekte an offenen Bahnen*

In welcher Weise offene Bahnen mit Hilfe der geometrischen Resonanzen vermessen werden können, haben wir bereits anhand des Beispiels der Edelmetall-Fermiflächen in Kap. IX. 2 dargestellt. In der betrachteten Situation war die mittlere Richtung der offenen Bahn im Ortsraum senkrecht, im $\boldsymbol{k}$-Raum parallel zur Fortpflanzungsrichtung $\boldsymbol{q}$ des Schalls (vgl. Fig. 21 und 22). Des weiteren hatten wir im gleichen Abschnitt auf die starke Anisotropie der Beiträge der offenen Bahnen zur Absorption hingewiesen, welche einen starken Abfall aufweist, wenn $\boldsymbol{q}$ aus der Richtung der offenen Bahn herausgedreht wird. In diesem Falle ist $\boldsymbol{q}\,\tilde{\boldsymbol{v}} \neq 0$, d. h., die mittlere Bewegung der Elektronen auf der offenen Bahn im Ortsraum hat eine Komponente parallel zur Ausbreitungsrichtung des Schalls, so daß wieder die Möglichkeit echter Resonanzen gegeben ist, wenn die Verhältnisse so sind, daß (XI. 16) erfüllt ist. Dies erfordert das Bestehen der Beziehungen $|\boldsymbol{q}\,\tilde{\boldsymbol{v}}| > \omega$ und $1 \ll \boldsymbol{q}\,\tilde{\boldsymbol{v}}\,\tau$ (vgl. Kap. IX). Vernachlässigen wir in diesem Falle $\omega$

in (IX. 16), so lautet die Resonanzbedingung

$$\boldsymbol{q}\,\tilde{\boldsymbol{v}} = n\,\omega_c\,. \tag{XI. 17}$$

Nehmen wir an, daß $\tilde{v}_x = 0$, $\tilde{v}_y \neq 0$ ist und $\boldsymbol{q} = \{q_x, q_y, 0\}$, $\boldsymbol{B}_0(0, 0, B_0)$, so finden wir (vgl. (IX. 13))

$$\tilde{v}_y = \frac{\omega_c}{2\pi}\int_0^{T_c} v_y\,dt = \frac{\hbar\,\omega_c}{2\,\pi\,e\,B_{0z}}\int_0^{T_c} \dot{k}_x\,dt = -\frac{\hbar\,K_{0x}}{2\pi\,m_c}\,. \tag{XI. 18}$$

Darin ist $T_c$ die Zeit, in der ein Elektron die Periode der offenen Bahn durchläuft und $K_{0x}$ der reziproke Gittervektor in $k_x$-Richtung, welcher diese Periode kennzeichnet. Die Resonanzbedingung (IX. 17) führt mit (XI. 18) unmittelbar auf die Periode $\Delta(1/B_0)$ der Resonanzen bezüglich $1/B_0$:

$$\Delta\left(\frac{1}{B_0}\right) = \left|\frac{2\,\pi\,e}{\hbar\,c\,q\,K_{0x}\sin\psi}\right|\,. \tag{XI. 19}$$

Darin ist $\psi$ der Winkel zwischen $\boldsymbol{q}$ und der Richtung der offenen Bahn im $\boldsymbol{k}$-Raum. Gibt es auf der offenen Bahn Punkte, an denen $\boldsymbol{q}\,\boldsymbol{v} = 0$ ist, so überlagern sich den durch (XI. 19) charakterisierten echten Resonanzen noch die sinusförmigen Oszillationen der geometrischen Resonanzen, aus deren Periode $\Delta(1/B_0)$ sich nach (XI. 5) der senkrecht zu $\boldsymbol{q}$ gemessene Abstand $\Delta\boldsymbol{k}$ der entsprechenden Punkte im $\boldsymbol{k}$-Raum ergibt für diejenigen Bahnen, für welche dieser Abstand extremal ist bzw. für solche, welche infolge besonders starker Wechselwirkung mit der Schallwelle überwiegend die Absorption verursachen. Zur Unterscheidung der beiden oszillatorischen Erscheinungen kann u. a. dienen, daß nach (XI. 19) für die echten Resonanzen das Produkt

$$\sin\psi\,\Delta\left(\frac{1}{B_0}\right) = \left|\frac{2\,\pi\,e}{\hbar\,c\,q\,K_{0x}}\right| \tag{XI. 20}$$

konstant sein muß.

Resonanzen mit der Eigenschaft (XI. 20) beobachteten wohl zuerst Galkin, Kaner und Koroljuk an Zinn [59] in zwei Fällen: Im ersten bildete die Richtung von $\boldsymbol{q}$ mit der [001]-Richtung einen Winkel von 28° in der [010]-Ebene ($\boldsymbol{B}_0$ lag in der [110]-Ebene). Im zweiten Fall bildete $\boldsymbol{q}$ in der [010]-Ebene einen Winkel von 40° mit der [001]-Richtung. Beide Effekte wurden interpretiert unter der Annahme offener Bahnen in der [110]-Richtung und ergeben für $\hbar\,K_{0x}$ den Wert $15 \cdot 10^{-20}$ gcm/s, der dem Durchmesser der Brillouinzone in [110]-Richtung von $16{,}2 \cdot 10^{-20}$ gcm/s entspricht.

Die Existenz von offenen Bahnen in Richtung der hexagonalen Achse auf der Fermifläche von Cadmium konnte von Gavenda und Deaton [94] auf Grund der Beobachtung einer entsprechenden Resonanz nachgewiesen werden.

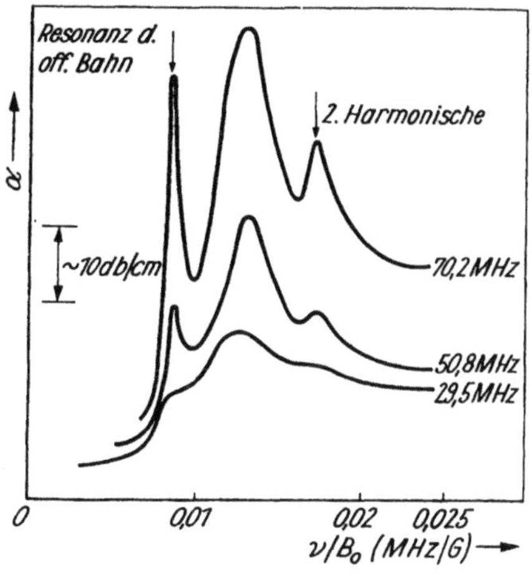


Fig. 48. Resonanz offener Bahnen in Kupfer (nach Burmeister, Doan und Gavenda [95]). Transversaler Schall in [110]-Richtung, polarisiert parallel zu $[1\bar{1}0]$, $\boldsymbol{B}_0 \| [1\bar{1}\bar{1}]$ in der [110]-Ebene

Unter Verwendung transversalen Schalls beobachteten Burmeister, Doan und Gavenda [95] von offenen Bahnen herrührende Resonanzen an Kupfer (vgl. Fig. 48). Dabei war das Magnetfeld senkrecht zur $[1\bar{1}1]$-Richtung in der [110]-Ebene orientiert, und $\boldsymbol{q}$ war parallel zu [110]. Aus der Periode (XI. 19) der Absorption ergibt sich demnach die Periode der in Fig. 39 dargestellten offenen Bahn. Das Resultat ist, $\hbar K_{0x} = 3{,}14 \cdot 10^{-19}$ gcm/s, in guter Übereinstimmung mit dem Durchmesser der Brillouinzone in $[1\bar{1}1]$-Richtung von $3{,}18 \cdot 10^{-19}$ gcm/s. Dieselbe Resonanz wurde auch bei longitudinalem Schall beobachtet, jedoch waren die Maxima breiter und niedriger. Dies beruht darauf, daß die Halbwertsbreite der Resonanzen von der Größenordnung $1/q\,l$ ist (in der Darstellung mit $1/B_0$ als unabhängiger Variabler) und daß die longitudinale Schallgeschwindigkeit etwa dreimal so groß ist wie die transversale. Dies und der Umstand, daß die Resonanzen der offenen Bahnen im Bereich hoher magnetischer Feldstärken von mehreren kG auftreten, in dem die longitudinale Absorption wesentlich stärker ist als die transversale, lassen transversalen Schall für die Untersuchung der Resonanzen der offenen Bahnen geeigneter erscheinen als longitudinalen.

### *XI.7 Die magnetoakustischen de Haas-van Alphen-Oszillationen*

Ist das Magnetfeld so stark, daß $\hbar\,\omega_c \approx k\,T$ wird, so kann die Quantisierung der Elektronenenergie bzw. der Elektronenbahnen nicht mehr vernachlässigt werden. Ihre Berücksichtigung führt zu einer Periodizität der Ultraschallabsorption in $1/B_0$, welche prinzipiell auf dem gleichen Umstand beruht wie die als de Haas-van Alphen-Effekt bekannte Periodizität der magnetischen Suszeptibilität des Elektronengases, weshalb wir diese Oszillationen der Absorption als magnetoakustische de Haas-van Alphen-Oszillationen bezeichnet haben (vgl. Kap. X). Ihre theoretische Interpretation ist besonders übersichtlich für longitudinales Magnetfeld ($\boldsymbol{q}\|\boldsymbol{B}_0$). In diesem Falle sehen wir (vgl. Kap. VII. 5 und XI. 3), daß für Max $(q_z\,\bar{v}_z) < \omega_c$ die absorbierenden Elektronen der Bedingung

$$q_z\,\bar{v}_z = \omega \qquad \text{(XI. 21)}$$

genügen müssen, welche wir wegen $v_F/v_s \gg 1$ näherungsweise durch

$$q_z\,\bar{v}_z = 0 \qquad \text{(XI. 22)}$$

ersetzen können. Damit die durch (XI. 21) charakterisierten Elektronen auch tatsächlich zur Absorption beitragen, ist (wir setzen longitudinalen Schall voraus) weiterhin notwendig, daß ihre Bahnen sich unter den von der Quantisierung erlaubten befinden. Diese verlangt (für geschlossene Fermiflächen) [77], daß die Fläche $S(\zeta_0, k_z)$, welche von einer durch ein bestimmtes $k_z$ definierten Bahn umrandet wird, die Bedingung

$$S(\zeta_0, k_z) = 2\,\pi\,(n+\gamma)\left|\frac{e\,B_0}{\hbar\,c}\right| \qquad (n = 0, 1, 2, \ldots) \qquad \text{(XI. 23)}$$

erfüllt, wobei $\gamma$ eine Konstante ist. Für festes $B_0$ werden dadurch die $k_z$-Werte der erlaubten Bahnen und damit diese selbst festgelegt.

Demnach ergeben sich Maxima der Absorption für diejenigen Werte des Magnetfeldes, für die einer der nach (XI. 23) erlaubten $k_z$-Werte mit einem solchen zusammenfällt, für den die Bedingung (XI. 22) erfüllt ist. Die Periode der Oszillationen ist daher

$$\varDelta\left(\frac{1}{B_0}\right) = \left|\frac{2\,\pi\,e}{\hbar\,c\,S(\zeta_0, k_z^{(0)})}\right|, \qquad \text{(XI. 24)}$$

Fig. 49. Magnetoakustische Oszillationen vom de Haas-van Alphen-Typ in Zink ($\boldsymbol{q}||\boldsymbol{B}_0||[10\bar{1}0]$) (nach Koroljuk und Pruschtschak [75])

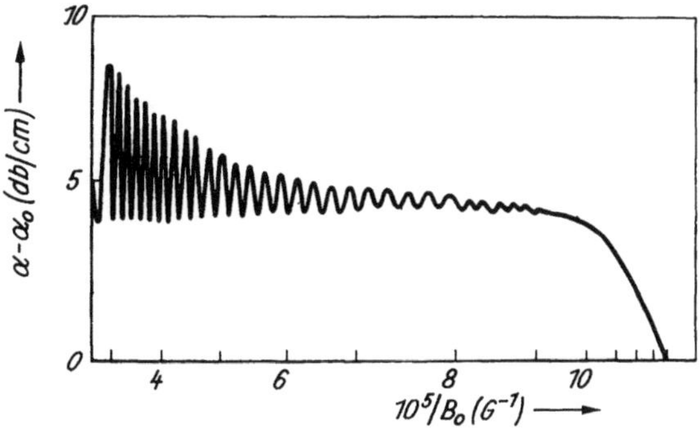


wobei $S(\zeta_0, k_z^{(0)})$ die Fläche des Schnittes für einen der Werte $k_z^{(0)}$ ist, für welchen $q_z\, \bar{v}_z(k^{(0)}) = 0$ ist. Da nach (VII. 48)

$$q_z\, \bar{v}_z = \mp \frac{\hbar}{2\,\pi\, m_c}\, q_z\, \frac{\partial S}{\partial k_z}$$

ist, sind diese Schnitte gerade die Extremalschnitte der Fermifläche. Nach der strengeren Theorie hat man statt (XI. 22) die korrekte Bedingung (XI. 21) zu beachten, und man erkennt, daß es in Strenge nicht die Extremalschnitte sind, welche die Periode der magneto-akustischen Oszillationen festlegen, sondern (für longitudinalen Schall) die durch (XI. 21) charakterisierten Schnitte. Bei ellipsoidischen Fermiflächen gilt für Zentralschnitte

$$S(\zeta_0, k^{(0)}) = \frac{2\,\pi}{\hbar^2}\, m_c\, \zeta_0\,,$$

und die Periodizität der Oszillationen wird gegeben durch

$$\Delta\left(\frac{1}{B_0}\right) = \left|\frac{e\,\hbar}{c\, m_c\, \zeta_0}\right|. \qquad \text{(XI. 25)}$$

Magnetoakustische de Haas-van Alphen-Oszillationen wurden zuerst von Reneker [30] an Wismut beobachtet. Zum Unterschied von den übrigen magnetoakustischen Oszillationen ist ihre Periode, wie aus (XI. 24) ersichtlich, in guter Näherung unabhängig von der Wellenlänge bzw. der Frequenz des Ultraschalls, wodurch sie bei gleichzeitigem Vorliegen von Oszillationen anderer Typen leicht von diesen isoliert werden können.

An einem Metall wurden die Oszillationen vom de Haas-van Alphen-Typ zuerst von Gibbons [96] beobachtet, und zwar an Zink. Weitere Beobachtungen des Effekts an Zink wurden von Koroljuk und Pruschtschak [75] ausgeführt (vgl. Fig. 49). Reneker und Gibbons beobachteten die Oszillation im transversalen Magnetfeld, während Koroljuk und Pruschtschak mit longitudinalem Feld arbeiteten. Im Falle $\boldsymbol{q}||\boldsymbol{B}_0||[10\bar{1}0]$ fanden sie $\Delta(1/B_0) = 0{,}204 \pm 0{,}005 \cdot 10^{-5}\ \mathrm{G}^{-1}$, was innerhalb der Meßgenauigkeit mit der Periode des de Haas-van Alphen-Effekts für diese Orientierung von $\boldsymbol{B}_0$ übereinstimmt, welche von Verkin und Dmitrenko [97] gemessen wurde. Im Falle $\boldsymbol{q}||\boldsymbol{B}_0||[11\bar{2}0]$ ergab sich eine Periode $\Delta(1/B_0) = 0{,}16 \pm 0{,}005\ \mathrm{G}^{-1}$, welche etwas größer als die entsprechende des de Haas-van Alphen-Effekts ist. Weitere Untersuchungen der Fermifläche von Zink (und von Cadmium) wurden von Gibbons und Falicov [98] vorgenommen.

### XI.8 Die Bestimmung der freien Weglänge aus den geometrischen Resonanzen

Damit in der Absorption die als geometrische Resonanz bezeichnete oszillatorische Erscheinung auftreten kann, für deren Entstehung es notwendig ist, daß der Bahndurchmesser der Elektronen von der Größenordnung der Schallwellenlänge ist, müssen die Elektronen die Bahn auch ungestreut durchlaufen können. Das bedeutet aber, daß die freie Weglänge $l$ größer als die Wellenlänge $\lambda$ sein muß. Ist $n$ die Nummer des letzten mit abnehmendem Magnetfeld beobachteten Maximums, so ist der zugehörige Bahnumfang der Elektronen von der Größenordnung $n\pi\lambda$. Man erwartet daher, daß mit abnehmendem Magnetfeld die Oszillationen abbrechen, wenn

$$n\pi\lambda \approx l$$

wird (siehe [60] und [51]) bzw., da $q = \frac{2\pi}{\lambda}$, wenn

$$q\,l \approx 2\,n\,\pi^2\,. \qquad \text{(XI. 26)}$$

Eine andere Methode zur Abschätzung von $l$ wurde von Galkin und Koroljuk [99] vorgeschlagen. Nach (V. 9) gilt für die Entfernung $\Delta k$ zweier Punkte $\Theta_1$ und $\Theta_2$ einer Bahn, an denen $\boldsymbol{q}\,\boldsymbol{v} = 0$ ist, also für die aus (XI. 5) bestimmbare Größe,

$$\Delta k = -\frac{e\,B_0}{\hbar\,c}\int\limits_{\Theta_1}^{\Theta_2}\frac{v_x}{\omega_c}\,d\Theta = -\frac{e\,B_0}{\hbar\,c}\,\Delta x\,,$$

wobei $\Delta x$ das beim Durchlaufen des zwischen $\Theta_1$ und $\Theta_2$ gelegenen Bahnstücks im $\boldsymbol{k}$-Raum zurückgelegte Stück im Ortsraum ($\boldsymbol{B}_0 \| z$, $\boldsymbol{q} \| x$) ist. Nimmt man nun an, daß für $\Delta x \geqq l$ keine Oszillationen mehr zu beobachten sind, und ist $B_0^{\min}$ das Magnetfeld, welches der letzten Oszillation entspricht, so erhält man für $l$ die Bedingung

$$l = -\frac{\hbar\,\Delta k}{e\,B_0^{\min}}\,c\,. \qquad \text{(XI. 27)}$$

Galkin und Koroljuk haben nach beiden Methoden $l$ für Zink bestimmt und fanden gute Übereinstimmung, wie aus folgender Tabelle ersichtlich:

| Richtung von $\boldsymbol{q}$ | $l$ (mm) nach (XI. 26) | $l$ (mm) nach (XI. 27) | $T$ (°K) |
|---|---|---|---|
| [0001] | 0,5 *) | 0,6 | 1,65 |
| [10$\bar{1}$0] | 0,22*) | 0,2 | 4,2 |
| [11$\bar{2}$0] | 0,27*) | 0,24 | 1,65 |

*) Diese Werte wurden aus $q\,l = 2\,\pi^2\,(n + 1)$ bestimmt.

Gibbons und Falicov [98] bestimmten für Zink $l$ nach $l \approx \pi\lambda\,(n + 1)$ mit $\boldsymbol{q} \| [10\bar{1}0]$ zu $l \sim 0{,}11$ cm. Aus Messungen der Leitfähigkeit und des Halleffekts berechneten sie $\tau \approx 7{,}8 \cdot 10^{-10}\,\mathrm{s}^{-1}$ und fanden für die Fermigeschwindigkeit $\langle v_F \rangle \approx 1{,}4 \cdot 10^8\,\mathrm{cm\,s}^{-1}$. Aus Messungen der spezifischen Wärme bzw. nach dem Modell freier Elektronen ergibt sich $\langle v_F \rangle \approx 0{,}9 \cdot 10^8\,\mathrm{cm\,s}^{-1}$ bzw. $1{,}8 \cdot 10^8\,\mathrm{cm\,s}^{-1}$ (Fawcett [100]). Eine ähnliche Übereinstimmung fanden Galkin, Kaner und Koroljuk [59] für die aus der Zahl der Maxima bzw. anderweitig bestimmte freie Weglänge $l$ für Zinn.

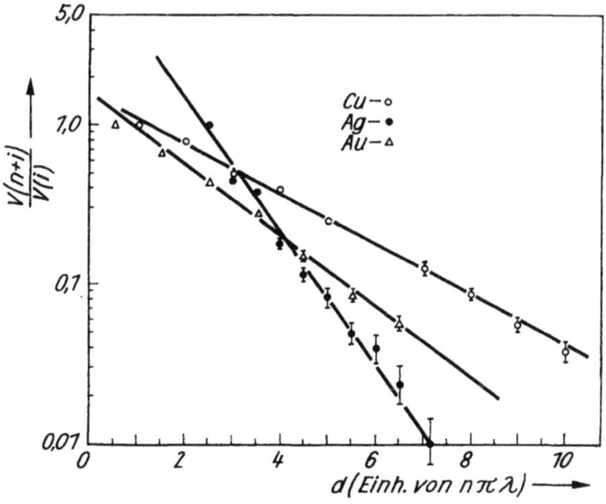


Fig. 50. Logarithmische Darstellung des Verhältnisses $\frac{V(n+i)}{V(i)}$ als Funktion von $n \pi \lambda$ für drei zentrale „belly"- Bahnen (vgl. Text) (nach Bohm u. Easterling [83])

Die Methode der Bestimmung der freien Weglänge aus der Zahl der Oszillationen der geometrischen Resonanzen ist jedoch verschiedentlich kritisiert worden, nicht zuletzt unter Hinweis darauf, daß es sicherlich von der Güte der Apparatur abhängt, welches das letzte Maximum ist, das noch registriert werden kann, bzw. wie groß die minimale magnetische Feldstärke ist, bei welcher noch Oszillationen festgestellt werden können [101]. Ein anderer Punkt, an welchen die Kritik ansetzt, ist der Umstand, daß nach (XI. 26) ein Wert von $q\,l \sim 20$ pro Oszillation erforderlich ist, während nach Rechnungen von Kjeldaas und Holstein [61] für $q\,l \sim 7$ noch zwei Maxima zu erwarten sind [5]. Nach Bohm und Easterling [5] kommt man zu einer Abschätzung von $l$ mit Hilfe folgender Überlegung: Falls die Zahl der Elektronen, welche nach Durchlaufen der Strecke $d$ noch ungestreut sind, gegeben ist durch

$$N(d) = N(0)\, e^{-d/l}$$

und die Amplitude der $n$-ten Oszillation proportional der Zahl der Elektronen ist, welche nach Durchlaufen der Strecke $d(n) = n\,\pi\,\lambda$ (für Kreisbahnen) noch ungestreut sind, sollte für das Verhältnis der Amplitude der $(n+i)$-ten Oszillation zu der der $i$-ten gelten

$$\frac{V(n+i)}{V(i)} = e^{-[d(n+i) - d(i)]/l} = e^{-d(n)/l} = e^{-n\pi\lambda/l}\,. \qquad \text{(XI. 28)}$$

Ein derartiges Exponentialgesetz konnte experimentell von den Autoren bestätigt werden (Fig. 50). Es zeigt sich dabei, daß das Verhältnis $q\,l/n$, wobei $n$ die Zahl der insgesamt beobachteten Oszillationen eines Typs von der Größenordnung 2,7 bis 4,5 angibt, in Übereinstimmung steht mit den Voraussagen von Kjeldaas und Holstein.

Deaton und Gavenda [101] haben ein weiteres Verfahren zur Bestimmung von $q\,l$ vorgeschlagen, welches den Sättigungswert der Absorption von longitudinalem Schall für $B_0 \to \infty$ benutzt. Für freie Elektronen und $\omega\,\tau \ll 1$ gilt (vgl. (VI. 13))

$$\alpha_\infty = \frac{n_0\, m}{\mu\, v_s\, \tau}\, \frac{(q\,l)^2}{15}\,.$$

Für die Absorption im Falle $B_0 = 0$ liefert die Pippardsche Theorie [11]

$$\alpha_0 = \frac{n_0 m}{\mu v_s \tau} \left[ \frac{(q l)^2 \operatorname{arctg} q l}{3 (q l - \operatorname{arctg} q l)} - 1 \right].$$

Die Gleichung

$$\alpha_\infty(q l) - \alpha_0(q l) = 0$$

hat die Lösung

$$q l \approx 6{,}8 .$$

Bestimmt man also die Frequenz, für welche $\alpha_\infty = \alpha_0$ ist, so kann man bei bekannter Schallgeschwindigkeit sofort auf $q l$ schließen. Obwohl diese Betrachtung nur für freie Elektronen gilt, wenden sie Deaton und Gavenda zur Bestimmung von $l$ in Cu an für verschiedene Orientierungen von $\boldsymbol{q}$ und $\boldsymbol{B}_0$ und erhalten hier für $l$ Werte zwischen 0,065 mm und 0,20 mm. Bohm und Easterling finden aus dem Exponentialgesetz (XI. 28) für Cu gleicher Reinheit eine freie Weglänge von 0,12 mm.

Zur Bestimmung der Relaxationszeit $\tau$ kann man die freie Weglänge $l$ heranziehen und die Relation

$$\tau = \frac{l}{v_F},$$

wobei für die Fermigeschwindigkeit $v_F$ ein geeigneter Mittelwert einzusetzen ist. Dieser kann z. B. aus der Zustandsdichte, welche sich aus Messungen der spezifischen Wärme ergibt, bestimmt werden. Eine andere Definition von $\tau$ ist

$$\tau_1 = \frac{m_c}{l \hbar \bar{k}},$$

wobei $\bar{k}$ der mittlere Durchmesser der Bahn und $m_c$ die ihr korrespondierende Zyklotronmasse ist. Diese Definition ist natürlich nur für geschlossene Bahnen brauchbar. Schließlich kann man auch davon ausgehen, daß zur Beobachtung der geometrischen Resonanzen die Bedingung $\omega_c \tau \gg 1$ erfüllt sein muß, die letzte zu einer bestimmten Bahn mit abnehmendem Feld beobachtete Oszillation also eintreten wird für

$$B_0^{\min} = \left| \frac{c\, m_c}{e\, \tau_2} \right|,$$

und daraus $\tau$ bestimmen. Unter Benutzung von $m_c$-Werten aus Zyklotronresonanzen finden Bohm und Easterling Werte für $\tau_1$ bzw. $\tau$, welche gut übereinstimmen und im Bereich zwischen $2 \cdot 10^{-11}$ s und $10 \cdot 10^{-11}$ s liegen.

## XII. Abschließende Bemerkungen

Überblicken wir die Theorie der magnetoakustischen Effekte in Metallen, die, wie aus dem vorigen Kapitel deutlich wird, sich in ihren wesentlichen Aussagen in Übereinstimmung mit der Erfahrung befindet, so werden einige charakteristische Züge erkennbar, welche für ihren gegenwärtigen Entwicklungsstand bezeichnend sind und die zugleich die Richtungen für ihren weiteren Ausbau anzeigen:

1. Zum Verständnis der oszillatorischen Eigenschaften der magnetoakustischen Absorption genügen im Grunde, soweit es ihre Periodizität betrifft, elementare qualitative Betrachtungen, welche die geometrischen Charakteristika der Fermifläche bzw. die aus ihnen resultierenden möglichen Elektronenbahnen in Beziehung

zur Schallwelle setzen. Das außerordentlich komplexe Problem der Wechselwirkung zwischen Elektronen und Schallwelle, d. h. der Kräfte, welche in Anwesenheit der Schallwelle auf ein Elektron in einem Metall wirken, ist in dieser Beziehung irrelevant, da diese keinen Einfluß auf die Perioden der Oszillationen, sondern nur auf ihre Phasen und Amplituden haben. Des weiteren bedarf es genauer Kenntnis der Wechselwirkung, um das Auftreten geometrischer Resonanzen an nichtextremalen Bahnen zu verstehen.

2. Theoretisch und experimentell untersucht sind gegenwärtig weitgehend nur die magnetoakustischen Effekte in Absorption, wenngleich bereits Arbeiten zur Magnetfeldabhängigkeit der Schallgeschwindigkeit erschienen sind. Statt die Absorption über die Entropieproduktion bzw. mittels energetischer Überlegungen zu definieren, ist anzustreben, die Bewegungsgleichung der Ionen des Metalls unter Berücksichtigung ihrer Wechselwirkung mit den Leitungselektronen aufzustellen, wozu ebenfalls bereits erste Schritte getan wurden, und aus ihrer Diskussion Ausdrücke für den Absorptionskoeffizienten und die Schallgeschwindigkeit zu gewinnen.

3. Die Theorie der Wechselwirkung zwischen dem durch die Schallwelle gestörten Ionengitter und den Leitungselektronen ist nach wie vor unbefriedigend. Dies betrifft einerseits die Frage nach den in diesem Falle wirkenden Kräften, also nach dem sogenannten Deformationspotential, und andererseits das Problem der Relaxationsvorgänge im durch die Schallwelle gestörten Gitter, also die Frage der lokalen Elektronenverteilung, des „collision drag". Wenngleich (abgesehen von den magnetoakustischen Quanteneffekten) die halbklassische Beschreibung der Elektronenkinetik durch eine Boltzmanngleichung als angemessen für die Ziele der Theorie der magnetoakustischen Erscheinungen gelten kann, so bedarf doch die Dynamik der Elektronen in Wechselwirkung mit der Schallwelle einer von den Grundlagen ausgehenden konsequenten quantentheoretischen Behandlung, die schließlich auf eine Ableitung der kinetischen Gleichung (einschließlich des Stoßterms) auf quantenstatistischer Basis hinausläuft. Die gegenwärtig vorliegenden Behandlungen dieses Problems, welche sich auf eine halbklassische, auf einem Äquivalent-Hamiltonoperator beruhende Dynamik stützen, können nicht befriedigen, was sowohl die Begründung des Äquivalent-Hamiltonoperators als auch des Stoßterms der kinetischen Gleichung betrifft. Von einer umfassenderen und tiefer fundierten Behandlung[2]) dieses Problems kann man u. a. weitere Hinweise darauf erhoffen, in welcher Weise es möglich ist, die Elektron-Gitter-Wechselwirkung mit Hilfe von Ultraschallmethoden direkt zu untersuchen, deren Bedeutung vorerst wesentlich in der Möglichkeit der Bestimmung der Form der Fermifläche besteht.

Bei der Abfassung dieser Arbeit, welche auf eine Anregung von Prof. Dr. W. Brauer zurückgeht, waren zahlreiche Diskussionen mit Dr. J. Mertsching von großem Wert. Beiden gilt an dieser Stelle der Dank des Verfassers.

## Literatur

(Die Zitate [1] bis [78] beziehen sich auf die Teile I bis III)

[79] W. A. Harrison, Phys. Rev. **116**, 555 (1959).
[80] W. A. Harrison, Phys. Rev. **118**, 1190 (1960).
[81] H. W. Streitwolf, phys. stat. sol. **2**, 1595 (1962).

[2]) Vgl. J. Mertsching und H. Stolz, phys. stat. sol. **8**, 847 (1965).

[82] V. J. Easterling und H. V. Bohm, Phys. Rev. **125**, 812 (1962).
[83] H. V. Bohm und V. J. Easterling, Phys. Rev. **128**, 1021 (1962).
[84] N. A. Bezugly, A. A. Galkin und A. J. Puschkin, Zh. eksper. teor. Fiz. **44**, 71 (1963).
[85] B. W. Roberts, Phys. Rev. **119**, 1889 (1960).
[86] G. N. Kamm und H. V. Bohm, Phys. Rev. **131**, 111 (1963).
[87] K. Fossheim und T. Olsen, phys. stat. sol. **6**, 867 (1964).
[88] B. W. Roberts, Phys. Rev. Letters **6**, 453 (1961).
[89] T. Olsen, J. Phys. Chem. Solids **24**, 649 (1963).
[90] A. V. Gold und M. G. Priestley, Phil. Mag. **5**, 1089 (1960).
[91] J. R. Klauder und J. E. Kunzler, J. Phys. Chem. Solids **8**, 256 (1961).
[92] A. R. Mackintosh, Phys. Rev. **131**, 2420 (1963).
[93] B. K. Jones, Phil. Mag. **9**, 217 (1964).
[94] J. D. Gavenda und B. C. Deaton, Phys. Rev. Letters **8**, 208 (1962).
[95] C. W. Burmeister, D. B. Doan und J. D. Gavenda, Phys. Letters (Netherlands) **7**, 112 (1963).
[96] D. F. Gibbons, Phil. Mag. **6**, 63 (1961).
[97] J. M. Dmitrenko, Diss. Charkow 1958.
[98] D. F. Gibbons und L. M. Falicov, Phil. Mag. **8**, 177 (1963).
[99] A. A. Galkin und A. P. Koroljuk, Zh. eksper. teor. Fiz. **38**, 1688 (1960).
[100] E. Fawcett, J. Phys. Chem. Solids **18**, 320 (1961).
[101] B. C. Deaton und J. D. Gavenda, Phys. Rev. **129**, 1990 (1963).
[102] J. M. Ziman, Adv. Phys. **10**, 1 (1961).
[103] W. A. Harrison, Phys. Rev. **118**, 1182 (1960).

*(Received September 28, 1964)*

# *Original Papers*

phys. stat. sol. 9, 27 (1965)

*Institute of Physics, Czechoslovak Academy of Sciences, Prague*

# Long-Range Elastic Field of Semi-Infinite Dislocation Dipole and of Dislocation Jog

By

F. Kroupa

Expressions are given for the displacement field and the dilatation stress of a semi-infinite dipole of infinitesimal width. This corresponds to a long-range approximation for a dipole of finite width terminated within the crystal. The expressions also apply to a jog in a dislocation. Apart from these angular dependence, the displacement field decreases with distance as $r^{-1}$ and the stress field as $r^{-2}$.

Für das Verschiebungsfeld und für die Dilatationsspannungen eines halbunendlichen Dipols infinitesimaler Breite werden exakte Ausdrücke angegeben, die für einen größeren Abstand Näherungen für einen Dipol endlicher Breite darstellen, der im Kristallinneren endet. Die gleichen Ausdrücke gelten ebenso für einen Sprung in einer Versetzung. Abgesehen von der Winkelabhängigkeit nehmen die Verschiebungen mit der Entfernung proportional $r^{-1}$ und die Spannungen mit $r^{-2}$ ab.

## 1. Introduction

Experiments show that a great number of dislocations in plastically deformed crystals form dislocation dipoles, i.e. close pairs of parallel dislocations with opposite Burgers vectors, mostly in edge orientations (see e.g. [1 to 7]). Different processes of formation of the dipoles have already been proposed (see e.g. [2], [8]). The properties of dipoles and their influence on the properties of crystals have recently been studied by Gilman and other authors [9 to 12]. In these theoretical papers infinitely long dipoles have been assumed. Because of the great length of the dipoles this assumption, which simplifies the calculation, is very sound and satisfactory for most purposes. Nevertheless it is interesting to discuss the properties of the end of a dipole in order to judge what disturbance it represents, and to study, for example, the role of the ends in the interaction of dipoles with point defects.

A very suitable method for the study of the elastic field around the end of a dipole is that of angular dislocations given by Yoffe [13]. Using this method the elastic energy of a rectangular loop (in other words — of a dipole having two ends) has been given by Kroupa and Brown [14] and discussed later in more detail by Sharpe [15]. The exact results for the elastic field of the dipole end will be, however, rather complicated for the case of finite dipole width and we shall only give the exact results for a dipole of infinitesimal width, which have a simpler form. They can be taken as a long-range approximation for a dipole of finite width ending in the crystal. For the case of infinitesimal width we can simply obtain the elastic field by integrating the elastic field of an infinitesimal loop [16] along a straight half-line.

These results will also give the elastic field of a jog on a dislocation; a jogged dislocation can obviously be formed by adding a semi-infinite dipole to a straight dislocation. A similar procedure has been adopted in [14] for studying the jog energy and the interaction energy between two jogs. Yoffe [13], using angular dislocations, has given the elastic field for a special case — a jog in a screw dislocation.

## 2. Semi-Infinite Dipole

### *2.1 Method of calculation*

The displacements $u_i$ of an arbitrary dislocation loop can be expressed as a surface integral of the displacements of infinitesimal loops over the area $A$ of the loop [16],

$$u_i = -k \iint_{(A)} \left[ \frac{1 - 2\nu}{\varrho} (n_i b_k \varrho_k + b_i n_k \varrho_k - \varrho_i b_k n_k) + \frac{3 \varrho_i b_k \varrho_k n_l \varrho_l}{\varrho^3} \right] \frac{dA}{\varrho^2}, \quad (1)$$

where $k = \frac{1}{8\pi(1-\nu)}$, $\nu$ is the Poisson constant, $b_k$ the Burgers vector, $n_k$ the local unit normal (which is constant for a plane loop); the element of the loop area $dA$ is placed at the point $x_k'$, the displacements $u_i$ are given at the point $x_k$; further $\varrho_k = x_k - x_k'$ and $\varrho = +(\varrho_k \varrho_k)^{1/2}$ and Einstein's summation convention is used. The following sign convention for the Burgers vector is used: The orientation of the dislocation line is right-hand with respect to the normal $n_k$; $b_k$ is then the displacement of the material on the negative side of the normal relative to the material on the positive side. This sign convention is the same as in [16] or in Kröner's book [17].

Let us now consider a semi-infinite dipole of width $l$ (Fig. 1, solid line) in the plane $x_1 x_3$; we then have $n_1 = 0$, $n_2 = -1$, $n_3 = 0$, and $x_2' = 0$, the integral (1) should be taken over the area $A$ and $dA = dx_1' \, dx_3'$. We shall, however, be interested in the displacements due to a semi-infinite dipole of infinitesimal width; we therefore take $dx_1' = l$ and $x_1' = 0$. We can then write $dA = l \, dx_3'$ and the integral (1) reduces to integration over $x_3'$ from 0 to $\infty$. All the integrals in question become very simple and only the results are given.

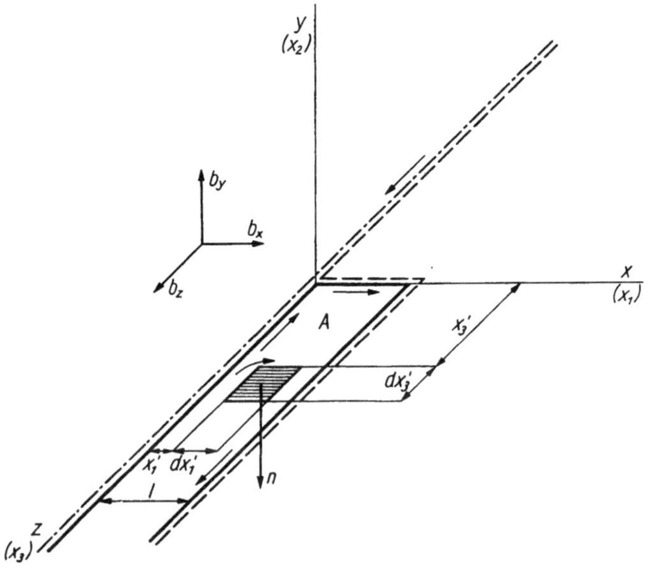


Fig. 1. A semi-infinite dipole (solid line). Formation of a jogged dislocation (dashed line) by adding a semi-infinite dipole to a straight dislocation (dotted-and-dashed line)

For simplicity, we shall use the notation $x$, $y$, $z$ instead of $x_1$, $x_2$, $x_3$, $u$, $v$, $w$ instead of $u_1$, $u_2$, $u_3$, and $b_x$, $b_y$, $b_z$ instead of $b_1$, $b_2$, $b_3$, and shall give the results separately for $\boldsymbol{b} = (b_x, 0, 0)$, $\boldsymbol{b} = (0, b_y, 0)$, and $\boldsymbol{b} = (0, 0, b_z)$.

### 2.2 Edge dipole, $b_x$

The only non-zero component of the Burgers vector is $b_x$. The long-range displacements then have the form

$$\left.\begin{aligned} u^{(1)} &= k\,l\,b_x \frac{y}{x^2+y^2}\left[\left(1-2\nu+\frac{2x^2}{x^2+y^2}\right)\left(1+\frac{z}{r}\right)+\frac{x^2 z}{r^3}\right], \\ v^{(1)} &= k\,l\,b_x \frac{x}{x^2+y^2}\left[\left(1-2\nu+\frac{2\,y^2}{x^2+y^2}\right)\left(1+\frac{z}{r}\right)+\frac{y^2 z}{r^3}\right], \\ w^{(1)} &= -\,k\,l\,b_x \frac{x\,y}{r^3}, \end{aligned}\right\} \tag{2}$$

where

$$r = +\sqrt{x^2+y^2+z^2}\,.$$

The stress components $\sigma_{ij}^{(1)}$ can simply be calculated using Hooke's law; we give in detail only the hydrostatic stress component, $\sigma^{(1)} = \frac{1}{3}\,(\sigma_{xx}^{(1)} + \sigma_{yy}^{(1)} + \sigma_{zz}^{(1)})$,

$$\sigma^{(1)} = -\frac{1}{6\pi}\frac{1+\nu}{1-\nu}G\,l\,b_x \frac{x\,y}{x^2+y^2}\left[\frac{2}{x^2+y^2}\left(1+\frac{z}{r}\right)+\frac{z}{r^3}\right], \tag{3}$$

where $G$ is the shear modulus.

### 2.3 Edge dipole, $b_y$

The only non-zero component of the Burgers vector is $b_y$. The displacements have the form

$$\left.\begin{aligned} u^{(2)} &= k\,l\,b_y \frac{x}{x^2+y^2}\left[\left(-1+2\nu+\frac{2\,y^2}{x^2+y^2}\right)\left(1+\frac{z}{r}\right)+\frac{y^2 z}{r^3}\right], \\ v^{(2)} &= k\,l\,b_y \frac{y}{x^2+y^2}\left[\left(1-2\nu+\frac{2\,y^2}{x^2+y^2}\right)\left(1+\frac{z}{r}\right)+\frac{y^2 z}{r^3}\right], \\ w^{(2)} &= k\,l\,b_y \frac{1}{r}\left[1-2\nu-\frac{y^2}{r^2}\right]. \end{aligned}\right\} \tag{4}$$

For the hydrostatic stress component we get

$$\sigma^{(2)} = \frac{1}{6\pi}\frac{1+\nu}{1-\nu}G\,l\,b_y \frac{1}{x^2+y^2}\left[\frac{x^2-y^2}{x^2+y^2}\left(1+\frac{z}{r}\right)-\frac{y^2 z}{r^3}\right]. \tag{5}$$

### 2.4 Screw dipole, $b_z$

The only non-zero component of the Burgers vector is $b_z$. Then for the displacements we have

$$\left.\begin{aligned} u^{(3)} &= -\,k\,l\,b_z \frac{x\,y}{r^3}, \\ v^{(3)} &= -\,k\,l\,b_z \frac{1}{r}\left[1-2\nu+\frac{y^2}{r^2}\right], \\ w^{(3)} &= k\,l\,b_z \frac{y}{x^2+y^2}\left[(1-2\nu)\left(1+\frac{z}{r}\right)+1+\frac{z^3}{r^3}\right], \end{aligned}\right\} \tag{6}$$

and for the hydrostatic stress component,

$$\sigma^{(3)} = \frac{1}{6\pi}\frac{1+\nu}{1-\nu} G\, l\, b_z \frac{y}{r^3}\,. \tag{7}$$

## 3. Jog in a Dislocation

A jogged dislocation (dashed line in Fig. 1) can be formed by adding a straight dislocation (dotted-and-dashed line) to the semi-infinite dipole. If we denote the displacements or stresses of a jogged dislocation symbolically by $A'$, those of a straight dislocation by $A^0$, and those of a dipole by $A$, we have $A' = A^0 + A$. The effect of the jog is given by the difference between the jogged and straight dislocation, $A' - A^0 = A$. We can, therefore, say that the displacement and stress fields of a jog are directly equal to those of a semi-infinite dipole; for a jog of infinitesimal height they are given by equations (2) to (7). It is seen that a jog has two effects: firstly, it produces a local disturbance of the stress field in the close neighbourhood of the jog, and, secondly, it displaces the dislocation half-line (and its stress field) by $l$.

## 4. Discussion

1. Note first the limiting behaviour of the displacements and stresses of the semi-infinite dipole. For $z \to -\infty$ all components are zero. For $z \to +\infty$ all components are functions of $x$ and $y$ only and are equal to those of a dipole with infinite length and infinitesimal width; the same expressions can be obtained from the usual equations for an infinite dipole (see e.g. [9]) with finite width $l$ for $l \ll \sqrt{x^2 + y^2}$; the displacements at $z \to +\infty$ decrease with the distance $r_1 = \sqrt{x^2 + y^2}$ as $1/r_1$ and the stresses as $1/r_1^2$.

2. Note the dependence on the distance $r$ from the end of the dipole. The components of the displacements and stresses which for an infinite dipole are zero, have for the semi-infinite dipole the form $K/r$ (i.e. $w^{(1)}$; $w^{(2)}$; $u^{(3)}$, $v^{(3)}$) and $K/r^2$, respectively ($\sigma^{(1)}_{xz}$, $\sigma^{(1)}_{yz}$; $\sigma^{(2)}_{xz}$, $\sigma^{(2)}_{yz}$; $\sigma^{(3)}_{xx}$, $\sigma^{(3)}_{yy}$, $\sigma^{(3)}_{zz}$, $\sigma^{(3)}_{xy}$; and also $\sigma^{(3)}$), where $K$ are factors containing direction cosines; these components represent local perturbations of the elastic field around the end of the dipole.

The remaining components of displacements and stresses of a semi-infinite dipole (which are not zero for an infinite dipole) have a more complicated form; for $z \to +\infty$ they correspond to the elastic field of an infinite dipole (with the displacements and stresses of the form $K/r_1$ and $K/r_1^2$, respectively) modulated along $z$ and passing to zero elastic field for $z \to -\infty$. These components can also be written for $x = r\cos\alpha$, $y = r\cos\beta$, $z = r\cos\gamma$ in the form $K/r$ for displacements and $K/r^2$ for stresses (however, the direction factors $K$ are more complicated in this case) except for $\gamma = 0$, i.e. for the $+z$ axis ($x = y = 0$, $z > 0$) which is a singular half-line. For $\gamma = \pi$ ($x = y = 0$, $z < 0$) our expressions do not give this form directly; it can be, however, simply obtained as the limit for $x \to 0$, $y \to 0$. We get for this case e.g.

$$\sigma^{(1)} = 0 \quad \text{and} \quad \sigma^{(2)} = \frac{1}{12\pi}\frac{1+\nu}{1-\nu} G\, l\, b_y \frac{1}{z^2}\,.$$

It can, therefore, be said generally that with distance $r$ from the end of a dipole (or from a jog in a dislocation) the displacements decrease as $1/r$ and the stresses as $1/r^2$ with the exception of some components in the direction of the $+z$ axis.

3. A few remarks on interaction with point defects will be added. Let us consider a dilatation centre as the simplest possible model of a point defect. The interaction energy of a dilatation centre with a stress field is

$$E_{\text{int}} = -4\pi R_0^3 \varepsilon \sigma ,$$

where $\varepsilon = \dfrac{R_0' - R_0}{R_0}$, $R_0$ is the cavity radius, $R_0'$ is the radius of the inserted sphere, and $\sigma = \dfrac{1}{3} \sigma_{kk}$ is the hydrostatic stress component of the stress field.

For the edge dipole with the Burgers vector $b_x$ in the $x$ direction, the interaction with the dilatation centres will be suppressed at the end because it represents a short segment with screw orientation. For the edge dipole with the Burgers vector $b_y$ normal to the plane of the dipole the interaction with the dilatation centres does not change very much at the end.

For a screw dipole (case 2.4), however, there is no interaction along the dipole and the interaction energy at the dipole end is

$$E_{\text{int}}^{(3)} = -A \frac{y}{r^3} ,$$

where

$$A = \frac{2}{3} \frac{1+\nu}{1-\nu} G\, l\, b_z R_0^3 \varepsilon .$$

The equipotential surfaces are egg-shaped (with the symmetry axis $y$) and tangential to the $x\,z$ plane at the origin. The force $\boldsymbol{F}$ on the dilatation centre, $\boldsymbol{F} = -\operatorname{grad} E_{\text{int}}$, has the components (in cylindrical coordinates $r_1 = \sqrt{x^2 + z^2}$, $y$)

$$F_{r_1} = -3A \frac{y\, r_1}{r^5} , \qquad F_y = A \frac{1}{r^3} - 3A \frac{y^2}{r^5} .$$

Therefore, there is an additional interaction between the screw dipole end, or between a jog in a screw dislocation (which are formed by a short segment of the edge dislocation), and a dilatation centre.

4. Let us stress once more that the results are given for a semi-infinite dipole of infinitesimal width (or for a jog of infinitesimal length).

They represent a long-range approximation of the elastic field due to the end of a dipole of finite width or of a jog of length $l$ in a dislocation. In practice they are applicable for distances $r > 2\,l$.

The author is indebted to Dr. J. Kaczér for reading the manuscript and for useful discussions.

## References

[1] W. C. Dash, J. appl. Phys. **29**, 705 (1958).
[2] W. G. Johnston and J. J. Gilman, J. appl. Phys. **31**, 632 (1960).
[3] J. R. Low and A. M. Turkalo, Acta metall. **10**, 215 (1962).
[4] A. Gemperle, M. Rozsíval and B. Šesták, Czech. J. Phys. **B 12**, 555 (1962).
[5] S. Karashima, J. Phys. Soc. Japan **19**, 1084 (1964).
[6] J. W. Steeds and P. M. Hazzledine, Disc. Faraday Soc., in press.
[7] P. B. Price, Electron Microscopy and Strength of Crystals (Proceedings, Berkeley Conf.), Interscience Publ., New York 1963.
[8] J. Friedel, Dislocations, Pergamon Press, Oxford 1964.
[9] J. J. Gilman, Disc. Faraday, Soc., in press.

[10] J. C. M. Li, Disc. Faraday Soc., in press.
[11] N. K. Chen, J. J. Gilman and A. K. Head, Phil. Mag. **10**, 35 (1964).
[12] N. K. Chen, J. J. Gilman, and A. K. Head, J. appl. Phys., in press.
[13] E. H. Yoffe, Phil. Mag. **5**, 161 (1960).
[14] F. Kroupa and L. M. Brown, Phil. Mag. **6**, 1267 (1961).
[15] N. G. Sharpe, Phil. Mag. **7**, 859 (1962).
[16] F. Kroupa, Czech. J. Phys. **B 12**, 191 (1962).
[17] E. Kröner, Kontinuumstheorie der Versetzungen und Eigenspannungen, Springer-Verlag, Berlin 1958.

*(Received December 14, 1964)*

phys. stat. sol. 9, 33 (1965)

*Institut für Physikalische Chemie der Deutschen Akademie der Wissenschaften zu Berlin*

# Einfluß der Temperatur auf die Deformationsstrukturen in NaCl-Kristallen bei Druck- und Stoßbeanspruchung

Von

E. Gragert und K. Meyer

(100)-NaCl-Spaltflächen werden im Temperaturbereich von −150 bis 300 °C mit einer Stahlkugel statisch belastet sowie durch mechanische Impulsübertragung plastisch verformt. Die beobachteten Verformungsstrukturen an der Oberfläche und im Kristallinnern werden im untersuchten Temperaturbereich beschrieben. Bei den statischen Belastungsversuchen ist das Verformungsvolumen stark temperaturabhängig, während bei den Stoßversuchen die Bearbeitungstemperatur eine untergeordnete Rolle spielt.

(100)-NaCl cleavage surfaces are statically loaded with a steel sphere and plastically deformed by an impulse transfer in the temperature range −150 to 300 °C. The deformation structures observed on the surface and in the bulk are described. The deformation volume is strongly temperature-dependent in the static load tests whereas the effect of temperature is small in the impulse tests.

## 1. Einleitung

Die punktförmige Beanspruchung von NaCl-Spaltflächen führt unter bestimmten Bedingungen zur Entstehung rosettenartiger Versetzungsanordnungen in der Umgebung des Kontaktbereiches [1, 2]. Die bisherigen Untersuchungen wurden jedoch fast ausschließlich bei Normaltemperatur oder bei tiefen Temperaturen [3] durchgeführt. Im Hinblick auf die Temperaturabhängigkeit der Bewegung von Versetzungen und auf die daraus resultierenden Veränderungen in den Deformationserscheinungen lag es nahe, die Versuche auf einen weiten Temperaturbereich auszudehnen. Daher wurden Spaltflächen durch langsames Eindringen einer belasteten Kugel im Temperaturbereich von −150 °C bis +300 °C beansprucht. Um den Einfluß der Deformationsgeschwindigkeit auf Form und Größe der Verformungszone näher zu untersuchen, wurden die statischen Belastungsversuche durch dynamische Beanspruchungen, die beim Stoß einer Kugel auftreten, ergänzt.

## 2. Experimenteller Teil

Die mechanische Bearbeitung der (100)-Spaltflächen erfolgte durch langsames Aufsetzen einer 0,8-mm-Stahlkugel, die mit 4,66 g belastet wurde. Das Heranführen und Aufsetzen des Eindruckkörpers wurde mit einem Feintrieb mit einer Geschwindigkeit von etwa 1 mm/s vorgenommen. Das Aufheizen der Kristalle von 20 °C bis 300 °C erfolgte durch eine elektrisch heizbare Metallplatte, die Temperaturerniedrigung durch Kühlung einer Metallunterlage mit flüssigem Stickstoff im Hochvakuum. Die Temperatur wurde an der Oberfläche der bearbeiteten Kristalle mit einem Thermoelement gemessen.

Zum Nachweis der Versetzungen wurden die Kristalle in Eisessig geätzt, in Essigsäureäthylester gespült und im Luftstrom getrocknet. Zur Sichtbarmachung der räumlichen Deformationsstruktur wurden die Kristalle schichtweise in der Polierlösung, bestehend aus Wasser und Alkohol im Verhältnis 1:4, abgetragen

[4], wobei unter den gegebenen Versuchsbedingungen Abtragungsraten von 4 bis 5 μm/min aus der Abstandsänderung kantenparalleler Gleitbänder, die auf nicht parallelen (110)-Gleitebenen liegen, gemessen wurden.

Die Stoßbearbeitung erfolgte durch Aufprall von 0,8-mm-Stahlkugeln auf die um 7° geneigten Spaltproben. Um für die Gegenüberstellung von Stoß- und Druckbeanspruchung bei Raumtemperatur zu vergleichbaren Störbereichen in der Oberfläche zu kommen, wurde die Kraft für die Druckbelastung so gewählt, daß die sich ergebende Kontaktfläche gleich derjenigen ist, die sich aus der Hertzschen Stoßtheorie [5] für den freien Fall einer Kugel ergibt. Der gewählten Fallhöhe von 5 cm entsprach in diesem Fall ein Gewicht des Eindruckkörpers von 41,7 g.

## 3. Ergebnisse

Bei der statischen Belastung der (100)-Oberflächen entstehen in Abhängigkeit von der Temperatur charakteristische Verformungsstrukturen, wobei der Störbereich bei konstanter Belastung in Richtung höherer Temperaturen stark zunimmt. Die bei Temperaturen von —150 °C bis etwa 20 °C an der Oberfläche auftretenden Versetzungsanordnungen werden im wesentlichen durch das Vorhandensein von [110]- und [100]-Gleitbändern charakterisiert (Fig. 1a und 2a). Bei Erhöhung der Bearbeitungstemperatur dominieren die Schraubengleitbänder, deren Länge mit steigender Temperatur bis etwa 160 °C kontinuierlich zunimmt, während sich die Stufengleitbänder nicht vergrößern (Fig. 3a). Dieser Zusammenhang ist in Fig. 4 dargestellt, in der die Gesamtlänge der Stufen- und Schraubengleitbänder nach Auswertung verschiedener Rosetten als Funktion der Temperatur aufgetragen wurde. Eine weitgehende Unabhängigkeit der Länge von Stufengleitbändern von der Temperatur wurde auch von Keh [13] beim MgO beobachtet. In Richtung höherer Temperaturen lassen sich bei dieser Belastung die Rosetten nicht mehr ausmessen, da sie komplizierte Formen annehmen. Die Schraubengleitbänder sind infolge der Quergleitungsprozesse z. T.

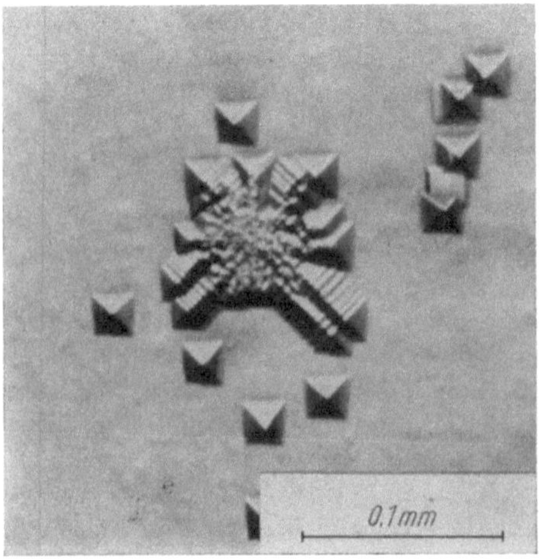


a

b

Fig. 1. Verformungszone in NaCl nach Belastung einer (001)-Fläche mit einer Kugel. Bedingungen: Temperatur: —125 °C; Kugeldurchmesser: 0,8 mm; Belastung: 4,66 g, a) Oberfläche geätzt, b) 27 μm abgetragen, geätzt

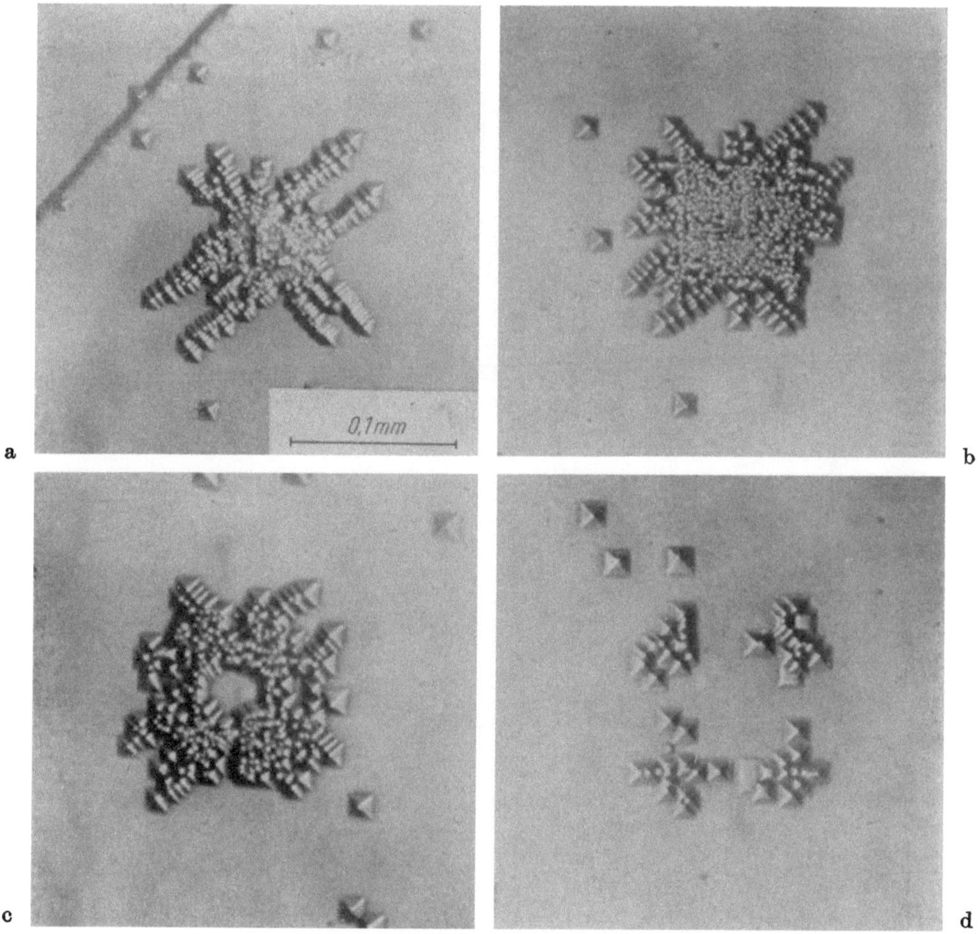


Fig. 2. Verformungszone in NaCl nach Belastung einer (001)-Fläche mit einer Kugel.
Bedingungen: Temperatur: 20 °C; Kugeldurchmesser: 0,8 mm; Belastung: 4,66 g

a) Oberfläche geätzt
b) 23 μm abgetragen, geätzt
c) 45 μm abgetragen, geätzt
d) 68 μm abgetragen, geätzt

stark verbreitert. Parallel dazu treten von etwa 120 °C an einzelne Schraubengleitbänder auf, die nicht vom Zentrum der Eindruckfigur ausgehen und die sich bei erhöhten Temperaturen zu einem geschlossenen Rechteck formieren, das den Kontaktbereich umschließt (in Fig. 5a durch Pfeile markiert). Sie sind im Gegensatz zu den durch das Zentrum verlaufenden nicht verbreitert.

Bei weiterer Temperaturerhöhung vergrößert sich die Zahl der Gleitbänder, die sich gleichzeitig verbreitern und schwach gekrümmt sind. Diese Krümmung nimmt mit steigender Temperatur zu, wobei sich die zunächst getrennten Gleitbänder überschneiden (Fig. 6), bis sie schließlich bei 270 °C vollständig zusammenwachsen (Fig. 7), so daß nur noch die an der Peripherie liegenden Bänder aufgelöst werden können. Schließlich ist bei 300 °C der Kontaktbereich und seine

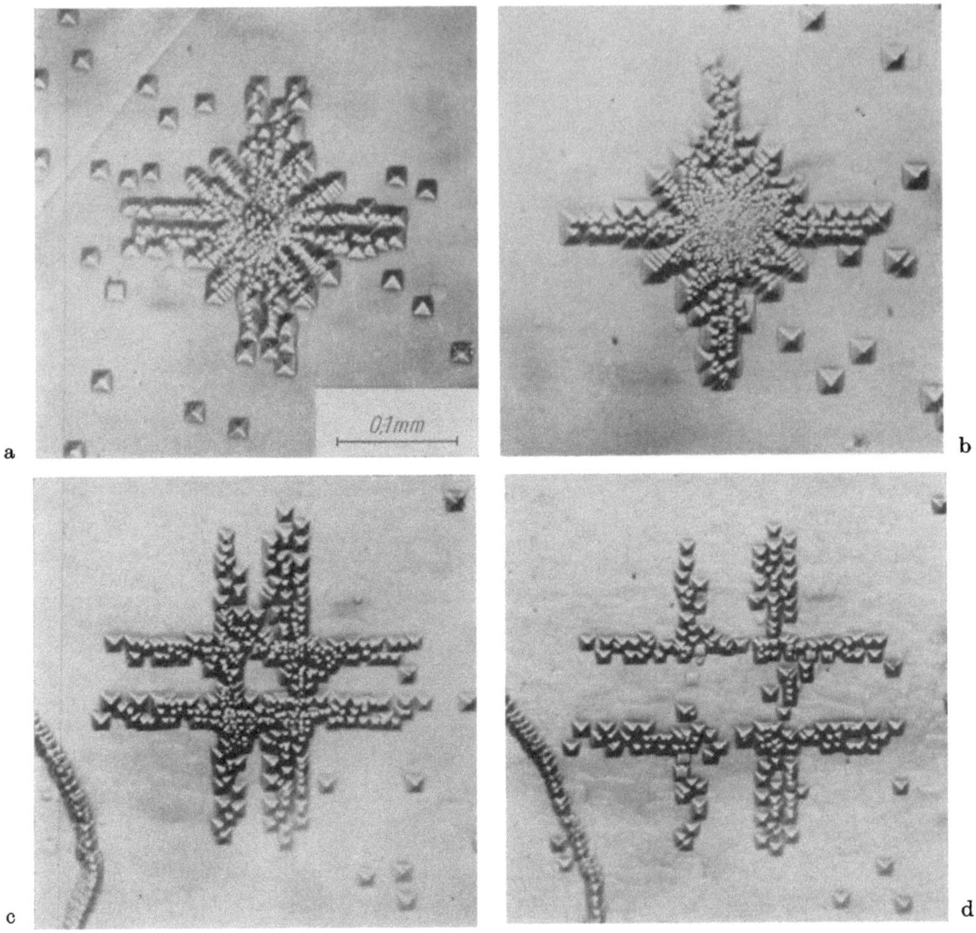


Fig. 3. Verformungszone in NaCl nach Belastung einer (001)-Fläche mit einer Kugel. Bedingungen: Temperatur: 60 °C, Kugeldurchmesser: 0,8 mm; Belastung: 4,66 g

a) Oberfläche geätzt
b) 23 μm abgetragen, geätzt
c) 68 μm abgetragen, geätzt
d) 90 μm abgetragen, geätzt

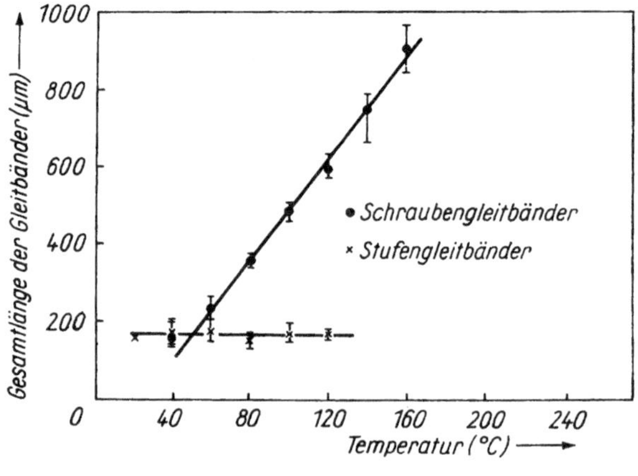


Fig. 4. Verlauf von Stufen und Schrauben gleitbändern in Abhängigkeit von der Temperatur nach Belastung von (001)-NaCl-Oberflächen mit einer 0,8-mm-Stahlkugel.

a b c d

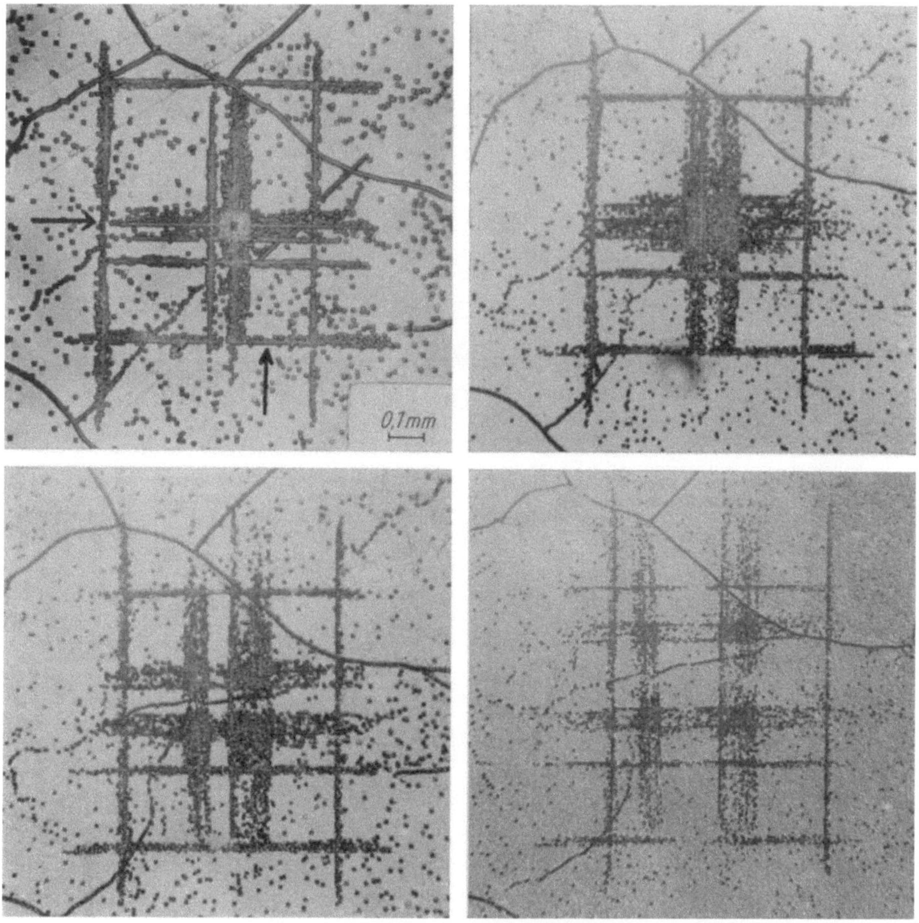


Fig. 5. Verschiedene Abtragungsstadien der plastisch verformten Zone in NaCl.
Bedingungen: Temperatur: 200 °C; Kugeldurchmesser: 0,8 mm; Belastung: 4,66 g

a) Oberfläche geätzt
b) 68 μm abgetragen, geätzt
c) 135 μm abgetragen, geätzt
d) 225 μm abgetragen, geätzt

Umgebung aus konzentrischen Gleitlinien aufgebaut (Fig. 8). Parallel zu den im Kontaktbereich beobachteten Gleitprozessen treten ab 270 °C (Fig. 7) in der Umgebung scharfe und sich kreuzende Stufengleitbänder auf, die auf der Oberfläche in [110]-Richtungen und im Innern auf (110)-Ebenen verlaufen. Ihre Zahl nimmt mit steigender Temperatur zu und schließlich werden an jeder der vier Seiten des inneren Störbereichs in [100]-Richtungen sich kreuzende Stufengleitbänder beobachtet (Fig. 8). Schematisch sind die bei punktförmiger Belastung auftretenden Änderungen der Deformationsstrukturen an der Oberfläche mit steigender Bearbeitungstemperatur in Fig. 9 zusammengestellt. Darin ist die Vergrößerung des Störbereichs mit steigender Temperatur nur angedeutet, da der Durchmesser der Deformationsfiguren in Wirklichkeit bei 300 °C etwa den 30fachen Wert der bei —150 °C bearbeiteten Proben besitzt.

Fig. 6. Versetzungsstruktur auf einer (001)-NaCl-Oberfläche durch Belastung mit einer Kugel.
Bedingungen: Temperatur: 250 °C; Kugeldurchmesser: 0,8 mm; Belastung: 4,66 g

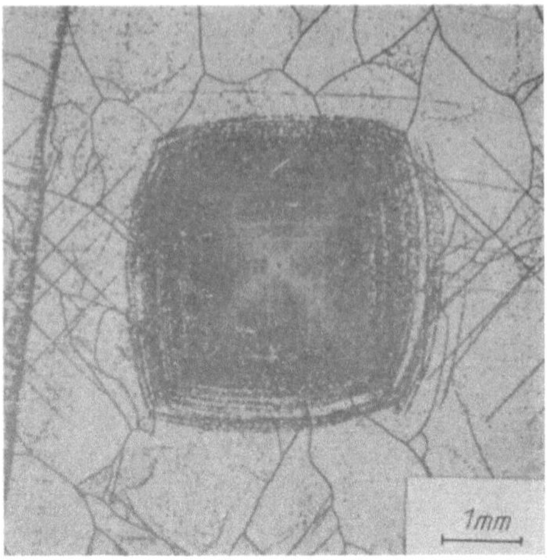


Fig. 7. Störbereich in der Kontaktzone auf einer (001)-NaCl-Oberfläche durch Belastung mit einer Kugel.
Bedingungen: Temperatur: 270 °C; Kugeldurchmesser: 0,8 mm; Belastung: 4,66 g

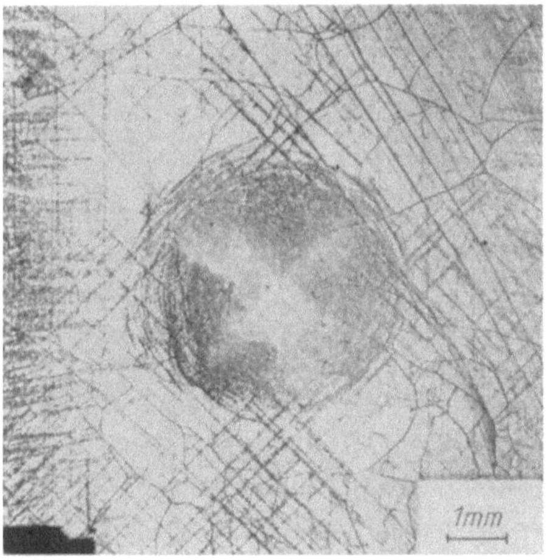


Fig. 8. Störbereich auf einer (001)-NaCl-Oberfläche durch Belastung mit einer Kugel.
Bedingungen: Temperatur: 300 °C; Kugeldurchmesser: 0,8 mm; Belastung: 4,66 g

Durch sukzessives Abtragen und Ätzen der deformierten Kristalle läßt sich die räumliche Anordnung der durch die Beanspruchung erzeugten Versetzungen bestimmen. Bei tiefen Temperaturen treten Versetzungsanordnungen auf, die weitgehend mit den bei Stoßversuchen beobachteten übereinstimmen (Fig. 1a und b und 2a bis d) und in [2, 3] beschrieben wurden. Die Stufengleitbänder liegen sehr flach, und in größerer Entfernung von der Oberfläche entsteht unterhalb des Eindruckortes ein versetzungsfreier Bereich, der in bestimmter Tiefe ausschließlich durch Schraubengleitbänder begrenzt wird. Die bei Temperaturen von 60° bis 120 °C dominierenden Schraubengleitbänder bestimmen nicht nur das Oberflächenbild, sondern setzen sich auch in der Tiefe fort (Fig. 3a bis d). Aus den Abtragungsversuchen wird deutlich, daß die Deformationsfiguren durch Schnitt sich kreuzender Gleitebenen unterhalb der Oberfläche zustande kommen (zunächst Ver-

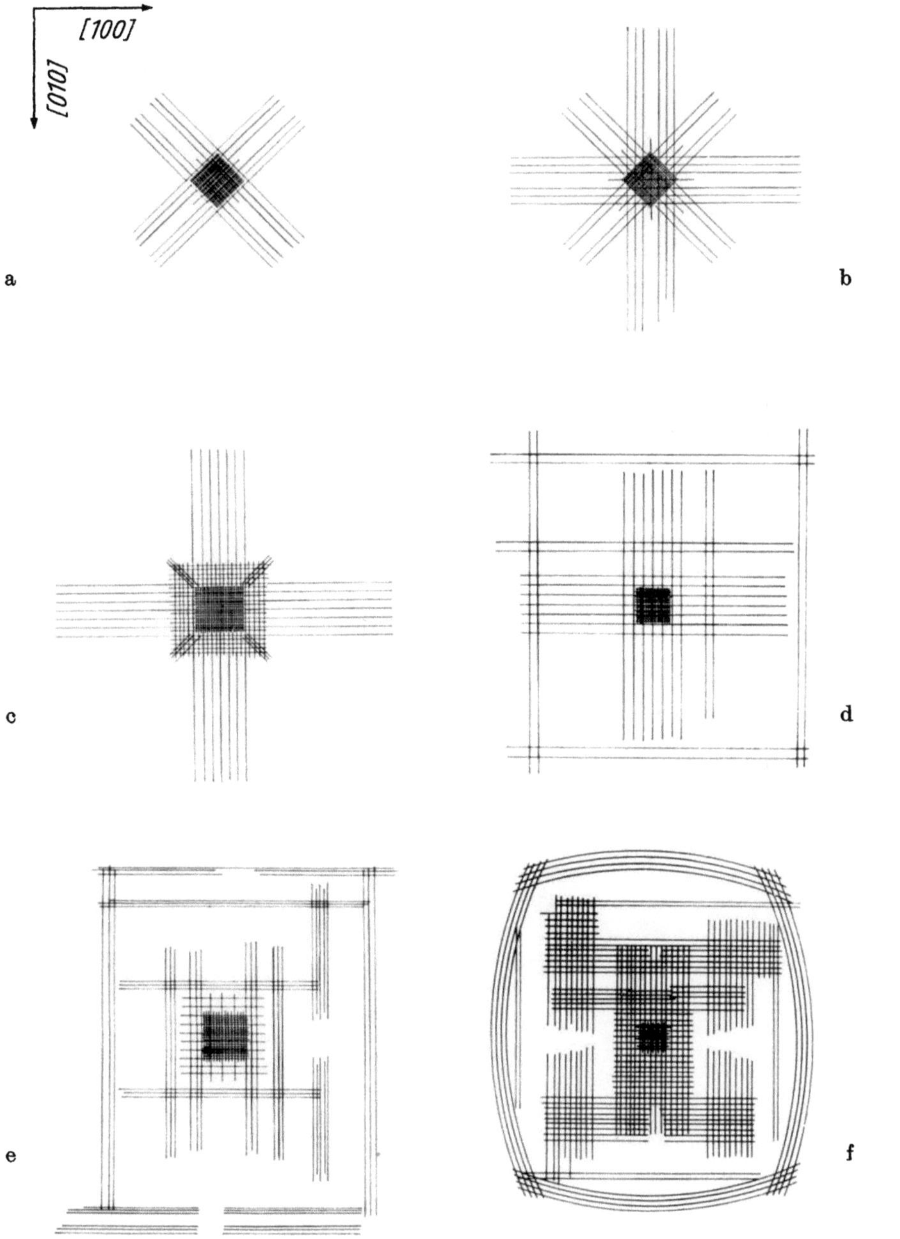


Fig. 9 a—f (g und h auf S. 40, oben)

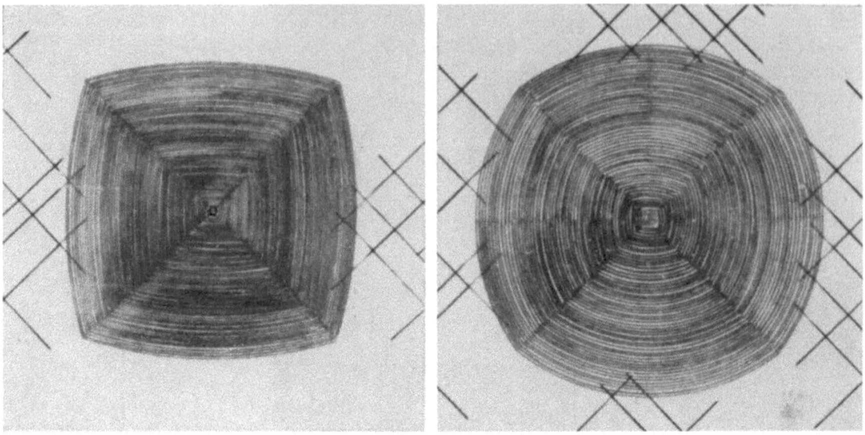

g h

Fig. 9. Schematische Darstellung der Gleitstrukturen auf (001)-NaCl-Oberflächen bei der statischen Belastung in Abhängigkeit von der Temperatur.

ringerung des Abstandes zwischen den Gleitbändern und dann Vergrößerung). Die Schraubengleitbänder verbreitern sich mit steigender Tiefe und Temperatur.

Die bei Temperaturen oberhalb 120 °C auftretenden Schraubengleitbänder, die nicht vom Deformationszentrum ausgehen (Fig. 5a bis d), schneiden die Oberfläche ebenfalls unter 45°. In diesem Fall liegen die an der Oberfläche parallel zu [100] bzw. [010] verlaufenden Gleitbänder auch im Kristallinnern jeweils auf parallelen Ebenen, so daß der Abstand paralleler Gleitbänder untereinander gleich bleibt und sich nur der Abstand des Bearbeitungszentrums zu den umschließenden Gleitbändern ändert. Dadurch wird zunächst Gleitung auf (100)-Ebenen vorgetäuscht. Bei höheren Temperaturen, insbesondere ab 250 °C, läßt sich der Verlauf einzelner Gleitlinien infolge der hohen Versetzungsdichte nicht mehr verfolgen, jedoch entsteht auch im Zentrum der Verformungsfigur ein versetzungsfreier Bereich. Der Verlauf der Störungen im Kristallinnern läßt sich bei den bei höherer

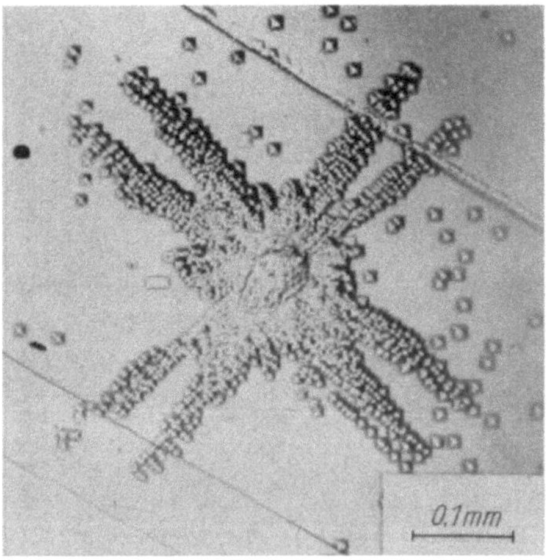


Fig. 10. Rosette auf (001)-NaCl nach Belastung mit einer Kugel. Bedingungen: Temperatur: 20 °C; Kugeldurchmesser: 0,8 mm; Belastung: 41,7 g

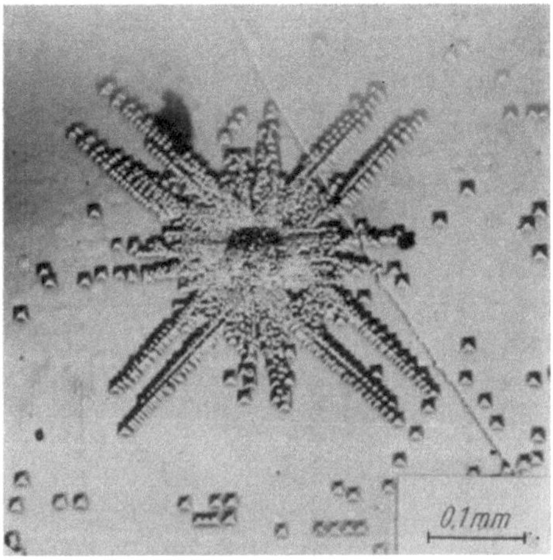


Fig. 11. Rosette auf (001)-NaCl durch Stoß mit einer Kugel. Bedingungen: Temperatur: 20 °C; Kugeldurchmesser: 0,8 mm; Geschwindigkeit: 99 cm/s

Temperatur bearbeiteten Kristallen nur noch durch Spalten der Kristalle senkrecht zur Bearbeitungsrichtung bestimmen, da bei Verwendung der Polierlösung infolge der großen Abtragungstiefe die Welligkeit zu groß wird. In größerer Tiefe ist die Versetzungsdichte stark zurückgegangen, und die Ätzgrübchen sind im Zentrum wieder weitgehend auf Gleitlinien angeordnet.

Zur Untersuchung der unterschiedlichen Bearbeitungsstrukturen bei Druck- und Stoßbeanspruchung wurden bei Raumtemperatur Bearbeitungsbedingungen gewählt, die hinsichtlich der Größe und Form der Deformationszone zu vergleichbaren Kontaktflächen führen (Fig. 10 und 11). Nach der Hertzschen Stoßtheorie entspricht der Wirkung einer 0,8-mm-Stahlkugel bei einer Fallhöhe von 5 cm im statischen Fall eine mit 41,7 g belastete Kugel des gleichen Durchmessers.

Wird die gleiche Bearbeitung bei etwa 300 °C vorgenommen, so unterscheiden sich beide Deformationsstrukturen wesentlich in ihrer Größe und Form (Fig. 12

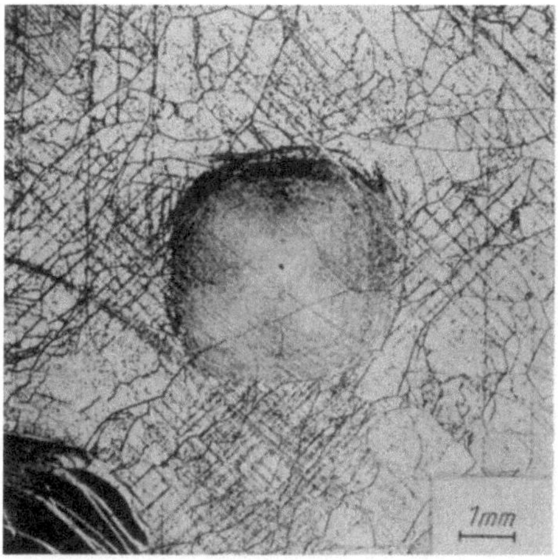


**Fig. 12.** Störbereich auf (001)-NaCl nach Belastung mit einer Kugel. Bedingungen: Temperatur: 300 °C; Kugeldurchmesser: 0,8 mm; Belastung: 41,7 g

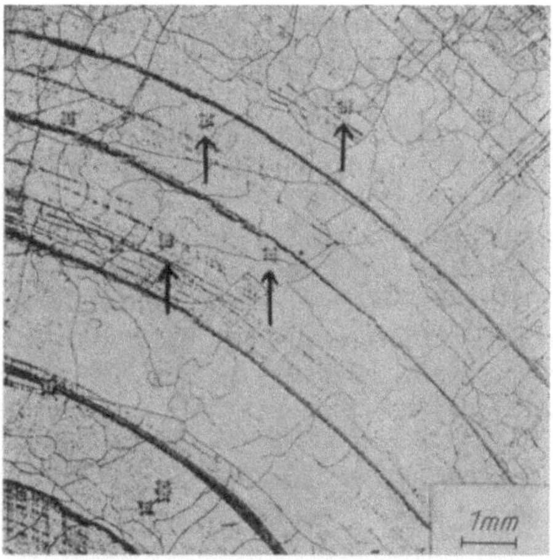


**Fig. 13.** Winzige Rosetten bei der Stoßbeanspruchung einer (001)-NaCl-Oberfläche. Bedingungen: Temperatur: 300 °C; Kugeldurchmesser: 0,8 mm; Geschwindigkeit: 99 cm/s.

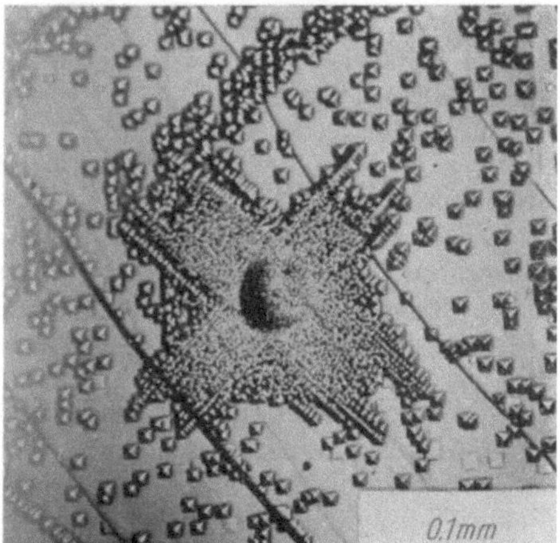


Fig. 14. Vergrößerung der in Fig. 13 dargestellten Rosetten. Weitgehende Übereinstimmung mit Fig. 11

und 13). Während die durch Eindruckbelastung erzeugte Deformationsfigur etwa 20mal größer ist als die bei Zimmertemperatur erzeugte und eine stark veränderte Form aufweist, haben sich Form und Größe der durch Stoßbearbeitung erzeugten Deformationsfigur nur unwesentlich verändert. Die Fig. 12 und 13 zeigen die beiden bei 300 °C bearbeiteten Kristalle in gleicher Vergrößerung. In Fig. 14 ist die durch Stoßbearbeitung bei 300 °C hervorgerufene Deformationsfigur in der gleichen Vergrößerung wie in Fig. 10 und 11 gezeigt.

## 4. Diskussion der Ergebnisse

Die Auswertung der statischen Belastungsversuche im untersuchten Temperaturintervall zeigt das bevorzugte Auftreten von diagonal angeordneten Gleitbändern im Kontaktbereich und in unmittelbarer Umgebung bei mittleren Temperaturen. Sie sind aus parallelen Reihen von Stufenversetzungen aufgebaut (Stufengleitbänder) und liegen hauptsächlich in oberflächennahen Bezirken. Die tiefergelegenen Bereiche der Verformungszone werden ausschließlich von Schraubengleitbändern aufgebaut. Sie ordnen sich auf bearbeiteten (001)-Oberflächen in Linien an, die parallel den Würfelkanten verlaufen. Mit steigender Temperatur nimmt ihre Bedeutung zu. Somit konnten unter den gegebenen Bearbeitungsbedingungen nur (110)-[110]-Gleitprozesse beobachtet werden [6] (primäres Gleitsystem).

Das Zustandekommen der Rosettenstruktur bei Raumtemperatur wurde bereits in [2] diskutiert und ist auf die größere Beweglichkeit der Stufenversetzungen zurückzuführen, die im Falle des LiF bei gleicher Scherbeanspruchung etwa 50mal größer ist als die der Schraubenversetzungen [7]. Da die Versetzungsgeschwindigkeit auch eine Funktion der wirkenden Kraft sowie der Realstruktur ist [6, 7], kann es infolge der besonderen Spannungsverteilung in der Umgebung des Kontaktbereiches bei Änderung der Temperatur zu einer schnelleren Vergrößerung der Schraubengleitbänder gegenüber den Stufengleitbändern kommen. In [2] wurde bereits nachgewiesen, daß im Falle einer punktförmigen Belastung die Betätigung der die Oberfläche unter einem Winkel von 45° schneidenden Gleitebenen gegenüber den senkrecht zur Oberfläche verlaufenden bevorzugt ist, da bei ihnen eine größere Kraftkomponente in Richtung des Burgersvektors wirksam ist. Somit läßt sich die dominierende Rolle der Schraubengleitbänder bei höheren Temperaturen verstehen, weil unter diesen Bedingungen die gegenseitige Behinderung bewegter Versetzungen, die bei tiefen Temperaturen zur Bildung eines dichten Versetzungsnetzwerkes führt, bei höheren Temperaturen infolge der größeren Geschwindigkeit der Versetzungen abnimmt.

Das Auftreten von zusätzlichen Schraubengleitbändern oberhalb 120 °C und Stufengleitbändern oberhalb 300 °C, die außerhalb des Kontaktbereiches entstehen, wird durch die Wirkung unterschiedlicher Tangential- und Normalspannungen in verschiedenen Temperaturintervallen in der Umgebung des Eindruckortes gedeutet. Sie sind sehr schmal und nicht wie die im Bereich des Bearbeitungszentrums entstandenen Gleitbänder verbreitert (Fig. 5a bis d und Fig. 7). Die Verbreiterung der inneren Schraubengleitbänder wird auf Quergleitungsprozesse zurückgeführt, die von Johnston et al. [7, 8] und Mendelson [9, 10] in Alkalihalogeniden experimentell und von Li et al. [11] theoretisch untersucht wurden. Danach führen Quergleitungsprozesse zur Versetzungsmultiplikation und zur Verbreiterung der Gleitbänder, besonders in den Bereichen, wo sich die Spannungsfelder dicht benachbarter Versetzungsanordnungen überschneiden. Die Versetzungsdichte ist aber gerade in den inneren Gleitbändern am größten. Die beobachtete Verbreiterung von Schraubengleitbändern in Richtung höherer Bearbeitungstemperaturen entspricht der Zunahme von Quergleitungsprozessen bei höheren Temperaturen.

Die Verformungsfläche nimmt bei den statischen Belastungsversuchen von tiefen zu höheren Temperaturen zu und erreicht bei 300 °C etwa den 30fachen Wert der bei −150 °C bearbeiteten Kristalle. Damit tritt auch eine starke Vergrößerung des Verformungsvolumens bei konstanter Belastung mit steigender Temperatur auf. Ein völlig anderes Verhalten zeigen die Stoßversuche. Hierbei tritt keine nennenswerte Vergrößerung der Verformungszone im Temperaturbereich von 20 °C bis 300 °C auf (siehe Fig. 11, 13 und 14). Es muß angenommen werden, daß die geringen Kontaktzeiten, die in der Größenordnung von $10^{-5}$ s liegen, nicht zur Vergrößerung des Verformungsvolumens ausreichen. Gerade im Hinblick auf energetische Umsetzungen bei mechanischen Wechselwirkungen [12] ist dieses Ergebnis von besonderer Bedeutung. Die weitgehende Unabhängigkeit des Verformungsvolumens von der Temperatur bei Stoßversuchen läßt erkennen, daß die äußeren Temperaturbedingungen nur von geringem Einfluß auf die Fortpflanzung energetischer Störungen in mikroskopischen Räumen unter den Bedingungen der Impaktbearbeitung sind.

## Literatur

[1] A. A. Predwoditelew, W. N. Roshanski und W. M. Stepanowa, Kristallografiya **7**, 418 (1962).
[2] K. Meyer und E. Gragert, phys. stat. sol. **3**, 2005 (1963).
[3] K. Meyer und E. Gragert, phys. stat. sol. **6**, 803 (1964).
[4] W. G. Johnston, Progress in Ceramic Science, vol. **2**, Pergamon Press, Oxford 1961 (S. 53).
[5] S. Timoshenko und J. N. Goodier, Theory of Elasticity, Mc Graw-Hill, New York 1951 (S. 372).
[6] J. J. Gilman, Progress in Ceramic Science, vol. **1**, Pegamon Press, Oxford 1961 (S. 146).
[7] W. G. Johnston und J. J. Gilman, J. appl. Phys. **30**, 129 (1959).
[8] W. G. Johnston und J. J. Gilman, J. appl. Phys. **31**, 632 (1960).
[9] S. Mendelson, J. appl. Phys. **33**, 2175 (1962).
[10] S. Mendelson, Phil. Mag. **8**, 1633 (1963).
[11] J. C. M. Li und C. D. Needham, J. appl. Phys. **31**, 1318 (1960).
[12] P. A. Thiessen, G. Heinicke und K. Meyer, „Forschen und Wirken", Festschrift zur 150-Jahr-Feier der Humboldt-Universität zu Berlin, Band **2**, Berlin 1960 (S. 119).
[13] A. S. Keh, J. appl. Phys. **31**, 1538 (1960).

*(Received December 29, 1964)*

phys. stat. sol. 9, 45 (1965)

*Institut für magnetische Werkstoffe der Deutschen Akademie der Wissenschaften zu Berlin, Jena*

# Magnetische Untersuchungen über die Bildung von Nahordnungsbereichen von Fe–Al-Legierungen in der Nähe der stöchiometrischen Zusammensetzung $Fe_3Al$ bei höheren Temperaturen

Von

H. WAGNER und H. GENGNAGEL

Messungen der während einer Magnetfeldglühung induzierten Anisotropie an Fe–Al-Legierungen ergeben, daß bei höheren Temperaturen in der Nähe der stöchiometrischen Zusammensetzung $Fe_3Al$ nach langem isothermen Tempern relativ große einachsige Anisotropien auftreten. Die Größe dieser Anisotropie (etwa $4 \cdot 10^4$ erg $cm^{-3}$) und die Größe der Relaxationszeit (etwa 80 h bei 500 °C) zeigen, daß ein anderer Prozeß als der der Pärchenbildung und -ausrichtung dominieren muß. Messungen der Koerzitivfeldstärke im gleichen Temperaturbereich ergeben einen ähnlichen zeitlichen Verlauf; die Koerzitivfeldstärke einer polykristallinen Probe mit 23,5 At-% Al erreicht nach etwa 40stündiger Temperung bei 550 °C (ohne Magnetfeld) einen Sättigungswert von ca. 170 Oe. Die Meßergebnisse können unter der Annahme von Nahordnungsinseln mit einem gewissen Magnetisierungsunterschied gegenüber der Matrix gedeutet werden. Das Auftreten dieser Nahordnungsinseln läßt wahrscheinlich einerseits eine Formanisotropie entstehen und andererseits die Koerzitivkraft auf den hundertfachen Wert ansteigen.

Measurements are made of the anisotropy induced during the magnetic annealing of Fe–Al alloys. At high temperatures near the stochiometric composition $Fe_3Al$ a relatively large uniaxial anisotropy is found after prolonged isothermal annealing. The magnitude of this anisotropy (about $4 \times 10^4$ erg $cm^{-3}$) and the relaxation time (about 80 h at 500 °C) show that processes other than pair formation and orientation must dominate. Measurements of the coercive field strength in the same temperature range give a similar dependence on time; the coercive field strength of a polycrystalline sample with 23.5 at-% Al reaches a saturation value of about 170 Oe after an annealing time of about 40 h at 550 °C (without a magnetic field). The results can be explained on the basis of islands of short-range order having different magnetization from their surroundings. The occurrence of these islands gives rise to anisotropy and an increase of the coercive force by two orders of magnitude.

## 1. Einleitung

Es ist bekannt, daß durch Glühungen im Magnetfeld im Temperaturbereich von 400 bis 500 °C in Fe–Al-Legierungen einachsige Anisotropien induziert werden können [1 bis 5]. Diese induzierten Anisotropien, gemessen bei Raumtemperatur, werden größer mit wachsendem Al-Gehalt, haben etwa bei 10 Gewichts-% Al einen maximalen Wert von etwa $3,5 \cdot 10^3$ erg $cm^{-3}$ und verschwinden fast bei der stöchiometrischen Zusammensetzung $Fe_3Al$; bei dieser Zusammensetzung erhält man nach langsamem Abkühlen von 500 °C im Magnetfeld eine induzierte Anisotropie von weniger als $2 \cdot 10^2$ erg $cm^{-3}$ bei Raumtemperatur.

Das Auftreten dieser Anisotropien kann durch die bekannte Pärchentheorie nach Néel, Taniguchi, Iwata [6, 7, 8] erklärt werden. Wie wir aber bereits zeigen konnten [9], tritt gerade im Konzentrationsbereich von $Fe_3Al$ (13,9 Gewichts-% Al) ein weiterer Effekt auf, den man jedoch nur bei *höheren* Temperaturen (450 °C bis zum Curie-Punkt) messend verfolgen kann. In diesem Temperaturbereich entsteht nach relativ langer Glühbehandlung im Magnetfeld eine einachsige Anisotropie, die etwa den hundertfachen Wert der bei Zimmertemperatur zu messenden Anisotropie annimmt. Da dieser Effekt nur in einem sehr engen Konzentrationsbereich (etwa 12 bis 15 Gewichts-% Al) auftritt, ist zu vermuten, daß er mit dem Auftreten von Bereichen verschiedener Magnetisierung zusammenhängt. Solche Bereiche können auf Grund des Zustandsdiagramms [10, 11, 12] Nahordnungsinseln in einer ungeordneten Matrix sein. Es besteht aber auch die Möglichkeit, ein Gemisch von $Fe_3Al$ und Fe–Al anzunehmen. Nach neutronographischen und röntgenographischen Untersuchungen und Messung des Mößbauer-Effektes an $Fe_3Al$ [13, 14, 15] treten in beiden Fällen Magnetisierungsunterschiede zwischen den jeweiligen Sturkturformen auf und lassen so eine Deutung der gemessenen Anisotropie als Formanisotropie zwischen Phasen verschiedener Magnetisierung zu. Diese Vermutung wird bestärkt durch Messungen der Koerzitivfeldstärke an Fe–Al-Proben im Temperaturbereich von 400 bis 600 °C [11, 12, 16, 17, 18]. Bei einer entsprechenden Glühbehandlung erhält man an Proben der ungefähren Zusammensetzung $Fe_3Al$ bei 550 °C den hundertfachen Wert der Koerzitivfeldstärke gegenüber dem Meßwert bei Raumtemperatur.

In der vorliegenden Arbeit wird der Aufbau und Abbau der induzierten Anisotropien durch langdauernde isotherme Glühungen im Magnetfeld eines feststehenden (Aufbau) oder rotierenden Elektromagneten (Abbau) untersucht. Des weiteren wird auch die Koerzitivfeldstärke in Abhängigkeit von der Zeit und der Temperatur gemessen.

## 2. Meßmethode

Der zur Messung der Drehmomente benutzte Anisotropiemesser [19] ist verwendbar für Messungen bis zu 800 °C. Die Temperaturmessung erfolgt unmittelbar an der Probe. Die Probe (Scheibenform) selbst ist in einem Quarzgehänge befestigt, das in zwei Torsionsfäden oben und unten eingespannt ist. Der Ausschlag dieses Gehänges wird optisch gemessen bzw. lichtelektrisch registriert. Der Elektromagnet kann sich mit zwei Geschwindigkeiten (1/2 Umdrehung/min bzw. 1/4 Umdrehung/min) drehen. In allen Fällen wurde ein Feld von 5 kOe zur Messung der Anisotropien verwendet. Die polykristallinen Proben hatten einen Durchmesser von 10 mm und eine Dicke von 1 mm. Bei der Untersuchung des Abbaus einer zuvor induzierten Anisotropie drehte sich der Elektromagnet ununterbrochen („rotierendes Magnetfeld"); das maximale Drehmoment wurde in bestimmten Zeitabständen gemessen, ohne den Magneten anzuhalten. Das zu messende einachsige Drehmoment ist

$$L = -\frac{dE_u}{d\varphi} V, \qquad L = -K_u \sin 2\varphi\, V \quad \text{mit} \quad E_u = K_u \sin^2 \varphi \tag{1}$$

$\varphi$ Winkel zwischen Magnetisierung und Vorzugsrichtung,

$V$ Volumen der Probe,

$E_u$ Energiedichte.

Dementsprechend läßt sich die Anisotropiekonstante $K_u$ aus den Extremwerten der Drehmomente bei $\varphi = \pm 45°$ bestimmen.

Die Koerzitivfeldstärke $H_c$ wurde an zylinderförmigen Proben mit Hilfe einer schwingenden Meßspule im homogenen Magnetfeld gemessen. Die Messung dauerte jeweils etwa 2 min. Die Proben befanden sich in einem kleinen mit Cr–Ni-Draht bifilar gewickelten Quarzofen. Bei höheren Temperaturen ($T \approx 580$ °C) machte sich störend bemerkbar, daß die Koerzitivfeldstärke meßtechnisch nicht mehr stabil war, sondern sich während der Messung — durch Anlegen eines Feldes — änderte. Somit sind die $H_c$-Meßwerte oberhalb von 580 °C mit einem größeren Fehler (etwa 10%) als unterhalb dieser Temperatur (Meßfehler etwa 5%) behaftet.

## 3. Wärmebehandlung

### *3.1 Anisotropiemessung*

Sämtliche Wärmebehandlungen und Messungen wurden in einem Vakuum von ungefähr $10^{-2}$ Torr durchgeführt. Vor den entsprechenden isothermen Glühungen im Magnetfeld wurden die Proben stets auf 700 °C hochgeheizt, eine Stunde bei dieser Temperatur gehalten und dann mit einer Geschwindigkeit von 2 °C/min auf die jeweils gewünschte Glühtemperatur abgekühlt und 1,5 Stunden ohne Magnetfeld vorgeglüht. Anschließend wurde die Probe bei konstanter Temperatur mehrere Stunden im Magnetfeld getempert. Die Temperaturschwankung betrug etwa $\pm$ 2,5 °C. In bestimmten Zeitabständen wurde der Magnet um 45° zur Glührichtung nach beiden Seiten kurzzeitig ($t \leqq 1$ min) geschwenkt und die Größe des Drehmomentes in diesen Richtungen gemessen. Die Störung des Aufbaues der induzierten Anisotropie durch den Meßvorgang ist bei diesen langdauernden Prozessen zu vernachlässigen.

### *3.2 Messung der Koerzitivfeldstärke*

Auch bei diesen Messungen wurden die gleichen thermischen Vorbehandlungen wie oben durchgeführt. Allerdings wurde unmittelbar nach dem Abkühlen auf die entsprechende Temperatur, bei der die isotherme Glühung vorgenommen werden sollte, sofort mit der Messung begonnen. Bei den Koerzitivfeldstärkemessungen konnte selbstverständlich nur der „Aufbau" gemessen werden. Auf eine Magnetfeldglühung wurde verzichtet, da ein Ausrichten der „Teilchen" bei vollständiger Ausrichtung gegenüber dem nicht ausgerichteten Fall theoretisch [20] nur die doppelte Koerzitivfeldstärke ergeben würde. So sind also sämtliche Temperungen in diesem Falle ohne ein dauerndes Magnetfeld durchgeführt worden.

## 4. Meßergebnisse

### *4.1 Anisotropie*

Kühlt man eine Fe–Al-Probe mit 12 bis 15 Gewichts-% Al von der Curietemperatur bis zur Raumtemperatur langsam im Magnetfeld ab, so tritt in allen Fällen ein Maximum von $K_u$ zwischen 500 und 560 °C auf. In Fig. 1 ist eine Abkühlungskurve (Abkühlgeschwindigkeit 2 °C/min) für eine Fe–Al-Legierung mit

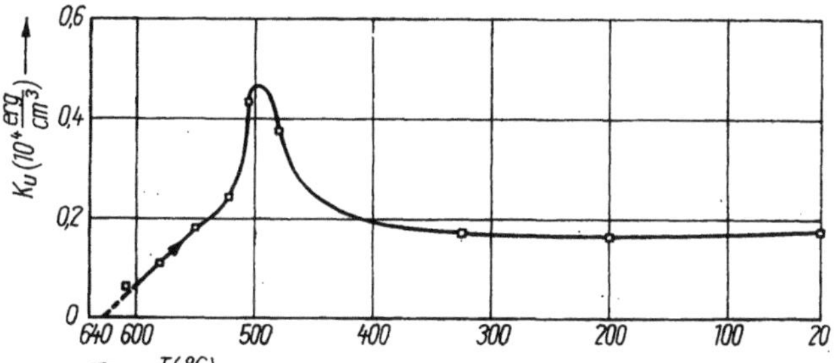


**Fig. 1. Aufbau und Verlauf einer einachsigen Anisotropie bei Abkühlung von 700°C im Magnetfeld; Abkühlgeschwindigkeit 2 °C/min (11,9 Gewichts-% Al)**

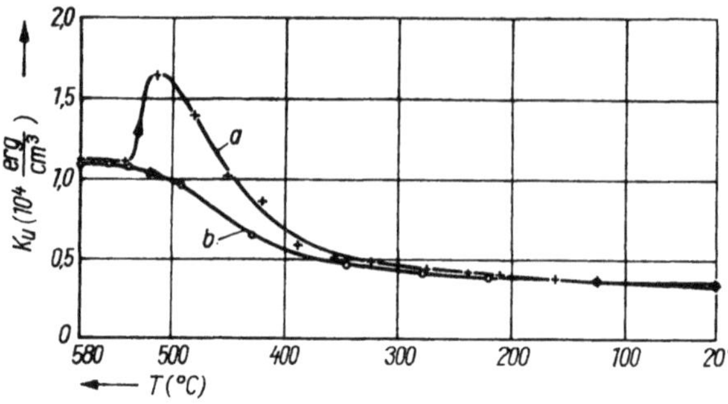


Fig. 2. Verlauf einer bei 580 °C (5 h getempert) induzierten einachsigen Anisotropie bei verschiedenen Abkühlgeschwindigkeiten im Magnetfeld. Abkühlgeschwindigkeit a) 2 °C/min, b) 16 °C/min (11,9 Gewichts-% Al)

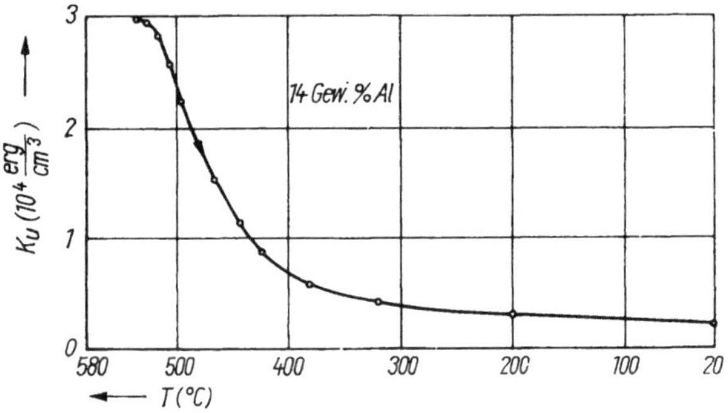


Fig. 3. Verlauf einer bei 534 °C (50 h getempert) induzierten einachsigen Anisotropie bei Abkühlung im Magnetfeld mit 2 °C/min (14 Gewichts-% Al)

11,9 Gewichts-% Al wiedergegeben. Fig. 2 zeigt dagegen das Verhalten der gleichen Probe, wenn man bei 580 °C etwa 5 Stunden im Magnetfeld getempert und dann mit einer bestimmten Geschwindigkeit abgekühlt hat. Für zwei verschiedene Abkühlgeschwindigkeiten ergeben sich zwei verschiedene Kurven a (2 °C/min) und b (16 °C/min), die erst bei niedrigeren Temperaturen wieder einen gleichen Verlauf aufweisen. Der Meßwert bei Zimmertemperatur ist danach fast unabhängig davon, wie schnell die Probe von 580 °C abgekühlt wird. Noch steiler ist der Abfall einer induzierten Anisotropie (5 Stunden bei 534 °C getempert im Magnetfeld) für eine Probe mit 14 Gewichts-% Al, wenn man sie mit der entsprechenden Geschwindigkeit (2 °C/min) bis Zimmertemperatur abkühlt (vgl. Fig. 3). Einen etwas besseren Überblick gibt eine modifizierte Abkühlungskurve. In Fig. 4 ist der Temperaturverlauf, eine schrittweise Abkühlung, eingezeichnet. Für eine Dauer von etwa 4 Stunden ist jeweils die Temperatur konstant gehalten worden. Die dazugehörigen Anisotropiewerte sind in der Meßkurve eingezeichnet. Ab 510 °C nimmt bei Temperaturerniedrigung eine bereits induzierte Anisotropie stets ab.

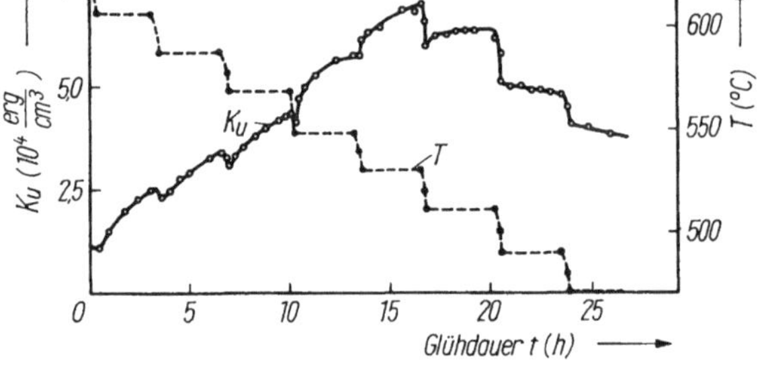


Fig. 4. Verlauf der einachsigen Anisotropie bei schrittweiser Abkühlung im Magnetfeld; vor Beginn der Abkühlung bei 620 °C eine einachsige Anisotropie durch 22stündige Temperung induziert (11,9 Gewichts-% Al)

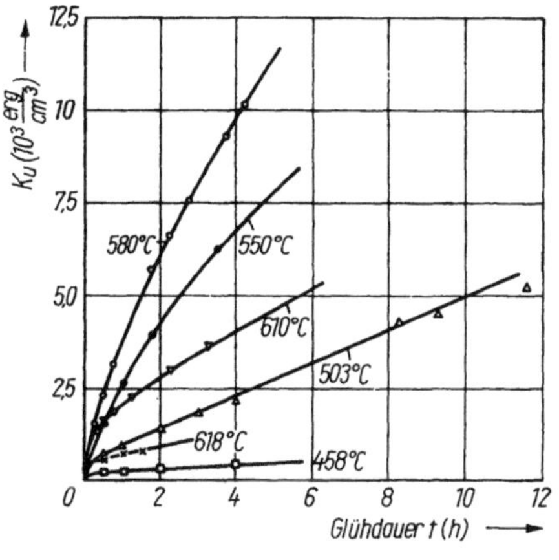


Fig. 5. Isothermer Aufbau einer einachsigen Anisotropie durch Magnetfeldglühung im Temperaturbereich von 450 bis 620 °C (11,9 Gewichts-% Al)

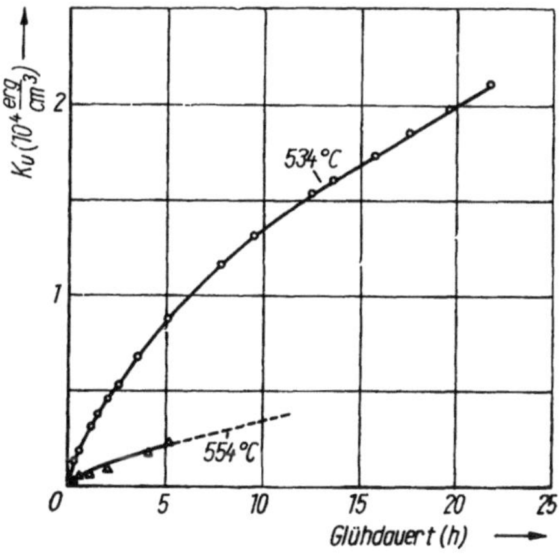


Fig. 6. Isothermer Aufbau einer einachsigen Anisotropie durch Magnetfeldglühung für $T$ = 534 und 554 °C (14 Gewichts-% Al)

Der Aufbau einer induzierten Anisotropie bei isothermer Glühbehandlung im Magnetfeld ist in Fig. 5 für eine Probe mit 11,9 Gewichts-% und in Fig. 6 für eine Probe mit 14 Gewichts-% Al bei verschiedenen Temperaturen wiedergegeben. Der wirksame Temperaturbereich ist bei der Probe mit 14 Gewichts-% Al wesentlich enger als bei der Probe mit 11,9 Gewichts-% Al, da die Curietemperatur mit wachsendem Al-Gehalt rasch sinkt.

Zur Berechnung einer Aktivierungsenergie ist die Meßkurve des „Abbaus" einer induzierten Anisotropie besser geeignet als die des Aufbaus, da die Auswertung einfacher und die Meßgenauigkeit unseres Erachtens größer ist. Aus Fig. 7 ist zu entnehmen, daß der Abbau der induzierten Anisotropie stark davon abhängt, wie dieser Abbau erzwungen wurde. Der Fall a (Abbau ohne Magnetfeld) ergibt nicht definierte magnetische Verhältnisse, da man nicht den Einfluß des remanenten Feldes und der Remanenz der Probe kennt; besonders störend ist in diesem Falle das Einschalten eines Feldes während der Messung. Auch die beiden anderen Fälle b und c (Anwendung eines Magnetfeldes unter einem Winkel von 45° bzw. 90° zur vorherigen Richtung während der Magnetfeldglühung) ergeben bei der Auswertung Schwierigkeiten.

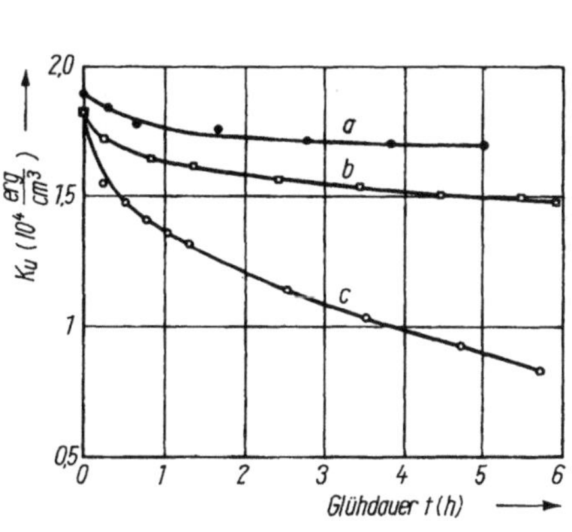


Fig. 7. Isothermer Abbau einer einachsigen Anisotropie durch nachfolgende Glühbehandlung
a) ohne Magnetfeld,
b) mit Magnetfeld unter einem Winkel von 45° und
c) unter einem Winkel von 90° zur Richtung der zuvor induzierten Vorzugsachse (14 Gewichts-% Al)

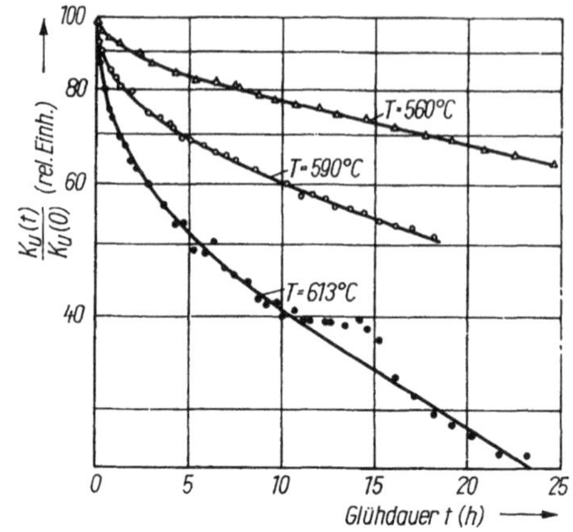


Fig. 8a. Isothermer Abbau einer einachsigen Anisotropie $K_u$ im rotierenden Magnetfeld bei verschiedenen Glüh- und Meßtemperaturen (11,9 Gewichts-% Al)

Nach unserer Auffassung ist das übersichtlichste Verfahren für den Abbau einer zuvor induzierten Anisotropie bei konstanter Temperatur, den Elektromagneten während der Temperung zu drehen und während der Drehung das Drehmoment zu messen. Der Magnet drehte sich bei unseren Messungen mit 0,25 Umdrehungen/min. Diese Drehgeschwindigkeit war ausreichend zur Messung der Prozesse mit relativ großen Relaxationszeiten. Der Ausgangszustand $K_u(0)$ wurde durch 50-, 26-, bzw. 21stündige Magnetfeldtemperung bei $T = 560$, 590 bzw. 613 °C erzeugt. Den bei diesen Temperungen anschließend gemessenen isothermen Abbau gibt Fig. 8a für die Probe 11,9 Gewichts-% Al wieder. Die Kurven wurden bezüglich verschiedener $e$-Funktionen mit verschiedenen Relaxationszeiten $\tau_i$ analysiert. Die induzierte Anisotropiekonstante läßt sich dann darstellen durch

$$K_u(t) = K(0) \sum_{i=1}^{j} a_i \, e^{-\frac{t}{\tau_i}} \quad \text{mit} \quad \sum_{i=1}^{j} a_i = 1 \,, \tag{2}$$

wobei gelten soll

$$\tau_i = \tau_0 \, e^{\frac{E_i}{k T}} \,, \qquad k \text{ Boltzmannkonstante.}$$

Aus der logarithmischen Darstellungsweise (Fig. 8a) ist zu entnehmen, daß alle Meßkurven für lange Zeiten als Geraden darstellbar sind. Die Meßkurven sind

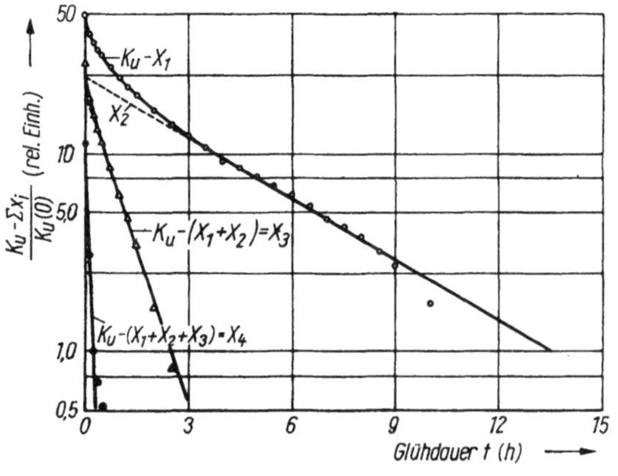


Fig. 8b. Auswertungsverfahren zur Bestimmung der Relaxationszeiten für $T = 590$ °C; aus Gründen der besseren Darstellbarkeit wurde der Ordinatenmaßstab gegenüber Fig. 8a geändert

also durch Einzeichnen verschiedener Geraden mit verschiedenen Relaxationszeiten zu analysieren. Im vorliegenden Falle konnten *vier* verschiedene exponentiell abklingende Einzelprozesse $X_i$ ermittelt werden. Fig. 8b zeigt als Beispiel, wie durch fortlaufende Subtraktion die verschiedenen Anteile bei der Meßkurve für $T = 590$ °C gewonnen wurden.

Für diese Temperatur erhielt man folgenden Ausdruck

$$\frac{K_u(t)}{K_u(0)} = \frac{\Sigma X_i(t)}{K_u(0)} =$$

$$= 0{,}048\, e^{-\frac{t}{5{,}84\,\text{min}}} + 0{,}097\, e^{-\frac{t}{45{,}6\,\text{min}}} + 0{,}127\, e^{-\frac{t}{215\,\text{min}}} + 0{,}728\, e^{-\frac{t}{3020\,\text{min}}}. \quad (3)$$

Trägt man im logarithmischen Maßstab $\tau_i$ über $1/T$ auf, so erhält man eine Schar von Geraden, aus deren Anstieg die Aktivierungsenergie $E$ zu berechnen ist. Im vorliegenden Falle wurden zur Bestimmung von $E$ nur die jeweils größten Relaxationszeiten bei den Temperaturen 560, 590 und 613 °C herangezogen, da nur für diese Werte das Auswerteverfahren einigermaßen korrekt war. Die so bestimmte Aktivierungsenergie war

$$E = (20 \pm 4)\ \text{kcal/Mol}\,.$$

### *4.2 Koerzitivfeldstärke*

An einer zylinderförmigen Probe mit 13 Gewichts-% Al wurde die Koerzitivfeldstärke $H_c$ in Abhängigkeit von der Temperatur und der Zeit gemessen. Fig. 9 gibt für $T = 550$ °C den zeitlichen Verlauf von $H_c$ wieder. Die Glühung erfolgte ohne Anwesenheit eines Feldes, lediglich während der Messung wurde kurzzeitig (etwa 1 min) ein Magnetfeld angelegt. Ein „Sättigungswert" von $H_c$ wurde nach etwa 25 Stunden erreicht, das entspricht etwa den Verhältnissen, die beim Aufbau einer induzierten Anisotropie im gleichen Temperaturbereich auftraten. Wurde die Glühung unterbrochen, die Probe im Ofen auf Raumtemperatur abgekühlt und anschließend wieder auf dieselbe Temperatur erhitzt, dann konnte *derselbe* $H_c$-Wert nach sehr kurzer Glühdauer (wenige Minuten) erhalten werden, der zuvor durch langdauerndes Glühen (mehrere Stunden) bei dieser Temperatur erzielt worden war. Das gleiche Verhalten zeigte sich auch bei den Anisotropiemessungen. Die Temperaturabhängigkeit der $H_c$-„Sättigungswerte" ist in Fig. 10 zusammen mit der Magnetisierung $M$ der Fe–Al-Probe mit 13 Gewichts-% Al dargestellt. Das Maximum dieser Kurve liegt bei etwa 530 °C; bei dieser Temperatur zeigt auch die Kurve $M = f(T)$ eine deutliche Anomalie. Die Magnetisierung wurde

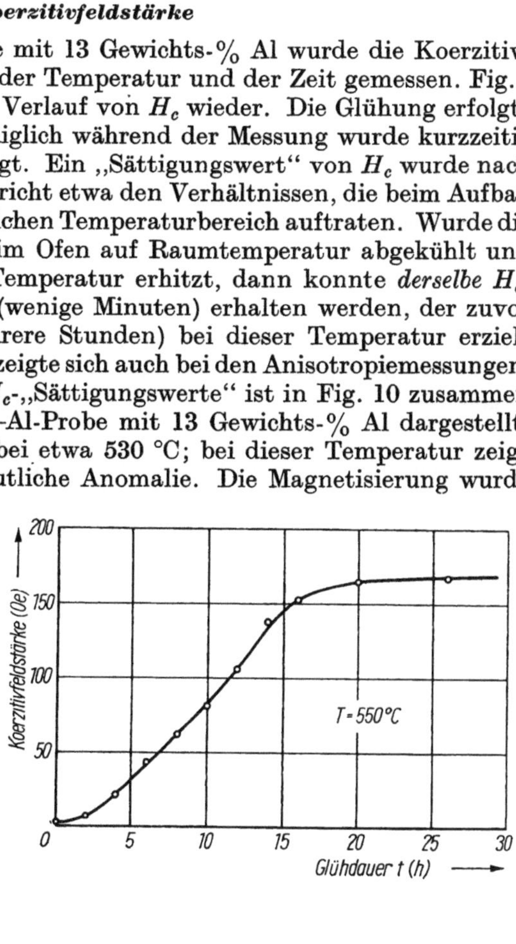


Fig. 9. Koerzitivfeldstärke $H_c$ in Abhängigkeit von der Glühdauer bei $T = 550$ °C (13 Gewichts-% Al)

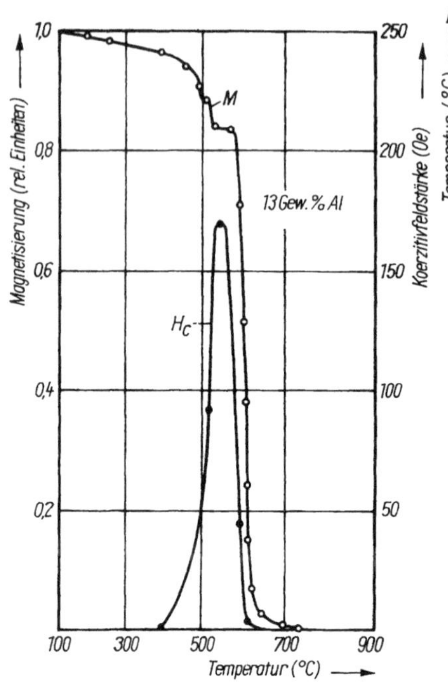


Fig. 10. Magnetisierung $M$ und Koerzitivfeldstärke $H_c$ in Abhängigkeit von der Temperatur. Die $H_c$-Werte wurden nach langdauernder Temperung erhalten, sind sozusagen „Sättigungswerte" (13 Gewichts-% Al)

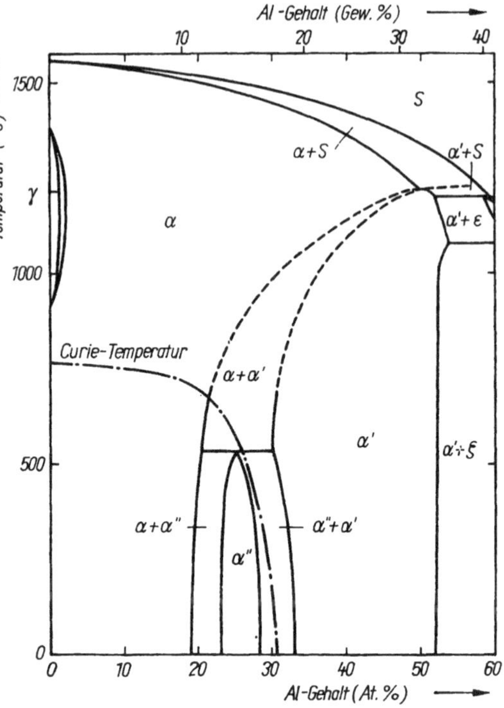


Fig. 11. Zustandsdiagramm der eisenreichen Fe-Al-Legierungen nach Lihl und Ebel

in einer magnetischen Waage bei schwachen Feldern im Temperaturbereich von 20 °C bis zur Curietemperatur gemessen. Ähnliche Messungen der Magnetisierung wurden auch von Pal und Tarnoczi [18] durchgeführt und zeigen entsprechende Ergebnisse.

## 5. Deutung der Meßergebnisse durch Annahme einer Zweiphasenstruktur

Wie bereits angedeutet, kann die Temperatur- und Konzentrationsabhängigkeit der $K_u$-Werte nicht durch die Annahme einer Atompärchenbildung bei höheren Temperaturen gedeutet werden. Sicherlich ist unterhalb von 25 At-% Al (Al-Konzentration 13,9 Gewichts-%) ein solcher Effekt bei Raumtemperatur zu messen, doch spielt er bei höheren Temperaturen eine völlig untergeordnete Rolle, da dieser Effekt zu höheren Temperaturen hin geringer werden muß (nach Néel, Taniguchi und Iwata).

Da sowohl die Koerzitivfeldstärke als auch die Magnetisierung bei den gleichen Temperaturen innerhalb eines sehr engen Konzentrationsbereiches gewisse Anomalien zeigt, liegt der Schluß nahe, daß in dem Konzentrationsbereich von 11,5 bis 15 Gewichts-% Al zwei Phasen gleichzeitig auftreten können, die einen von der Temperatur abhängigen Magnetisierungsunterschied $\Delta M$ und zwei verschiedene Curiepunkte besitzen. Auf diese Weise könnte $\Delta M$ in Abhängigkeit von der

Temperatur ein Maximum durchlaufen. Nach unseren Messungen müßte das Maximum von $\Delta M$ je nach Al-Konzentration zwischen 520 und 580 °C liegen.

Diese Vermutung wird in gewisser Weise durch das von Lihl und Ebel [10] aufgestellte Zustandsdiagramm (Fig. 11) bestätigt, welches das Vorhandensein von Phasengemischen $\alpha + \alpha'$ oder $\alpha + \alpha''$ zeigt ($\alpha$ ungeordnete Phase, $\alpha'$ geordnete Phase $Fe_3Al$, $\alpha''$ geordnete Phase Fe–Al). Dieses Zustandsdiagramm kann unsere Messungen z. Z. sicherlich nur in qualitativer Hinsicht deuten. Raßmann und Wich [11] kamen auf Grund röntgenographischer und magnetischer Untersuchungen zu einem modifizierten Zustandsdiagramm; aber auch bei ihnen wird die Existenz von Phasengemischen $\alpha + \alpha'$ und $\alpha + \alpha''$ gefordert.

Das Auftreten von zwei Phasen mit verschiedener Magnetisierung führt dazu, daß eine Streufeldenergie auftritt und durch Glühung im Magnetfeld Nahordnungsinseln sich durch Diffusion so ausrichten, daß eine Formanisotropie entsteht, die proportional der Differenz zweier pauschal gemittelter Entmagnetisierungsfaktoren $\overline{N}_a$ und $\overline{N}_b$ und dem Quadrat der Magnetisierungsdifferenz $\Delta M$ zwischen „Inseln" und Matrix ist [9, 21]; die Streufeldenergiedichte ist also

$$E_{\text{str}} \sim (\overline{N}_a - \overline{N}_b)\,(\Delta M)^2 \sin^2 \varphi \,. \tag{4}$$

Dabei ist $\varphi$ der Winkel zwischen Vorzugsachse und Magnetisierung,

$N_a$ der Entmagnetisierungsfaktor senkrecht zur langen Achse eines länglichen Teilchens und

$N_b$ der Entmagnetisierungsfaktor in Richtung der langen Achse.

Das resultierende Drehmoment ist dementsprechend

$$L \sim -\frac{1}{2}\,(\overline{N}_a - \overline{N}_b)\,(\Delta M)^2 \sin 2\varphi\, V\,, \tag{5}$$

die gemessene Anisotropiekonstante

$$K_u \sim \frac{1}{2}\,(N_a - N_b)\,(\Delta M)^2\,. \tag{6}$$

Marcinkowski und Brown [22] konnten elektronenmikroskopisch zeigen, daß „Antiphasen-Grenzen" und damit auch Bereiche gestörter Ordnung existieren. Der mittlere Abstand zwischen den Antiphasengrenzen wurde mit etwa 60 Å angegeben. Auf Grund dieser Messungen ist eine genaue Volumenangabe nicht möglich. Ebenso ist auch die Größe des Magnetisierungsunterschiedes noch nicht bekannt.

In einer neueren Arbeit von Davies [23] wurde durch Messen der Halbwertsbreite von Überstrukturlinien auf das Vorhandensein von geordneten Bereichen geschlossen, die in 1,5 h bei 360 °C schon auf eine endgültige Größe (mittlere Durchmesser etwa 150 Å) angewachsen sind. Die aus diesen Messungen bestimmte Aktivierungsenergie für anfängliches Wachsen der Bereiche betrug ungefähr 29,7 kcal/Mol. Eine zweite Aktivierungsenergie für eine völlig geordnete Legierung ergab sich zu 100 kcal/Mol. Die Größe der niederen Aktivierungsenergie von 29,7 kcal/Mol stimmt mit dem Wert, den Feder und Cahn [24] bei ihren Leitfähigkeitsmessungen gefunden haben (29 kcal/Mol) und mit unserem Wert von $(20 \pm 4)$ kcal/Mol relativ gut überein. Jedoch liegt bei unseren Messungen ein anderer Temperaturbereich vor, und es treten wesentlich größere Relaxationszeiten auf.

Die Koerzitivfeldstärkemessungen sind auf Grund der Formanisotropie im Sinne von Ummagnetisierung kleiner Teilchen zu deuten, wobei nach Wohlfahrth [20] gelten müßte

$$H_c \sim (\bar{N}_a - \bar{N}_b) \cdot |\Delta M| \,. \tag{7}$$

Aptekar und Susman [12, 25] erhalten ähnliche $H_c$-Werte im gleichen Temperaturbereich wie wir, wobei auch sie die Existenz zweier Phasen mit einem Magnetisierungsunterschied $\Delta M$ zur Deutung ihrer Experimente heranziehen. Außerdem geben sie ein Zustandsdiagramm [26] an, das analog dem von Lihl und Ebert aufgebaut ist.

Aus der Tatsache, daß eine Unterbrechung der Glühung — Abkühlung auf Raumtemperatur und nachfolgendes Erhitzen auf die gleiche Glühtemperatur — den zuvor erzeugten $H_c$- oder $K_u$-Wert nur ganz unwesentlich ändert, sozusagen ein Gedächtnis für die vorangegangene Temperung vorhanden ist, kann geschlossen werden, daß die Inselstruktur auch bei *Raumtemperatur* existiert. Lediglich der Magnetisierungsunterschied ist bei dieser Temperatur verschwindend klein; an dem mittleren Volumen und der Form der „Inseln" dürfte sich beim Abkühlen dementsprechend nichts Entscheidendes ändern.

Für wertvolle Diskussionen haben wir Herrn Dr. W. Andrä sehr zu danken.

## Literatur

[1] K. SUZUKI, J. Phys. Soc. Japan **13**, 756 (1958).
[2] M. SUGIHARA, J. Phys. Soc. Japan **15**, 1456 (1960).
[3] S. CHIKAZUMI und T. WAKIYAMA, J. Phys. Soc. Japan **17**, S 325 (1962).
[4] H. GENGNAGEL und H. WAGNER, Z. angew. Phys. **13**, 174 (1961).
[5] H. J. BIRKENBEIL und R. W. CAHN, Proc. Phys. Soc. **79**, 831 (1962).
[6] L. NÉEL, J. Phys. Radium **15**, 225 (1954).
[7] S. TANIGUCHI, Sci. Rep. Tohoku Univ. **A 7**, 269 (1955).
[8] T. IWATA, Sci. Rep. Tohoku Univ. **A 10**, 34 (1958).
[9] H. WAGNER und H. GENGNAGEL, Monatsber. Deutschen Akad. Wiss. **5**, 94 (1963).
[10] F. LIHL und H. EBEL, Arch. Eisenhüttenwesen **7**, 483 (1961).
[11] G. RASSMANN und H. WICH, Arch. Eisenhüttenwesen **8**, 115 (1962).
[12] I. L. APTEKAR und SH. I. SUSMANN, Fiz. Metallov i Metallovedenie **12**, 350 (1961).
[13] R. NATHANS, M. T. PIGOTTS und C. G. SHULL, J. Phys. Chem. Solids **6**, 38 (1958).
[14] R. J. WEISS und J. DE MARCO, International Conference on Current Problems in Crystal Physics, S. **34** (1957).
[15] E. A. FRIEDMAN und W. J. NICHOLSON, J. appl. Phys. **34**, 1048 (1963).
[16] W. J. IWANOWSKI, Fiz. Metallov i Metallovedenie **4**, 70 (1957).
[17] H. GENGNAGEL und H. WAGNER, Phys. Verhandl. **13**, 75 (1962).
[18] L. PAL und T. TARNOCZI, J. Phys. Chem. Solids **23**, 683 (1962).
[19] H. GENGNAGEL, H. DRESSEL, W. BAUMERT und H. SAUERTEIG, Exper. Tech. Phys. **11**, 301 (1963).
[20] E. P. WOHLFARTH, Research. **7**, 18 (1954).
[21] S. KAYA, Rev. mod. Phys. **25**, 49 (1953).
[22] M. J. MARCINKOWSKI und N. BROWN, J. appl. Phys. **33**, 537 (1962).
[23] R. G. DAVIES, Trans met. Soc. AIME (1964).
[24] R. FEDER und R. W. CAHN, Phil. Mag. **52**, 343 (1960).
[25] I. L. APTEKAR und SH. I. SUSMAN, Ukr. fiz. Zh. **8**, 323 (1963).
[26] I. L. APTEKAR, Ukr. fiz. Zh. **8**, 328 (1963).
[27] H. DRESSEL, phys. stat. sol. (in Vorbereitung).

*(Received February 3, 1965)*

phys. stat. sol. 9, 55 (1965)

*Institute of Physics, Bucharest*

# New Exciton Bands in KJ:Na Crystals Containing A-Centres

By

V. Topa, L. Matei, and T. Serban

Type A-centres are found in KJ:Na single crystals. The conversion F → A is followed in the visible region and near the fundamental absorption edge. The intensity of the β-band decreases with the formation of A-centres and at the same time a new band ($\beta_A$) is formed at longer wavelengths. The disappearance of A-centres results in a broad $A_c$-band in the visible region which is accompanied by the formation of an $\alpha_A$-band in the ultra violet region, at wavelengths shorter than those corresponding to the α-band. As the intensities of the $A_1$- and $\beta_A$-bands are proportional the occurrence of the $\beta_A$- and $\alpha_A$-bands can be explained qualitatively by exciton formation near A-centres or vacancies which are due to negative ions with a Na ion as nearest neighbour.

Es wurden Farbzentren des Typs A in KJ:Na-Einkristallen gefunden und die Umwandlung F → A sowohl im sichtbaren Spektralbereich als auch in der Nähe der Grundgitterabsorptionskante verfolgt. Mit der Entstehung der A-Zentren nimmt die Intensität der β-Bande ab, und es tritt eine neue Bande, $\beta_A$, bei größeren Wellenlängen auf. Beim Verschwinden der A-Zentren entsteht im Sichtbaren eine breite $A_c$-Bande, die von einer $\beta_A$-Bande im Ultravioletten begleitet ist und bei einer kleineren Wellenlänge liegt als die α-Bande. Wegen der Proportionalität zwischen den Intensitäten der $A_1$-und $\beta_A$-Banden werden die $\beta_A$- und $\alpha_A$-Banden qualitativ durch Exzitonen gedeutet, die sich in der Nähe von A-Zentren oder Leerstellen eines negativen Ions mit einem Na–Ion als nächstem Nachbarn bilden.

The A- and B-bands were first observed in KCl by Petroff [1] in 1950, but only in 1961 Kojima et al. [2] and Lüty [3] found that they are due to the presence of Na ions in the KCl lattice, and they proposed that the A-centre consists of an F-centre having a sodium ion as nearest neighbour. They called the A- and B-bands $A_1$ and $A_2$, respectively. Subsequent studies of absorption spectra in natural and polarized light made on KCl:Li crystals by Badareu et al. [4], Kojima et al. [5], and Härtel and Lüty [6], on Li and Na doped KBr crystals by Kojima et al. [5], and on KBr:Na by the present authors [7], confirmed this model. The model is also supported by spin resonance experiments [8].

The aim of the present work is to extend the study of A-type centres to Na doped KJ crystals and to pursue F → A conversion in the vicinity of the fundamental absorption band. This study may provide interesting data about the above mentioned conversion process as well as important informations on the absorption band due to the formation of excitons near A-centres.

## 1. Experimental Procedure

The samples were pure and Na doped KJ crystals twice recrystallized by the Kyropolous method in an inert atmosphere in order to avoid contaminations with $CO_3^{--}$ [9].

In order to detect eventual impurities the absorption spectra of pure and doped crystals were measured between 0.2 and 25 μm before colouring. Colouration was produced either electrolytically at 500 °C between a negative tungsten tip and a positive Pt plate, or by irradiation with $^{60}Co$ $\gamma$-rays at room temperature. After colouring the samples were cleaved, thermally treated at 500 °C and then quenched on an aluminium plate.

The absorption measurements were carried out by means of an UR–10 Zeiss-Spectrophotometer in the infrared range, a Hitachi EPS–2 Recording Spectrophotometer and a VSU–1 Zeiss-Spektrophotometer for the visible and ultraviolet ranges. The crystals presented no additional absorption bands. A quartz-window cryostat was used to measure the absorption spectrum of the colored crystal in the visible and ultraviolet ranges between 100 °C and −180 °C.

The dichroic measurements were carried out using a polaroid plate, placed between the monochromator and the cryostat.

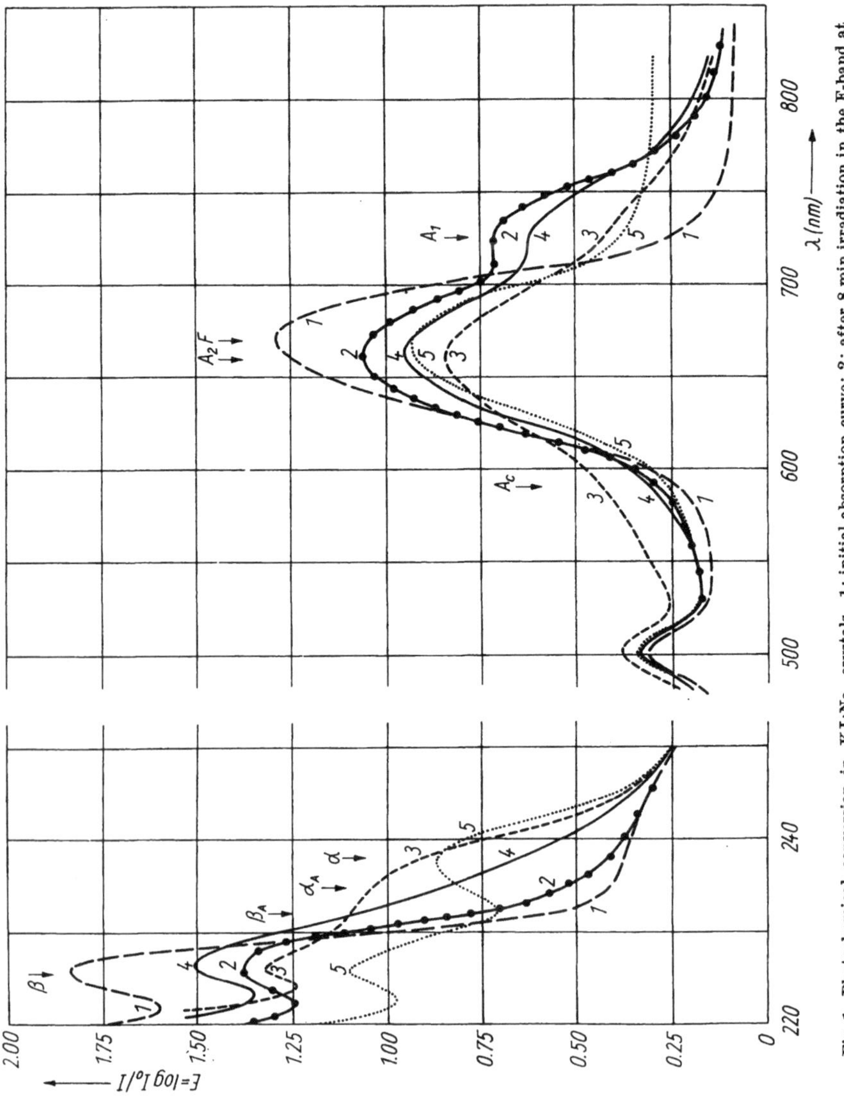


Fig. 1. Photochemical conversion in KJ:Na crystals. 1: initial absorption curve; 2: after 8 min irradiation in the F-band at −40 °C; 3: after 60 min irradiation in the A-band at −180 °C; 4: after 30 min irradiation at $\lambda$ = 550 nm at −180 °C; 5: crystal 4 thermally treated at 130 °C during 120 min and subsequently irradiated in the F-band at −180 °C. (All absorption measurements were made at −180 °C)

## 2. Experimental Results

Fig. 1 shows the absorption curves of an electrolytically coloured KJ:Na (0.2 molar %) crystal subjected to different operations according to the key. These indicated that after a thermal treatment the crystals present both F- and β-bands as well as a new small band at 500 nm. The latter band does not occur in the same electrolytically coloured but not thermally treated crystal. Additional experiments showed that this band is not due to colloids and, as it presents no changes in our experiments, we did not deal with it. Probably it is due to an impurity that we could not identify.

Irradiation with F-light at —40 °C leads to a destruction of the F-centres and a subsequent development of $A_1$- (730 nm) and $A_2$- (660 nm) bands analogous to Li and Na doped KCl and KBr crystals.

In the ultraviolet range the β-band decreases and the absorption increases towards the long-wavelength side of β-band.

Further irradiation with $A_1$-light at liquid nitrogen temperature produces no important reorientation of the A-centre. A broad band whose maximum is difficult to locate exactly rises as the $A_1$- and $A_2$-bands decrease. In the present paper we consider the peak of this band to be at about 590 nm.

At the same time, the absorption at long wavelengths is much increased in comparison with the β-band.

Irradiation in the 590 nm band (with 550 nm light) at the same temperature causes its bleaching and the restoration of the $A_1$- and $A_2$-bands as well as the decrease of the additional absorption in the ultraviolet range. The changes observed at the edge of the fundamental band are not due to the α-band.

This is shown by curve 5 in Fig. 1 which represents the absorption spectrum of crystal 4 after a thermal treatment for 120 minutes at 130 °C (as a result, the destruction of the A-centers and the restoration of the initial

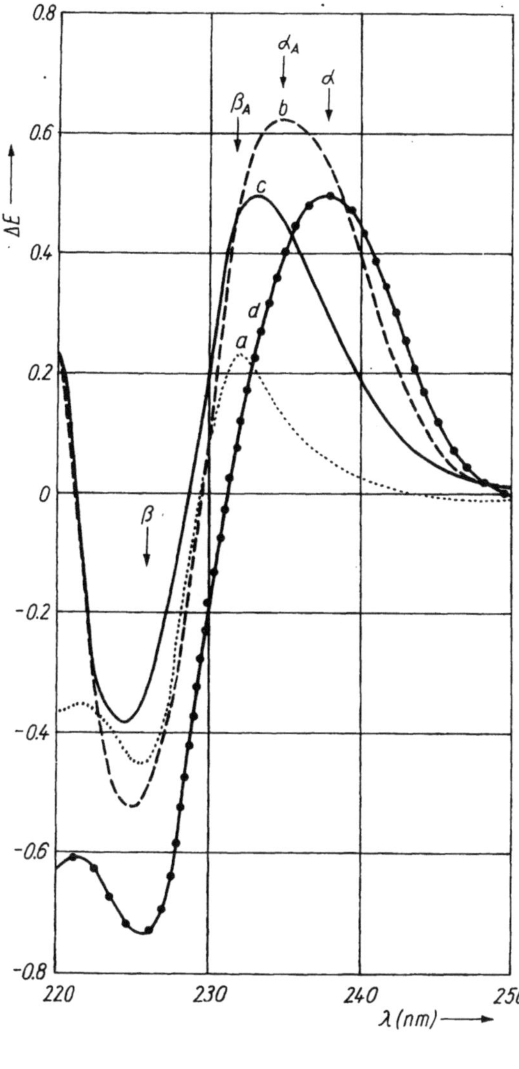


Fig. 2. Difference spectrum of the absorption curves of Fig. 1

a) $\Delta E_a = E_2 - E_1$; b) $\Delta E_b = E_3 - E_1$; c) $\Delta E_c = E_4 - E_1$; d) $\Delta E_d = E_5 - E_1$

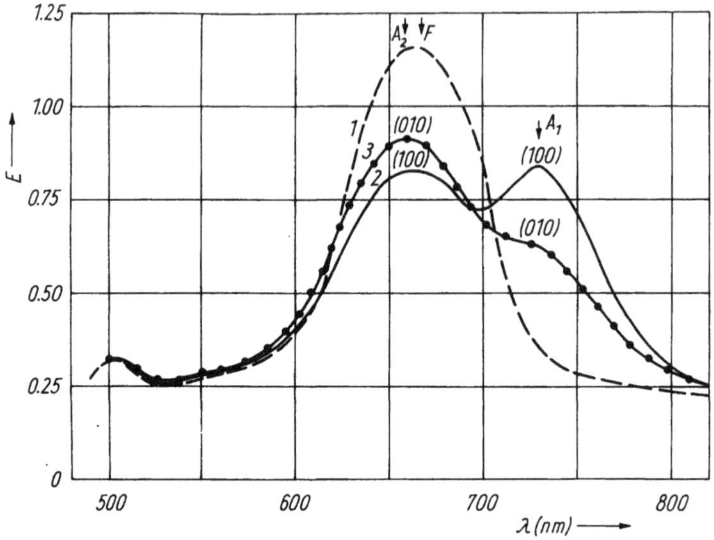


Fig. 3. Photochemical conversion and dichroism produced by irradiation with polarized light. 1: initial absorption curve; 2 and 3: after irradiation in the F-band with light polarized along [100] at −40 °C; 2: measured along [100]; 3: measured along [010]. (All absorption measurements were made at −180 °C)

F-centres take place) and irradiation with F-light at liquid nitrogen temperature in order to enhance the F′-band and the α-band.

The changes appearing in the ultraviolet range can be well observed in Fig. 2 where the extinction differences of the curves in Fig. 1 are plotted. Since we could not estimate the contribution of the β-band to absorption, we used the maximum of the difference at 232 nm as a criterium of the conversion of the β-band into another band called $\beta_A$. When A-centres are destroyed and the broad band at 590 nm called $A_c$ appears, an apparent shift towards longer wavelengths of the apparent band peaking at 232 nm takes place due to another new band which peaks at 235 nm, called $\alpha_A$. Some contribution of the α-band is not excluded, but this is not important in the case of the crystal represented by curve 3, because of the small absorption in the F′-band region.

The absorption spectra of crystals with A-centres obtained by irradiation at −40 °C, with F-light polarized along the [100] direction, show, as expected, a [100] type symmetry for the A-centre (Fig. 3).

In order to pursue the F → A conversion kinetics in the same crystals, absorption spectra were measured after successive irradiation for several minutes in the F-band.

The results are represented in Fig. 4, which shows a gradual rise of absorption in the vicinity of the β-band with increasing number of A-centres. The differences of the spectra for the F → A conversion in the ultraviolet range are given in Fig. 5.

When the irradiation time increases, the apparent band at 232 nm rises at the expense of the β-band. As this band is a component of the $\beta_A$-band proportional to it we noted it in the text $\beta_A$, too.

One may see that the development of this band is accompanied by another band at 235 nm appearing as a shoulder of the 232 nm band in the difference

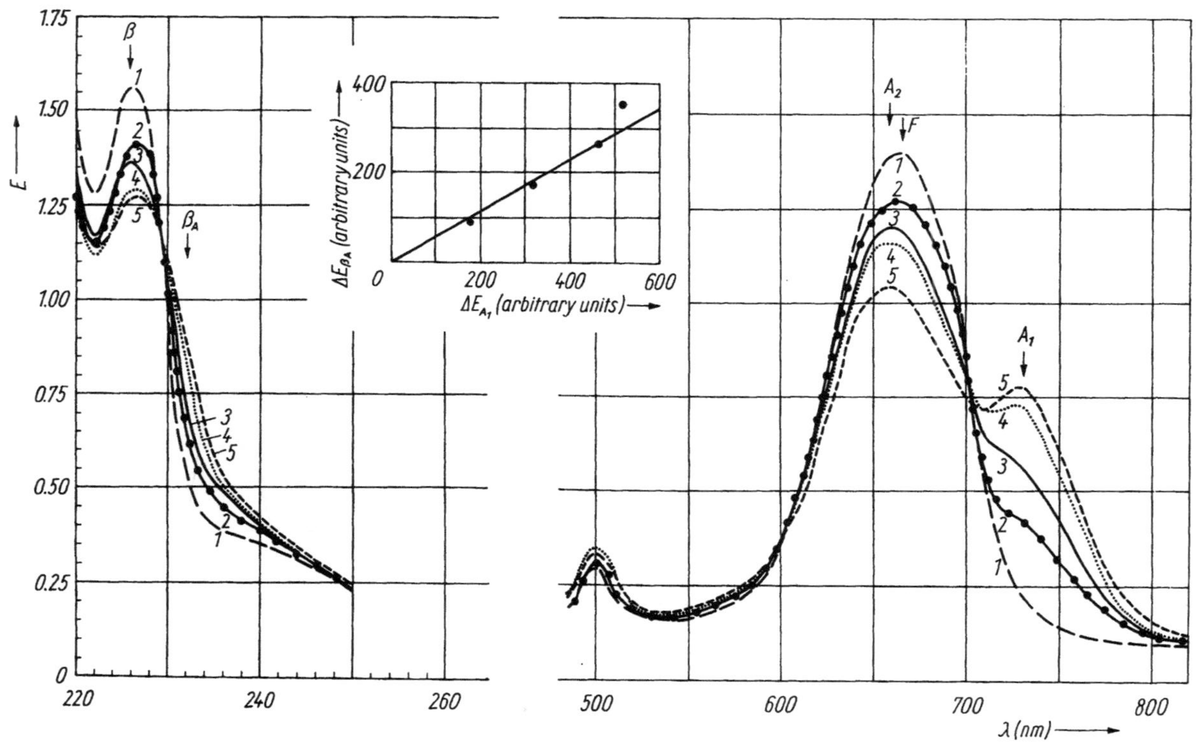


Fig. 4. Photochemical conversion in KJ:Na crystals. 1: initial absorption curve; 2: crystal 1 after 2 min irradiation in the F-band at −40 °C; 3: crystal 2 after 2 min irradiation in the F-band at −40 °C; 4: after 2 min irradiation in the F-band at −40 °C; 5: crystal 4 after 6 min irradiation in the F-band at −40 °C. (All absorption measurements were made at −180 °C)

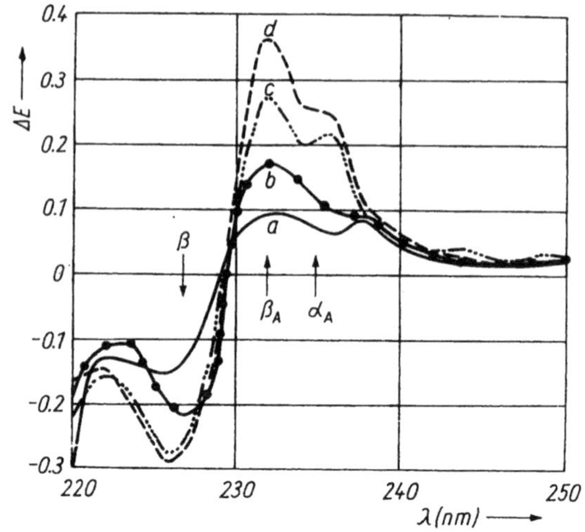


Fig. 5. Difference spectrum of the absorption curve in Fig. 4
a) $\Delta E_a = E_2 - E_1$
b) $\Delta E_b = E_3 - E_1$
c) $\Delta E_c = E_4 - E_1$
d) $\Delta E_d = E_5 - E_1$

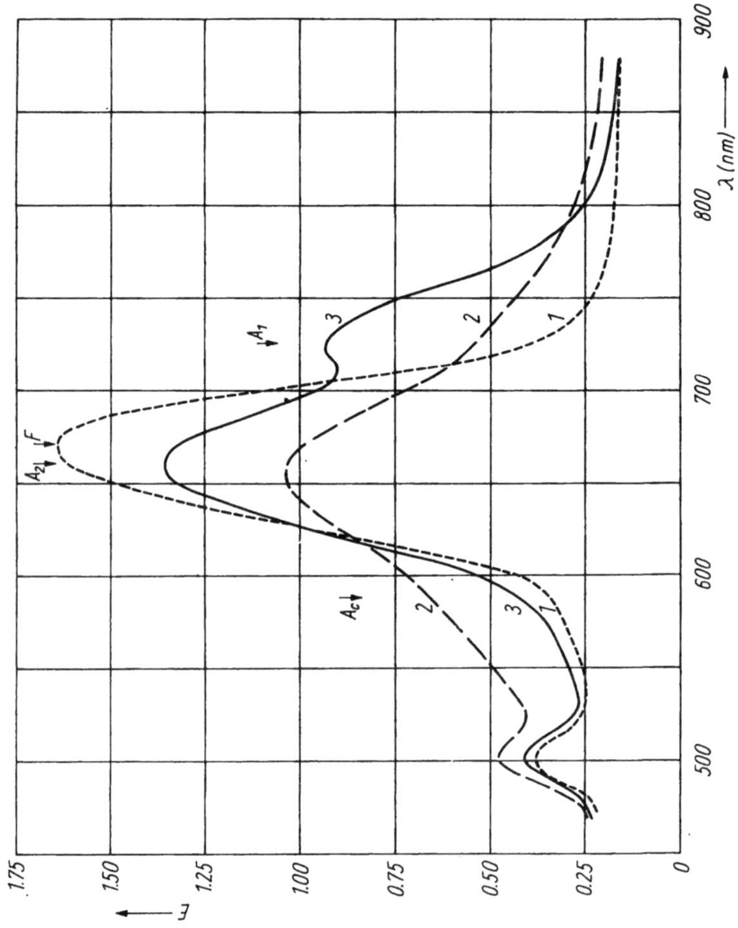


Fig. 6. Thermal bleaching of $A_c$-centers. 1: initial absorption curve; 2: crystal 1 after F → A conversion and subsequent irradiation with $A_1$-light at −180 °C; 3: crystal 2 was left in darkness for 16 h at room temperature. (All absorption measurements were made at −180 °C)

spectrum. The increase of the 235 nm bands is simultaneous with a noticeable increase in absorption at about 590 nm.

It seems possible to assume that during the $F \rightarrow A$ conversion some centres responsible for the absorption in the 590 nm region are formed.

These centres are, as we have already seen, accompanied by a band at 235 nm.

## 3. Discussions

The results obtained suggest that the $\beta_A$- and $\alpha_A$-band are analogous to the $\alpha$- and $\beta$-bands [10]. The interpretations we propose for the $\beta_A$- and $\alpha_A$-bands are based on the experimental fact that the development of these bands in the absorption spectra of KJ:Na crystals is closely connected with the formation of A-centres and that the increase of the $\beta_A$-band is directly proportional[1]) to that of the $A_1$-band (Fig. 4).

This suggests that the $\beta_A$- and $\alpha_A$-bands are due to the formation of an exciton near an F-centre and a negative-ion vacancy, respectively, additionally perturbed by the presence of a Na ion. Fig. 7 shows a possible formation-scheme for the $\beta_A$- and $\alpha_A$-bands, in comparison with those proposed for the $\beta$- and $\alpha$-bands, respectively.

The peak position of the $\beta_A$-band was estimated on the basis of the model which was proposed by Bassani and Inchauspé [11] and extended by Tsertsvadze [12] for computing the shift of the $\alpha$- and $\beta$-band from the first exciton-band.

Under the assumption that the substitution of a K ion by a Na ion causes changes only in the polarization energy which are due to the difference in the polarizabilities of Na and K ions and the difference in the polarizabilities of the electrons belonging to F-centres and to Na perturbed F-centres, i.e. A-centres, we found that the $\beta_A$-band, represented in the above scheme by the full line, should lie on the long-wavelength side of the $\beta$-band. This is in good agreement with experiment.

There are several configurations to be taken into consideration. We must notice the fact that the transition of one electron to the Na ion (dotted line in Fig. 7b) could cause a shift of the $\beta_A$-band towards longer wavelengths according to the difference in the ionization energies of Na and K, but this is inconsistent with the experiments.

If this transition gives rise to an experimentally observed band it has to appear also in non-coloured KJ:Na crystals.

The $\beta_A$-band lies in the close vicinity of the $\beta$-band, towards long wavelengths, while the $\alpha_A$-band occurs near the $\alpha$-band, but on the short-wavelength side, thus indicating small perturbations.

The band appearing at 590 nm presents many resemblances to the F′-band, for example it has a large half-width, is formed from A-centres during irradiation at low temperature, and may be bleached by optical and thermal treatment when the A-centres restore (Fig. 6).

As this band lies on the short-wavelength side of the $A_1$- and $A_2$-bands it is difficult to assign it to A′-centres. However, one may assume that it is due to a complex which contains also A-centres in a potential form called by us $A_c$. The simultaneous development of the band at 590 nm and 235 nm could be explained in a simple manner supposing that the irradiation in the $A_1$-band at liquid

[1]) The point of the right is far from the line because secondary reactions take place in the last stage of the $F \rightarrow A$ conversion.

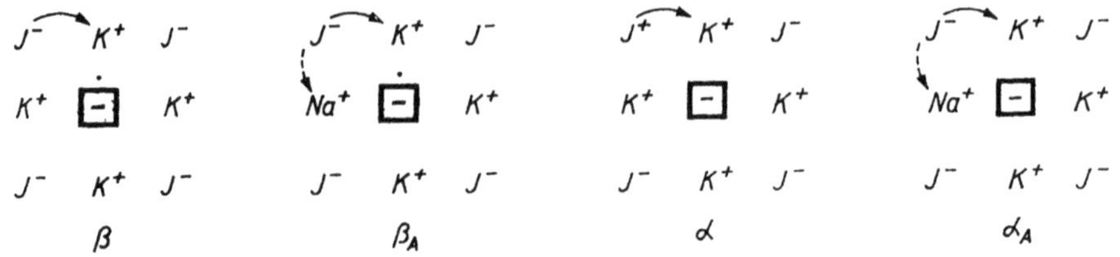


Fig. 7. Schematic representation of $\beta$, $\beta_A$, $\alpha$ and $\alpha_A$ excitons. a: $\beta$-exciton; b: $\beta_A$-exciton; c: $\alpha$-exciton; d: $\alpha_A$-exciton

nitrogen temperature leads to an ionization of the A-centre and the capture of the electron somewhere in the crystal, so that the development of the $A_c$-band takes place and a negative-ion vacancy with a Na ion as nearest neighbour arises. The band peaking at 235 nm may be assigned to the formation of an exciton near this defect.

It is possible that the band called by us $\alpha_A$ is formed when $A_c$ perturbs the exciton absorption, but we think the first hypothesis is true.

***Acknowledgements***

The authors would like thank Prof. Tarján for his helpful discussions on the occasion of presenting this work at the Conference of Solid State Physics, Bucharest, November 1964.

*Note added in proof:*

Since our work was sent to the publisher, a paper by F. Lüty and W. Zizelmann (Solid State Communications 2, 179 (1964)) have been brought to our attention. This paper deals with same subject at KCl:Na crystals. Our results at KJ:Na are consistent with those found by the above mentioned authors.

## References

[1] S. PETROFF, Z. Phys. **127**, 443 (1950).
[2] K. KOJIMA, N. NISHIMAKI, and T. KOJIMA, J. Phys. Soc. Japan **16**, 203 (1961).
[3] F. LÜTY, Z. Phys. **165**, 17 (1961).
[4] E. BADAREU, L. MATEI, and T. SERBAN, phys. stat. sol. **3**, 1032 (1963).
[5] K. KOJIMA, N. NISHIMAKI, and T. KOJIMA, J. Phys. Soc. Japan, Supplement II, **18**, 250 (1963).
[6] H. HARTEL and F. LÜTY, Z. Phys. **177**, 369 (1964).
[7] V. TOPA, L. MATEI, and T. SERBAN, phys. stat. sol. **3**, K 419 (1963).
[8] R. L. MIEHER, Phys. Rev. Letters **8**, 362 (1962).
H. OHKURA, K. MURASE, and H. SUGIMOTO, J. Phys. Soc. Japan **17**, 708 (1962).
[9] V. TOPA, L. MATEI, and T. SERBAN, to be published in Rev. Roum. de Physique.
[10] C. I. DELBECQ, P. PRINGSHEIM, and P. YUSTER, J. chem. Phys. **19**, 574 (1951); **20**, 746 (1952).
[11] F. BASSANI and N. INCHAUSPÉ, Phys. Rev. **105**, 819 (1957).
[12] A. TSERTSVADZE, Solid State Physics **3**, 336 (1961).

*(Received January 4, 1965)*

phys. stat. sol. 9, 63 (1965)

*The Franklin Institute Laboratories, Philadelphia, Pennsylvania*

# Unstable Domain Structure in the Intermediate State of Superconductors

By

B. LALEVIC

Measurements of resistance fluctuations, metastable resistance levels, and related parameters have been extended to the case of the intermediate state of a specimen carrying a variable current in a constant external magnetic field. The origin of peculiar peaks in the plots of relative changes of resistance $\Delta R/R$ is now clarified and related to metastable resistance levels. The influence of specimen current on the shape of the resistance vs. external magnetic field plot is explained on the basis of the present measurements. From a comparison of these and previously obtained data with the theory of domain boundary propagation, the conditions for the occurence of domain boundary instabilities are derived and a mechanism responsible for the appearance of resistance fluctuations is discussed.

Messungen von Widerstandsfluktuationen, metastabilen Widerstandsniveaus und verwandten Parametern sind auf den Fall des Zwischenzustandes einer Probe ausgedehnt worden, die in einem konstanten Magnetfeld einen variablen Stromfluß besitzt. Die Ursache für das Auftreten einiger spezieller Maxima für die relative Widerstandsänderung $\Delta R/R$ wird geklärt und metastabilen Widerstandsniveaus zugeschrieben. Der Einfluß des Stromes auf die Abhängigkeit des Widerstandes vom äußeren Magnetfeld wird auf der Grundlage der vorliegenden Messungen erklärt. Aus dem Vergleich dieser und früherer Ergebnisse mit der Theorie der Domänengrenzen-Verschiebung werden die Bedingungen für das Auftreten von Instabilitäten an Domänengrenzflächen hergeleitet. Ferner wird ein Mechanismus diskutiert, der verantwortlich ist für das Auftreten von Widerstandsfluktuationen.

## 1. Introduction

The properties and structure of the domain configuration in the intermediate state of superconductors can be studied visually in bulk material by using either the powder method [1] or Faraday effect [2]. However, in the case of superconductors of small dimensions, such as thin wire, the above methods are precluded.

The observed random fluctuations of the resistance in the intermediate state, sometimes referred to as intermediate state noise, offers a method of studying the structure and kinetics of domains in the intermediate state of superconductors of small dimensions. It thus complements the visual methods.

In previous publications [3, 4] we described the properties and patterns of random variations of resistance or resistance fluctuations in the intermediate state of vanadium, tantalum and tin specimens of small diameter. The resistance fluctuations are observed by a four probe technique, where the potential leads are fed either to a Tektronix oscilloscope equipped with a Polaroid camera or a recorder or a six dial thermofree potentiometer (0.5 μV sensitivity). The shape of the resistance fluctuation pulse, its slope of initial rise time, width and amplitude were found to differ greatly from one superconducting element to another. Even for the same superconducting element, these parameters vary with the dimensions of superconductor specimen, the degree of supercooling and temperature. Despite the variety of forms of resistance fluctuations, a systematic trend in their behavior and regularities has been established [3]. The parameters which characterize the resistance fluctuations are: the relative changes $\Delta R/R$ of resistance fluctuations ($\Delta R$ is the amplitude of resistance fluctuations at the resistance value $R$ corresponding to the position in the intermediate state); tangent of the initial rise time of a pulse and smoothness of a pulse. The value of these parameters are found to depend on the superconducting element, degree of supercooling, temperature, specimen current, external magnetic field and dimensions of specimen [3]. It has been experimentally established [3] that the resistance fluctuations are caused by the spatial instability and propagation of domain boundaries.

In the course of these investigations one more effect was found which contributed further information about the intermediate state in specimens of small dimensions. The existence of the metastable resistance levels has been established for both directions of superconductivity transitions [3, 4], the levels manifesting themselves as steps following a discontinuous change in resistance with a change in either specimen current or external magnetic field. These resistance levels are unstable and are characterized by resistance fluctuations. It is often observed that the amplitude of resistance fluctuations correspond to the difference in resistance between two successive resistance levels. The characteristic parameters describing resistance levels are: the increment in magnetic field (or current) $\Delta H$ necessary to initiate a transition from one resistance level to another; the number of resistance steps in the transition from the superconducting to the normal state, or in the inverse transition; the time $t_0$ in which the transition from one level to the next is completed, the length of a segment $\Delta l$ which becomes normal or superconducting in the transition from one level to another and the relative changes $\Delta R/R$ of the resistance fluctuations at the given level.

From studies of resistance fluctuations the values of the following parameters are obtained [3, 4]; 1. the velocity of domain boundary propagation, 2. the change in domain dimensions on propagation and 3. the number of domains.

Studies of resistance levels yielded the values of 4. the time of growth or collapse of a domain (deduced from the transition time $t_0$), 5. dimensions of domains (from the segment length $\Delta l$), 6. the total number of domains present (related to the number of resistance steps) and 7. approximate shape of a domain (from the value of the field increment $\Delta H$).

From a comparison of the obtained experimental values with the theory of boundary propagation based on eddy current damping [5] we have concluded [4] that the collapse or growth of the superconducting domain in a transverse magnetic field occurs longitudinally along the axis of a specimen rather than radially.

The above studies were performed on vanadium, tantalum, and tin specimens. Two cases were examined — a current-induced intermediate state, and the intermediate state induced by a variable transverse magnetic field, specimen current being kept constant.

We will now present our observations of the resistance fluctuations and resistance levels in the intermediate state at constant transverse magnetic field but with variable specimen current. Although the results are similar to those obtained in earlier measurements, the previously unknown origins of some phenomena are now clarified. On the basis of all experimental results we will propose a mechanism responsible for the appearance of the resistance fluctuations in the intermediate state of superconductors of small dimensions.

## 2. Experimental Method

The experimental arrangements concerning the treatment of samples, magnetic field, temperature control of the helium bath, and measuring equipment were described in previous papers [3, 4].

The values of magnetic field necessary to bring the superconducting samples into the intermediate state were chosen from the resistance vs. magnetic field curves. The experimental procedure was to establish the necessary magnetic field, vary the current through the specimen, and record the potential changes. The currents through a specimen never exceeded the value of 0.05 $I_{crit}$. Measurements were performed on vanadium (0.01″ and 0.011″ diameter) tantalum (0.002″ and 0.005″ diameter), and tin (0.003″ and 0.005″ diameter). The treatment of the specimens was described previously [3]. The temperature range used in the measurements was between 1.8° and 4.2 °K and the temperature of the liquid helium bath was kept constant to within $10^{-3}$ °K.

## 3. Experimental Results

### *3.1 Resistance levels*

Evidence for the resistance levels, that is, plateaux in the resistance vs. current plot at constant external magnetic field, and variable specimen current, was found in all three investigated superconducting elements. The experimental procedure for the observation of the resistance levels is to bring the superconducting specimen into the intermediate state by an external magnetic field, vary the specimen current and record the potential output. Resistance levels are exhibited in Fig. 1 through Fig. 5. Large hysteresis effects in the resistance vs. current behavior are observed. The hysteresis is observed if the current through the specimen is increased and subsequently decreased and the process repeated. With decreasing current, the position of the resistance levels is shifted relative to the position obtaining with increasing current. However, one should note from Fig. 1 that while the position or resistance levels vs. current changes due to the hysteresis the values of the resistance levels remained the same.

The typical values of field increment $\Delta H$ corresponding to the current change of $\Delta I$ for which the resistance remains constant, are given in Table 1 for the three investigated superconductors. These values are similar to those obtained in the case of the current induced intermediate state [3].

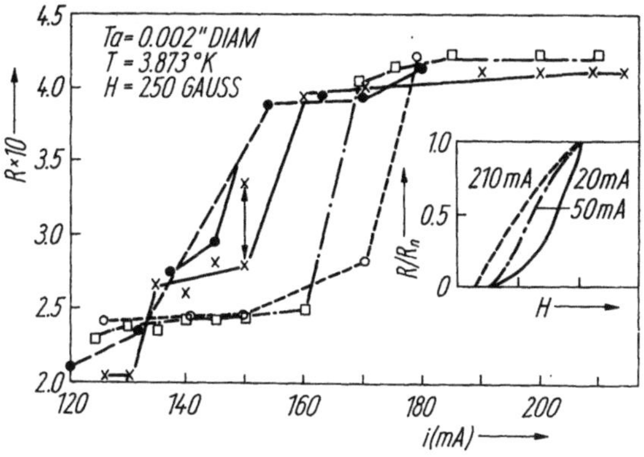


Fig. 1. The variation of the resistance vs. specimen current in the magnetically induced intermediate state at the fixed temperature and field for 0.002 inch diameter tantalum wire. Resistance levels are clearly presented

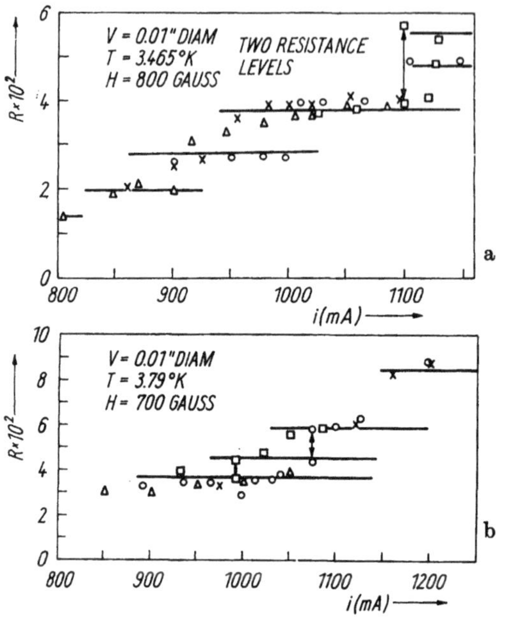


Fig. 2. The variation of the resistance vs. specimen current in the magnetically induced intermediate state at the fixed temperature and field for 0.01 inch diameter vanadium wire. Fig. 2a corresponds to $T = 3.465$ °K and magnetic field $H = 800$ gauss and Fig. 2b to $T = 3.79$ °K and $H = 700$ gauss. Resistance levels are clearly presented

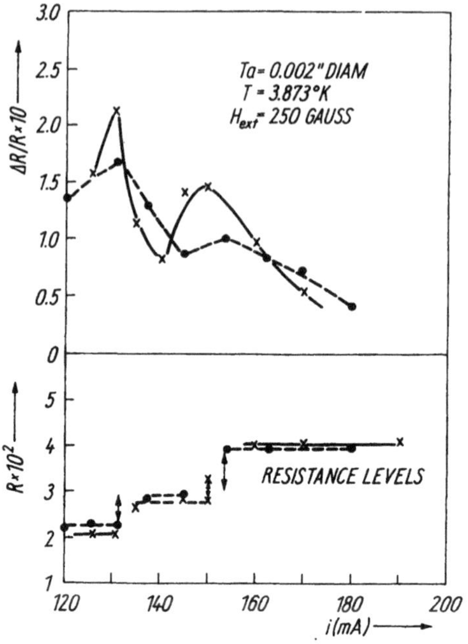


Fig. 3. Plot of the relative resistance changes $\Delta R/R$ of resistance fluctuations and resistance levels as a function of specimen current in the magnetically induced intermediate state. The data are obtained on tantalum wire of 0.002″ diameter at $T = 3.873$ °K and field $H = 250$ gauss. The upper curves represent the relative changes $\Delta R/R$ measured at the corresponding points of resistance levels given in the lower part of the figure

Table 1

Maximum and minimum observed values of $\Delta H$ for 0.01 inch vanadium, 0.002 inch tantalum and 0.003 inch tin samples

| | V | Ta | Sn |
|---|---|---|---|
| $\Delta H_{gauss}$ | 1 to 6.5 | 0.32 to 2.55 | 0.2 to 0.6 |

Table 2

Parameters $\Delta R$ and $\Delta H$ as a function of current. The listed values of current $I$ are taken at the beginning of the resistance levels

| Vanadium | | | Tantalum | | |
|---|---|---|---|---|---|
| $I$ (A) | $\Delta H_{gauss}$ | $\Delta R \times 10^2$ Ohm | $I$ (mA) | $\Delta H_{gauss}$ | $\Delta R \times 10^2$ Ohm |
| 0.85 | 1.0 | 0.8 | 125 | 0.32 | 0.5 |
| 0.95 | 1.5 | 1.0 | 160 | 1.8 | 0.7 |
| 1.10 | 2.5 | 1.5 | 210 | 2.5 | 1.7 |

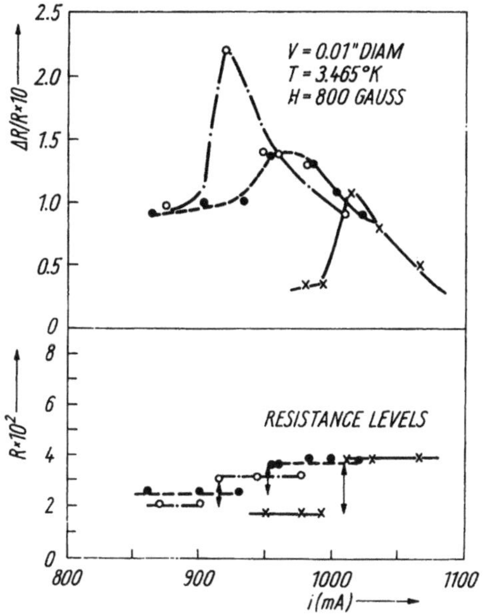


Fig. 4. Plot of the relative resistance changes $\Delta R/R$ of resistance fluctuations and resistance levels as a function of specimen current in the magnetically induced intermediate state of 0.01 inch diameter vanadium wire. The data are obtained at $T = 3.465$ °K and field $H = 800$ gauss. The upper curves represent the relative changes $\Delta R/R$ as measured at the corresponding points of resistance levels given in the lower part of the figure

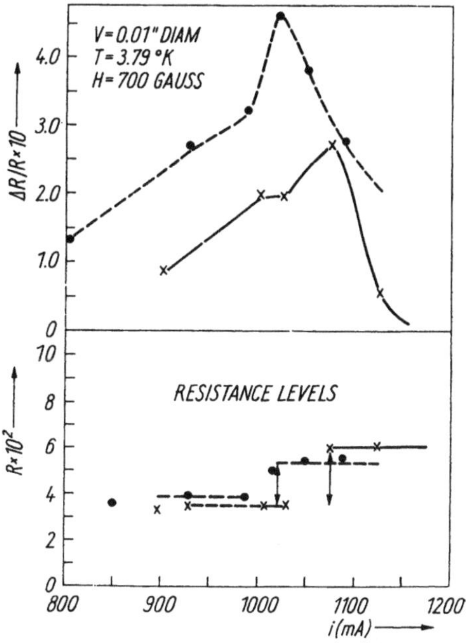


Fig. 5. Plot of the relative changes $\Delta R/R$ of resistance fluctuations and resistance levels as a function of specimen current in the magnetically induced intermediate state of 0.01 inch diameter vanadium wire. The data are obtained at $T = 3.79$ °K and field $H = 700$ gauss. The upper curves represent the relative changes $\Delta R/R$ as measured at the corresponding points of resistance levels given in the lower part of the figure

The field increments $\Delta H$ do not seem to be temperature dependent. However, the increments $\Delta H$ exhibit a current dependence; the magnitude of $\Delta H$ is found to increase with increasing specimen current. Similarly, an increase in the values of the difference in resistance $\overline{\Delta R}$ between the consecutive resistance levels is observed with increasing current independently of temperature or external magnetic field. The values of $\Delta H$ and $\overline{\Delta R}$ at a given temperature and external field are listed as a function of current in Table 2.

The existence of resistance levels seems to be responsible for a phenomenon observed rather a long time ago. De Haas et al. [6] found that the shape of the curve of resistance as a function of field is very sensitive to the magnitude of the measuring current. Such a behavior of resistance is exhibited in the insert of Fig. 1. It is clear from this insert that for a given field there is a difference $\Delta R$ in resistance for the different current values. From the resistance levels curves, it is seen that at the given magnetic field a small increase in specimen current changes the resistance discontinuously by the amount $\Delta R$. Thus, different resistance levels correspond to different values of specimen current. Since it was previously [3] demonstrated that the resistance levels are related to the domain structure in the intermediate state, the dependence of resistance on the current values in the experiments of de Haas et al. [6] is due to the difference in domain structure for different magnitudes of specimen current.

### *3.2 Amplitude and slope of resistance fluctuation pulses*

As in the case of the current-induced intermediate state, a variety of forms of resistance fluctuations has been observed. The relative changes $\Delta R/R$ represent the changes in resistance due to the fluctuations at the given resistance level with the resistance value $R$. The amplitude of resistance fluctuations $\Delta R$ are measured by a recorder with an output calibrated in resistance units. The relative change $\Delta R/R$ of resistance fluctuations shows a trend in its dependence on the position of the resistance levels as seen from resistance vs. current plots. This same trend can also be seen from the plot of initial rise time of a pulse vs. current where the initial rise time of a pulse is estimated from the photographs taken on the Tektronix oscilloscope.

The origin of a peculiar peak in the $\Delta R/R$ vs. current plot is now clarified. The relative resistance changes $\Delta R/R$ exhibit a maximum when plotted vs. specimen current. This occurs at all temperatures and for all values of the external magnetic field used. It is found that the maximum value of $\Delta R/R$ occurs always at the end of the resistance levels. The maximum $\Delta R/R$ is located either at the upper current value of the lower resistance level, or at the lower current value of the upper resistance level. The dependence of $\Delta R/R$ on current and resistance levels is illustrated in Fig. 3, 4, and 5 for different superconducting elements and temperatures, and for the same temperatures at different values of the external magnetic field. The number of peaks in $\Delta R/R$ is proportional to the number of resistance levels present.

As mentioned previously, due to the hysteresis effect in the resistances vs. current plot, the position of resistance levels relative to current can be shifted. However, the maximum values in $\Delta R/R$ follow the shift in resistance levels position and occur always at the end of resistance levels as shown in Fig. 3, 4, and 5.

The behavior of the relative resistance changes $\Delta R/R$ indicates that the largest instabilities of a domain boundary occur at the extremes of the resistance levels. The maximum values of $\Delta R/R$ show a slight temperature dependence. A decrease is observed in $(\Delta R/R)_{max}$ with decreasing temperature and an example of it is listed in Table 3.

The tangent of the initial rise time of resistance fluctuation pulses, which is related to the velocity of boundary propagation [3], exhibits a strong current dependence.

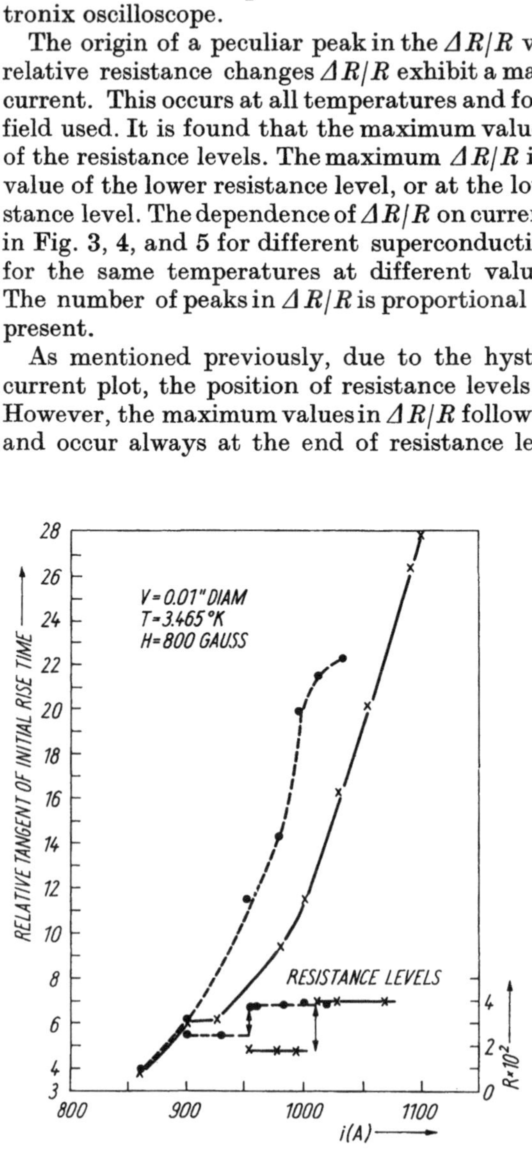


Fig. 6. Dependence of the tangent of the initial rise time of the resistance fluctuation pulses vs. specimen current, on the shift of the position of resistance levels for 0.01 inch diameter vanadium wire

This dependence of the tangent on specimen current is presented in Fig. 6. The value of the tangent of the initial rise time of a pulse is found to be dependent on the position of the resistance level. If the position of a resistance level is shifted, the values of tangent experience a similar shift. In other words, the tangent of initial rise time of a pulse retains the same values relative to the position of a given resistance level.

Table 3

The maximum observed values of the relative changes $\Delta R/R$ of the resistance fluctuations and the tangent of initial rise time as a function of temperature for 0.01 inch diameter vanadium wire

| $T$ (°K) | 4.2 | 4.013 | 3.79 | 3.58 | 3.45 | 3.305 | 3.07 |
|---|---|---|---|---|---|---|---|
| $(\Delta R/R)_{\max} \times 10$ | 3.94 | 2.85 | 2.6 | 2.4 | 2.94 | 2.35 | 2.2 |
| $(\tan\theta)_{\max}$ | 19.8 | 19 | 19 | 27.3 | 28.6 | 28 | 28 |

Due to the strong dependence of the tangent of initial rise time of a pulse on current, it was difficult to establish a relation between the tangent and temperature or external magnetic field. However, a somewhat irregular increase in the maximum values of tangent with decreasing temperature is observed and listed in Table 3.

## 4. Discussion

The instability of a domain structure and associated phenomena of resistance fluctuations and metastable resistance levels, as described here and in the previous reports [3, 4], represent a time-dependent behavior of the domain boundaries and domain structure in the intermediate state of superconductors. The present Landau–Ginsburg theory [7] is time-independent and is based on thermodynamic equilibrium between normal and superconducting phases. Hence, any direct comparison of our experimental data with the existing theory is not feasible.

One can, however, establish the conditions for the occurrence of instabilities in the domain structure. From the discussion of these conditions a mechanism responsible for the existence of resistance fluctuations will become apparent.

The transition from the normal to the superconducting state starts from some small superconducting nucleus. The conditions for growth, equilibrium and shrinkage of such a nucleus are given by [8]

$$(1 - H_e^2/H_c^2) \gtreqless \frac{\Delta}{d}, \tag{1}$$

where $H_e$ is the applied field, $d$ is the appropriate small dimension of the superconducting nucleus and $\Delta$ is the characteristic energy length ($\Delta = \alpha_{ns}\, 8\,\pi/H_c^2$, where $\alpha_{ns}$ is the interphase boundary energy).

Therefore, if a nucleus, initially in thermodynamic equilibrium, starts expanding in such a way that the free energy of the specimen increases, the condition for shrinkage will be met and the nucleus will retreat to its equilibrium size. It is obvious that such changes in nucleus or domain size would produce the fluctuations of resistance. Since

$$\Delta(t) = \frac{\Delta(0)}{(1 - t^4)^{1/2}} \approx \frac{\Delta(0)}{2}\,(1 - t)^{1/2},$$

for $t \approx 1$ where $t$ is the reduced temperature and $\Delta$ is of the order of $1.25 \times 10^{-4}$ cm at $T = 3.4$ °K for our tin samples [4], it is evident from equation (1) that the resistance fluctuations are more likely to occur in samples of small dimensions as shown previously [4].

The conditions of equation (1) can be derived also from the consideration of the velocity of domain boundary propagation. Here the mechanism of the domain shrinkage and expansion becomes more evident.

We have discussed [4] the velocity of propagation of the normal or superconducting phase boundary in the intermediate state on the basis of the eddy current damping theory [5]. Our experimental data on the velocity of boundary propagation are obtained either from the tangent of the initial rise time of a fluctuation pulse, or the transition time between the two resistance levels. From the comparison of our data with the theory of phase boundary propagation it was concluded that the collapse or growth of a domain in the complex structure of the intermediate state occurs longitudinally along the axis of a specimen. Moreover, the velocities of boundary propagation are of the same order of magnitude as that obtained by Faber [9] for the longitudinal propagation of super or normal conducting domains in normal or superconducting regions respectively. Faber's experiment were, however, performed under different conditions; a super or normal conducting phase propagates only into the other phase without the presence of a domain structure of intermediate state. However, since the mechanism and velocity of boundary propagation in the intermediate state as found in our measurements [4] are similar to those in Faber's experiment, we will use Faber's expression for the velocity of boundary propagation to explain the mechanism responsible for the existence of resistance fluctuations.

Faber's expression [9] for the velocity of boundary propagation without approximation is given by

$$V(4\,\pi\,\sigma_{\text{eff}}\,d\sin\theta) = q\,d - \gamma\,, \tag{2}$$

where $d$ is the width of the propagating superconducting filament;

$$q = 1 - \frac{H_e^2}{H_c^2} \qquad \text{and} \qquad \gamma = \Delta - \lambda\,,$$

where $\Delta$ is the energy parameter length and $\lambda$ the penetration depth.

The plot of the velocity of boundary propagation vs. the thickness of the superconducting filament is given in Fig. 7. One can see from Fig. 7 that for small values of $d$ (actually for $d \approx 10^{-3}$ cm or less, somewhat smaller than the diameter of our samples) the velocity of superconducting boundary propagation becomes negative, meaning that superconducting filaments of these thicknesses would collapse under the influence of the surface tension.

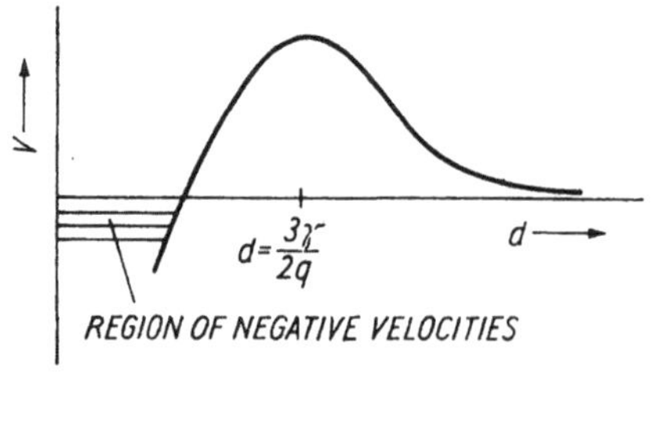


Fig. 7. Plot of the velocity of boundary propagation vs. the thickness of the superconducting filament

The condition for the negative velocity $V$ can be obtained from equation (2)

$$q\,d < \gamma\,.$$

or

$$\left\{1 - \left(\frac{H_e^2}{H_c^2}\right)\right\} d < \Delta - \lambda \quad \text{or since} \quad \Delta \geqq 5\lambda\,,$$

$$\left(1 - \frac{H_e^2}{H_c^2}\right) < \frac{\Delta}{d}\,, \tag{3}$$

which is exactly the condition for the shrinkage of a domain as stated in equation (1).

We consider a superconducting domain, which at the start of propagation is of a diameter such that the velocity of boundary propagation is positive. If the diameter of a domain is reduced in the course of propagation, i.e., if a domain thins out to the extent that equation (3) is satisfied, then under the influence of surface tension the domain would start to recede until it assumes an equilibrium size. Also, if a domain changes its geometry during the propagation so that the value of magnetic field changes along or around the surface of a domain, the inequality equation (3) can be satisfied and collapse of a domain would occur. A repetition of this process, or occurrence of a similar process along the specimen, would clearly give rise to the observed resistance fluctuations.

A similar conclusion that the change in domain diameter is responsible for the spatial instability of a domain, can be reached from the consideration of thermodynamic potential $L$ of the intermediate state which is given by [10]

$$L = \frac{H_c^2}{n}\{(1-\eta)^2 - 2\,\mu\,(1-\eta)\sqrt{\eta}\}\,,$$

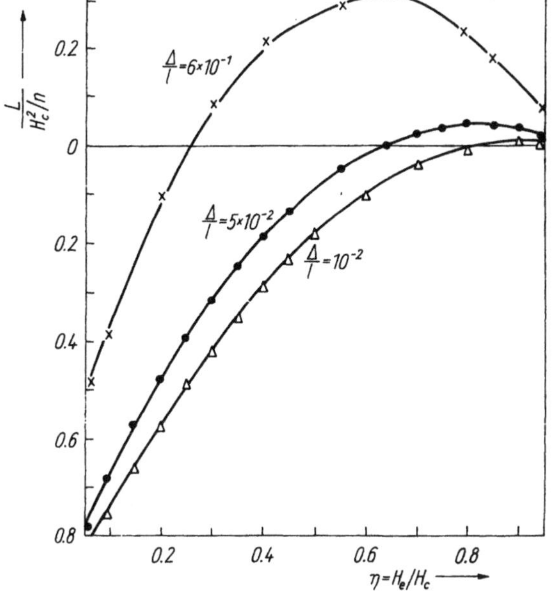


Fig. 8. The plot of the thermodynamic potential $\frac{L}{H_c^2/n} = -\{(1-\eta)^2 - 2\,\mu\,(1-\eta)\sqrt{\eta}\}$ vs. $\eta = H_e/H_c$ for different values of $\Delta/d$

where $n$ is the demagnetization coefficient of a specimen; $\eta = \frac{H_e}{H_c}$ and $\mu = \left(\frac{\Delta}{d}\right)^{1/2}$. The plot of the thermodynamic potential $L$ vs. $\eta = \frac{H_e}{H_c}$ for different values of $\Delta/d$ is given in Fig. 8. One can see from Fig. 8 that if a superconducting nucleus expands so that its radius remains the same or increases, that is, if the ratio $\Delta/d$ is constant or decreases, the thermodynamic potential will remain negative and the new configuration will be stable. However, if a superconducting domain becomes thinner during the expansion, the thermodynamic potential would be correspondingly changed and shift toward positive values, thus making the system unstable. Hence, a change in domain dimensions influences the stability of a domain structure.

In summary, we can say that in the intermediate state of superconductors of small dimensions the growth or collapse of a domain occurs longitudinally along the axis of a specimen and if the inequality equation (3) is satisfied, the resistance fluctuation will take place.

***Acknowledgements***

The sponsorship of The Franklin Institute Laboratories is gratefully acknowledged. I am indebted to Professor K. R. Atkins and Dr. F. J. Donahoe for many interesting discussions during the entire course of this work.

## References

[1] A. Schawlow, Phys. Rev. **101**, 573 (1956).
[2] W. de Sorbo, Bull. Amer. Phys. Soc. **5**, 290 (1960).
[3] B. Lalevic, Phys. Rev. **128**, 1070 (1962).
[4] B. Lalevic, J. appl. Phys. **35**, 1785 (1964).
[5] A. B. Pippard, Phil. Mag. **41**, 243 (1950).
E. M. Lifshitz, Zh. eksper. teor. Fiz. **9**, 834 (1950).
J. B. Keller, Phys. Rev. **111**, 1497 (1958).
[6] W. J. de Haas, J. Voogd, and J. M. Casimir-Jonker, Physica **1**, 281 (1933).
[7] L. D. Landau and W. L. Ginsburg, Zh. eksper. teor. Fiz. **20**, 1064 (1950).
[8] D. Shoenberg, Superconductivity, Cambridge University Press, New York 1952.
[9] T. E. Faber, Proc. Roy. Soc. **A 223**, 174 (1954).
[10] C. G. Kuper, Phil. Mag. **42**, 961 (1951).

*(Received January 8, 1965)*

phys. stat. sol. 9, 73 (1965)

*Compagnie Générale de TSF, Orsay*

# Effets de stimulation multiple dans l'interaction de plusieurs ondes de bosons

Par

G. Mayer

On considére des interactions élémentaires entre lumiére et matiére, oú le nombre de bosons produits peut être supérieur de plusieurs unités au nombre de bosons incidents. De telles interactions, souvent trop faibles pour être décelées expérimentalement dans des conditions normales peuvent produire des phénomènes considérables dès que l'excitation est assez intense pour mettre en jeu les effets de stimulation. Le cas d'un photon donnant naissance par interaction avec des molécules à plusieurs phonons identiques et a un photon est particulièrement discuté à cause de ses incidences possibles sur les effets Raman stimulés et sur la réalisation de systémes lasers à gain croissant.

A study is made of the elementary interaction process between light and matter in which the number of bosons produced can be some units higher than the number of incident bosons. These interactions are often too weak to be detected experimentally under normal conditions, but can become important if the excitation intensity is high enough to allow the stimulation effects to become important. The case in which the interaction of a photon and molecule gives rise to several phonons and one photon is discussed in detail. Reference is made to stimulated Raman effects and laser systems with positive gain.

Dans les expériences de Woodbury [1], une excitation lumineuse intense provoque notamment une stimulation très forte de la première raie Stokes qui correspond à l'effet Raman classique relativement faible.

Les expériences de Chiao, Townes et Stoicheff [2] montrent de même un fort effet Brillouin stimulé correspondant à la diffusion Brillouin normale.

Le but de cette note est de préciser les conditions d'obtention d'effets stimulés forts correspondant à des effets «spontanés» trop faibles pour être décelés directement.

Le travail d'Ehrenfest et Einstein [3] permet de poser les équations du calcul. Si une interaction se résume en un acte élémentaire („Elementarakt") où $i$ bosons de fréquences respectives $\nu_i$ agissant sur une des $N_1$ molécules dans l'état 1, donnent $j$ bosons de fréquences $\nu'_j$ et laissent la molécule dans l'état 2, le nombre d'interactions de ce type par unité de temps, vaudra

$$\frac{dz^+}{dt} = N_1 \prod_i b_i \, \varrho(\nu_i) \prod_j [a'_j + b'_j \, \varrho(\nu'_j)] \tag{1}$$

et le nombre correspondant d'interactions en sens inverse, vaudra

$$\frac{dz^-}{dt} = N_2 \prod_j b'_j \, \varrho(\nu'_j) \prod_i [a_i + b_i \, \varrho(\nu_i)]. \tag{2}$$

Les $\varrho(\nu)$ désignent des densités d'énergie par cm³ et par intervalle de fréquence, $a_i$, $b_i$, $a'_j$ et $b'_j$ — sont des constantes caractéristiques de l'interaction entre lesquelles existent les relations

$$\frac{a_i}{b_i} = \frac{8\pi h}{\lambda_i^3} \quad \text{et} \quad \frac{a'_j}{b'_{ij}} = \frac{8\pi h}{\lambda_j'^3}.$$

La notion d'acte élémentaire est cruciale pour l'application de ces équations. Nous essaierons d'en donner la signification générale ultérieurement. Nous ne discuterons ici que quelques cas simples.

## Acte élémentaire I

(Un photon absorbé, un photon émis; la molécule est laissée dans un état 2 différent de l'état 1)

C'est par exemple la théorie que Hellwarth [4] a proposé de l'effet Raman stimulé. L'état 1 est l'état fondamental de vibration $v = 0$; dans l'état 2, $v = 1$.

Réécrivons comme Dirac les équations (1) et (2) en utilisant au lieu de $\varrho(\nu_i)$ le nombre $n_S$ de photons Stokes Raman par mode.

Considérons un faisceau progressif de longueur $l$ et comptons ses modes comme M. v. Laue [5]; on trouve

$$\frac{dn_S}{dt} = I_L \sigma \lambda_S^4 (1 + n_S) - \frac{c\, n_S}{l}. \tag{3}$$

$I_L$ est l'intensité du faisceau excitateur en photons $s^{-1}$ $cm^{-2}$; sa largeur spectrale est supposée petite devant celle de la raie Raman spontanée; $\sigma$ est la section d'interaction Raman par unités de volume, d'angle solide et de largeur spectrale $\Delta\lambda$, $\lambda_S$ est la longueur d'onde, $c$ sa vitesse.

La quantité $I_L \sigma \lambda_S^4$ considérée par Hellwarth est l'inverse d'un temps $\tau_H$. L'équation (3) prévoit une construction exponentielle de l'onde $S$ dès que $c\,\tau_H < l$.

Quand $c\,\tau_H = l$, au bout d'une cuve de longueur $l$ le nombre de photons spontanés par mode vaut l'unité. L'équation (3) rend compte de l'ordre de grandeur du seuil $I_L l$ nécessaire à l'obtention d'effets stimulés dans certains liquides mais prévoit des gains $10^2$ fois trop petits.

## Acte élémentaire II

(Un photon absorbé, un photon et un phonon émis; la molécule reste dans son état initial)

C'est la conception de Bloembergen et Shen [7] de l'effet Raman stimulé. Ils en ont donné une description quantitative fondée sur un modèle classique: à une coordonnée de vibration interne $\xi$ de la molécule correspond une polarisabilité

$$\alpha_0 + \frac{\partial \alpha}{\partial \xi} \xi.$$

L'onde incidente $L$ de champ électrique $E_L$ se trouve alors couplée à l'onde $v$ de phonons et à l'onde $S$ Stokes.

En attribuant aux phonons un vecteur d'onde $k_v$ donné par

$$k_v = k_L - k_S \tag{4}$$

et un temps de vie $\tau_v = 1/\Gamma_v$, en appelant $\varrho$ la densité de masse réduite et $N$ le nombre de molécules cm$^{-3}$, on trouve que moyennant la condition

$$\frac{N^2 \pi \omega_S^2 k_v}{c^2 k_S} \left(\frac{\partial \alpha}{\partial \xi}\right)^2 \frac{|E_L|^2}{2 \varrho \omega_v^2} < \frac{k_v^2}{\omega_v^2} \Gamma_v^2 , \tag{5}$$

l'onde Stokes connaîtra un gain $\beta_S$ par unité de longueur

$$\beta_S = \frac{\pi \omega_S^2}{k_S c^2} \frac{N^2 (\partial \alpha/\partial \xi)^2}{2 \varrho \omega_v \Gamma_v} |E_L|^2 . \tag{6}$$

En posant $\Gamma_v$ égal à la largeur $\Delta\nu$ de la raie Raman spontanée, on constate que l'inégalité (5) est encore bien vérifiée avec des faisceaux parallèles de 100 MW cm$^{-2}$ et que l'équation (6) donne bien le gain prévu par Hellwarth dans les conditions de température où presque toutes les molécules sont dans l'état fondamental de vibration. Ce modèle classique permet aussi de retrouver la quantité de mouvement associée aux phonons: la force $\alpha \frac{\partial E^2}{\partial z}$ a une valeur moyenne dans le temps non nulle. A l'onde phonon sera associée une vitesse de phase

$$c = \frac{\omega_L - \omega_S}{k_L - k_S} \tag{7}$$

assez voisine de la vitesse de groupe $\frac{\partial \omega}{\partial k}$ des ondes lumineuses.

Décrivons à présent la situation en termes de nombres de quantas $n_S$ et $n_v$ divisés par le nombre de modes. L'équation (4) joue un rôle capital [8]: photons $S$ et phonons $v$ seront chacun de leur côté dispersés sur le même nombre de modes. On aura, en supposant que $n_L$ reste grand devant $n_S$ et $n_v$:

$$\frac{dn_v}{dt} = \frac{n_S + n_v}{\tau_H} - \frac{n_v}{\tau_v}, \qquad \frac{dn_S}{dt} = \frac{n_S + n_v}{\tau_H} - \frac{\partial n_S}{\partial z} c . \tag{8}$$

La 2e équation dit que la variation de $n_S$ est égale au nombre de photons créés dans l'élément considéré, plus le nombre de ceux qui y rentrent, moins le nombre de ceux qui en sortent dans la direction $z$ de propagation. La vitesse de groupe des phonons étant petite, un terme en $\frac{\partial n_v}{\partial z}$ n'est pas nécessaire dans la 1e équation.

L'équation (5) est équivalente à $\tau_v < \tau_H$. Si elle est satisfaite, un équilibre sera atteint en un temp de l'ordre de $\tau_v$. L'onde mécanique v jouera un rôle purement passif. $n_v$ et $n_S$ seront stationnaires en chaque abscisse $z$, le rapport $n_v/n_S$ se stabilisera à la valeur $\tau_v/\tau_H$ et le gain sera celui prévu par Hellwarth, au facteur $1 + \tau_v/\tau_H$ près.

Nous avons montré ailleurs [9] les difficultés qu'apportent dans ce tableau les mesures expérimentales [6] de gain $\beta_{\exp}$ de l'ordre de plusieurs cm$^{-1}$, donc $10^2$ fois supérieurs au gain prévu $1/c\,\tau_H$.

Quelle que soit la cause physique de ces grands gains, ils ont pour conséquence que le rapport $n_v/n_S$, effectivement égal ou supérieur à $\beta_{\exp}/\Delta\nu$ ($\Delta\nu$ largeur en cm$^{-1}$ de la spontanée), est de l'ordre de l'unité.

L'inégalité (5) n'est donc pas valable et le formalisme de Bloembergen et Shen devient d'application difficile. Nos équations (8) montrent que si l'intensité $I_L$ est telle que $\tau_v > \tau_H$, $n_v$ et $n_S$ croîtront au cours du temps et ne pourront se stabiliser que par des mécanismes physiques auxiliaires.

### Acte élémentaire III

(Un photon absorbé, un photon et deux phonons identiques émis; les deux molécules impliquées dans un tel acte restent dans leur état initial)

Tant que $n_L \gg n_S$ ou $n_v$, et si les vecteurs d'onde satisfont à

$$k_L = k_S + 2\,k_v \tag{9}$$

l'application des équations fondamentales (1) et (2) donnera

$$\frac{dz^+}{dt} - \frac{dz^-}{dt} = \frac{1}{\tau_{H2}}\,(1 + n_S + 2\,n_v + 2\,n_v\,n_S + n_v^2)\,. \tag{10}$$

La quantité $1/\tau_{H2}$ désigne encore $I_L\,\sigma_2\,\lambda_S^4$ (voir équation (3)) où $\sigma_2$ désigne la section de l'interaction considérée par unités de volume, d'angle solide et de largeur spectrale. Les équations couplées seront

$$\left.\begin{aligned} \frac{dn_v}{dt} &= \frac{2}{\tau_{H2}}\,[n_S + 2\,n_v + n_v\,(2\,n_S + n_v)] - \frac{n_v}{\tau_v}\,; \\ \frac{dn_S}{dt} &= \frac{1}{\tau_{H2}}\,[n_S + 2n_v + n_v\,(2n_S + n_v)] - \frac{\partial n_S}{\partial z}\,c\,. \end{aligned}\right\} \tag{11}$$

Le seuil de stimulation de telles interactions sera en général très élevé, $\sigma_2$ étant faible.

Pour faire «diverger» les équations (11) on peut imaginer soit d'employer brutalement des intensités $I_L$ très supérieures à $10^9$ Wcm$^{-2}$ sur une longueur de l'ordre du cm, soit d'injecter par l'intermédiaire d'une interaction du type II une densité de phonons par mode $n_v$ telle que

$$n_v > \frac{\tau_{H2}}{\tau_v}\,.$$

Si ce seuil vient à être franchi, $n_v$ et $n_S$ croîtront très vite en $z$ et en $t$ et ne se stabiliseront qu'à l'aide de phénomènes auxiliaires de saturation ou par disparition de $I_L$. Les solutions des équations (11) seront difficiles à expliciter, $n_S$ et $n_v$ étant fonction de $z$ et de $t$.

Le cas où un photon et deux phonons différents sont créés dans l'acte élémentaire, peut-être traité de façon analogue.

#### *Application à la génération stimulée de la 2e raie Raman Stokes*

Stoicheff [10] a montré qu'en émission stimulée la différence de fréquence entre 1ere raie Stokes $S_1$ et 2e raie Stokes $S_2$ est exactement égale à la différence entre $L$ et $S_1$. L'existence de l'anharmonicité exclut donc l'intervention du 2e niveau excité de vibration dans la production de $S_2$. Stoicheff a également indiqué que les différentes raies Stokes apparaissaient quasi-simultanément une fois un seuil unique $I_L\,l$ franchi.

Nous avons vérifié dans le nitrobenzène, en faisceau parallèle, que très près du seuil $S_1$ et $S_2$ étaient d'intensités assez voisines alors qu'elles étaient encore à 5 ou 6 ordres de grandeur en-dessous de l'onde $L$ excitatrice.

Considérons l'acte élementaire

$$\hbar\,\omega_L \to \hbar\,\omega_{S2} + 2\,\hbar\,\omega_v\,.$$

Cette interaction implique deux molécules puisqu'il n'existe pas de niveau à $2\,\omega_v$ au-dessus du fondamental.

Bien que la section efficace $\sigma_2$ de cette interaction soit petite, elle joue peut-être un rôle dans les effets Raman stimulés des corps où apparaissent quasi simultanément $S_1$ et $S_2$, car son coefficient de stimulation comporte un terme en $n_v^2$. Tout démarre par le processus relatif à $S_1$ décrit par Hellwarth; dès qu'en un point $n_v$ dépasse $\frac{\tau_{H2}}{\tau_{H1}}$ le gain sur $S_2$ devient supérieur à celui de $S_1$; dès que $n_v$ dépasse $\frac{\tau_{H2}}{\tau_v}$, c'est-à-dire quand $S_1$ a été stimulé d'un facteur $\frac{\tau_{H1}\,\tau_{H2}}{\tau_v^2}$ au-dessus du $S_1$ spontané (il vaut mieux se rapporter à $S_1$ facile à mesurer), le système «diverge» et $n_v$ est portée à une valeur très supérieure à la limite $n_{S1}\,\frac{\tau_v}{\tau_{H1}}$ prévue par les équations (8).

Le démarrage du phénomène lié à $\sigma_2$ contribuera fortement au gain de $S_1$, d'une part par l'accroissement de $n_v$, d'autre part par le couplage du type $\sigma_1$ existant entre $S_1$ et $S_2$.

La description exacte de la situation exigera la résolution simultanée des équations (11), des équations (8) et d'une paire d'équations analogues aux équations (8) pour décrire le couplage direct $\sigma_1$ de $S_1$, $S_2$ et $v$. $n_{S1}$, $n_{S2}$ et $n_v$ sont des fonctions de $z$ et de $t$.

La vitesse de phase des phonons peut se déduire de (9); on trouve

$$c' = \frac{\omega_L - \omega_{S2}}{k_L - k_{S2}}. \tag{12}$$

En comparant (12) et (7), on voit que la dispersion du corps considéré va poser un problème.

Des calculs similaires peuvent être faits à propos d'une éventuelle interaction

$$\hbar\,\omega_L \to \hbar\,\omega_{S3} + 3\,\hbar\,\omega_v$$

donnant lieu à une 3e raie Stokes, etc. ... $\sigma_3$ sera plus faible mais le terme de stimulation sera en $n_v^3$.

Les interactions $\sigma_2$, $\sigma_3$ etc. ... peuvent aussi être responsables des raies Stokes de composition observées dans les mélanges de liquides, ou des raies de composition entre différents modes de vibration d'une même molécule [11].

Une approximation très grossière laisse prévoir $\sigma_2/\sigma_1 \simeq 10^{-4}$. Dans un travail ultérieur nous essaierons de calculer $\sigma_2$ par une méthode, inspirée de la théorie des ondes de spin, qui nous a été suggérée par le professeur Aigrain.

L'existence des termes $\sigma_2$, $\sigma_3$ etc. ... est liée à des interactions entre molécules voisines. Ces interactions non prévues dans la théorie de Placzek relative à $\sigma_1$ se manifestent déjà par une plus grande anisotropie [12] du rayonnement $S_1$ spontané qui favorise la diffusion en avant, par une plus grande intensité de Raman spontané et de dépolarisation de la lumière en phase liquide qu'en phase gazeuse.

La particularité fondamentale des interactions du type III, où plusieurs bosons identiques sont produits simultanément, est de pouvoir donner aux ondes émergentes une amplification d'abord croissante au cours du temps.

Toutes les sources lumineuses intenses actuelles fonctionnent à amplification décroissante.

Si on arrive, par l'artifice d'une interaction auxiliaire plus simple et plus efficace, à amorcer la stimulation multiple d'une interaction III, on peut espérer obtenir des sources lumineuses plus énergiquement stimulées.

## Bibliographie

[1] E. J. WOODBURY, 3e Conference d'Electronique quantique, Dunod, Paris 1963 (p. 1577).
[2] R. Y. CHIAO, C. H. TOWNES et B. P. STOICHEFF, Phys. Rev. Letters **12**, 592 (1964).
[3] A. EINSTEIN et P. EHRENFEST, Z. Phys. **19**, 301 (1923).
[4] R. W. HELLWARTH, Appl. Optics **2**, 847 (1963).
[5] M. v. LAUE, Ann. Phys. (Germany) **44**, 1197 (1914).
[6] G. BRET, C. R. Acad. Sci. (France) **259**, 2991 (1964).
[7] N. BLOEMBERGEN et Y. R. SHEN, Phys. Rev. Letters **12**, 504 (1964).
[8] Le professeur BLOEMBERGEN a eu l'obligeance de nous préciser personnellement ce point.
[9] G. BRET, F. GIRES et G. MAYER, C. R. Acad. Sci. (France) **259**, 3215 (1964).
[10] B. P. STOICHEFF, Phys. Letters (Netherlands) **7**, 186 (1963).
[11] W. R. SOOY, Private communication (1963).
[12] A. I. SOKOLOVSKAYA et P. D. SIMOVA, Optika i Spektroskopiya **15**, 338 (1963).

*(Received January 11, 1965)*

phys. stat. sol. 9, 79 (1965)

*Institute of Physics, Polish Academy of Sciences, Warsaw*

# Electron Mirror Observations of Semiconductor Surfaces at Low Temperatures

By

E. Igras and T. Warmiński

A new type of electron mirror microscope is described schematically. The microscope allows the observation of electrical micro-fields on semiconductor surfaces in the temperature range 77 to 1300 °K. Preliminary results of observations on silicon surfaces at low temperatures are presented. It is suggested that the observed pictures can be interpreted in terms of surface fields resulting from the trapping of minority carriers. Results concerning impurity precipitation in silicon and germanium are also given.

Es wird ein neuer Typ eines Elektronen-Spiegel-Mikroskops schematisch beschrieben. Das Mikroskop gestattet die Beobachtung von elektrischen Mikrofeldern auf Halbleiteroberflächen im Temperaturbereich von 77 bis 1300 °K. Es wird über vorläufige Ergebnisse von Beobachtungen an Silizium-Oberflächen bei tiefen Temperaturen berichtet. Die beobachteten Bilder werden mit Oberflächenfeldern, die durch das Anhaften von Minoritätsträgern entstehen, erklärt. Ferner werden Ergebnisse über die Abscheidung von Fremdatomen in Silizium und Germanium angegeben.

## 1. Introduction

Some of the results of electrical microfields investigations using electron mirror microscope were described in the papers [1, 2, 3]. The papers [1, 2 and 3] deal with room temperature investigations of semiconductor crystals.

The aim of this work was to observe the surface electrical fields of silicon crystals which were cooled to near liquid nitrogen temperature. The topography of the surface electrical fields of cooled crystals was strongly different from that observed at higher temperatures. This could be caused by the inhomogenous rate of trapping of minority carriers on different surface areas (dislocations, inhomogenous impurity concentration, precipitate areas).

## 2. The Microscope

To investigate the above mentioned processes an electron mirror has been constructed which enables to cool the samples to near liquid nitrogen temperature. Heating of the samples by passing a strong electric current is also possible. The high temperature attachment is shown on Fig. 1. This is a piece of quartz tube with tungsten clamps mounted on it. The distance between the clamps can be adjusted to enable the mounting of crystals with different dimensions. The high temperature attachment is mounted on a copper bar. The latter is constructed in such a way that it is used also for the low temperature attachment. It has a socket of $5 \times 10 \times 2$ mm in which crystals are mounted for low temperature observations (Fig. 2). The copper bar is excavated inside. The excavation is filled with cooling liquid during investigation (for example with liquid nitrogen). The copper bar is suspended on sylphon. The latter permits to regulate the distance between the crystal and the diaphragm. Inclination of the crystal is also

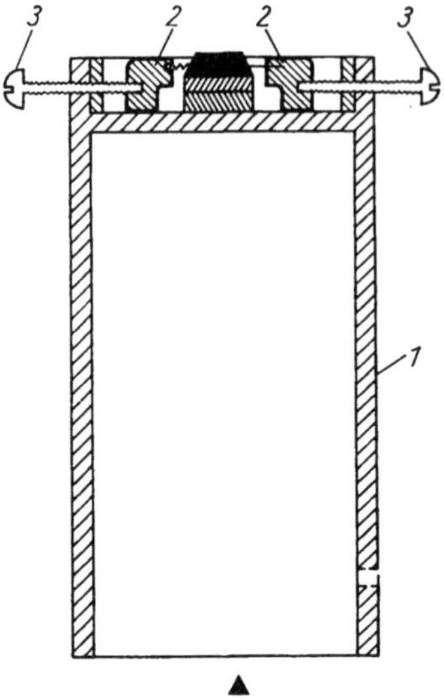


Fig. 1. High temperature attachment.
1: Quartz tube,
2: Crystal clamps,
3: Current terminals

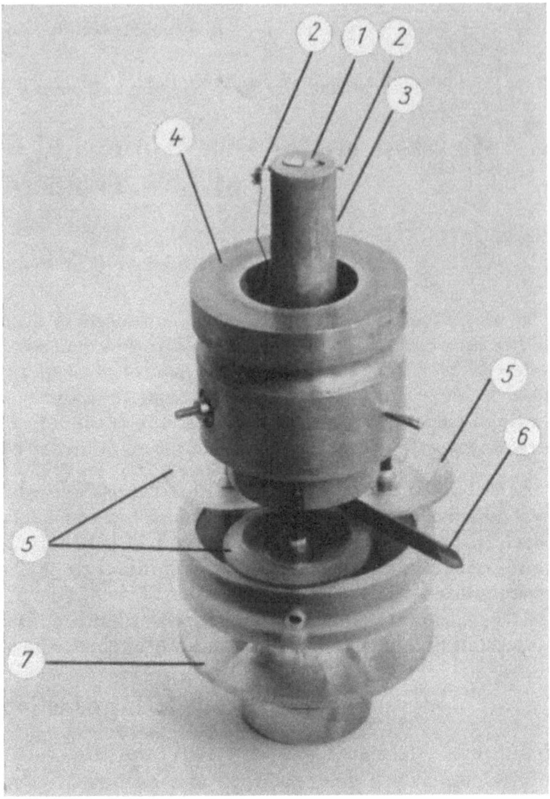


Fig. 2. Low temperature attachment.
1: Crystal socket, 2: Current terminals, 3: Copper bar, 4: Polished metal surface, 5: Regulation of inclination of the attachment, 6: Inlet of cooling liquid, 7: Regulation of the shift of the sample attachment in vertical direction

possible. The sample attachments can be moved in any horizontal direction. This enables to move the crystal during the observation and to investigate each part of the surface (Fig. 3).

Two diaphragms with 3 mm aperture form the electrostatic lens. The diaphragms can be changed easily and other lenses with various apertures be mounted. This is needed when change of magnification is wanted.

A long focus Steigerwald type electron gun is used [4]. The distance between the cathode of the gun and the sample is about 70 cm. Good focusing of the electron beam and high intensity of electron illumination was obtained for this distance and for the accelerating voltage used (10 kV).

The middle part of the electron mirror microscope column is made of a quartz tube (diameter 80 mm). All remaining parts are made of brass. Fig. 4 shows the external view of the microscope. The vacuum obtained was $10^{-5}$ mm Hg. The observations were carried out at a magnification of about 200 times.

### 3. The Samples

P-type boron doped silicon crystals were investigated. Lithium was diffused to make p-n junctions [5]. The diffusion was carried out in vacuum at about 500°C for 2 minutes. Only half of the crystal was doped with lithium. The second

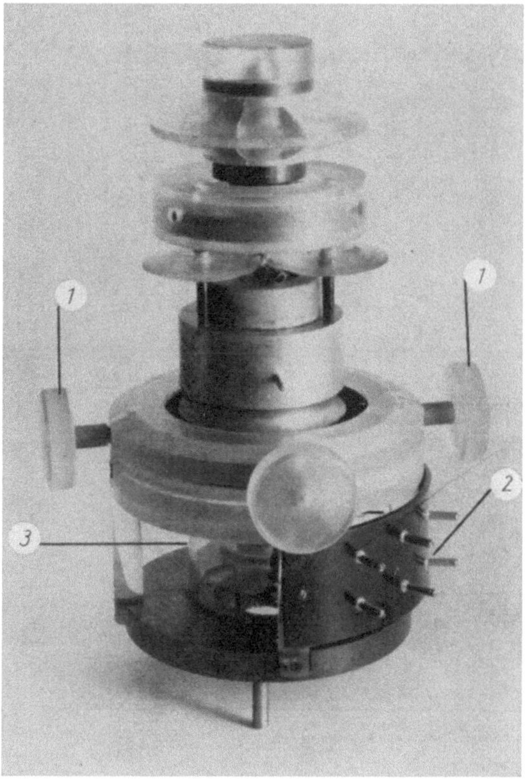


Fig. 3. The whole view of the upper part of electron mirror column.
1: Regulation of the shift of the sample attachment in horizontal direction, 2: Voltage terminals, 3: Glass cylinder with diaphragms and sample attachment inside it

half of silicon slab was covered with a silica plate during the diffusion process. Thus approximately half of the investigated crystal surface was n-type and the other half was p-type. After the alloyed layer of lithium was removed the crystal surface was carefully polished and cleaned. Then the sample was mounted in the electron mirror low temperature attachment. To observe the impurity precipitation phenomena the crystals with high concentration of admixtures were taken. Aluminum and copper were also diffused to observe their precipitation rates.

## 4. The Observations

As it is well known, by means of electron mirror microscope the position of p-n junction can be detected when the crystal is reverse biased slightly.

From our observations it follows that near liquid nitrogen temperature the boundary between n and p type areas can be made visible without reverse biasing. In the latter case the shape of the boundary can be detected in a more correct manner than when reverse biasing is needed.

The reverse biasing causes an apparent shift of the position of the p-n junction. Besides, the local differences of surface conductivity near the p-n junction area usually distort the real picture of the p-n junction position. The above errors of the picture are caused by the pecularities of electron mirror image formation.

A short pulse of white illumination of the crystal surface which is cooled to near liquid nitrogen makes visible the boundary between n and p type areas. In our case the good visibility of the above boundary lasted for different crystals from several seconds to sometimes even minutes. An example of the boundary between n and p type areas visible near liquid nitrogen temperatures is shown in Fig. 5. The dark spots marked with arrows on the photograph are probably crystal defect areas. They were visible only at low temperatures. It can be supposed that the precipitation of lithium occured there. After a pulse of illumination the above p-n junction was visible for several minutes. Fig. 6 shows a picture of another

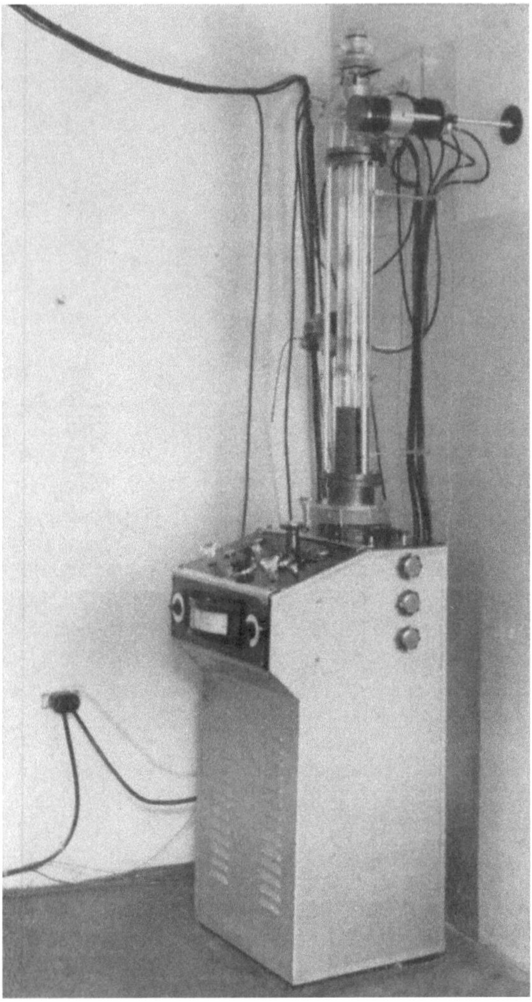

Fig. 4. The external view of electron mirror microscope

p–n junction visible after a short pulse of illumination. In the latter case good contrast between n and p type areas lasted about ten seconds. After this time the picture of p–n junction boundary disappeared slowly. To reveal it once more, a new next pulse of illumination or pulse of current was needed.

Sometimes, areas with strong differences in contrast appeared (after a pulse of a small current through the crystal or after a moment illumination) on the surfaces belonging to only boron or lithium doped crystal parts. A strange patchy surface was then observed. The visibility of this patchy surface lasted only for a short time (from 1 to 3 s). It was difficult to photograph it, since for a good exposition we needed time of the order of 5 s.

## 5. The Observations of Impurity Precipitation Phenomena

Low temperature observations of semiconductor surfaces can give information on impurity precipitation. Fig. 7 shows an heavily boron doped silicon surface. Such a surface structure was seen only at temperature near 77 °K. Room temperature observations of the same surface area did not reveal any structure, the surface was practically flat.

The precipitation of impurities was also observed for germanium crystals. Fig. 8 shows an n-type germanium surface which was saturated with copper at 700 °C. The observation was carried out at 77 °K. No figures were observed for this crystal before doping with copper.

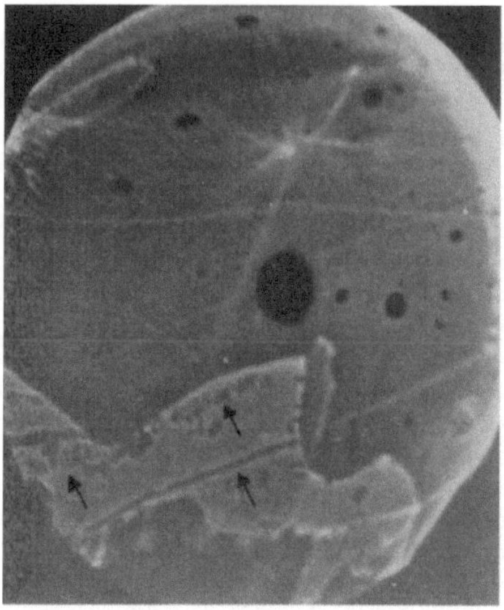

Fig. 5

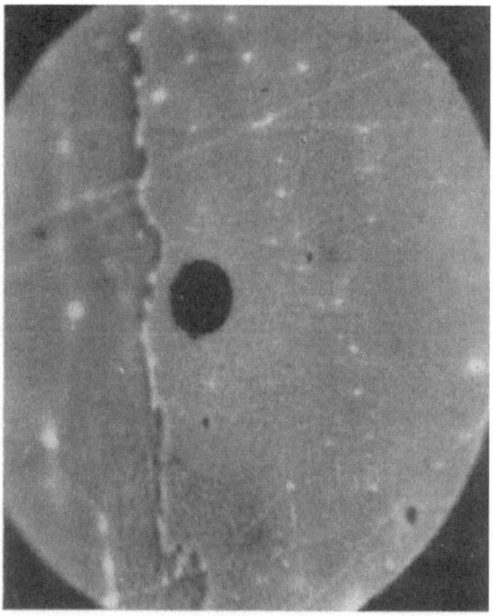

Fig. 6

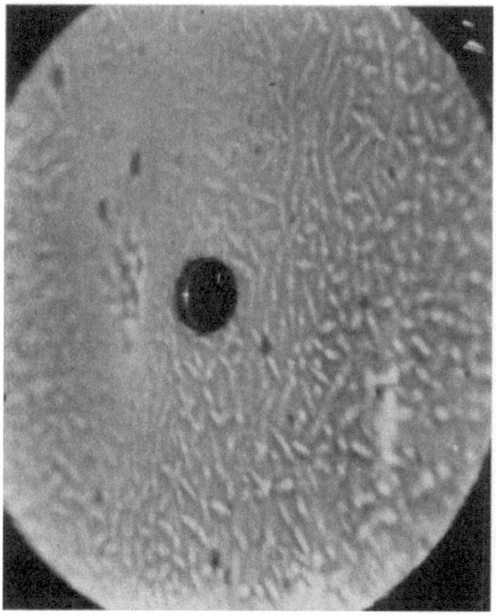

Fig. 7

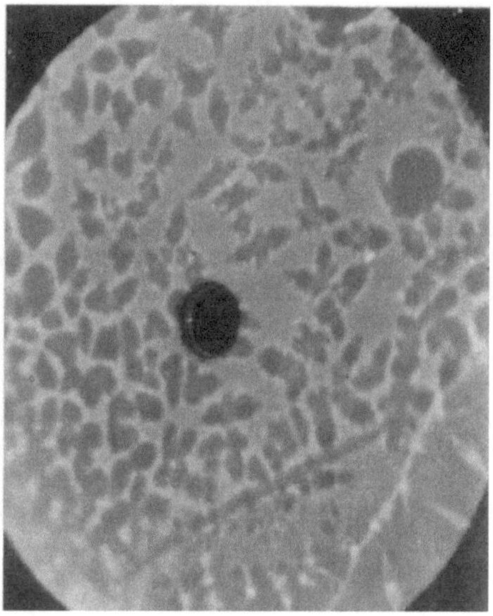

Fig. 8

Fig. 5—8: Magnification 200fold

## 6. Conclusions

An electron mirror microscope has been built, which enables to investigate the kinetics of surface electrical fields of semiconductors in a wide range of temperatures. The apparatus is especially suitable for accurate detecting of the boundaries between p and n type areas. This is possible during the observations of crystal surfaces at low temperatures, when no reverse biasing of p-n junction is needed to reveal them.

The observations of the semiconductor crystal surfaces using electron mirror microscope give information on the homogenity of electrical fields on these surfaces. The degree of homogenity of the surface electrical fields is a function of temperature. As we have seen, the semiconductor surfaces that were practically homogenous at room temperature became strongly inhomogenous near liquid nitrogen temperature. In the latter case sufficiently large electrical fields arise on precipitate areas on defects and on crystal parts which have different type of conductivity.

From the above observations it can be said that under low temperature conditions the silicon and germanium surfaces behave like some kind of electrets. Due to pulses of illumination the crystal surface areas having dislocations, precipitates and different type of the conductivity, charge inhomogenously for a long time. The sign of the charge on precipitate areas was always positive (relatively to the charge of the surrounding areas) for the n-type semiconductor surface and negative one in the case of p-type semiconductor. This could be determined from the sign of the contrast for the same electron-optical conditions of the image formation: for example, compare Fig. 7, which shows precipitate areas on p-type silicon surface to Fig. 8 showing precipitate areas on n-type germanium crystal surface.

The inhomogenous charge distribution can be explained by nonuniform trapping of minority carriers generated by light. From what was said above on the relative sign of charge on the precipitate areas, it follows that at low temperatures the precipitate areas have a strong concentration of trapping centres. At room temperature they may act like usual recombination centres, which convert to trapping ones when temperature is lowered.

According to [6] the conversion of recombination centres to trapping centres is given by the formula

$$N_t(T) = N_{t0}\left[1 - \exp\left(\frac{-\varepsilon_1}{k\,T}\right)\right],$$

where $N_t$ is the concentration of traps, $N_{t0}$ is a constant value, $\varepsilon_1$ activation energy associated with the conversion of recombination centres to trapping centres.

Furthermore, if we have for example a p-type semiconductor with the total density of traps $N_t$, located of energy levels of $E_t$ below the conduction band then under simplifying conditions (assuming that the concentration of electrons in the conduction band remains constant at its steady state value and that no retrapping takes place) the concentration of trapped electrons is given by [7]:

$$n_t = \frac{n_{c,l}\, N_t \exp\left(\dfrac{E_c - E_t}{k\,T}\right)}{N_c + n_{c,l} \exp\left(\dfrac{E_c - E_t}{k\,T}\right)},$$

where $n_{c,l}$ is the concentration of the conduction electrons generated by light, $N_c$ is the effective density of states at $E_c$, $T$ is the absolute temperature and $k$ the Boltzman constant.

The similar formula is valid for the holes trapped in n-type semiconductor.

At low temperatures the above formula can be approximated by

$$n_t \cong N_t \, .$$

It means that at low temperatures approximately all traps are occupied by injected minority carriers. In this way the surface charges of opposite sign arise on p and n type areas. An electrical field formed by these charges is responsible for the observed contrast between p and n type areas.

The differences of trap concentration on dislocation and precipitate areas relative to the other crystal parts are also responsible for their contrast at low temperature.

The above results are preliminary and the works on the low temperature investigations of the semiconductor surfaces are continued.

The authors are indebted to Prof. L. Sosnowski for helpful discussions.

## References

[1] E. Igras, Bull. Acad. Polon. **9**, 403 (1961).
[2] E. Igras, Proc. Inter. Conf. on Semicond. Exeter 1962, Published by The Institute of Physics and Physical Society, London (p. 832).
[3] G. V. Spivak and R. P. Ivanow, Izv. Akad. Nauk USSR **27**, 1203 (1963).
[4] K. H. Steigerwald, Optik **5**, 469 (1949).
[5] C. S. Fuller and J. C. Severiens, Phys. Rev. **92**, 1322 (1953).
[6] G. Susila and G. Suryan, Indian J. Phys. **2**, 125 (1964).
[7] Semiconductors, ed. by N. B. Hannay, Reinhold Publ. Corp., New York 1959.

*(Received January 13, 1965)*

phys. stat. sol. 9, 87 (1965)

*Department of Physics, Banaras Hindu University*

# Theoretical Specific Heats of Beryllium

By

R. P. GUPTA and B. DAYAL

The specific heat of beryllium has been calculated from the electron gas model proposed in an earlier paper. The theoretical values of $c_v$ computed from this model are in good agreement with the experimental values.

Die spezifische Wärme von Beryllium wurde in einem Elektronengas-Modell berechnet, das in einer früheren Arbeit vorgeschlagen wurde. Der theoretische Wert von $c_v$, der mit diesem Modell berechnet wurde, stimmt gut mit den experimentellen Werten überein.

## 1. Introduction

In an earlier paper [1] we modified the extended Slutsky and Garland model (S.G. model) as given by Schmunk et al [2] by incorporating the contribution of the free electron gas. The original model used by Schmunk et al. has one major drawback. It cannot simultaneously be fitted to the elastic constants and the phonon frequencies near the boundary of the Brillouin zone. If force constants are calculated from one of these sets, the other set shows large divergence from the experimental data. The introduction of the terms due to the electron gas enabled us to fit the model to the elastic constants as well as the dispersion curves at the same time.

Recently Young and Koppel [3] have used the model of Schmunk et al. to calculate the specific heat of beryllium. As expected from the discrepancy between the calculated and experimental elastic data there is considerable divergence between the theoretical and experimental values of the specific heat at low temperatures. We, therefore, thought it worthwhile to check on our own model by the calculation of the specific heats of this metal. The results of these calculations are reported in the present paper. It is found that there is a good measure of agreement between the calculated and experimental values.

## 2. Results

For computation of frequencies the reciprocal space was divided into miniature cells whose sides are one-tenth of the sides of the ordinary reciprocal lattice cell so that the first Brillouin zone gets divided into a mesh of 1000 miniature cells. From the considerations of symmetry one needs to solve the secular determinant for the eighty-four non-equivalent points only, including the origin, lying within the $1/24^{th}$ part of the first Brillouin zone which is irreducible under the symmetry operations. This gives 6000 frequencies corresponding to 1000 points in the first Brillouin zone when proper account is taken of all the symmetrically equivalent points. The computation of the frequencies has been made from the secular determinant given in our earlier paper [1]. The force constants are the same as used there.

The specific heats $c_v$ have been calculated by numerical computation from histograms as in the earlier work from this laboratory on cubic metals (Dayal and Sharan [4]). For this purpose the frequency spectrum was divided into intervals of $\Delta\nu = 0.1 \times 10^{13}\ \mathrm{s}^{-1}$. The calculated and observed values of $c_v$ at different temperatures are given in Table 1.

Table 1

| T (°K) | Experimental data of Hill and Smith | | Calculated $c_v$ (cal/g-atom·deg) | |
|---|---|---|---|---|
| | $c_v$ (cal/g-atom·deg) | $c_v - \gamma T$ (cal/g-atom·deg) | Ours | Young and Koppel |
| 60 | 0.0734 | 0.07016 | 0.0600 | |
| 80 | 0.195 | 0.19068 | 0.201 | |
| 100 | 0.437 | 0.43160 | 0.466 | 0.63086 |
| 120 | 0.762 | 0.75552 | 0.834 | |
| 150 | 1.37 | 1.3619 | 1.48 | 1.7574 |
| 200 | 2.39 | 2.3792 | 2.52 | 2.8028 |
| 250 | 3.28 | 3.2665 | 3.34 | |
| 293 | | | | 4.1006 |
| 300 | 3.90 | 3.8838 | 3.93 | |

The experimental data of $c_v$ have been taken from the work of Hill and Smith [5]. They have given the value of the coefficient of electronic specific heat $\gamma$ to be $5.4 \times 10^{-5}$ cal/g-atom deg$^2$. For the purpose of comparison we have also given the specific heat values computed by Young and Koppel [3] from the force constants of Schmunk et al. [2]. The experimental and theoretical $\theta - T$ curves are given in Fig. 1. The $\theta - T$ curve obtained from the specific heat values of Young and Koppel has also been given for comparison.

### 3. Discussion

The calculations of $c_v$ have not been made below 60 °K because the mesh of points in the Brillouin zone is too coarse to give accurate results below this temperature. Above this temperature the agreement between the theoretical values

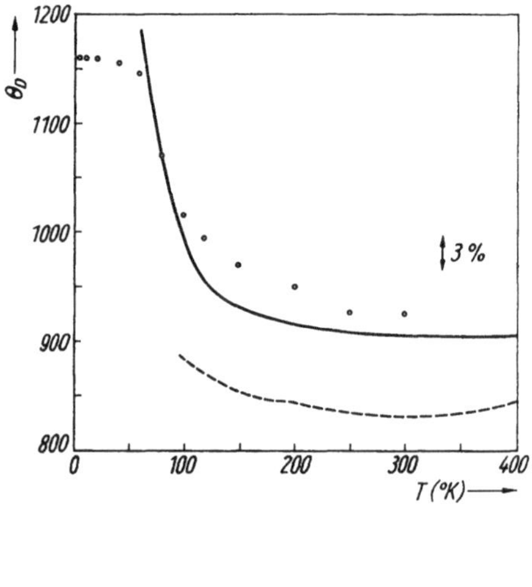


Fig. 1. $\theta - T$ curve for beryllium. Experimental data are shown by open circles. Solid curve is from our calculations and the broken one from that of Young and Koppel

calculated from our model and the experimental data is quite satisfactory. This is much better than that obtained by Young and Koppel [3] from the model of Schmunk et al. [2]. The $\theta$ calculated from their computed values of $c_v$ shows a nearly uniform discrepancy of about 11%, whereas in our case the deviation is much smaller and has a maximum value of the order of 3%. Below 60 °K the theoretical $\theta$ has a tendency to rise much above the experimental value. This is not surprising because the characteristic temperature $\theta_0$ calculated from the elastic constants for $T = 0$ is very high as compared to the value obtained by Hill and Smith [5] from the experimental specific heat data. Smith and Arbogast [6] calculated the value of $\theta_0$ from their measured elastic constants and found a value of 1462 °K. Walcott [7] used the room temperature experimental elastic constants of Gold [8] and obtained the room temperature $\theta$ to be 1374 °K. In our earlier paper [1] we had used Smith and Arbogast's room temperature elastic constants but had modified $C_{44}$ slightly to lie between their value and that of Gold. The $\theta_0$ calculated from the constants used by us comes out to be 1388 °K. As against these theoretical values, the value from the experimental $c_v$ as quoted by Hill and Smith [5] is only 1160 °K. This value can only be obtained if the elastic constants are considerably lower. It is quite unlikely that the experimental elastic data are so largely in error. It seems to us that the estimate of the electronic specific heat made by Hill and Smith is probably incorrect. If this were larger the calculated values of $\theta$ below 60 °K would rise higher and lie very near the theoretical values.

The present study shows clearly that in the case of hexagonal close-packed structures it is quite necessary to include terms involving electronic contributions to the equations of motion of the atoms. It is then possible to derive the specific heats as well as the frequencies obtained from neutron scattering from the observed elastic constants.

### *Acknowledgements*

The authors are thankful to the authorities of the Indian Institute of Technology, Kanpur, for having made the facility of their I.B.M. 1620 computer available to us. They are also thankful to Dr. A. R. Verma for research facilities.

One of us (R.P.G.) expresses his thanks to the Council of Scientific and Industrial Research for the award of a research fellowship.

## References

[1] R. P. Gupta and B. Dayal, phys. stat. sol. **8**, 115 (1965).
[2] R. E. Schmunk, R. M. Brugger, P. D. Randolph, and K. A. Strong, Phys. Rev. **128**, 562 (1962).
[3] J. A. Young and J. U. Koppel, Phys. Rev. **134**, A 1476 (1964).
[4] B. Dayal and B. Sharan, Proc. Roy. Soc. **A 259**, 361 (1960).
[5] R. W. Hill and P. L. Smith, Phil. Mag. **44**, 636 (1953).
[6] J. F. Smith and C. L. Arbogast, J. appl. Phys. **31**, 99 (1960).
[7] N. M. Walcott, J. chem. Phys. **31**, 536 (1959).
[8] L. Gold, Phys. Rev. **77**, 390 (1950).

*(Received January 18, 1965)*

phys. stat. sol. 9, 91 (1965)

*University of Warsaw (a) and Polish Academy of Sciences, Warsaw (b)*

# PEM and Nernst Effects in Modulated Light

By

J. Baranowski (a) and J. Mycielski (b)

Calculations of the PEM effect always involve the sum of the light-induced Nernst and PEM effects. The relative value of these effects depends on the properties of the material and the frequency of modulation of the light. The theory of the Nernst effect induced by the modulated light is developed taking into account that the temperature gradient is not constant over the sample. The expression for the sum of the two effects is given. The results of measurements on the mixed crystals $Cd_{0,1}Hg_{0,9}Te$ are reported. The agreement with the theory is satisfactory.

Berechnungen des PEM-Effekts enthalten immer die Summe des lichtinduzierten Nernst-Effektes und des PEM-Effektes. Die relative Größe dieser Effekte hängt von den Eigenschaften des Materials und der Frequenz der Lichtmodulation ab. Es wurde eine Theorie des lichtinduzierten Nernst-Effektes (bei moduliertem Licht) entwickelt, wobei berücksichtigt worden ist, daß der Temperaturgradient in der Probe nicht konstant ist. Ein Ausdruck für die Summe beider Effekte sowie Meßergebnisse von $Cd_{0,1}Hg_{0,9}Te$-Mischkristallen werden angegeben. Die Übereinstimmung mit der Theorie ist befriedigend.

## 1. Introduction

The PEM effect occurs when a surface of a semiconductor is illuminated in the presence of a magnetic field which is perpendicular to the direction of light propagation [1]. Electron-hole pairs produced at the illuminated surface set up a concentration gradient and diffuse into the semiconductor. Under the influence of the magnetic field $B$, holes and electrons are separated, producing a transverse electric field [2, 3, 4]. One can expect in the PEM configuration the simultaneous occurrence of the Nernst effect. The light falling perpendicular onto a slab-shaped semiconductor and absorbed at one surface heats this surface. Between the illuminated and the non-illuminated surface a temperature gradient is set up. In the presence of a magnetic field, an additional transverse electric field, the Nernst field, will be produced. For materials such as InSb and Ge the Nernst field can be neglected compared with the PEM field.

For materials with a small energy gap, short lifetimes, and small thermal conductivity the Nernst field becomes comparable with the PEM field. For $Cd_{0.1}Hg_{0.9}Te$ it can even dominate. For this material it is necessary to develop a theory in which these two effects are taken into account simultaneously.

These effects are usually measured using modulated light. The Nernst effect as a thermal effect should depend on the frequency $\omega$ of light modulation. Such an effect was observed in HgTe and HgSe [5], and in $Cd_xHg_{1-x}Te$ [6], and also used to obtain the thermal diffusivity of semiconductors [7]. Using the results of the calculation given in Part 2 and comparing them with the experimental data it was possible to find the contribution of the Nernst field and PEM field for a given frequency of light modulation, and to obtain the thermal conductivity of $Cd_{0.1}Hg_{0.9}Te$.

It has been pointed out [5] that there is a possibility of making an infrared detector from this material. It was found from the measurements that the spectral characteristic of such a detector is flat between 2 and 8 μm and drops rapidly in the region 8 to 9 μm. The sensivity of such a detector is comparable with that of an InSb PEM detector. Some disadvantage of this detector is connected with the fact that its sensivity depends on frequency.

## 2. Theoretical Considerations

The equation of diffusion of heat into a slab-shaped semiconductor is

$$K \frac{\partial^2 \theta}{\partial x^2} = \varrho c \frac{\partial \theta}{\partial t}, \tag{2.1}$$

where $\varrho$ — density of the material, $c$ — specific heat, $K$ — thermal conductivity, $\theta$ — temperature.
The system of coordinates is choosen so that the direction of propagation of light is along the $x$-axis, and the direction of the magnetic field is along the $z$-axis.

It is assumed that the energy is absorbed only on the illuminated surface $x = 0$, and losses of heat take place at the two surfaces $x = 0$ and $x = d$.

We shall neglect the losses of heat in the $z$- and $y$-directions because of the relatively large dimensions of the sample in these directions. It is also assumed that the loss of heat is proportional to the temperature difference between the sample surface and the environment.

Solving (2.1) and using the boundary conditions formulated on the basis of the above assumption we can obtain an expression for the time-dependent part of the temperature difference between the two surfaces of the sample:

$$\Delta\theta(t) = \theta_{x=0}(t) - \theta_{x=d}(t) = e^{i\left(\omega t - \frac{\pi}{4}\right)} \frac{q}{\sqrt{K c \varrho \omega}} r\,(m\,d)\, e^{i\varphi(m\,d)}, \tag{2.2}$$

where

$$r\,(m\,d)\, e^{i\varphi(m\,d)} = \frac{\exp\,[(1+i)\,m\,d] - 1}{\exp\,[(1+i)\,m\,d] + 1}; \qquad m = \sqrt{\frac{\varrho\, c\, \omega}{2\,K}}.$$

$q$ — energy of light absorbed per unit area and time.

We must now consider the formation of the Nernst field. The temperature gradient is not constant in the sample, and so it is not obvious that the Nernst field is proportional to the temperature difference between the two surfaces divided by the thickness of the sample. Let us take a volume element with constant temperature-gradient. The influence of a magnetic field leads to the generation of a local Nernst electromotive force $\overline{E}_{NL}$. Ohm's law for this volume element gives

$$-\operatorname{grad}\varphi + \overline{E}_{NL} = \frac{1}{\sigma}\,\overline{J}, \tag{2.3}$$

where $\overline{J}$ — density of current, $\varphi$ — electric potential.
The system of coordinates is such that

$$\overline{E}_{NL} = \left(0, N\,B\,\frac{\partial\theta(x,t)}{\partial x}, 0\right), \tag{2.4}$$

where $N$ — Nernst constant, $B$ — magnetic field.

Because of the symmetry of the problem the components of the vector $\bar{J}$ can depend on $x$ only. The components of the density of current $J_z$ and $J_x$ vanish, the latter because in the steady state there is no accumulation of space or surface charge, if we suppose that the temperature changes slowly enough. So we obtain

$$\bar{J} = \big(0, J_y(x), 0\big) . \tag{2.5}$$

The total current across the sample in the $y$-direction should be zero (if we measure the Nernst field):

$$\int_0^d J_y(x)\, dx = 0 . \tag{2.6}$$

From (2.3) and (2.6) we obtain

$$-\frac{\partial \varphi(y)}{\partial y} = E_N(t) = N\, B\, \frac{\Delta \theta(t)}{d} . \tag{2.7}$$

The above equation shows that the Nernst field $E_N(t)$ produced by a non-constant temperature gradient is proportional to the difference of temperature between

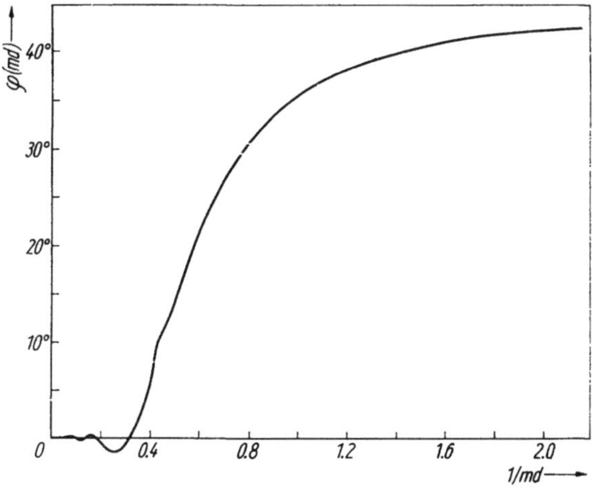


Fig. 1. The dependence of $\varphi(m\,d)$ on
$$\frac{1}{m\,d} = \left(\frac{2\,K}{\varrho\, c}\right)^{1/2} \frac{1}{\omega^{1/2}\, d} ,$$
where
$$\left[\varphi\,(m\,d) - \frac{\pi}{4}\right]$$
is the phase difference between the illumination and the light-induced Nernst effect

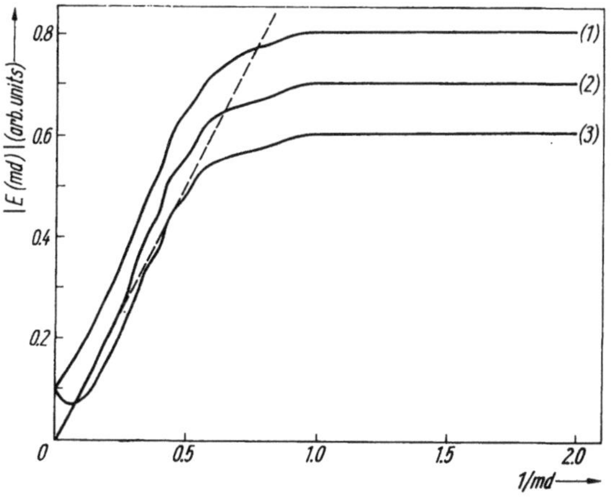


Fig. 2. The dependence of the resultant field $|E\,(m\,d)|$ on $\frac{1}{m\,d}$, for $\left|\frac{E_{P\,O}}{E_{N\,O}}\right| = 0.14$. Curve 1: the signs of the two effects are the same; Curve 2: the signs of the two effects are different; Curve 3: "pure" thermal effect ($E_{PEM} = 0$)

the two surfaces divided by the thickness of the sample. The result is thus the same as for a constant gradient. We find therefore that the a.c. Nernst field produced by the temperature difference (2.2) is given by the expression

$$E_N(t) = N\,B \frac{q}{\sqrt{2}\,K} \frac{1}{m\,d} r\,(m\,d)\, e^{i\left[\omega t - \frac{\pi}{4} + \varphi(m\,d)\right]} . \qquad (2.8)$$

The dependence of $\varphi\,(m\,d)$ on $\frac{1}{m\,d}$ is shown in Fig. 1, and the dependence of $\frac{1}{m\,d} r\,(m\,d)$ in Fig. 2 (Curve 3). For high values of $m\,d$ the value of $E\,(m\,d)$ is proportional to $\frac{1}{m\,d}$.

The PEM field produced by illumination will be given by

$$E_{PEM}(t) = E_{PO}\, e^{i\omega t} , \qquad (2.9)$$

where $E_{PO}$ for a given material depends on the illumination, magnetic field, and the thickness of the sample.

The PEM and Nernst effects have different phases and can be represented as vectors in a complex plane.

What we actually measure is the absolute value of the sum of Nernst and PEM effects, i.e. on the basis of (2.8) and (2.9)

$$E = \sqrt{E_{PO}^2 + \frac{2\sqrt{2}\,E_{PO}\,E_{NO}}{m\,d} r\,(m\,d) \cos\left[\frac{\pi}{4} - \varphi\,(m\,d)\right] + \frac{2\,E_{NO}^2}{(m\,d)^2} r^2(m d)} , \qquad (2.10)$$

where

$$E_{NO} = N\,B \frac{q}{2\,K} .$$

The dependence of the measured signal on $m\,d$ (i.e. on frequency) is given by the ratio $E_{PO}/E_{NO}$.

In the case when the PEM effect dominates there is no dependence of the measured signal on the frequency of light modulation. A more interesting situation arises when the Nernst effect is greater at low frequency.

The dependence of the measured signal on $\frac{1}{m\,d} \sim \frac{1}{\omega^{1/2}}$ is shown for $|E_{PO}/E_{NO}| = 0.14$ in Fig. 2. Curve 1 represents the resultant field given by (2.10) when the signs of $E_{PO}$ and $E_{NO}$ are equal. Curve 2 represents the case of different signs. Curve 3 shows the "pure" thermal effect $|E_{PO} = 0|$ which for high values of frequency or $m\,d$ is proportional to $\frac{1}{\omega^{1/2}}$.

## 3. Experimental Procedures

The dependence of the signal appearing in the PEM configuration on the frequency was investigated from 20 to 9000 Hz. The $Cd_{0.1}Hg_{0.9}Te$ solid solutions investigated were n-type with a concentration $n = 1.0 \times 10^{17}$ cm$^{-3}$ and conductivity 200 $\Omega^{-1}$ cm$^{-1}$. The material has a polycrystalline structure.

A tungsten lamp was used as a source of light. The light was focused on the sample which was placed in the gap of an electromagnet. The magnetic field was 6000 G. The light was modulated by a chopper. All measurements have been made at room temperature. The samples had an area of $5 \times 2$ mm$^2$ and a thickness

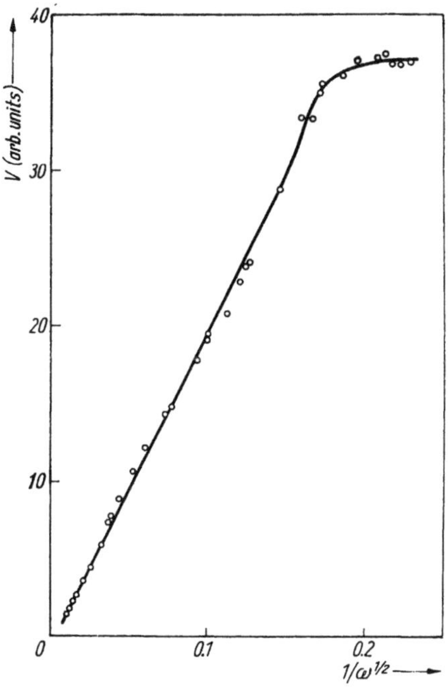


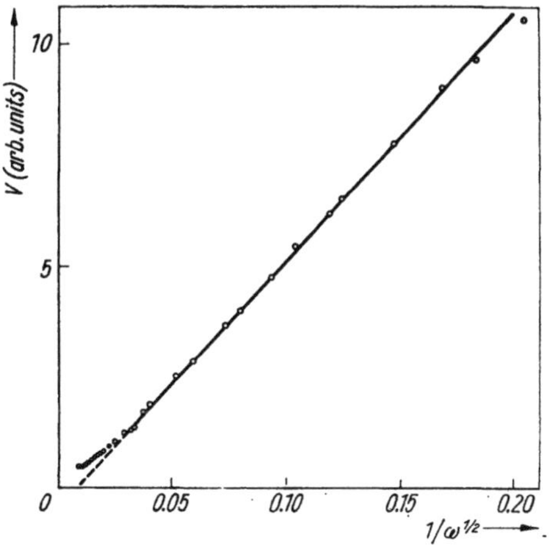


▲ Fig. 4. The dependence of the signal measured in the PEM configuration on $\frac{1}{\omega^{1/2}}$ for a sample of thickness $d = 0.120$ cm

◀ Fig. 3. The dependence of the signal measured in the PEM configuration on $\frac{1}{\omega^{1/2}}$ for a sample of thickness $d = 0.025$ cm

between 0.25 mm and 1.20 mm. The surfaces of the samples were polished mechanically, and chemically in a mixture of 3 parts HCl and 1 part $HNO_3$. The contacts were soldered by indium to the non-illuminated surface of the sample.

## 4. Results and Discussion

Measurements of the effect in the PEM configuration for $Cd_{0.1}Hg_{0.9}Te$ give a strong dependence of the amplitude of the signal on the frequency of light modulation. The PEM effect itself should not depend on the frequency $\omega$ until $\omega \tau \approx 1$, where $\tau$ is the lifetime of the minority carriers.

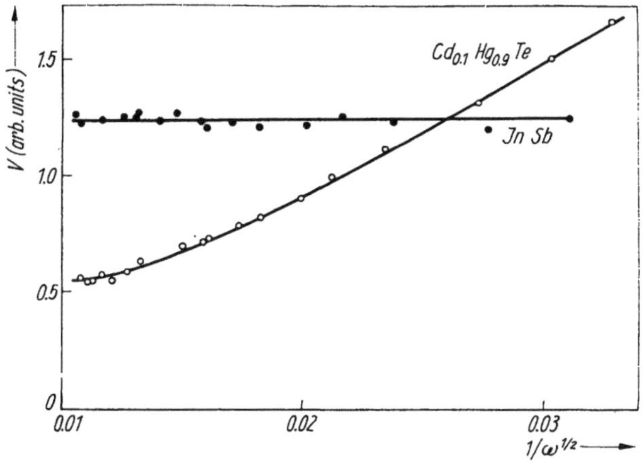


Fig. 5. The dependence of the signal measured in the PEM configuration on $\frac{1}{\omega^{1/2}}$ in the high frequency range. The signal for InSb shown above is divided by ten

The signal of photoconductivity is found to be smaller than noise, and this indicates that the lifetime is very short. On the other hand, the shape of the signal curve as a function of $\frac{1}{\omega^{1/2}}$ depends on the thickness of the sample. This is an evidence for a thermal character of this effect.

Experimental results for samples of thickness $d = 0.025$ cm and $d = 0.120$ cm are presented in Fig. 3 and Fig. 4, respectively. The high-frequency range for the sample with $d = 0.120$ cm is presented in Fig. 5 together with the PEM signal for InSb shown for comparison.

The shape of the curve in Fig. 4 is similar to that of curve 2 in Fig. 2 for small values of $\frac{1}{m\,d}$. The character of the curve in Fig. 4 indicates that the sign of PEM and Nernst fields are opposite. The ratio $\left|\frac{E_{NO}}{E_{PO}}\right|$ was found to be about 50. The fact that the PEM effect is so small is connected with the value of the lifetime of the carriers which is probably very short, as it can be expected for polycrystalline materials, or with a great surface recombination velocity.

The thermal diffusivity of $Cd_{0.1}Hg_{0.9}Te$ was obtained by comparing Curve 2 in Fig. 2 with Fig. 3. This method of obtaining this constant on the basis of the Nernst effect is different from that proposed in [7]. By this method we obtain the thermal diffusivity of our material: $\frac{K}{\varrho\,c} \approx 0.5\ \mathrm{s^{-1}\,cm^2}$. From the above result we can estimate the thermal conductivity $K$ for $Cd_{0.1}Hg_{0.9}Te$ to be approximately $0.8\ \mathrm{W\,cm^{-1}\,dgr^{-1}}$ (for HgTe $K = 0.027\ \mathrm{W\,cm^{-1}\,dgr^{-1}}$ [8].

The agreement between the theory given in Part 2 and the experimental results is quite satisfactory. It is interesting to note that the thermal effect can play an important role even at frequencies of a few kHz.

### *Acknowledgements*

The authors wish to express their gratitude to Professor L. Sosnowski for helpful discussions, to Docent W. Wardzyński for suggesting this work, as for his advice and encouragement, and to Mgr. R. Gałązka for preparing the materials.

## References

[1] L. K. KIKOIN and M. NOSKOW, Phys. Z. Sowjetunion **5**, 586 (1934).
[2] S. W. KURNICK and R. N. ZITTER, J. appl. Phys. **27**, 278 (1956).
[3] W. VAN ROOSBROECK, Phys. Rev. **101**, 1713 (1956).
[4] A. R. BEATTIE and R. W. CUNNINGHAM, Phys. Rev. **125**, 852 (1962).
[5] P. W. KRUSE, M. D. BLUE, J. H. GARFUNKEL, and W. P. SAUR, Infrared Physics **2**, 53 (1962).
[6] V. I. IVANOV-OMSKY, B. T. KOLOMIETS, and A. A. MALKOVA, Fiz. tverd. Tela **6**, 1457 (1964).
[7] I. H. BECKER, J. appl. Phys. **31**, 612 (1960).
[8] R. O. CARLSON, Phys. Rev. **111**, 476 (1958).

*(Received January 22, 1965)*

phys. stat. sol. 9, 97 (1965)

*Institute of Physics, Czechoslovak Academy of Sciences, Prague*

# The Spin Dependent Effective Mass of the Conduction Electrons in Ferromagnetic Metals

By

J. MATHON and D. FRAITOVÁ

The energy correction for conduction electrons in ferromagnetic metals due to the s — d exchange is calculated by perturbation theory. It is found that the ordered d-system effects the energy of an s-electron in such a way that a spin-dependent effective mass can be defined. The energy of a conduction electron is not changed if the spin of the electron and that of the d-electrons are parallel but an energy correction appears if the spins are antiparallel. Using this result the resonance frequency and the line width of the spin resonance of conduction electrons are evaluated following Izjumov and Skrockij [1].

Die Energiekorrektur für Leitungselektronen in ferromagnetischen Metallen infolge des s — d-Austausches wird mit Hilfe der Störungsrechnung behandelt. Es wurde gefunden, daß das geordnete d-System die Energie eines s-Elektrons so beeinflußt, daß eine spinabhängige effektive Masse definiert werden kann. Die Energie eines Leitungselektrons ändert sich nicht, wenn die Spins des Leitungselektrons und der d-Elektronen parallel sind, die Energiekorrektur tritt jedoch auf, wenn die Spins antiparallel sind. Unter Verwendung dieser Ergebnisse wurden die Resonanzfrequenz und die Linienbreite für die Spinresonanz von Leitungselektronen gemäß Izjumov und Skrockij [1] berechnet.

## 1. Introduction

The spin resonance of the s-electrons in ferromagnetic metals has been investigated by Izjumov and Skrockij [1], who derived formulas for the line width and resonance frequency. Their calculation is based on the assumption that a spin dependent effective mass of the s-electrons exists. We are going to calculate this spin dependent effective mass, assuming that the s-d exchange is the most important interaction between s- and d-electrons in ferromagnetic metals. The starting Hamiltonian of the d-electron spin system is that of Heisenberg and we shall use the spin wave approximation in our calculations. We also assume that the magnetic order of the d-system is given and produces some kind of an additional periodic potential in which one s-electron moves. The Coulomb interaction between the conduction and the d-electron has the same periodicity as that of the lattice, but the exchange interaction depends on the relative orientation of the spins of both electrons. Therefore at absolute temperature zero all spins of d-electrons are ordered, the periodicity is perfect and consequently there are good reasons to introduce the concept of the spin dependent effective mass. The anomalous electrical resistance of ferromagnetic metals as considered by Kasuya [2], supports this idea. Taking into account the temperature dependence of the resistance we can also expect that the periodicity is quite satisfactory in some neighbourhood of absolute zero.

## 2. Spin Dependent Effective Mass

We are going to calculate by perturbation theory the self-energy of one s-electron due to the s-d exchange. Our calculation can be performed along the same line as in Yosida's paper [3]. In our case, however, we are interested in the second order energy of one s-electron while Yosida calculates the perturbed wave function. The second order energy is given by

$$\mathcal{E}^{(2)}_{k,s} = \frac{2\,m^*}{\hbar^2} \sum_{s'} \sum_{k'}{}' \frac{|\langle k'\,s'\,|\mathcal{H}|\,k,\,s\rangle|^2}{k^2 - k'^2}\,, \tag{1}$$

where $\frac{\hbar^2\,k^2}{2\,m^*}$ is the unperturbed one-electron energy and $\mathcal{H}$ in the second quantization is given by [2, 3, 4, 5]

$$\mathcal{H} = -N^{-1} \sum_{\boldsymbol{k},\boldsymbol{k}'} \sum_n J_{\text{sd}}(\boldsymbol{k} - \boldsymbol{k}') \exp\left[i\,(\boldsymbol{k} - \boldsymbol{k}')\,\boldsymbol{R}_n\right] \times$$
$$\times \left\{(a^*_{k'+}\,a_{k+} - a^*_{k'-}\,a_{k-})\,S^z_n + a^*_{k'+}\,a_{k-}\,S^-_n + a^*_{k'-}\,a_{k+}\,S^+_n\right\}, \tag{2}$$

where $N$ is the total number of lattice points $J_{\text{sd}}(\boldsymbol{k} - \boldsymbol{k}')$ is the exchange integral between a conduction electron and the d-spin, $\boldsymbol{k}$ and $\boldsymbol{k}'$ are the wave vectors of the conduction electron, $\boldsymbol{R}_n$ represents the position of the d-spin and $\mathbf{S}_n$ represents its spin operator, $a^*_{k\pm}$ and $a_{k\pm}$ are the creation and annihilation operators for the electrons with wave vector $\boldsymbol{k}$ and $+$ or $-$ spin. The $z$ axis is the axis of quantization of the electron spins. The second order correction then becomes

$$\mathcal{E}^{(2)}_{\pm}(k) = N^{-2}\,\frac{2\,m^*}{\hbar^2} \sum_{\boldsymbol{k}'}{}' \sum_{n,m} \frac{|J_{\text{sd}}(\boldsymbol{k} - \boldsymbol{k}')|^2}{k^2 - k'^2} \exp\left[i\,(\boldsymbol{k} - \boldsymbol{k}')\,(\boldsymbol{R}_n - \boldsymbol{R}_m)\right] \times$$
$$\times\,(S^z_n\,S^z_m + S^{\mp}_m\,S^{\pm}_n)\,. \tag{3}$$

$\pm$ denotes $\uparrow$ or $\downarrow$ for $S_z$ of the s-electron. After some simplifications we obtain

$$\mathcal{E}^{(2)}_{+}(k) = \frac{2\,m^*}{\hbar^2}\,N^{-2} \sum_{\boldsymbol{k}'}{}' \sum_{n,m} \frac{|J_{\text{sd}}(\boldsymbol{k} - \boldsymbol{k}')|^2}{k^2 - k'^2} \times$$
$$\times\,(S^z_n\,S^z_m + S^+_n\,S^-_m - 2\,S^z_n\,\delta_{nm})\,e^{i(\boldsymbol{k}-\boldsymbol{k}')(\boldsymbol{R}_n-\boldsymbol{R}_m)}\,, \tag{4}$$

$$\mathcal{E}^{(2)}_{-}(k) = \frac{2\,m^*}{\hbar^2}\,N^{-2} \sum_{\boldsymbol{k}'}{}' \sum_{n,m} \frac{|J_{\text{sd}}(\boldsymbol{k} - \boldsymbol{k}')|^2}{k^2 - k'^2} \times$$
$$\times\,(S^z_n\,S^z_m + S^+_m\,S^-_n)\,e^{i(\boldsymbol{k}-\boldsymbol{k}')(\boldsymbol{R}_n-\boldsymbol{R}_m)}\,. \tag{5}$$

It is convenient to introduce the new spin variables $a^+_n$, $a_n$. The Holstein-Primakoff transformation [6] to these operators is defined by

$$S^+_n = S^x_n + i\,S^y_n = \sqrt{2\,S}\,a^+_n \left(1 - \frac{a^+_n\,a_n}{2\,S}\right)^{1/2} \approx \sqrt{2\,S}\,a^+_n\,,$$

$$S^-_n = S^x_n - i\,S^y_n = \sqrt{2\,S}\left(1 - \frac{a^+_n\,a_n}{2\,S}\right)^{1/2} a_n \approx \sqrt{2\,S}\,a_n\,,$$

$$[a_n, a^+_m] = \delta_{nm}\,, \qquad S^z_n = a^+_n\,a_n - S\,.$$

In terms of creation and annihilation operators $a_n^+$, $a_n$ the expression (4) and (5) become to second order in the a's

$$\mathscr{E}_+^{(2)}(k) = \frac{2\,m^*}{\hbar^2} N^{-2} \sum_{\boldsymbol{k}'}{}' \sum_{n,m} \frac{|J_{\text{sd}}(\boldsymbol{k}-\boldsymbol{k}')|^2}{k^2-k'^2} (S^2 - a_n^+ a_n S - a_m^+ a_m S + + 2\,S\,a_n^+ a_m - 2\,S_n^z \delta_{nm})\, e^{i(\boldsymbol{k}-\boldsymbol{k}')(\boldsymbol{R}_n-\boldsymbol{R}_m)}\,, \tag{6}$$

$$\mathscr{E}_-^{(2)}(k) = \frac{2\,m^*}{\hbar^2} N^{-2} \sum_{\boldsymbol{k}'}{}' \sum_{n,m} \frac{|J_{\text{sd}}(\boldsymbol{k}-\boldsymbol{k}')|^2}{k^2-k'^2} (S^2 - a_n^+ a_n S - a_m^+ a_m S + + 2\,S\,a_m^+ a_n)\, e^{i(\boldsymbol{k}-\boldsymbol{k}')(\boldsymbol{R}_n-\boldsymbol{R}_m)}\,. \tag{7}$$

We shall now assume that $J_{\text{sd}}(\boldsymbol{k}-\boldsymbol{k}')$ is constant independent of $\boldsymbol{k}$ and $\boldsymbol{k}'$ [4]. Considering the relation

$$\sum_n e^{i(\boldsymbol{k}-\boldsymbol{k}')\boldsymbol{R}_n} = N\,\delta_{\boldsymbol{k}\boldsymbol{k}'}\,. \tag{8}$$

Equations (6) and (7) become

$$\mathscr{E}_+^{(2)}(k) = \frac{2\,m^*}{\hbar^2} N^{-2} J^2 \sum_{\boldsymbol{k}'}{}' \frac{1}{k^2-k'^2} \Big[S^2 N^2 \delta_{\boldsymbol{k}\boldsymbol{k}'} - \sum_n S\,N\,a_n^+ a_n \delta_{\boldsymbol{k}\boldsymbol{k}'} - - \sum_m S\,N\,a_m^+ a_m \delta_{\boldsymbol{k}\boldsymbol{k}'} + \sum_{n,m} 2\,S\,a_n^+ a_m\, e^{i(\boldsymbol{k}-\boldsymbol{k}')(\boldsymbol{R}_n-\boldsymbol{R}_m)} - \sum_{n,m} 2\,S_n^z \delta_{nm}\Big]\,, \tag{9}$$

$$\mathscr{E}_-^{(2)}(k) = \frac{2\,m^*}{\hbar^2} N^{-2} J^2 \sum_{\boldsymbol{k}'}{}' \frac{1}{k^2-k'^2} \Big[S^2 N^2 \delta_{\boldsymbol{k}\boldsymbol{k}'} - \sum_n S\,N\,a_n^+ a_n \delta_{\boldsymbol{k}\boldsymbol{k}'} - - \sum_m S\,N\,a_m^+ a_m \delta_{\boldsymbol{k}\boldsymbol{k}'} + \sum_{n,m} 2\,S\,a_m^+ a_n\, e^{i(\boldsymbol{k}-\boldsymbol{k}')(\boldsymbol{R}_n-\boldsymbol{R}_m)}\Big]\,. \tag{10}$$

Taking into account that the prime in $\sum'$ means that the state $\boldsymbol{k} = \boldsymbol{k}'$ is to be excluded from the summation the terms with $\delta_{\boldsymbol{k}\boldsymbol{k}'}$ do not contribute. Performing the summation we get

$$\mathscr{E}_+^{(2)}(k) = \frac{2\,m^*}{\hbar^2} N^{-2} \sum_{n,m} \sum_{\boldsymbol{k}'}{}' \frac{J^2}{k^2-k'^2} [a_n^+ a_m 2\,S\, e^{i(\boldsymbol{k}-\boldsymbol{k}')(\boldsymbol{R}_n-\boldsymbol{R}_m)} - 2\,S_n^z \delta_{nm}]\,, \tag{11}$$

$$\mathscr{E}_-^{(2)}(k) = \frac{2\,m^*}{\hbar^2} N^{-2} \sum_{n,m} \sum_{\boldsymbol{k}'}{}' \frac{J^2}{k^2-k'^2} [a_m^+ a_n 2\,S\, e^{i(\boldsymbol{k}-\boldsymbol{k}')(\boldsymbol{R}_n-\boldsymbol{R}_m)}]\,. \tag{12}$$

$\mathscr{E}_+^{(2)}(k)$ obviously consists of two parts, diagonal and nondiagonal. We take first the diagonal part

$$\frac{4\,m^*}{\hbar^2} J^2 N^{-1} S^z \sum_{\boldsymbol{k}'}{}' \frac{1}{k^2-k'^2}\,; \qquad S^z = \frac{\sum_n S_n^z}{N}\,. \tag{13}$$

We may perform the summation in (13) making the conversion of the wavevector sum to the integral

$$\sum_{\boldsymbol{k}'}{}' \to \frac{\Omega}{(2\,\pi)^3} \mathscr{P} \int d^3k'\,.$$

The diagonal part (13) becomes

$$\frac{4\, m^*}{\hbar^2} J^2 N^{-1} S^z \frac{\Omega}{(2\,\pi)^3} \mathcal{P} \int \frac{d^3k'}{k^2 - k'^2} =$$

$$= \frac{4\, m^*}{\hbar^2} J^2 N^{-1} S^z \frac{\Omega}{(2\,\pi)^3} 4\,\pi\, \mathcal{P} \int\limits_0^{E_B} \frac{E' \left(\frac{dk'}{dE'}\right) dE'}{E - E'}, \tag{14}$$

here $\mathcal{P}$ denotes the principal value. Using in the integral in (14) the free electron density of states, it becomes divergent on the zone boundary. Considering the more complete dependence of the unperturbed energy on $k$, using for the density of states the relation [7]

$$\varrho(E) \sim \sqrt{E\,(E_B - E)}$$

this divergence can be removed. In the denominator of the integrand in (14) the correction is not so important and we shall use here approximatively the energy $E$ of the free electron. With this substitution the term (14) is given by

$$\frac{8\, m^* J^2 N^{-1} S^z \Omega\, \pi}{\hbar^2 (2\,\pi)^3} \sqrt{\frac{2\, m^*}{\hbar^2 E_B}}\, \mathcal{P} \int\limits_0^{E_B} \frac{\sqrt{E'\,(E_B - E')}}{E - E'}\, dE'$$

and may be easily evaluated. We have

$$\mathcal{E}^{(2)}_{\mp}(k) = - \frac{m^* S^z J^2 N^{-1} \Omega}{4\,\hbar^2 \pi\, k_B} (2\, k^2 - k_B^2)\,(1 \mp 1) +$$

$$+ \frac{2\, m^*}{\hbar^2} N^{-2} J^2 \sum_{\boldsymbol{k}'}{}' \frac{1}{k^2 - k'^2} \sum_{n,m} 2\, S\, a_m^+ a_n\, e^{\pm i(\boldsymbol{k}-\boldsymbol{k}')(\boldsymbol{R}_n - \boldsymbol{R}_m)}, \tag{15}$$

where $k_B$ is the wave vector on the zone boundary. By making the transformation to the spin-wave representation

$$a_n = N^{-1/2} \sum_{\lambda} e^{-i\boldsymbol{\lambda}\boldsymbol{R}_n} b_{\lambda}\,, \qquad a_n^+ = N^{-1/2} \sum_{\lambda} e^{i\boldsymbol{\lambda}\boldsymbol{R}_n} b_{\lambda}^+$$

the second term in (15) can be brought into the diagonal form

$$\mathcal{E}^{(2)}_{\mp}(k) = - \frac{m^* S^z J^2 N^{-1} \Omega}{4\,\hbar^2 \pi\, k_B} (2\, k^2 - k_B^2)\,(1 \mp 1) +$$

$$+ \frac{2\, m^* N^{-1} J^2\, 2\, S}{\hbar^2} \sum_{\boldsymbol{k}'}{}' \frac{1}{k^2 - k'^2}\, n_{\pm(\boldsymbol{k}-\boldsymbol{k}')}\,, \tag{16}$$

where $n_\lambda = b_\lambda^+ b_\lambda$ is the number of spin waves with the wave vector $\boldsymbol{\lambda}$. It is clear that for $T = 0\ ^\circ$K, $n_\lambda = 0$, the second term in (16) gives no contribution and the energy to the second order is quadratic in $\boldsymbol{k}$. This result is to be expected. The terms involved in (11), (12) are due to the exchange with a spin flip of both spins (d-spin and s-spin). At absolute zero, all d-spins being lined up, even the virtual spin flip is impossible if both spins are parallel and consequently the first term in (11) and the term involved in (12) do not contribute at all and the second term in (11) contributes naturally only to the energy $\mathcal{E}_+$.

That part of energy depending on $\boldsymbol{k}$ is now given by

$$\mathscr{E}_+ = \frac{\hbar^2 k^2}{2 m^*} - \alpha k^2, \qquad \mathscr{E}_- = \frac{\hbar^2 k^2}{2 m^*}, \qquad \alpha = \frac{m^* S^z J^2 N^{-1} \Omega}{\hbar^2 \pi k_B} < 0 \tag{17}$$

and the spin dependent effective mass can be easily introduced. We have immediately

$$m_-^* = m^*$$

and

$$\mathscr{E}_+ = \frac{\hbar^2}{2 m^*}\left(1 - \frac{2 m^*}{\hbar^2}\alpha\right) k^2 . \tag{18}$$

For $|\alpha| \ll 1$, the effective mass $m_+^*$ is

$$m_+^* \cong m^*\left(1 + \frac{2 m^*}{\hbar^2}\alpha\right) \tag{19}$$

with the correction term being about 0,26% $m = m^*$; $J_{sd} \cong 3{,}5 \times 10^{-13}$ erg [8, 9]; $k_B = 1{,}6 \times 10^8$ cm$^{-1}$ for Ni.

## 3. The Spin Resonance of Conduction Electrons

We now want to use our result (18) to calculate the frequency and the line width of the spin resonance of s-electrons in ferromagnetic metals.

Let us review briefly the theory of Izjumov and Skrockij [1]. It is well known that in an ideal electron gas the spin resonance cannot occur. However, Izjumov and Skrockij found that this resonance is possible in a gas of quasiparticles-electrons if the energy of these quasiparticles is spin dependent, or strictly speaking, if a spin dependent effective mass exists. In this case the resonance frequency and the line width are given as follows

$$\omega = \omega_0 + \frac{\xi}{\hbar b}, \qquad \Delta_{1/2}\omega = 3{,}52 \frac{k T}{\hbar} |b|^{-1} \tag{20}$$

(Equation (23) and (26) in the paper of Izjumov and Skrockij). Here $\xi$ is the Fermi energy of s-electrons,

$$b^{-1} = \frac{m_-^* - m_+^*}{m_+^*}, \qquad \omega_0 = \frac{2\mu_0 \mathscr{H} + \Delta}{\hbar},$$

where the energy separation $\Delta = \mathscr{E}_+^{(1)} - \mathscr{E}_-^{(1)}$ is independent of $k$. ($\mathscr{E}_\pm^{(1)}$ is the one s-electron energy with spin ↑ and ↓ respectively.) Supposing that this energy separation $\Delta$ is due to the s-d exchange we can find its value from (2). The s-d interaction expressed by (2) has the following diagonal element

$$- N^{-1} J_{sd} (n_+ - n_-) \sum_n S_n^z, \tag{21}$$

where $n_+$ and $n_-$ represent the total number of electrons of + and − spin. Consequently the energy separation $\Delta$ is given by

$$\Delta = - 2 J_{sd} S^z = J_{sd} . \tag{22}$$

The resonance frequency $\omega$ now becomes

$$\omega = \frac{2 \mu_0 \mathscr{H}}{\hbar} + \frac{J_{sd}}{\hbar} + \frac{\xi}{\hbar} b^{-1} . \tag{23}$$

Inserting for $J_{sd}$, $\xi$ and $b^{-1}$ numerical values $\xi = 5\times10^{-12}$ erg, $J_{sd} \cong 3{,}5\times10^{-13}$ erg and $b^{-1} = 2{,}6\times10^{-3}$ we find that the frequency is given mainly by the second term in (23) and is about $3{,}5\times10^{14}\,\mathrm{s}^{-1}$. However, Hasegawa [8] has considered the spin resonance in the exchange molecular field and found that the magnetization of the s-electrons probably follows that of the d-electrons and the additional shift due to the s-d exchange does not occur. In this case the third term in (23) would be the most important and the resonance frequency would be about $1{,}3\times10^{13}\,\mathrm{s}^{-1}$. The line width in both cases is given by

$$\Delta_{1/2}\,\omega = 1{,}26\times10^{9}\,T\,\frac{\mathrm{s}^{-1}}{\mathrm{grad}}\,.$$

## 4. Discussion

In our calculation of the spin dependent effective mass we assume that the magnetic order of the d-system is given and the spins are lined up (at absolute zero). We also assume that the conduction electron is nearly free electron like and that the most important interaction between s- and d-electrons is the exchange interaction. Evaluating the integral in (14) we used the modified density of states $\varrho(E) \sim \sqrt{E\,(E_B - E)}$ to remove the divergence on the zone boundary. We also assume that the exchange integral $J_{sd}\,(\boldsymbol{k} - \boldsymbol{k}')$ is constant, independent of $\boldsymbol{k}$ and $\boldsymbol{k}'$. Under the above assumptions we found that the energy of one conduction electron is not changed if the spin of the conduction electron and that of the d-electrons are parallel and that it is necessary to add the energy correction $-\,\alpha\,k^2$ if the spins are antiparallel.

Using this result we can calculate the line width and the spin resonance frequency of conduction electrons in ferromagnetic metals following Izjumov and Skrockij [1]. We found that the line width is given as follows

$$\Delta_{1/2}\,\omega = 1{,}26\times10^{9}\,T\,\frac{\mathrm{s}^{-1}}{\mathrm{grad}}$$

and the resonance frequency is about $3{,}5\times10^{14}\,\mathrm{s}^{-1}$ or $1{,}3\times10^{13}\,\mathrm{s}^{-1}$ as discussed above.

*Acknowledgements*

The authors would like to express their thanks to Professor R. J. Elliott for his kind interest and stimulating discussion. They are also indebted to J. Kaczér, E. Šimánek and Mrs. Mathon for helpful discussions and valuable remarks.

## References

[1] I. A. IZJUMOV and G. V. SKROCKIJ, Fiz. tverd. Tela **2**, 1766 (1960).
[2] T. KASUYA, Progr. theor. Phys. **16**, 45 (1956); **16**, 58 (1956).
[3] K. YOSIDA, Phys. Rev. **106**, 893 (1957).
[4] A. H. MITCHELL, Phys. Rev. **105**, 1439 (1957).
[5] S. V. VONSOVSKY and I. A. IZJUMOV, Fiz. Metallov i Metallovedenie **10**, 321 (1960).
[6] T. HOLSTEIN and H. PRIMAKOFF, Phys. Rev. **58**, 1098 (1940).
[7] R. J. ELLIOTT, private communication.
[8] H. HASEGAWA, Progr. theor. Phys. **21**, 483 (1959).
[9] A. W. OVERHAUSER and M. B. STEARNS, Phys. Rev. Letters **13**, 316 (1964).

*(Received January 25, 1965)*

phys. stat. sol. 9, 103 (1965)

*National Physical Laboratory of India, New Delhi*

# Exchange Interactions in Dilute Ag-Mn Alloys at Helium Temperatures

By

M. S. R. CHARI

The expression for the decrease in electrical resistivity below the temperature of magnetic ordering, derived on the basis of the Kasuya-Yosida model for dilute alloys containing a transitional metal solute has been modified recently by Collings, Hedgcock, and Muto, in order to take the resistivity minimum into account. This is used here to estimate the exchange interaction parameter in polycrystalline rods of silver containing respectively 0.14, 0.32 and 0.55 at.-% of manganese in random solid solution.

The predictions of the model as to the variation of the electronic Lorenz parameter, in these alloys at liquid helium temperatures, with applied magnetic field and temperature are found to agree qualitatively with the behaviour inferred from experimental results.

Die Beziehung für die Abnahme des elektrischen Widerstandes unterhalb der Temperatur des magnetischen Ordnens, die aus dem Kasuya-Yosida-Modell für verdünnte Legierungen mit einem darin gelösten Übergangsmetall abgeleitet wurde, ist vor kurzem von Collings, Hedgcock und Muto modifiziert worden, um das Widerstandsminimum mit zu berücksichtigen. Dieses Verfahren wurde hier zur Berechnung des Austausch-Wechselwirkungs-Parameters in polykristallinen Silberbarren , die 0,14, 0,32 bzw. 0,55 At-% Mangan in fester Lösung enthielten, angewandt.

Die Voraussagen des Modells bezüglich des Verhaltens des elektronischen Lorenz-Parameters in diesen Legierungen bei der Temperatur des flüssigen Heliums waren in Bezug auf die verwendeten Magnetfelder und Temperaturen in qualitativer Übereinstimmung mit den experimentellen Ergebnissen.

## 1. Introduction

There have, in recent years, been a number of theoretical and experimental studies as to how a small addition of a transition metal to a noble metal affects the properties at low temperatures [1 to 3]. The observed maximum in magnetic susceptibility [4, 5] at low temperatures, suggests an antiferromagnetic transition. On the other hand, the positive intercept on the temperature axis, obtained on extrapolating the curve of reciprocal magnetic susceptibility at somewhat higher temperatures versus temperature suggests a ferromagnetic ordering, as do also the hysteresis effects. There is an anomalous large specific heat [6, 7], an electrical resistance anomaly [8], in the form of a minimum with/without a maximum and sometimes a negative magnetoresistance, in the temperature region of the susceptibility maximum.

Our thermal conductivity measurements at helium temperatures [9] led to an (electronic) Lorenz parameter[1]) which is more or less independent of the applied magnetic field but significantly dependent upon temperature [10, 11]. This was attributed to a 'spin-flip' inelastic (besides the normal elastic) scattering [11, 12]

[1]) By Lorenz parameter, we mean $L_e = \varrho / w_e T$, where $\varrho$ and $w_e$ are the electrical and electronic thermal resistivities at the temperature $T$.

of the conduction electrons by the transition metal solute ions. The low-temperature ordering in these dilute alloys probably consists of ferromagnetic domains coupled antiferromagnetically or vice versa [4, 13].

Following the discussion by Frohlich and Nabarro [14] and later by Ruderman and Kittel [15], of the hyperfine interaction between the conduction electrons and the nuclear magnetic moments in certain metals leading, at sufficiently low temperatures, to a lining up of the nuclear spins ferromagnetically, Vonsovsky [16] suggested an exchange interaction, in magnetic metals, between the conduction electrons and the unpaired d-spins. Zener [17] independently proposed a similar interaction.

For explaining the anomalous electrical resistivity and magnetoresistivity of a dilute alloy of a transition metal in a noble metal base, Korringa and Gerritsen [18] introduced the concept of localised impurity states, situated energetically close to the Fermi level of the conduction electrons and centred on each magnetic ion. Schmitt [19] visualised scattering centres having closely-spaced energy states; below the temperature of magnetic ordering of these dilute alloys, the spin degeneracy of the impurity ion is removed and the scattering process involving the spin-flips of the conduction electron and the magnetic ion becomes inelastic.

Kasuya [20], for ferromagnetic metals, and Yosida [21], for dilute alloys, made detailed calculations of the electrical resistance and magneto-resistance behaviour, taking into account both the elastic and inelastic scattering of the conduction electrons. This was extended by Kasuya [22] to the discussion of the thermal conductivity and the Lorenz parameter in dilute alloys containing a paramagnetic solute.

In the present paper, we discuss the application of the Kasuya-Yosida model to dilute silver-manganese alloy specimens containing respectively 0.14, 0.32, and 0.55 atoms per cent of manganese in solid solution. The data on their electrical and thermal conductivities in transverse magnetic fields ranging from zero to 25 kOe were reported earlier [9].

## 2. The Kasuya-Yosida Model

In discussing the case of alloys of the type Cu–Mn, Yosida [21] considers the perturbing potential consisting of the spin-dependent interaction (arising from an exchange interaction) and the spin-independent interaction (arising from an ordinary screened Coulomb interaction) between the 4s conduction electrons and the 3d electrons localised at the Mn ions. Taking both elastic and inelastic scattering into account and basing the model on a molecular field, they obtain, below the temperature of magnetic ordering (usually antiferromagnetic), a monotonic decrease of the electrical resistance with fall of temperature.

For the electrical resistivity under different conditions of temperature and magnetic field, they obtain expressions which, when we neglect small terms, give the following:

$$\varrho_0 = C\,[A^2 + (g-1)^2\, j^2\, J^2] \quad \text{when} \quad H = 0,\ T = 0, \tag{1}$$

$$\varrho_N = C\,[A^2 + (g-1)^2\, j\,(j+1)\, J^2] \quad \text{when} \quad H = 0,\ T \geqq T_N\,. \tag{2}$$

Here,

$$C = \frac{3}{2}\,\frac{\pi\, m\, c}{e^2\, \hbar\, E_F}\,,$$

$c$ is the number of impurity atoms per unit volume, $e$ the electronic charge, $m$ the effective electronic mass (taken equal to the normal electronic mass), $E_F$ the Fermi energy, $J$ the exchange interaction constant, $A$ the Coulomb interaction constant, $\hbar = (2\pi)^{-1}$ of the Planck's constant, $g$ the Lande factor and $j$ the angular momentum quantum number of the paramagnetic ion.

The drop in electrical resistivity $\Delta\varrho$, is then given by

$$\Delta\varrho = \varrho_N - \varrho_0 = C\, j\, J^2 \,. \tag{3}$$

Equation (3) affords a simple method of estimating the value of the exchange integral $J$ in these alloys. Yosida does not take the resistance minimum into account. Since the observed electrical resistivity behaviour of these alloys at low temperatures is the result of two opposing effects, namely, the resistance minimum (due to a resonance scattering) and the resistance maximum (due to magnetic ordering), Collings, Hedgcock and Muto [23] have modified equation (3) to

$$\Delta\varrho = \varrho_1 - \varrho_0 = C\, j\, J^2 \,, \tag{4}$$

where $\varrho_1$ is the intercept on the resistivity axis obtained by extrapolating the resistance minimum by a circular arc. This is the method used by us here for deducing the values of $J$ and $A$ in the dilute Ag–Mn and other alloys. We have assumed, with Kasuya and Yosida, that the manganese ion is in a 5 S state and has no orbital momentum. The Lande factor ($g$) is, therefore, taken equal to 2 and $j = 5/2$.

For the variation of the Lorenz parameter in such dilute alloys, with temperature and with the magnetic field, Kasuya [22] obtains,

$$L = \frac{\pi^2 k^2}{3\, e^2} \left\{1 - \frac{(g-1)^2}{\pi^2} \frac{J^2}{A^2} \frac{x^3}{1 - e^{-x}} (j^2 + j - \overline{j_z^2} - \overline{j_z})\right\}, \tag{5}$$

where $x = g\, \mu_B\, H/k\, T$, $\mu_B$ being the Bohr magneton, $k$ the Boltzmann constant, $\overline{j_z}$ the average of the $z$-component of angular momentum $j$ of the paramagnetic ion and $\overline{j_z^2}$ the mean square of the $z$-component of $j$. In the simple molecular field model, $H$ is the molecular field $H_i$ when the external field $H_e = 0$; also $H = H_e$ when $H_i = 0$. It may be noted that $x$, as also $j_z$ and $j_z^2$, are dependent upon the magnetic field as well as upon the temperature.

## 3. The Interaction Parameters and Internal Fields

### *3.1 The parameters J and A*

Extrapolating the low-temperature minimum of the $\varrho - T$ curve (Fig. 7 of [11]) of each of the dilute Ag–Mn rod specimens, in the form of an arc of a circle, so as to intersect the $\varrho$-axis (as indicated by Collings, Hedgcock and Muto) we obtained values for $\varrho_1$ and hence $\Delta\varrho = \varrho_1 - \varrho_0$. From this, using equations (1) and (4), we obtained values for $J$ and $A$. Table 1 gives these values, as also those obtained by Hedgcock and Muto [24] for dilute Mg–Mn alloys and by Collings, Hedgcock and Muto [23] for dilute Zn–Mn alloys. We have also included our estimates of $J$ and $A$ for some alloys reported by other investigators, namely, Ag–Mn wires [8], Cu–Mn [25] and Au–Mn [25].

In the case of our Ag–Mn rods, there is no marked variation of $A/J$ with the concentration of manganese. For the others, however, $A/J$ is sometimes near to 6 and sometimes near to 3. It is possible that in certain cases, the manganese is present as $Mn^{++}$ and in other cases as $Mn^{+}$ or even as a neutral Mn ion, resulting in a reduced 3d—4s interaction [4].

Table 1

| Solvent | Solute | Atoms % of solute | $A \times 10^{12}$ (erg) | $J \times 10^{12}$ (erg) | $A/J$ |
|---|---|---|---|---|---|
| Cu | Mn | 0.15 | 2.3 | 0.96 | 2.4 |
| | | 0.33 | $2.0_8$ | 0.86 | 2.4 |
| Ag | Mn | 0.11 | 1.9 | 0.37 | 5.1 |
| | | 0.14 | $1.9_2$ | 0.61 | 3.0 |
| | | 0.24 | $1.8_2$ | 0.51 | 3.6 |
| | | 0.32 | $1.6_2$ | 0.63 | 2.3 |
| | | 0.55 | $1.7_3$ | 0.61 | 2.8 |
| Au | Mn | 0.12 | 2.6 | 0.39 | 6.7 |
| | | 0.30 | $2.1_4$ | 0.38 | 5.6 |
| Mg | Mn | 0.16, 0.35, 0.46, 0.72, 0.80 | 2.8 | 0.48 | 5.8 |
| Zn | Mn | 0.15, 0.17 | 8.7 | 1.4 | 6.2 |

### *3.2 The internal fields $H_i$*

From the temperature of occurrence of humps in the $w_e - T$ curves of these Ag–Mn rod specimens at low temperatures, we obtained [11] for the energy of separation $\Delta E$ of the levels into which the ground state of the manganese ion in these alloys is split, the values $\Delta E/k \simeq 10$, 11, and 14 °K in the order of increasing manganese content ($k$ being the Boltzmann constant). Associating an internal field $H_i$ with the ferro-/antiferro-magnetically ordered state, resulting from the exchange interaction between the manganese ions, whether directly or indirectly via the conduction electrons, we have, $\Delta E = \mu H_i$, where $\mu$, the magnetic moment of the manganese ion in these alloys, is 5 Bohr magnetons. We thus have $H_i \simeq 30$, 33, and 42 kOe in these alloys [26] in zero external field.

In an attempt to explain the large anomalous specific heat in dilute Ag–Mn alloys at low temperatures, in terms of a Schottky effect, De Nobel and Du Chatenier [6] also arrive at $H_i \simeq 25$ kOe in zero external field. In an external field $H_e$, the effective internal field is found to be about $H_i + H_e$.

## 4. The Electronic Lorenz Parameter $L_e$

From an analysis of the thermal and electrical conductivities of these dilute Ag–Mn rod specimens at liquid helium temperatures in magnetic fields (ranging from 0 to 25 kOe), employing the method due to Gruneisen, De Haas and co-workers, it was inferred [10, 11] that a) the Lorenz parameter is independent of the applied magnetic field, b) it depends upon the temperature, dipping below the normal Sommerfeld value $L_n$ ($L_n = 2.45 \times 10^{-8}$ Watt Ω °K$^{-2}$) and ultimately attaining the value $L_n$ at the lowest temperatures below 1 °K, and c) it varies somewhat with the manganese content.

Let us now see what the Yosida-Kasuya model predicts in this connection. Fig. 1 gives the variation of the Lorenz parameter in these alloys with the external

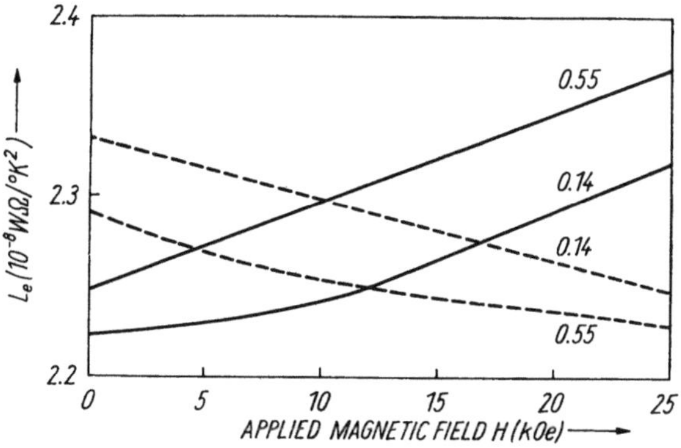


Fig. 1. Variation of the electronic Lorenz parameter with the applied magnetic field. (Numbers on the curves indicate the atomic percentage of manganese)

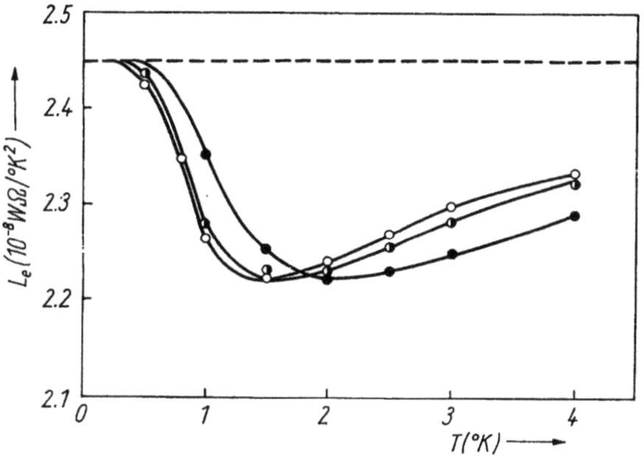


Fig. 2. Variation of the electronic Lorenz parameter (in zero applied magnetic field) with temperature. (The broken line corresponds to the normal Sommerfeld value $L_n = 2.45 \times 10^{-8}$ Watt $\Omega$ $(°K)^{-2}$)
○ Ag–0.14% Mn;
◑ Ag–0.32% Mn;
● Ag–0.55% Mn

magnetic field, evaluated from the equation (5) due to Kasuya. The figures marked on the curves give the atomic percentage of manganese in the alloy concerned. The curves for Ag–0.32% Mn have not been drawn in the figure, but they behave similar to those drawn. The full lines refer to 1.5 °K and the broken lines to 4 °K. The maximum variation of $L_e$ for either alloy is 5% and this is a satisfactory justification of our inference (a) mentioned above.

Fig. 2 gives the variation of $L_e$ in these alloys with temperature. The features noted under inferences (b), (c) above (vide Fig. 4 of [11]), are all qualitatively reproduced here. The dip in $L_e$ is at most 10%, whereas our experimental results gave 40% for Ag–0.14% Mn and 30% for Ag–0.55% Mn.

## 5. Conclusion

There is qualitative agreement between the predictions of the Kasuya-Yosida model and deductions from experimental data as regards the variation of the electronic Lorenz parameter with the applied magnetic field, temperature and the concentration of the magnetic solute. We might mention, in this connection, that there is, likewise, a qualitative agreement between the predicted value of the thermo-electric power [22] of Cu–1.8% Mn, and the experimental value [27] for Cu–1.6% Mn at a particular temperature, say 10 °K, — their magnitudes differing by a factor of about 2. Better agreement cannot be expected because the actual magnetic state of these alloys seems to be much more complicated than assumed in the theory [4, 22].

## References

[1] G. J. van den Berg, Progress in Low Temperature Physics, Ed. C. J. Gorter, Vol. **4**, (1964).
[2] G. J. van den Berg, Metallic Solid Solutions, Edited by J. Friedel and A. Guinier, XV—1, Benjamin 1963.
[3] R. R. Hake, D. H. Leslie, and T. G. Berlincourt, Phys. Rev. **127**, 170 (1962).
[4] J. Owen, M. E. Browne, W. D. Knight, and C. Kittel, Phys. Rev. **102**, 1501 (1956).
[5] J. Owen, M. E. Browne, V. Arp, and A. F. Kip, J. Phys. Chem. Solids **2**, 85 (1957).
R. W. Schmitt and I. S. Jacobs, Canad. J. Phys. **34**, 1285 (1956); J. Phys. Chem. Solids **3**, 324 (1957).
I. S. Jacobs and R. W. Schmitt, Phys. Rev. **113**, 459 (1959).
A. van Itterbeek, W. Peelaers, and F. Steffens, Appl. Sci. Res. **B 8**, 337 (1960).
[6] J. de Nobel and F. J. du Chatenier, Physica **25**, 969 (1959).
[7] J. E. Zimmerman and F. E. Hoare, J. Phys. Chem. Solids **17**, 52 (1960).
L. T. Crane and J. E. Zimmerman, Phys. Rev. **123**, 113 (1961).
J. P. Franck, F. D. Manchester, and D. L. Martin, Proc. Roy. Soc. **A 263**, 494 (1961).
[8] A. N. Gerritsen and J. O. Linde, Physica **17**, 573 (1951); **17**, 584 (1951).
[9] M. S. R. Chari, Thesis, Leiden 1956.
M. S. R. Chari and J. de Nobel, Physica **25**, 60 (1959).
[10] M. S. R. Chari, Nature **189**, 824 (1961).
[11] M. S. R. Chari, Proc. Phys. Soc. **78**, 1361 (1961).
[12] M. S. R. Chari, Nature **190**, 994 (1961).
[13] C. J. Gorter, G. J. van den Berg, and J. de Nobel, Canad. J. Phys. **34**, 1281 (1956).
[14] H. Frohlich and F. R. N. Nabarro, Proc. Roy. Soc. **A 175**, 382 (1940).
[15] M. A. Ruderman and C. Kittel, Phys. Rev. **96**, 99 (1954).
[16] S. V. Vonsovsky, Zh. eksper. teor. Fiz. **16**, 981 (1946).
[17] C. Zener, Phys. Rev. **81**, 440 (1951).
[18] J. Korringa and A. N. Gerritsen, Physica **19**, 457 (1953).
[19] R. W. Schmitt, Phys. Rev. **103**, 83 (1956).
[20] T. Kasuya, Progr. theor. Phys. **16**, 58 (1956).
[21] K. Yosida, Phys. Rev. **107**, 396 (1957).
[22] T. Kasuya, Progr. theor. Phys. **22**, 227 (1959).
[23] E. W. Collings, F. T. Hedgcock and Y. Muto, Phys. Rev. **134**, A 1521 (1964).
[24] F. T. Hedgcock and Y. Muto, Phys. Rev. **134**, A 1593 (1964).
[25] A. N. Gerritsen and J. O. Linde, Physica **18**, 877 (1952).
[26] M. S. R. Chari, Nature **194**, 968 (1962).
[27] S. Tanuma, J. Phys. Soc. Japan **14**, 541 (1959).

*(Received January 25, 1965)*

phys. stat. sol. 9, 109 (1965)

*Metallurgy Division, A.E.R.E., Harwell, Berks.*

# A Model of "Lattice" Hardening in Irradiated Copper Crystals with the External Characteristics of "Source" Hardening

By

M. J. MAKIN and J. V. SHARP

A model is proposed to explain the formation of slip lines in irradiated copper crystals during the propagation of the Lüders front. In this model it is shown that, due to the sweeping up of the irradiation produced defect clusters by deformation, the critical stress to produce a slip line is that required to operate the source in producing the first dislocation loop in the environment of the defect clusters. As the slipped area expands a pile-up forms and the stress required to expand this pile-up falls. Since on this scale a normal tensile machine is soft, i.e. the load is constant, the pile-up rapidly increases in size and velocity and hence slip lines should form very quickly. This has been verified by high-speed photography. The sweeping up of the damage by deformation has also been verified experimentally.

The model has important consequences for "source" and "lattice" hardening. It is shown that the lattice hardening of the dispersed defects produces all the characteristics of the deformation which have formerly been used as evidence of "source" hardening.

Es wird ein Modell zur Erklärung der Gleitlinienbildung in bestrahlten Kupferkristallen während des Fortschreitens der Lüders-Front vorgeschlagen. In diesem Modell wird gezeigt, daß infolge des Zusammenschlusses der bei der Bestrahlung erzeugten Defekt-Cluster durch eine Deformation, die kritische Spannung zur Erzeugung einer Gleitlinie durch die Spannung gegeben ist, die zur Betätigung einer Quelle notwendig ist, um die erste Versetzungsschleife in der Umgebung der Defekt-Cluster zu erzeugen. Wenn sich die abgeglittene Fläche ausdehnt, bildet sich eine Anhäufung aus und die Spannung, die notwendig ist, um diese Anhäufung auszudehnen, sinkt ab. Da normalerweise bei einer Zerreißmaschine die Belastung konstant ist, wächst die Anhäufung sehr rasch an, und deshalb sollte sich die Gleitlinie sehr schnell ausbilden. Das ist durch Kurz-Zeit-Photographien bestätigt worden. Das Zusammenschließen der Defekte durch eine Deformation wurde ebenfalls experimentell bestätigt.

Das Modell hat bedeutende Konsequenzen hinsichtlich der Begriffe „Quellen"-Härtung und „Gitter"-Härtung . Es wird gezeigt, daß das „Gitter"-Härten der verstreut liegenden Defekte alle Charakteristiken einer Deformation besitzt, die früher als Hinweis auf eine „Quellen"-Härtung angesehen wurden.

## 1. Introduction

It is well known that the characteristics of the deformation and the slip lines produced in Stage I of the stress-strain curve of neutron irradiated copper crystals are very different from those found in unirradiated crystals (Blewitt, Coltman, Jamison, and Redman [1], Seeger [2], and Seeger and Essmann [3]). A Lüders band phenomenon occurs and the slip lines are very prominent, there being a large shear on each line, in contrast to the smooth stress-strain curve and very weak lines observed during the deformation of unirradiated crystals in Stage I. Other distinguishing features are the occurence of the work softening effect in irradiated copper (Makin [4]) in which deformation at a high temperature actually softens the deformed region to subsequent low temperature testing, and, of course, the very much higher stress level at which Stage I occurs after irradiation. The work softening effect suggests that the irradiation produced obstacles are destroyed by deformation, and this has recently been observed by electron microscopy. The defect clusters in the neighbourhood of the slip lines are removed during Stage I, so producing cleared zones through the crystal (Essmann and Seeger [5]). All of these observations suggest that the formation of slip lines in Stage I in irradiated crystals should be a dynamic process, i.e. the lines form very rapidly, in contrast to the rather slow formation of the slip lines in unirradiated crystals. A model is proposed here for the formation of slip lines in irradiated crystals during the passage of the Lüders front. It is shown that the stress necessary to expand the slipped area falls as the area increases in size. The maximum stress required to form the slip line occurs in producing the first dislocation loop from the source. In a normal tensile machine, which on this scale is "soft", the almost constant load results in the rapid acceleration of the slipped area once the first loop has been formed, and the dynamic formation of the visible slip line. This behaviour is a direct result of the destruction of the irradiation produced clusters by the passage of dislocations, which has also been experimentally demonstrated here by transmission microscopy. Similar ideas involving the destruction of obstacles have also been recently proposed by Essmann and Seeger [5], Koppenaal [6], and Makin and Manthorpe [7], but not examined in detail. High-speed photography has been used to verify that slip lines are formed within a few milliseconds. The model has important consequences on the concepts of "source" and "lattice" hardening, and may be able to reconcile some of the differing opinions on the role of these two types of hardening.

## 2. The Model

The problem is essentially that of considering the behaviour of a set of dislocation loops emitted by a source under a constant stress. Suppose that a source in an irradiated crystal operates and emits a complete loop. This loop has to expand through a lattice containing a uniform density of irradiation produced obstacles. These obstacles increase the stress required to expand the loop by a constant amount, independent of loop size. This is because the number of obstacles which a *unit length* of loop meets is independent of the loop diameter. If there are $N$ identical obstacles which cut the slip plane per unit area, then the number of obstacles per unit length of the loop is $\beta N^{1/2}$, where $\beta$ is a factor which is unity if all the obstacles are effective. If the strength of each obstacle is $\tau$ then the stress required to overcome this resisting force is $\frac{\beta N^{1/2} \tau}{b}$. For a single loop to expand, therefore, the stress needed is

$$\sigma = \frac{\mu b}{2 r} + \frac{\beta N^{1/2} \tau}{b}, \tag{1}$$

where $\frac{\mu b}{2 r}$ is the stress required to maintain a loop of radius $r$ due to line tension, where $\mu$ is the shear constant and $b$ the Burgers vector.

It is known, however, that the passage of dislocations destroys the obstacles, so that the density of obstacles opposing the second loop is less than that opposing the first. Suppose that a fraction $(1 - f)$ of the obstacles are removed by the passage of each dislocation, so that the second loop emitted by the source encounters a density of $f\,N^{1/2}$ obstacles/unit length. When $n$ loops are emitted and form a piled-up group, then for the $k$th loop of radius $r_k$ the stress to expand is

$$\sigma = \frac{\beta\,N^{1/2}\,\tau\,f^{k-1}}{b} + \frac{\mu\,b}{2\,r_k} + \frac{F_{\text{int}}}{b}\,,$$

where $F_{\text{int}}$ is the force per unit length on the $k$th loop due to the interaction with all the other loops in the pile-up.

The sum of the total interaction forces must be zero (i.e. $\sum F_{\text{int}}\,2\,\pi\,r_k = 0$) so multiplying by $r_k$ and summing over all the loops gives

$$\sigma \sum_1^n r_k = \frac{\beta\,N^{1/2}\,\tau}{b} \sum_{k=1}^{k=n} r_k\,f^{k-1} + \frac{n\,\mu\,b}{2}\,.$$

To evaluate this expression accurately the position of each loop in the pile-up must be known and this depends on the value of $f$. To simplify the calculation it is assumed that all the loops have the same effective radius $r$ and then, to just expand the pile-up,

$$\sigma_{\text{exp}} = \frac{\beta\,N^{1/2}\,\tau}{b\,n}\,\frac{(1-f^n)}{1-f} + \frac{\mu\,b}{2\,r}\,. \tag{2}$$

The number of loops $n$ in the pile-up as a function of the radius $r$ is determined by the stress at the source. The pile-up produces a back stress on the source which opposes the applied stress $\sigma$, the net stress being $\sigma - \frac{n\,\mu\,b}{2\,r}$, assuming that each loop in the pile-up produces a back stress of $\sim \frac{\mu\,b}{2\,r}$ (Cottrell [8]). If the source is of length $l$ then the applied stress required in the absence of defects is $\sigma_d = \frac{\mu\,b}{l}$. When defects are present the stress required to generate the $(n+1)$th loop is $\sigma_d + \frac{\beta\,N^{1/2}\,\tau}{b}\,f^n$, where the second term is the stress required to cut through the defects remaining after the passage of $n$ dislocations.

Hence

$$\sigma - \frac{n\,\mu\,b}{2\,r} = \sigma_d + \frac{\beta\,N^{1/2}\,\tau\,f^n}{b}$$

and

$$n = \frac{2\,r}{\mu\,b}\left(\sigma - \sigma_d - \frac{\beta\,N^{1/2}\,\tau}{b}\,f^n\right). \tag{3}$$

This equation relates $n$ and $r$ for any value of the applied stress $\sigma$. The stress required to generate the first loop is

$$\sigma_{\text{crit}} = \sigma_d + \frac{\beta\,N^{1/2}\,\tau}{b}\,. \tag{4}$$

In a normal hard beam machine, however, the load relaxation produced by the formation of one slip line is very small. For example, a table Instron fitted with straining bars has a hardness of only $\sim 740\ \text{kg}\cdot\text{mm}^{-1}$ so that an extension of $2.5\times10^{-5}$ cm, corresponding to the passage of $\sim 1500$ dislocations (a typical step height in irradiated copper) results in a load relaxation of only $\sim 0.019$ kg. This is insignificant compared with $\sigma_{\text{crit}}$ ($10\ \text{kg}\cdot\text{mm}^{-2}$ at 4°K after $2.5\times10^{18}\ n\cdot\text{cm}^{-2}$), and hence, $\sigma$ in equation (3) can be replaced by $\sigma_{crit}$, so that at the point where the $(n+1)$th loop is about to form

$$n = \frac{2\,r}{\mu\,b} \cdot \frac{\beta\,N^{1/2}\,\tau}{b}\,(1 - f^n)\,. \tag{5}$$

This equation gives $n$ in terms of $r$ when the applied stress is $\sigma_{crit}$. Substituting $n$ from equation (3) in equation (2) gives the stress which would be required to just expand the pile-up as a function of $r$ and $f$ only:

$$\sigma_{exp} = \frac{\mu\,b\,(2-f)}{2\,r\,(1-f)}\,. \tag{6}$$

This equation is only correct at the point at which a new loop is about to form. It must not for example be used to predict $\sigma_{exp}$ when $n = 1$ except when the second loop is about to form. At smaller radii equation (1) is applicable, and $\sigma_{exp}$ is independent of $f$. To plot typical curves of $\sigma_{exp}$ and $n$ against $r$ it is first necessary to select values of the constants, and this has been done so that they correspond as closely as possible with crystals irradiated by $2.5 \times 10^{18}$ fast neutrons $cm^{-2}$. The density of clusters is $\sim 10^{17}\ cm^{-3}$ and their diameter $\sim 20$ Å (Makin and Manthorpe [9]), so that $N$ is $\sim 4 \times 10^{10}\ cm^{-2}$. The resistance $\tau$ of an average obstacle is assumed to be $\sim 1.6 \times 10^{-4}$ dyn. This figure is arrived at by assuming that, in cutting an obstacle, an energy of 20 eV has to be supplied in a distance of 20 Å. This value of $\tau$ has also been derived from strain-rate data (Makin [10]). The constant $\beta$ is assumed to be 0.5. The source length $l$ in irradiated crystals is unknown and is unimportant for the model; a value of $2 \times 10^{-5}$ cm has been chosen for convenience so that $\sigma_{crit}$ is approximately equal to the observed critical shear stress at 4 °K after $2.5 \times 10^{18}\ n \cdot cm^{-2}$ (12 kg · c.f. 10 kg · $mm^{-2}$). When $l = 2 \times 10^{-5}$ cm $\sigma_d$ is 5.74 kg · $mm^{-2}$ and $\frac{\beta\,N^{1/2}\,\tau}{b} = 6.27$ kg · $mm^{-2}$. These values

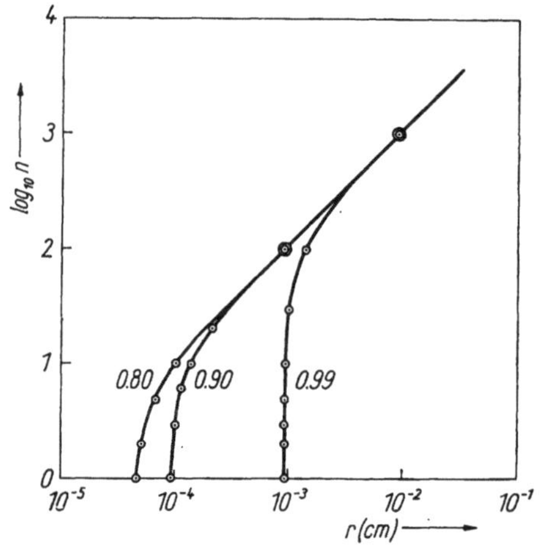


Fig. 1. The number of dislocations $n$ in a pile-up as a function of the effective radius $r$ for three different values of the coefficient $f$

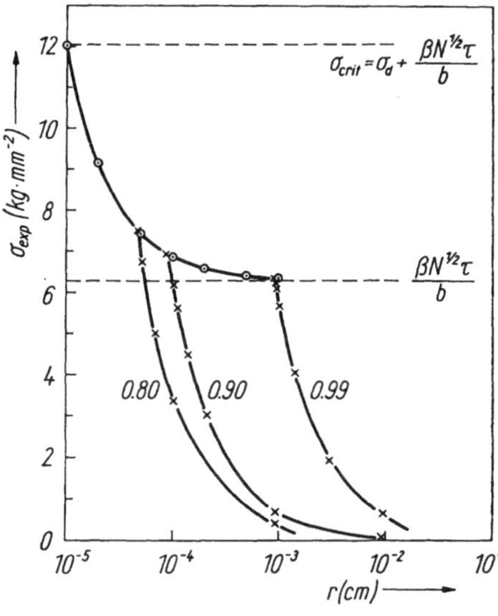


Fig. 2. The stress required to just expand the pile-up, $\sigma_{exp}$, as a function of the effective radius $r$ of the pile-up, for three values of $f$

imply that source hardening is appreciable but it must be emphasized that the imprecision in $\beta$ and $\tau$ makes the actual value of $\sigma_d$ very uncertain, and it could be effectively zero.

The number of dislocations $n$ in the pile-up calculated from equation (5) is shown in Fig. 1 for three values of $f$. It can be seen that $n$ remains unity until a critical radius is reached when the back stress is sufficiently reduced to allow a second loop to generate. After this radius, $n$ rises rapidly and results for all the $f$ values merge when the sweeping up is complete. According to the model, the number of dislocations in the pile-up reaches values of $\sim 10^3$ when $r = 10^{-2}$ cm.

The applied stress $\sigma_{\text{exp}}$ required to just expand the pile-up is shown in Fig. 2 as a function of $r$. In the early part of the curve $n = 1$ and $\sigma_{\text{exp}}$ decreases independently of $f$ in response to equation (1) and would become asymptotic to a value of $\sigma = \frac{\beta N^{1/2} \tau}{b}$ i.e., the stress required to cut through the radiation produced obstacles. When $n$ increases, however, with a value of $f$ lower than unity (i.e. the defects are swept up) then $\sigma_{\text{exp}}$ falls rapidly to very low stresses as given by equation (6). There is thus no possibility of the pile-up ever ceasing to expand under the applied stress $\sigma_{\text{crit}}$, and hence of the source being stopped by the back stress.

The large difference between $\sigma_{\text{crit}}$ and the stress required to expand the pile-up slowly, $\sigma_{\text{exp}}$, will result in a very rapid acceleration in the velocity of the pile-up as $r$ increases, especially as the velocity of a dislocation is extremely sensitive to the excess stress.

To summarise, the model suggests that the stress required to form a slip line in an irradiated copper crystal is the stress required to form the first dislocation loop. As the slipped area expands a large pile-up will form which rapidly increases in velocity. Surface slip steps are therefore expected to form in very short times.

## 3. Measurement of the Speed of Slip Line Formation

Measurements were made by high-speed cinephotography of the time required for slip lines to form in irradiated copper crystals. Cylindrical crystals of 99.999 % purity 2.3 mm in diameter were irradiated at 27 °C in a uranium cylinder in the BEPO reactor at Harwell to a total dose of $2.5 \times 10^{18}\, n \cdot \text{cm}^{-2}$ (>1 MeV). The thermal neutron dose was $8.7 \times 10^{18}\, n \cdot \text{cm}^{-2}$. After irradiation a flat $\sim 1.5$ mm wide was planed by spark machining on the side of the crystal so that the operative slip system when the crystal was pulled in tension produced the maximum size of slip step on the flat surface. After machining the crystals were heavily electropolished to remove the surface layer damaged during planing. A constant crystal orientation of $\psi_0 = \lambda_0 = 40°$ was used.

After preparation the crystals were mounted horizontally in a hard tensile machine and extended at a strain rate of approximately $10^{-3}\,\text{s}^{-1}$. An intense beam of light was directed along the specimen at a low angle of incidence such that the slip steps would reflect light upwards to the cine camera which was mounted above the specimen. The normal objective of the camera was replaced by a 40 mm microscope objective. The magnification on the film was $9\times$ and most of the width of the flat specimen surface was accommodated. Measurements were always made at the head of the Lüders band where the slip lines are relatively isolated. Initially a camera speed of 100 frames per second was used. It was found that in all cases a new slip line appeared right across the field of view in one frame, there being no sign of it in the previous frame, thus indicating that the time of

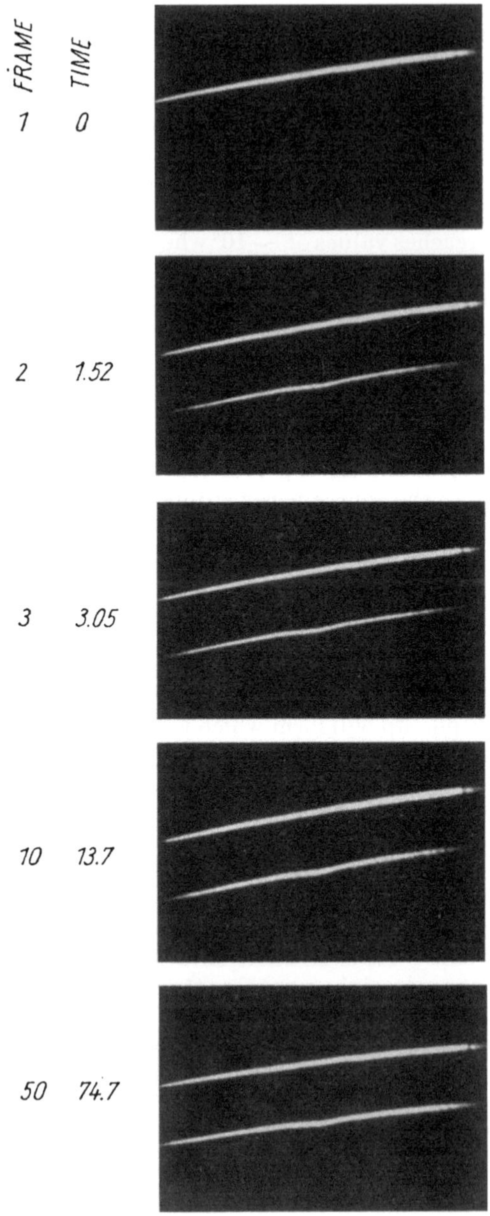


**Fig. 3.** A sequence from a high speed (650 fps) cine film showing the formation and development of a slip line at the front of the Lüders band. The time from frame 1 is given in ms. 55x

formation was less than 0.01 s. To increase the speed of filming, a Kodak Fastax camera was substituted enabling speeds of up to 8000 frames per second to be used. Runs were made at $\sim$800 fps and at 3800 fps. The results showed that in all cases a slip line forms across the whole width of the specimen in one frame, even at 3800 fps, i.e. the lateral development of a slip line has never been observed. This shows that the velocity of the initial slipped area is very large. There was considerable variation in the rate of growth of the intensity of the image after the formation of a visible line. In many cases the intensity increased rapidly over 1 to 2 ms and then changed relatively slowly with time. An example of a sequence of photographs forming in this manner is shown in Fig. 3. Other lines did not show this rapid growth, but increased in intensity steadily over a much larger period.

A microphotometer was used to examine the cine film and the results confirmed these observations. Studies using a multiple beam interferometer enabled estimates to be made of the step heights which were recorded on the film. Comparison of areas on the film with photographs of the same area taken on an optical microscope showed that the minimum step height recorded was 300 to 400 Å at 800 fps. In the deformed region of the crystal a wide range of step heights was found up to a maximum of 10000 Å. It is probable that in such circumstances the existing slip lines reduce the shear strain of adjacent new lines.

## 4. The Destruction of Irradiation Damage in the Neighbourhood of Slip Lines

Since an essential feature of the model is the destruction of the irradiation produced defect clusters in the slip lines, this effect was verified experimentally.

It was found that a slip line produced a cleared zone completely free of irradiation produced defect clusters $\sim$ 2000 Å wide. Similar cleared channels have been observed by Essmann and Seeger [5]. Cleared cross-slip lines are also frequently observed. To obtain a cleared zone many dislocations must pass along the same or neighbouring slip planes, isolated dislocations cross slipping from one line to another would not give the observed effect. It is significant for the model that no examples of partially formed lines could be found, all the lines observed passed right through the electron transparent region. Occasionally, tangles of dislocations were observed in the slip lines, particularly at the places where cross-slip occurred. Presumably, these tangles are the obstacles which finally stop the operation of a particular slip line.

## 5. Discussion

The experimental observation of the appearance of a slip line right across the field of view (nearly the specimen width) within one frame even at 3800 fps confirms that the model proposed for the formation of slip lines in irradiated crystals is essentially correct. The velocity of formation of slip lines in unirradiated crystals is much slower, for example the measurements of Haasen and Siems [11] on aluminium showed slip line segments moved laterally across the field with a velocity of less than $10^{-2}$ mm/s. In irradiated copper the comparative figure is at least 3000 mm/s.

Very recently Schwink and Neuhäuser [12] have reported measurements of the time of slip line widening in irradiated copper crystals ($2 \times 10^{18}\, n \cdot \text{cm}^{-2}$) as part of an extended study of the relationship between the actual and overall strain rate during the inhomogeneous slip of the Lüders extension. They found from a photometric analysis of the cine film (max. 50 fps) that the intensity of the image of a new slip line increased linearly over $\sim$1 s and was then constant. From a comparison between replicas and the photometer traces they found that the intensity of the image increased monotonically with the width of the slip band, thus implying that the width of a slip band increased steadily over this time.

Schwink and Neuhäuser did not measure either the lateral velocity or the rate of growth of the step height of a band. The slow growth in slip band widths observed is not inconsistent with our observations on the slowly growing bands. The initial rapid growth of some slip lines was not observed by Swink and Neuhäuser and this may be due to their slow framing speed (50 fps).

It thus appears that although the initial formation of a slip line is very rapid, there can be a considerable variation in the subsequent rate of growth and in terms of the model this suggests that the number of dislocations in the initial avalanche can vary considerably. There are several possible explanations of this, of which the most probable is that many sources operate to produce one slip band, and this is discussed more fully later.

Once it is realised that the stress required to expand the slipped area decreases as its radius increases it is clear that the "critical shear stress" is determined by the initial operation of the source in the environment of the irradiation produced defect clusters. Hitherto, considerable controversy has existed as to whether irradiation hardening occurs by "source" (e.g. Blewitt et al. [1], Young [13], Holmes [14]) or by "lattice" (e.g. Seeger [2]) hardening, by which terms is it usually meant by defects actually condensed onto the available sources or by defects distributed throughout the crystal lattice. The present work shows that in a sense both ideas are correct. The model suggests that observable slip will exhibit all the external characteristics of "source" hardening, in that the stress required to continue slip falls as the slipped area expands, and this is in complete agreement with Young's [13] conclusions based on the observation that in bend tests the slip lines in irradiated crystals cross the neutral axis. This is conclusive evidence of the dynamic nature of the slip process. Many of Young's other observations are also completely consistent with the model suggested here. For example, the increased spacing of dislocations near the end of a slip trace which has crossed the neutral axis is entirely reasonable if the slip line forms dynamically. Similarly the observation of closely spaced dislocations distributed throughout the slip plane is expected when it is realised that since the line forms dynamically only the end result of a fully tangled and hardened line can be experimentally observed by an etching technique. In agreeing with Young that the hardening must be "source", however, this does not distinguish between true source hardening, such as smaller effective sources, and the difficulty in creating a slipped area of critical size around a source against the irradiation produced obstacles. Indeed, the difference between these two types of hardening becomes rather indistinct if the model proposed here is correct. This is because the distance between the irradiation produced defect clusters is generally less than the source length which would give the observed critical shear stress. Hence the concept of a "source" which can operate without interference from the dispersed clusters is unrealistic (these clusters are known to be strong obstacles to dislocation movement; Makin [15]). The experimental distinction between the two types of hardening is hence likely to be difficult. Since it has been shown here that lattice hardening can account for the phenomena previously interpreted as due to source hardening is it clear that the existence of true source hardening remains to be established.

Another important consequence of the model is that the true pre-yield microstrain in irradiated crystals must be very small, and should completely correspond with the strain produced by the bowing of the dislocation sources. The observation of dislocation generation and limited shear on a large number of slip lines throughout the crystal at stresses much below the yield stress, such as occurs in unirradiated crystals, would invalidate the model. This point was examined in considerable detail by Young [13] who could detect no movement of dislocations below the yield stress except in the regions of high stress concentration near the supports of the bending jig. Furthermore, he does not report the observation of slip traces containing a low density of dislocations, such as he observes in unirradiated crystals. Koppenaal [6], on the other hand, reports a pre-yield microstrain in bend tests of at least $10^{-5}$, and a smoothly rising stress-strain curve from the stress at $2 \times 10^{-6}$ strain ($\sim 75\%$ of the yield stress) up to the yield stress. Koppenaal did not, however, investigate the nature of this microstrain, and it might be accounted for by slip lines originating at the supports of the bending jig. Alternatively, it could be due to the formation of a small number of completely formed slip lines (the model suggests a reasonably wide scatter in the stress required to form a slip line, since the maximum stress occurs when the deformation is confined to a small area around the source, and is therefore controlled by a relatively small number of obstacles). Koppenaal's results only constitute a serious objection to the model if the microstrain he observes occurs by limited slip on a large number of slip lines, and this is completely contrary to Young's observations and is hence regarded as unlikely. Experiments in progress to investigate this point during tensile deformation have shown that there is no true microstrain below the macroscopic critical shear stress. These experiments will be reported more fully in a later paper.

No account of the effect of thermal activation has been made in the model which is therefore applicable to a deformation temperature of 0 °K. At higher temperatures thermal activation will play an important part in helping dislocations to overcome obstacles particularly in the formation of the first dislocation loop from the source. It is during this process that the existing theories of irradiation hardening, e.g. Seeger [2] and Fleischer [16, 17], will be relevant. Once the source is operating and the dislocation velocity is high, thermal activation will play a smaller part as the time available at an activation site decreases.

Obvious simplifications have been made in the model. For example, it has been assumed that all the dislocations move on a single plane, and it is known that this does not occur, each slip line being composed of 20 to 30 individual planes within a total width of $\sim$ 1000 Å. This fact does not invalidate the model since the whole slip line is observed to form as one event during the initial period of rapid growth, and hence slip on all planes within one slip line must be co-operative. Another simplification is the assumption of a single type of irradiation produced obstacle whereas other work (Makin and Minter [18], Makin [10], Diehl and Schilling [19]) suggests that there is a range of obstacle strengths. We have also assumed that each dislocation reduces the obstacle density by a constant fraction, whereas it seems likely that the first few dislocations will be the most effective. Conversely sweeping up will result in the leading dislocations becoming jogged and more difficult to move, so reducing the effect of the pile-up on the velocity of the leading dislocation.

Very little is known about the termination of slip on individual slip lines in irradiated crystals. Presumably during the first avalanche of dislocations which sweep up the irradiation damage, dislocation–dislocation interactions occur which result in the formation of dislocation barriers, and it is these which eventually limit the deformation on that slip line. It is also likely that more than one source will operate during the formation of a slip line. It is probable that dislocations emitted by one source trigger other sources on neighbouring planes so propagating the deformation . It is likely that this will limit the maximum radius of each pile-up so reducing the effective excess stress. The actual formation of a slip line will therefore be less dynamic than that predicted by Fig. 2. If conditions are favourable for the operation of a large number of sources in a slip band then the slip band may grow rather slowly. This could be an explanation of the slowly growing bands observed here and by Schwink and Neuhäuser [12]. Slip in irradiated copper occurs in quite a different way from that in unirradiated copper crystals. In the latter fine slip lines form all over the crystal and the stress rises as slip in each line and in new lines becomes more difficult. In irradiated copper sources operate at the head of the Lüders front and a group of neighbouring slip planes is softened. Slip is concentrated in this band until it hardens to the *original* stress level at which stage slip begins elsewhere in the crystal.

An interesting point also arises from Fig. 2 in the operation of the Frank-Read source in unirradiated crystals. These are usually depicted as a series of concentric loops closely surrounding the source. Very few examples of these sources have been seen during examination of foils in the electron microscope and some doubt has been thrown on their importance during deformation. At a certain stress level there is a minimum length of source which can operate and form a closed loop. Once this has occurred the back stress from this loop at the source will prevent new loops being formed until the original loop has expanded to a large radius, and hence closely spaced loops will not ordinarily be formed.

There are, however, special circumstances in which closely spaced loops could occur. For instance, if a source length greater than the minimum for that stress level is suddenly formed (e.g. by double cross slip) then many loops can form very rapidly. These will expand very rapidly, however, unless held by obstacles. Similarly, the presence of obstacles which can be swept up, as in irradiated copper, will result in closely spaced loops, again rapidly moving. A Peierls stress will not produce closely spaced loops except perhaps in extreme conditions when the source stress $\frac{\mu b}{l}$ is insignificant compared with the Peierls stress.

*Acknowledgements*

The authors are grateful for the assistance of the Photographic Group at Harwell and, in particular Mr. G. Bishop.

## References

[1] T. H. BLEWITT, R. R. COLTMAN, R. E. JAMISON, and J. K. REDMAN, J. nuclear Mat. **2**, 277 (1960).
[2] A. SEEGER, Proc. Second Internat. Conf. on Peaceful Uses of Atomic Energy (New York, United Nations) **6**, 250 (1958).
[3] A. SEEGER and U. ESSMANN, Radiation Damage in Solids, Academic Press, London 1962 (p. 717).
[4] M. J. MAKIN, Acta metall. **7**, 233 (1959).
[5] U. ESSMANN and A. SEEGER, phys. stat. sol. **4**, 177 (1964).
[6] T. J. KOPPENAAL, J. appl. Phys. **35**, 2750 (1964).
[7] M. J. MAKIN and S. A. MANTHORPE, Phil. Mag. **10**, 579 (1964).
[8] A. H. COTTRELL, Dislocations and Plastic Flow in Crystals, Clarendon Press, Oxford 1953 (p. 106).
[9] M. J. MAKIN and S. A. MANTHORPE, Phil. Mag. **8**, 1725 (1963).
[10] M. J. MAKIN, Phil. Mag. **9**, 81 (1964).
[11] P. HAASEN and R. SIEMS, Z. Metall. **48**, 315 (1957).
[12] C. H. SCHWINK and H. NEUHÄUSER, phys. stat. sol. **6**, 679 (1964).
[13] F. W. YOUNG, J. appl. Phys. **33**, 3553 (1962).
[14] D. K. HOLMES, The Interaction of Radiation with Solids, North-Holland, Amsterdam, p. **147** (1964).
[15] M. J. MAKIN, Properties of Reactor Materials and Effects of Radiation Damage, Butterworths, London 1962 (p. 308).
[16] R. L. FLEISCHER, Acta. metall. **10**, 835 (1962).
[17] R. L. FLEISCHER, J. appl. Phys. **33**, 3504 (1962).
[18] M. J. MAKIN and F. J. MINTER, Acta metall. **8**, 691 (1960).
[19] J. DIEHL and W. SCHILLING, Third United Nations Conf. on Peaceful Uses of Atomic Energy, 1964 (p. 471).

*(Received January 27, 1965)*

phys. stat. sol. 9, 119 (1965)

*Institut für Angewandte Physik an der Universität Erlangen–Nürnberg*

# Elektronische Zustände an reinen Siliziumoberflächen[1])

Von

H. LAMATSCH

Nach theoretischen Vorstellungen treten an reinen Kristalloberflächen mit Elektronen besetzbare Quantenzustände auf (Tamm, Shockley). Die folgenden Experimente wurden zur Prüfung der Existenz solcher Zustände unternommen. Die Oberflächenleitfähigkeit und ihre Änderung durch ein transversales elektrisches Feld (Feldeffekt) wurden an Siliziumkristallen beobachtet (1000 Ohm cm, p-Typ). Die Proben hatten die Form zylindrischer Stäbchen, die auf einen Durchmesser von 0,3 mm geschliffen waren. Die Zylindersymmetrie der Meßröhre ermöglichte einen gleichmäßigen Beschuß mit Argonionen zur Reinigung und eine empfindliche Feldeffektmessung. Dem Ionenbeschuß folgte stets eine Glühbehandlung. — Es gelang, das Minimum der Oberflächenleitfähigkeit zu beobachten und damit Absolutwerte dieser Größe zu erhalten. Die gereinigte Oberfläche ist schwach p-leitend. Das Ferminiveau liegt 0,25 eV unterhalb der Mitte der Bandlücke. Die Zustandsdichte in der Umgebung des Ferminiveaus beträgt $1{,}5 \cdot 10^{15}$ cm$^{-2}$ eV$^{-1}$. Für die integrierte Dichte der Oberflächenzustände in der ganzen verbotenen Zone kann nur eine untere Grenze mit $2 \cdot 10^{14}$ cm$^{-2}$ angegeben werden. Durch vorübergehende Einwirkung von Sauerstoff sinkt die Zustandsdichte um etwa eine Größenordnung.

Electronic surface states, theoretically predicted for clean semiconductor surfaces (Tamm, Shockley) are investigated experimentally. The surface conductivity and its change due to a transverse electric field (field effect) are measured for p-type silicon crystals (1000 Ohm cm), in the form of cylindrical rods of diameter 0.3 mm. The cylindrical geometry of the electrode system allows homogeneous cleaning by bombardment with argon ions, which is followed by annealing in ultrahigh vacuum. — Absolute values of the surface conductivity are derived by finding the minimum between the n- and p-type conditions. The cleaned surface is waekly p-type corresponding to a position of the Fermi level about 0.25 ev below the middle of the gap. A density of states close to the Fermi level of $1.5 \times 10^{15}$ cm$^{-2}$ eV$^{-1}$ is derived, but only a lower limit of $2 \times 10^{14}$cm$^{-2}$ can be given for the integrated density of surface states. By transient admission of oxygen the density of states is decreased by about one order of magnitude.

## 1. Einleitung

Die elektrischen Eigenschaften von Halbleitern werden häufig zu einem wesentlichen Teil durch den Zustand der Kristalloberfläche bestimmt. Freie Valenzen, aber auch Fremdatome, Gitterstörungen oder Strukturänderungen in den obersten Atomlagen können erlaubte Energiezustände in der verbotenen Zone des Bändermodells hervorrufen, die an der Oberfläche lokalisiert sind. Diese Oberflächenzustände sind die Ursache für Raumladungsschichten und Oberflächenbänder. Im Rahmen der folgenden Arbeit interessieren in erster Linie die an reinen Oberflächen auftretenden Zustände, bei denen also Fremdatome als Ursache ausscheiden.

---

[1]) Teilweise vorgetragen auf der Arbeitstagung des Fachausschusses „Halbleiter" in München, April 1964, sowie auf der „International Conference on the Physics and Chemistry of Solid Surfaces" in Providence, R.I., USA, Juni 1964 [17].

In den letzten Jahren sind mit zunehmender Kenntnis der Volumeigenschaften der Halbleiter und mit fortschreitender Vakuumtechnik viele Experimente zum Nachweis dieser Oberflächenzustände unternommen worden. An dieser Stelle kann nur auf Berichte verwiesen werden [1 bis 4]. Auch eine Diskussion des Begriffes der reinen Oberfläche findet sich dort [3, 4].

Im Gegensatz zur Situation beim Germanium ist die reine Oberfläche von Silizium noch ziemlich wenig untersucht. Orientierende Beobachtungen von Leitfähigkeit und Feldeffekt liegen für Silizium-Spaltflächen vor. Die Ergebnisse sind zum Teil nicht mit den Modellvorstellungen in Einklang zu bringen [5, 4]. Messungen der Austrittsarbeit haben jedoch wesentliche Aufschlüsse über Oberflächenzustände geliefert [6]. An Siliziumoberflächen, die durch Beschuß mit Argonionen und Glühen gereinigt waren, wurden bisher keine Resultate erzielt, die eine Aussage über das Energiespektrum der Oberflächenzustände gestatten [7]. Im Rahmen der vorliegenden Arbeit ist dies jedoch gelungen.

Während auf der Tagung in Providence eine kurze Darstellung der Ergebnisse gebracht wurde [17], folgt hier eine ausführlichere Beschreibung der experimentellen Methoden. Letztere wurden zum Teil neu entwickelt. Damit erscheint ihre Darstellung gerechtfertigt. Außerdem werden Resultate für weitere Kristalle mitgeteilt.

## 2. Experimentelles

### *2.1 Meßverfahren*

Wie eingangs erwähnt, wurde für die hier besprochenen Messungen die Oberfläche durch Beschuß mit Argonionen gereinigt. Die auftreffenden Ionen verursachen Gitterstörungen: einerseits werden Kristallatome aus ihren Gitterplätzen geworfen, andererseits bleiben Argonionen im Gitter stecken. Der Kristall muß daher nach dem Beschuß geglüht werden. Bei den ersten Messungen betrug die Energie der Argonionen 700 eV. Sie wurde dann für die Kristalle 22, 23 und 24 auf 220 eV herabgesetzt, um möglichst wenig Gitterschäden zu erzeugen. Dabei sinkt die Ausbeute von 1,0 auf 0,3 abgetragene Siliziumatome je auftreffendes Argonion [8]. Anschließend an den Argonbeschuß wurden die Kristalle bei 900 °C durch Stromwärme im Vakuum geglüht. Bei höheren Temperaturen ist mit Änderungen der Volumdotierung zu rechnen [7] (siehe auch Abschnitt 4.2). Das Abkühlen erfolgte langsam, doch konnte für Abkühlungszeiten zwischen 14 und 120 Minuten kein Unterschied der Kristalleigenschaften gefunden werden.

Hinsichtlich der Geometrie der Anordnung standen zwei Möglichkeiten zur Diskussion. Man kann dem Kristall die Form einer möglichst dünnen, rechteckigen Platte geben und hat dann die Möglichkeit einer eindeutigen kristallographischen Orientierung der Oberfläche. Die Gegenelektrode muß jedoch vor der Reinigung entfernt und nachher im Ultrahochvakuum präzise auf einen kleinen Abstand gebracht werden, da man große Feldstärken benötigt. Diese Schwierigkeit wird vermieden, wenn man den Kristall in Form eines dünnen, runden Stäbchens als innere Elektrode in einen Zylinderkondensator einbaut. Hier kann der Kristall von allen Seiten gleichmäßig mit Argon beschossen und gereinigt werden. Beim Feldeffekt erreicht man durch einen kleinen Krümmungsradius mit niedrigen Spannungen hohe Feldstärken an der Oberfläche. Diese zweite Anordnung wurde hier verwendet. Dabei mußte allerdings der Nachteil in Kauf genommen werden, daß die Orientierung der Oberfläche nicht einheitlich ist. Gegenüber Untersuchungen an Proben, die im Vakuum gespalten wurden, bietet die gewählte Anordnung den großen Vorteil, daß keine Parallelschaltung von gereinigten mit ungereinigten Flächen auftritt.

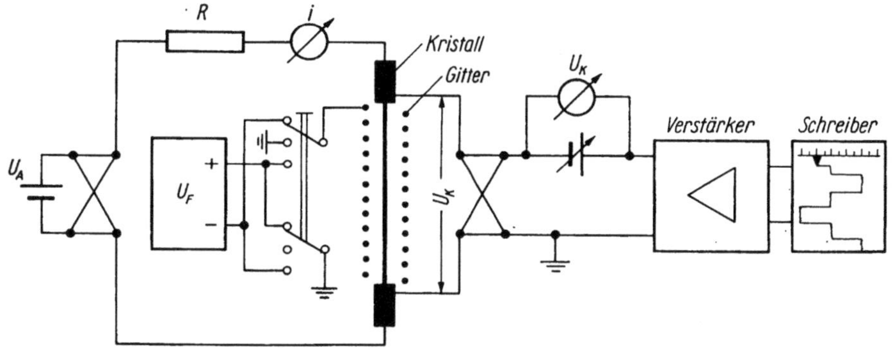


Fig. 1. Schaltung zur Messung von Leitfähigkeit und Feldeffekt

Da die Leitwertänderungen durch Anlegen eines Gleichfeldes senkrecht zur Oberfläche des Kristalls sehr klein waren, mußte eine Kompensationsschaltung verwendet werden (Fig. 1). Ein Gleichspannungsverstärker mit nachgeschaltetem Schreiber diente als Nullinstrument und zum Messen der kleinen Spannungsänderungen bei Feldeffekt und bei Sauerstoffeinlaß. Mit dieser Anordnung konnten noch Spannungsänderungen am Kristall von $3 \cdot 10^{-4}$ V bei $U_K = 250$ V gemessen werden. Die Genauigkeit bei der Bestimmung des Gesamtleitwertes war besser als 0,5%. Die gewählte Meßtemperatur von 89 °C konnte mit Spiegelgalvano-

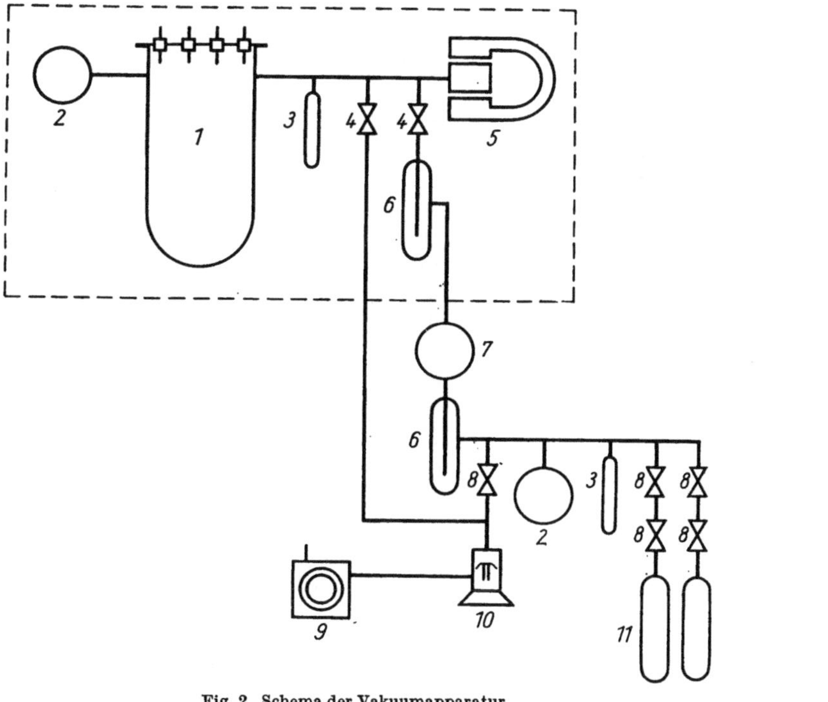


Fig. 2. Schema der Vakuumapparatur
1: Meßröhre mit Flansch für Kristall; 2: Ionisationsmanometerröhren; 3: Pirani-Meßröhren; 4: Metall-Ventile; 5: Vac-Ion-Getterpumpe (5 l/s); 6: Kühlfallen; 7: Kugel für Molybdängetter; 8: gefettete Schliffhähne; 9: Vorpumpe; 10: Öldiffusionspumpe DO 121; 11: Argonflasche und Sauerstoffflasche, beide Gase in spektroskopisch reiner Qualität

meter und Verstärker auf weniger als ± 0,2 °C konstant gehalten werden, wobei sich die Meßröhre in einem geheizten Hohlraum befand.

Zur Ermittlung der Lebensdauer aus dem Abklingen der Photoleitung wurde ein Drehspiegel verwendet. Die erzeugten Lichtblitze fielen in einer Zeit von $10^{-6}$ s ab. Als Lichtquelle diente eine Glühlampe, deren Rotanteil durch ein Wasserfilter unterdrückt wurde.

Fig. 2 zeigt den prinzipiellen Aufbau der Vakuumapparatur. Sämtliche Glasteile bestehen aus Duran, mit Ausnahme des Kolbens der Meßröhre (Geräteglas G 20). Der eingerahmte Teil wurde zur Erzielung von Ultrahochvakuum ausgeheizt. Nach 12 Stunden bei 400 °C sank der Druck auf $10^{-9}$ Torr, während nach Einlaß von Sauerstoff ohne erneutes Ausheizen nur noch $10^{-8}$ Torr erreicht wurden. Der aufgedampfte Molybdängetter diente zur Entfernung von Sauerstoffresten aus dem Argon. An einen Flansch aus V2A-Stahl ist der Kolben der Meßröhre mit einem Zwischenring aus Vacon 10 angeschmolzen. Der Gegenflansch besitzt zehn eingeschweißte Glasdurchführungen, an denen der ganze Systemaufbau befestigt ist. Als Dichtung dient ein konisch gescherter Kupferring. In der Meßröhre befindet sich der Kristall, um den mit einem Radius von etwa 1 cm das zylindrische Gitter montiert ist (Fig. 2 in [17]).

### 2.2 Präparation der Kristalle

Alle untersuchten Proben wurden von einem Silizium-Einkristall geschnitten, den die Firma Siemens-Schuckert-Werke, Laboratorium Pretzfeld, zur Verfügung gestellt hatte. Der Kristall war p-leitend und besaß nach Angaben der Hersteller einen spezifischen Widerstand von 1000 Ohm · cm und eine Lebensdauer der Minoritätsträger von 1,5 bis $5{,}0 \cdot 10^{-4}$ s. Als Dotierung wurden $10^{-10}$ g Bor auf 1 g Silizium genannt, d. h. $1{,}3 \cdot 10^{13}$ Bor-Atome/cm³. Das Bor ist daher einerseits als Dotierung (Akzeptoren) im Kristallvolumen gleichmäßig verteilt, andererseits tritt es an der Oberfläche als Verunreinigung im Überschuß auf. Im zweiten Falle wird als Quelle das Hartglas der Vakuumapparatur angenommen [9].

Mit einem Sandstrahlgebläse wurden gesägte Kristallplatten in Stäbe zerteilt. Hierbei lag die [111]-Richtung parallel zur Längsachse. Das Mittelstück der Stäbe wurde zwischen Schleif-

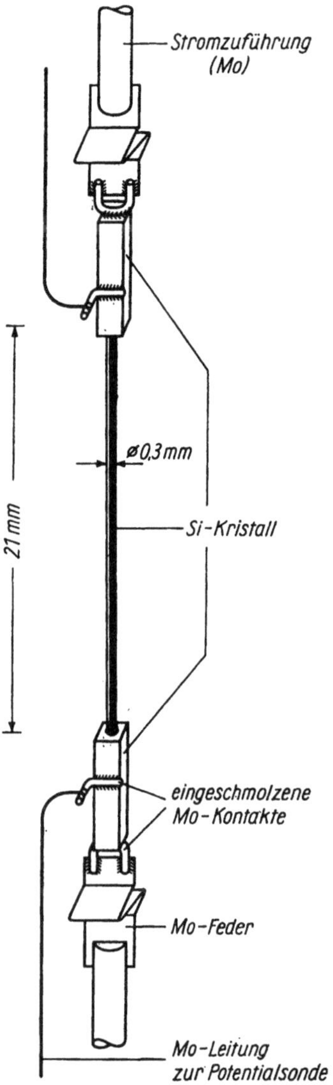


Fig. 3. Siliziumkristall, präpariert und mit Kontakten versehen

backen mit Siliziumkarbidschmirgel auf einen Durchmesser von 0,5 bis 0,3 mm rundgeschliffen (Fig. 3). Anschließend erhielten die Kristalle eine chemische Politur mit CP4 und wurden in konzentrierter Flußsäure nachgeätzt.

Die vier Kontakte müssen beim Glühen des Kristalls einer hohen Temperatur standhalten und dürfen keine Verunreinigung liefern. Weiterhin sollen die Kontakte nicht rauschen. Nach verschiedenen Versuchen hat sich folgende Methode bewährt: Ein U-förmig gebogenes Stück Molybdändraht (Durchmesser 0,6 mm) wurde in Wasserstoffatmosphäre durch direkten Stromdurchgang bis zur Weißglut erhitzt und mit dem Kristall in Berührung gebracht. Nach Abschalten des Heizstromes haftet der Molybdändraht in der erstarrenden Schmelze fest. Die Stromzuführung erfolgte über zwei gebogene Streifen aus Molybdänfolie, die den Zweck hatten, den Kristall ohne mechanische Spannung zu halten. Fig. 3 zeigt einen vollständig kontaktierten Kristall. Beim Einbau wurde das ganze Kontaktsystem so mit Quarzrohr überzogen, daß nur das rundgeschliffene Mittelstück des Kristalls für den Ionenbeschuß frei blieb.

### *2.3 Vorbereitende Messungen*

Um die Güte der Kontakte zu prüfen, wurde der Potentialverlauf entlang eines Kristallstabes mit einer aufgesetzten Sonde gemessen. Nur an den Enden befanden sich eingeschmolzene Kontakte. Das Ergebnis zeigt Fig. 4. Umpolen führte zu spiegelsymmetrischen Kurven. Erst oberhalb 90 °C ist infolge des Anwachsens der Eigenleitfähigkeit der Einfluß der Raumladungsschichten so gering, daß ein

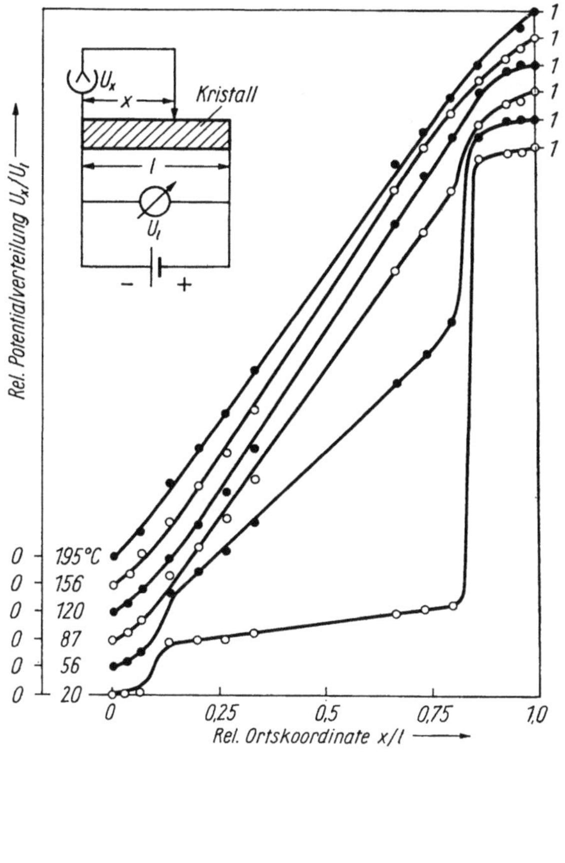


Fig 4. Potentialverteilung über einem Siliziumkristall (p-Typ, 1000 Ohm cm) mit eingeschmolzenen Molybdänkontakten, bei verschiedenen Temperaturen in Luft gemessen. Im Gegensatz zur Darstellung in Fig. 3 war der Querschnitt konstant über die gesamte Länge des Kristalls

nahezu lineares Potentialgefälle entlang des ganzen Kristalls entsteht. Als Meßtemperatur wurden 89 °C festgelegt. Eine weitere Kontrolle stellt der mit vier Kontakten gemessene Spannungsabfall am Kristall in Abhängigkeit vom Strom dar. Wie in Fig. 5 zu erkennen ist, herrscht strenge Proportionalität.

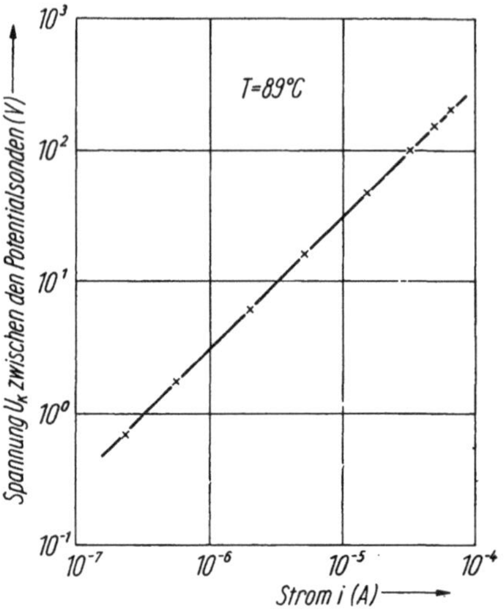


Fig. 5. Spannung $U_K$ als Funktion des Stromes $i$ durch den Kristall

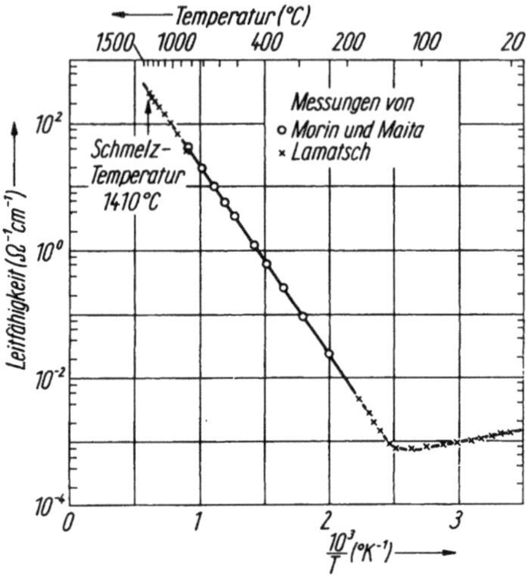


Fig. 6. Leitfähigkeit des verwendeten Siliziums (p-Typ, 1000 Ohm cm) als Funktion der reziproken Temperatur

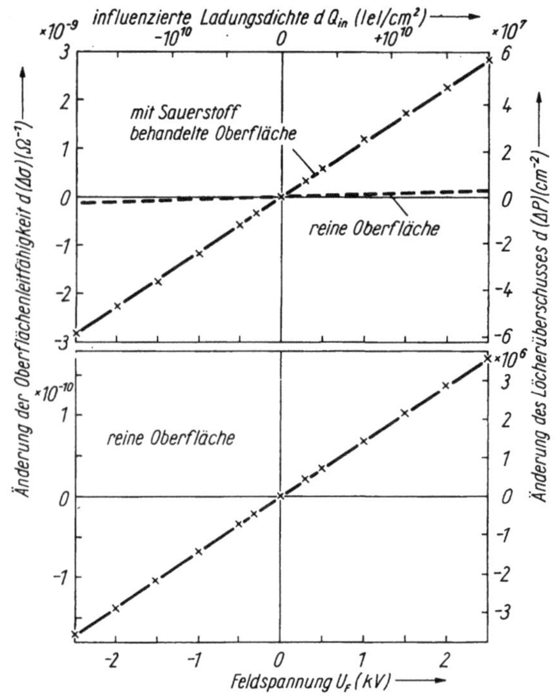


Fig. 7. Feldeffekt an einer reinen und einer sauerstoffbeladenen Siliziumoberfläche: Änderung $d(\Delta\sigma)$ der Oberflächenleitfähigkeit als Funktion der Feldspannung $U_F$ (vgl. Fig. 1). An der rechten Ordinate ist die Änderung $d(\Delta p)$ des Löcherüberschusses in der Raumladungsschicht aufgetragen. Die obere Abszisse gibt die Flächendichte $dQ_{in}$ der influenzierten Ladung. $T = 89$ °C

Vor den eigentlichen Messungen wurde die Leitfähigkeit von 20 bis 200 °C und von 800 bis 1380 °C gemessen. Zur Temperaturmessung diente bei den hohen Temperaturen ein Pyrometer mit Rotglas, wobei die Korrekturen von Allen für das Emissionsvermögen von Silizium bei einer Wellenlänge von 0,65 μm benutzt wurden [10]. Die Ergebnisse (Fig. 6) stimmen mit den Messungen von Morin und Maita [11] sehr gut überein und stellen eine Erweiterung des untersuchten Bereiches der Eigenleitung von Silizium nach höheren Temperaturen dar. Die Eigenleitung diente später zur Temperaturmessung beim Glühen.

Zur Kontrolle des Feldeffektes wurde die Änderung der Oberflächenleitfähigkeit $d(\Delta\sigma)$ für verschiedene Feldspannungen $U_F$ gemessen. Das Ergebnis zeigt Fig. 7 für die sauerstoffbehandelte und die reine Oberfläche. Die beiden Teilbilder haben verschiedenen Ordinatenmaßstab, wobei im oberen die Gerade für die reine Oberfläche zum Vergleich nochmals gestrichelt eingezeichnet ist. Die Proportionalität ist nicht mehr überraschend, wenn man berücksichtigt, daß die relativen Änderungen der Oberflächenleitfähigkeit, wie sich später ergeben wird, bei $10^{-4}$ bis $10^{-3}$ liegen.

## 3. Meßergebnisse

### *3.1 Reine Oberflächen*

Ausführlicher untersucht wurden 14 verschiedene Kristalle unter fortschreitender Verbesserung der Reinigungsmethode und der Meßtechnik. Zur Auswertung für diese Arbeit dienten die Ergebnisse an den letzten fünf Exemplaren. Fig. 8, 9 und 10 zeigen Beispiele. Als Abszisse ist nicht die Zeit, sondern die Folge der

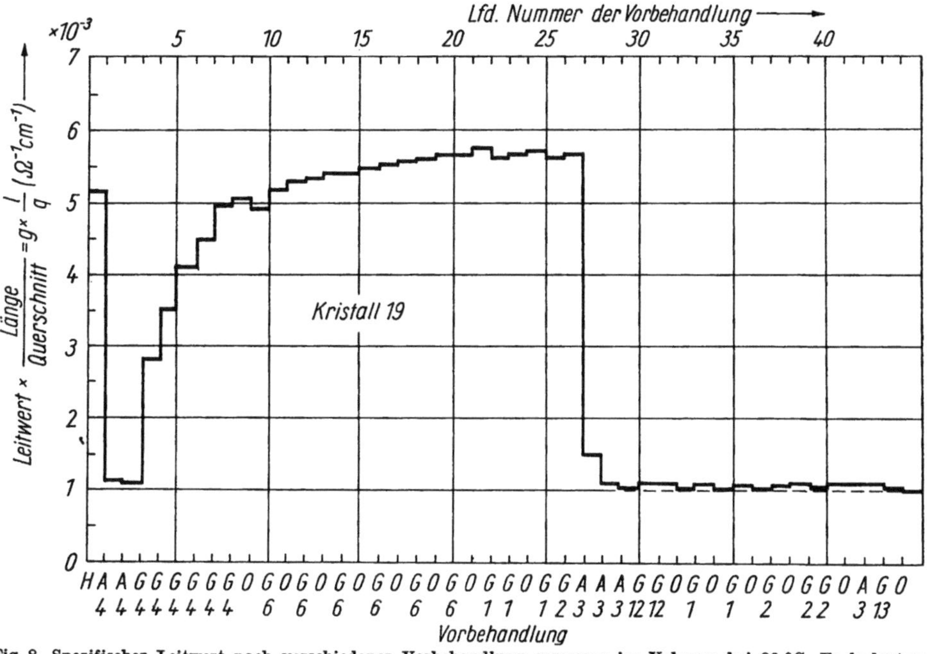


Fig. 8. Spezifischer Leitwert nach verschiedener Vorbehandlung gemessen im Vakuum bei 89 °C. Es bedeuten: H: Ausheizen der Apparatur, 12 bis 24 h bei 400 °C; A: Beschuß mit Argonionen von 700 eV Energie. Unter A ist jeweils die geschätzte Zahl der abgetragenen Atomlagen in Vielfachen von $10^4$ angegeben. Annahme: Jedes auftreffende Argonion entfernt im Mittel ein Siliziumatom [8]; G: Glühen bei 900 °C. Unter G ist die Zahl der Stunden angegeben; O: Sauerstoffeinwirkung bei 89 °C, $5 \cdot 10^{-5}$ Torr. Die Nummer der Vorbehandlung wird im Text mit dem vorgesetzten Buchstaben B gebracht

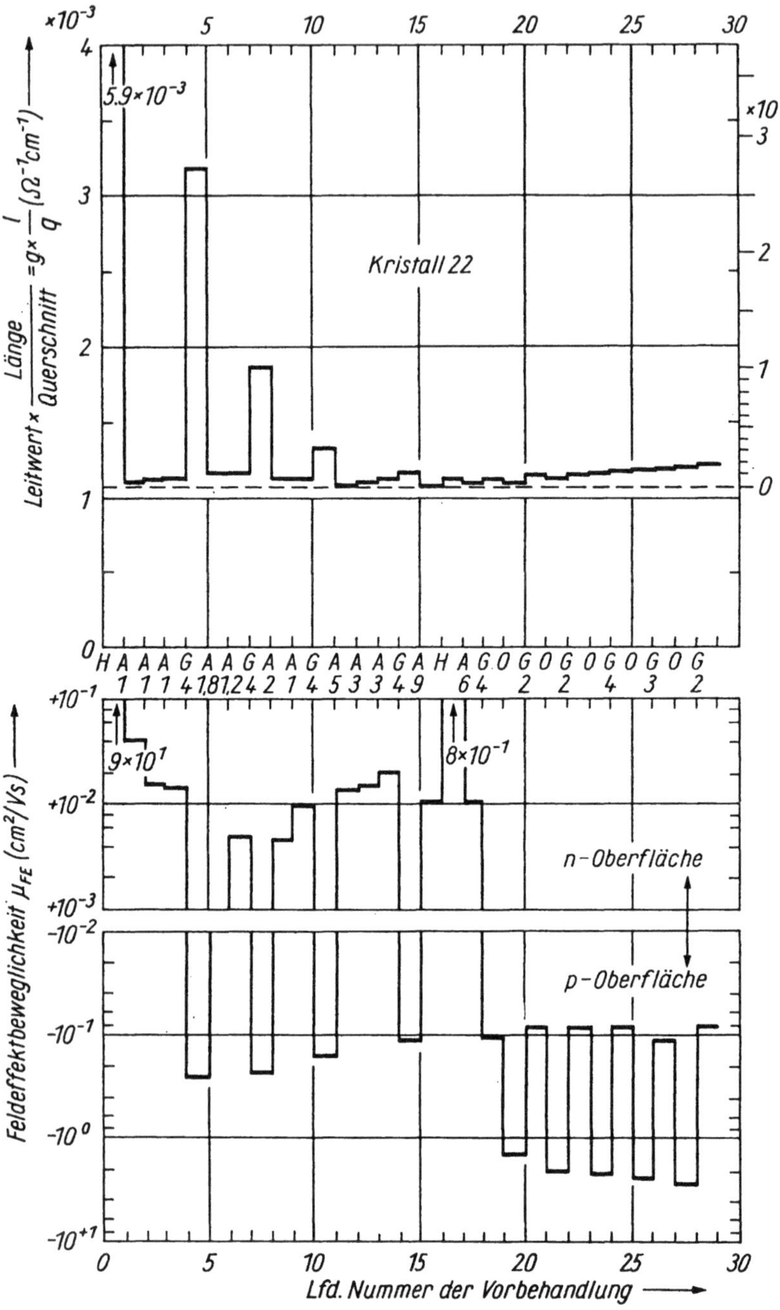


Fig. 9. Spezifischer Leitwert und Feldeffektbeweglichkeit nach verschiedener Vorbehandlung gemessen im Vakuum bei 89 °C [17]. Es bedeuten: H: Ausheizen der Apparatur 12 bis 24 h bei 400 °C; A: Beschuß mit Argonionen von 220 eV Energie. Unter A ist jeweils die geschätzte Zahl der abgetragenen Atomlagen in Vielfachen von $10^3$ angegeben. Annahme: Zehn auftreffende Argonionen entfernen im Mittel drei Siliziumatome [8]; G: Glühen bei 900 °C. Unter G ist die Zahl der Stunden angegeben; O: Sauerstoffeinwirkung bei 89 °C, $5 \cdot 10^{-5}$ Torr

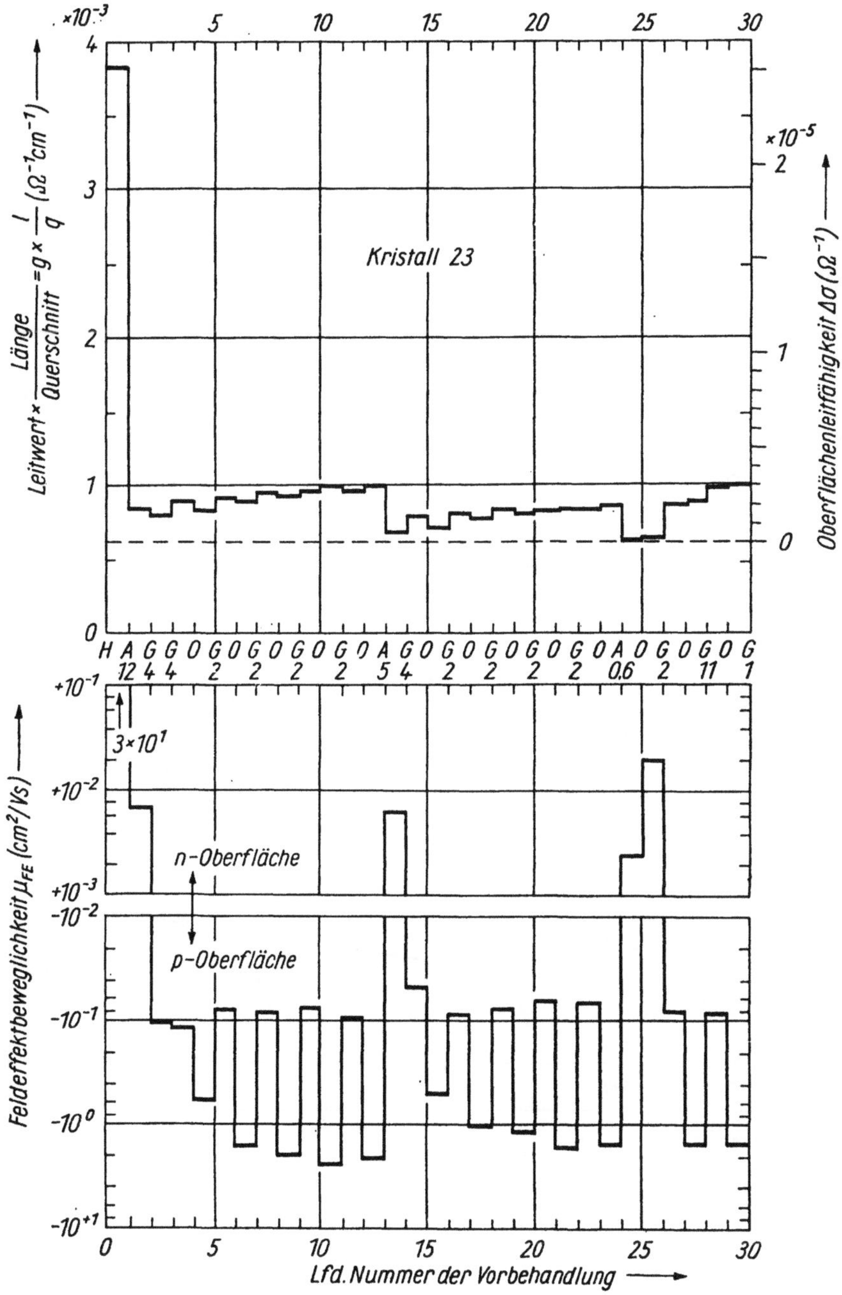


Fig. 10. Spezifischer Leitwert und Feldeffektbeweglichkeit nach verschiedener Vorbehandlung gemessen im Vakuum bei 89 °C. Die Bedeutung der Buchstaben zur Kennzeichnung der Vorbehandlung entspricht Fig. 9

Behandlungsschritte aufgetragen. Nach den angegebenen Vorbehandlungen wurden Leitwert und Feldeffektbeweglichkeit bei 89 °C im Vakuum gemessen. Solange die Beiträge von Volumen und Oberfläche zum gesamten Leitwert nicht getrennt sind, kann die spezifische Leitfähigkeit aus dem gemessenen Leitwert nicht genau berechnet werden. In Fig. 8 bis 12 ist daher die Größe „Leitwert × × (Länge/Querschnitt)" aufgetragen.

Die Präparation (Schleifen und Ätzen) und das nachfolgende Ausheizen der Apparatur rufen eine gutleitende n-Oberfläche hervor. In Fig. 8 bis 10 ist dies ganz links zu sehen. Durch den Argonbeschuß sinkt der Leitwert des Kristalles, d. h. die Oberflächenleitfähigkeit, zunächst ab. War die Dosis nicht hinreichend, um alle Verunreinigungen abzutragen, so entsteht beim nachfolgenden Glühen eine hohe p-Oberflächenleitfähigkeit, vermutlich durch Eindiffusion von Bor, was vor allem bei Fig. 8 (B1—27) und Fig. 9 (B1—11) gut zu sehen ist. Das Bor kann vor der Herstellung des Ultrahochvakuums unter der Mitwirkung von Wasserdampf aus dem Hartglas der Vakuumapparatur auf die Siliziumoberfläche gelangt sein [9]. Nach ausreichender Dosis des Argonbeschusses ändert sich der Leitwert auch durch stundenlanges Glühen nur geringfügig. Die Oberfläche ist dann schwach p-leitend. Erneuter Argonbeschuß ruft wieder n-Leitung hervor.

Der Leitungstyp der Oberfläche ändert sich also durch Argonbeschuß bzw. Glühen in Richtung auf n- bzw. p-Leitung. Die Oberflächenleitfähigkeit muß dabei ein Minimum durchlaufen. Diese Tatsache eröffnet eine Möglichkeit das Minimum des Gesamtleitwertes auszumessen und durch Vergleich mit der berechneten Kurve in Fig. 13 die Oberflächenleitfähigkeit zu bestimmen [4]. Beispiele für beobachtete Minima des Gesamtleitwertes bei schrittweisem Argonbeschuß bzw. Glühen zeigt Fig. 11. Der Zeitmaßstab ist für die einzelnen Behandlungsabschnitte verschieden. Der Nulldurchgang des Feldeffektes und das Minimum des Leitwertes fallen gut zusammen. Zur besseren Auflösung wurden Messungen mit energiearmen Argonionen gemacht (Fig. 12). Da die Behandlungsdaten variierten, ist die Abszisse nicht nach dem Zeitablauf, sondern nach Behandlungsschritten eingeteilt. Die gegenseitige Zuordnung der Meßpunkte für Leitwert und Feldeffekt wurde jedoch

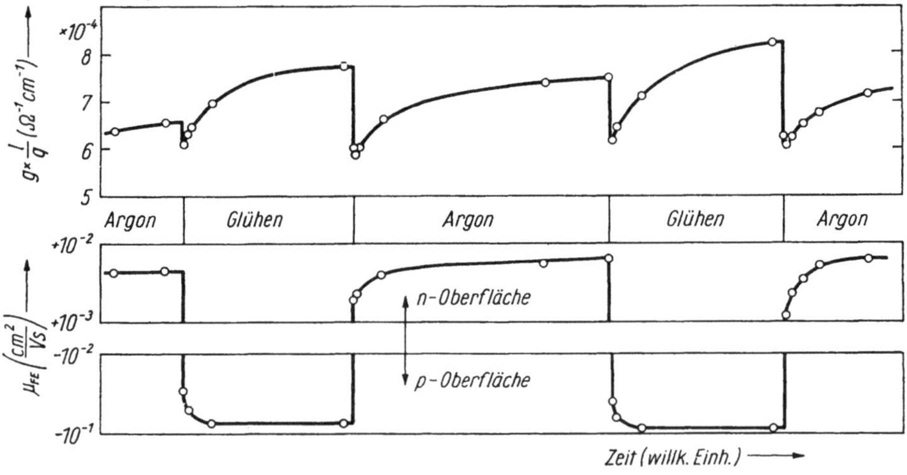


Fig. 11. Kristall 23. Demonstration des Minimums der Oberflächenleitfähigkeit. Spezifischer Leitwert $g\,l/q$ und Feldeffektbeweglichkeit $\mu_{FE}$ nach verschiedener Vorbehandlung gemessen im Vakuum bei 89 °C. Energie der Argonionen 220 eV. Glühtemperatur 900 °C

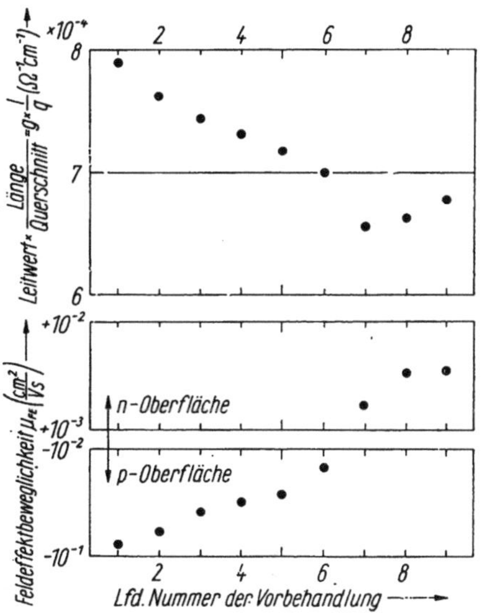


Fig. 12. Kristall 24. Beobachtung des Minimums der Oberflächenleitfähigkeit. Spezifischer Leitwert und Feldeffektbeweglichkeit nach schrittweisem Argonbeschuß gemessen im Vakuum bei 89 °C. Die Energie der Argonionen wurde zwischen 10 und 220 eV variiert

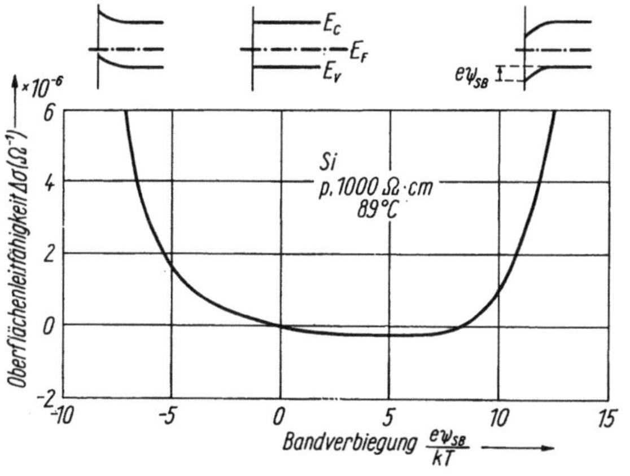


Fig. 13. Oberflächenleitfähigkeit $\Delta\sigma$ als Funktion der Bandverbiegung $e\,\psi_{SB}/kT$ berechnet mit den Beweglichkeiten $\mu_{nS} = 920$, $\mu_{pS} = 300\ \mathrm{cm^2/Vs}$ [17, 4]. Eine Korrektur für Oberflächenstreuung ist wegen der geringen Bandaufwölbung nicht erforderlich

beibehalten. Die Entladungsströme liegen für Fig. 11 und 12 zwischen $10^{-5}$ und $10^{-4}$ A, die Zeitabschnitte reichen etwa von einer Minute bis zu einigen Stunden.

Eine reine Oberfläche sollte vorliegen für Fig. 8 bei B 30/31, für Fig. 9 bei B 14 und B 18, für Fig. 10 bei B 3. Aus den Beobachtungen des Minimums folgt eine p-Leitfähigkeit der reinen Oberfläche von 1 bis $2 \cdot 10^{-6}\ \mathrm{Ohm^{-1}}$. Nicht bei allen Kristallen wurde eine eingehende Untersuchung des Minimums durchgeführt. Doch kann man stets aus den tiefsten Leitwerten auf einen ähnlichen Betrag der Oberflächenleitfähigkeit schließen.

### *3.2 Weitere Beobachtungen*

Die Einwirkung von Sauerstoff auf die reine Oberfläche erzeugt im allgemeinen eine geringe Erniedrigung des Leitwertes und eine Erhöhung der Feldeffektbeweglichkeit um einen Faktor bis zu 20. Abpumpen des Sauerstoffes bei 89 °C bringt keine Änderung. Erst durch Glühen im Vakuum kann die Sauerstoffeinwirkung nahezu vollständig rückgängig gemacht werden. Jedoch zeigt die Oberfläche auch dann eine Art Gedächtnis für Sauerstoffeinwirkung (siehe Fig. 5 in [17]). Hier sind noch viele Fragen offen. Der Feldeffekt wird durch die Sauerstoffeinwirkung nicht nur bei der geglühten p-Oberfläche, sondern auch bei der mit Argon beschossenen n-Oberfläche vergrößert (Fig. 10, B 25).

Die Lebensdauer liegt nach Präparation und Ausheizen mit einigen $10^{-4}$ s in der vom Hersteller für den unbehandelten Kristall angegebenen Größenordnung. Der Argonbeschuß bringt eine Abnahme um etwa zwei Größenordnungen. Das Glühen kann einen geringen Wiederanstieg zur Folge haben, der jedoch unter dem Faktor 2 bleibt. Auch der Sauerstoff hat keinen großen Einfluß.

## 4. Diskussion

### *4.1 Reine Oberflächen*

Um den Absolutwert der Oberflächenleitfähigkeit festzulegen, war es notwendig, das Minimum nach Fig. 13 auszumessen. Der Wechsel von der p- zur n-leitenden Oberfläche durch Argonbeschuß und umgekehrt von der n- zur p-leitenden Oberfläche durch Glühen wurde jeweils einige Male durchgeführt, um die Reproduzierbarkeit zu prüfen (Fig. 11 und 12). Bei kräftigem Beschuß kann das Minimum immer tiefer sinken bis auf einen stationären Wert. Diese Beobachtung läßt sich erklären durch die Annahme einer Anreicherung von Akzeptoren in den obersten Kristallschichten. In diesem Fall muß mit einer doppelten Bandkrümmung gerechnet werden. Ein entsprechendes Modell wurde für die Oberfläche von Zinkoxidkristallen vorgeschlagen [12]. Zur Bestimmung des Absolutwertes der Oberflächenleitfähigkeit dienten die tiefsten reproduzierbaren Minima, bei denen die mit Akzeptoren angereicherte Schicht anscheinend abgetragen war. Die Verwendung von Fig. 13 zur Auswertung setzt weiterhin voraus, daß die durch das Argon erzeugten Donatoren an der Oberfläche liegen bzw. in einer Tiefe, die kleiner als die Dicke der Raumladungsschicht ist.

Für die reine Oberfläche ergab sich eine Oberflächenleitfähigkeit von 1 bis $2 \cdot 10^{-6}$ $\text{Ohm}^{-1}$. In Fig. 13 gehört hierzu ein Punkt auf dem linken Ast der Kurve mit einer Bandaufwölbung von etwa $-5\,kT$ also $-0{,}15$ eV, d. h. das Ferminiveau liegt an der Oberfläche etwa 0,25 eV unter dem Eigenleitungsniveau (89 °C). Die reine Oberfläche besitzt also eine Anreicherungsschicht mit einem Überschuß an Löchern von etwa $4 \cdot 10^{10}$ $\text{cm}^{-2}$.

Aus der Spannung $U_F$ zwischen Gitter und Kristall (Fig. 1) und der zugehörigen Kapazität läßt sich die influenzierte Ladungsdichte $dQ_{in}$ berechnen. Mit der beobachteten Änderung $d(\Delta\sigma)$ der Oberflächenleitfähigkeit ergibt sich dann die Feldeffektbeweglichkeit $\mu_{FE}$. Nimmt man ein kontinuierliches Energiespektrum der Oberflächenzustände mit großer Dichte in der Umgebung des Ferminiveaus an, so kann man die Zustandsdichte $S_E$ der Oberflächenterme bestimmen. Es gilt

$$\mu_{FE} = -\frac{d(\Delta\sigma)}{dQ_{in}} \approx \frac{1}{e\,S_E} \cdot \frac{d(\Delta\sigma)}{d(e\,\psi_{SB})}\,. \tag{1}$$

Den Faktor $d(\Delta\sigma)/d(e\,\psi_{SB})$ entnimmt man aus Fig. 13. Es ergibt sich

$$S_E = 1{,}5 \cdot 10^{15}\ \text{cm}^{-2}\,\text{eV}^{-1}\,.$$

Für die integrierte Dichte der Oberflächenzustände $N_S$ läßt sich nur eine untere Grenze aus der Annahme eines diskreten Niveaus angeben. Jede andere Verteilung der Terme auf der Energieskala erfordert eine größere gesamte Dichte. Für den vorliegenden Fall ergibt sich

$$N_S \geqq S_E \cdot 4\,k\,T = 2 \cdot 10^{14}\ \mathrm{cm}^{-2}\,.$$

Die Flächendichte der Siliziumatome liegt zwischen 6,8 und $7{,}8 \cdot 10^{14}\ \mathrm{cm}^{-2}$.

### *4.2 Diffusion von Bor*

Unter der Annahme, daß die Borkonzentration auf der Oberfläche durch Abdampfen auf Null gehalten wird, ergibt sich für die Ausdiffusion von Bor aus Silizium bei 900 °C in 10 h eine mittlere Diffusionsstrecke von etwa $10^{-5}$ cm [9]. Die ausdiffundierte Menge [13] beträgt allerdings nur $10^8$ Bor-Atome/cm². Für die Raumladungsschicht, in der sich 50% der Ladungsträger befinden, ergibt sich mit dem Löcherüberschuß $\Delta p = 4 \cdot 10^{10}\ \mathrm{cm}^{-2}$ ebenfalls eine Dicke von $10^{-5}$ cm. Die Tiefe der möglichen Ausdiffusion ist also vergleichbar mit der Dicke der Raumladungsschicht. Die maximale Zahl von ausdiffundierten Akzeptoren liegt aber zwei Größenordnungen unter der Zahl der überschüssigen Löcher in der Randschicht. Ferner werden bei dem Ionenbeschuß Schichten abgetragen, die wesentlich dicker sind als die Diffusionszone (bis über $10^{-3}$ cm). Eine mögliche Ausdiffusion wird daher immer wieder ausgeglichen. Ob nun an der Kristalloberfläche gegenüber dem Volumen eine gewisse Bor-Anreicherung (vom Hartglas her) oder Bor-Verarmung (durch Verdampfung) vorliegt, kann zur Zeit nicht entschieden werden. In jedem Falle sollte die Abweichung so gering sein, daß sie die Oberflächenleitfähigkeit nicht entscheidend beeinflußt.

### *4.3 Mit Sauerstoff behandelte Oberflächen*

Der Sauerstoff ruft an der reinen Oberfläche eine verhältnismäßig geringe Abnahme der Bandverbiegung hervor, setzt jedoch die aus dem Feldeffekt berechnete Zustandsdichte um etwa eine Größenordnung herab. Eine ähnliche Erscheinung wurde auch bei der n-Oberfläche gefunden (Fig. 10, B 25). An den mit Sauerstoff beladenen Oberflächen zeigte der Feldeffekt eine träge Einstellung, die auf die Wirkung langsamer Oberflächenzustände schließen läßt (siehe Fig. 6 in [17]). Genauere Untersuchungen des Sauerstoffeinflusses auf Leitfähigkeit und Feldeffekt reiner Siliziumoberflächen fehlen noch. So kann vorläufig nicht entschieden werden, ob der allmähliche Wiederanstieg des Leitwertes in Fig. 9 und 10 auf die Wirkung des Sauerstoffes oder auf einen Einfluß von Bor zurückzuführen ist. Abschließend soll noch einmal auf die überraschende Wirkung des Sauerstoffes auf die reine Oberfläche hingewiesen werden: Trotz des drastischen Einflusses auf Zustandsdichte und Zeitverhalten der Oberflächenzustände liegt die gleichzeitige Abnahme der Oberflächenladung in der Größenordnung von $10^{10}$ e/cm². Der scheinbare Widerspruch läßt sich durch das gleichzeitige Auftreten von positiv und negativ geladenen Oberflächenzuständen erklären [3].

### *4.4 Ergebnisse anderer Autoren*

Allen und Gobeli haben an (111) Spaltflächen von Siliziumkristallen verschiedener Dotierung die optische und thermische Austrittsarbeit gemessen [6]. Die Differenz der Austrittsarbeiten ist unter bestimmten Voraussetzungen gleich dem Abstand des Ferminiveaus von der Kante des Valenzbandes an der Oberfläche. Mit Kenntnis der Lage des Ferminiveaus im Inneren kann dann die Bandverbiegung an der Oberfläche und damit die Oberflächenleitfähigkeit berechnet werden.

Für die in der vorliegenden Arbeit verwendete Dotierung ergibt sich durch Umrechnung aus den Daten von Allen und Gobeli eine schwach p-leitende Oberfläche mit etwa $10^{-6}$ Ohm$^{-1}$ [4] in guter Übereinstimmung mit den Meßergebnissen (Abschnitt 3.1).

Nimmt man ein kontinuierliches Energiespektrum der Oberflächenzustände in der Umgebung des Ferminiveaus an, so liegt die Zustandsdichte bei Allen und Gobeli um eine Größenordnung niedriger als hier berichtet. Bei diesem Vergleich ist aber zu bedenken, daß es sich um (111)-Spaltflächen handelt, die nicht über Zimmertemperatur erhitzt wurden, während die Kristalle in der vorliegenden Arbeit als zylindrische Stäbe mit der [111]-Richtung als Längsachse präpariert waren, also keine einheitliche Orientierung der Oberfläche vorlag. Die Stäbe waren ferner bei 900 °C geglüht. Nach den Untersuchungen mit der Beugung langsamer Elektronen ändern Spaltflächen beim Erhitzen ihre Struktur irreversibel [14]. Einer anderen Struktur sollten andere Oberflächenzustände entsprechen. Um so erstaunlicher ist die Übereinstimmung in der Lage des Ferminiveaus an der Oberfläche, die es wahrscheinlich macht, daß bei den Spaltflächen und bei den durch Ionenbeschuß gereinigten und geglühten Oberflächen eine gewisse Entsprechung im Energiespektrum der Oberflächenzustände besteht.

Palmer und Mitarbeiter fanden an Siliziumspaltflächen für p- und n-Dotierung stets n-Oberflächen und eine hohe Feldeffektbeweglichkeit von 50 cm$^2$/Vs [5]. Ihre Ergebnisse wurden bereits mehrfach diskutiert [15, 4]. Nach Handler liegt die Vermutung nahe, daß auf den nicht abgespaltenen Kristallflächen Ladungen influenziert wurden, die den Feldeffekt bestimmten. Die gleiche Gruppe führte Untersuchungen der Oberflächenleitfähigkeit an gespaltenen npn- und pnp-Strukturen durch (Channelmessungen). Das negative Resultat mit $\Delta\sigma < 10^{-8}$ Ohm$^{-1}$ läßt sich aus den gewählten starken Dotierungen verstehen [4, 17].

Eine starke Zunahme des Feldeffektes und das Auftreten langsamer Zustände nach Einwirkung von Sauerstoff auf gereinigte Halbleiteroberflächen wurden am Germanium in ähnlicher Weise beobachtet wie hier am Silizium [16].

## 5. Schluß

Zum ersten Mal wurden Feldeffektmessungen an Siliziumoberflächen durchgeführt, die durch Argonbeschuß und Glühen gereinigt waren. Infolge der hohen Dichte von Oberflächenzuständen ist die Feldeffektbeweglichkeit sehr klein und daher schwer zu messen. Wie bei Germanium ergibt sich gute Übereinstimmung mit den Ergebnissen an Spaltflächen hinsichtlich der Lage des Ferminiveaus an der Oberfläche. Bei den Zustandsdichten dagegen scheint ein großer Unterschied zu bestehen. Doch ist das experimentelle Material noch unvollständig. Sehr wahrscheinlich ist die Existenz eines Neutralniveaus etwa 0,23 bis 0,25 eV unter dem Eigenleitungsniveau. Durch eine große Dichte von Oberflächenzustände wird hierbei die Raumladungsschicht so geregelt, daß das Ferminiveau in der Nähe des Neutralniveaus die Oberfläche erreicht. Fallen beide Niveaus für eine geeignete Dotierung des Kristalles zusammen, so verschwinden die Oberflächenladung und die Raumladungsschicht (Flachbandsituation). Vorläufig ist es jedoch nicht möglich, ein gesichertes Energieschema der reinen Siliziumoberfläche aufzustellen.

Herrn Prof. Dr. G. Heiland, jetzt Technische Hochschule Aachen, möchte ich an dieser Stelle für die Anregung zu dieser Arbeit und die vielen Diskussionen und Ratschläge bei ihrer Durchführung von Herzen danken. Ebenso danke ich Herrn

Prof. Dr. E. Mollwo für die Möglichkeit, die Arbeit an seinem Institut durchführen zu können, Herrn Dr. E. Spenke von den Siemens-Schuckert-Werken, Laboratorium Pretzfeld, für die Überlassung des Kristallmaterials und der Deutschen Forschungsgemeinschaft für die Unterstützung der Arbeit durch Leihgaben.

## Literatur

[1] I. M. Lifschiz und S. I. Pekar, Fortschr. Phys. **4**, 81 (1956).
[2] J. Koutecký, phys. stat. sol. **1**, 554 (1961).
[3] G. Heiland, Fortschr. Phys. **9**, 393 (1961).
[4] G. Heiland, Elektronische Zustände und freie Valenzen an Halbleiteroberflächen, in Festkörperprobleme Bd. III, Herausg. F. Sauter, Vieweg, Braunschweig 1964.
[5] R. Palmer, S. R. Morrison und C. E. Dauenbaugh, Phys. Rev. Letters **6**, 170 (1961).
[6] F. G. Allen und G. W. Gobeli, Phys. Rev. **127**, 150 (1962).
[7] J. T. Law, J. Phys. Chem Solids **14**, 9 (1960).
[8] S. P. Wolsky und E. J. Zdanuk, J. appl. Phys. **32**, 782 (1961).
[9] F. G. Allen, T. M. Buck und J. T. Law, J. appl. Phys. **31**, 979 (1960).
[10] F. G. Allen, J. appl. Phys. **28**, 1910 (1957).
[11] F. J. Morin und J. P. Maita, Phys. Rev. **96**, 28 (1954).
[12] G. Heiland, Z. Phys. **142**, 415 (1955).
[13] W. Jost, Diffusion und chemische Reaktion in festen Stoffen, Dresden und Leipzig 1937.
[14] J. J. Lander, G. W. Gobeli und J. Morrison, J. appl. Phys. **34**, 2298 (1963).
[15] P. Handler, Phys. Rev. **126**, 971 (1962).
[16] A. H. Boonstra, J. van Ruler und M. J. Sparnaay, Proc. Koninkl. Nederl. Akad. van Wet. **B 66**, 70 (1963).
[17] G. Heiland und H. Lamatsch, Surface Sci. **2**, 18 (1964).

*(Received January 27, 1965)*

phys. stat. sol. 9, 135 (1965)

*Solid State Physics Department, S.C.K.–C.E.N., Mol (a) and*
*Carnegie Institute of Technology, Pittsburgh (b)*

# Dynamical Theory of the Images of Microtwins as Observed in the Electron Microscope

## I. Overlapping Twins[1])

By

J. van Landuyt (a), R. Gevers (a), and S. Amelinckx (b)[2])

The diffraction contrast at micro-twins, observed by transmission electron microscopy, is discussed on the basis of the dynamic theory and including anomalous absorption. The diffraction conditions and geometrical properties are analyzed, and their effect on the image deduced. The contrast at overlapping twins is discussed in the case where matrix crystal parts are in reflection position. It is shown that a fringe pattern having similar properties to stacking fault patterns may be observed. The analysis does, however, establish criteria which distinguish this image from one due to a stacking fault. The properties are illustrated by observations on (101) microtwins in rutile, and analytical conclusions are compared with computed profiles for thick foils and those of intermediate thickness. The conditions existing at twinning dislocations and at the intersection of anti-phase boundaries with twin boundaries in rutile are discussed.

Es werden Beugungskontraste an Mikrozwillingen, die mit Hilfe der Transmission-Elektronenmikroskopie beobachtet werden, auf der Grundlage der dynamischen Theorie unter Einschluß der anomalen Absorption untersucht. Die Beugungsbedingungen und die geometrischen Eigenschaften werden analysiert und ihr Einfluß auf das Kontrastbild hergeleitet. Der Kontrast von einander überlappenden Zwillingen mit den Matrixkristallteilen in Reflexionslage wird diskutiert. Es wird gezeigt, daß ein Streifenbild beobachtet werden kann, das ähnliche Eigenschaften besitzt wie das Bild, das von Stapelfehlern herrührt. Es können jedoch Kriterien aufgestellt werden, durch die dieses Bild von dem eines Stapelfehlers unterschieden werden kann. Die Eigenschaften werden durch Beobachtungen an (101)-Mikrozwillingen im Rutil veranschaulicht. Analytische Schlußfolgerungen werden mit den für starke und mittelstarke Folien berechneten Profilen verglichen. Die Bedin gungen, die an Zwillingsversetzungen und an den Schnittlinien von Anti-Phasengrenzen mit Zwillingsgrenzen im Rutil existieren, werden diskutiert.

## 1. Introduction

In this paper we shall discuss the dynamical theory of the contrast effects observed at thin layers of twinned material (Fig. 1), so called "microtwins". Such microtwins have been observed in different crystals: silicon [1], gold [2], titanium dioxide [3] and barium titanate [4] are a few examples.

---

[1]) This work is part of a research program undertaken at S.C.K.–C.E.N., Mol on behalf of the joint research and development program of the agreement for cooperation between Euratom and the United States.

[2]) Permanent address: S.C.K.–C.E.N., Mol (Belgium).

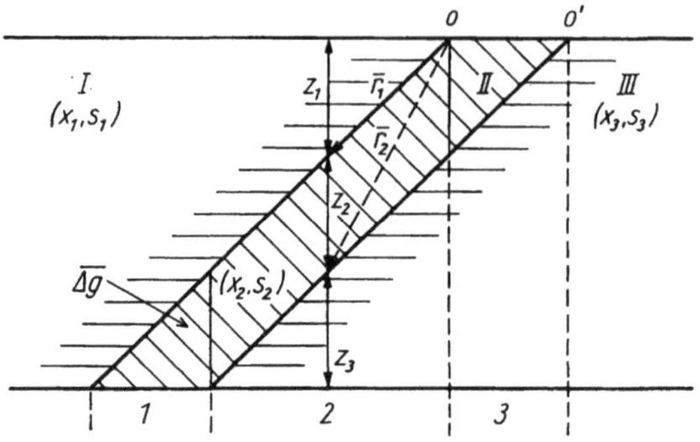


Fig. 1. Illustration of the notations used

A kinematical discussion of the contrast effects in f.c.c. crystals has been given by Pashley [2] and observations in silicon have been presented by Booker and Howie [1]. An analytical treatment based on the dynamical theory does not seem to be available. Since the observed fringes can easily be mistaken for stacking fault fringes, it is of interest to discuss their characteristics, especially those which allow to distinguish microtwins from stacking faults.

## 2. Diffraction Considerations

### *2.1 General discussion*

One can consider three different diffraction situations:

1. If the two crystals are in reflecting position simultaneously, the whole assembly behaves as a single crystal and no contrast is to be expected at the twin interface.
2. In the other extreme case one crystal only may be close to the reflecting position, the other being so far from it that no appreciable diffraction takes place.
3. Finally one can consider an intermediate situation where the two crystals are close enough to the reflecting position so as to contribute both to the diffraction, the extinction errors being different, however.

Case 2 still gives rise to two different situations: a) the twin lamella, or b) the parent crystal parts are in reflecting position. Both situations are shown in Fig. 2 where the crystal parts in reflecting position are cross hatched.

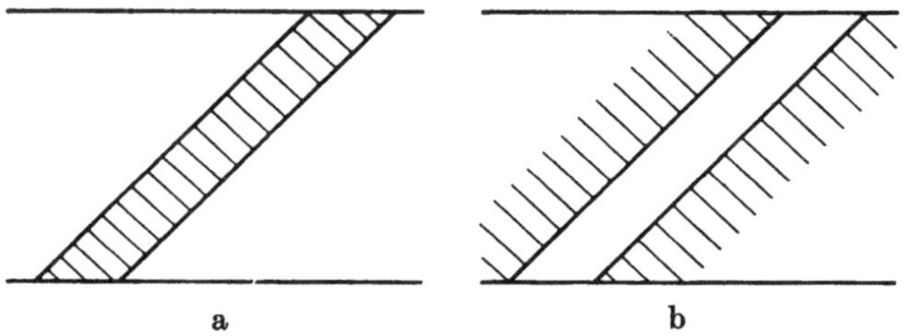


Fig. 2. Schematic representation of the two different diffraction situations for a microtwin. The crosshatched region is assumed to be in reflecting position

### 2.2 Application to particular cases

#### 2.2.1 Twins in f.c.c. crystals

We describe both components of the twin in the same reference system. We use therefore a hexagonal system of axis $\bar{a}_1$ and $\bar{a}_2$ in the (111) twin plane, the $c$-axis being perpendicular to it. The coordinates of the atoms in one unit cell of the parent crystal then are: (0, 0, 0), (1/3, 2/3, 1/3), and (2/3, 1/3, 2/3), whereas those for the twin are: (0, 0, 0), (1/3, 2/3, 2/3), and (2/3, 1/3, 1/3). This leads to the following structure sums:

for the parent structure $S^p_{hkl} = 1 + 2\cos\frac{2\pi}{3}(h - k + l)$,

for the twin structure $S^t_{hkl} = 1 + 2\cos\frac{2\pi}{3}(h - k - l)$.

The extinction conditions for the parent lattice are then $h - k + l = 3n \pm 1$ and for the twin lattice $h - k - l = 3n \pm 1$. From this we conclude that the only reflections present for the parent crystals are those for which $h - k - l = 3n$. Reflections for which $l$ and $h - k$ are both multiples of three are common to both crystals. Consequently, one third of the reflections are common to twin and parent crystal, and therefore give rise to situation 1 of Section 2.1. The other reflections give rise to a situation of type 2.

#### 2.2.2 Overlapping domain wall boundaries

The contrast effects at single ferroelectric ($BaTiO_3$) and at antiferromagnetic (NiO) and ordered (Nb(O)) domain walls have been described in previous papers [5, 6]. Such domain walls are in fact to be considered as twins with a very small twinning vector; the two parts of the twin differ only slightly in orientation. As a result both parts of the twin are in reflecting position with the same diffraction vector but with a different excitation error.

Dagger shaped domains of this kind often show overlapping pairs of domain walls; they are in fact "microtwins" of the type 3 described above.

## 3. Geometric Considerations

### 3.1 General considerations

In this paper we only consider coherent twin planes. We can then describe the structure of both crystals with reference to lattices of which the unit cell is built on the base vectors $\boldsymbol{a}$ and $\boldsymbol{b}$ lying in the twin plane and on the vectors $\boldsymbol{c}_1$ and $\boldsymbol{c}_2$. The vectors $-\boldsymbol{c}_2$ and $\boldsymbol{c}_1$ are related by the symmetry operation. The two reference systems are shown in Fig. 3a.

We now introduce the twinning vector $\boldsymbol{\Delta}$ by the relation

$$\boldsymbol{c}_2 = \boldsymbol{c}_1 - \boldsymbol{\Delta} . \tag{1}$$

To a reciprocal lattice vector $\boldsymbol{g}_1$ of part I described in the system $(\boldsymbol{a}, \boldsymbol{b}, \boldsymbol{c}_1)$ corresponds a vector $\boldsymbol{g}_2$ of part II, with the same indices with respect to $(\boldsymbol{a}, \boldsymbol{b}, \boldsymbol{c}_2)$. We call the difference

$$\Delta\boldsymbol{g} = \boldsymbol{g}_1 - \boldsymbol{g}_2 . \tag{2}$$

For the associated excitation errors $s_1$, $s_2$ one has obviously

$$s = s_1 - s_2 = (\Delta\boldsymbol{g})_n . \tag{3}$$

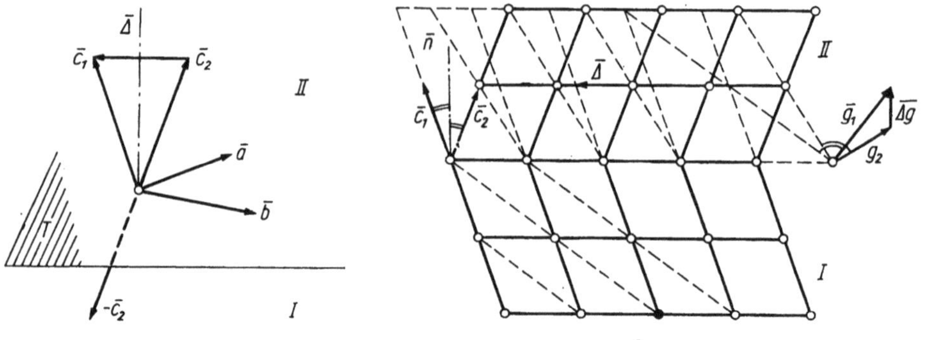


a b

Fig. 3. a) Illustrating the reference system used to describe twinning. b) Twinning vector. $\Delta$ is the twinning vector. With a diffraction vector $\boldsymbol{g}_1$ in I corresponds a $\boldsymbol{g}_2$ in II

In some cases this relation has only formal meaning since one of the $s$-values may become very large.

It was deduced in ref. [5] that $\Delta \boldsymbol{g}$ is normal to the contact plane. Consequently $\Delta \boldsymbol{g} = \alpha\, \boldsymbol{c}^*$, where $\boldsymbol{c}^*$ is the common reciprocal base vector. Further one has

$$0 = \Delta(\boldsymbol{g} \cdot \boldsymbol{c}) = (\boldsymbol{g} \cdot \boldsymbol{c}) - (\boldsymbol{g}_2 \cdot \boldsymbol{c}_2) = \boldsymbol{c} \cdot \Delta \boldsymbol{g} + \boldsymbol{g} \cdot \boldsymbol{\Delta} + \Delta \boldsymbol{g} \cdot \boldsymbol{\Delta} = \alpha + \boldsymbol{g} \cdot \boldsymbol{\Delta} \quad (4)$$

since

$$\boldsymbol{\Delta} \cdot \Delta \boldsymbol{g} = 0\,.$$

Finally

$$\Delta \boldsymbol{g} = -\,(\boldsymbol{g} \cdot \boldsymbol{\Delta})\, \boldsymbol{c}^* \quad (\boldsymbol{g} \text{ is } \boldsymbol{g}_1 \text{ or } \boldsymbol{g}_2)\,. \quad (5)$$

From (3) we can calculate some expressions needed afterwards:

$$(s_1 - s_2)\, z_2 = (\Delta \boldsymbol{g})_n\, z_2 = \Delta \boldsymbol{g} \cdot \boldsymbol{r}_n\,, \quad (6)$$

where $\boldsymbol{r}_n$ is measured in the direction of the $\boldsymbol{c}_2$-axis. Let there be $n$ twinned layers, then $\boldsymbol{r}_n = n\, \boldsymbol{c}_2$ and

$$(s_1 - s_2)\, z_2 = -\,(\boldsymbol{g}_1 \cdot \boldsymbol{\Delta})\, \boldsymbol{c}^* \cdot n\, \boldsymbol{c}_2 = -\,(\boldsymbol{g}_1 \cdot \boldsymbol{\Delta})\, n\,. \quad (7)$$

The geometric phase difference between the crystals of parts I and III resulting from the insertion of the twin lamella is now

$$\alpha = n \cdot 2\pi\, \boldsymbol{g}_1 \cdot \boldsymbol{\Delta} = -\,2\pi\,(s_1 - s_2)\, z_2\,. \quad (8)$$

We shall need this expression when discussing the contrast.

### *3.2 Face centered cubic crystals*

The normal sequence of layers in an f.c.c. crystal can be described by the symbol sequence: *a b c a b c a b c a b c* . . . We shall now consider thin lamella of twinned material in such a sequence. Let us assume that twinning starts at a $c$-layer. Depending on whether the stacking reverts to normal at an $a$, a $b$, or a $c$-layer, respectively a phase shift equivalent to an extrinsic fault (a), an intrinsic fault (b), or no phase shift (c) results from the insertion of the twin lamella.

In other words one can say that the phase relationship between the two crystal parts I and III on both sides of a microtwin II is given by $\alpha = 0,\ +\frac{2\pi}{3}$, or $-\frac{2\pi}{3}$.

One can also deduce these values of $\alpha$ by introducing the expression $\boldsymbol{a}/6\ [11\bar{2}]$ for $\boldsymbol{\Delta}$ into equation (8).

Fig. 4. Schematic representation of a simple twin in rutile. The twinning vector $\Delta$ is indicated

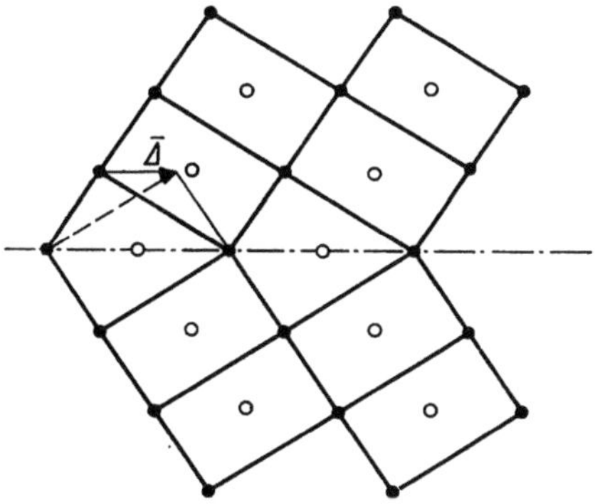


### *3.3 Non-cubic crystals*

For twins in less symmetrical crystals one obtains in general "irrational" displacement vectors. Let us consider as a specific example twins in rutile. The lattice of the titanium ions, which is b.c. tetragonal, is shown in Fig. 4 for the case of a simple twin. The distance $\Delta$ ($\simeq 2.23$ Å) is not a simple fraction of the distance $y$ ($\simeq 5.38$ Å).

Let $\boldsymbol{H} = H\,\boldsymbol{a}^* + K\,\boldsymbol{b}^* + L\,\boldsymbol{c}^*$ be the reciprocal lattice vector defining the twin plane, and let $\boldsymbol{u}$ be a lattice vector of the parent crystal such that $\boldsymbol{H}\,\boldsymbol{u} = 1$. If $\boldsymbol{u}'$ is the vector obtained from $\boldsymbol{u}$ by reflection with respect to the twin plane, one has

$$\boldsymbol{u}' = \boldsymbol{u} - x\,\boldsymbol{H}\,, \quad \boldsymbol{u}'^2 = \boldsymbol{u}^2\,, \quad \text{or} \quad \boldsymbol{u}' = \boldsymbol{u} - \frac{2\,\boldsymbol{H}}{H^2}\,.$$

One then finds for the possible twin vectors

$$\boldsymbol{\Delta} = \boldsymbol{u} + \boldsymbol{u}' + \boldsymbol{v} = 2\left(\boldsymbol{u} - \frac{\boldsymbol{H}}{H^2}\right) + \boldsymbol{v}\,, \tag{9}$$

where $\boldsymbol{v}$ is any lattice vector in the twin plane, i.e. $\boldsymbol{H}\,\boldsymbol{v} = 0$. For the phase factor $\alpha = n\,2\,\pi\,\boldsymbol{g}_1 \cdot \boldsymbol{\Delta}$, one then finds

$$\alpha = -\,4\,\pi\,\frac{\boldsymbol{g}_1\,\boldsymbol{H}}{H^2} \quad (\text{mod}\; 2\,\pi)\,. \tag{10}$$

In the case of rutile one has $H = 1$, $K = 0$, $L = 1$. For $\boldsymbol{u}$ one can take $\boldsymbol{a}$, $\boldsymbol{v}$ is given by $m\,(\boldsymbol{a} - \boldsymbol{c})$ ($m$: zero or integer). It is easily shown that one has

$$\frac{\boldsymbol{H}}{H^2} = \frac{\gamma^2}{1+\gamma^2}\,\boldsymbol{a} + \frac{1}{1+\gamma^2}\,\boldsymbol{c}\,,$$

where

$$\gamma = \frac{c}{a} = \frac{a^*}{c^*}\,.$$

One then finds $\boldsymbol{\Delta} = \dfrac{2}{1+\gamma^2}\,(\boldsymbol{a} - \boldsymbol{c}) + m\,(\boldsymbol{a} - \boldsymbol{c})$. The $\boldsymbol{\Delta}$ vector with the shortest possible length is found by taking $m = -1$. One obtains

$$\boldsymbol{\Delta} = \frac{1-\gamma^2}{1+\gamma^2}\,(\boldsymbol{a} - \boldsymbol{c}) \tag{11}$$

and

$$\alpha = n\,2\,\pi\,\frac{1-\gamma^2}{1+\gamma^2}\,(h - l)\,. \tag{12}$$

For the rutile case, with $\gamma = 0.6439$, $\alpha \simeq n\,(h - l)\,149°$.

## 4. Contrast Effects

### *4.1 Basic theory*

It has been shown that for the situation under consideration one has for the amplitudes of the transmitted ($T$) and of the scattered waves ($S$) for a crystal slab containing a microtwin [7] in the two beam approximation

$$\begin{pmatrix} T \\ S \end{pmatrix} = \mathcal{X}_3 Q_{3,2} \mathcal{X}_2 Q_{2,1} \mathcal{X}_1 \begin{pmatrix} 1 \\ 0 \end{pmatrix}, \tag{13}$$

where

$$\mathcal{X}_j = \begin{pmatrix} T_j & S_j \\ S_j & T_j \end{pmatrix}. \tag{14}$$

$T_j$ and $S_j$ are the amplitudes of the waves scattered by a perfect crystal slab of thickness $z_j$; the $z_j$ have the meaning shown in Fig. 1.

Following ref. [7] one has

$$Q_{i,i-1} = \begin{pmatrix} 1 & 0 \\ 0 & \exp i\,\gamma_i \end{pmatrix}, \tag{15}$$

where

$$\gamma_i = -2\pi\,(\boldsymbol{\Delta g}_i - \boldsymbol{\Delta g}_{i-1})\,\boldsymbol{r}_{i-1} + \alpha_{\boldsymbol{g}}^{(i)}.$$

The meaning of the notations is as follows:

$$\boldsymbol{\Delta g}_1 = 0;\quad \boldsymbol{\Delta g}_2 = \boldsymbol{g}_2 - \boldsymbol{g}_1 = -\boldsymbol{\Delta g};\quad \boldsymbol{\Delta g}_3 = \boldsymbol{g}_3 - \boldsymbol{g}_1 = 0;$$
$$\alpha_{\boldsymbol{g}}^{(i)} = \theta_{\boldsymbol{g}}^{(i-1)} - \theta_{\boldsymbol{g}}^{(i)}.$$

For the meaning of $\boldsymbol{r}_1$ and $\boldsymbol{r}_2$ we refer to Fig. 1. The parameter $\theta_{\boldsymbol{g}}^{(i)}$ is the phase angle of the corresponding coefficient of the Fourier series giving the inner potential $V_i$ in the $i$th part of the column under consideration, provided one takes the same point as origin for the different parts.

It can be shown that one has

$$Q_{2,1} = \begin{pmatrix} 1 & 0 \\ 0 & \exp i\,\alpha_{\boldsymbol{g}}^{(2)} \end{pmatrix}, \qquad Q_{3,2} = Q_{2,1}^{*}, \tag{16a, b}$$

provided $\boldsymbol{\Delta g}$ is normal to the twin plane.

Since one has $(\boldsymbol{\Delta g}_2 - \boldsymbol{\Delta g}_1)\,\boldsymbol{r}_1 = -\boldsymbol{\Delta g}\,\boldsymbol{r}_2 = 0$, one finds equation (16a). One has furthermore:

(i) $(\boldsymbol{\Delta g}_3 - \boldsymbol{\Delta g}_2)\,\boldsymbol{r}_2 = \boldsymbol{\Delta g}\,(\boldsymbol{r}_1 + \boldsymbol{O\,O'}) = \boldsymbol{\Delta g}\,\boldsymbol{O\,O'}$,

(ii) $V_3\,(\boldsymbol{r} - \boldsymbol{O\,O'}) = V_1(\boldsymbol{r})$

and consequently

$$\theta_{\boldsymbol{g}}^{(3)} = \theta_{\boldsymbol{g}}^{(1)} - 2\pi\,\boldsymbol{O\,O'}\,\boldsymbol{g}_1 = \theta_{\boldsymbol{g}}^{(1)} - 2\pi\,\boldsymbol{O\,O'}\,(\boldsymbol{g}_2 + \boldsymbol{\Delta g}) = \theta_{\boldsymbol{g}}^{(1)} - 2\pi\,\boldsymbol{O\,O'}\cdot\boldsymbol{\Delta g} \pmod{2\pi}.$$

From this relation and the definition of $\alpha_{\boldsymbol{g}}^{(i)}$ then follows

$$\alpha_{\boldsymbol{g}}^{(3)} = \theta_{\boldsymbol{g}}^{(2)} - \theta_{\boldsymbol{g}}^{(3)} = \theta_{\boldsymbol{g}}^{(2)} - \theta_{\boldsymbol{g}}^{(1)} + 2\pi\,\boldsymbol{O\,O'}\cdot\boldsymbol{\Delta g} = -\alpha_{\boldsymbol{g}}^{(2)} + 2\pi\,\boldsymbol{O\,O'}\cdot\boldsymbol{\Delta g}.$$

Finally one finds

$$\gamma_3 = -2\pi\,(\boldsymbol{\Delta g}_3 - \boldsymbol{\Delta g}_2)\cdot\boldsymbol{r}_2 + \alpha_{\boldsymbol{g}}^{(3)} = -2\pi\,\boldsymbol{\Delta g}\,\boldsymbol{O\,O'} - \alpha_{\boldsymbol{g}}^{(2)} + 2\pi\,\boldsymbol{\Delta g}\,\boldsymbol{O\,O'} = -\alpha_{\boldsymbol{g}}^{(2)}$$

which proves that (16b) is true.

For "overlapping twins" one has furthermore $\alpha_g^{(2)} = 0$. For "overlapping domain boundaries" on the other hand, one may have $\alpha_g \neq 0$. However, the value of $\alpha_g$ will then in most cases be small.

In the present part of the paper we shall only consider the situation for which the twinned part is far from the reflecting position, as for instance for (111) twins in a f.c.c. crystal or twins in rutile. We shall briefly describe this situation as "overlapping twins". In the second part of this paper the contrast at microtwins for which both crystals reflect together (e.g. $BaTiO_3$) will be discussed; we shall call these "overlapping domain walls".

The explicit expressions for $T_j$ and $S_j$ are to a good approximation

$$T_j^- = \cos \pi \sigma_j z_j - \frac{s_j}{\sigma_{rj}} \sin \pi \sigma_j z_j , \qquad S_j^- = \frac{i}{\sigma_{rj} t_{g_j}} \sin \pi \sigma_j z_j , \quad (j = 1, 3) . \quad (17\text{a, b})$$

The minus sign in $T_j^-$ and $S_j^-$ indicate that in the corresponding expressions the sign of $s$ has to be changed. The meaning of the other symbols are

$$\sigma_j = \sigma_{rj} + i \sigma_{ij} , \quad \sigma_{rj} = \frac{1}{t_{g_j}} \sqrt{1 + (s_j t_{g_j})^2} , \quad \sigma_{ij} = \frac{1}{\tau_{g_j} \sqrt{1 + (s_j t_{g_j})^2}} , \quad (18\text{a, b, c})$$

where $s$ is the excitation error; $t_g$ is the extinction distance corresponding to the reflection with diffraction vector $\boldsymbol{g}$ and $\tau_g$ the corresponding absorption lenght: a parameter describing the anomalous absorption.

When defining an angle $\Phi$ by means of the relation

$$2 \Phi_j = \text{arc sinh } s_j t_{g_j} \quad (19)$$

it is possible to rewrite (17a) in the following form [8]:

$$T_j = \frac{1}{\sigma_{rj} t_{g_j}} \cos (\pi \sigma_j z_j + 2 i \Phi_j) . \quad (20)$$

It has been shown [7] that the amplitudes of transmitted and scattered waves for a crystal containing a stacking fault with phase angle $\alpha$, are given by

$$\begin{pmatrix} T \\ S \end{pmatrix} = \mathcal{X}_2 Q \mathcal{X}_1 \begin{pmatrix} 1 \\ 0 \end{pmatrix} , \quad \text{where} \quad Q = \begin{pmatrix} 1 & 0 \\ 0 & \exp i \alpha \end{pmatrix} . \quad (21\text{a, b})$$

#### *4.2 Contrast at microtwins*

The explicit expressions for the amplitudes of the transmitted and the scattered beam are

$$\begin{pmatrix} T \\ S \end{pmatrix} = \mathcal{X}_3 \mathcal{X}_2 \mathcal{X}_1 \begin{pmatrix} 1 \\ 0 \end{pmatrix} , \quad (22)$$

where for the case of the microtwins $s_1 = s_3$ and $s_2 \gg s_1$. The second of these matrices can be simplified by noting that for a thin microtwin which is far from the reflecting position, it is a good approximation

$$\mathcal{X}_2 = \begin{pmatrix} \exp(-\pi i s_2 z_2) & 0 \\ 0 & \exp(\pi i s_2 z_2) \end{pmatrix} . \quad (23)$$

This expresses that in the twin lamella no scattering events occur. Since the quantity $s_1 - s_2$ is more directly related to the geometry of the twin (see Section 3.1), we shall introduce the latter by writing

$$\mathcal{X}_2 = \begin{pmatrix} \exp[\pi i (s_1 - s_2) z_2] & 0 \\ 0 & \exp[-\pi i (s_1 - s_2) z_2] \end{pmatrix} \times$$
$$\times \begin{pmatrix} \exp[-\pi i s_1 z_2] & 0 \\ 0 & \exp[\pi i s_1 z_2] \end{pmatrix}. \tag{24}$$

From (8) one has: Noting that $\alpha/2 = -\pi (s_1 - s_2) z_2$ and the matrix $\mathcal{X}_2$ can be written as

$$\mathcal{X}_2 = \exp(-i\alpha/2) \begin{pmatrix} 1 & 0 \\ 0 & \exp(i\alpha) \end{pmatrix} \begin{pmatrix} \exp(-\pi i s_1 z_2) & 0 \\ 0 & \exp(\pi i s_1 z_2) \end{pmatrix}$$
$$= [\exp(-i\alpha/2)]\, \mathcal{A}\, \mathcal{S}\,. \tag{25}$$

The complete expressions for $T$ and $S$ then become

$$\begin{pmatrix} T \\ S \end{pmatrix} = [\exp(-i\alpha/2)]\, \mathcal{X}_3\, \mathcal{A}\, \mathcal{S}\, \mathcal{X}_1 \begin{pmatrix} 1 \\ 0 \end{pmatrix}. \tag{26}$$

The following interpretation can be given for this expression. The vector $\begin{pmatrix} 1 \\ 0 \end{pmatrix}$ represents the boundary condition; $\mathcal{X}_1$ describes transmission through and scattering by part I, $\mathcal{S}$ represents a "vacuum layer", i.e. a crystal part (Part II) far from the reflecting position. The matrix $\mathcal{A}$ takes into account the geometric phase shift due to the presence of the twin lamella. The order of multiplication of the two matrices $\mathcal{A}$ and $\mathcal{S}$ is arbitrary. Finally $\mathcal{X}_3$ describes the transmission through and scattering by part III of the crystal.

We have in fact shown that the expressions (22) and (26) are equivalent; they are two alternative formulations of the same diffraction problem. Hovewer, it should be noted that these expressions are only valid if the twinned part is far from the reflecting position. If this condition is not satisfied, the complete expression (22) has to be used; this is for instance the case for barium titanate microtwins.

In order to discuss the fringe pattern due to the overlapping part of the microtwin, it is convenient to reformulate the expression (26) somewhat differently; by multiplying out the product $\mathcal{A}\,\mathcal{S}$ one finds

$$\begin{pmatrix} T \\ S \end{pmatrix} = \exp(-i\alpha/2)\, [\exp(-\pi i s_1 z_2)]\, \mathcal{X}_3\, Q\, \mathcal{X}_1 \begin{pmatrix} 1 \\ 0 \end{pmatrix}, \tag{27}$$

where

$$Q = \begin{pmatrix} 1 & 0 \\ 0 & \exp(i\beta) \end{pmatrix}, \qquad \beta = \alpha + 2\pi i s_1 z_2\,. \tag{28a, b}$$

Comparing this expression with (21b) clearly shows that the fringe pattern will be identical to that of a stacking fault with phase angle $\beta$ where now $\beta$ depends on $s_1$ and on the thickness $z_2$. The "apparent" total thickness of the crystal is $z_1 + z_3$. In order to take normal absorption into account the actual total thickness $z_1 + z_2 + z_3$ has to be used of course.

### *4.3 Discussion of the fringe profiles at overlapping twins*

#### *4.3.1 Intensity of transmitted and scattered beam*

A discussion of the fringe profile given by equation (27) is equivalent to a discussion of stacking fault fringes for various values of $\beta$ and of $s$. However we should note that the variation of $\beta$ depends of $s$ by the relation $\beta = \alpha + 2\pi s_1 z_2$; it is therefore also a function of $z_2$, the thickness of the microtwin.

In ref. [8][3]) general expressions are given for the intensities of transmitted and scattered waves for a crystal containing a stacking fault. Adapted to the case under consideration they become

$$I_{T,S} = I_{T,S}^{(1)} + I_{T,S}^{(2)} + I_{T,S}^{(3)}, \tag{29}$$

where

$$I_T^{(1)} = \frac{x_1^2 + \cos^2(\beta/2)}{2(1 + x_1^2)^2} [\cosh(2\pi\sigma_i z_0 + 4\Phi) + \cos(2\pi\sigma_r z_0 + 2\varphi)], \tag{30a}$$

$$I_T^{(2)} = \frac{\sin^2(\beta/2)}{2(1+x_1^2)^2} [\cosh 4\pi\sigma_i u + \cos 4\pi\sigma_r u], \tag{30b}$$

$$I_T^{(3)} = \frac{\sin\beta/2\,(x_1^2 + \cos^2\beta/2)^{1/2}}{(1 + x_1^2)^2} [\sin(2\pi\sigma_r z_1 + \varphi)\sinh(2\pi\sigma_i z_3 + 2\Phi) +$$

$$+ \sin(2\pi\sigma_r z_3 + \varphi)\sinh(2\pi\sigma_i z_1 + 2\Phi)], \tag{30c}$$

$$2u = z_1 - z_3 = (z_1 + 1/2\,z_2) - (z_1 + 1/2\,z_2), \qquad z_0 = z_1 + z_3, \tag{31}$$

$$x_1 = s_1 t_{g_1} = x_3. \tag{32}$$

The quantity $u$ measures the depth distance of the center of the microtwin from the foil center. The parameter $\varphi$ is defined by

$$\left.\begin{aligned} A\sin\varphi &= x_1\sin\beta/2, \\ A\cos\varphi &= \sqrt{1 + x_1^2}\cos\beta/2 \end{aligned}\right\} \tag{33}$$

with

$$A = [x_1^2 + \cos^2\beta/2]^{1/2}. \tag{34}$$

For the scattered intensity one finds similarly

$$I_S^{(1)} = \frac{x_1^2 + \cos^2(\beta/2)}{2(1 + x_1^2)^2} [\cosh 2\pi\sigma_i z_0 - \cos(2\pi\sigma_r z_0 + 2\varphi)], \tag{35a}$$

$$I_S^{(2)} = \frac{\sin^2(\beta/2)}{2(1+x_1^2)^2} [\cosh(4\pi\sigma_i u + 4\Phi) - \cos 4\pi\sigma_r u], \tag{35b}$$

$$I_S^{(3)} = \frac{\sin(\beta/2)\,[x_1^2 + \cos^2(\beta/2)]^{1/2}}{(1 + x_1^2)^2} [\sin(2\pi\sigma_r z_1 + \varphi)\sinh(2\pi\sigma_i z_3 - 2\Phi) -$$

$$- \sin(2\pi\sigma_r z_3 + \varphi)\sinh(2\pi\sigma_i z_1 + 2\Phi)]. \tag{35c}$$

A complete discussion of the fringe profiles is only available for $\beta = 120°$ [9, 10] and for $\beta = 180°$ [11]. Only the latter discussion was based on the formulae given here.

---

[3]) An unfortunate error slipped in the equations of ref. [8]. The third term of the intensities should be multiplied by 2.

In the non-overlapping parts (regions 1 and 3 of Fig. 1) we have wedge fringes. These can be described by the same set of formulae (29); it is sufficient to put $\alpha = 0$ and $z_2 = 0$. One then obtains

$$I_T = \frac{1}{2\,(1 + x_1^2)}\,[\cosh\,(2\,\pi\,\sigma_i\,z_j + 4\,\Phi) + \cos\,2\,\pi\,\sigma_r\,z_j]\,, \tag{36a}$$

$$I_S = \frac{1}{2\,(1 + x_1^2)}\,[\cosh\,2\,\pi\,\sigma_i\,z_j - \cos\,2\,\pi\,\sigma_r\,z_j]\,, \tag{36b}$$

where $z_j = z_3$ for the front part of the pattern, and $z_j = z_1$ for the bottom end. In both cases $z_j$ varies from $z_0 + z_2$ to $z_0$.

A complete discussion of the most general case with varying $s$, $\beta$, $z_2$, and $z_0$ would clearly be quite lengthy. However, an analytical discussion of the formulae (30) and (35) in the thick and thin $z_0$ range, in terms of $\beta$ and $s$, reveals some general trends and characteristics which are illustrated by a number of profiles.

### *4.3.2 Properties of the fringe patterns*

#### *4.3.2.1 Symmetry properties in the non-overlapping parts*

The pattern due to the non-overlapping part is symmetrical as well in the bright as in the dark field image (Fig. 5a and b) (Fig. 7). Consequently the extreme fringes of the complete pattern have opposite nature in bright and dark field as well at the top as at the bottom side of the foil. The junction between the patterns in parts 1 and 2 and in parts 2 and 3 (Fig. 1) are continuous; however, the derivatives of the intensities will in general be discontinuous. It is worth while to give some additional comment on photograph 5 since it illustrates the large influence of the diffracting conditions, which can vary locally. In some areas the pattern at the microtwin, e.g. at A, is asymmetrical whereas the theory predicts

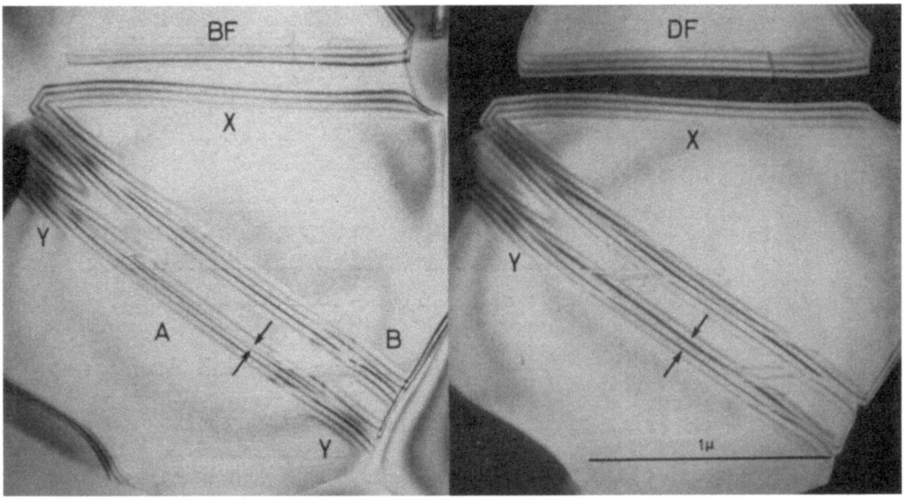


a b

Fig. 5. Symmetry properties of the non-overlapping parts. The pattern at the non-overlapping parts is symmetrical, as well in B.F. as in D.F. One microtwin is just not overlapping (A) and presents only thickness fringes with spacing $t_g'$. The twin at B is an example where region 2 of Fig. 1 is small. The fringe spacing is halved. The D.F. is complementary and thus also symmetrical in the overlapping part. Note also that an increase in thickness of the foil results in the addition of fringes at the outside of the pattern (X and Y)

a symmetrical image. The obvious reason is the local change in diffraction conditions or in $s$-value, on both sides of the twin, visualized by the presence of extinction contours. Therefore, one must take care and check the symmetry properties of the image in an area where $s$ is constant in order to avoid erroneous interpretations. For the same microtwin the area at B satisfies better the predictions, since the variation of $s$ is less pronounced.

### *4.3.2.2 Effect of a continuous increase in specimen thickness*

As the specimen thickness increases, the thickness of the microtwin ($z_2$) remaining constant, the nature of the outer fringes, due to regions 1 and 3 changes quasi periodically as is evident from equation (36). It will change everytime the specimen thickness increases by an amount $1/2\,\sigma_r$. This can be observed at $X$ in Fig. 5 and in Fig. 15. On the contrary for a stacking fault in a sufficiently thick crystal (thicker than $0.4\,\tau_g$) the nature of the extreme fringes remains constant.

### *4.3.2.3 Analytical discussion of the contrast at the overlapping part*

A number of fringe profiles for different $\beta = \alpha + 2\pi s z_2$ and $s\,t_g$ values were calculated numerically in order to illustrate the variety of patterns which can be observed at the overlapping part of the microtwins (regions 2 of Fig. 1). Two ranges of thicknesses were considered: very thick ($z_0 = 12\,t_g$) and intermediately thick ($z_0 = 4.0\,t_g$). Although the results seem to be complicated by the great variety of profiles, some general trends and characteristics are revealed by an analytical discussion of equations (30) and (35). In order to estimate the relative importance of the three contributing terms of $I_T$ and $I_S$, a graphical representation of the fore factors as a function of $\beta$ and for different $x$-values proves to be useful, especially in the case of a thin crystal (Fig. 6).

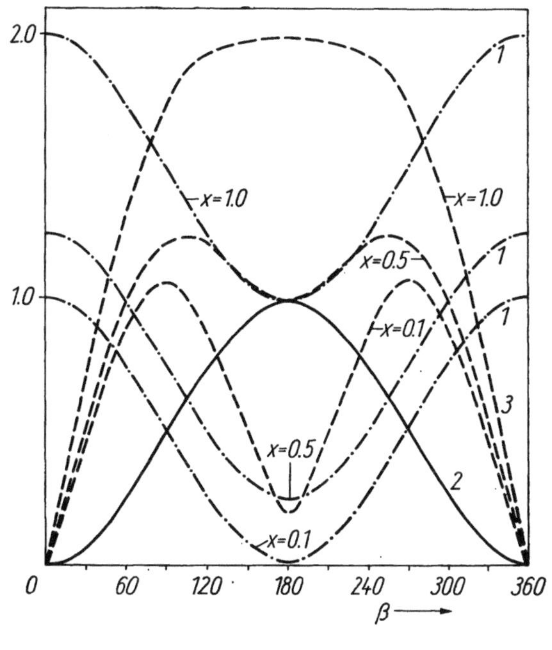


Fig. 6. Schematic representation of the fore factors of equations (30) and (35) as a function of $\beta$ and for $x$-values 0.1, 0.5, and 1.0

### a) General characteristics

#### Symmetry properties

The fringe pattern in the overlapping part is symmetrical in the B.F. image, but asymmetrical in the D.F. image, if the terms $I^{(3)}$ determine the contrast (Fig. 7). From the equations (30) and (35) it follows that at the top surface ($z_1 = 0$) the first fringes will be similar in B.F. and D.F., but complementary at the bottom side ($z_3 = 0$). It is also clear that in the D.F. the contrast will be better at the back surface for $s > 0$ and worse for $s < 0$ since $\Phi$ changes sign with $s$. These are general properties of stacking fault contrast [11].

If the second term $I^{(2)}$ dominates, both B.F. and D.F. images are symmetrical; they are complementary. This will happen if $z_0 = z_1 + z_3$ is sufficiently small, e.g. for microtwins of considerable thickness $z_2$; region 2 (Fig. 1) is then relatively narrow in the inclined position. An example of such a situation is shown in B.F. and D.F. in Fig. 5a and b. The overlapping part of the twin is indicated by the arrows. The same image characteristics are expected for a $\beta$-value close to $\pi$ and small $x$, because, as it follows from the discussion in ref. [11], again the terms $I^{(2)}$ predominate. A simple observation in the bright field usually allows to deduce the contrast defining terms from the fringe spacing.

Besides the usual asymmetry in the D.F. pattern at a stacking fault, particular features may occur at the junction between the overlapping and the non-overlapping parts of the twin. Since the derivatives of the intensities are discontinuous at the junctions, situations where one fringe is broader (light or dark) may be observed at the junction. This can happen for instance if the last fringe of the non-overlapping part and the first fringe in the overlap pattern have the same nature and are not too widely spaced. Evidently, such a situation will give rise to a pronounced difference in aspect between the fringes at the junction at both ends of the pattern. This is shown by the pattern in Fig. 7: the fringe at the

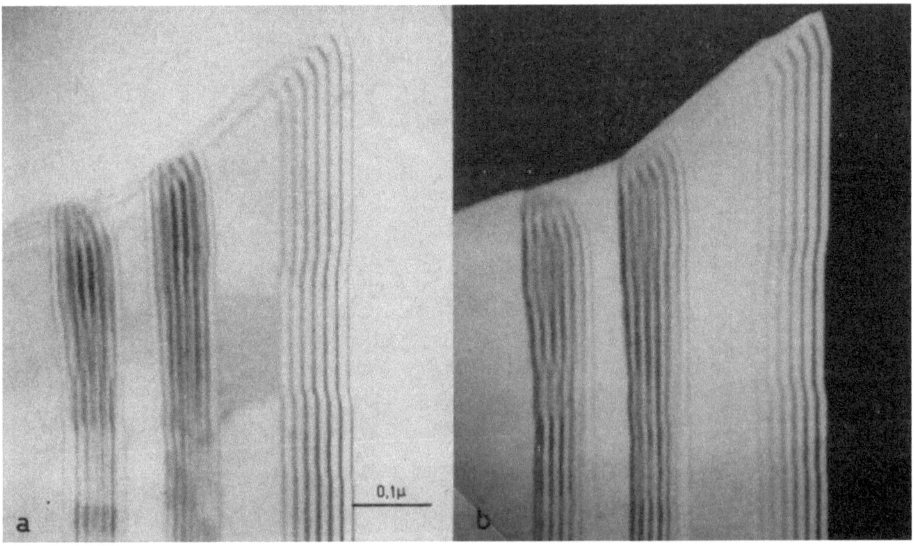


Fig. 7. Symmetry of the overlapping parts. One single and two almost completely overlapping twins in rutile are shown in bright and dark field. The diffraction conditions have slightly changed between the two exposures. One notes that the outer fringes of the complets system have the same nature as well in B.F. as in D.F. and that the pattern due to the overlapping part is symmetrical in the B.F. but assymetrical in thé D.F. illumination. There is a pronounced difference in aspect of the fringes at the junction between overlapping and non-overlapping parts in the D.F. image

junction at the left hand side of the pattern is indeed much broader than the normal fringes in the D.F. image.

## Nature and position of the extreme fringes (B.F.)

Except for very thin foils, the nature of the first fringe in the overlapping part is essentially determined by the sign of $\sin \beta$. From (30) and (33) one can deduce that the first fringe for $s > 0$ will be bright if $\sin \beta > 0$ or dark if $\sin \beta < 0$. Equation (30c) shows that if $0 < \beta < \pi$ the term $I_T^{(3)}$ first passes through a maximum, whereas the inverse is true for $\pi < \beta < 2\pi$.

This can be verified for all computed profiles of which some examples are shown in Fig. 8 and 9. The intensity of the transmitted beam, divided by the normal absorption factor, is plotted versus the depth in the foil, i.e. $I_T \exp \mu (z_0+z_2)$ versus $z$, where $z$ varies from 0 to $z_1 + z_3 = z_0$. In Fig. 8 and 9 only half of the profiles is represented. The other part is the mirror image with respect to $z = z_0/2$. The whole pattern is shown in Fig. 10, 12, and 15. Fig. 8 gives a number of profiles

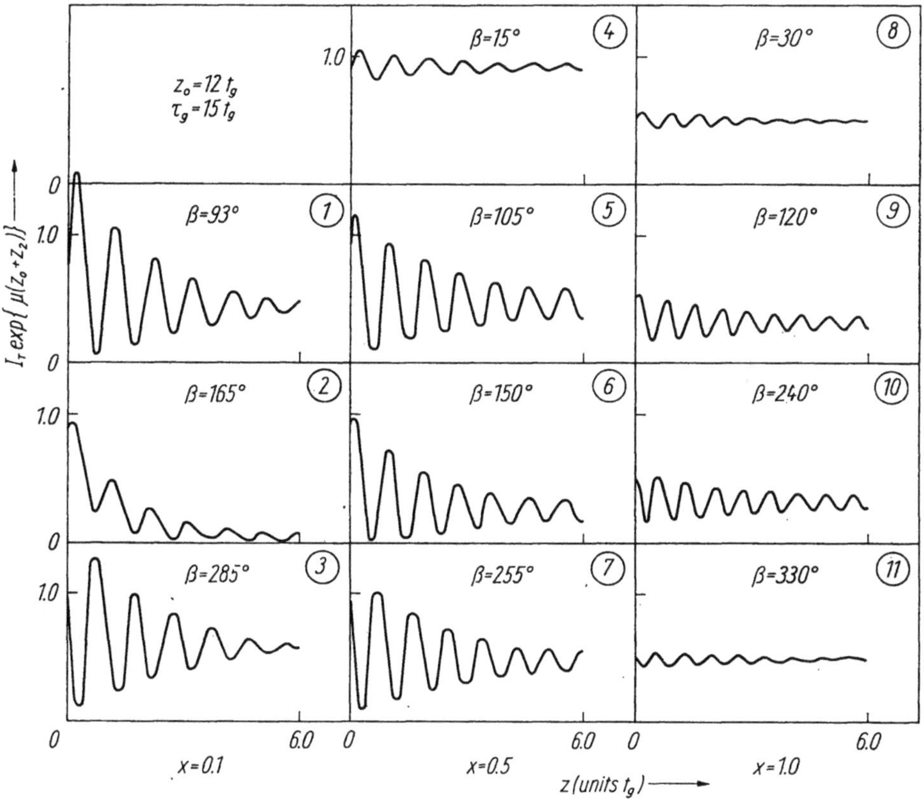


Fig. 8. Computed examples of fringe profiles at the overlapping part of a microtwin for $z_0 = z_1 + z_3 = 12\ t_g$; $\tau_g$ was $15\ t_g$ and different $\beta$ and $x$-values are considered. It is of interest to attribute to each profile a practical situation namely an $\alpha$ and a $z_2$-value. Profile 4 and 8: $\alpha = 0$, $z_2 = \frac{1}{12} t_g$. Profile 1, 5, and 9: $\alpha = 90°$ and resp. $z_2 = \frac{1}{12} t_g$, $\frac{1}{2} t_g$, and $\frac{1}{12} t_g$. Profile 2, 6, and 7: $\alpha = 120°$ and resp. $z_2 = \frac{5}{4} t_g$, $\frac{1}{6} t_g$, and $\frac{3}{4} t_g$. Profile 3, 10, and 11: $\alpha = 120°$ and resp. $z_2 = \frac{5}{4} t_g$, $1\ t_g$, and $\frac{3}{4} t_g$

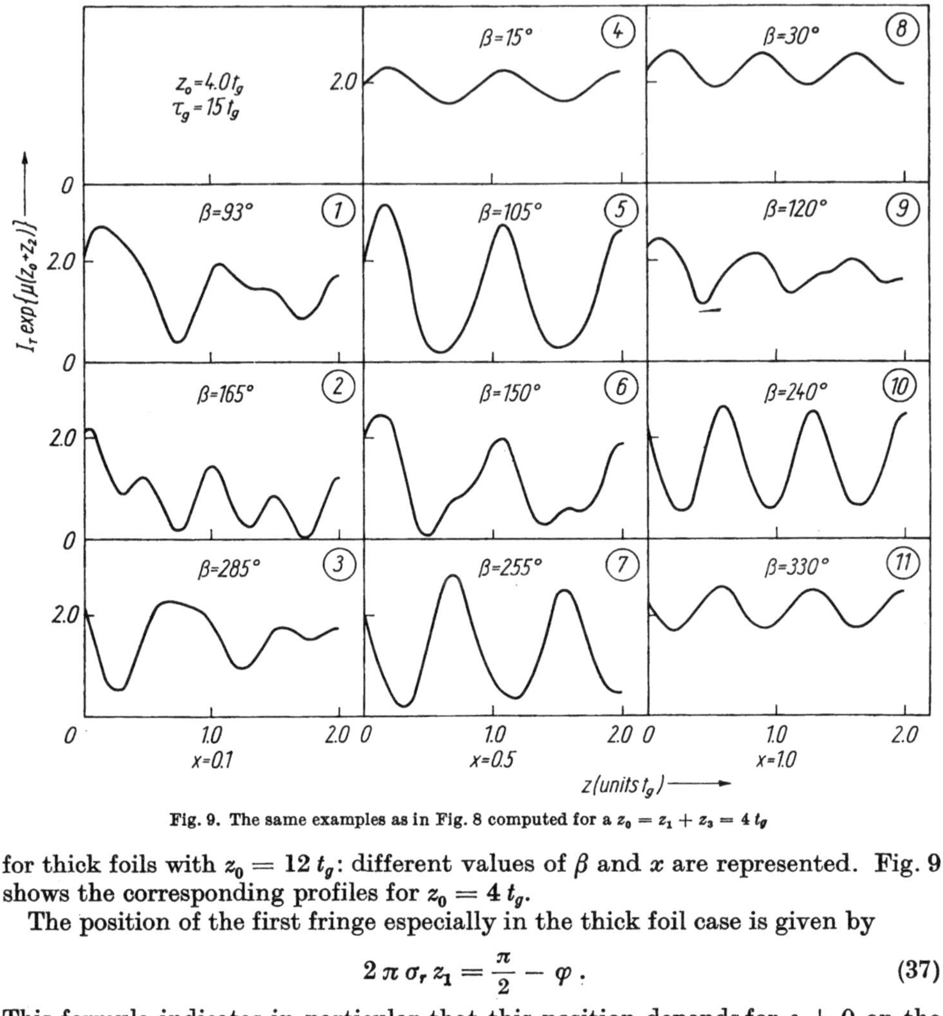


Fig. 9. The same examples as in Fig. 8 computed for a $z_0 = z_1 + z_3 = 4\,t_g$

for thick foils with $z_0 = 12\,t_g$: different values of $\beta$ and $x$ are represented. Fig. 9 shows the corresponding profiles for $z_0 = 4\,t_g$.

The position of the first fringe especially in the thick foil case is given by

$$2\,\pi\,\sigma_r\,z_1 = \frac{\pi}{2} - \varphi\,. \tag{37}$$

This formula indicates in particular that this position depends for $s \neq 0$ on the thickness $z_2$ of the microtwin.

For the case where $z_0$ is small the second term $I_{T,S}^{(2)}$ becomes more important; the position of the first fringe is then largely influenced by the appearance of subsidiary fringes (Fig. 9).

## Effect of a change in sign of $x$

A considerable effect will arise from the change in $\beta$ due to the term $2\,\pi\,s\,z_2$. Even for $s\,t_g = 0.1$ and a twin of only $1/2\,t_g$ thick, $\beta$ changes from 138° to 102° for $x = -0.1$. Neglecting this contribution we will now discuss the patterns for negative $x$-values.

The fore factors of equation (30) are unaffected by a reversal in sign of $x$, but $\varphi$ and $\Phi$ change sign. As long as $\varphi$ is small (i.e. $x$ and (or) $\beta$ small), the aspect will undergo little change. A large effect is expected if $\beta$ approaches $\pi$ in which case the discussion of ref. [11] applies. The reversal in sign of $\Phi$ will result in smaller

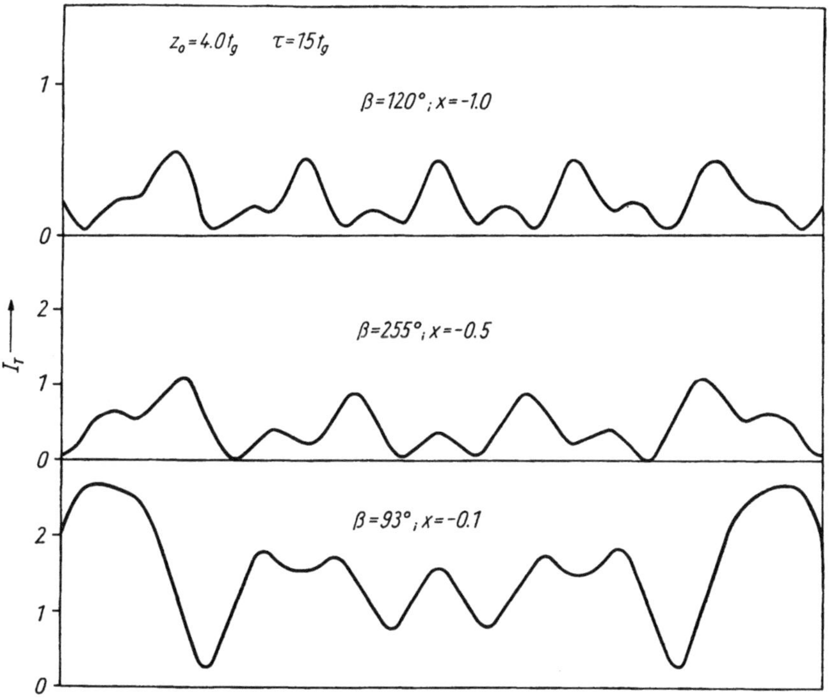


Fig. 10. Computed profiles for negative $x$-values illustrating the predicted properties. Corresponding practical situations are $\alpha = 120°$ and twin thicknesses $z_2 = \frac{3}{4}\,t_g$ ($\beta = 93°$, $x = -0.1$), $\frac{5}{4}\,t_g$ ($\beta = 255°$, $x = -0.5$), and 1 $t_g$ ($\beta = 120°$, $x = -1.0$). The profiles can be compared with 1, 7, and 9 in Fig. 9

fluctuations on a lower background. However, the term $I^{(2)}$ does depend neither on $\Phi$ nor on $x$; this means that for $x < 0$ this term will have an influence for larger thicknesses and larger $|x|$-values than it would have for $x > 0$. Computed examples for negative $x$-values are shown in Fig. 10.

b) Thick range (Fig. 8)

In the thick foils the fringe pattern will be mainly determined by the third term $I_T^{(3)}$ because of the occurrence of hyperbolic functions in $I^{(3)}$. This results in the following specific characteristics: a) *Fringe spacing*: The importance of the term $I_{T,S}^{(3)}$ imposes its periodicity which results in a fringe spacing of one extinction distance $t_g'$. b) *Contrast*: From Fig. 6 it is clear that for small $s$-values, best contrast, this means largest fluctuations, will be obtained for $|\beta| \simeq \frac{\pi}{2}$ (see Fig. 8 (1, 2, 3, 5, 7)). For small phase angles $\beta$ the fluctuations rapidly become negligible (Fig. 8 (4, 8, and 11)) whereas for $\beta = \pi$ due to the relative importance of the second term an exponential decrease of the main intensity towards the middle of the foil is expected (Fig. 8 (2)).

The decrease of the argument of the hyperbolic functions for increasing $z_1$ or $z_3$ in the term $I_{T,S}^{(3)}$ causes the damping of the oscillations towards the middle. For larger $s$-values the first term $I_{T,S}^{(1)}$ gains importance. As a consequence the relative value of the fluctuations with respect to the background becomes less pronounced (Fig. 8 (8 to 11)).

c) Intermediate range (Fig. 9)

In this case the three terms become comparable, and especially for small $s$-values and $\beta$-angles of the order of 180°, the second term will determine the characteristics of the pattern. The graphical representation of the fore factors (Fig. 6) will be of great use.

a) *Fringe spacing*: For small $s$-values $I_{T,S}^{(2)}$ will mainly determine the spacing especially for $\beta \approx \pi$. The periodicity of this term is $\frac{1}{2\,\sigma_r}$ which gives rise to a spacing $t_g'/2$ (Fig. 9 (2)). The combination of $I_{T,S}^{(2)}$ and $I_{T,S}^{(3)}$ in the range where both terms become comparable in importance, will result in the appearance of subsidiary and main fringes in the same pattern, depending on whether the two terms suppress or reinforce each other [11] (Fig. 9 (6)).

From Fig. 6 it is clear that for larger $s$-values and angles deviating from 180° the third term dominates and imposes its periodicity $t_g'$ (Fig. 9 (4, 5, 7, and 8 to 11)). However, the second term still influences the center of the patterns where the hyperbolic functions are much less important than at the surface (Fig. 9 (1 and 3)).

b) *Contrast*: In this case good contrast is expected in the range $\frac{\pi}{2} < \beta < \frac{3\,\pi}{2}$ (Fig. 9 (1, 2, 3, 5, 6, 7)). Small phase angles will again result in poor contrast difference with respect to the background (Fig. 9 (4, 8, and 11)). Around $\beta = 90°$ good contrast will be obtained due to the term $I_T^{(3)}$, whereas for $\beta = 180°$, $I_T^{(2)}$ is dominating.

We want to emphasize that the notion of thickness has only a relative meaning depending on the absorption length $\tau_g$. In the present discussion and for all the computed profiles $\tau_g = 15\, t_g$ which is a good average. For higher or lower $\tau_g$-values, the limits for the thickness range are shifted consequently.

## Effect of the specimen tilt

For certain combinations of values of $\alpha$, $s$, and $z_2$ such that $\beta = 0$, $I_T$ and $I_S$ become equal to their background values. For such a value of $s$ the overlapping part will show a constant intensity. The non-overlapping parts, will, however, combine to exhibit thickness fringes. On changing the value of $s$ by tilting the specimen, fringes should reappear in regions 2. This effect is visible on Fig. 11 where different contrasts are shown of the inclined (101) microtwin seen edge in 11a. In particular the overlapping part of the patterns for microtwins for which $\alpha = 0$, goes out of contrast for $s = 0$, since then $\beta = 0$. Changing the specimen tilt should produce a fringe pattern due to the term $2\,\pi\, s\, z_2$ only. For example with $z_2 = t_g/2$ and $x = 0.2$ one finds for $\beta = 36°$; with $x = 1/3$ and $z_2 = t_g$ one obtains $\beta = 120°$.

If one assumes that $\alpha = 120°$, then $\beta = 120°$ for $s = 0$. A change in $s$ of such a magnitude that $2\,\pi\, s\, z_2 = 120°$, like in the second example above, gives rise to a value of $\beta$ equal to $\beta = 240° = -120°$ (mod 360°). From this we conclude that upon changing the specimen tilt a fringe pattern characteristic for an intrinsic fault can be transformed into a fringe pattern typical of an extrinsic fault. The effect of a pure change in $s$ for a twin $1/2\, t_g$ thick in f.c.c. structures is represented in Fig. 12 for a $z_0 = 4\, t_g$, $\alpha = +120°$ and $s > 0$.

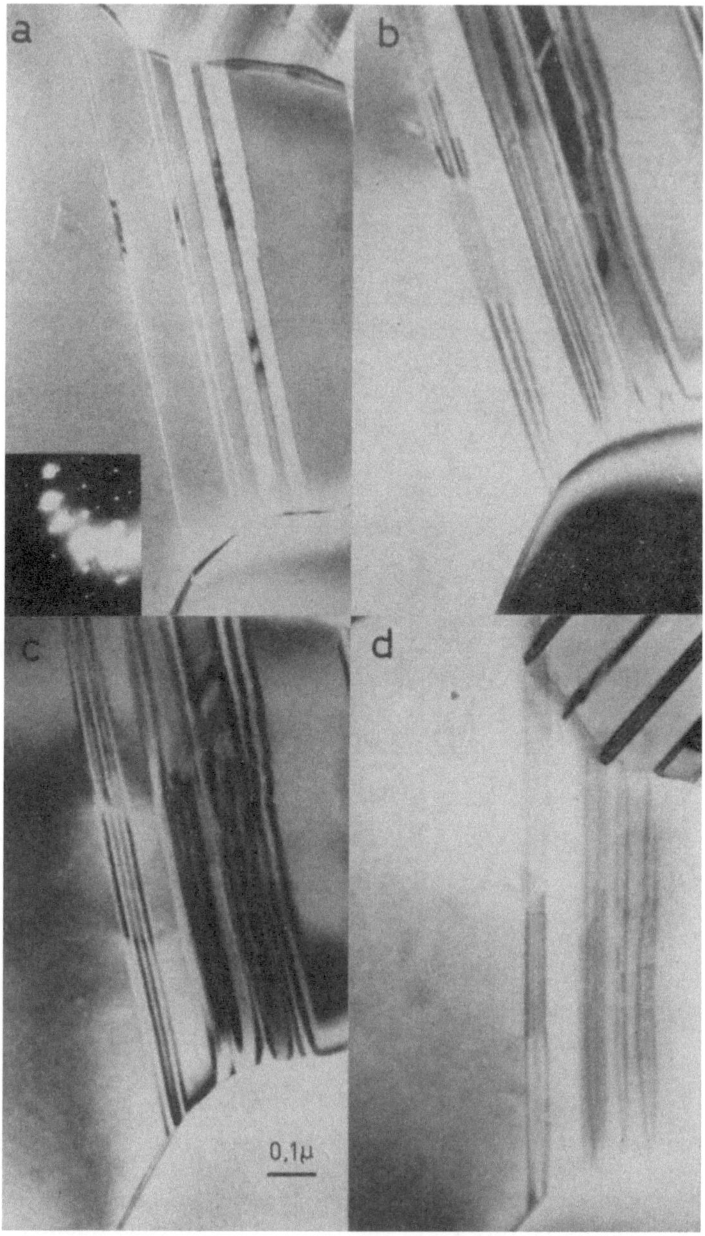


Fig. 11. A microtwin is shown in different inclinations and diffraction conditions. In a, the boundaries are seen edge on. In b, c, and d, which show the twin in inclined position, discontinuous changes in the pattern associated with sudden variations of the thickness can be seen. One notes that, depending on the diffraction conditions, the pattern at the overlapping part varies, and may even disappear (b and d)

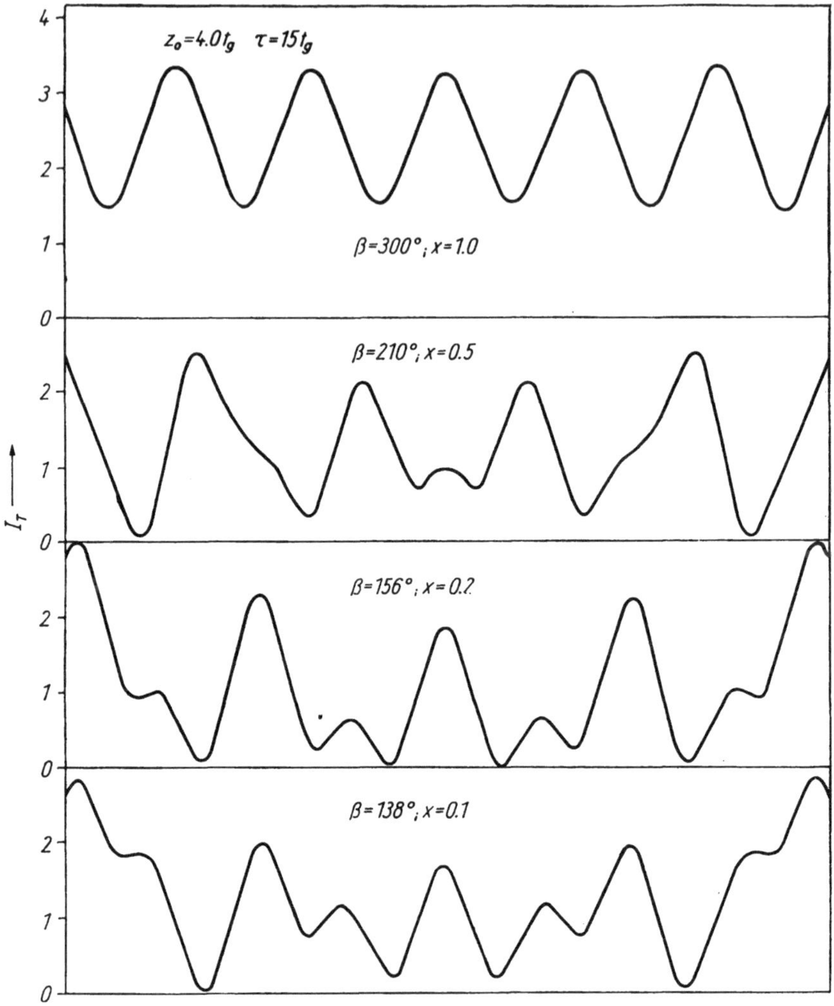


Fig. 12. Illustrating the change in profile of the fringe pattern at the overlapping part of a microtwin for varying positive $x$-values $\left(\alpha = 120°,\ z_2 = \frac{1}{2} t_g\right)$

## Effect of changes in the twin thickness

Thickness changes of the twin lamella imply the occurrence of twinning dislocations, as represented schematically in Fig. 13. At a twinning dislocation the thickness of the twin changes by one atomic layer. This results in the change of the total displacement vector, i.e. of the value of $\alpha$ and consequently also of the value of $\beta$. The presence of twinning dislocations may therefore change considerably and discontinously the fringe pattern in the overlapping part. An observation of microtwins in rutile clearly shows this effect. In Fig. 14a the twin is seen edge on as well as the twinning dislocations. The inclined twin shows a fringe pattern in Fig. 14b. Discontinuous changes in the pattern are observed at the dislocations. No repetition of the profiles is obtained because the phase angle associated with one dislocation is $\sim 150°$, which is not a simple fraction of $360°$. In the f.c.c. structure the presence of a twinning dislocation changes the $\beta$-value by $\pm 120°$ since the change of the term $2\pi s z_2$ is negligible. A computed example illustrating the change in profile in this case is shown in Fig. 15.

The observation of fringe patterns in the overlapping part of microtwins, is therefore, a convenient way to identify twinning dislocations. In fact the observation is equivalent to observing a thickness change of the microtwin due to a single atomic layer.

Fig. 13. Change in thickness of a microtwin by the presence of a twinning dislocation

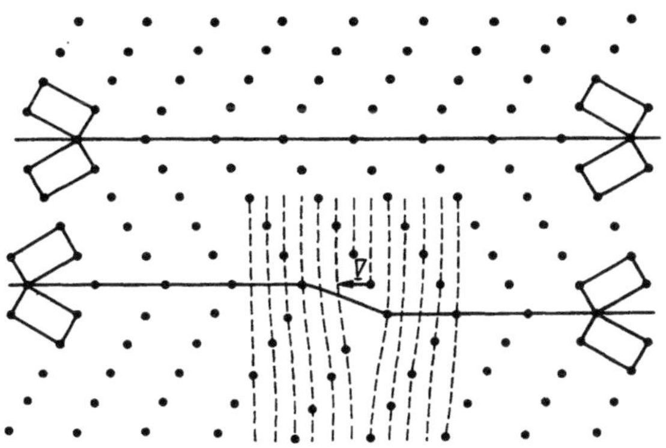

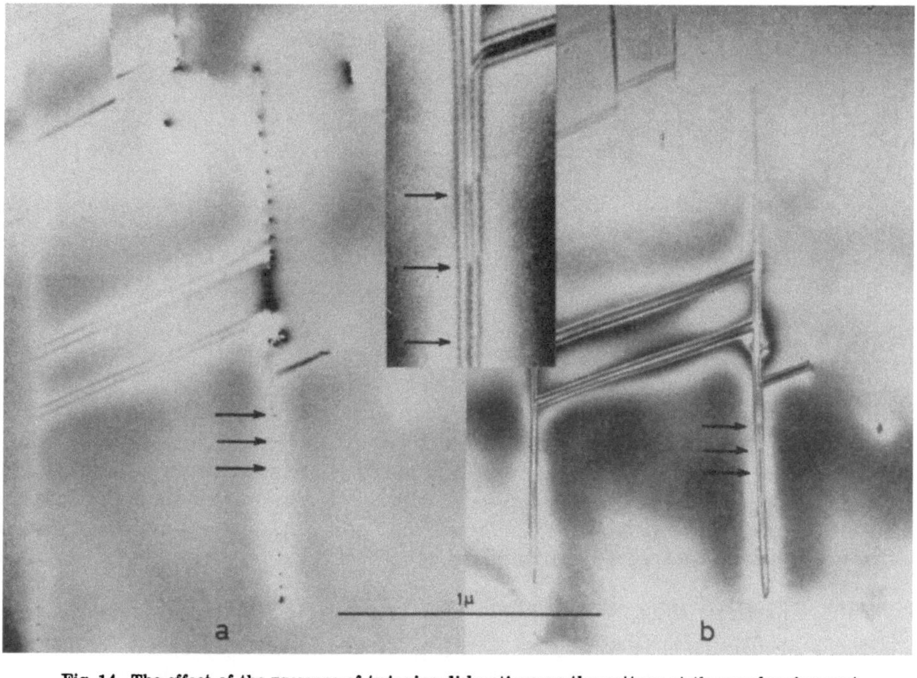


Fig. 14. The effect of the presence of twinning dislocations on the pattern at the overlapping part.
a) Twin seen edge on; dislocations are visible as small dots (arrows)
b) Same twin in inclined position, note the change in fringe pattern at the dislocations
Inset: enlarged view of the inclined twin

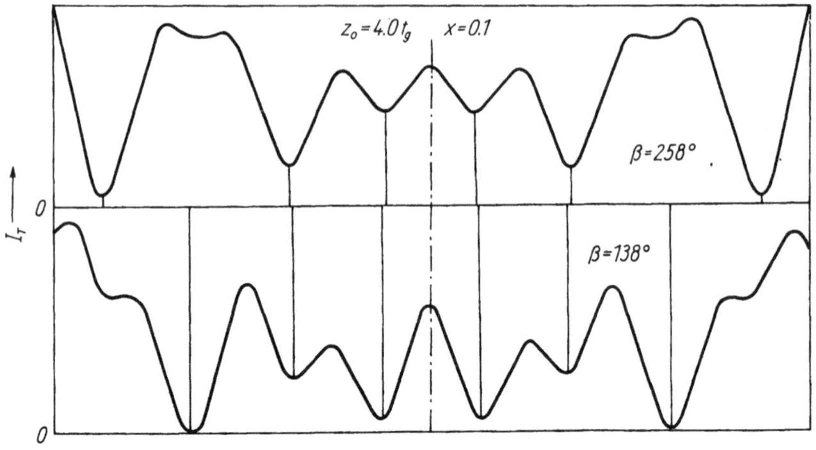


Fig. 15. Example of computed profiles illustrating one possibility for the change in fringe pattern at a twinning dislocation in an f.c.c. structure (the phase change = 120°, $z_2 = t_g/2$, $\alpha$ = 120°)

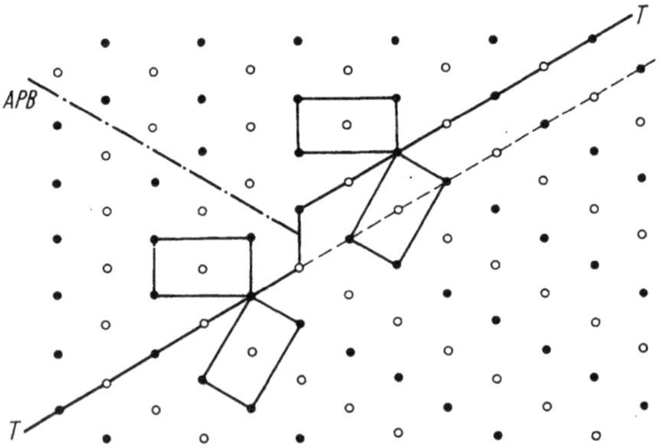


Fig. 16. Schematic representation in the idealized structure of an anti-phase boundary meeting a twin boundary in rutile. A step of 2.6 Å is produced in the twin boundary, similar to that produced by twinning dislocations

Another interesting remark which concerns in particular the rutile case is the following. It was observed in ref. [3] that two different situations may arise if an anti-phase boundary meets a twin boundary; a dislocation may or may not be present at the intersection. A schematic representation of this second situation was given in ref. [3] and it was concluded that the anti-phase boundary joined the twin boundary and was superimposed on it. One can also say that the twin boundary is shifted over one atomic layer, $\frac{a\sqrt{3}}{2} = 2.6$ Å thick (Fig. 16). This situation is similar to that represented in Fig. 10 produced by a twinning dislocation. Therefore, a change in fringe profile is expected in the overlapping part of an inclined microtwin where an anti-phase boundary joins the twin. An example which demonstrates this effect is shown in Fig. 17.

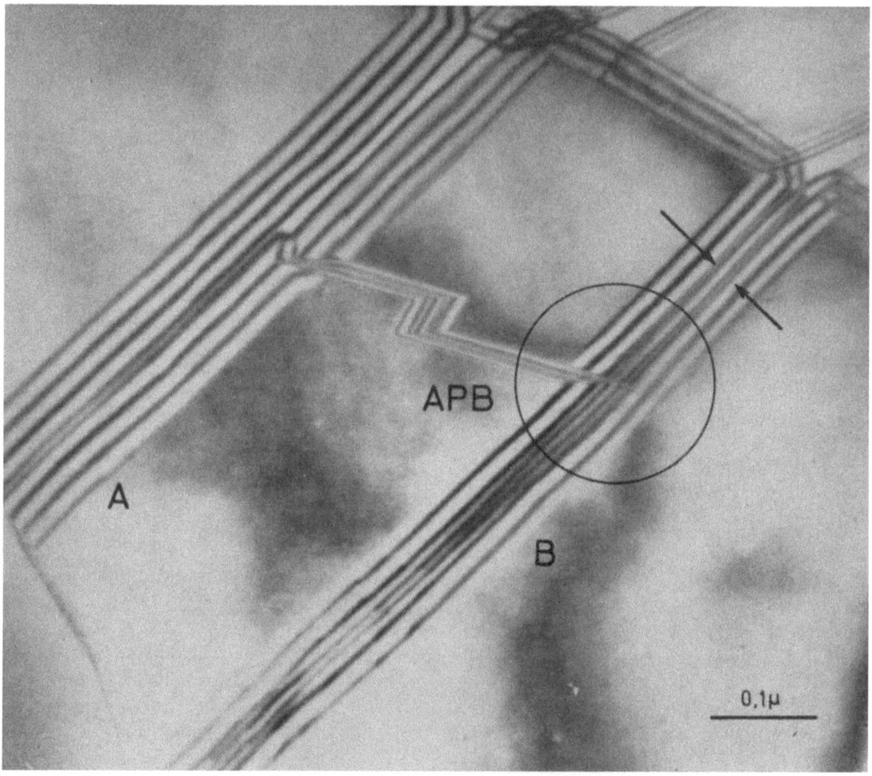


Fig. 17. Illustrating the change, produced by an anti-phase boundary (A.P.B.) meeting a twin boundary, in the fringe pattern at the overlapping part of a microtwin (A) (rutile). The trace of the intersection indicates the part of the twin which is overlapping (arrows). Twin B shows only thickness fringes

### *Acknowledgements*

One of us, S.A., is grateful to the Ford Foundation for financial support during his stay at Carnegie Institute of Technology.

## References

[1] G. R. Booker and A. Howie, General Discussion on Dislocations in Solids, Faraday Society Göttingen, Sept. 1964 (in the press).
[2] D. W. Pashley and M. J. Stowel, Phil. Mag. **8**, 1605 (1963).
[3] J. van Landuyt, R. Gevers, and S. Amelinckx, phys. stat. sol. **7**, 307 (1964).
[4] H. Blank and S. Amelinckx, Appl. Phys. Letters **2**, 140 (1963).
[5] R. Gevers, P. Delavignette, H. Blank, and S. Amelinckx, phys. stat. sol. **4**, 383 (1964).
[6] R. Gevers, P. Delavignette, H. Blank, J. van Landuyt, and S. Amelinckx, phys. stat. sol. **5**, 595 (1964).
[7] R. Gevers, phys. stat. sol. **3**, 1672 (1963).
[8] H. Blank, R. Gevers, and S. Amelinckx, (to be published).
[9] R. Gevers, A. Art, and S. Amelinckx, phys. stat. sol. **3**, 1565 (1963).
[10] A. Art, R. Gevers, and S. Amelinckx, phys. stat. sol. **3**, 697 (1963).
[11] J. van Landuyt, R. Gevers, and S. Amelinckx, phys. stat. sol. **7**, 519 (1964).

*(Received January 27, 1965)*

phys. stat. sol. 9, 157 (1965)

*Department of Metallurgy, University of Tokyo, Tokyo*

# Theory of Mechanical Relaxation Peaks in Cold-Worked Metals

By

R. R. HASIGUTI

Internal friction peaks, which appear in cold-worked metals above the Bordoni peak temperature, are considered, on the basis of a point defect-associated dislocation model, to be due to relaxation. Calculated data regarding activation energies, pre-exponential factors, and relaxation strengths are compared with experimental data of ten metals, an alloy, and an ionic crystal. These data thus gives experimental values for the binding energy between dislocations and the point defects concerned (e.g. vacancies, interstitial atoms, impurity atoms, etc.).

Maxima der inneren Reibung, die an kalt-bearbeiteten Metallen oberhalb der Temperatur des Bordoni-Maximums auftreten, wurden theoretisch in einem Modell untersucht, das Versetzungen und Punktdefekte enthält. Diese Theorie ergibt ebenso wie die früheren Theorien des Autors Relaxationsverluste. Die beobachteten Aktivierungsenergien, die Vorfaktoren der Exponentialgesetze, und die Relaxationsstärken wurden unter Heranziehung der experimentellen Ergebnisse von zehn Metallen, einer Legierung, und eines Ionenkristalls diskutiert. Aus den Aktivierungsenergien ergeben sich experimentelle Werte für die Bindungsenergien zwischen den Versetzungen und den betreffenden Punktdefekten (Leerstellen, Zwischengitteratome, Fremdatome usw.).

## 1. Introduction

In cold-worked metals there appear mechanical relaxation peaks above the Bordoni peak temperature, which were first found by Hasiguti and his co-workers [1 to 8] and also observed by several other investigators [9 to 16]. The characteristics of these peaks are summarized as follows:

1. The peaks appear at temperatures higher than the Bordoni peak temperature.
2. Activation energies obtained from peak shifts are larger than those of Bordoni peaks. They are usually in the range from 0.2 to 0.6 eV in many metals [6].
3. The peaks anneal out when the specimen is annealed at appropriate temperatures, at which Bordoni peaks do not anneal out. In other words, these peaks are less stable than Bordoni peaks, when annealed.

It was suggested that dislocations associated with point defects may give rise to this kind of peaks [5, 6], and a possible behavior of point-defect-associated dislocations was discussed elsewhere in some detail [7]. It is now almost certain from our experimental evidences [7, 8] that the peak is caused by a combined effect of dislocations and point defects.

One of the problems to be solved next is to find analytical expressions for this peak based on point-defect-associated dislocation models. The first step along this line was made by Hasiguti [17] (hereafter referred to as Hl). In the Hl paper, diffusion of dislocation kinks trapped by point defects were considered. The objectives of the present paper are to extend the Hl theory and to compare the theoretical results with experimental data.

## 2. Trapped Kink Diffusion Theory

The Hl theory [17] will be briefly summarized here to such an extent as will be necessary to understand the new theory. We consider a dislocation line between two nodes, of which the direction is, in average, not parallel to the Peierls potential valley. This oblique dislocation naturally contains a number of dislocation kinks depending on the angle between the dislocation line and the Peierls valley. Some of the kinks are pinned (or trapped) by point defects produced by the prior cold-working. Under the conditions described in the Hl paper, the diffusion of trapped kink leads to a differential equation

$$\frac{\partial y}{\partial t} = D \frac{\partial^2 y}{\partial x^2} + \sigma\, b\, a^2\, N\, \mu\,, \tag{1}$$

where $x$ and $y$ are the coordinates in the slip plane, Peierls valleys being parallel to the $x$-axis. $t$ is the time, $D$ and $\mu$ are the diffusion coefficient and the mobility of trapped kink, respectively, $\sigma$ is the applied external stress, $b$ is the magnitude of Burgers vector, and $N$ is the number of trapped kinks per unit length of dislocation. Solving the equation, we finally obtain the expressions for internal friction $Q^{-1}$ and modulus defect $\Delta G/G$ as follows:

$$Q^{-1} = \Delta\, \omega\, \tau/(1 + \omega^2\, \tau^2) \tag{2}$$

and

$$\Delta G/G = \Delta/(1 + \omega^2\, \tau^2)\,, \tag{3}$$

where

$$\Delta = 8\, N\, \varrho\, G\, a^2\, b^2\, L^2/\pi^4\, k\, T\,, \tag{4}$$

$$\tau = \tau_0 \exp\, (E_B/k\, T)\,, \tag{5}$$

and

$$\tau_0 = L^2/\pi^2\, \nu\, \bar{\Lambda}^2\,. \tag{6}$$

Here $\Delta$ is the relaxation strength, $\omega$ is the angular frequency of vibrational external stress, $\varrho$ is the dislocation density, $G$ is the shear modulus, $L$ is the length of dislocation line between two nodes, $k$ is the Boltzmann constant, $T$ is the absolute temperature, $E_B$ is nearly equal to the binding energy between a point defect and a dislocation, $\nu$ is the vibrational frequency of a kink, and $\bar{\Lambda}$ is the average distance which a kink travels by a single detrapping activation.

The model and the theory of diffusion of trapped kinks are relevant only to the case where the movement of dislocations is principally achieved by means of kink diffusion. This happens if the Peierls potential is relatively large or the peak temperature is relatively low.

On the other hand, if the Peierls potential is relatively small or the temperature is relatively high, dislocations would move in such a way as to ignore the Peierls potential. In this case, the kink diffusion mechanism fails, of course. We shall extend our theory, in the next section, to include the case where the trapped kink diffusion model is not applicable.

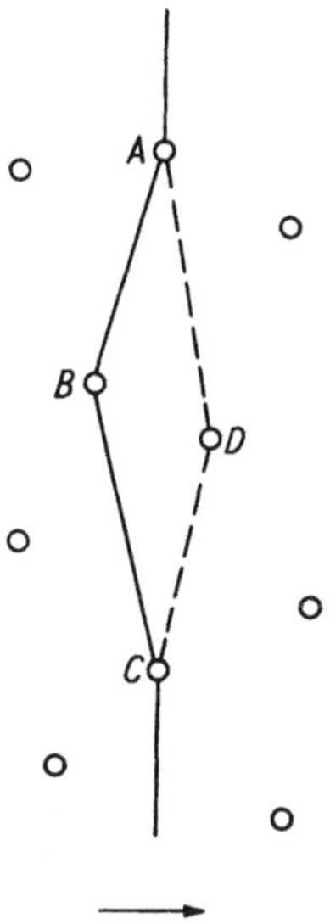


Fig. 1. Point defects (open circles) are distributed randomly around a dislocation line. They pin down the dislocation at A, B, C or at A, D, C

### 3. Trapped Loop Diffusion Theory

The Peierls potential is ignored here, when the behavior of dislocations is considered. The dislocation configuration is determined by point defect pinning, of which a schematic drawing is shown in Fig. 1. This model is similar to that of Mott [18] and Friedel [19].

If the external stress is applied in such a way as to move the dislocation line towards the right in Fig. 1, the loop ABC is unpinned at B with a certain probability by virtue of thermal fluctuation of local stress, moves towards the right, and assumes the configuration ADC (dashed line in Fig. 1), being trapped at D. If the direction of external stress is reversed, the direction of the movement of trapped loops is also reversed. If no external stress is applied, the trapped loops move to and fro by virtue of thermal untrapping.

The movement of trapped loop (e.g. ABC towards ADC) can be considered to be achieved apparently in the same way as that of trapped kink, i.e. by diffusion, which is described in the preceding section or in Hl paper in some detail. The apparent similarity between the behavior of trapped loops and that of trapped kinks may be understood from Fig. 2, in which a trapped loop model with appropriately chosen coordinate (2a) is compared with a trapped kink model (2b) which is reproduced from Hl paper. The movement of the loop from ABC to ADC is geometrically quite similar to the rightwards movement of the kink shown in Fig. 2b.

Now if the above mentioned similarity is accepted, the behaviors of trapped loops are mathematically treated in the same way as that of trapped kinks with some alteration of physical quantities.

The quantities $a^*$ and $\Lambda^*$ are defined as shown in Fig. 2a. $a$ and $\bar{\Lambda}$ in the equations (4) and (6) should be replaced by $\bar{a}^*$ and $\bar{\Lambda}^*$ which are appropriate averages of $a^*$ and $\Lambda^*$. Thus we obtain

$$\Delta = 8\, N\, \varrho\, G\, \bar{a}^{*2}\, b^2\, L^2/\pi^4\, k\, T \tag{7}$$

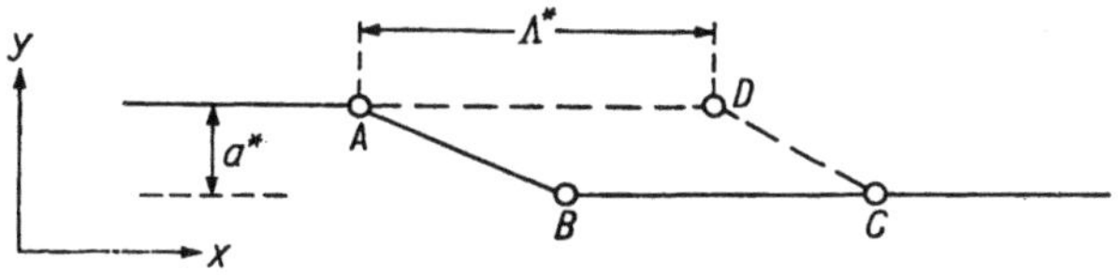


Fig. 2a. Diffusion of trapped loop

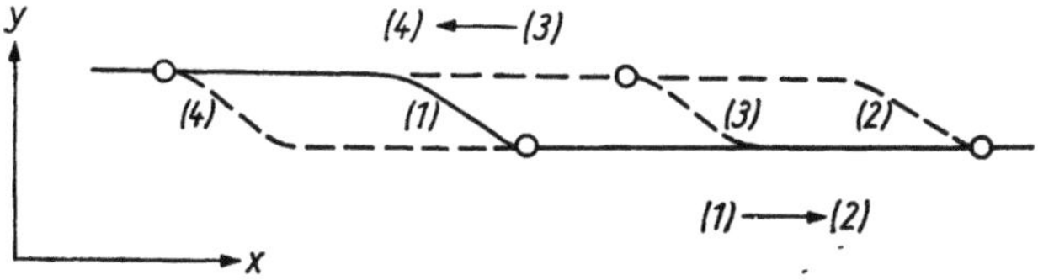


Fig. 2b. Diffusion of trapped kink (reproduced from Hl paper)

and

$$\tau_0 = L^2/\pi^2 \nu^* \bar{\Lambda}^{*2} , \tag{8}$$

where $N$ is the number of trapped loops per unit length of dislocation, and $\nu^*$ is the vibrational frequency of a loop, the meaning of other notations being the same as before. The equations (2), (3) and (5) can be used without alteration.

## 4. Discussion and Comparison with Experiments

### *4.1 Comparison of the two theories*

The present theory and Hl theory, which are complementary to each other according to their conditions of validity, are naturally similar to each other in their final expressions, because they are similar to each other in their mathematical treatments. They both show that our peak is of typical relaxation type as shown by equations (2), (3) and (5). Although there are some differences in their final expressions of relaxation strengths and of pre-exponential factors, it is difficult at this stage to choose the better one for respective experimental conditions. Further refinements of the theories will, however, bring forth distinctions between two cases.

### *4.2 Shape of the peak*

As mentioned above, both theories predict the relaxation type of peaks, which is in general agreement with experimental results. Fig. 3 shows a typical single relaxation peak in gold [7], which is very well fitted by a calculated curve with the activation energy obtained from the peak shift (or the peak temperature vs. vibrational frequency relation). However, we often observe broader peaks, which can be considered to be due to the superposition of several single relaxation peaks. An example, which is again a peak in gold [7], is shown in Fig. 4, where the experimental peak is a little broader than a peak calculated with an activation energy obtained from the peak shift.

The broadening of relaxation peak is considered to have its origin in the multi-value of relaxation time $\tau$, which in its turn may have its cause in multi-values

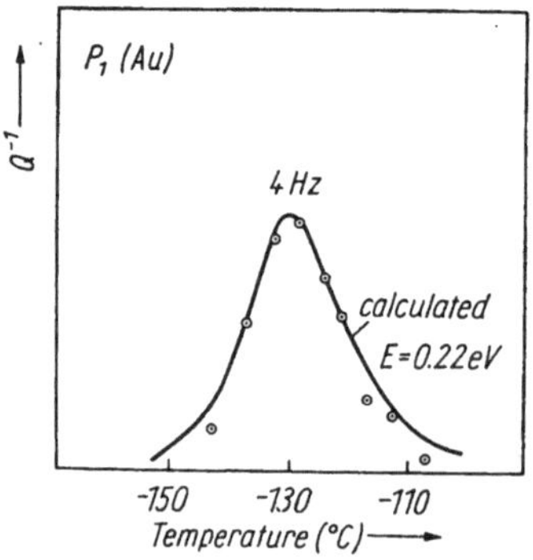


Fig. 3. A typical single relaxation peak in gold. See [7] (Sci. Pap. Inst. P.C.R.)

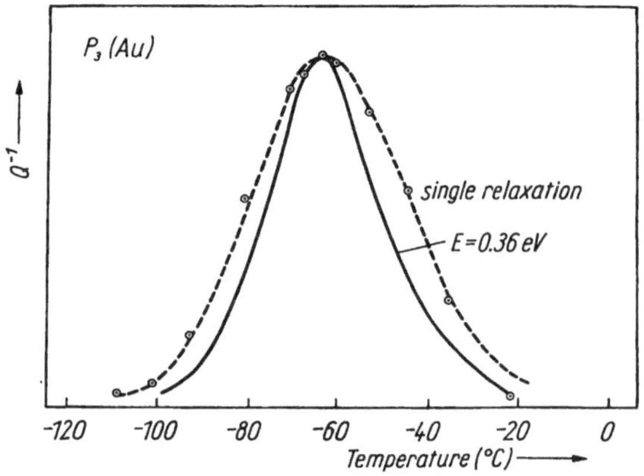


Fig. 4. A peak broader than single relaxation in gold. See [7] (Sci. Pap. Inst. P.C.R.)

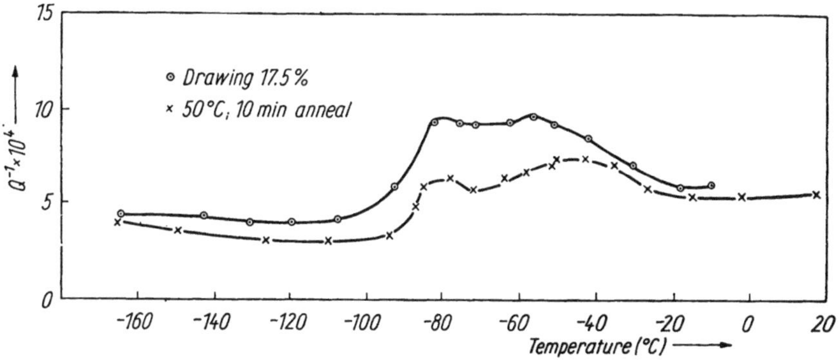


Fig. 5. A distorted broad peak in gold. See [7] (Sci. Pap. Inst. P.C.R.)

of $E_B$, $L$ and $\Lambda$. If the species of point defects are different, the binding energies $E_B$ are in general also different. In such a case, we usually find different peaks. We found, for example, in low frequency measurements three peaks which are believed to be due to three different point defects [5, 7, 8]. If a species of point defect is given, then the binding energy is determined, although minor changes of binding energy are possible according to the nature and configuration of dislocations. The broadening of the relaxation peak may, therefore, come mainly from the different lengths of permanent loops, $L$, and of elementary loops, $\Lambda$. As the distribution of the lengths of these loops exists, the distribution of relaxation time is also expected to exist, which should result in the broadening of peaks.

It may be of interest in this connection to point out that the distribution of loop lengths is complicated, if the mode of deformation is complex. Fig. 5 shows a broad complex shape of a peak in gold [7] which appeared after wire drawing, which is a very complexe mode of deformation compared with torsion or tension. Although the peak shape in Fig. 5 is very complicated, there seem to be two main peaks in it. This seems to have some connection with the fact that there always appear a twin peak in specimens deformed by rolling which is also a very complex mode of deformation. The twin peaks, i.e. two peaks in [2, 3 and 4] and $\alpha$ and $\beta$ peaks in [6], are found in more than ten metals[1]) which were deformed by rolling. These complex peaks are considered to be due to complicated distribution of loop lengths. A relatively irreproducible nature of the shape and height of peaks and disagreements sometimes found in the results by different authors especially in specimens deformed in different modes may be attributed to the complexity of dislocation configurations and also to the complexity of loop lengths distribution.

#### *4.3 Activation energy and pre-exponential factor*

The activation energy in the expression (5) is the binding energy between a point defect and a dislocation. In the case of the Hl theory, $E_B$ may be fairly smaller than the full magnitude of the binding energy, because the unpinned dislocation lies only one atomic distance apart from the pinning point defect, while in the present theory, $E_B$ is considered to be closer to the full magnitude of the binding energy, because in the trapped loop model it is possible that the distance $a^*$ in

[1]) $P_\alpha$ or $\alpha$ peaks in our high frequency measurements correspond to $P_1$ peaks in our low frequency measurements.

Fig. 2a may be fairly large compared with an atomic distance. But we shall not go into this kind of problems further, since at this moment we do not have a detailed exact model. We shall, therefore, simply assume that $E_B$ is the full magnitude of the binding energy.

Now let us take, as examples, $P_\alpha$ or $P_1$ peak in copper and $P_1$ peak in gold. These peaks are believed to be due to dislocations pinned down by single vacancies because of their growth behaviors, of which detailed investigations were made in our laboratory [7, 8]. Then the activation energies for these peaks are the binding energies between a single vacancy and a dislocation.

The most reliable values, at this moment, of experimental activation energies of $P_1$ or $P_\alpha$ peaks of various metals are tabulated in Table 1. Bullough and Newman derived formulae for the binding energy between a vacancy and a dislocation, putting the elastic moduli of vacancy equal to zero [20]. From their formulae for an edge dislocation we obtain the binding energies, which are shown in Table 1, where we put the radius of a vacancy equal to $b/2$, the distance of a vacancy from the center of dislocation equal to $b$, and the polar coordinate angle $\psi = 0$. The agreement between experimental activation energies and calculated binding energies is, in general, very good. It is of importance that the agreement is especially good in the case of copper and gold, because on one hand the experimental results of these metals are especially reliable [6, 7, 8], and on the other hand it is

Table 1

Experimental activation energies of peaking processes and calculated binding energies between a dislocation and a point defect

| Crystals | Activation energies (eV) | Calculated binding energies (eV) | Point defects |
|---|---|---|---|
| Cu | $0.32 \pm 0.01$ [a] | 0.30 [f] | V |
| Ag | 0.29 [b] | 0.26 [f] | V |
| Au | 0.22 [c] | 0.22 [f] | V |
| Al | $0.40 \pm 0.04$ [d] | 0.21 [f] | V |
| Ni | $0.31 \pm 0.04$ [d] | 0.41 [f] | V |
| Fe | $0.46 \pm 0.05$ [d] | 0.43 [g] | V |
| Mg | $0.30 \pm 0.04$ [d] | 0.20 [f] | V |
| Ti | $0.44 \pm 0.04$ [d] | 0.38 [f] | V |
| Zr | $0.50 \pm 0.05$ [d] | 0.43 [f] | V |
| Co | $0.53 \pm 0.09$ [d] | 0.46 [g] | V |
| Cu | $0.35 \pm 0.04$ [a] | — | I |
| Au | 0.34 [c] | — | I |
| Au doped Cu | 0.23 [e] | 0.25 [f] | Au atom |
| LiF | $0.25 \pm 0.03$ [h, i] | — | — |

a: ref. [8]; b: ref. [21]; c: ref. [7]; d: ref. [6]; e: estimated from data in ref. [24]; f: physical constants are taken from Amer. Inst. Phys. Handbook, 1957; g: physical constants are taken from Japan Inst. Metals Handbook, 1958; h: ref. [26]; i: ref. [27]; V: a single vacancy; I: an interstitial atom.

considered that the formulae of Bullough and Newman are most appropriately applicable in the case of noble metals.[2])

Kimura et al. [22] roughly estimated the binding energy between a vacancy and a dislocation not to be larger than 0.3 eV in noble metals, assuming ratios of concentration of free vacancies to that of bound vacancies at appropriate temperatures. The value of $\lesssim 0.3$ eV for noble metals is not in contradiction with our experimental and theoretical results shown in Table 1.

The experimental activation energies of $P_2$ peak in copper and gold, which are believed to be, in our approximation, the binding energies between a dislocation and an interstitial atom, are also included in Table 1. Although calculations of binding energies were not performed in the case of interstitials, the values in Table 1 seem not to be unreasonable, because the large Cottrell interaction energy due to size effect (or dilatation by an interstitial) is reduced by Bullough-Newman *repulsive* interaction [20].

The pre-exponential factors are given by

$$\text{(kink)} \qquad \tau_0 = L^2\, w/\pi^2\, \nu_D\, b\, \overline{\Lambda^2} \tag{9}$$

and

$$\text{(loop)} \qquad \tau_0 = 2\, L^2/\pi^2\, \nu_D\, b\, \overline{\Lambda}^* \,, \tag{10}$$

if we assume that $\nu = \nu_D\, b/w$ in the equation (6) and $\nu^* = \nu_D\, b/2\, \overline{\Lambda}^*$ in the equation (8), where $\nu_D$ is the atomic vibrational frequency ($\approx 10^{13}\,\mathrm{s}^{-1}$) and $w$ is the kink width ($\approx 10\, b$). Now if we further assume that $L \approx 10\, \overline{\Lambda} \approx 20\, \overline{\Lambda}^* \approx 10^3\, b$, we obtain

$$1/\tau_0\ \text{(kink)} \approx 10^{11}\,\mathrm{s}^{-1}$$

and

$$1/\tau_0\ \text{(loop)} \approx 10^{10}\,\mathrm{s}^{-1}\,.$$

These values are well within the range of experimental values of pre-exponential factors of various peaks in various metals [6, 7, 8] which are from $10^9\,\mathrm{s}^{-1}$ to $10^{12}\,\mathrm{s}^{-1}$.

### *4.4 Relaxation strength*

The relaxation strength is expressed by equations (4) and (7), which give

$$\Delta\ \text{(kink)} = 4.1 \times 10^{-3} \tag{11}$$

and

$$\Delta\ \text{(loop)} = 3.7 \times 10^{-2} \tag{12}$$

with $G = 4.68 \times 10^{11}$ dyne cm$^{-2}$ (copper), $a = b = 2.55 \times 10^{-8}$ cm (copper), $T = 150\ ^\circ\mathrm{K}$ ($P_1$ peak of copper at about 1 Hz), $L = 5 \times 10^{-5}$ cm, $1/N = L/10$, $\bar{a}^* = 3\, b$, and $\varrho = 10^7$ cm$^{-2}$. The value (11) agrees fairly well with a maximum observed value of $P_1$ peak of copper in our low frequency measurements [7, 8]. There is a question, however, as to the dislocation density $\varrho$. Perhaps $10^7$ cm$^{-2}$ may be an underestimate for $\varrho$, which may be $10^8$ cm$^{-2}$ or more in lightly cold-

---

[2]) Recently it was found that three peaks observed in silver at low frequencies behave completely similarly to three peaks in copper and gold [21]. Combining the high frequency results [6] with the low frequency ones [21], we obtained an improved value of activation energy of $P_a$ or $P_1$ peak, which is shown in Table 1.

worked copper. If we admit that $\varrho$ are about $10^8$ cm$^{-2}$, then the above results (11) and (12) show that only one hundredth to one tenth of total dislocations contribute to the peaking process. This is not unreasonable, because only dislocations with favorable configurations can contribute to our relaxation peak.[3])

The value of (12) which was derived from the equation (7) contains another problem, namely that of $a^*$. $a^*$ was somewhat arbitrarily assumed to be $3\,b$, which resulted in nine times larger value of relaxation strength compared with that of (11). To obtain a pertinent value of relaxation strength from the equation (7), one has to use a value of dislocation density of the order of $10^6$ cm$^{-2}$, which means, as mentioned above, that only one hundredth of total dislocations contribute to the peaking process. It is suggested here to make, in future, direct observations of dislocation configurations in specimens, which produce our relaxation peaks, in order to find which dislocation configurations and what fraction of dislocations are effective for the peaking process.

### *4.5 Impurity pinning*

The models and theories discussed here concerning point-defect-pinned dislocations which give rise to a relaxation peak should be applicable to the case where a dislocation line is pinned by impurity atoms. There is hitherto no published result of intentional investigation of this kind of peak in the case of substitutional impurities. But an unexplained peak found by Caswell [24] which appears at 180 °K at 40 kHz in annealed copper single crystals doped with either gold or nickel may be the relaxation peak due to dislocations pinned by gold or nickel atoms. Assuming the same pre-exponential factor as our $P_1$ peak, the activation energy of the peak or the binding energy of a dislocation with either a gold atom or a nickel atom is calculated to be about 0.23 eV (Table 1). This value agrees quite well with the binding energy calculated by Cottrell's size effect in the case of gold doped copper, as shown in Table 1, where we put $\psi = \pi/2$, and the dislocation impurity atom distance equal to $2\,b/3$. A size effect calculation of binding energy in the case of nickel doped copper gives a too small value, which might possibly be due to the neglect of electronic interaction.

There appears a peak above the Snoek peak temperature in cold-worked body-centered cubic metals containing interstitial impurity atoms. It was suggested in the HI paper that this peak may also be explained by our theories of unpinning of pinned dislocations. It seems now, however, it is not easy to do so without making considerable modification of the theories, because it is experimentally proved that interstitial impurity atoms in body-centered cubic metal form fairly complex clusters at dislocations [25].

### *4.6 Ionic crystals*

A peak of similar nature is found also in ionic crystals, e.g. in lithium fluoride [26, 27]. This peak appears above the Bordoni peak temperature, and is less stable compared with Bordoni peak, when annealed. Combining the kilo-cycle data by Taylor [26] and the mega-cycle data from our laboratory [27], we obtain

[3]) A similar situation is found also in Bordoni peak, where Seeger's theory [23], for example, predicts about ten times higher peak compared with observed peak.

$0.25 \pm 0.03$ eV as the activation energy (Table 1) and $(6.5 \pm 6.2) \times 10^{12}\ s^{-1}$ as the pre-exponential factor.

Van Bueren [28] describes that the binding energy between a dislocation and a point defect (e.g. a vacancy, etc.) in an ionic crystal amounts to a few tenths of an eV. This quantity is inversely proportional to the static dielectric constant of the crystal. As lithium fluoride has rather large static dielectric constant among alkali halides, the experimental activation energy of 0.25 eV is quite reasonable as the binding energy. The value of pre-exponential factor is also within a reasonable range, if one compares it with those of metals. Further experimental works concerning the peaks in ionic crystals are highly desirable, because they will elucidate the nature of our peaks from different angles.[4])

## References

[1] R. R. Hasiguti, Proc. Int. Conf. on Theoretical Phys., Kyoto and Tokyo 1953 (p. 577).
[2] R. R. Hasiguti, T. Hirai, G. Kamoshita, and N. Igata, Met. Phys. **1**, 111 (1955).
[3] R. R. Hasiguti, G. Kamoshita, and N. Igata, Met. Phys. **2**, 163 (1956).
[4] R. R. Hasiguti, G. Kamoshita, and N. Igata, Met. Phys. **3**, 113 (1957).
[5] R. R. Hasiguti and S. Okuda, Proc. Japan Acad. **35**, 284 (1959); Sci. Pap. Inst. Phys. Chem. Res. Tokyo **53**, 265 (1959).
[6] R. R. Hasiguti, N. Igata, and G. Kamoshita, Acta metall. **10**, 442 (1962).
[7] S. Okuda and R. R. Hasiguti, Acta metall. **11**, 257 (1963); Sci. Pap. Inst. Phys. Chem. Res. Tokyo **57**, 55, 61 (1963).
[8] M. Koiwa and R. R. Hasiguti, Acta metall. **11**, 1215 (1963).
[9] D. H. Niblett and J. Wilks, Phil. Mag. **2**, 1427 (1957).
[10] D. H. Niblett and J. Wilks, Phil. Mag. Supplement **9**, 1 (1960).
[11] D. H. Niblett, J. appl. Phys. **32**, 895 (1961).
[12] W. J. Baxter and J. Wilks, Acta metall. **10**, 175 (1962).
[13] D. O. Thompson and D. K. Holmes, J. appl. Phys. **30**, 525 (1959).
[14] L. J. Bruner, Phys. Rev. **118**, 399 (1960).
[15] J. C. Swartz, Acta metall. **10**, 450 (1962).
[16] L. J. Bruner and B. M. Mecs, Phys. Rev. **129**, 1525 (1963).
[17] R. R. Hasiguti, Proc. Int. Conf. Crystal Lattice Defects, 1962, J. Phys. Soc. Japan **18**, Supplement I, 114 (1963).
[18] N. F. Mott, Imperfections in Nearly Perfect Crystals, Wiley, New York 1952 (p. 173).
[19] J. Friedel, The Relation between the Structure and Mechanical Properties of Metals, Vol. 1, 409 (1963).
[20] R. Bullough and R. C. Newman, Phil. Mag. **7**, 529 (1962). Proc. Int. Conf. Crystal Lattice Defects, 1962, J. Phys. Soc. Japan, **18**. Suppl. III, 27 (1963).
[21] S. Okuda, M. Koiwa, H. Kondo, and R. R. Hasiguti, Preprint of the Annual Meeting of Phys. Soc. Japan, Part 4, 1963 (p. 31); details will be published later.
[22] H. Kimura, R. Maddin, and D. Kuhlmann-Wilsdorf, Acta metall. **7**, 145 (1959); H. Kimura, private communication.
[23] A. Seeger, Phil. Mag. **1**, 651 (1956); A. Seeger, H. Donth, and F. Pfaff, Disc. Faraday Soc. **23**, 19 (1957).

[4]) In the present theory as well as in the Hl theory, the distribution of point defects around dislocation lines is rather random. If the density of point defects is too small to be distributed randomly around dislocation lines, a Granato-Lücke [29] type pinned dislocation string model may be more appropriate. The Granato-Lücke model has to be modified, however, to include a temperature effect in the unpinning process, which was shown qualitatively [30] to give rise to an internal friction peak. Some calculations along this line are being carried out in our laboratory [31].

[24] H. L. CASWELL, J. appl. Phys. **29**, 1210 (1958).
[25] See, for example, D. H. BOONE and C. A. WERT, Proc. Int. Conf. Crystal Lattice Defects, 1962, J. Phys. Soc. Japan **18**, Suppl. I, 141 (1963).
[26] A. TAYLOR, Acta metall. **10**, 490 (1962).
[27] M. YABE, A. ISAO, and R. R. HASIGUTI, Preprint of Spring Meeting of Phys. Soc. Japan, Part 2, 74 (1962).
M. YABE, Thesis 1963).
[28] H. G. VAN BUEREN, Imperfections in Crystals, North-Holland Pub. Co. 1960 (p. 192).
[29] A. GRANATO and K. LÜCKE, J. appl. Phys. **27**, 583 (1956).
[30] R. R. HASIGUTI, Preprint of Autumn Meeting of Phys. Soc. Japan, part 1, 177 (1963).
[31] M. KOIWA and R. R. HASIGUTI, to be published.

*(Received January 28, 1965)*

phys. stat. sol. 9, 167 (1965)

*Department of Solid State Physics, Faculty of Mathematics and Physics, Charles University, Prague*

# Sublimation of Cadmium Telluride and Cadmium Selenide under a Vapour Pressure of one of their Components and the Equilibrium Form of Crystal Growth

By

P. HÖSCHL and Č. KOŇÁK

The dependence of the sublimation velocity $V_{AB}^{dif}$ $(g \cdot s^{-1} \cdot cm^{-2})$ of binary compounds $A^{II}B^{IV}$ on the vapour pressure of one of their components $p'_A$ is investigated. For this purpose extensions are made to the theory of the kinetics of element sublimation including the mechanism of diffusion transport. The relationship $V_{AB}^{dif} \sim (p'_A)^{-3}$ is derived. A method for growing single crystals by heating a mixture of small and large crystals of binary compounds AB under a vapour pressure of the component A is described and justified. The relationship $\alpha = \exp(4\, v_0\, \sigma_i/k\, T_S\, r_1)$ is derived for the supersaturation ($\alpha$) of the vapour phase at the crystal growth site by a generalization of the Thompson-Gibbs relation. Equilibrium growth of single crystals has made it possible to determine the $G_I$ planes of cadmium telluride and selenide.

Es wurde die Abhängigkeit der Sublimationsgeschwindigkeit $V_{AB}^{dif}$ $(g \cdot s^{-1} \cdot cm^{-2})$ binärer $A^{II}B^{IV}$-Verbindungen von dem Dampfdruck einer ihrer Komponenten ($p'_A$) untersucht. Zu diesem Zweck wurden die Sublimations-Kinetik der Elemente und der Diffusions-Transport-Mechanismus extrapoliert. Es wurde eine Beziehung der Form $V_{AB}^{dif} \sim (p'_A)^{-3}$ abgeleitet. Eine Methode zur Züchtung von Einkristallen durch Erhitzen einer Mischung von kleinen und großen Kristalliten binärer AB-Verbindungen unter dem Dampfdruck der Komponente A wird beschrieben und begründet. Für die Übersättigung $\alpha$ der Dampfphase am Ort der Kristallbildung wird die Beziehung $\alpha = \exp(4\, v_0\, \sigma_i/k\, T_S\, r_1)$ durch Verallgemeinerung der Thompson-Gibbs-Gleichung abgeleitet. Das Gleichgewichtswachstum ermöglicht die Bestimmung von $G_I$-Flächen an Kadmiumtellurid und Kadmiumselenid.

## 1. Introduction

Contemporarily the semiconductor compounds cadmium telluride and cadmium selenide are being intensively studied, the first one for its forbidden energy gap most convenient for the manufacture of solar batteries, the second one for its good photoconductive properties [1]. In order to study the fundamental physical properties of these compounds, it is first necessary to master the technology of single crystal preparation. Single crystals are usually prepared from the melt, at present mainly by zone melting [3, 4]. For some measurements, especially of optical properties, crystals grown from the vapour phaze needing no surface treatment by grinding, polishing and etching are more convenient than those grown from the melt. The preparation of such crystals is at present accomplished mainly by sublimating polycrystalline materials. Single crystals of cadmium telluride have been prepared from the vapour by Lynch [5], Teramoto [6, 7], Piper [8], and Höschl and Koňák [9, 10]. Cadmium selenide has been prepared similary by Vitrichovskij [20] and Mizeckaja [21]. This work is a sequel to papers [9] and [10].

## 2. Theoretical

The aim of this part of our paper is to extend the conception of sublimation kinetics of monoatomic materials to some compounds of the $A^{II}B^{VI}$ type. We will deal with such binary compounds where equilibrium between the solid and vapour phase may be described by the relationship

$$AB(s) \rightleftarrows A(g) + 1/2\, B_2(g)\,. \tag{1}$$

We assume that the vapour phase contains no AB molecules and that the component B in the vapour phase is present only in the form of biatomic molecules. This assumption is confirmed in the case of CdTe [12], CdSe [13], ZnTe [15], ZnSe [15], and other compounds.

If we heat up a crystal of the AB compound in a closed system under a vapour pressure of one of its components $p'_A$ (in the cooler part of the tube is a reservoir with a sufficient amount of the element A at a temperature corresponding to a saturated vapour pressure $p'_A$) to a temperature $T_s$, an atmosphere of the vapours of A and $B_2$ will be formed around the crystal. The total pressure arround the crystal $p_{tot}$ at the temperature $T_s$ is given by

$$p_{tot} = p_A + p_{B_2}\,, \tag{2}$$

where $p_A$ and $p_{B_2}$ are the pressures of the respective elements around the crystal at the temperature $T_s$ and an external vapour pressure $p'_A$. As the pressure $p'_A$ is constant throughout the whole tube (see Fig. 3), the concentration gradient of the component A along the tube is determined only by the difference of pressures $\Delta p_A$ respectively by the difference $\Delta n_A$ (where $n_A$ is the number of A molecules per cubic centimetre); then

$$p_A = p'_A + \Delta p_A \tag{3}$$

and

$$n_A = n'_A + \Delta n_A\,. \tag{4}$$

$p_A = k\, T_s\, n_A$, $p'_A = k\, T_s\, n'_A$, and $\Delta p_A = k\, T_s\, \Delta n_A$; $k$ is the Boltzmann constant and $T_s$ the absolute temperature at the site of the sublimating crystal.

The sublimation velocity of the compound AB $V_{AB}$ $(g \cdot s^{-1} \cdot cm^{-2})$ at the temperature of sublimation is then

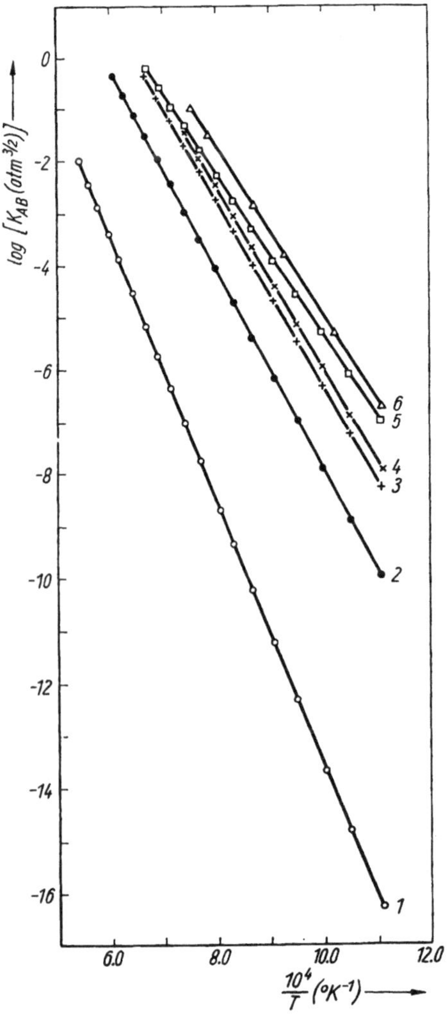


Fig. 1. Temperature dependence of the equilibrium constants of ZnO(1), CdO(2), ZnSe(3), ZnTe(4), CdSe(5), and CdTe(6)

determined by the velocity of the heterogenic chemical reaction (1) [42]

$$V_{AB} = K_1\, p_A\, p_{B_2}^{1/2} = K_1\, K_{AB}(T_s)\,, \tag{5}$$

where $K_1$ is a constant of the material and $K_{AB}$ the equilibrium constant of reaction (1), for which Guldberg-Waage's law is valid

$$K_{AB} = p_A\, p_{B_2}^{1/2}\,. \tag{6}$$

The temperature dependence of $K_{AB}$ is exponential and its first approximation follows the relationship

$$-R\,T \ln K_{AB} = \varDelta F_T^0 = \varDelta H_{298}^0 - T\,\varDelta S_{298}^0\,, \tag{7}$$

where $\varDelta F_T^0$, $\varDelta H_{298}^0$, and $\varDelta S_{298}^0$ are the respective molar free energy, normal enthalpy, and normal entropy of the compound. $R$ is the gas constant. The temperature dependence of the equilibrium constant of some $A^{II}B^{VI}$ compounds is illustrated in Fig. 1.

The relationship (5) describes an idealised case of sublimation in which the molecules are removed from the surface at an infinitely high rate (i.e. without condensation). This approximation is valid only when the kinetic theory of ideal gases is applicable. The components of the sublimating crystal AB leave the surface in a stoichiometric ratio, then

$$\varDelta p_A = 2\, p_{B_2} \tag{8}$$

and

$$\varDelta n_A = 2\, n_{B_2}\,. \tag{9}$$

$n_{B_2}$ signifies the concentration of the $B_2$ molecules above the crystal surface. In order to compare at least relatively the sublimation velocities under various growth conditions ($p_A'$, $T_s$) it is necessary to know $\varDelta p_A = f(p_A', T_s)$.

From the relationships (3), (6), and (8) we obtain

$$\varDelta p_A = 2\,(K_{AB})^2\,(\varDelta p_A + p_A')^{-2}\,. \tag{10}$$

When $p_A' \gg \varDelta p_A$ (i.e. for low rates of sublimation) this equation may be written as

$$\varDelta p_A = 2\,(K_{AB})^2\,(p_A')^{-2}\,. \tag{11}$$

### *2.1 Growth of single crystals in a temperature gradient*

The actual value of the sublimation rate $V_{AB}^{dif}$, when the rate determining process is the diffusion of components in the temperature gradient, is much lower than the limiting sublimation rate $V_{AB}$, so that the vapour pressure above the crystal may be assumed equal to the saturated vapour pressure.

For the overall component concentration of A and $B_2$ at the site of sublimation ($x = 0$) $C^0(0)$ $\left(C^0(0) = \varDelta n_A\,(M_A + 1/2\, M_{B_2})/A_0\right)$, we obtain from (4) and (11)

$$C^0(0) = K_2\, K_{AB}^2(T_s)\, T_s^{-1} (p_A')^{-2}\,, \tag{12}$$

where

$$K_2 = \frac{M_A + 1/2\, M_{B_2}}{2\,R}\,,$$

and $M_A$, $M_{B_2}$ are the respective molecular weights and $A_0$ is Avogadro's number.

Having investigated the relationships at the site of sublimation ($x = 0$; see Fig. 3) we shall now examine the condensation site ($x = l$). Principially two situations may occur at the condensation site:

a) The vapour supersaturation at the growth site is small:

$$C(l) \doteq C^0(l)\,. \tag{13}$$

$C(l)$ signifies the equilibrium concentration of the components A and B at the condensation temperature $T_c$, $C^0(l)$ the actual concentration of A and B at the condensation site. The value of $C^0(l)$ was practically constant for the whole experimental series.

b) The vapour supersaturation at the growth site is large: This assumption is not fulfilled during our experimental conditions of selenide and telluride sublimation [7] and we will not deal with the case further. Researches on this problem are presented in papers [17, 18, and 41].

Vapour transport through a temperature gradient by diffusion of the components leaving the surface may be considered as diffusion transport of molecules with an effective diameter $d$. In the case when $\Delta p_A \ll p'_A$ ($p_{tot} \doteq p'_A$) then $d \doteq d_A$ and the mean free path of the molecules is constant. In this case equation (14) is valid:

$$\frac{dm}{dt} = \frac{d}{dx}(D(x)\, C(x)) = V_{AB}^{dif}\,. \tag{14}$$

$C(x)$ signifies the concentration of the components A and B at the distance $x$ from the sublimation site, $D(x)$ the diffusion coefficient, $\frac{dm}{dt}$ the mass passing through 1 cm²/s, $d_A$ the diameter of the A molecules in the gaseous phase.

The diffusion coefficient may be expressed as

$$D = K_3\, T^{3/2} (p'_A)^{-1}\,, \tag{15}$$

where

$$K_3 = \frac{2\, k\, R^{1/2}}{3\, \pi^{3/2}\, M_A^{1/2}\, d_A^2}\,.$$

$T$ signifies the absolute temperature at the site $x$, $T = f(x)$.

The diffusion process after initial nonequilibrium may be considered as a stationary one so that we obtain

$$\frac{dC}{dt} = 0 \Rightarrow V_{AB}^{dif} = \text{const}\,. \tag{16}$$

By integrating equation (14) we obtain

$$x\, V_{AB}^{dif} = D(x)\, C(x) + \text{const}\,. \tag{17}$$

By substituting for $D(x)$ from formula (15) and from the boundary conditions (12), (13), and taking into calculation that $C^0(l)\, D(l) \ll C^0(0)\, D(0)$ for the temperature differences $T_s - T_c \doteq 200$ °K we obtain

$$V_{AB}^{dif} = K_4\, K_{AB}^2(T_s)\, T_s^{1/2} (p'_A)^{-3}\,, \tag{18}$$

$$K_4 = \frac{1}{l} K_2\, K_3\,.$$

The temperature dependence of $V_{AB}^{dif}$ at the site of sublimation ($p'_A$ remaining constant) follows from equations (8) and (18):

$$V_{AB}^{dif} \sim T_s^{1/2} \exp\left(\frac{2\, \Delta F_T^0}{R\, T_s}\right). \tag{19}$$

The sublimation velocity $V_{AB}^{dif}$ may be regulated within wide limits by varying the pressure of the component A. This renders to find out the optimal growth rate for crystals of high perfection.

### *2.2 Growth of single crystals from a polycrystalline layer*

The situation becomes more complex when single crystals grow from a layer of polycrystalline compound under a vapour pressure of one of the components, ($p'_A$). In this case a relatively large pressure must be chosen so that no substantial transport of matter through the temperature gradient occurs (see equation (18)). We have paid attention to the fact that the work function is then dependent on the crystallographic nature of the face from which the atoms are leaving and on the size of the crystal. The planes with the largest work function then determine the crystal's equilibrium form and the relationship $\sum F_i \sigma_i = \min$ must be valid for them. $\sigma_i$ signifies the specific free energy of 1 cm² of the $i$-th face and $F_i$ is the size of this face. While calculating the equilibrium constant $K_{AB}$ in relationship (7) the surface energy has not been considered. For the equilibrium constant $K^r_{AB}$ of a crystal with finite dimensions, the relationship

$$- R\,T \ln K^r_{AB} = \Delta F^0_T - M_{AB} \frac{d}{dm} \sum F_i \sigma_i \tag{20}$$

is valid. Here $dm$ signifies the elementary change of the mass of the crystal, $d \sum F_i \sigma_i$, the elementary change of surface energy and $M_{AB} = M_A + 1/2\, M_{B_2}$. The term $\left(M_{AB} \frac{d}{dm} \sum F_i \sigma_i\right)$ signifies the portion of the free surface energy per 1 mole of the crystal which is specified by the set of dimension parameters $\{r_i\} \equiv r$ [43]. This term vanishes for crystal with infinite dimensions.

The equilibrium constant of a crystal of infinite dimensions is expressed by equation (21):

$$- R\,T \ln K^\infty_{AB} = \Delta F^0_T\,. \tag{21}$$

From (20) and (21) we obtain

$$\frac{dm}{M_{AB}} R\,T \ln \frac{K^r_{AB}}{K^\infty_{AB}} = d \sum F_i \sigma_i\,. \tag{22}$$

By applying to the $i$-th face of the crystal's equilibrium form (see Fig. 2) we obtain

$$\frac{dm_i}{M_{AB}} R\,T \ln \frac{K^r_{AB}}{K^\infty_{AB}} = \frac{b_i\, \varrho\, r_i^2\, dr_i}{M_{AB}} R\,T \ln \frac{K^r_{AB}}{K^\infty_{AB}} = d\,(F_i \sigma_i) = 2\, b_i \sigma_i r_i\, dr_i\,. \tag{23}$$

Here $dm_i$ signifies the elementary increment of mass on the $i$-th face, $\varrho$ the specific density of AB, $b_i$ is an angle parameter, variable from plane to plane, and $r_i$ is the distance of the $i$-th face from the crystal's centre.

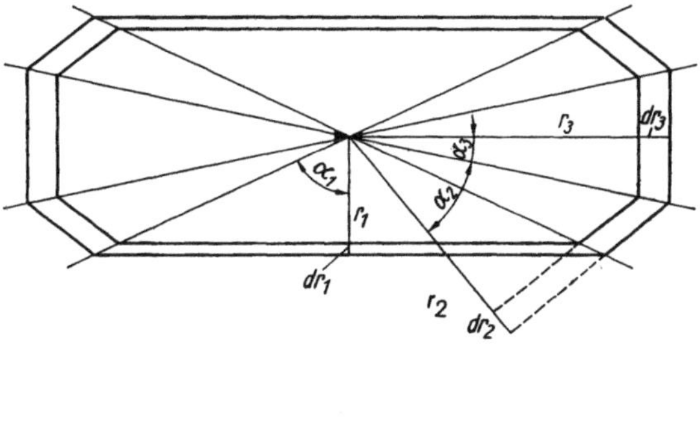


Fig. 2. Crystal growth without change of form

From relationship (23) follows

$$k\,T \ln \frac{K^{r}_{\mathrm{AB}}}{K^{\infty}_{\mathrm{AB}}} = 2\,v_0\,\frac{\sigma_i}{r_i}\,, \tag{24}$$

where $v_0$ is the volume of an AB molecule in the crystal. Relationship (24) is an extension of the Thompson-Gibbs equation [43] applied to binary compounds. The equation

$$\frac{\sigma_i}{r_i} = \mathrm{const} \tag{25}$$

follows from (23). This is a relationship valid for the planes limiting the crystal's equilibrium habit. For a mixture of small $(r = r_1)$ and large $(r = r_2)$ $(r_2 \gg r_1)$ crystals at a temperature $T_s$ a certain supersaturation of vapours must occui over the larger crystals. This is due to the larger evaporation surface of the smaller crystals. The vapour supersaturation above the surface of the larger crystals is given by

$$s = \alpha - 1\,, \qquad \alpha = \frac{\overset{1}{p}_{\mathrm{B}_2}}{\overset{2}{p}_{\mathrm{B}_2}} = \frac{\Delta \overset{1}{p}_{\mathrm{A}}}{\Delta \overset{2}{p}_{\mathrm{A}}}\,. \tag{26}$$

The indicies 1 and 2 signify the respective crystal sizes. From relationships (10) and (26) follows

$$\alpha = \left(\frac{K^{1}_{\mathrm{AB}}}{K^{2}_{\mathrm{AB}}}\right)^2 = \exp\left[\frac{4\,v_0\,\sigma_i}{k\,T_s}\left(\frac{1}{r_1} - \frac{1}{r_2}\right)\right]. \tag{27}$$

As $r_2 \gg r_1$ this may be simplified to

$$\alpha = \exp\left[\frac{4\,v_0\,\sigma_i}{k\,T_s\,r_1}\right]. \tag{28}$$

It is evident from this relationship that the supersaturation is practically independent of the size of the large crystals and of the vapour pressure of the component A.

## 3. Experimental

The arrangement of crystal growth experiments is shown schematically by Fig. 3. A furnace with a 15 times tapped winding was used to obtain the appropriate temperature charts. The temperature gradient was aproximately constant during the whole experimental series: $\frac{dT}{dx} = 20$ °C/cm. Temperatures of the sublimation site and the molten cadmium were varied in accordance with the desired sublimation velocity. They are evaluated as $T_s$ and $T_{\mathrm{Cd}}$ in Tables 1 (for CdTe) and 2 (for CdSe). Measurements were made by means of Pt–PtRh thermocouples, with errors in the limits of $\pm 2$ °C. This was simultaneously the limit of temperature control of $T_s$ and $T_{\mathrm{Cd}}$. Polycrystalline CdTe was obtained by the reaction of a stoichiometric mixture of the elements in an evacuated sealed-off quartz tube. The tubes were heated up to 1150 °C and at this temperature they were gently rocked for some time. Polycrystalline CdSe was also obtained by direct synthesis of tbe molten elements. The reaction was run either in a high pressure vessel at 1250 °C and at a nitrogen pressure of a hundred athmospheres [26], or in an evacuated and sealed-off quartz tube [27]. Elements with purity assay's of at least 99.999% were used for the synthesis of both CdTe and CdSe.

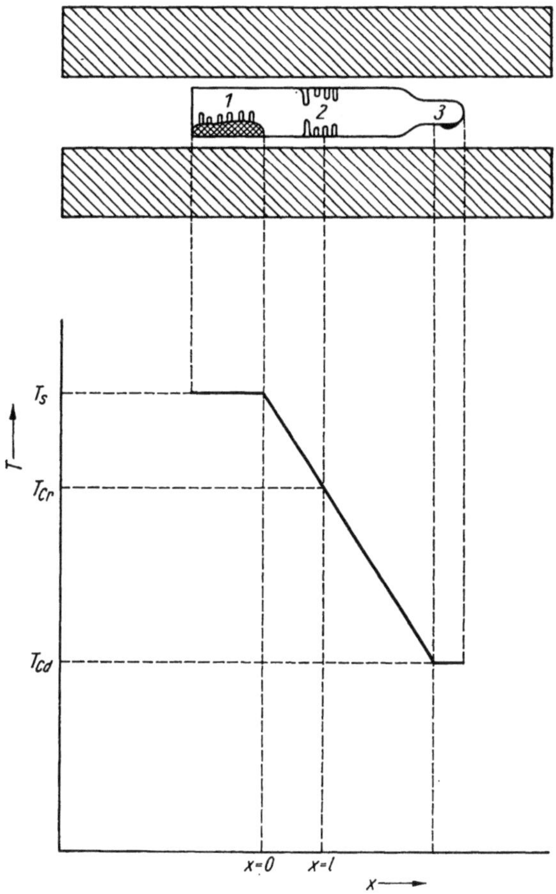


Fig. 3. Schematic arrangement of growth experiment
1 — polycrystalline charge,
2 — single crystal growth sites,
3 — molten cadmium

The sublimation experiments were carried out in sealed-off quartz tubes with an interior diameter of 30 mm. The air pressure in the tubes before the commencement of the experiments was $10^{-5}$ Torr. The weights of the finely ground compounds ($r_1 \doteq 10^{-4}$ to $10^{-3}$ cm) were 30 g telluride and 15 g selenide. The weight of the cadmium used to obtain the desired component pressure was 4 to 6 g. To prevent crystal growth under non equilibrium conditions the tube was inserted into the furnace after its operation temperature had been obtained. The period of crystal's growth determined by the cadmium vapour pressures is shown in Tables 1 and 2. The experiments being over, the tubes were rapidly cooled.

## 4. Results

The results of the crystal growth experiments are presented in Table 1 and 2. From these it is evident that the crystals grown by sublimation through a temperature gradient at about 750 °C differ substantially from the morphological point of view from those grown at about 950 °C by direct sublimation from the polycrystalline layer. For the case of cadmium telluride the difference between the crystal types has already been discussed in papers [9] and [10] where photographs of the prisms grown from the polycrystalline layer were presented. Experiment No. 6 was carried out in an atmosphere of selenium vapours. The results were the same as when the crystals were grown under the appropriate cadmium vapour pressure. All of the prepared cadmium selenide crystals were hexagonal with the wurtzite structure, the telluride crystals were cubic with a structure of the zinc-blende type.

The fact that the vapour supersaturation is not dependent on the size of the large crystals indicates that growth occurs under equilibrium conditions. The most stable faces (the so-called $G_I$ planes) determine the crystal's equilibrium form. The $G_I$ planes of cadmium telluride have been identified as (111), (100),

Table 1

| Exper. No. | $T_{Cd}$ (°C) | $T_s$ (°C) | $p'_{Cd}$ (atm) | Duration of exper. (h) | $\overline{V}^{dif}_{CdTe}$ (g/h) | $\overline{V}^{dif}_{CdTe}\, p'^{3}_{Cd}$ (atm³ g/h) | Shape and size of crystals (mm) | $T_K$ (°C) | El. conductivity ($\Omega^{-1}$ cm$^{-1}$) |
|---|---|---|---|---|---|---|---|---|---|
| 1 | 550 | 950 | $4.80 \times 10^{-2}$ | 35 | | | Dendritic crystals 5×2×2 | 750–800 | |
| 2 | 600 | 950 | $1.20 \times 10^{-1}$ | 48 | $1.69 \times 10^{-1}$ | $2.92 \times 10^{-4}$ | Prisms 8×5×5 | 950 | |
| | | | | | | | Platelets 8×3×0.2 | 750–800 | |
| 3 | 670 | 950 | $3.50 \times 10^{-1}$ | 100 | $6.69 \times 10^{-3}$ | $2.87 \times 10^{-4}$ | see exp. No. 2 | 950<br>750–800 | $1 \times 10^{-6}$ |
| 4 | 610 | 955 | $1.25 \times 10^{-1}$ | 168 | $1.55 \times 10^{-1}$ | $3.02 \times 10^{-4}$ | see exp. No. 2 | 950<br>750–800 | $1 \times 10^{-2}$ |
| 5 | 625 | 950 | $1.66 \times 10^{-1}$ | 124 | $5.65 \times 10^{-2}$ | $2.59 \times 10^{-4}$ | see exp. No. 2 | 950<br>750–800 | $1 \times 10^{-3}$ |
| 6 | 650 | 965 | $2.28 \times 10^{-1}$ | 144 | $2.29 \times 10^{-2}$ | $2.71 \times 10^{-4}$ | see exp. No. 2 | 950<br>750–800 | $1 \times 10^{-5}$ |
| 7 | 700 | 1000 | $4.26 \times 10^{-1}$ | 90 | | | Platelets 10×7×0.2 | 1000 | $1 \times 10^{-5}$ |

$T_{Cd}$ temperature of cadmium, $T_K$ temperature at condensation site, $T_s$ temperature at sublimation site, $p'_{Cd}$ external pressure of cadmium vapor, $\overline{V}^{dif}_{CdTe}$ amount of CdTe sublimating from the surface of a 30 g charge/hour.

Table 2

| Exper. No. | $T_{Cd}$ (°C) | $T_s$ (°C) | $p'_{Cd}$ (atm) | Duration of exper. (h) | $\overline{V}^{dif}_{CdSe}$ (g/h) | $\overline{V}^{dif}_{CdSe}\, p'^{3}_{Cd}$ (atm³ g/h) | Shape and size of crystals (mm) | $T_K$ (°C) |
|---|---|---|---|---|---|---|---|---|
| 1 | 720 | 1000 | $6.70 \times 10^{-1}$ | 120 | | | No crystals | |
| 2 | 600 | 1000 | $1.20 \times 10^{-1}$ | 53 | | | Hexagonal prisms $5 \times 5 \times 4$ | 1000 |
| | | | | | | | Hexagonal needles $7 \times 2 \times 2$ | 1000 |
| 3 | 560 | 1000 | $5.70 \times 10^{-2}$ | 60 | $1.99 \times 10^{-2}$ | $3.76 \times 10^{-6}$ | Hexagonal prisms $15 \times 3 \times 3$ | 1000 |
| 4 | 500 | 1000 | $1.85 \times 10^{-2}$ | 35 | $5.40 \times 10^{-1}$ | $3.45 \times 10^{-6}$ | Needles $4 \times 0.2 \times 0.5$ | 750—800 |
| 5 | 550 | 995 | $4.80 \times 10^{-2}$ | 50 | $3.60 \times 10^{-2}$ | $4.00 \times 10^{-6}$ | Prisms $15 \times 3 \times 3$ | 1000 |
| | | | | | | | Platelets $15 \times 3 \times 0.01$ | 750—800 |
| | | | $p_{Se_2}$ (atm) | | | | | |
| 6 | 545 | 1000 | $1.30 \times 10^{-1}$ | 29 | | | Prisms $10 \times 3 \times 3$ | 1000 |
| | | | | | | | Prisms $7 \times 7 \times 5$ | 1000 |

$\overline{V}^{dif}_{CdSe}$ amount of CdSe sublimating from the surface of a 15 g charge/hour.

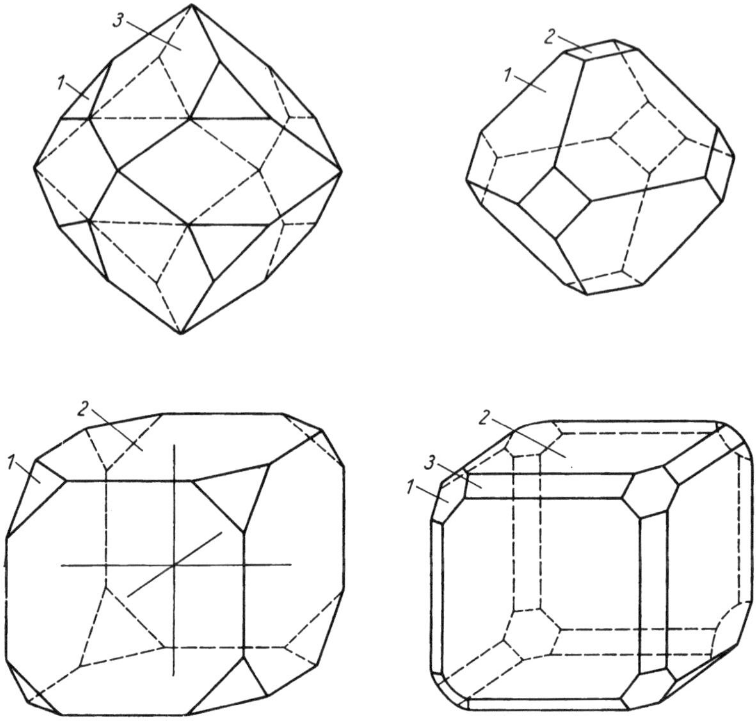


a b

c

Fig. 4. Forms of cadmium telluride crystals prepared during our experimental work. a) rhombo-dodecaedric, b) octaedric, c) hexaedric. 1 — (111) plane, 2 — (100) plane, 3 — (110) plane

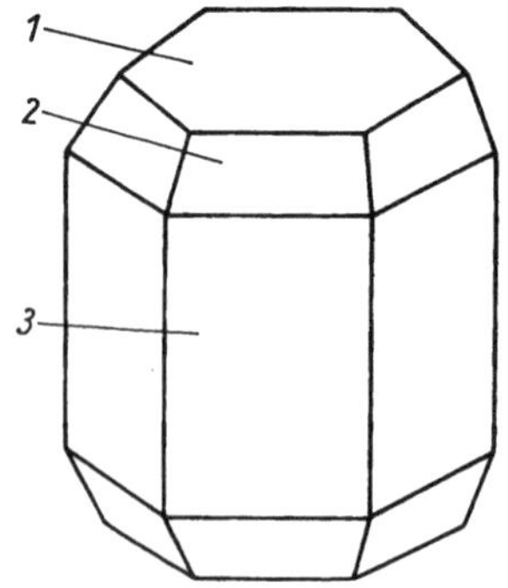


Fig. 5. Forms of cadmium selenide crystals prepared during our experimental work

and (110), the selenide planes are (0001), (10$\bar{1}$1), (10$\bar{1}$0), and (11$\bar{2}$0) which is in agreement with theoretical considerations [19]. Fig. 4 and 5 present the forms occuring most frequently on single crystals grown from the polycrystalline layers of CdTe and CdSe. The platelets of cadmium telluride grown both in the temperature gradient and from the polycrystalline layer (experiment No. 7) were limited by the (111) planes. The three-fold symmetry of the (111) plane is shown on Fig. 6. The cadmium selenide platelets grown in the temperature gradient were limited by (11$\bar{2}$0) planes (see Fig. 7). Crystals grown via sublimation with the

Fig. 6. Lauegram of the (111) plane of CdTe, showing three-fold axis of symmetry

Fig. 7. Lauegram of the $(11\bar{2}0)$ plane showing two-fold axis of symmetry

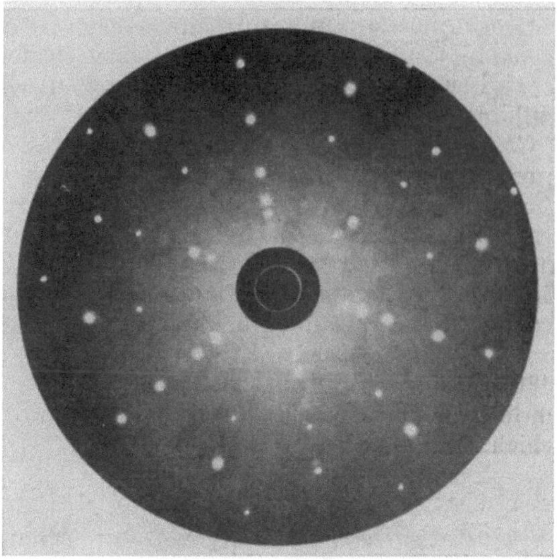

same habits as ours grown by recrystallization in situ were also observed by Teramoto [7] and Lynch [5]. The cadmium selenide plates were limited by the same planes, as when prepared by the Frerich's method [28].

## 5. Discussion

### *5.1 Growth of single crystals in a temperature gradient*

Tables 1 and 2 show that in both experimental series the relationship $\bar{V}_{AB}^{dif}(p_A')^3 \doteq$ const is valid. This is in good agreement with the derived equation (18). It is possible to control the rate of crystal growth and simultaneously the quality of the crystals by varying the vapour pressure of one of the components.

### *5.2 Growth of single crystals from a polycrystalline layer*

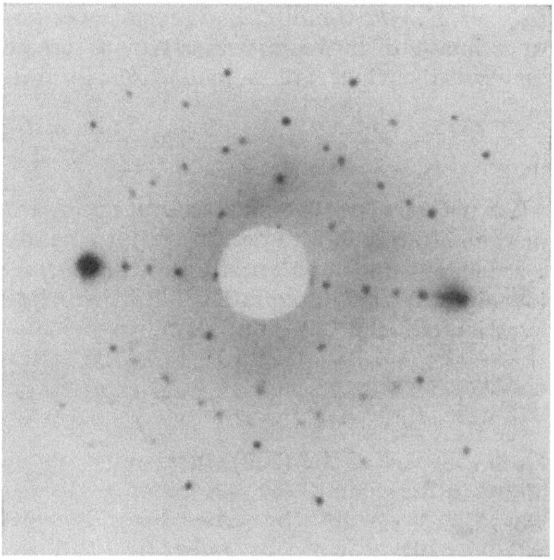

Fig. 7.

Similar methods of preparation have already been used for growing zinc sulphide and cadmium sulphide single crystals [29 to 39]. In those experiments the vapour transpoit speed was reduced either by using small temperature gradients or by inserting a stop of quartz wool into the tube, etc. The sublimation was not performed under a pressure of one of the components. It has been generally assumed that the role of surface diffusion during single crystal growth from a polycrystalline layer is decisive. Let us compare the mean free path of a cadmium (tellurium) atom at the (100) crystal surface of cadmium telluride with that in the vapour phase. According to Burton [17] the mean free path of surface diffusion may be estimated from the relationship

$$\lambda = 1/2\, a \sqrt{2}\, e^{\varphi/kT_s}, \tag{29}$$

where $T_s$ is the absolute temperature at a crystal growth site, $a$ is the lattice constant and $\varphi$ the energy necessary to detach the cadmium atoms from the crystal surface. By inserting $\varphi = 1.60$ eV (see (31)), $T = 1225$ °K, $a = 6.41$ Å [40] into formula (29) we obtain $\lambda \doteq 10^{-5}$ cm.

Considering that the mean free path of an atom in the vapour phase at working pressures of $10^{-2}$ to $10^{-1}$ atm is of the order $10^{-4}$ to $10^{-3}$ cm which indicates that the diffusion by vapour is at least competitive with surface diffusion. Moreover, we have established that single crystals grew on the polycrystalline substrate only in those experiments, where growth in the temperature gradient was at least simultaneously observable (see Table 2, experiments 1 and 2). Surface diffusion from grain to grain must be limited to a large extent by their boundaries.

Let us now estimate the supersaturation above the $G_{\text{I}}$ growth planes: (111), (110), (100), taking into consideration the mechanism proposed in the first part of this paper (see formula (28)). To establish $\sigma_i$ let us first characterize the reaction which is taking place:

$$\text{CdTe}(s) = \text{Cd}(g) + 1/2\ \text{Te}_2(g) - L_{\text{CdTe}}\ , \tag{30a}$$

$$\text{Te}_2 = 2\ \text{Te} - D_{\text{Te}_2}\ . \tag{30b}$$

$L_{\text{CdTe}} = 47.4$ kcal/mol [7], sublimation heat of CdTe,

$D_{\text{Te}_2} = 53.0$ kcal/mol [22], dissociation energy of $\text{Te}_2$.

An estimate of the energy necessary to detach a cadmium or tellurium atom from the crystal surface can be made from formula (31):

$$\varphi \doteq \frac{L_{\text{CdTe}} + 1/2\ D_{\text{Te}_2}}{2\ A_0}\ . \tag{31}$$

Let us calculate the surface energy $\sigma_i$ from the simplified model, supposing that the atom is in interaction with its nearest neighbours only [23]. Generally $\sigma_i$ is dependent on the orientation of the surface plane. It is evident from the relationship (25) that in equation (28) it is insignificant which of the growth faces is investigated. For the (100) plane we obtain

$$\sigma_{100} = \frac{\varphi}{2\ S_{100}}\ . \tag{32}$$

$S_{100}$ is the area of the (100) surface per one atom. The coefficient 1/2 follows by taking into account the necessity of distributing the bonding energy between two $S_{100}$ planes of the same size. For cadmium telluride we obtain $\sigma_{100} = 7.75 \times 10^{14}$ eV/cm². By inserting $\sigma_{100}$ into formula (28) we obtain the supersaturation $s = 0.5$ to $0.05\%$ ($r_1 \doteq 10^{-4}$ to $10^{-3}$ cm). Teramoto [7] found a 0.4% supersaturation for the growth of cadmium telluride from the vapour phase. We see that supersaturation at the growth site is sufficient when dislocation growth mechanism is considered [41]. The proposed growth mechanism conforms to the conditions of cadmium telluride single crystal growth.

Considering that an atom above a (100) plane has two ($s\,p^3$) bonds an estimate of the energy falling to one bond $\varphi_1$ can be made ($\varphi_1 = 0.80$ eV). The energy of transferring an atom from the interior of the crystal into the vapour phase is approximately $4\,\varphi_1 = 3.2$ eV. This is in conformance with de Nobel's value (3.20 eV) [3] found by means of thermodynamical data and measurements of electrical properties.

Fig. 8. Crystal structure of zinc-blende

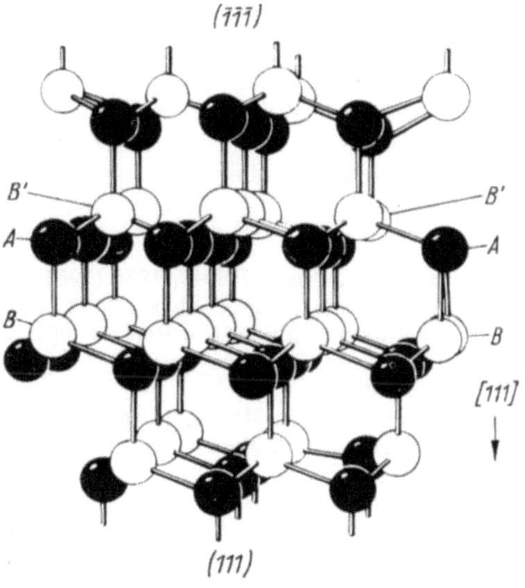


Let us draw attention to some interesting properties of the (111) and $(\bar{1}\bar{1}\bar{1})$ planes, which may appear during crystal growth. Their occurence is caused by the fact that the (111) and $(\bar{1}\bar{1}\bar{1})$ planes are not inversely symetrical. From Fig. 8 it is evident that the [111] direction from the $A^{II}$ to the $B^{VI}$ atom is not equivalent to the $[\bar{1}\bar{1}\bar{1}]$ direction of the $B^{VI}$ to the $A^{II}$ atom. The (111) plane consists either of atoms of the II$^{nd}$ group, bound to the lattice by three bonds or of atoms of the VI$^{th}$ group bound by a single bond. The atoms in the $(\bar{1}\bar{1}\bar{1})$ plane are bound inversely.

As the planes with three bonds to an atom are more stable than those with only single bonds, the faces in the [111] directions consist more probably of $A^{II}$ atoms and the faces in the $[\bar{1}\bar{1}\bar{1}]$ directions of $B^{VI}$ atoms. The different chemical properties of the (111) and $(\bar{1}\bar{1}\bar{1})$ planes must appear during crystal growth, etching, and investigation of surface properties. The various affinity of the II and VI elements to oxygene and other impurities plays an important role during crystal seeding and growth. One of the surfaces regularily has a higher level of contamination than the other so that cadmium telluride grows preferently either in the [111] or $[\bar{1}\bar{1}\bar{1}]$ direction.

## 6. Conclusion

Two methods for preparing binary compound single crystals under a vapour pressure of one of their elements have been described and motivated. An equation expressing the dependence of sublimation velocity on the vapour pressure of one of the elements has been derived and shown to be approximately valid during crystal growth in a temperature gradient. The proposed mechanism of single crystal growth from a powder charge under a vapour pressure of one of the components has been verified by means of the fact that the vapour supersaturation above the larger crystals is sufficient. The equilibrium crystal forms of cadmium selenide and telluride have been investigated.

The conclusions reached in this paper are by no means specific for cadmium telluride and selenide but are generally applicable to other $A^{II}B^{IV}$ compounds for which relationship (1) is valid.

The authors wish to express their thanks to Prof. Dr. E. Klier for many helpful suggestions and critical comments. Their thanks are due to A. Libicky, E. Šubertová, and M. Penková for assistance in the experimental part.

## References

[1] R. H. Bube, Proc. IRE **43**, 1836 (1955).
[2] J. J. Laferski, J. appl. Phys. **27**, 777 (1956).
[3] D. de Nobel, Philips Res. Rep. **14**, 361, 430 (1959).
[4] M. R. Lorenz, J. Electrochem. Soc. **110**, 343 (1963).
[5] R. T. Lynch, J. appl. Phys. **33**, 1009 (1962).
[6] I. Teramoto, Phil. Mag. **3**, 1593 (1963).
[7] I. Teramoto, Phil. Mag. **8**, 357 (1963).
[8] W. W. Piper, J. appl. Phys. **32**, 1278 (1961).
[9] P. Höschl and Č. Koňák, Czech. J. Phys. **B 13**, 785 (1963).
[10] P. Höschl and Č. Koňák, Czech. J. Phys. **B 13**, 850 (1963).
[11] B. Brdička, Základy fysik. chemie, Praha 1952.
[12] P. Goldfinger, Final techn. Rep. ARDC AF **61**, 514 (1956).
[13] W. J. Wösten, J. phys. Chem. **65**, 1949 (1960).
[14] H. E. Buckley, Crystal Growth, New York 1951.
[15] E. A. Baketov, ŽNCH **3**, 342 (1964).
[16] G. A. Samorjai, J. phys. Chem. **65**, 1059 (1961).
[17] W. Burton and G. Cabrera, Phil. Trans. **A 243**, 299 (1951).
[18] G. Sears, J. chem. Phys. **25**, 154 (1956).
[19] B. Honingmann, Gleichgewichts- und Wachstumsformen von Kristallen, Darmstadt 1958.
[20] N. B. Vitrichovskij, Rost kristallov, Moskva 1961 (p. 345).
[21] I. B. Mizeckaja, ŽNCH **3**, 2236 (1958).
[22] Gmelins Handbuch der anorg. Chemie (Berlin) **11**, 165 (1940).
[23] W. Kossel, Die molekularen Vorgänge beim Kristallwachstum, Leipzig 1958.
[24] A. Dinghas, Z. Krist. **105**, 304 (1943).
[25] P. Sirotek, Čs. Čas. Fys. **14**, 390 (1940).
[26] P. Höschl and Č. Koňák, Czech. J. Phys. **B 13**, 437 (1963).
[27] A. Libický, to be published.
[28] P. Höschl and Č. Koňák, Czech. J. Phys. **B 13**, 364 (1963).
[29] D. C. Reynolds, Phys. Rev. **79**, 543 (1950).
[30] S. J. Czyzak, J . appl. Phys. **23**, 939 (1952).
[31] S. J. Czyzak, J. Opt. Soc. Amer. **44**, 864 (1954).
[32] D. C. Reynolds, J. Opt. Soc. Amer. **45**, 136 (1955).
[33] H. Yamashita, J. Phys. Soc. Japan **13**, 226 (1958).
[34] P. D. Fochs, J. appl. Phys. **31**, 1733 (1960).
[35] D. R. Boyd, J. appl. Phys. **30**, 176 (1959).
[36] L. E. Holländer, Rev. sci. Instrum. **28**, 322 (1957).
[37] D. R. Hamilton, Brit. J. appl. Phys. **9**, 103 (1958).
[38] D. A. Wright, Brit. J. appl. Phys. **9**, 205 (1958).
[39] D. C. Reynolds, J. appl. Phys. **29**, 559 (1958).
[40] M. Hansen, Constitution of Binary Alloys, London 1958 (p. 444).
[41] A. R. Verma, Crystal Growth and Dislocations, London 1953.
[42] V. G. Levič, Vvedenije v statističeskuju fysiku, Moskva 1950.
[43] I. N. Stranski, Z. Krist. **105**, 91 (1943).

*(Received February 1, 1965)*

phys. stat. sol. 9, 181 (1965)

*Institute of Physical Chemistry, Polish Academy of Sciences, Warsaw*

# Electron Correlations in Statistical Model and Cohesion of Solids

By
S. Olszewski and M. Dubejko

The cohesive energy of solids is calculated by using a statistical model in which both the exchange and the Coulomb correlations are included. The model takes into account the local lowering of the electron density due to the finite volume of the exchange and Coulomb correlation holes produced in the electron gas of the statistical atomic system.

The cohesive energy and atomic volume are estimated numerically for elements with atomic numbers $Z$ varying from 1 to about 30, and those are compared with the corresponding average experimental dependences on $Z$. Rather good agreement between theory and experiment is obtained for the cohesive energy if only the exchange correlations are considered. The introduction of the Coulomb correlations increases the cohesive energy about one third of the value obtained by the use of exchange correlations alone.

Es wird eine Methode zur Berechnung der Kohäsionsenergie fester Körper vorgeschlagen, die auf einem statistischen Modell beruht, das sowohl die Austausch- als auch die Coulomb-Korrelation enthält. Die Methode berücksichtigt die lokale Erniedrigung der Elektronendichte infolge des endlichen Volumens der Austausch- und Coulomb-Korrelations-Löcher, die in dem Elektronengas des statistischen atomaren Systems geschaffen werden.

Die Kohäsionsenergie und das Volumen, das von einem Kristallatom besetzt wird, werden numerisch für die Elemente mit den Atomzahlen $Z$ zwischen 1 und 30 abgeschätzt. Die Ergebnisse der Theorie werden mit den entsprechenden mittleren experimentellen Abhängigkeiten von $Z$ verglichen. Für die Kohäsionsenergie wird dann eine zufriedenstellende Übereinstimmung zwischen Theorie und Experiment gefunden, wenn nur die Austausch-Korrelation berücksichtigt wird. Die Einführung der Coulomb-Korrelation vergrößert die Kohäsionsenergie um etwa ein Drittel des Wertes, der sich mit der Austausch-Korrelation allein ergibt.

## 1. Introduction

In the previous work [1] we considered the local lowering of electron density in the statistical model due to existence of the exchange holes. The other effect comes from the fact that the charge of the electron system is provided by charged particles which are free to correlate their positions following the Coulomb forces acting between them. This means that, in average, at each point of electron medium another lowering of the density can be expected than that due to the Pauli principle. The lowering, due to Coulomb repulsion, is known as Coulomb correlation hole. The existence of Coulomb correlation holes in electron medium gives the corresponding decrease of electrostatic self-energy of electron charge other than the decrease equal to the exchange energy. The decrease is called Coulomb correlation energy.

There is a striking analogy between the effect of Pauli principle and that of Coulomb correlations on the electron medium. Following this analogy we can consider approximately the action of both effects as a modified (increased) action of the exchange effect which is usually treated as being of stronger importance.

The purpose of the present paper is to calculate the cohesion of solids in the statistical framework where the exchange and Coulomb correlation effects are included simultaneously. The corresponding correlation formulae entering in the framework are of the free electron provenience, since the free electron assumptions enter basically into statistical model.

The cohesion of solids in statistical model with exchange only has been investigated in [1]. In the present note we like to give further results also for this exchange model. This will be done in Section 4, where the comparison between the results of the exchange model with those of the model with both types of correlations, exchange and Coulomb, is given.

## 2. The Framework

Following the reasoning of [2], the Coulomb correlation energy can be considered — similarly to the exchange energy — as the potential energy:

$$E_{\text{corr}} = -\frac{1}{2} e \int V_e^c \, dv = \int W_D \, dv \,, \tag{1}$$

where $V_e^c$ is the correlation potential of electrostatical type. $e$ is the positive elementary charge and $\varrho$ is the electron density. A simplified form for $W_D$ — very useful in statistical theory — has been provided by Gombás ([3], equation (11.19) and [4]). From (1), and from the Gombás formula for $W_D$, we obtain quite formally the corresponding approximate correlation potential

$$V_e^c = \frac{2}{e} [\lambda_0 \varrho^{1/3} + f_0] \,, \tag{2}$$

where

$$\lambda_0 = \frac{0.0687 \dfrac{e^2}{a_0^2}}{\left[\varrho_0^{1/3} + 0.1216 \dfrac{1}{a_0}\right]^2} \tag{3}$$

and

$$f_0 = \frac{0.05647 \dfrac{e^2}{a_0} \varrho_0^{1/3}}{\varrho_0^{1/3} + 0.1216 \dfrac{1}{a_0}} - \lambda_0 \varrho_0^{1/3} \,. \tag{4}$$

$\varrho_0$ is the electron density at the boundary of the atomic object.

The numerical constants entering in (2), (3), and (4) originate from the old Wigner formula for the correlation energy [3, 5, 6]. More recent correlation energy results for metallic densities do not deviate much from those predicted by Wigner [cf. the discussion of Slater [7]; compare also the results of Macke and of Wigner on the one hand ([8], Fig. 3) and those of Macke and of Nozières and Pines [9] on the other (see Table 1 of [2])], and for low densities Wigner's formula is considered as being approximately correct. For high electron densities Wigner's results are not suitable [10], however, in this case the correlation energy is only a small part of the exchange energy, so the corresponding deviations from the correct correlation formula can be neglected. In result, we follow equation (2) which has the apparent advantage of simplicity.

In view of the approximate character of the statistical model the knowledge of the exact form of $V_e^c$ seems to be at least of secondary importance. For example, Erma [11] recently performed calculations on the statistical Ar-atom — with inclusion of only the energetical aspect of the Coulomb correlations — using a more precise expression for the correlation energy than that of [3, 4, 5, and 6]. Consequently, the resulting statistical equation is much more complicated than in [3, 4]. However, the final results of [11] do not differ much from those of the corresponding simplified equation with correlation energy of Gombás: The boundary density of Erma (equal for all atoms) is $0.0034075/a_0^3$, whereas the same density given by Gombás is

$$\left(\frac{\varkappa_a'}{2\,\varkappa_k}\right)^3 = 0.003074\,\frac{1}{a_0^3}\,, \tag{5}$$

for $\varkappa_a'$, $\varkappa_k$ see (7); the reduced (dimensionless) radius of the Ar-atom from [11] is 11.52 and the reduced radius of Ar-atom from [3] is 12.0.

In order to take into account properly the effect of the exchange and Coulomb correlations on the electron density of the statistical model, we have to consider both aspects of these correlations: of the energy and of the volume.

The first aspect is enclosed in the corresponding correction to the density of the energy [3]. This density is

$$\varepsilon = \varkappa_k\,\varrho^{5/3} - \left(V_e^k + \frac{1}{2}\,V_e^e\right)\varrho\, e - \varkappa_a'\,\varrho^{4/3} - f_0\,\varrho\,; \tag{6}$$

the two last terms denote both exchange and Coulomb correlation corrections,

$$\varkappa_a' = \varkappa_a + \lambda_0 = \frac{3}{4}\left(\frac{3}{\pi}\right)^{1/3} e^2 + \lambda_0\,. \tag{7}$$

$V_e^k$, $V_e^e$ are respectively the electron–nucleus and electron–electron potentials, $\varkappa_k$ is equal to $\frac{3}{10}(3\,\pi^2)^{2/3}\,e^2\,a_0$. The energy aspect of correlations causes the contraction of the electron gas of the statistical model, since the total energy of the many-electron system decreases.

Considering the volume aspect of exchange and Coulomb correlations, we assume that the volume of exchange and Coulomb correlation holes produced in the electron gas of the statistical model is finite and the holes can rearrange the electron distribution of the model. This rearrangement will go naturally in direction of increasing the total volume of the electron system, i.e. in direction opposite to that caused by the energy aspect. Consequently, we expect a corresponding lowering of the electron density of the system due to the existence of holes. Since exchange and Coulomb correlation potentials can be considered as being of the electrostatical type, the appropriate correction to the density can be determined from these potentials by the action of the Laplace operator:

$$\frac{1}{4\,\pi\,e}\,[\varDelta\,V_e^a + \varDelta\,V_e^c]\,. \tag{8}$$

Thus the resulting density of electron charge is

$$\varrho = \frac{1}{4\,\pi\,e}\,\varDelta\,(V_e^k + V_e^e + V_e^a + V_e^c) = \frac{1}{4\,\pi\,e}\,\varDelta U\,. \tag{9}$$

$U$ is the total potential acting in a given point of the electron gas.

We obtain the density $\varrho$ as function of $U$ by variation of the total energy $E = \int \varepsilon\, dv$, with respect to $\varrho$. Using (2) and the expression for the exchange potential of [1], equation (14), we get the equation

$$(U - U_0)\,e - \frac{5}{3}\,\varkappa_k\,\varrho^{2/3} - \frac{2}{3}\,\varkappa_a'\,\varrho^{1/3} - f_0 = 0\,. \tag{10}$$

$U_0$ is the Lagrangian multiplier of present scheme. Thus the electron density in statistical model with exchange and Coulomb correlations is

$$\varrho = \left(\frac{2}{e\,a_0}\right)^{3/2} \frac{1}{3\,\pi^2} \left[\left(U - U_0' + \frac{\eta^2\,e}{8\,\pi^2\,a_0}\right)^{1/2} - \left(\frac{\eta^2\,e}{8\,\pi^2\,a_0}\right)^{1/2}\right]^3, \tag{11}$$

where (cf. [3])

$$\eta = \frac{\varkappa_a'}{\varkappa_a} \tag{12}$$

and

$$U_0' = U_0 + \frac{f_0}{e}\,. \tag{13}$$

For systems of spherical symmetry (atoms with the nuclear charge $Z$ and the number of electrons $N$) the total potential at the boundary is

$$U(r_0) = \frac{Z-N}{r_0}\,e + \frac{2\,\varkappa_a'}{e}\,\varrho^{1/3}(r_0) + \frac{2}{e}\,f_0[\varrho(r_0)]\,. \tag{14}$$

$r_0$ is the atomic (ionic) radius, the boundary density $\varrho_0$, denoted here by $\varrho(r_0)$, is determined by the condition

$$\frac{dE}{dr_0} = 0\,. \tag{15}$$

Since the form of the expression for the density of energy in the present model is equal to that proposed by Gombás, the equation corresponding to (15) is equal to that of [3], equation (11.12):

$$4\,\pi\,r_0^2\left[\frac{2}{3}\,\varkappa_k\,\varrho^{5/3}(r_0) - \frac{1}{3}\,\varkappa_a\,\varrho^{4/3}(r_0) - \frac{1}{3}\,\lambda_0\,\varrho^{4/3}(r_0)\right] = 0\,. \tag{16}$$

One of the solutions of (16) is that of Gombás — see equation (5) — and gives the abruption of the density at the atom boundary. The atom corresponding to (5) will be considered as the crystal atom. The other solution of (16) is

$$\varrho_0 = \varrho(r_0) = 0\,. \tag{17}$$

This solution is admissible in view of the form of (11) and the atom with (17) will be considered as a free atom. For free atoms (ions) the value of the potential at the boundary is reduced to $\frac{Z-N}{r_0}\,e$. For neutral atoms in crystals $[Z = N]$ we find, following (5)

$$U(r_0) = 1.45\,V(r_0^{\text{exch}})\,, \tag{18}$$

where $V(r_0^{\text{exch}})$ is the corresponding boundary potential value calculated with inclusion of the exchange correlations only:

$$V(r_0^{\text{exch}}) = \frac{2\,\varkappa_a}{e}\,\varrho^{1/3}(r_0^{\text{exch}})\,. \tag{18a}$$

(Cf. equation (17) of [1]. $\varrho(r_0^{\text{exch}})$ is $0.002127/a_0^3$; see equation (20) of [1], equation (9.16) of [3].)

Thus the Coulomb correlations make neutral atoms in crystals still more positive than the potential of the exchange alone.

### 3. Solution of Statistical Equation with Exchange and Coulomb Correlations

The statistical equation of the present model can be written as

$$\Delta\left(U - U_0' + \frac{\eta^2 e}{8\pi^2 a_0}\right) = 4\pi e\left(\frac{2}{e a_0}\right)^{3/2}\left[\left(U - U_0' + \frac{\eta^2 e}{8\pi^2 a_0}\right)^{1/2} - \left(\frac{\eta^2 e}{8\pi^2 a_0}\right)^{1/2}\right]^3 \tag{19}$$

which is completely analogous to equation (22) of [1]. For $\varrho(r_0) = 0$ we have $f_0[\varrho(r_0)] = 0$, so that

$$U_0' = U_0 = \frac{Z - N}{r_0}\, e\,. \tag{20}$$

For $\varrho(r_0)$ from equation (5) we have

$$U_0 = \frac{(Z - N)\, e}{r_0} + \frac{\{\varkappa_a + \lambda_0\,[\varrho(r_0)]\}^2}{4\,\varkappa_k\, e} + \frac{1}{e} f_0[\varrho(r_0)]\,, \tag{21}$$

thus $U_0$ is here equal to the Lagrangian multiplier of the Gombás correlation equation (however, $U_0'$ in the present case is by $\frac{2}{e} f_0[\varrho(r_0)]$ greater than the corresponding factor of Gombás' work). Both boundary densities (17, 5) can be reproduced from (11) by substituting the corresponding $U_0$ from (20) or (21), $\eta$ from (7) and (12), and $U(r_0)$ of (14).

In analogy to the paper of [1] we introduce the reduced form of (19) by substituting

$$\chi = \frac{r}{Z e}\left[U - U_0' + \frac{\eta^2 e}{8\pi^2 a_0}\right] \tag{22}$$

and

$$x = \frac{r}{\mu}\,, \tag{23}$$

where $\mu$ is always equal to $\frac{1}{4}\left(\frac{9\pi^2}{2}\right)^{1/3}\frac{a_0}{Z^{1/3}}$. Then (19) takes the form

$$\chi'' = x\left[\left(\frac{\chi}{x}\right)^{1/2} - \gamma_{\text{corr}}\right]^3, \tag{24}$$

where

$$\gamma_{\text{corr}} = \gamma\,\eta = \frac{0.105936}{Z^{2/3}}\,\eta\,. \tag{25}$$

$\gamma$ is the constant entering into the reduced form of the statistical equation with exchange correlations alone. It can easily be verified that the boundary conditions in their reduced form for the present atom model are the same as they are for the atom model with exchange (cf. [1], equations (29) to (31) for the free atom, and [1], equations (29), (30a), (31) for the atom in crystal), with the only difference in the constant $\gamma$ which for the present atom model should be replaced by $\gamma_{\text{corr}}$.

Following equations (3), (7), and (12), $\gamma_{\text{corr}}$ is different for the free atom and for the crystal atom of a given $Z$, contrary to $\gamma$ of the exchange model where it is the same in both cases. This situation comes from the fact that the constant $\lambda_0$ of (2) is only a crude approximation of the corresponding function of $\varrho$ entering into the exact form of the correlation potential. Since the correlation potential is a unique function of the density, we should choose one $\lambda_0$ for all atoms and all densities. We take $\lambda_0$ calculated with $\varrho(r_0)$ of (5) as representing the intermediate case of very low and of higher electron densities (the exact form of the correlation potential at very high densities is of negligible influence). Thus we have $\lambda_0$ equal to that of the model of Gombás [3, 4]:

$$\lambda_0 = 0.0963\, e^2 \,. \tag{26}$$

Reasoning analogous to equations (32) to (35) of [1] gives us once more the infinite radius for the free atom which has both exchange and Coulomb correlations included (cf. here also Sommerfeld [12]). The reduced form of the solution for the free atom tends now asymptotically to $\chi = \gamma_{\text{corr}}^2\, x$ axis.

## 4. Results

We solve numerically equation (24) substituting

$$x = \frac{w^2}{2} \tag{27}$$

and applying to resulting equation the Runge-Kutta-Merson method with varying step. The calculations were performed on the digital computer Ural II of the Computational Center of the Polish Academy of Sciences.

If results are transformed back to the variable $x$ we find the set of solutions represented by Table 1, where the solutions corresponding to purely exchange case ($\gamma_{\text{corr}}$ is then replaced by $\gamma$) are also added.

The contraction of the radii of the crystal atoms of the same $Z$, when we pass from the atom with exchange to that with both correlation types, is due to the increase

Table 1

Calculated initial slopes, $\varphi'(0)$ or $\chi'(0)$, reduced radii, $x_0$, atomic radii, $r_0$, and cohesive energies of elements

| $Z$ | Free atoms | | Crystal atoms | | | Cohesive energy (kcal/mol) |
|---|---|---|---|---|---|---|
| Exchange correlations case [1]: $\gamma = \dfrac{0.105936}{Z^{2/3}}$ | | | | | | |
| | $\varphi'(0)$ | $x_0$ | $\varphi'(0)$ | $x_0$ | $r_0$ | |
| 1 | $-1.4224365$ | $\infty$ | $-1.4000000$ | 4.0 | $3.5_5$ | 25.8 |
| 23.298 | $-1.5680086$ | $\infty$ | $-1.5679932$ | 18.2 | $5.6_5$ | 101.1 |
| 28 | $-1.5703212$ | $\infty$ | $-1.5703113$ | 19.7 | $5.7_5$ | 106.8 |
| Exchange + Coulomb correlations case: $\gamma_{\text{corr}} = \eta \dfrac{0.105936}{Z^{2/3}}$; $\eta = \dfrac{0.8349}{0.7386}$ | | | | | | |
| | $\chi'(0)$ | $x_0$ | $\chi'(0)$ | $x_0$ | $r_0$ | |
| 1 | $-1.4004280$ | $\infty$ | $-1.3699218$ | 3.8 | 3.4 | 29.2 |
| 28 | $-1.5680086$ | $\infty$ | $-1.5679932$ | 18.2 | 5.3 | 141.7 |
| 33.651 | $-1.5703212$ | $\infty$ | $-1.5703113$ | 19.7 | 5.4 | 149.7 |

Table 1 (and Fig. 2) indicates that the value for the cohesive energy of the exchange atom with $Z = 36$, obtained by the numerical procedure applied in the present paper, will be different by several kcal per mol from the value 103 kcal/mol estimated for this atom in [1]. However, in [1] we did not receive the numerical solution corresponding precisely to the crystal atom and the cohesive energy has been obtained from a rough interpolation calculus.

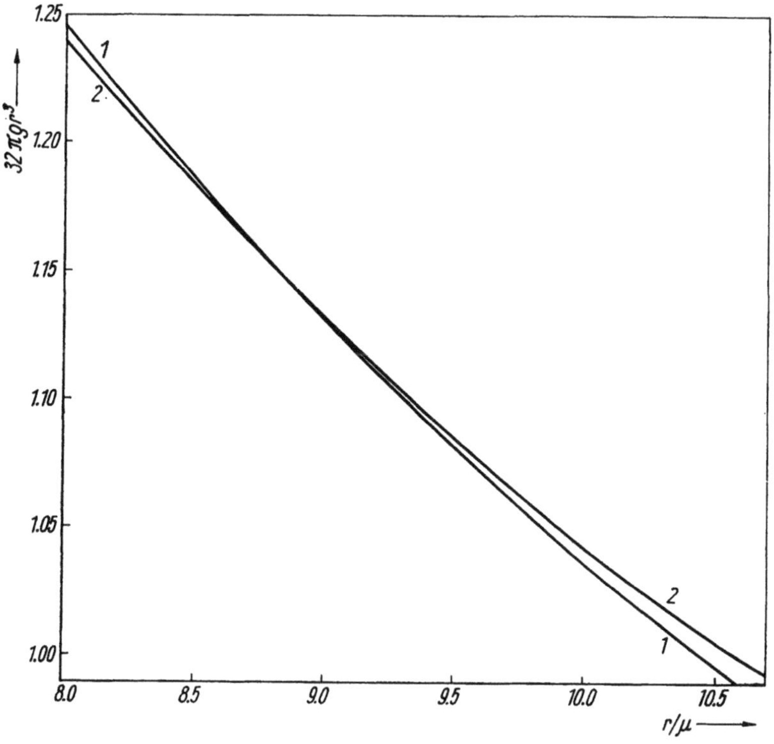


Fig. 1. Electron density at large distances of statistical atom ($Z = 1$) with exchange correlations (curve 1), exchange + Coulomb correlations (curve 2). The difference between curve 2 and curve 1 at large $x$ (large $r$) corresponds to the charge pushed out by Coulomb correlations

of the boundary density in the case when the Coulomb correlations are added. However, for free atoms the effect of the Coulomb correlation holes is to repel still more the electron charge towards the outer atomic regions than it was done by action of the exchange holes alone (cf. Fig. 1).

The cohesive energy is equal to the difference between the energy of the free atom and that of the crystal atom. This difference can be calculated without computing the absolute values of both energies: we have to calculate only the difference in kinetic energy, $E_{\text{kin}}$ (and a small correction to this difference in the Coulomb correlations case; cf. (31)), and apply the virial theorem. The difference in kinetic energy is equal to the sum of the kinetic energy differences calculated in every point of both atoms. The overwhelming part of the energy difference comes from the outer atomic regions.

In case of the atom with exchange we found the virial theorem to be of the same form (see equation (39) of [1]) as in the Thomas-Fermi-Dirac model, since the *form* of the expression for the energy density in terms of electron density is equal in both models. Obviously, the electron densities themselves, entering in the energy density expressions, are different in both models, TFD and that of [1], thus for the same atomic volume $v$ we obtain in [1] a different value for the electron pressure $P$ at the atomic boundary than in case of TFD (see [13]).

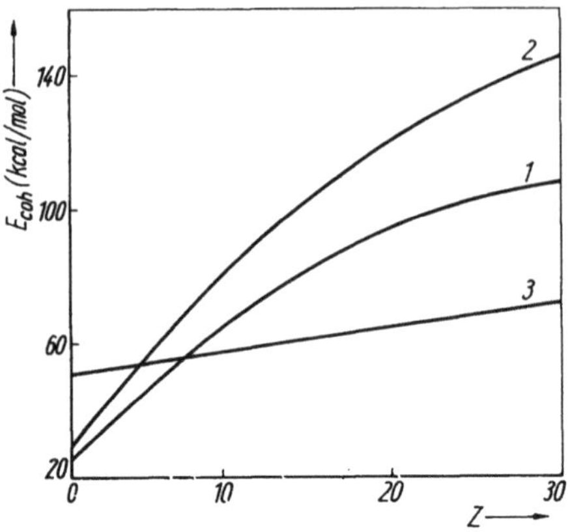


Fig. 2. Cohesive energy vs $Z$. 1 — Statistical model with exchange correlations, 2 — ... with exchange + Coulomb correlations; 3 — averaged experimental curve (cf. Section 5)

The analogous situation is for the present, exchange + Coulomb correlations, atom: the energy density expression is equal to that of the Gombás model and we have for the case when the pressure, $P = -\frac{1}{4\pi r_0^2}\frac{dE}{dr_0}$, of the electron gas at the atomic boundary attains zero:

$$2\,E_{\text{kin}} + E_{\text{pot}} + C = 0\,, \tag{28}$$

$$E_{\text{pot}} = E_{\substack{\text{el.-nucl.}\\ \text{interact.}}} + E_{\substack{\text{el.-el.}\\ \text{interact.}}} + E_{\text{exch}} + E_{\text{corr}}\,, \tag{29}$$

$E_{\text{exch}}$ exchange energy, $E_{\text{corr}}$ Coulomb correlation energy (1),

$$C = 0.05647\,\frac{e^2}{a_0}\int\frac{\varrho^{5/3}}{[\varrho^{1/3} + 0.1216/a_0]^2}\,dv\,. \tag{30}$$

Following (1), (29), and (30) equation (28) is of the same *form* as the virial equation of the Gombás model for $P = 0$.

Now we have for the cohesive energy

$$E_{\text{coh}} = E_{\text{kin. cryst. at.}} - E_{\text{kin. free at.}} + C_{\text{cryst. at.}} - C_{\text{free at.}}\,. \tag{31}$$

In case of the statistical atom with exchange correlations only, the $C$'s do not appear in the expression for $E_{\text{coh}}$ and we have simply

$$E_{\text{coh}} = E_{\text{kin. cryst. at.}} - E_{\text{kin. free at.}}\,. \tag{31a}$$

Here the corresponding $E_{\text{kin}}$ are calculated, obviously, from the density distributions of respective exchange atoms.

Since (30) is greater for the free atom than for that of the crystal, the presence of $C$'s in (31) lowers $E_{\text{coh}}$. This lowering we find to be about 10% of $E_{\text{coh}}$ calculated from (31) without inclusion of $C$'s. The final result of (31) is given in Table 1 (lower part) and Fig. 2.

## 5. Comparison with Experiment

We find that the calculated cohesive energy and the radius of the crystal atom increase monotonically with $Z$. Then we put

$$E_{\text{coh}}(Z) = a + b\,Z + c\,Z^2 \tag{32}$$

and

$$r_0(Z) = d + e\,Z + f\,Z^2 \tag{33}$$

Fig. 3. Radii of the crystal atoms vs $Z$. 1 — Statistical model with exchange correlations, 2 — . . . with exchange + Coulomb correlations, 3 — averaged experimental curve (cf. Section 5)

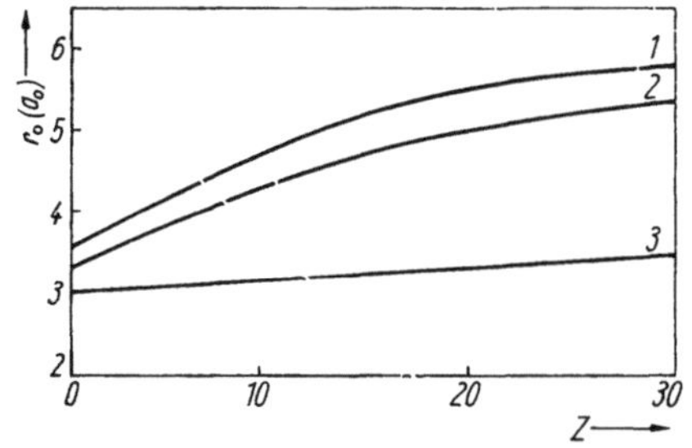


and calculate the coefficients $a, b, \ldots, f$ substituting the values for $Z$ from Table 1 in the right hand side of (32) and (33), and the corresponding values for $E_{\mathrm{coh}}$, $r_0$ on the left hand side. In this way we obtain the theoretical curves for cohesive energy and atomic radius versus $Z$ in both correlational cases: that of exchange and that of exchange + Coulomb (Fig. 2, 3). On the other hand, we plot on the figures the experimental parabolas for $E_{\mathrm{coh}}$ and $r_0$ where the coefficients corresponding to $a, b, \ldots, f$ have been calculated by the least-squares method [14] basing on the appropriate experimental data for $Z$ varying from 1 to 92.

The experimental data for $E_{\mathrm{coh}}$ are taken from [15]. The experimental $r_0$ is determined as the radius of the sphere equal to the volume occupied by an atom in the crystal lattice, and these data are taken from the molar atomic volumes of [16].

It is striking that the theoretical curve for the cohesive energy in case of exchange deviates less from the experimental curve, than the theoretical exchange + + Coulomb correlations curve, which lies, in general, much higher than the experimental one. This point, as well as the net excess of the theoretical values for $r_0$ over the experimental values, imply that the model overestimates the correlation effects, and the introduction of a corresponding screening factor is needed (see [17]). On the other hand, the roughness of the model — especially concerning the Coulomb correlations — is apparent.

In Table 2 we present the average values of cohesive energy and atomic radius per element, for the area of $Z$ taken from 1 to 30.

All data of the paper are related to the absolute temperature zero.

Table 2

Average values of cohesive energy and atomic radius per one element for the interval of $Z$ from 1 to 30

| Cohesive energy (kcal/mol) | | | | Atomic radius in $a_0$ | | | |
|---|---|---|---|---|---|---|---|
| Theoretical | | Experimental | | Theoretical | | Experimental | |
| exch. | exch. + Coul. | | | exch. | exch. + Coul. | | |
| 78 | 99 | 62 | 65* | 5.0 | 4.6 | 3.3 | 3.2* |

The values are obtained from integration of corresponding parabolas of Fig. 2 and Fig. 3. The integration limits were $Z = 1$ and $Z = 30$. The numbers with asterisk are the arithmetical means of appropriate experimental quantities taken for $Z$ varying from 1 to 30.

***Acknowledgement***

We have to thank Professor M. Śmiałowski for his interest.

## References

[1] S. OLSZEWSKI, phys. stat. sol. **3**, 2221 (1963).
[2] S. OLSZEWSKI, Phys. Rev. **121**, 42 (1961).
[3] P. GOMBÁS, Die statistische Theorie des Atoms und ihre Anwendungen, Wien 1949.
[4] P. GOMBÁS, Z. Phys. **121**, 523 (1943).
[5] E. P. WIGNER, Phys. Rev. **46**, 1002 (1934).
[6] E. P. WIGNER, Trans. Faraday Soc. **34**, 678 (1938).
[7] J. C. SLATER, Encyclopedia of Physics, Vol. XIX, Berlin 1956.
[8] W. MACKE, Z. Naturf. **5a**, 192 (1951).
[9] P. NOZIÈRES and D. PINES, Phys. Rev. **111**, 455 (1958).
[10] M. GELL-MANN and K. A. BRUECKNER, Phys. Rev. **106**, 364 (1957).
[11] V. A. ERMA, Phys. Rev. **132**, 1100 (1963).
[12] A. SOMMERFELD, Atombau und Spektrallinien, Vol. II, Braunschweig 1939 (p. 693).
[13] S. OLSZEWSKI, phys. stat. sol. **3**, 2305 (1963).
[14] H. MARGENAU and G. M. MURPHY, The Mathematics of Physics and Chemistry, New York 1950 (chap. 13.37).
[15] E. P. WIGNER and F. SEITZ, Solid State Physics, Vol. 1, New York 1955 (p. 108).
[16] J. D'ANS and E. LAX, Taschenbuch für Chemiker und Physiker, Berlin 1943.
[17] J. E. ROBINSON, F. BASSANI, R. S. KNOX, and J. R. SCHRIEFFER, Phys. Rev. Letters **9**, 215 (1962).

*(Received October 16, 1964)*

phys. stat. sol. 9, 191 (1965)

*Arbeitsstelle für Tieftemperaturphysik*
*der Deutschen Akademie der Wissenschaften zu Berlin, Dresden*

# Dielektrische Untersuchung an festen $(Ba_xSr_{1-x})$ $TiO_3$-Lösungen im Konzentrationsbereich von $x = 0$ bis 0,1 bei tiefen Temperaturen

Von

E. HEGENBARTH

An polykristallinen festen Lösungen von $(Ba_xSr_{1-x})$ $TiO_3$ im Konzentrationsbereich von $x = 0{,}01$ bis 0,1 wurden die Temperatur- und Feldstärkeabhängigkeit der Dielektrizitätskonstanten im Temperaturbereich von 10 °K bis 80 °K gemessen. Es zeigte sich, daß die Abhängigkeit der Übergangstemperaturen von der Konzentration im Bereich $x = 0{,}01$ bis 0,1 viel größer ist als im Bereich $x > 0{,}1$. Die Ergebnisse werden diskutiert.

The dielectric constants of polycrystalline $(Ba_x Sr_{1-x})$ $TiO_3$ solid solutions in the concentration-range $x = 0.01$ to 0.1 is measured between 10 °K and 80 °K as a function of the applied d. c. field.

It is seen, that the concentration-dependence of the transition-temperature in the range $x = 0.01$ to 0.1 is greater than in the range $x > 0.1$. The results are discussed.

## 1. Einleitung

Jackson und Reddish [1] und eine Reihe anderer Autoren, haben gezeigt, daß sich feste $(Ba_xSr_{1-x})TiO_3$-Lösungen herstellen lassen, bei denen sich die Übergangstemperaturen mit steigender $SrTiO_3$-Konzentration nach tiefen Temperaturen verschieben.

Es ergab sich ein fast linearer Zusammenhang zwischen der $SrTiO_3$-Konzentration und der Übergangstemperatur. Dieser Einfluß des $SrTiO_3$ ist auf den Ionenradius des $Sr^{2+}$-Ions zurückzuführen. Jede Vergrößerung der $SrTiO_3$-Konzentration verursacht eine Abnahme des Volumens der Elementarzelle. Denselben Effekt erreicht man auch durch die Anwendung von hydrostatischem Druck, wobei sich ebenfalls eine Verschiebung der Übergangstemperatur nach tiefen Temperaturen ergibt, wie Merz [2a] und Klimowski [2b] für reines $BaTiO_3$ und Richard [3] für einige $(Ba_xSr_{1-x})$ $TiO_3$-Lösungen gezeigt haben.

Die oben genannten Autoren [1] haben feste $(Ba_xSr_{1-x})TiO_3$-Lösungen in einem Konzentrationsbereich von $x \geqq 0{,}1$ untersucht. Um zu sehen, wie weit die lineare Abhängigkeit auch noch für kleinere Konzentrationen gegeben ist, haben wir Untersuchungen im Konzentrationsbereich von $x = 0$ bis 0,1 durchgeführt. In früheren Arbeiten [4, 5] wurde schon von ersten Untersuchungen an von uns hergestellten Proben im Konzentrationsbereich von $x = 0{,}05$ bis 0,11 berichtet. Es zeigte sich, daß sich die Abhängigkeit der Übergangstemperatur von der Konzentration in diesem Konzentrationsbereich noch durch eine Gerade wiedergeben läßt. Es wurde jedoch festgestellt, daß die Richtung der Geraden nicht genau festzulegen war, da bei vorgegebener Konzentration stärkere Abweichungen von der Übergangstemperatur und auch der absoluten DK-Werte aufgetreten sind. Die Ursachen für diese Schwankungen sind zweifellos in den Brennbedingungen und in der Reinheit der Ausgangsmaterialien, die erfahrungsgemäß die Festkörperreaktion bei der Bildung von festem $(Ba_xSr_{1-x})TiO_3$-Lösungen entscheidend beeinflussen, zu suchen.

Um diesen Einfluß festzustellen, hat sich auf unsere Bitte hin der VEB Keramische Werke Hermsdorf, der eine große Erfahrung in der Herstellung von ferroelektrischen Keramiken besitzt, bereit erklärt, zwei Chargen von $(Ba_xSr_{1-x})TiO_3$-Proben im Konzentrationsbereich von $x = 0$ bis 0,1 herzustellen.

Im folgenden soll von den dielektrischen Untersuchungen an diesen Proben berichtet werden.

## 2. Experimentelles

### *2.1 Probenherstellung*

Nach Angaben des VEB Keramische Werke Hermsdorf wurde zur Herstellung der festen (Ba, Sr) $TiO_3$-Lösungen $BaCO_3$, $SrCO_3$ und $TiO_2$ im entsprechenden Molverhältnis gemischt und die feste Lösung bei etwa 1300 °C vorgebildet. Die vollständige Bildung der festen Lösungen wurde durch die Bestimmung des freien BaO bzw. SrO kontrolliert. Die Ofenatmosphäre war neutral.

Nach diesem ersten Brand wurden die Proben in Porzellantrommeln 40 h gemahlen. Die aus dieser Masse hergestellten Plättchen (Durchmesser etwa 20 mm, $d = 3$ bis 5 mm) wurden auf $BaTiO_3$-Unterlagen bei 1400 °C bzw. 1435 °C in einer Elektromuffel bei neutraler Atmosphäre gesintert. Anschließend wurden die so hergestellten Proben plan geschliffen und bei etwa 600 °C Silberelektroden aufgebrannt.

### *2.2 Meßmethoden*

Die Kapazität der Proben wurde mit einer Präzisionskapazitätsmeßbrücke von Ulrich bei einer Frequenz von 800 Hz und einer Feldstärke von 10 V/cm im Temperaturbereich von 10 bis 80 °K gemessen. Der Kryostat zur Einstellung der Temperatur im Bereich von 10 bis 80 °K ist in [6] beschrieben.

Die Hystereseschleifen wurden mit einer Schaltung nach Sawyer und Tower [7] aufgenommen.

## 3. Ergebnisse

### *3.1 Die Abhängigkeit der Übergangstemperaturen von der Konzentration*

Auf Grund des besonderen Verhaltens von reinem $SrTiO_3$, welches kein normales Ferroelektrikum im üblichen Sinne ist, weil es bei tiefen Temperaturen eine Reihe besonderer Eigenschaften zeigt, kann man erwarten, daß bei festen (BaSr) $TiO_3$-Lösungen mit einer sehr hohen $SrTiO_3$-Konzentration ebenfalls Abweichungen vom üblichen Verhalten auftreten werden.

Die Fig. 1 zeigt die Abhängigkeit der Übergangstemperaturen (Temperatur des DK-Maximums) für feste $(Ba_xSr_{1-x})TiO_3$ im Konzentrationsbereich von $x = 0$ bis 0,1. Es wurden Proben von zwei verschiedenen Bränden untersucht. Wie man sieht, treten zwischen beiden Bränden erhebliche Unterschiede auf, die sich auch, wie später gezeigt wird, im Verhalten der DK äußern. Es ist offensichtlich, daß Brand Nr. 2 der bessere ist. Hier läßt sich die Abhängigkeit der Übergangstemperatur durch eine lineare Beziehung recht gut wiedergeben.

Eine stärkere Abweichung von dieser Geraden des zweiten Brandes ergibt sich nur für die Konzentration von $x = 0{,}07$, was sich ebenfalls im dielektrischen Verhalten äußert. Für den ersten Brand läßt sich ein linearer Verlauf nur für

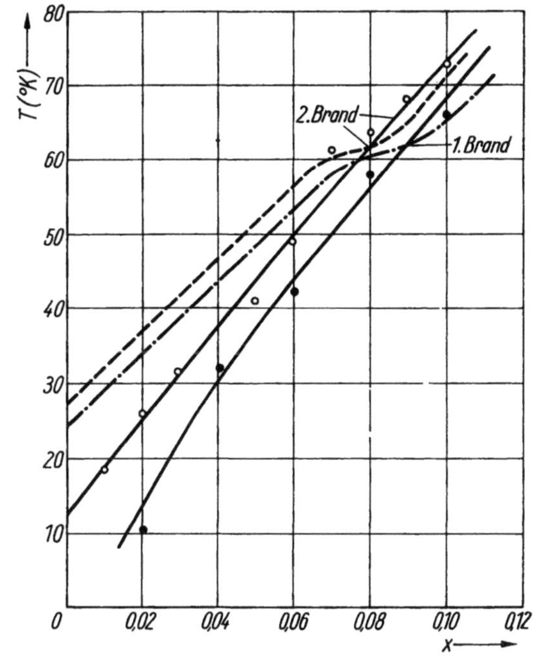


Fig. 1. Abhängigkeit der Übergangstemperaturen (voll ausgezogen) und der Curietemperaturen (gestrichelt) von der Konzentration bei festen $(Ba_xSr_{1-x})TiO_3$-Lösungen im Konzentrationsbereich von $x = 0$ bis 0,1

Konzentrationen von $x > 0{,}04$ angeben. Unterhalb dieser Konzentration biegt die Kurve sehr stark ab. Über den Zusammenhang zwischen Übergangstemperatur und Höhe der DK-Werte soll im nächsten Abschnitt gesprochen werden.

An dieser Stelle ist ein Vergleich über die Steilheit der Geraden mit den Ergebnissen anderer Autoren interessant. Es sind uns leider keine Messungen in dem hier untersuchten Konzentrationsbereich bekannt, so daß ein Vergleich nur mit Messungen im Konzentrationsgebiet von $x \geqq 0{,}1$ bis 1 möglich ist. Der Vergleich ist jedoch recht aufschlußreich. In Tabelle 1 sind die Verschiebungen der Übergangstemperaturen pro Mol-%-$BaTiO_3$, die von verschiedenen Autoren gemessen wurden, eingetragen.

Tabelle 1

| $\Delta T_{ü}$/Mol-% $BaTiO_3$ | Untersuchter Konzentrationsbereich | Autor |
|---|---|---|
| 3,9 °K | 0,2 bis 1,0 | Jackson [1] |
| 3,0 °K | 0,3 bis 1,0 | Rushman [8] |
| 3,7 °K | 0,1 bis 1,0 | Gränicher [9] |
| 3,7 °K | 0,1 bis 1,0 | Smolenski [10] |
| 3,8 °K | 0,7 bis 1,0 | Pajak [11] |
| 3,4 °K | 0,2 bis 1,0 | Bokov [12] |
| 2,9 °K | 0,9 bis 1,0 (Einkristalle) | Kisaka [13] |
| 6,0 °K | 0,01 bis 0,1 | Hegenbarth |

Aus der Tabelle 1 wird ersichtlich, daß die Verschiebungen der Übergangstemperaturen bei polykristallinen festen Lösungen im Konzentrationsbereich von $x = 0{,}1$ bis 1,0 im Mittel bei $\Delta T \approx 3{,}6$ °K/Mol-% $BaTiO_3$ liegen. Für den von uns untersuchten Konzentrationsbereich von $x = 0{,}01$ bis 0,1 ergibt sich $\Delta T = 6$ °K/Mol-% $BaTiO_3$. Die Verschiebung der Übergangstemperaturen ist in diesem Konzentrationsbereich fast doppelt so groß wie die im Bereich $x = 0{,}1$ bis 1,0.

Dieses Verhalten von festen $(Ba_xSr_{1-x})TiO_3$-Lösungen mit einer geringen $BaTiO_3$-Konzentration war zu erwarten, denn auf Grund der bisherigen Untersuchungen im Konzentrationsbereich von $x \geqq 0{,}1$, würde sich durch Extrapolation

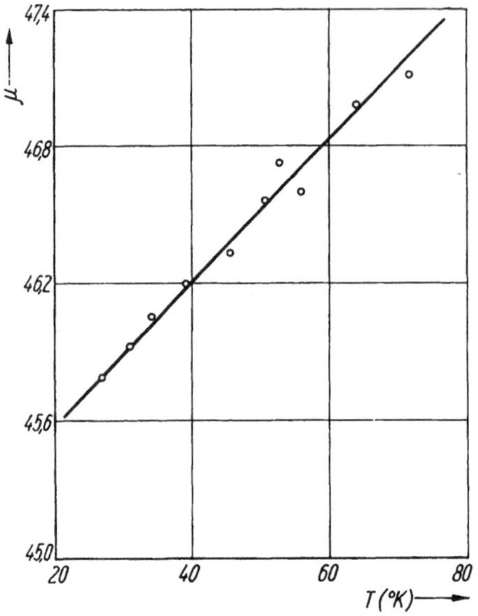


Fig. 2. Reduzierte Masse als Funktion der Curietemperatur für feste $(Ba_xSr_{1-x})TiO_3$-Lösungen im Konzentrationsbereich von $x = 0$ bis 0,1

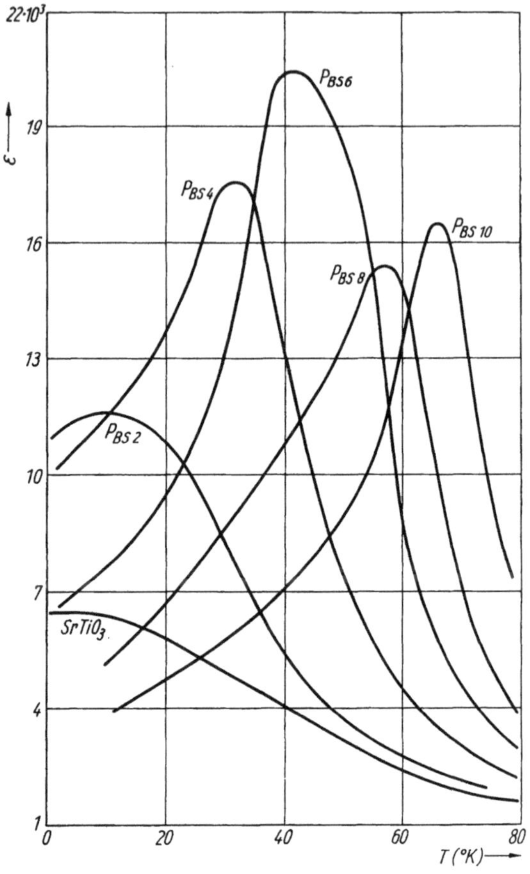


Fig. 3. Temperaturabhängigkeit der Dielektrizitätskonstanten von festen $(Ba_xSr_{1-x})TiO_3$-Lösungen im Konzentrationsbereich von $x = 0$ bis 0,1. 1. Brand

auf $x = 0$ für reines $SrTiO_3$ eine Übergangstemperatur von 40 °K ergeben. Nun ist bekannt [5, 14, 15], daß bei $SrTiO_3$ auch bis zu sehr tiefen Temperaturen kein Übergangspunkt gefunden wird, so daß ein steilerer Anstieg mit der Konzentration erwartet werden konnte.

Extrapoliert man unsere in Fig. 1 festgestellte Abhängigkeit der Übergangstemperaturen für den Brand Nr. 2 auf $x = 0$, so würde sich für reines $SrTiO_3$ eine Übergangstemperatur von etwa 12 °K ergeben. Es wird zwar auch bei dieser Temperatur kein Maximum der DK festgestellt, wie man jedoch aus Fig. 3 und 4 sieht, ist es gerade die Temperatur, bei der die DK von $SrTiO_3$ temperaturunabhängig wird. Nach Barrett [16] müssen bei Ferroelektrika mit einem Curiepunkt bei sehr tiefen Temperaturen Quanteneffekte berücksichtigt werden, die nach unserer Meinung auch dazu führen können, daß der Übergangspunkt von $SrTiO_3$ nicht mehr deutlich hervortritt. Ob diese Überlegungen berechtigt sind, sollen Untersuchungen bei noch geringeren Konzentrationen ($x < 0{,}01$) klären.

Eine weitere interessante Feststellung ergibt sich, wenn man die Abhängigkeit, der extrapolierten Curietemperaturen (Schnittpunkt des geradlinigen Teils von $1/\varepsilon$ mit der $T$-Achse) als Funktion der Konzentration aufträgt (gestrichelt gezeichnete Kurven in Fig. 1). Aus den bekannten Untersuchungen im Konzentrations-

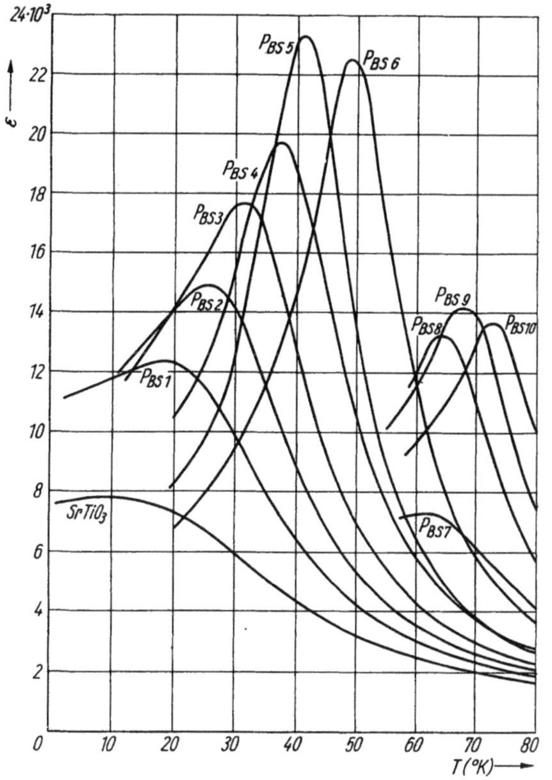


Fig. 4. Temperaturabhängigkeit der Dielektrizitätskonstanten von festen $(Ba_xSr_{1-x})TiO_3$-Lösungen im Konzentrationsbereich von $x = 0$ bis 0,1. 2. Brand

bereich $x = 0{,}1$ bis 1,0 geht hervor, daß die so extrapolierten Curietemperaturen alle unterhalb der aus dem DK-Maximum bestimmten Übergangstemperaturen liegen. Wie aus Fig. 1 zu sehen ist, bleibt diese Tendenz nur bis zu Konzentrationen von $x = 0{,}07$ bis 0,08 erhalten, dann biegen die Kurven ab und jetzt liegen die Curiepunkte immer oberhalb der Übergangstemperaturen. Insbesondere ergibt sich durch Extrapolation auf die Konzentration $x = 0$ eine Curietemperatur von etwa 27 °K für reines $SrTiO_3$, ein Wert der auch experimentell durch Extrapolation von $1/\varepsilon$ gegen $T$ für $SrTiO_3$, wie aus Fig. 1 zu sehen ist, gefunden wird. Auf dieses Verhalten der Curietemperaturen wird im nächsten Abschnitt noch eingegangen.

Nach der Theorie von Cochran [17] ist der ferroelektrische Zustand dadurch gekennzeichnet, daß eine weiche optische Schwingung im Kristall existiert, die temperaturabhängig ist und am Curiepunkt verschwindet, wodurch ein polarer Zustand verursacht wird.

Nach Last [18] und Perry [19] entspricht in ferroelektrischen Kristallen vom Perowskit-Typ diese optische Schwingung niedriger Frequenz einer Schwingung des Kations gegen die $TiO_3$-Gruppe. Die von Cochran [17] angenommene Temperaturabhängigkeit von $\omega^2 = K\,(T - T_c)$, konnte von Cowley [20] für $SrTiO_3$-Einkristalle experimentell bestätigt werden. Es ist klar, daß die Frequenz dieser Schwingung unter anderem auch durch die an der Schwingung beteiligten Massen bestimmt wird. Es muß also eine Beziehung zwischen diesen und der Curietemperatur der betreffenden Substanz bestehen. Rupprecht und Bell [21] haben für verschiedene Substanzen vom Perowskit-Typ die reduzierte Masse $\mu$ über der Curietemperatur $T_c$ aufgetragen und dabei eine lineare Beziehung, ausgehend von $PbTiO_3$ über $BaTiO_3$ zum $SrTiO_3$, gefunden. In Fig. 2 haben wir die reduzierte Masse über der von uns festgestellten Curietemperatur aufgetragen. Man sieht, daß auch hier die lineare Beziehung erhalten bleibt. Der Anstieg der Geraden ist etwa derselbe wie bei Rupprecht und Bell [21].

Extrapoliert man die Gerade in Fig. 2 auf $T_c = 0$, so müßte die Substanz, die eine Curietemperatur bei etwa 0 °K besitzt, eine reduzierte Masse von etwa 45 haben. Ob eine solche Substanz vom Perowskit-Typ existiert und ob diese Extrapolation erlaubt ist, muß noch geprüft werden.

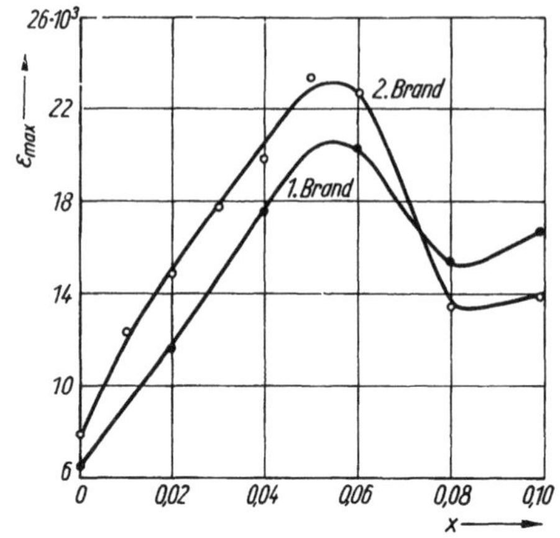


Fig. 5. Abhängigkeit der Dielektrizitätskonstanten im Maximum von der Konzentration

### *3.2 Das Verhalten der Dielektrizitätskonstanten*

Die Messungen wurden im Temperaturbereich von 10 bis 80 °K und für $SrTiO_3$ im Bereich von 1,6 bis 80 °K durchgeführt.

Die Ergebnisse der Messungen sind in Fig. 3 und 4 zu sehen. Zunächst fallen die außerordentlich hohen DK-Werte von über 20000 auf, die bei festen Lösungen im Konzentrationsbereich von $x = 0{,}04$ bis 0,06 erreicht werden. Soweit uns bekannt, sind es die bisher höchsten Dielektrizitätskonstanten, die in diesem Temperaturbereich beobachtet wurden.

Trägt man die maximalen DK-Werte gegen die Konzentration auf, wie dies in Fig. 5 geschehen ist, so ergibt sich ein Maximum im Konzentrationsgebiet von $x \approx 0{,}05$. Diese Tendenz gilt für beide Brände. Eine mögliche Erklärung für dieses Verhalten ergibt sich, wenn man die Temperaturabhängigkeit der DK von $SrTiO_3$ in Fig. 3 und 4 betrachtet. Der Anstieg der DK ist im Temperaturbereich von 35 bis 65 °K am größten, in diesem Temperaturbereich liegen aber auch die festen Lösungen mit den höchsten DK-Werten. Dieser dominierende Einfluß des $SrTiO_3$ in der festen Lösung läßt sich noch weiter verfolgen. Mit fallender $BaTiO_3$-Konzentration nehmen die maximalen Werte der DK der festen Lösungen immer mehr ab, wie aus Fig. 5 zu ersehen ist, gleichzeitig wird aber auch die Temperaturabhängigkeit der DK von $SrTiO_3$ immer geringer. Mit zunehmender $SrTiO_3$-Konzentration werden auch die DK-Maxima der festen Lösungen immer flacher, d. h. die festen Lösungen nähern sich in ihrem dielektrischen Verhalten immer mehr dem Verhalten von reinem $SrTiO_3$.

Diese Tendenz gilt auch für Konzentrationen von $x > 0{,}05$. Die Übergangstemperaturen liegen im Bereich 50 bis 80 °K, in diesem Temperaturbereich wird aber die Temperaturabhängigkeit der DK von $SrTiO_3$ ebenfalls wieder geringer.

Daraus erklärt sich das unterschiedliche Verhalten der festen Lösungen beider Brände. Offensichtlich ist Brand Nr. 2 der bessere, denn hier werden im Bereich von $x = 0$ bis 0,06 die höheren DK-Werte erreicht. Wie Fig. 5 zeigt, sind jedoch die DK-Werte im Maximum bei der Konzentration $x = 0{,}08$ und 0,1 bei Brand Nr. 1 größer als bei Brand Nr. 2. Dieses Verhalten wird sofort klar, wenn man die Übergangstemperatur der beiden Lösungen vergleicht (siehe Fig. 1). Sie liegen beim Brand Nr. 1 tiefer als beim Brand Nr. 2, d. h. sie liegen im Bereich der größeren Temperaturabhängigkeit der DK von reinem $SrTiO_3$.

Man kann also sagen, daß die Übergangstemperaturen der festen $(Ba_xSr_{1-x})TiO_3$-Lösungen mit den höchsten DK-Werten im Maximum in dem Temperaturbereich liegen, in dem die Temperaturabhängigkeit der DK von $SrTiO_3$ am größten ist. Der Anstieg der Kurve in Fig. 5 beginnt bei etwa $x = 0{,}08$. Wie man aus Fig. 1 sieht, beginnt bei dieser Konzentration auch die Änderung im Verhalten der extrapolierten Curietemperatur $T_c$ gegenüber den Übergangstemperaturen. Die Curietemperaturen liegen jetzt oberhalb und nicht wie bisher unterhalb der Übergangstemperaturen.

Ein Vergleich unserer Resultate mit den Messungen anderer Autoren ist nur für eine Konzentration von $x = 0{,}1$ möglich. Smolenski [10] und Gränicher [9] geben etwa 80 °K für die Übergangstemperatur und DK-Werte im Maximum von 9000 bis 10000 an. Die Übergangstemperatur für $x = 0{,}1$ und Brand Nr. 2 liegt bei etwa 72 °K und $\varepsilon_{max}$ für diese Konzentration bei etwa 13700.

Wenn man bedenkt, welchen Einfluß die Herstellungsbedingungen auf die Übergangstemperatur und absoluten DK-Werte haben, so liegt diese Abweichung noch im Rahmen des Möglichen.

### *3.3 Feldabhängigkeit der Dielektrizitätskonstanten und Hystereseverhalten*

Der Einfluß eines überlagerten Gleichspannungsfeldes auf die Dielektrizitätskonstanten ist in Fig. 6 für eine feste Lösung von $(Ba_{0,05}Sr_{0,95})$ $TiO_3$ und in Fig. 7 für die feste Lösung $(Ba_{0,01}Sr_{0,99})TiO_3$ zu sehen. Für beide Substanzen ist der außerordentlich starke Einfluß des Gleichspannungsfeldes auf die Höhe der

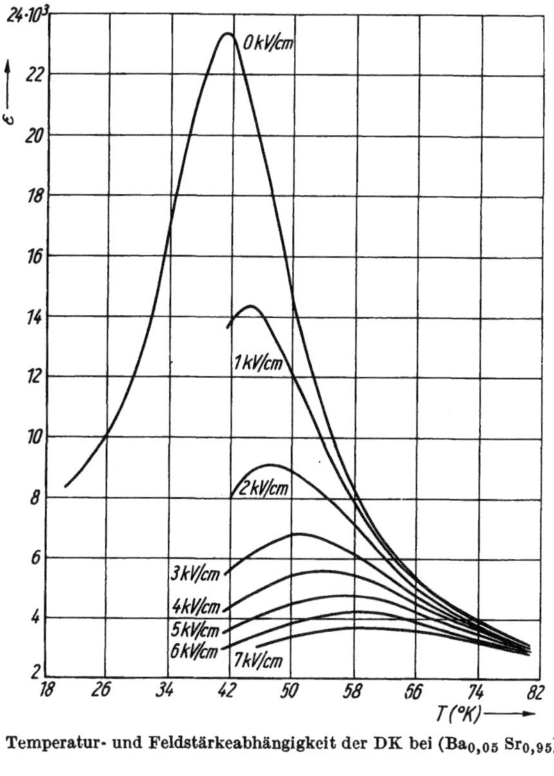


Fig. 6. Temperatur- und Feldstärkeabhängigkeit der DK bei $(Ba_{0,05}$ $Sr_{0,95})TiO_3$

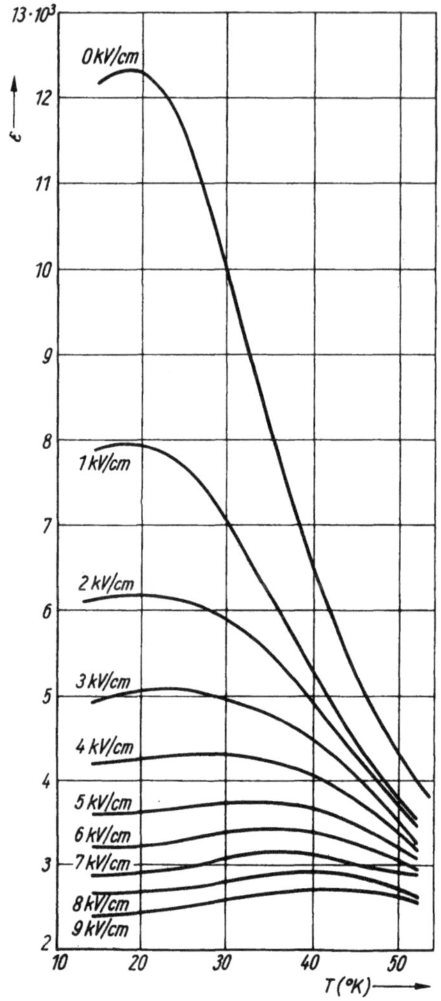


Fig. 7. Temperatur- und Feldstärkeabhängigkeit der DK bei $(Ba_{0,01}Sr_{0,99})TiO_3$

DK-Werte auffallend. Eingehender betrachtet stellt man jedoch erhebliche Unterschiede zwischen beiden Substanzen fest. Wir haben hier bewußt zur Demonstration eine Substanz gewählt, die im Maximum und eine die weit unterhalb des Maximums in Fig. 5 liegt.

Wir hatten schon im vorigen Abschnitt festgestellt, daß sich feste Lösungen im Bereich des Maximums von Fig. 5 durch besonders hohe DK-Werte auszeichnen, während Lösungen mit geringer $BaTiO_3$-Konzentration sich dem Verhalten von reinem $SrTiO_3$ annähern. Dies zeigt sich auch in der Feldabhängigkeit der Dielektrizitätskonstanten. Vergleicht man die Abnahme der DK unter dem Einfluß des überlagerten Feldes von 7 kV/cm bei etwa 2 °K oberhalb der Übergangstemperatur, und bildet man das Verhältnis der DK-Werte bei 0 kV/cm und 7 kV/cm, so erhält man bei $(Ba_{0,01}Sr_{0,99})TiO_3$ etwa 4,2 und bei $(Ba_{0,05}Sr_{0,95})TiO_3$ 9,2. Der Feldeinfluß ist also sehr verschieden.

Ein weiterer Unterschied ergibt sich, wenn man die Verschiebung der DK-Maxima unter der Wirkung des äußeren Feldes vergleicht. Während bei $(Ba_{0,05}Sr_{0,95})TiO_3$ eine starke Verschiebung des Maximums beobachtet wird — sie beträgt bei 1 kV/cm schon 5 °K — ist diese Verschiebung bei $(Ba_{0,01}Sr_{0,99})TiO_3$ nicht so stark ausgeprägt, insbesondere wird sie erst bei Feldstärken von etwa 2 kV/cm wirksam. Wie man aus Fig. 7 sieht, ist bei 1 kV/cm noch keine Verschiebung zu beobachten, im Gegensatz zu $(Ba_{0,05}Sr_{0,95})TiO_3$.

Man beobachtet bei $(Ba_{0,01}Sr_{0,99})TiO_3$ ein ähnliches Verhalten, wie wir es an $SrTiO_3$-Einkristallen festgestellt haben [22], wo das Auftreten eines DK-Maximums erst oberhalb einer gewissen Feldstärke möglich ist. Aus der Art und Größe der Verschiebungen der DK-Maxima in Fig. 6 und 7 ergibt sich, daß hier Phasenübergänge zweiter bzw. höherer Ordnung auftreten.

Unterhalb der Übergangstemperaturen konnten wir bei allen hier untersuchten festen Lösungen Hysteresisschleifen feststellen.

Fig. 8a bis d zeigt die Hysteresisschleifen einer festen Lösung von $(Ba_{0,1}Sr_{0,9})TiO_3$ bei verschiedenen Temperaturen. Die Übergangstemperatur bei dieser festen Lösung liegt bei etwa 72 °K. Wie man sieht wird die Hysteresis mit fallender

Temperatur immer ausgeprägter und bei einigen festen Lösungen wurde auch schon oberhalb der Übergangstemperatur eine Hysteresisschleife festgestellt. Auch Mitsui und Westphal [23] haben an $(Ca_{0,04}Sr_{0,94})TiO_3$ ähnliche Beobachtungen über das Auftreten von Hysteresisschleifen weit oberhalb des Curiepunktes gemacht.

Fig. 9a bis b zeigt Aufnahmen für eine feste Lösung von $(Ba_{0,01}Sr_{0,99})$ $TiO_3$.

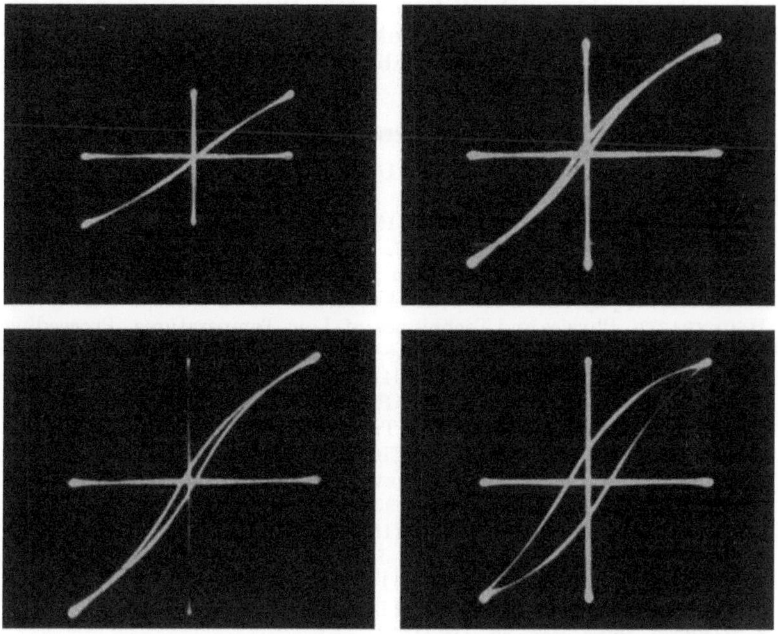

a b c d

Fig. 8. Hystereseschleifen von $(Ba_{0,1}Sr_{0,90})TiO_3$ bei verschiedenen Temperaturen. (Die tropfenförmigen Enden der Hystereseschleifen sind nicht durch mangelnde Kompensation, sondern durch das Nachleuchten des Oszillographen bedingt.)
a) $T = 80\,°K$, $E = 1{,}5$ kV/cm, b) $T = 72{,}5\,°K$, $E = 1{,}5$ kV/cm,
c) $T = 68{,}5\,°K$, $E = 1{,}5$ kV/cm d) $T = 20{,}4\,°K$, $E = 1{,}5$ kV/cm

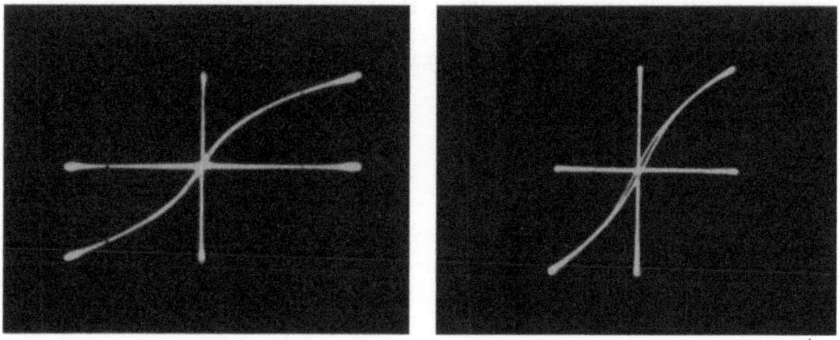

a b

Fig. 9. Hystereseschleifen von $(Ba_{0,01}Sr_{0,99})TiO_3$ bei verschiedenen Temperaturen. (Die tropfenförmigen Enden der Hystereseschleifen sind nicht durch mangelnde Kompensation, sondern durch das Nachleuchten des Oszillographen bedingt).
a) $T = 20{,}4\,°K$, $E = 8$ kV/cm,
b) $T = 4{,}2\,°K$, $E = 4$ kV/cm

Bei 20,4 °K beobachtet man zwar eine starke Nichtlinearität aber keine Hysteresis, d. h. kein merkliches koerzitives Feld. Dieses Verhalten ändert sich nur wenig mit sinkender Temperatur, auch wenn die Übergangstemperatur von 18 °K unterschritten wird. Erst bei Heliumtemperatur beobachtet man ein schwaches koerzitives Feld, wie Fig. 9b zeigt. Diese feste Lösung ist in ihrem Verhalten dem reinen $SrTiO_3$ schon sehr ähnlich.

Herrn Direktor Krahl vom VEB Keramische Werke Hermsdorf bin ich für die Herstellung des Probenmaterials zu Dank verpflichtet.

Herrn Prof. Bewilogua möchte ich ebenfalls für viele wertvolle Anregungen danken.

## Literatur

[1] W. JACKSON und W. REDDISH, Nature **156**, 117 (1945).
[2a] W. MERZ, Phys. Rev. **77**, 52 (1950).
[2b] J. KLIMOWSKI, phys. stat. sol. **2**, 456 (1962).
[3] M. RICHARD, Dissertation, Leipzig 1957.
[4] E. HEGENBARTH, Monatsber. Deutschen Akad. Wiss. **1**, 411 (1959).
[5] E. HEGENBARTH, phys. stat. sol. **2**, 1544 (1962).
[6] E. HEGENBARTH, Physics and Techniques of Low Temperatures, Proceedings of the 3rd Regional Conference held in Prague 1963, Publishing house of the Czechoslovak Academy of Science Prague 1964 (S. 194).
[7] C. T. SAWYER und C. B. TOWER, Phys. Rev. **47**, 475 (1930).
[8] D. F. RUSHMAN und M. A. STRIEVENS, Trans. Faraday Soc. **42 A**, 231 (1946).
[9] H. GRÄNICHER und O. JAKITS, Nuovo Cimento Suppl. **11**, 480 (1956).
[10] G. A. SMOLENSKI und K. S. ROSGATSCHEV, Zh. tekh. Fiz. **24**, 1753 (1954).
[11] Z. PAJAK, Acta phys. Polon. **19**, 473 (1959).
[12] W. A. BOKOW, Zh. tekh. Fiz. **27**, 1784 (1957).
[13] S. KISAKA, S. IKEGAMI und H. SASAKI, J. Phys. Soc. Japan **14**, 1680 (1959).
[14] H. GRÄNICHER, Helv. phys. Acta **29**, 211 (1956).
[15] M. E. WEAVER, J. Phys. Chem. Solids **11**, 274 (1959).
[16] J. H. BARRETT, Phys. Rev. **86**, 118 (1952).
[17] W. COCHRAN, Adv. Physics **9**, 387 (1960).
[18] J. T. LAST, Phys. Rev. **105**, 1710 (1957).
[19] C. H. PERRY, B. N. KHANNA und G. RUPPRECHT, Phys. Rev. **135**, A 408 (1964).
[20] R. A. COWLEY, Phys. Rev. **134**, A 981 (1964).
[21] G. RUPPRECHT und R. O. BELL, Phys. Rev. **135**, A 748 (1964).
[22] E. HEGENBARTH, phys. stat. sol. **6**, 333 (1964).
[23] T. MITSUI und W. B. WESTPHAL, Phys. Rev. **122**, 1354 (1961).

*(Received February 3, 1965)*

phys. stat. sol. 9, 201 (1965)

*Physikalisches Institut der Naturwissenschaftlichen Fakultät der Šafárik Universität, Kosice (a) und Institut für Magnetische Werkstoffe der Deutschen Akademie der Wissenschaften zu Berlin, Jena (b)*

# Studium des Reptation- und Bascule-Effektes verschiedener Ferromagnetika bei unterschiedlichen Magnetisierungszuständen

Von

J. Daniel-Szabó (a), V. Hajko (a) und H. Gengnagel (b)

An drei Fe-Proben mit verschiedenen Kohlenstoffgehalten und an einer Probe aus Mo-Permalloy wurde der Reptation-Effekt für verschiedene Magnetisierungszustände untersucht. Die Messungen wurden nur bei geringen Schaltzahlen ($n_{max} = 20$) vorgenommen, dabei wurde während des Schaltens jede Magnetisierungsänderung gemessen (ballistisch). Sämtliche Messungen wurden für $H_B = 0$ und $H_A \approx H_c$ (Koerzitivfeldstärke) durchgeführt. Am Mo-Permalloy konnte kein Reptation-Effekt gemessen werden. Die Untersuchungen an drei verschiedenen Fe-Proben ergaben:

a) Die Größe des Reptation-Effektes hängt sehr wesentlich von dem gewählten Magnetisierungszustand ab. Es wurden sowohl für $H = H_B = 0$ als auch für $H = H_A$ Magnetisierungszustände gefunden, in denen die Magnetisierung sich in Abhängigkeit von der Schaltzahl nicht änderte.

b) Die Größe des Reptation-Effektes hängt von der Reinheit des verwendeten Materials (Eisen) ab und ist bei sehr reinem Eisen mit einer Koerzitivfeldstärke von $H_c \approx 0{,}7$ Oe wesentlich kleiner als bei verunreinigtem Eisen mit $H_c$-Werten zwischen 1,5 und 8 Oe.

The reptation effect for different magnetization states is investigated for one Mo-permalloy sample and three Fe-samples with different C-contents. The measurements are made at low switching numbers ($n_{max} = 20$). During the switching every change of the magnetization is measured (ballistically). All measurements are made for $H_B = 0$ and $H_A \approx H_c$ ($H_c$ coercive field strength). No reptation effect was found with Mo-permalloy. The investigations of the three Fe-samples show that:

a) The magnitude of the reptation effect is strongly dependent on the magnetization state. For $H = H_B = 0$ and $H = H_A$ magnetization states are found in which the dependence of the magnetization on the switching number is unchanged.

b) The magnitude of the reptation effect depends on the purity of the material investigated (iron) and is considerably lower for very pure iron with a coercive field strength of $H_c \approx 0.7$ Oe than for alloyed iron with $H_c$ values between 1.5 and 8 Oe.

## 1. Einleitung

Bei Ummagnetisierungsprozessen im Feldstärkenbereich der Koerzitivfeldstärke tritt häufig der Fall ein, daß mehrfach ein bestimmtes Feld ein- und ausgeschaltet werden muß, ehe annähernd ein stabiler magnetischer Zustand, d. h. zu einer bestimmten Feldstärke ein bestimmter Magnetisierungswert, eintritt. Je nachdem, ob nach mehrfachem Ein- und Ausschalten eines Feldes die Magnetisierungsänderung an beiden Endpunkten der kleinen durchlaufenen — zur gesamten Hystereseschleife unsymmetrisch liegenden Schleife — dasselbe oder verschiedenes Vorzeichen hat, wird dieser Effekt als Reptation- anderenfalls als Bascule-Effekt bezeichnet. Es kann zur Zeit nicht gesagt werden, inwieweit beide Effekte voneinander unabhängig auftreten, oder ob beide durch die gleiche physikalische Ursache hervorgerufen werden.

Die von Néel [1, 2, 3] gegebene phänomenologische Theorie kann keine Aussage darüber machen, warum an manchen magnetischen Materialien Reptation- oder Bascule-Effekte gemessen werden können und in anderen Fällen wiederum nicht. Zur Klärung dieser Effekte wird es notwendig sein, umfangreichere Untersuchungen durchzuführen, die Auskunft darüber geben, welche Grundgrößen und welche Störungsparameter für die Effekte verantwortlich zu machen sind und welche Blochwandkonfiguration vorhanden sein muß, damit die genannten Effekte auftreten können.

Unter diesem Gesichtspunkt wurden die folgenden Untersuchungen an verschiedenen Ferromagnetika mit sehr unterschiedlichen Koerzitivkräften und inAbhängigkeit vom magnetischen Zustand innerhalb der Hystereseschleife der jeweiligen Materialien durchgeführt. Nach Néel sollte ein Reptation-Effekt auf der ganzen Hystereseschleife auftreten. Das Auftreten solcher Effekte auf verschiedenen Teilen der Hystereseschleifen zeigte allerdings ein sehr unterschiedliches Verhalten, das quantitativ nur dann gedeutet werden kann, wenn man die Domänenstruktur im Inneren des Materials kennt und darüber hinaus noch weiß, welche Blochwände zur Ummagnetisierung beitragen. Frühere Untersuchungen haben gezeigt [4, 5], daß sich nur bestimmte Wände bei mehrfachem Ein- und Ausschalten bewegen. Es ist u. a. entscheidend für das Auftreten von Reptation-Effekten, daß im Material viele Blochwände vorhanden sind, die untereinander in Wechselwirkung stehen. Die Blochwände eines derartigen Materials können erst nach vielfachem Ein- und Ausschalten eines konstanten Feldes (oder nach vielfachem Schalten zwischen zwei konstanten Feldern $H_A \leftrightarrow H_B$) energetisch günstige Positionen einnehmen. Mikroskopische Aufnahmen an Fe-Si [5] und Fe-Al- [4] lassen das erkennen. Wie groß die Magnetisierungsänderung nach $n$-fachem Schalten ist, hängt von der Zahl der beteiligten Wände ab, weiterhin sicherlich von der Zahl der Störungen, die die Beweglichkeit der Blochwände einschränken und außerdem natürlich vom Magnetisierungszustand, d. h. abhängig davon, an welcher Stelle der Hystereseschleife man sich zu Beginn der Schaltungen befindet. Bisher sind derartige Untersuchungen unseres Wissens noch nicht systematisch durchgeführt worden; sondern zumeist ist der Reptation- und Bascule-Effekt vorwiegend auf einer Sättigungs-Hystereseschleife bzw. einer Neukurve [6 bis 13] untersucht worden. In einer neueren Arbeit konnte bereits einer der Verfasser [14] zeigen, daß der Anfangszustand eine wesentliche Rolle für die Größe und das Vorzeichen des Reptation-Effektes spielt.

## 2. Proben, Meßmethode

Zur Messung wurden mehrere Proben aus dem gleichen Material (Fe) mit verschiedenen Koerzitivkräften — je nach Herstellungsbedingungen — und eine hochpermeable Legierung mit sehr geringer Koerzitivkraft herangezogen. Die Korngröße hatte in allen Proben etwa die gleiche Größenordnung. Ausgeprägte Texturen waren nicht vorhanden, es konnte also mit isotroper Kornverteilung gerechnet werden. Sämtliche Proben wurden in Ringform gemessen.

Tabelle 1

| | $H_c$ | $H_A/H_c$ | % C |
|---|---|---|---|
| Fe I | 0,65 Oe | 1,15 | 0,005 |
| Fe II | 1,30 Oe | 1,37 | 0,06 |
| Fe III | 7,90 Oe | 1,97 | 0,70 |
| Mo-Permalloy | 0,04 Oe | 1,70 | 0,005 |

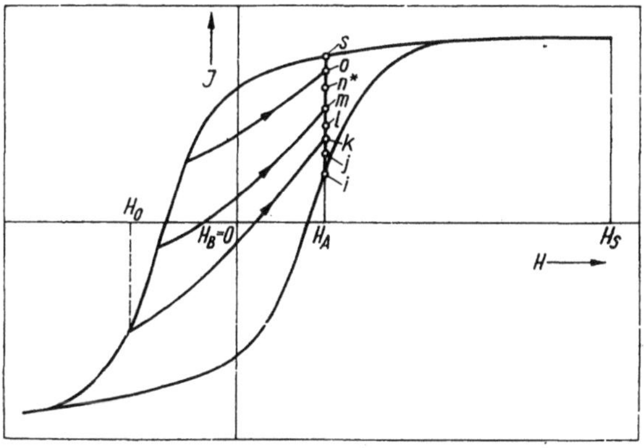


Fig. 1. Schematische Darstellung, wie die verschiedenen Anfangszustände *i* ... *s* eingestellt wurden

In der Tabelle 1 sind die verwendeten Proben mit den verschiedenen Koerzitivkräften $H_c$ und ihren Kohlenstoffgehalten angegeben.

Die Magnetisierungsunterschiede wurden ballistisch gemessen. Dabei wurde jeder ballistische Ausschlag bei jedem Schaltvorgang abgelesen. Diese „Schritt für Schritt-Messung" ist zwar zeitraubend und ließ aus zeitlichen Gründen nur geringe Schaltzahlen $n$ ($n_{\max} \approx 20$) zu, aber stellt unseres Erachtens das reproduzierbarste Verfahren dar [10]. In Fig. 1 ist angegeben, in welcher Weise die verschiedenen Magnetisierungszustände *vor* den Schaltvorgängen ($n = 0$) erzielt wurden. Diese Anfangszustände erhielten wir also nach Anlegen eines Sättigungsfeldes $H_s$, Umpolen zu einem negativen Feld $H_0$ ($0 \leqq |H_0| \leqq H_s$) und nachfolgendem Schalten auf ein positives Feld $H_A$. Die so erreichten Magnetisierungszustände ($n = 0$) wurden mit $i, j, k, \ldots, s$ bezeichnet. Dabei sind $i$ und $s$ grundsätzlich Magnetisierungswerte, die auf dem unteren bzw. oberen Ast einer Sättigungs-Hystereseschleife liegen.

Anschließend wurde, ausgehend vom Zustand $i$ oder $j$ ..., mit dem Schalten eines Feldes zwischen $H_A$ und $H_B$ begonnen. Der Einfachheit halber wurde — wie auch schon bei früheren Messungen $H_B = 0$ gewählt. Die Größe des Feldes $H_A$ lag in allen Fällen in der Größenordnung der Koerzitivkraft $H_c$ und wurde bei jedem Material konstant gehalten. Die $H_A$-Werte sind in der Tabelle 1 für die verschiedenen Proben angegeben. Zusätzlich zu den genannten Magnetisierungszuständen wurde noch jeweils der zu $H = H_A$ gehörende Magnetisierungswert auf der *idealen* Magnetisierungskurve als Anfangszustand $x$ gewählt. Dieser Wert

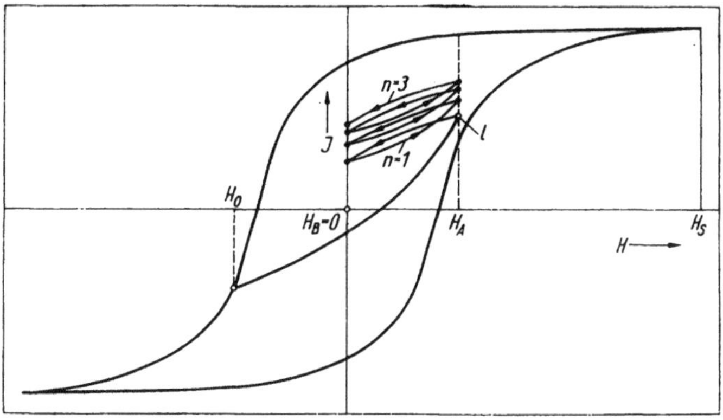


Fig. 2. Schematische Darstellung der Meßmethode, ausgehend von einem Anfangszustand $l$ für dreimaliges Schalten ($n = 3$) zwischen $H = H_A$ und $H = H_B = 0$

wurde nach dem üblichen Entmagnetisierungsverfahren mit überlagertem konstanten Gleichfeld $H_A$ gewonnen.

Durch Voruntersuchungen konnte gezeigt werden, daß zumindest in einem Frequenzbereich zwischen 0,01 und 10 Hz der Reptation-Effekt frequenzunabhängig ist. Die Schaltungen wurden mit einer Frequenz $\nu < 0{,}1$ Hz durchgeführt.

Fig. 2 soll deutlich machen, in welcher Weise — ausgehend vom Zustand $l$ — die Größen $\Delta J_B$ und $\Delta J_A$ gemessen wurden.

## 3. Meßergebnisse

Nach dem beschriebenen Meßverfahren wurden die Magnetisierungsunterschiede $\Delta J$ gewonnen. In Fig. 3a bis c sind die Meßwerte $\Delta J_B$ ($H = H_B = 0$) für die drei verschiedenen Fe-Proben in Abhängigkeit von der Schaltzahl $n$ aufgetragen. In entsprechender Weise ist $\Delta J_A$ ($H = H_A$) als Funktion von $n$ in Fig. 4a bis c dargestellt. In allen Fällen zeigt sich ein Bereich (etwa $k$ bis $n^*$) in dem fast keine Magnetisierungsunterschiede auftreten; oder wo zumindest nach wenigen Schaltungen sich ein stabilisierter Zustand eingestellt hat. Für die beiden Proben Fe I und Fe III war sogar für den Magnetisierungszustand $s$ weder für $H = H_A$ noch für $H = 0$ eine Änderung von $\Delta J$ für $n > 3$ zu messen; wogegen die Probe Fe II

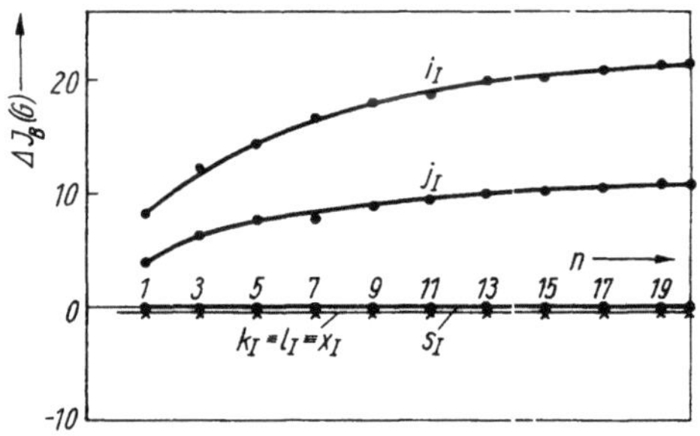


a

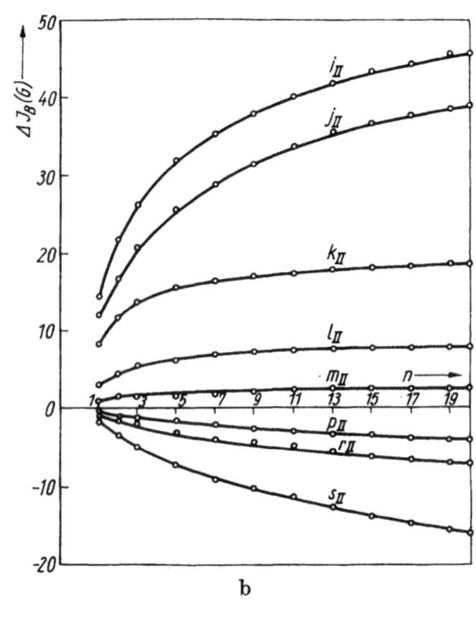


b

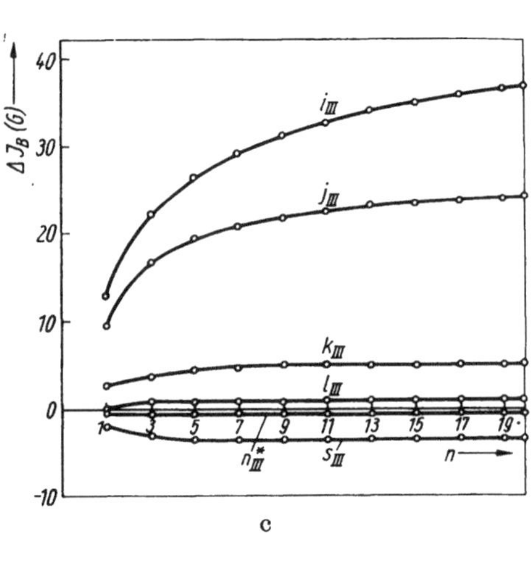


c

Fig. 3. Änderung der Magnetisierung ($\Delta J$) in Abhängigkeit von der Schaltzahl $n$ für $H = H_B = 0$ bei Verwendung verschiedener Anfangszustände $i \ldots s$. a) Probe Fe I, b) Probe Fe II, c) Probe Fe III

Fig. 4. Die gleiche Abhängigkeit wie in Fig. 3 für $H = H_A$. a) Probe Fe I, b) Probe Fe II, c) Probe Fe III

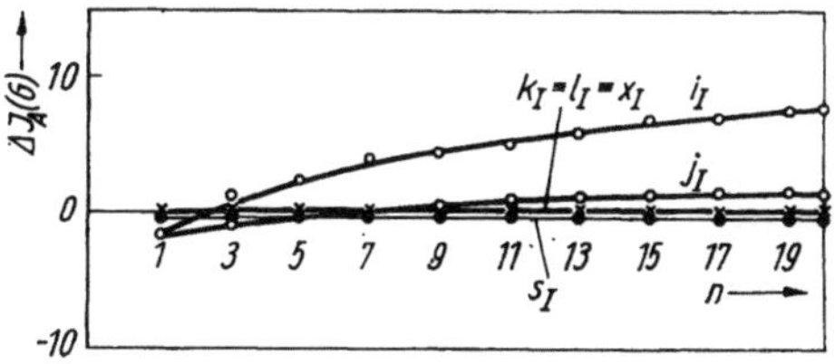


a

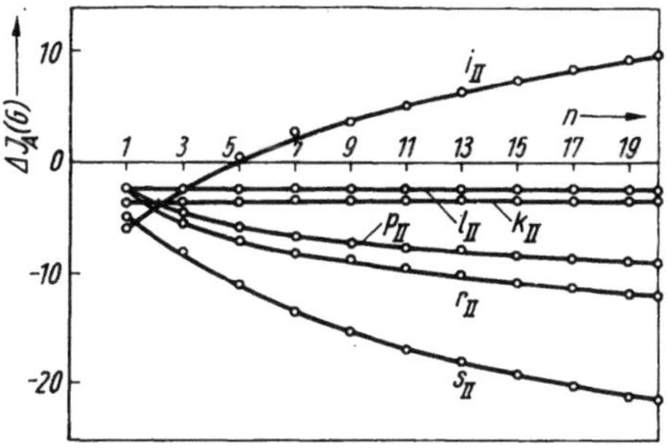


b

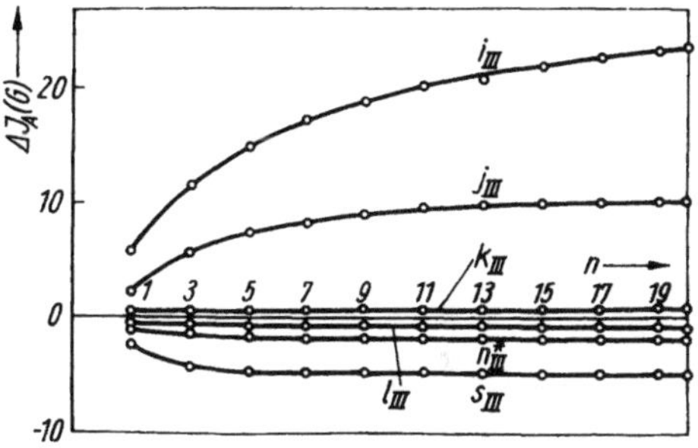


c

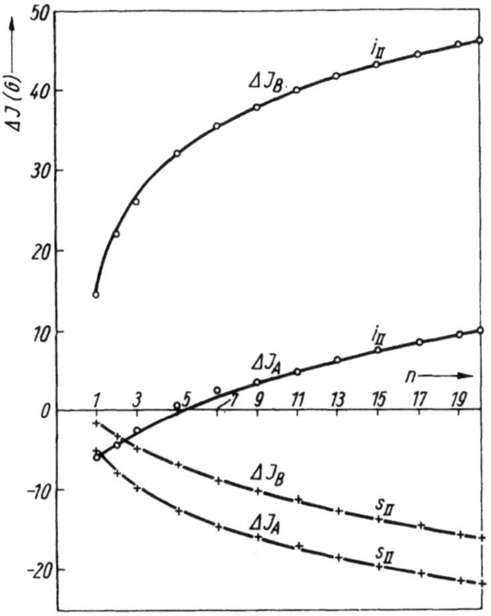


a

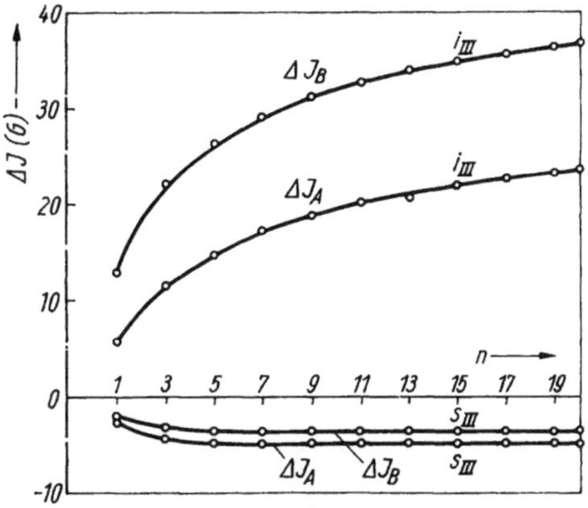


b

Fig. 5. Magnetisierungsänderung $\Delta J_A$ und $\Delta J_B$ für die Anfangszustände $i$ und $s$, die beide auf der Sättigungshystereseschleife liegen ($i$ unterer Ast, $s$ oberer Ast), in Abhängigkeit von der Schaltzahl $n$ (vgl. Fig. 3b, c und Fig. 4b, c). a) Probe Fe II, b) Probe Fe III

für diesen Magnetisierungszustand einen deutlichen Meßeffekt zeigt und auch für $n = 20$ noch keine Stabilisierung zu erreichen war.

Der Übersicht halber sind in Fig. 5a und b die $\Delta J$-Werte für die Magnetisierungszustände $i$ und $s$ zusammengestellt; diese Anfangszustände liegen auf dem unteren ($i$) bzw. oberen Ast ($s$) der gesättigten Hystereseschleife. Es ist verständlich, daß auf Grund der Gestalt der Hystereseschleifen jeweils der Meßeffekt für den Zustand $i$ am ausgeprägtesten ist.

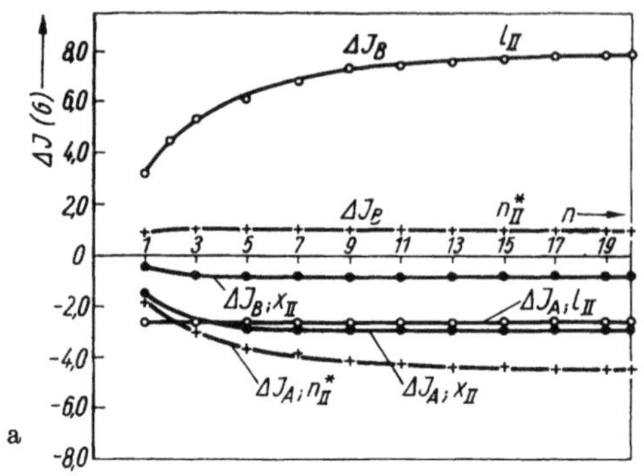


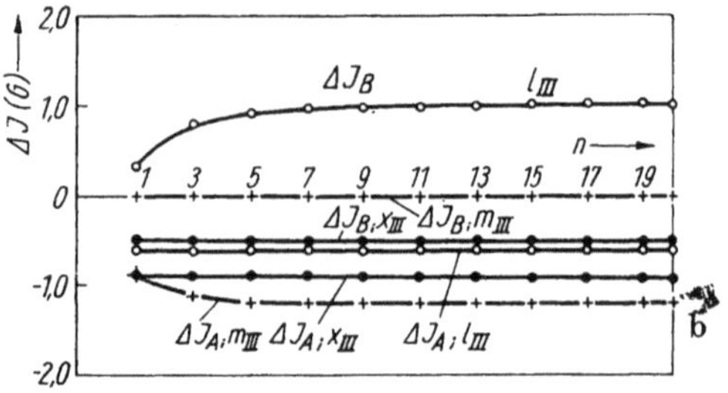


Fig. 6. Magnetisierungsänderung $\Delta J_A$ und $\Delta J_B$ für die Anfangszustände $l$, $m$ und den anhysteretischen Zustand $x$ in Abhängigkeit von der Schaltzahl $n$ (vgl. Fig. 3b, c und Fig. 4b c). a) Probe Fe II, b) Probe Fe II

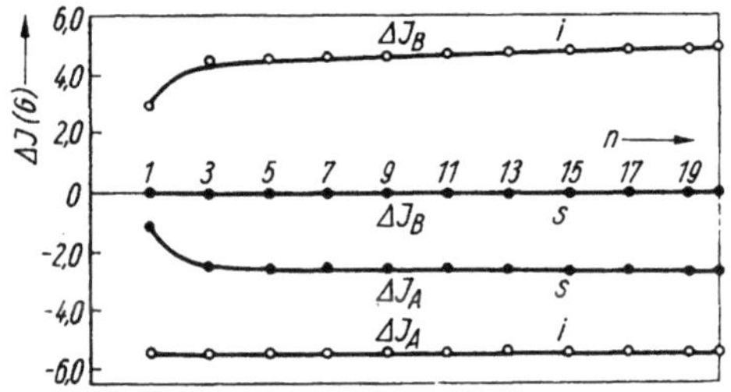


Fig. 7. Änderung der Magnetisierung ($\Delta J$) für die Anfangszustände $i$ und $s$ in Abhängigkeit von der Schaltzahl $n$. Probe: Mo-Permalloy

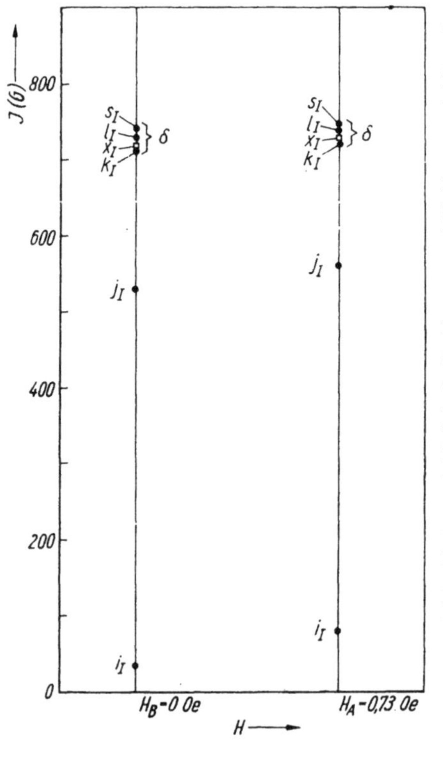


Fig. 8a

In einem vergrößertem Maßstab ist für Probe Fe II und Fe III das Gebiet herausgezeichnet (Fig. 6a und b), in dem die Magnetisierung sich schon bei geringen Schaltzahlen ($n \leqq 10$) stabilisiert. Bei dieser Darstellung sind auch noch die Anfangszustände $x$ eingetragen; diese Anfangszustände wurden durch Anlegen eines Wechselfeldes bei Anwesenheit eines Gleichfeldes $H = H_A$ erhalten.

Aus den Fig. 6a und b ist zu entnehmen, daß mit Entmagnetisierung bei konstantem Gleichfeld $H_A$ (Zustand $x$) oder ohne vorherigen Entmagnetisierungsprozeß (z. B. Zustand $h$ oder $l$) ein stabiler Magnetisierungszustand erreicht werden kann.

Messungen an Mo-Permalloy ergaben schon für $n = 3$ fast konstante Meßwerte für Zustand $i$ und $s$. Bei allen anderen Zuständen ($j$, $k$, ...) war auch für $n = 1$ keine Magnetisierungsänderung meßbar (Fig. 7).

## 4. Diskussion der Meßergebnisse

Auf Grund der von Néel gemachten Aussagen [1, 2, 3] sollte auf der gesamten Hystereseschleife eines Ferromagnetikums und auch bei unsymmetrischer Aussteuerung der Schleifen ein Reptation-Effekt zu erwarten sein. Unsere Messungen an den verschiedenen Proben zeigen aber, daß in Abhängigkeit vom Magnetisierungszustand $i \ldots s$ völlig unterschiedliche Effekte auftreten können. So ist es möglich, daß auf den beiden Enden $H_A$ und $H_B$ der partiellen Schleifen jeweils unterschiedliche Änderungen der Magnetisierungen bezüglich Betrag und Vorzeichen auftreten. Das heißt $J_B$ ($H = H_B = 0$) kann z. B. wachsen oder sinken, ohne daß sich $J_A$ ($H = H_A$) während der Schaltungen meßbar ändert. Auch der umgekehrte Fall war festzustellen. Andererseits erhielten wir auch Anfangszu-

Fig. 8a bis c. Darstellung der verwendeten Anfangszustände $i \ldots s$ für $H = H_A$ und für $H = H_B = 0$. Dabei liegen $i$ und $s$ jeweils auf dem unteren bzw. oberen Ast einer Sättigungshystereseschleife. $\delta$ kennzeichnet den Bereich, in dem für $n > 3$ keine meßbare Magnetisierungsänderung auftrat. ($\delta$ Stabilitätsbereich)
a) Probe Fe I, b) Probe Fe II, c) Probe Fe III

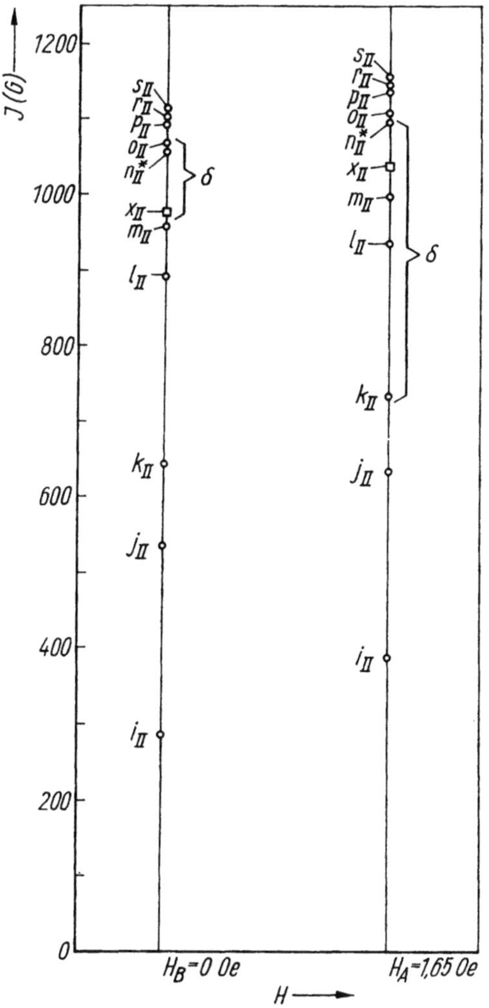


Fig. 8b

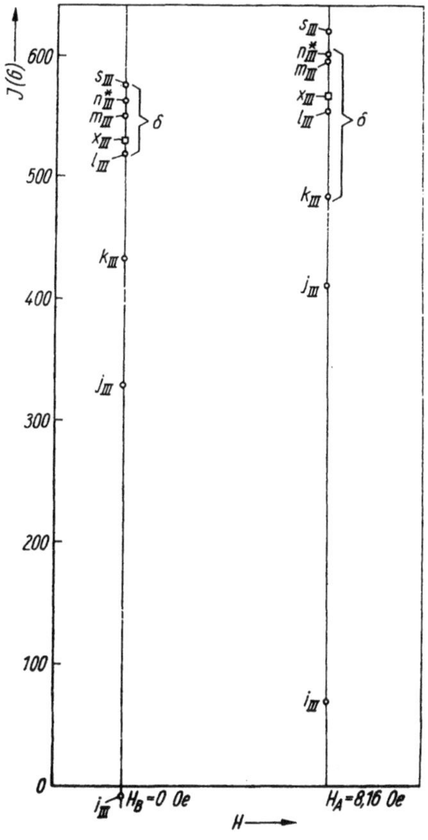


Fig .8c

stände, bei denen sich $J_B$ und $J_A$ in Abhängigkeit von der Schaltzahl $n$ in gleicher Weise änderten. Ein Bereich, in dem sowohl für $H = 0$ und $H = H_A$ die Magnetisierung fast stabil blieb und zumindest für geringe Schaltzahlen $n$ ($3 \leqq n \leqq 20$) keine meßbare Änderung ergab, konnte für alle vier Proben gefunden werden.

In den Fig. 8a, b und c sind für die Proben Fe I, Fe II und Fe III die Magnetisierungszustände $i \ldots$ s für $H = 0$ und $H = H_A$ eingetragen. In dem mit $\delta$ bezeichneten Bereich traten für $n > 3$ keine meßbaren Magnetisierungsänderungen auf. Zustand $s$ entspricht jeweils dem oberen Ast und Zustand $i$ dem unteren Ast der voll ausgesteuerten Hystereseschleife. Dieser „Stabilitätsbereich" $\delta$ umschließt den Zustand $x$, den man durch vorherige Stabilisierung (ideale Magnetisierungskurve) hervorgerufen hat.

Die angeführten Meßergebnisse legen den Schluß nahe, daß der Reptation-Effekt mit bestimmten Blochwandkonfigurationen und Bereichsstrukturen verknüpft ist, die bei bestimmten magnetischen Ausgangszuständen mehr oder weniger stabile Zustände darstellen und erst nach mehrfachem Schalten stabile Lagen einnehmen [4, 5]. Hierbei spielen Hindernisse für die Blochwandbewegung (Gitterstörungen in Form von unmagnetischen Einschlüssen, Löchern, Versetzungen etc.) eine entscheidende Rolle, wie ein Vergleich der Meßergebnisse an Probe Fe I und Fe II deutlich zeigt. Beide Proben haben etwa dieselbe Korngröße; Kristallanisotropie und Magnetostriktion sind störungsunabhängige Größen, sind für alle Fe-Proben gleich und gewinnen nur Einfluß über die verschiedenen Gitterstörungen.

Es bleibt zu untersuchen, in welcher Weise die Form des Schaltimpulses die Größe des Reptation-Effektes beeinflussen kann.

Eine gewisse Bestätigung dafür, daß die Blochwandbeweglichkeit für den Reptation-Effekt von ausschlaggebender Bedeutung ist, sind die Meßergebnisse an der Mo-Permalloy-Probe. Bei dieser hochpermeablen Legierung konnten für $n > 3$ — unabhängig vom jeweiligen Anfangszustand $i$, $j$, ... oder $s$ — keine Magnetisierungsunterschiede gemessen werden (Fig. 7).

## Literatur

[1] L. NÉEL, C. R. Acad. Sci. (France) **244**, 2668 (1957).
[2] L. NÉEL, C. R. Acad. Sci. (France) **246**, 2313 und 2963 (1958).
[3] L. NÉEL, J. Phys. Radium **20**, 222 (1959).
[4] H. GENGNAGEL, V. HAJKO und J. DANIEL-SZABÓ, Czech. J. Phys. **B 12**, 714 (1962).
[5] V. KAVEČANSKY, V. HAJKO und J. DANIEL-SZABÓ, Mat. fyz. cas. SAV **13**, 1 (1963).
[6] N. VAN DANG, Comm. Soc. Franc. Phys., Groupe de Grenoble 1957.
[7] N. VAN DANG, C. R. Acad. Sci. (France) **246**, 2357 (1958).
[8] N. VAN DANG, C. R. Acad. Sci. (France) **246**, 3034 (1958).
[9] N. VAN DANG, J. Phys. Radium **20**, 215 (1959).
[10] J. DANIEL-SZABÓ, und H. GENGNAGEL, phys. stat. sol. **1**, 5 und 512 (1961).
[11] G. BUTTINO, A. CECCHNETTI und A. DRIGO, Nuovo Cimento **24**, 1528 (1962).
[12] V. HAJKO, J. DANIEL-SZABÓ und V. KAVENČANSKY, Czech. J. Phys. **B 12**, 8677 (1962).
[13] N. VAN DANG, phys. stat. sol. **7**, 293 (1964).
[14] V. HAJKO, Czech. J. Phys. **B 14**, 203 (1964).

*(Received February 3, 1965)*

phys. stat. sol. 9, 209 (1965)

*Institut für Metallphysik der Universität Göttingen*

# Die plastische Verformung von Natriumchlorid[1])

Von

J. HESSE

Die plastische Verformung von NaCl wird im dynamischen Druckversuch für verschiedene Kristallorientierungen, Verformungstemperaturen $T$ und -geschwindigkeiten $\dot{a}$ untersucht. Die Verfestigungskurven (VK) zeigen eine Dreiteilung, wie sie von den kfz. Metallen her bekannt ist. Die Änderung der VK von NaCl mit $T$ und $\dot{a}$ entspricht der der Metalle, dagegen ist die Orientierungsabhängigkeit in beiden Kristallsystemen völlig verschieden. Es wird versucht, die Verfestigung von NaCl versetzungstheoretisch zu interpretieren. Dabei werden Versetzungszählungen mittels Ätzgruben benutzt, die für den Bereich I der VK einen Zusammenhang zwischen der Ätzgrübchendichte $N_P$ und Fließspannung $\tau$ von der Form $\tau = A\sqrt{N_P}$ ergeben. $A$ ist unerwartet groß und stark von $T$, $\dot{a}$ und der Orientierung abhängig. Für [001]-orientierte Kristalle wird für den Bereich I geschlossen, daß die Fließspannung durch schwer bewegliche Sprünge bestimmt ist (und nicht allein durch elastische Versetzungswechselwirkung oder Schneidprozesse), und daß die Orientierungsabhängigkeit auf dem Mitwirken sekundärer Gleitsysteme vom Typ {100} ⟨110⟩ beruht. Der Verfestigungsmechanismus im Bereich II von NaCl, in dem $\tau$ stärker als $\sim\sqrt{N_P}$ anwächst, ist ungeklärt. Der Bereich III von [001]-Kristallen läßt sich formal auf thermisch aktivierte Quergleitung von Schraubenversetzungen zurückführen. Sowohl Sekundär- wie Quergleitung müßten sich elektronenmikroskopisch nachweisen lassen auf Kristallen, die unter Luftabschluß verformt wurden, wie Vorversuche zeigen.

The plastic deformation of NaCl is investigated in comparison tests at various temperatures $T$, strain rates $\dot{a}$, and for a series of specimen orientations. The stress-strain curve $\tau(a)$ is divided into three stages as in f.c.c. metals and shows a similar $T$, and $\dot{a}$ dependence, but a different orientation dependence. Studies of the dislocation mechanism of work hardening in NaCl by etch pit counts after various strains shows the etch pit density $N_p$ to be related to the flow stress $\tau$ by $\tau = A\sqrt{N_p}$. $A$ is larger than expected by theory and a strong function of $T$, $\dot{a}$, and the orientation. For stage I of the $\tau(a)$ curve, it is concluded that the flow stress is determined by the mobility of jogs (rather than by elastic dislocation interaction or forest hardening). The orientation dependence must be due to {001} ⟨011⟩ slip. In stage II, $\tau$ increases more rapidly with $N_p$ than in stage I; the corresponding work hardening mechanism being uncertain. Stage III can be formally ascribed to thermally activated cross-slip of screw dislocations. It should be possible to obtain evidence of both secondary and cross slip by replica techniques provided that deformation and replication are carried out together under vacuum.

## 1. Einleitung

Die plastische Verformung von NaCl war besonders in den 30er Jahren Gegenstand zahlreicher Untersuchungen [1]. NaCl gilt danach als ziemlich spröde und nur unter besonderen Bedingungen (langsame Verformung, überlagerter hydrostatischer Druck, Verformung bei hohen Temperaturen oder unter Wasser (Joffé-Effekt)) stärker plastisch verformbar. Insbesondere gelang es lange Zeit nicht, bei Verformung an Luft und Raumtemperatur mehr als einige Prozent Abgleitung zu erreichen. Dementsprechend war lediglich der Verformungsbeginn detaillierteren Untersuchungen zugänglich.

[1]) D 7.

Unter Ausnutzung des Joffé-Effektes gelang es Stepanov [2], auch bei Raumtemperatur beträchtliche Abgleitung zu erzielen. Er fand, daß die Verfestigungskurve (VK) des NaCl aus drei Bereichen besteht: einem Anfangsteil geringer Verfestigung (Bereich I), einem sich daran anschließenden linearen Teil mit wesentlich stärkerer Verfestigung (Bereich II), der in einen Teil abnehmender Verfestigung übergeht (Bereich III). Neuere Untersuchungen [3, 4, 5] bestätigen diese Dreiteilung. Quantitative Unterschiede dürften auf nicht einheitlicher Reinheit und Ausgangsversetzungsdichte des Materials beruhen. Eine Dreiteilung der VK ist von den kubisch flächenzentrierten (kfz) Metallen her gut bekannt. Es gibt zu ihrer Deutung eingehende theoretische Vorstellungen [6]. Einen wesentlichen Beitrag zur Aufklärung der Verfestigung der kfz. Metalle lieferte dabei ein Studium:

a) der Abhängigkeit der VK von Verformungsgeschwindigkeit, -temperatur und Kristallorientierung sowie

b) der Versetzungsdichte und -anordnung als Funktion der Schubspannung mittels Ätzgruben oder in elektronenmikroskopischer Durchstrahlung und

c) der Gleitlinien nach verschiedenen Abgleitungen.

Wegen des geringen experimentellen Materials, das über die Verfestigung des NaCl vorliegt, ist die Frage nach den ihr zugrundeliegenden Versetzungsmechanismen bislang unbeantwortet geblieben. In der vorliegenden Arbeit sollen die experimentellen Grundlagen dafür geschaffen werden. Man ist dabei versucht, von Analogien zu den kfz. Metallen auszugehen. Es werden Beobachtungen zu obigen Punkten a) bis c) am NaCl benötigt. Über entsprechende Experimente und deren Deutung wird in der vorliegenden Arbeit berichtet.

## 2. Experimentelle Verfahren

### *2.1 Proben*

Größere NaCl-Einkristalle von ca. 1 kg Gewicht wurden von der Fa. Leitz (Wetzlar) bezogen. Das für die Kristallherstellung benutzte NaCl lieferte die Fa. Merck. Nach Angabe dieser Firma sind die im NaCl enthaltenen Verunreinigungen im wesentlichen zweiwertige Kalziumionen. Die gleichbleibende Reinheit des Materials wurde durch Messung der elektrischen Leitfähigkeit kontrolliert. Diese betrug $\sigma = 1{,}1 \cdot 10^{-8}\ (\Omega\text{cm})^{-1}$ für $T = 310$ °C bzw. $\sigma = 3{,}0 \cdot 10^{-8}\ (\Omega\text{cm})^{-1}$ für $T = 360$ °C. Die Messungen gestatten es zugleich, den Absolutwert der Verunreinigungskonzentration abzuschätzen. Die elektrische Leitfähigkeit von NaCl als Funktion des Kalziumgehaltes ist von Bean [7] für verschiedene Temperaturen bestimmt worden. Unter der Voraussetzung, daß eine Extrapolation dieser Messungen auf Kalzium-Konzentrationen kleiner 100 ppm erlaubt ist, entsprechen die hier gemessenen Leitfähigkeitswerte einer Kalziumkonzentration von 2 ppm.

Während sich Kristalle mit $\{100\}$-Seitenflächen leicht durch Spalten herstellen lassen, mußten Kristalle anderer Orientierung aus größeren Spaltstücken mit Wasser herauspoliert werden. Dazu wurden entsprechende Schablonen benutzt. Röntgenographische Orientierungsbestimmungen ergaben, daß dieses Verfahren die gewünschte Orientierung auf $\pm$ 1° lieferte. Zur Erniedrigung der Versetzungsdichte wurden die Kristalle 24 Stunden bei 750 °C an Luft geglüht und danach langsam im Ofen abgekühlt. (Die Abkühlgeschwindigkeit hatte keinen Einfluß auf die kritische Schubspannung, was nach [8] als Zeichen einer relativ hohen Reinheit des Materials zu werden ist.) Um etwa beim Anfassen bzw. Glühen entstandene Beschädigungen zu beseitigen, wurde anschließend von den Proben eine Schicht von ca. 0,2 mm Dicke in einem Wasserbad abgelöst. Die Probenendflächen waren dabei abgedeckt, da diese Flächen auf Grund der Verformungsgeometrie sehr genau eben sein sollen. Die Probenkanten wurden allerdings ein wenig gerundet. Die Proben wurden mit Äthanol und Äther getrocknet. Die Probendimensionen betrugen danach $4 \times 4 \times 18\,mm^3$. Die Ausgangsversetzungsdichte auf einer {100}-Querschnittsebene ergab sich über Ätzgrubenzählungen zu (1 bis 2) $\cdot 10^4\,cm^{-2}$.

### *2.2 Verformung*

Die Verformung erfolgte in einer Instronmaschine im Druckversuch. Die Axialität der Belastung war dabei durch Auflegen einer Stahlhalbkugel gewährleistet [9]. Verformungsgeschwindigkeit und -temperatur wurden variiert. Bei der Durchführung der Untersuchungen bei von Raumtemperatur verschiedenen Temperaturen mußte sichergestellt sein, daß bei der Abkühlung bzw. Erwärmung die Proben sich nicht verformten. Wegen der schlechten Wärmeleitfähigkeit des NaCl durfte sich daher die Temperatur nur langsam ändern. Versuche ergaben, daß dafür 10°/min noch hinreichend waren. Die Proben wurden in einem Flüssigkeitsbad verformt, dessen Temperatur über ein regelbares äußeres Temperaturbad (flüssiger Stickstoff bzw. warmes Wasser) eingestellt und auf $\pm$ 2° konstantgehalten werden konnte. Raumtemperaturexperimente erfolgten an Luft. Für die Untersuchungen bei tiefen Temperaturen erwies sich Isopentan, für Temperaturen oberhalb Raumtemperatur Amylalkohol als geeignetes Temperaturbad. Ein spezifischer Einfluß dieser Flüssigkeiten auf die plastischen Eigenschaften des NaCl konnte auf Grund von Vergleichen bei Zimmertemperatur ausgeschlossen werden. Einige Experimente wurden bei der Temperatur des siedenden Stickstoffs durchgeführt. Die langsame Abkühlung der Proben erfolgte in diesem Fall in kaltem Stickstoffgas.

### *2.3 Orientierungsbeziehungen*

Die Umrechung der Last/Stauchungs($L/\varepsilon$)-Kurven in Schubspannungs/Abgleitungs($\tau/a$)-Kurven (VK) setzt die Kenntnis der Gleitgeometrie voraus. Man findet für NaCl als Gleitebenen {110}-Ebenen, als Gleitrichtungen ⟨110⟩-Richtungen. Eine Besonderheit der {110} ⟨110⟩-Gleitung (Dodekaeder-Gleitung) besteht darin, daß immer mindestens zwei Gleitsysteme spannungsmäßig gleichberechtigt sind, also stets Mehrfachgleitung auftreten sollte. Pratt [10], Mendelson [3] (Druckversuch) und Wimmer, Kobes und Fine [11] (Zugversuch) beobachteten demgegenüber an [001]-orientierten Kristallen (mit vier spannungsmäßig äquivalenten Systemen) bereits nach geringen Abgleitungen nur noch Einfachgleitung. Eigene lichtmikroskopische Gleitlinienbeobachtungen und solche mit Spannungsdoppelbrechung bestätigen dieses überraschende Ergebnis. Sie ergaben ferner, daß das betätigte Gleitsystem eines der Systeme mit dem größten Schmidfaktor ist. Diesem experimentellen Befund zufolge darf bei allen Orientierungen mit Einfachgleitung gerechnet werden. Die Hypothese der Einfachgleitung wurde auch mittels der Orientierungsänderung der Stabachse mit der Verformung röntgenographisch geprüft. Für Mehrfachgleitung ist keine Orientierungsänderung zu erwarten. Fig. 1 zeigt den röntgenographischen Befund für die [023]- und [123]-Ausgangsorientierung, wobei jeder Kristall vor und nach der Stauchung an zwei verschiedenen Stellen geröntgt wurde. Es wurde das Laue-Rückstrahl-Verfahren in Richtung der Stabachse angewandt, nachdem nacheinander zwei Querschnittsflächen nach einem in Abschnitt 2.4 erläuterten Verfahren freigelegt worden waren. Die Orientierung ändert sich in der Tat mit der Verformung. Der Betrag der Änderung stimmt mit dem für Einfachgleitung erwarteten

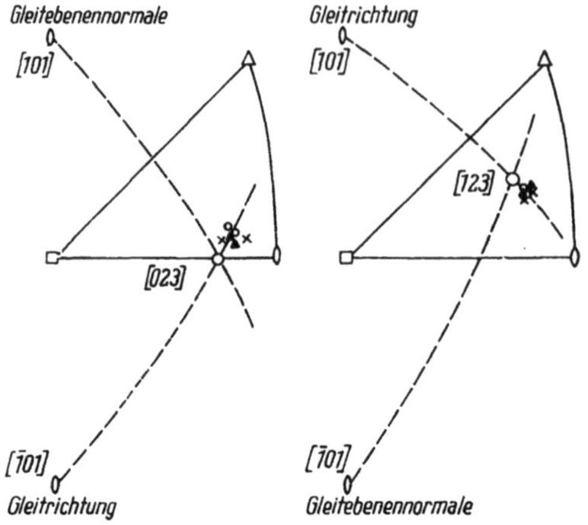


Fig. 1. Orientierungsänderung der Kristallachse mit der Verformung $\varepsilon$ für zwei verschiedene Ausgangsorientierungen: [023] ($\varepsilon$ = 5,8%) und [123] ($\varepsilon$ = 4,2%). $T$ = 294 °K, $\dot{\varepsilon} = 9{,}5 \cdot 10^{-4}\,s^{-1}$. ▲ ○ × bezeichnen die Ergebnisse von drei Kristallen (mit jeweils zwei Messungen)

überein. Damit ist auch experimentell zwischen zwei theoretisch möglichen Achsenbewegungen [12] entschieden: Fig. 1 zeigt, daß die Stabachse mit der Verformung auf einem Großkreis von der Gleitrichtung weg wandert („negativer Zugversuch") und nicht auf die Gleitebenennormale zu. Das wird auch für solche Orientierungen angenommen, für die das auf Grund der Geometrie und der röntgenographischen Meßgenauigkeit nicht eindeutig entschieden werden konnte. Bei vorgegebener Ausgangsorientierung kann nunmehr die gemessene $L(\varepsilon)$-Kurve mit Hilfe der bekannten Formeln [1] in eine $\tau(a)$-Kurve umgerechnet werden.

Ausgangsorientierungen in einem Bereich 12° um [111] wurden nicht untersucht, weil dort Gleitung nicht auf {110}-, sondern auf {111}-Ebenen stattfindet [13]. Jede der im folgenden wiedergegebenen VK und deren Parameter wurden mit mindestens drei Kristallen belegt. Ein Beispiel für die Reproduzierbarkeit ist in Fig. 2 für die [013]-Orientierung gegeben. Bei einem Vergleich der VK verschiedener Kristallorientierungen ist zu beachten, daß apparativ die anfängliche *Stauchgeschwindigkeit* konstantgehalten wurde, so daß die *Abgleitgeschwindigkeit* $\dot{a}$ mit der Orientierung variiert und zwar maximal um einen Faktor 2 (z. B. $\dot{a} = 1{,}9 \cdot 10^{-3}s^{-1}$ für [001]; $3{,}6 \cdot 10^{-3}s^{-1}$ für [011] bei $\dot{\varepsilon} = 9{,}5 \cdot 10^{-4}s^{-1}$). Wenn nicht anders vermerkt, ist $\dot{a}$ stets auf den Verformungsbeginn bezogen. Die die VK charakterisierenden Parameter werden in der bei kfz. Metallen üblichen Weise defi-

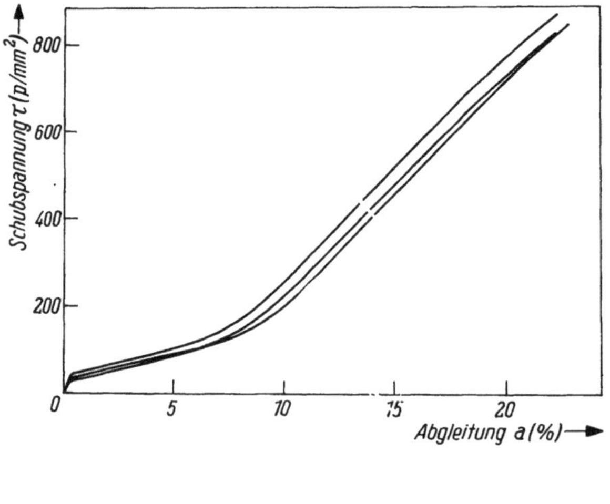


Fig. 2. Verfestigungskurven von drei [013]-orientierten Kristallen für $T$ = 294 °K und $\dot{a} = 2 \cdot 10^{-3}\,s^{-1}$

niert. Alle Fließspannungen werden auf den Schubmodul $G$ bezogen, dessen Temperaturabhängigkeit bekannt ist [14, 15, 16]. Für Scherung auf einer $\{110\}$-Ebene in $\langle 110 \rangle$-Richtung erhält man als Schubmodul $G = (c_{11} - c_{12})/2$. $c_{11}$ und $c_{12}$ sind die Voigtschen elastischen Konstanten.

### *2.4 Methoden und Zuverlässigkeit der Ätzgrübchenzählung zur Bestimmung der Versetzungsdichte*

In neuerer Zeit sind speziell für Ionenkristalle Ätzverfahren zur Sichtbarmachung der Durchstoßpunkte von Versetzungslinien durch die Kristalloberfläche entwickelt worden. Damit ist eine Möglichkeit gegeben, die Abhängigkeit der Versetzungsdichte $N$ von der Fließspannung $\tau$ experimentell zu prüfen. Die Zuordnung von Ätzgrübchen und Versetzungen darf bei NaCl als gesichert angesehen werden. Zwar ist bekannt, daß auch andere Kristallbaufehler zu Ätzeffekten Anlaß geben können [17], doch sind diese in der Regel leicht zu unterscheiden. Dagegen war nicht bewiesen, ob jedem Ätzgrübchen nur *eine* Versetzung entspricht. So ließen frühere Untersuchungen am NaCl [18] die Vermutung aufkommen, daß ein Ätzgrübchen mehrere *Schraubenversetzungen* enthielte. Der für lichtmikroskopische Beobachtungen relativ grobe chemische Ätzprozeß vermag unter Umständen dicht benachbarte Versetzungen nicht mehr zu trennen. Dann sollten die so gebildeten Ätzgruben bei höherer Auflösung eine Feinstruktur aufweisen. Mit Milfe eines Kohle-Abdruckverfahrens wurden deshalb solche Ätzgrübchen im Elektronenmikroskop untersucht. Eine Feinstruktur war aber nicht zu entdecken [19].

Die Zuordnung von Ätzgrübchen zu *einzelnen Stufenversetzungen* ist von vorn herein nicht eindeutig. Diese Ätzgrübchen markieren einen unbekannten Anteil an Versetzungsdipolen bzw. -schleifen. Da diese sich in ihren Eigenspannungen wesentlich von Einzelversetzungen unterscheiden, wurden in der vorliegenden Arbeit in der Hauptsache Ätzgrübchen an Schraubenversetzungen gezählt. Aus der Gleitgeometrie folgt, daß in [001]-orientierten Kristallen auf einer Querschnittsfläche nur Ätzgrübchen an Schraubenversetzungen beobachtbar sind. Eine solche Fläche kann durch Führen des Kristalls über ein nasses Seidentuch freigelegt werden. Der Kristall wird dadurch langsam abgetragen, merkliche Oberflächenschäden treten dabei nicht auf. Anschließend wurde der Kristall in einem Methanol-Äthanol-Gemisch poliert und geätzt [19]. Als Ätzmittel diente eine von Moran [20] angegebene Lösung von 1 Gew.-% $HgCl_2$ in Äthanol. Die Ätzgrübchen wurden bei 350 bis 1000facher Vergrößerung lichtmikroskopisch photographiert und gezählt.

## 3. Experimentelle Ergebnisse: Die Verfestigungskurve in Abhängigkeit von $\dot{a}$, $T$ und der Kristallorientierung

Die Fig. 3 bis 5 geben einen Überblick über die gemessenen Abhängigkeiten der VK von NaCl von $T$, $\dot{a}$ und der Orientierung. Während die Temperatur- und $\dot{a}$-Abhängigkeit in allen drei Bereichen qualitativ der von kfz. Metallen her bekannten entspricht, ist die Orientierungsabhängigkeit bei beiden Kristallsystemen gänzlich verschieden. Die weichsten Kristalle, d. h. diejenigen mit dem längsten Bereich I und der geringsten Steigung im Bereich II, sind bei NaCl diejenigen mit [001]-Orientierung. Die Verfestigung von NaCl nimmt gleichmäßig mit der Entfernung von [001], der Annäherung an die [011]- bzw. [111]-Ecken des Orienrierungsdreiecks zu. Diese Abhängigkeiten sollen im folgenden anhand der charakteristischen Parameter der VK im einzelnen analysiert und im Abschnitt 4 theoretisch untersucht werden.

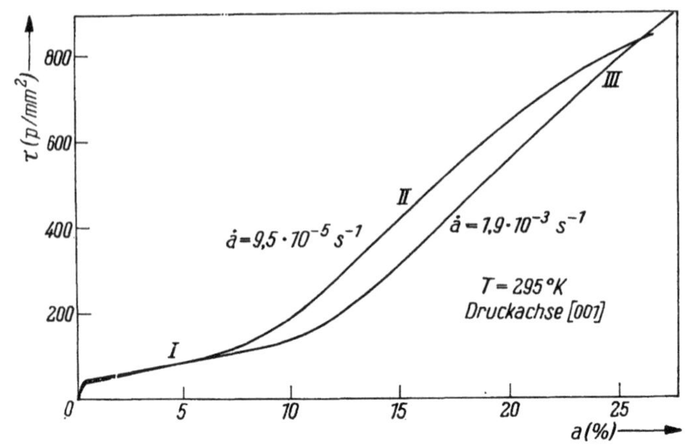


Fig. 3. Geschwindigkeitsabhängigkeit der VK [001]-orientierter Kristalle bei Raumtemperatur

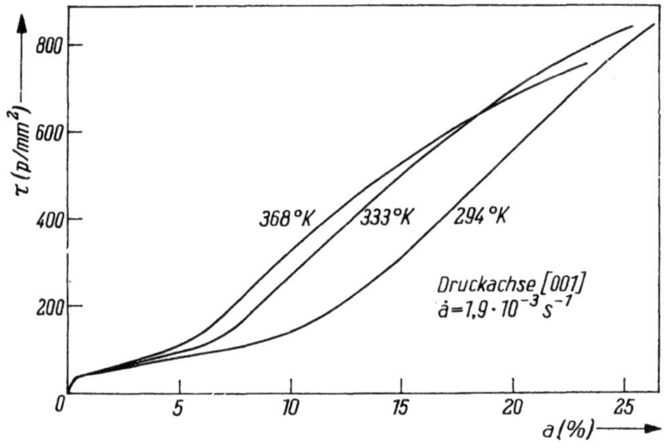


Fig. 4. Temperaturabhängigkeit der VK [001]-orientierter Kristalle bei konstanter Abgleitgeschwindigkeit

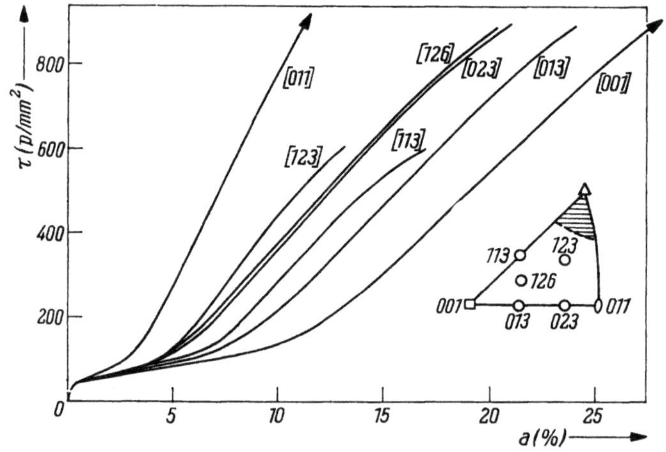


Fig. 5a

Fig. 5a und b. Orientierungsabhängigkeit der Verfestigung für $T = 294$ °K und bei konstanter Stauchgeschwindigkeit $\dot{\varepsilon} = 9{,}5 \cdot 10^{-4}\,\mathrm{s}^{-1}$

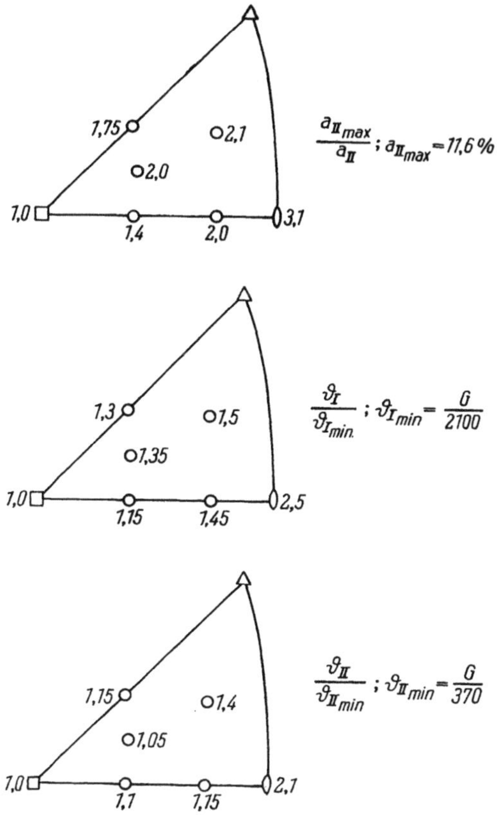


Fig. 5b

### 3.1 Die kritische Schubspannung $\tau_0$

Die Temperatur- und Geschwindigkeitsabhängigkeit von $\tau_0$ ist in Fig. 6 fürdie [001]-Orientierung dargestellt. $\tau_0/G$ ist für $T \geqq T_0 \approx 250$ °K temperaturunabhängig und nur schwach geschwindigkeitsabhängig. Für $T < T_0$ nimmt $\tau_0/G$ mit sinkender Temperatur zu. In diesem Bereich ist $\tau_0/G$ zugleich geschwindigkeitsabhängig. Die Orientierungsabhängigkeit wurde bei Raumtemperatur für die in Fig. 7 eingezeichneten Orientierungen untersucht. Es ergab sich, daß $\tau_0$ im Rahmen der Meßgenauigkeit orientierungsunabhängig ist. Eine schwache Geschwindigkeitsabhängigkeit von $\tau_0$ bei $T = 294$ °K ist bei allen Orientierungen sichtbar. Für [013]- und [011]-orientierte Kristalle wurde zusätzlich die Temperaturabhängigkeit von $\tau_0$ geprüft. Sie ergab sich gleich der der [001]-Orientierung (Fig. 8).

Über die hier untersuchten Abhängigkeiten von $\tau_0$ liegen in der Literatur bereits Angaben vor. Die Temperaturabhängigkeit von $\tau_0$ ist von Ekstein [21], Eshelby und Mitarbeitern [22], Graf und Klatte [23] sowie Stepanov und Bobrikov [24] untersucht. Ein Vergleich mit den eigenen Experimenten ist nur bedingt möglich, da der Verunreinigungsgehalt der in den früheren Arbeiten verwandten

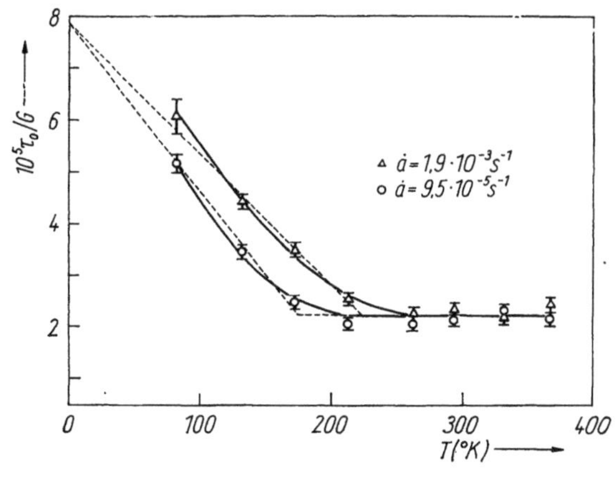


Fig. 6. Kritische Schubspannung [001]-orientierter Kristalle in Abhängigkeit von $T$ für zwei verschiedene $\dot{a}$

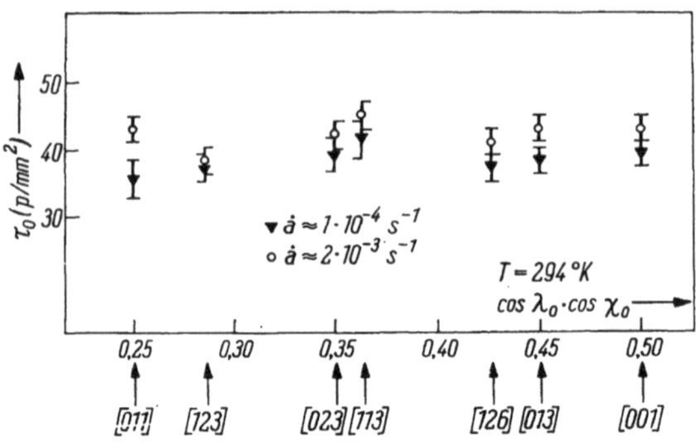


Fig. 7. Orientierungsabhängigkeit der kritischen Schubspannung $\tau_0$ bei Raumtemperatur für zwei verschiedene Abgleitgeschwindigkeiten. $\tau_0$ ist als Funktion des Schmidfaktors $\tau/\sigma = \cos \chi_0 \cos \lambda_0$ ($\chi_0$ Winkel zwischen Stabachse und Gleitebenennormale, $\lambda_0$ Winkel zwischen Stabachse und Gleitrichtung) im betätigten Gleitsystem aufgetragen

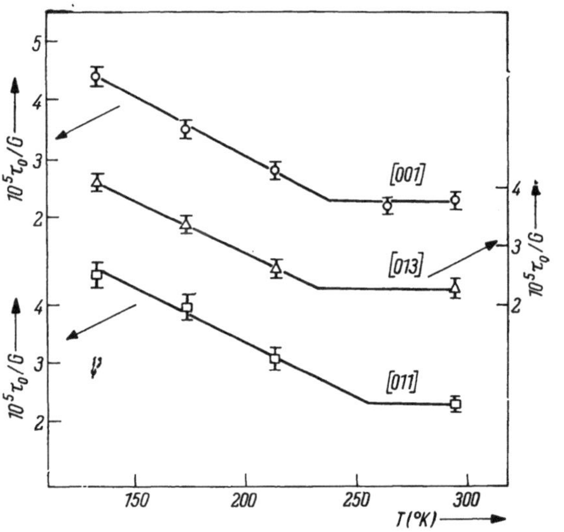


Fig. 8. Temperaturabhängigkeit der kritischen Schubspannung für verschiedene Orientierungen bei konstanter Stauchgeschwindigkeit $\dot{\varepsilon} = 9{,}5 \cdot 10^{-4}\ s^{-1}$

Kristalle nicht bekannt ist, und bereits geringe Verunreinigungen, insbesondere durch zweiwertige Ionen, die kritische Schubspannung um ein Mehrfaches erhöhen [25]. Die für die eigenen Untersuchungen benutzten Kristalle sind, nach Aussage der kritischen Schubspannung, im Vergleich zu denen der zitierten Autoren rein bzw. versetzungsarm. Immerhin ist eine qualitative Übereinstimmung aller Arbeiten in dem mit sinkender Temperatur unter Raumtemperatur starken Ansteigen der kritischen Schubspannung feststellbar.

Dommerich [26] findet bei Raumtemperatur das gleiche $\tau_0$ für [001]-, [011]- und [112]-orientierte Kristalle im Zugversuch. Einer neueren Arbeit von Wimmer, Kobes und Fine [11] kann man die bei Raumtemperatur gemessenen kritischen Normalspannungen von verschieden orientierten NaCl-Kristallen entnehmen. Die Umrechnung auf kritische Schubspannungen ergibt $\tau_0$-Werte, die schwach orientierungsabhängig sind.

### *3.2 Die Verfestigung im Bereich I*

Der Bereich I ist durch einen linearen Zusammenhang zwischen Schubspannung $\tau$ und Abgleitung $a$ gekennzeichnet. Die Abgleitung am Ende des Bereiches I, $a_{II}$, nimmt mit wachsendem $\dot{a}$ zu (Fig. 3) und steigender Temperatur ab (Fig. 4).

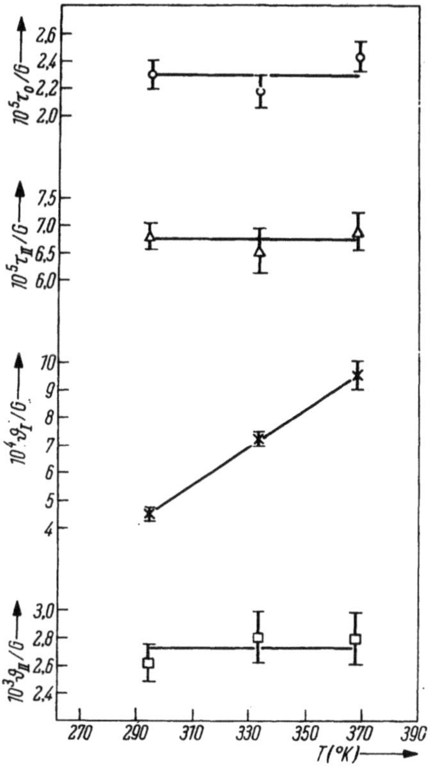


Fig. 9a. Temperaturabhängigkeit verschiedener Verformungsparameter der [001]-Orientierung für $\dot{a} = 1{,}9 \cdot 10^{-3}\,s^{-1}$

Auffallend ist die Orientierungsabhängigkeit der Verfestigungsparameter des Bereiches I (Fig. 5b). Im untersuchten Bereich nehmen dabei die [001]-Orientierung ($a_{II} = 11{,}6\%$) und die [011]-Orientierung ($a_{II} = 3{,}75\%$) extreme Werte an (Fig. 5b). Dafür kann die bei diesen beiden Orientierungen um einen Faktor 2 verschiedene Abgleitgeschwindigkeit (bei gleicher Stauchgeschwindigkeit) nicht verantwortlich sein, wie ein Vergleich mit Fig. 3 zeigt. Die Steigung im Bereich I, $\vartheta_I$, ist temperatur- und geschwindigkeitsabhängig: $\vartheta_I/G$ nimmt mit wachsender Temperatur zu (Fig. 9a) und mit zunehmendem $\dot{a}$ ab (Fig. 3). Die Orientierungsabhängigkeit von $\vartheta_I$ (Fig. 5b) verläuft in dem Sinne, daß [001]-Kristalle relativ „weich", [011]-Kristalle dagegen relativ „hart" sind.

### 3.3 *Die Verfestigung im Bereich II*

Die Spannung am Beginn des Bereiches II, $\tau_{II}$, lag zwischen 95 und 125 p/mm². Innerhalb dieser Grenzen ist $\tau_{II}/G$ temperatur-, geschwindigkeits- und orientierungsunabhängig (Fig. 9a). Der Bereich II ist linear. Die Länge des Bereiches, $a_{III}-a_{II}$, nimmt mit zunehmendem $\dot{a}$ zu und steigender Temperatur ab (Fig. 9b). Die Geschwindigkeitsabhängigkeit wird durch $(a_{III}-a_{II}) \sim \ln \dot{a}$ gut beschrieben; die Abnahme mit wachsender Temperatur ist stärker als linear.

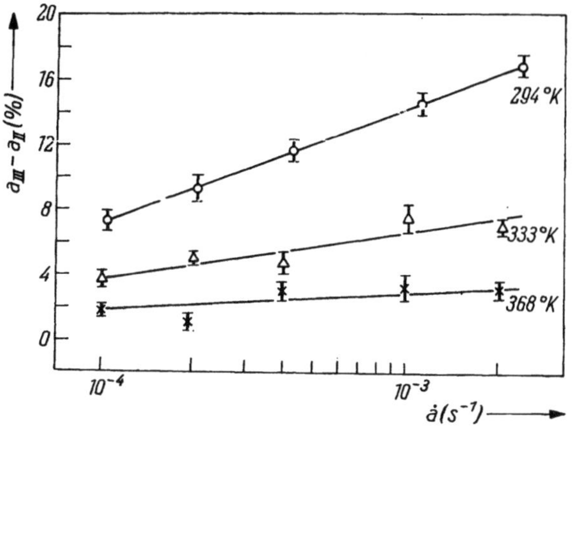


Fig. 9b. Länge des Bereiches II der [001]-Orientierung in Abhängigkeit von der Abgleitgeschwindigkeit für verschiedene Temperaturen

Die Verfestigungsrate $\vartheta_{II}$ ist bei vorgegebener Orientierung temperatur- und geschwindigkeitsunabhängig (Fig. 9a), hängt jedoch in geringem Maße von der Orientierung ab (Fig. 5b). Auffallend ist, daß sich $\vartheta_I$ und $\vartheta_{II}$ nahezu in gleichem Maße mit der Orientierung ändern. Für feste Orientierung gilt näherungsweise $\vartheta_{II}/\vartheta_I \approx 6$.

### *3.4 Die Spannung am Beginn des Bereiches III*

Der Bereich III ist durch einen mit der Verformung abnehmenden Verfestigungskoeffizienten gekennzeichnet. Die Spannung am Beginn des Bereiches III (definiert durch diejenige Spannung $\tau_{III}$, bei der die Abweichung vom extrapolierten Bereich II 1% beträgt) wurde für [001]-orientierte Kristalle in Abhängigkeit von $\dot{a}$ und $T$ gemessen. Der Variation der Verformungstemperatur waren dabei insofern Grenzen gesetzt, als bei $T \lesssim 250$ °K $\tau_{III}$ infolge Rißbildung nicht mehr erreicht wurde und für $T \lesssim 370$ °K die geringe Länge des Bereiches II (vergleiche Fig. 9b) eine sichere Auswertung, besonders für kleine $\dot{a}$, nicht mehr gestattete. Die Messungen ergeben eine starke Geschwindigkeitsabhängigkeit von $\tau_{III}$ ($T$ = const) (Fig. 10a). Dabei nimmt $\tau_{III}$ ($\dot{a}$ = const) mit steigender Temperatur ab.

Diehl, Mader und Seeger [27] haben für kfz. Metalle den Beginn des Bereiches III mit dem Auftreten ausgiebiger thermisch aktivierter Quergleitung von Schraubenversetzungen identifiziert. Die formale Analogie in den Verfestigungskurven verleitet dazu, das für kfz. Kristalle entwickelte Modell auf Ionenkristalle auszudehnen. Quergleitung ist für LiF nachgewiesen [28]. Als Quergleitebene wurde {100} beobachtet. Bethge [18] findet, daß Versetzungen im NaCl aus ihrer Gleitebene herauswandern können. Die Verteilung der Ätzgrübchen auf NaCl legt allerdings den Schluß nahe, daß Quergleitung schon im Bereich I möglich ist.

Bei den kfz. Metallen sind sowohl Primär- als auch Quergleitebene {111}-Ebenen, in denen Schraubenversetzungen aufspalten. Die Aufspaltung, die von der Stapelfehlerenergie abhängt, wird in Aufstauungen von Schraubenversetzungen verringert. Mit Hilfe thermischer Schwankungen gelingt dort Quergleitung. Aufstauungen von $n = 20$ bis 50 Versetzungen wurden bei kfz. Metallen beobachtet. Die Theorie [29] führt auf einen Zusammenhang zwischen Quergleitspannung $\tau_{III}$,

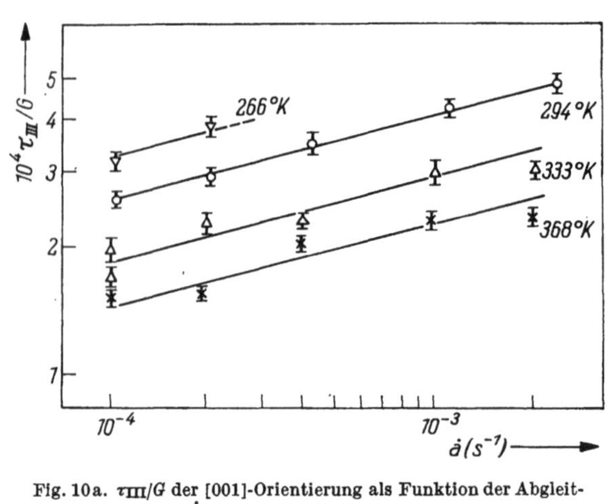


**Fig. 10a.** $\tau_{III}/G$ der [001]-Orientierung als Funktion der Abgleitgeschwindigkeit $\dot{a}$ (bei $\tau_{III}$) für verschiedene Temperaturen

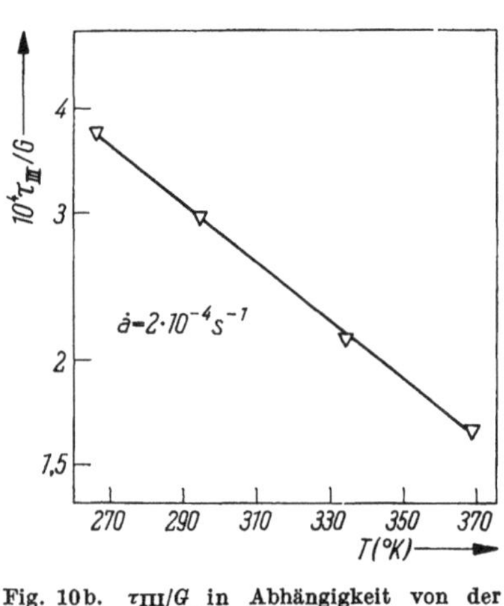


**Fig. 10b.** $\tau_{III}/G$ in Abhängigkeit von der Temperatur bei konstanter Abgleitgeschwindigkeit für [001]-Kristalle

Abgleitgeschwindigkeit $a$ und Temperatur $T$ der Form

$$\ln\left(\frac{\tau_{III}}{G}\right) = \ln\left(\frac{\tau_{III}}{G}\right)_{T=0} - \frac{k\,T}{A}\ln\left(\frac{\dot{a}_0}{\dot{a}}\right). \quad (1)$$

Aus $A$ läßt sich die Stapelfehlerenergie $\gamma$ berechnen [30].

Die Voraussetzungen dieses Modells sind jedoch im NaCl nicht erfüllt: die Primärgleitebene ist vom Typ $\{110\}$, die Quergleitebene $\{100\}$. Aufstauungen von Versetzungen werden nicht beobachtet, also $n = 1$. Auf Grund der Ionenbindung des NaCl erwartet man, daß die Versetzungen in dieser Kristallstruktur nicht aufgespalten sind, was einer sehr hohen Stapelfehlerenergie entspricht. Für $n = 1$ ist das Seegersche Modell [30] quantitativ nicht anwendbar. Speidel [31] hat ein Modell der Quergleitung für diesen Fall gerechnet, wobei er voraussetzt, daß einzelne Schraubenversetzungen die spannungsfreie Basisebene des hexagonalen Gitters verlassen und in eine Prismenebene übergehen, in der eine Schubspannung wirkt. Obwohl die Spannungsverhältnisse bei unseren [001]-orientierten NaCl-Kristallen gerade umgekehrt sind, ist es interessant festzustellen, daß sich bei Speidel für $\tau_{III}(\dot{a}, T)$ ein der Gleichung (1) sehr ähnlicher Zusammenhang ergibt.

Der von der Theorie geforderte Zusammenhang $\ln \tau_{III}/G \sim \ln \dot{a}$ ($T$ = const) wird bei NaCl in der Tat beobachtet (Fig. 10a). Das gilt auch für $\ln \tau_{III}/G \sim T$ ($\dot{a}$ = const) (Fig. 10b). Die Forderung $\frac{d \ln (\tau_{III}/G)}{d \ln \dot{a}} \sim T$ der Gleichung (1) ist wegen der Streuung der Meßwerte leider nicht nachprüfbar. Aus $\tau_{III}(\dot{a})$ für $T = 294$ °K erhält man mit Gleichung (1) für die Aktivierungsenergie der Quergleitung $A = 0{,}13$ eV. Die Größe $A/G\,b^3$ ist ein Maß für die Behinderung der Quergleitung [30]. Für NaCl ist $A/G\,b^3 = 0{,}02$ und damit klein gegen $A/G\,b^3 \approx 0{,}2$ für die kfz. Edelmetalle. Die Quergleitung wird daher im NaCl im Vergleich zu den kfz. Metallen nur wenig behindert, wie es ja auch erwartet wurde. Die Deutung des Bereiches III von NaCl mit Hilfe ausgiebiger thermisch aktivierter Quergleitung scheint daher formal möglich. Ein direkter Beweis mittels Gleitlinienbeobachtungen steht allerdings noch aus. Er ist bei NaCl um so notwendiger, als Ätzgrübchenbeobachtungen Quergleitung schon bei $\tau_0$ zeigen (s. Abschnitt 4.1).

Der Bereich III kann im kfz. Gitter bei relativ hohen Temperaturen aber auch mit dem Klettern von Stufenversetzungen gedeutet werden. Nach Alexander und Haasen [32] gilt dann

$$\tau_{III} \sim \dot{a}^{1/q} \exp\left(\frac{Q_{SD}}{q\,k\,T}\right), \quad (2)$$

$q \approx 4$ bis 5, $Q_{SD}$ ist die Aktivierungsenergie der Selbstdiffusion.

Die Ergebnisse am NaCl werden nun zwar in ihrer Geschwindigkeitsabhängigkeit durch Gleichung (2) richtig beschrieben, nicht aber in ihrer Temperaturabhängigkeit, so daß $\tau_{III}$ nicht mit dem Klettern von Stufenversetzungen erklärt werden kann.

## 4. Ergebnisse der Ätzgrübchenzählung und Diskussion

Es soll im folgenden versucht werden, die in Abschnitt 3 beschriebenen Messungen der Fließspannung in Abhängigkeit von $\dot{a}$ und $T$ versetzungstheoretisch zu interpretieren. Dabei werden Ätzgrübchenzählungen nach Verformung bis zu verschiedenen Spannungen benutzt. Solche Beobachtungen werden für zwei Orientierungen ausgeführt. Daraus ergibt sich eine Diskussion der beobachteten Orientierungsabhängigkeit der Verfestigung.

### 4.1 $\tau(\dot{a}, T)$ und Ätzgrübchenzählungen

Nach Seeger [6] setzt sich die Fließspannung $\tau$ aus einem temperaturunabhängigen Anteil $\tau_G$ der elastischen Versetzungswechselwirkung und einem thermisch aktivierten Anteil $\tau_S(\dot{a}, T)$ zusammen, der durch das Schneiden des Versetzungswaldes und die Bewegung der dabei entstandenen Sprünge in Schraubenversetzungen verursacht wird

$$\tau = \tau_G + \tau_S(\dot{a}, T) = \tau_G + \frac{U_0 - k\,T \ln \dot{a}_0/\dot{a}}{v}\,. \tag{3}$$

Dabei ist $U_0$ die Aktivierungsenergie des thermisch aktivierten Prozesses, $v$ das Aktivierungsvolumen, $\dot{a}_0$ eine Geschwindigkeitskonstante. Speziell aus der kritischen Schubspannung $\tau_0$ kann man den Messungen der Geschwindigkeits- und Temperaturabhängigkeit die Werte von $U_0$, $v$ und $\dot{a}_0$ entnehmen (siehe Tabelle 2). Die Zuordnung dieser Werte zu einem der möglichen thermisch aktivierten Prozesse wird erleichtert durch Versetzungszählungen mittels Ätzgrübchen. Ist nämlich (bei vorwiegend Einfachgleitung) $N_1$ die Dichte der Schraubenversetzungen im Hauptgleitsystem und $N_2$ die Dichte der die Hauptgleitebene durchschneidenden Waldversetzungen, so ist

$$\tau_G = \alpha\,G\,b\sqrt{N_1}\,, \qquad \alpha = 1/2\pi\,, \tag{4}$$

$$v = b^2/\beta\sqrt{N_2}\,. \tag{5}$$

Dabei wird die Wechselwirkung der Stufen im Hauptgleitsystem zunächst nicht berücksichtigt. Ihre Dichte läßt sich wegen eines unbekannten Beitrages von Versetzungsdipolen nur grob abschätzen. Auch für $N_2$ läßt sich bei unseren Expe-

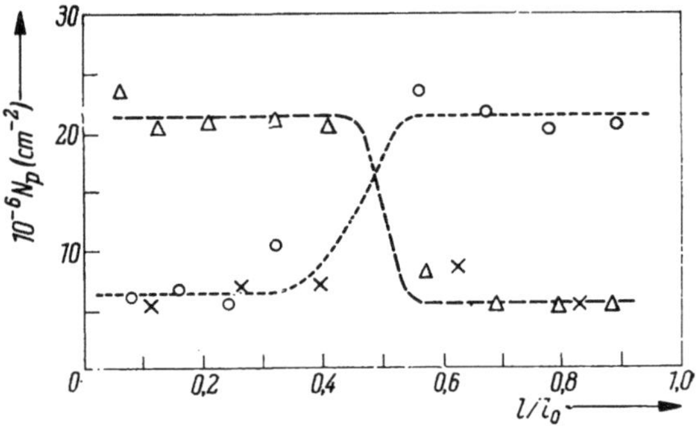


Fig. 11a. Ätzgrübchendichte von [001]-Kristallen für $\tau$ = 300 p/mm², $T$ = 294 °K, $\dot{a} = 1{,}9 \cdot 10^{-3}\,s^{-1}$, $l_0$ Länge der Probe, $l$ Abstand von einem Kristallende. × Ätzgrübchendichte auf einer Querschnittsfläche (Schraubenversetzungen), △ Ätzgrübchendichte auf einer Mantelfläche und ○ Ätzgrübchendichte auf einer dazu senkrechten Mantelfläche

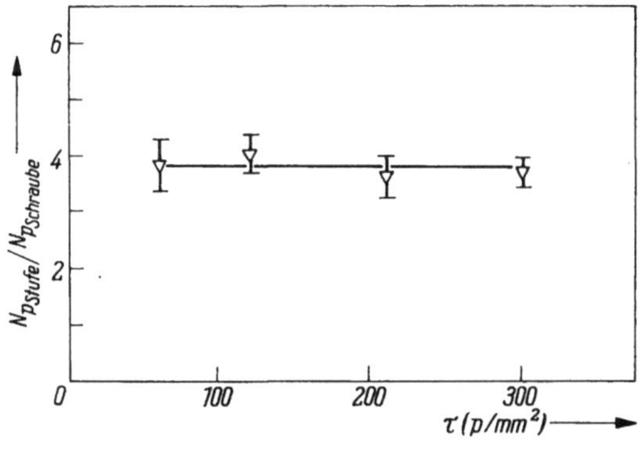


Fig. 11b. Verhältnis von Ätzgrübchen an Stufen- und Schraubenversetzungen als Funktion der Schubspannung. $T$, $\dot{a}$ wie bei Fig. 11a

rimenten nur eine obere Grenze angeben, wodurch $\beta$ ein weitgehend unbekannter Zahlenfaktor bleibt. Für das Schneiden eines Versetzungswaldes bekannter Dichte $N_2$ sollte $\beta \approx 1$ gelten, während für die thermisch aktivierte Bewegung von Durchschneidungssprüngen bei Gültigkeit von Gleichung (5) $\beta \gg 1$ erwartet wird.

Der Zusammenhang von Fließspannung $\tau$ und Ätzgrubendichte $N_p$ wurde an LiF bereits von Gilman und Johnston [33] sowie an NaCl von in der Schmitten und Haasen [34] für Verformung bei Raumtemperatur bestimmt. Die Ergebnisse widersprachen einander. Haasen und Hesse [35] konnten jedoch nachweisen, daß der von Gilman und Johnston im Bereich I der VK gefundene Zusammenhang $\tau \sim N_p$ auf ausgeschiedene Verunreinigungen zurückzuführen ist. Gelingt es, diese durch eine entsprechende Wärmebehandlung [8] in Lösung zu bringen, erhält man auch bei LiF den von in der Schmitten und Haasen am NaCl gemessenen Zusammenhang $\tau \sim \sqrt{N_p}$.

Aufgabe der vorliegenden Arbeit war es zunächst, in Erweiterung von [19, 35] den Zusammenhang von $\tau$ und $N_p$ für einen möglichst weiten Verformungsbereich in Abhängigkeit von $\dot{a}$ und $T$ am NaCl zu prüfen. Sämtliche untersuchten Proben zeigten eine statistische Verteilung der Schraubenversetzungs-Ätzgrübchen über den Querschnitt, unabhängig vom Verformungsgrad. Gleitbänder traten nicht auf. Man ist versucht, das auf die in Abschnitt 3.3 erschlossene Leichtigkeit von Quergleitung der Schraubenversetzungen zurückzuführen. (Nach Aussage der $\tau_{III}$-Ergebnisse sollte ausgiebige thermisch aktivierte Quergleitung jedoch erst bei Spannungen $\tau \geqq 400$ p/mm², für Raumtemperatur und darunter, erfolgen und nicht schon bei $\tau_0$. Diese Diskrepanz ist ungeklärt.) Experimentell ergab sich, daß die Ätzgrubendichte von der speziellen Lage der Querschnittsfläche in der Probe nicht abhing (Fig. 11a). Das wurde für verschiedene Spannungen geprüft ($\tau = 60$, 100, 200, 300 p/mm²). Dieser Befund beweist auch die Homogenität der Verformung der Kristalle. (Fig. 11a zeigt zugleich eine Komplikation der Verformung hochsymmetrisch orientierter Kristalle: in den beiden Kristallhälften haben sich zwei verschiedene (zueinander nicht orthogonale) Gleitsysteme betätigt.) Der beobachtete Zusammenhang von Fließspannung $\tau$ und Ätzgrübchendichte $N_p$ für [001]-Kristalle in Abhängigkeit von $\dot{a}$ und $T$ ist in Fig. 12 und 13 dargestellt. Jeder Meßpunkt entspricht einem Mittelwert von fünf unter gleichen Bedingungen verformten Proben. Die Messungen lassen sich über einen weiten Spannungsbereich durch die Beziehung $A\sqrt{N_p} = \tau$ beschreiben. Das gemessene

Tabelle 1

| $\dot{a}$ (s⁻¹) | $T$ (°K) | $A$ (p/cm) |
|---|---|---|
| | 294 | 7,2 |
| | 263 | 7,2 |
| $9{,}5 \cdot 10^{-5}$ | 213 | 7,2 |
| | 173 | 8,7 |
| | 133 | 11,9 |
| | 294 | 8,4 |
| | 263 | 8,4 |
| $1{,}9 \cdot 10^{-3}$ | 213 | 8,4 |
| | 173 | 11,75 |
| | 133 | 14,4 |

$A(\dot{a}, T)$ ist in Tabelle 1 angegeben. Ein Vergleich mit den entsprechenden Verfestigungskurven zeigt, daß die $\tau \sim \sqrt{N_p}$-Beziehung nur für den Bereich I gilt. Im Übergang von Bereich I zu Bereich II werden die Messungen am besten durch $\tau \sim N_p$ beschrieben. Der lineare Zusammenhang [33] von $\tau$ und $N_p$ gilt vielleicht auch für den Bereich II selbst. Da jedoch bei den für diesen Bereich charakteristischen Spannungen die Kristalle meist schon tonnenförmig verzerrt waren, konnte eine $\{100\}$-Querschnittsfläche nicht mehr mit der geforderten Genauigkeit freigelegt werden, so daß die Untersuchungen im Bereich II unvollständig und weniger gesichert sind. Die nachfolgenden Überlegungen werden sich daher mit dem Bereich I befassen. Extrapoliert man die dort gemessenen Ätzgrübchendichten auf $\tau = 0$, so ergibt sich:

1. Die Kurven gehen sämtlich durch den Koordinatenursprung; eine von den Versetzungen unabhängige Reibungsspannung ist also auszuschließen.

2. Die Extrapolation erlaubt eine Abschätzung der Ätzgrübchendichte an der kritischen Schubspannung: $N_p(\tau_0) \approx 3 \cdot 10^5\ \mathrm{cm}^{-2}$. Die Ausgangs-Ätzgrübchendichte war dagegen $N_0 \approx (1 \text{ bis } 2) \cdot 10^4\ \mathrm{cm}^{-2}$. Folglich muß bereits vor Erreichen der kritischen Schubspannung erhebliche Versetzungsmultiplikation stattgefunden haben. Diese Erscheinung wurde auch an Kupfer [36], Magnesiumoxyd [37] und Lithiumfluorid [38] beobachtet.

Nach Ausweis der Gleitlinien- und spannungsoptischen Beobachtungen liegt im wesentlichen Einfachgleitung vor, so daß die auf der Querschnittsebene gezählten Ätzgrübchen den Schraubenversetzungen des Hauptgleitsystems zuzuordnen sind. Unter Berücksichtigung der relativen Lage von Querschnitts- und Gleitebene ergibt sich $N_1 = N_p \sqrt{2}$. Die spannungsoptisch sichtbare Waldversetzungsdichte wird auf weniger als 10% der primären geschätzt: $N_2 < 0{,}1\, N_p$. Dabei wird vorausgesetzt und auch durch elektronenmikroskopische Abdruckbeobachtungen nahegelegt, daß jedem Ätzgrübchen nur eine Versetzung entspricht. Der gemessene Zusammenhang zwischen $\tau$ und $\sqrt{N_p}$ (Fig. 12 und 13) ist nun in der Tat von der Form der Gleichung (3) mit (4) und (5). Die sich aus $A(\dot{a}, T)$ ergebenden Zahlenwerte für die in diesen Gleichungen auftretenden Konstanten sind in Tabelle 2 eingetragen.

Der Vergleich der nach den beiden Methoden gewonnenen Aktivierungsenergien $U_0$ ergibt näherungsweise Übereinstimmung. Der theoretische Wert für die Sprungbildungsenergie in nicht aufgespaltenen Versetzungen $U_S = 1/10 \cdot G\, b^3 = 0{,}72$ eV ist jedoch nahezu doppelt so groß wie das gemessene $U_0$. Auch die nichtkonservative Sprungbewegung unter Leerstellenbildung, die bei hohen Temperaturen das Kriechen von NaCl bestimmt [39], scheidet mit einer Bildungsenergie eines Schottky-Paares von $E_B = 1{,}1$ bis $1{,}4$ eV als geschwindigkeitsbestimmender,

Tabelle 2

| Parameter in Gleichung (3) bis (5) | bestimmt aus Ätzgrübchen | bestimmt aus der kritischen Schubspannung |
|---|---|---|
| $l_h = v/b^2$ (cm) | $10^{-3}$ | $(1 \text{ bis } 2) \cdot 10^{-5}$ |
| $U_0$ (eV) | 0,41 | 0,3 |
| $\ln (\dot{a}_0 \cdot 1\ \mathrm{s})$ | 14 bis 17 | 7 bis 9 |
| $\beta$ | 35 bis 37 | — |
| $\alpha$ | 4,5 | — |

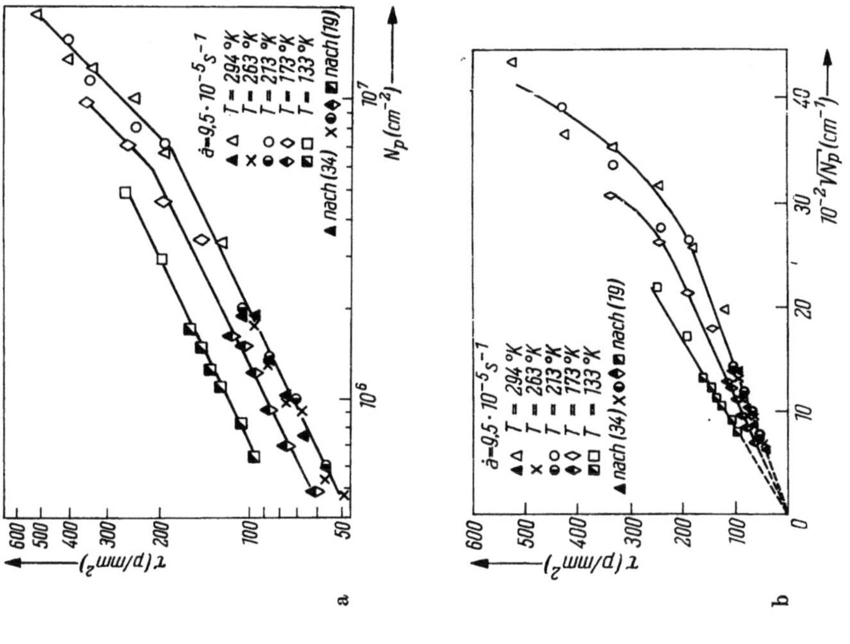


Fig. 12

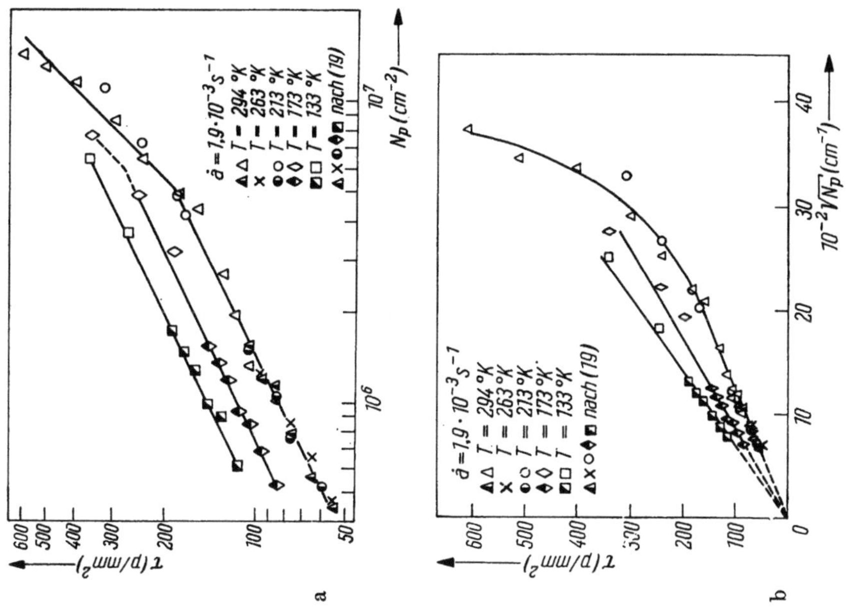


Fig. 13

**Fig. 12 und 13.** Ätzgrübchendichte $N_p$ auf einer mittleren Querschnittsfläche als Funktion der Schubspannung $\tau$ in Abhängigkeit von der Temperatur für zwei Verformungsgeschwindigkeiten; a) in doppeltlogarithmischer Auftragung (die Anfangssteigung ist 1/2), b) in einer Auftragung $\tau$ gegen $\sqrt{N_p}$ (die Kurven gehen durch den Ursprung)

thermisch aktivierter Prozeß aus. Die konservative Bewegung von Sprüngen entlang der Versetzung könnte dagegen thermisch aktiviert und geschwindigkeitsbestimmend sein mit einer Aktivierungsenergie, die etwas kleiner als die der Leerstellenwanderung $E_W$ ist: $E_W(Na^+) = 0{,}51$ eV, $E_W(Cl^-) = 0{,}56$ eV [40], $E_W(Cl^-$ und $Na^+) = 0{,}38$ eV [41]. Aus dem Vergleich der nach beiden Methoden bestimmten Aktivierungsvolumina $v$ oder Hindernisabstände $l_h = v/b^2$ in Tabelle 2 ergibt sich sofort, daß die für die Fließspannung bestimmenden Hindernisse auf der Hauptgleitebene wesentlich dichter liegen als die Ätzgruben des sekundären Versetzungswaldes. Unabhängig von der Unsicherheit in $N_2$ ergibt sich als untere Grenze $\beta = 35$. Das läßt sich im Rahmen der obengenannten thermisch aktivierten Prozesse ebenfalls nur mit der Sprungbewegung vereinbaren. Diese muß aber nach Ausweis der Aktivierungsenergie konservativ erfolgen. Unklar bleibt allerdings, ob bei der geringen Dichte des Versetzungswaldes genügend Durchschneidungssprünge bereits zu Beginn der Verformung gebildet werden und trotz gegenseitiger Annihilation übrigbleiben. Vielleicht entstehen die Sprünge auch thermisch nach Schoeck [42]. Der Geschwindigkeitsfaktor $\dot{a}_0$ ist theoretisch zu unspezifisch, experimentell zu ungenau bekannt und auch bei den Meßmethoden zu verschieden, als daß man daraus theoretische Folgerungen ziehen könnte. Schließlich kann die Konstante $\alpha$ der elastischen Versetzungswechselwirkung aus dem Hochtemperaturwert von $A$ mittels Gleichung (4) bestimmt werden. Sie ergibt sich etwa zu $\alpha_{\mathrm{Schr.}} = 4/2\,\pi$ und ist damit viermal so groß wie theoretisch erwartet.

Kann diese Diskrepanz durch die bisher nicht berücksichtigte Wechselwirkung von Stufenversetzungen behoben werden? Um diesen möglichen Einfluß zu prüfen, wurden auf einer Mantelfläche [001]-orientierter Kristalle Ätzgrübchen an Stufenversetzungen als Funktion der Schubspannung gezählt. In Fig. 11b ist das Verhältnis von Ätzgrübchen an Stufenversetzungen zu denen an Schraubenversetzungen in Abhängigkeit von der Spannung dargestellt. Danach ergibt sich, unabhängig von der Spannung, $N_{p_{\mathrm{Stufe}}}/N_{p_{\mathrm{Schraube}}} = 3{,}8 \pm 0{,}3$. Aus der Gleitgeometrie folgt, wenn man Stufendipole einschließt: $N_{p_{\mathrm{Stufe}}} = N_{\mathrm{Stufe}}$; hier ist ein bei Schraubenversetzungen notwendiger Orientierungsfaktor also nicht anzubringen. Mit $N_{\mathrm{Schraube}} = \sqrt{2}\, N_{p_{\mathrm{Schraube}}}$ ist dann $N_{\mathrm{Stufe}}/N_{\mathrm{Schraube}} \approx 2{,}7$. Das Ergebnis überrascht zunächst, da auf Grund der Versetzungsbeweglichkeit $N_{\mathrm{Stufe}}/N_{\mathrm{Schraube}} < 1$ zu erwarten gewesen wäre [43]. Jedoch beobachten auch Mendelson [3] am NaCl und Johnston und Gilman [28] am LiF mehr Stufen- als Schrauben-Ätzgrübchen. Das Resultat wird plausibel, wenn Stufenversetzungsschleifen (Dipole) gebildet und bei $N_{p_{\mathrm{Stufe}}}$ mitgezählt werden. Berücksichtigt man letzteres nicht und schreibt alle $N_{p_{\mathrm{Stufe}}}$ einfachen Stufenversetzungen zu, so reduziert sich bei Additivität der inneren Spannungen von Stufen und Schrauben die Diskrepanz in der Konstanten $\alpha$ zwischen Gleichung (4) und den Messungen auf einen Faktor 2. (Für parallele Stufenversetzungen ist $2\,\pi$ in Gleichung (4) durch $2\,\pi\,(1 - \nu)$, $\nu$ Poissonsche Zahl, zu ersetzen.) Der Faktor $\beta = 36$ im $\tau_S$-Anteil und damit die hohe, thermisch zu überwindende Hindernisdichte können jedoch nicht auf Stufenversetzungen zurückgeführt werden. Die kleine Diskrepanz in $\alpha$ kann eventuell der Behinderung der konservativ nicht beweglichen Versetzungssprünge im Sinne einer Frank-Read-Quellspannung zugeschrieben werden. Danach wäre das Verhältnis der Abstände von sich konservativ-thermisch bewegenden zu denen der konservativ unbeweglichen, athermisch wirksamen Sprünge etwa gleich 100. Eine weitere Deutungsmöglichkeit wird in Abschnitt 5 angegeben werden.

#### 4.2 Orientierungsabhängigkeit der Verfestigung

Die Verfestigung in den Bereichen I und II von NaCl hatte sich als orientierungsabhängig erwiesen: [001]-orientierte Kristalle sind relativ „weich“, [011]-orientierte dagegen „hart“. Bei [001]-Kristallen soll nach Abschnitt 4.4 die Fließspannung im Bereich I durch schwer bewegliche Sprünge hervorgerufen werden und nicht allein durch elastische Versetzungswechselwirkung oder Schneidprozesse; dafür waren zu wenig Ätzgrübchen gefunden worden. Kann nun auf eine unterschiedliche Dichte der Sprünge geschlossen werden, die zu einer Orientierungsabhängigkeit der VK im beobachteten Sinne führt?

Einen Beitrag zur Klärung dieser Frage sollte die Zählung von Ätzgrübchen an Schraubenversetzungen auch für [011]-orientierte Kristalle liefern. Es wurden daher Ätzgrübchen an Schraubenversetzungen auf $\{100\}$-Mantelflächen von [011]-Kristallen erzeugt, die bei Raumtemperatur bis zu verschiedenen $\tau$ verformt worden waren. Fig. 14 zeigt die Ergebnisse (zum Vergleich sind die Werte für die [001]-Orientierung mit eingetragen). Auch für die [011]-Orientierung gilt im Bereich I: $A_{[011]}\sqrt{N_p} = \tau$. Ein Vergleich der $A$-Werte für [001]- und [011]-orientierte Kristalle setzt voraus, daß dieselbe Zahl von Ätzgrübchen an Schraubenversetzungen auf einer $\{100\}$-Querschnittsfläche der Kristalle wie auf einer $\{100\}$-Mantelfläche beobachtet wird. (Der geometrische Korrekturfaktor $N/N_p$ ist bei beiden derselbe.) Der experimentelle Nachweis dafür wurde für [001]-Kristalle erbracht (Fig. 11a). Nach Fig. 14 ist also für $T = 294$ °K: $A_{[001]} > A_{[011]}$. Wenn die Fließspannung nach Abschnitt 4.4 durch schwer bewegliche Sprünge in Schraubenversetzungen bedingt wird, muß man daraus schließen, daß bei [011]-Kristallen weniger Sprünge pro liegengebliebene Versetzung vorhanden sind als bei [001]. Die Verfestigung von [011]-Kristallen sollte demzufolge geringer sein als die der [001]-orientierten Kristalle. Experimentell wird jedoch das Gegenteil beobachtet (Fig. 5), so daß Sprungdichte die beobachtete Orientierungsabhängigkeit der VK nicht erklären kann. Die Verfestigung ergibt sich aber aus Fließspannungszuwachs pro Abgleitungsintervall. Die Fließspannung wird gemäß $\tau \sim \sqrt{N}$ durch die im Kristall liegengebliebenen Versetzungen mit ihren Sprüngen bestimmt. Der Abgleitungszuwachs $da$ läßt sich dagegen beschreiben durch die Dichte $dN_b$ der beweglichen Versetzungen, die den Laufweg $L$ zurücklegen nach $da = b\,L\,dN_b$ ($L$ wird hier als konstant angenommen). Damit ist

$$\frac{d\tau}{da} = \frac{\tau}{2\,b\,N}\,\frac{1}{L}\,\frac{dN}{dN_b}\,. \tag{6}$$

Ein größerer Verfestigungsanstieg bei [011]-Kristallen bedeutet danach, daß entweder die Versetzungslaufwege in [011]-Kristallen kleiner sind oder daß ein größerer

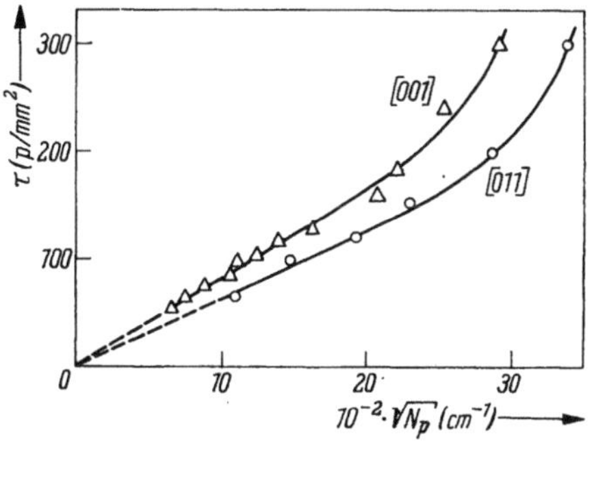


Fig. 14. Ätzgrübchendichte an Schraubenversetzungen als Funktion der Schubspannung für [001]- und [011]-orientierte Kristalle bei gleicher Stauchgeschwindigkeit $\dot{\varepsilon} = 9{,}5 \cdot 10^{-4}\ s^{-1}$ und Raumtemperatur

Bruchteil von Versetzungen in [011]-Kristallen liegenbleibt. Das bedeutet aber ebenfalls einen kleineren Versetzungslaufweg. (Der Faktor $\tau/N$ ist bei [001]-Kristallen größer als bei [011]-Kristallen.)

*Einfluß von anderen als Dodekaeder-Gleitsystemen auf die Orientierungsabhängigkeit*

Die Verkürzung des Laufweges beim Übergang von [001] zu [011] und die stärkere Verfestigung von [011]-Kristallen kann man nicht mit Dodekaeder-Gleitung allein deuten, denn bis auf die verschiedenen Schmid-Faktoren, die aber in der Umrechnung berücksichtigt sind, herrscht bei [001]- und [011]-Kristallen dieselbe Symmetrie unter den Dodekaeder-Gleitsystemen, folglich gibt es dieselben Versetzungsreaktionen usw. Es sind also mögliche Einflüsse von Nicht-Dodekaeder-Gleitsystemen zu diskutieren. Als sekundäre Gleitsysteme sind bei NaCl $\{100\}\langle 110\rangle$ und $\{111\}\langle 110\rangle$ beobachtet worden [44]. Die Einsetzspannung $\tau_E$ dieser Systeme ist nach Stepanov und Bobrikov [24] etwa gleich groß. Sie ist größer als für die Dodekaeder-Gleitung. (Der von den Autoren angegebene Wert ist $\tau_E = 400$ bis 500 p/mm² bei Raumtemperatur. Da jedoch die kritische Schubspannung $\tau_0$ bei Raumtemperatur für Dodekaeder-Gleitung von den Autoren relativ hoch gefunden wird (85 p/mm²), sollte sich auch $\tau_E$ für bessere Kristalle erniedrigen.)

*Einfluß von Quergleitung*

Die Orientierungsabhängigkeit der Verfestigung könnte auf unterschiedlich begünstigte Quergleitung zurückzuführen sein. Gilman und Johnston [38] fanden am LiF Quergleitung auf $\{100\}$-Ebenen. Dann erhalten Versetzungen im Quergleitsystem bei Druck in [001]-Richtung keine Spannung, wohl aber bei einer [011]-Druckachse. Setzt man viel Quergleitung mit Entfestigung gleich, dann wäre zu erwarten, daß [011]-Kristalle weicher als [001]-Kristalle sind. Das ist jedoch nicht der Fall. Experimentell zwar bisher nicht beobachtet, aber theoretisch möglich ist auch $\{111\}$ als Quergleitebene. Jedoch kann Quergleitung auch auf diesen Ebenen die beobachtete Orientierungsabhängigkeit nicht erklären, denn das Verhältnis der Schmid-Faktoren ($\tau/\sigma$) von $\{111\}$-Quergleit- zu $\{110\}$-Primärebene wäre für die [011]-Orientierung günstiger als für [001].

*Einfluß „seßhafter" Versetzungen*

Seßhafte Versetzungen entstehen als Folge von Versetzungsreaktionen im NaCl. Bei Reaktionen vom Typ

$$\frac{a}{2}[\bar{1}0\bar{1}] + \frac{a}{2}[1\bar{1}0] \rightarrow \frac{a}{2}[0\bar{1}\bar{1}],$$

wird die Linienenergie der Versetzungen erniedrigt. Die Reaktionsversetzungen haben als Gleitebene eine $\{112\}$-Ebene, also eine makroskopisch nicht beobachtete Gleitebene. Wären diese Versetzungen dennoch im mikroskopischen Sinne gleitfähig, dann sollte diejenige Kristallorientierung „weich" sein, bei der die seßhaften Versetzungen mehr Spannung auf ihrer Gleitebene erhalten, so daß ein Abbau dieser Gleithindernisse erfolgen kann. Eine explizite Rechnung zeigt, daß

a) die [001]- und [011]-Orientierung bezüglich der erwarteten Dichte der „seßhaften" Versetzungen äquivalent sind, und

Fig. 15. Verfestigungskoeffizient $\vartheta_I$ (bezogen auf $\vartheta_{I_{min}}$) als Funktion des Verhältnisses der Schmid-Faktoren $\tau/\sigma$ in Sekundär- und Primärgleitsystemen

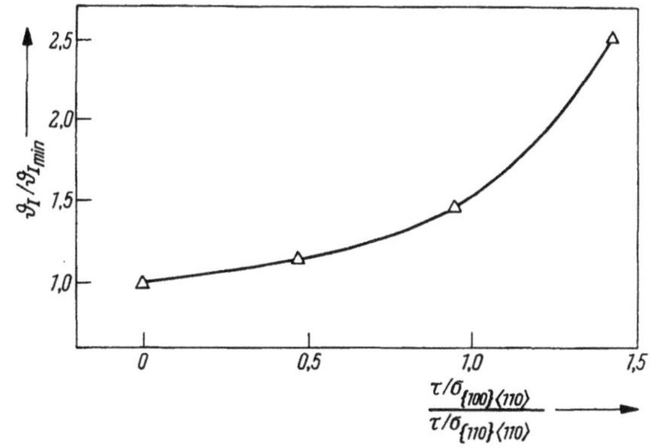


b) beim Übergang von [001] zu [023] $\tau/\sigma$ in {112}-Ebenen größer wird, also die Hindernisse leichter abgebaut, die Verfestigung geringer werden sollte. Experimentell wird sie jedoch größer.

Die Orientierungsabhängigkeit der Verfestigung kann danach auch nicht durch „seßhafte" Versetzungen hervorgerufen werden.

*Einfluß von „Störgleitung"*

Die sekundären Gleitsysteme könnten in Form von „Störgleitung" hinzutreten, welche die Versetzungslaufwege verkürzt. Im vorliegenden Fall würde Mitbetätigung der {100} ⟨110⟩-Gleitsysteme den Härteanstieg von der [001]- zur [011]-Orientierung qualitativ richtig beschreiben. Fig. 15 zeigt die Verfestigungsrate im Bereich I als Funktion des Quotienten der Schmid-Faktoren $\tau/\sigma$ von {100} ⟨110⟩- und {110} ⟨110⟩-Systemen. Es ergibt sich ein monotoner Zusammenhang. Bei Mitbetätigung von {111}-Ebenen wären bei einer [001]-Druckachse vier Störsysteme möglich, bei einer [011]-Druckachse nur zwei. Entsprechend sollte die Störhäufigkeit und damit die Verfestigung in [001]-Kristallen größer sein als bei [011]. Das ist nicht der Fall.

Zusammenfassend ist festzustellen, daß Quergleitung oder ein Abbau „seßhafter" Versetzungen die beobachtete Orientierungsabhängigkeit der Verfestigung nicht erklären können, wohl aber vermag das die Verkürzung des Versetzungslaufweges durch Mitwirken sekundärer Gleitsysteme vom Typ {100} ⟨110⟩. Diese Vorstellung müßte sich im Gleitlinienbild nachweisen lassen.

## 5. Zusammenhang mit anderen Experimenten

Die obige Diskussion zeigt, daß die Form der VK von NaCl trotz des den kfz. Metallen ähnlichen Aussehens offenbar ganz andere Ursachen hat als die der kfz. Metalle. Bei kfz. Metallen (und Kristallen mit Diamantstruktur) kommt die Verfestigung wesentlich durch elastische Versetzungswechselwirkung zustande; die Steigung der $\tau(\sqrt{N})$-Kurve, $A$, ist unabhängig von $\dot{a}$ und $T$. Die Orientierungsabhängigkeit der Verfestigung kann allein durch Gleitung auf gleichwertigen {111}-Ebenen erklärt werden. Anders scheinen dagegen die Verhältnisse bei NaCl (und den kubisch raumzentrierten Metallen) zu liegen. Weitere Untersuchungen sind hier nötig, wobei offenbar die formelle Ähnlichkeit der VK verschiedener Kristallstruktur theoretisch mit großer Vorsicht zu betrachten ist.

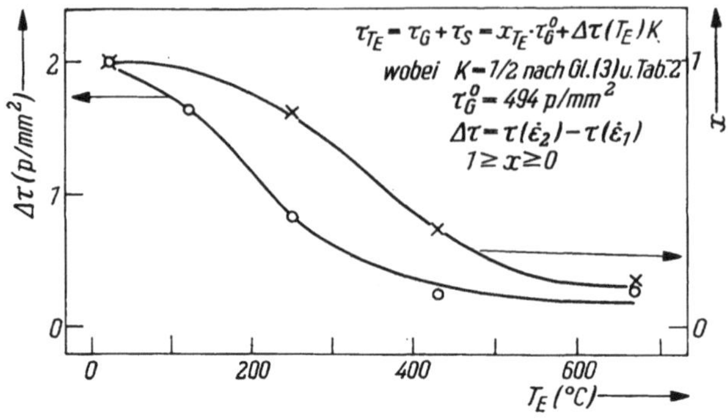


Fig. 16. Erholung des temperaturunabhängigen ($\tau_G = x\, \tau_G^0$) und des thermischen Fließspannungsanteils $\tau_S = \Delta\tau\, K$ nach Verformung bis zu einer Spannung von 500 p/mm² und Glühung bei verschiedenen Temperaturen $T_E$. $\Delta\tau$ ist die Schubspannungsdifferenz bei Geschwindigkeitswechsel von $\dot{\varepsilon}_1 = 4{,}8 \cdot 10^{-5}$ auf $\dot{\varepsilon}_2 = 9{,}5 \cdot 10^{-4}\ s^{-1}$ bei 294 °K

a) In letzter Zeit haben Davidge und Pratt interessante Beobachtungen zur Verformung von NaCl veröffentlicht [45]. Die Ätzgrübchenuntersuchungen dieser Autoren stimmen mit unseren Ergebnissen (bis auf einen Faktor 2 in $A$) überein. (Allerdings haben Davidge und Pratt nur bei 293 °K und einer Abgleitgeschwindigkeit verformt.) Interessant ist die Beobachtung dieser Autoren, daß sich die Kristalldichte mit der Verformung im Bereich II 100mal stärker ändert als es die durch Ätzgrübchen nachgewiesene Versetzungsdichte erwarten läßt. Diese Dichteänderung heilt beim Glühen bereits in einem Temperaturbereich (250 bis 400 °K) aus, in dem sich die Versetzungsdichte noch nicht ändert. Die zusätzlichen Fehlstellen werden von den Autoren als von Versetzungen erzeugter „Debris" bezeichnet, worunter Versetzungsdipole und Punktfehler verstanden werden. Erstere müßten allerdings in Ätzgrübchen sichtbar werden. Von den letzteren verursachen einzelne Leerstellen wahrscheinlich nur eine geringe Verfestigung. Es ist aber nicht ausgeschlossen, daß Zwischengitteratome infolge ihrer starken Dipolverzerrung mit den Gleithindernissen großer Dichte, geringer Stärke identisch sind, die zur Deutung unserer Tieftemperatur-Fließspannung benötigt werden [46].[2]) Allerdings ist eine Zunahme der Fließspannung mit der Wurzel aus der Versetzungsdichte neben einer entscheidenden Verfestigung durch Punktdefekte theoretisch schwer verständlich. Vielleicht bestimmen solche Punktdefekte die Fließspannung auch erst im Bereich II, in dem ein komplizierterer Zusammenhang zwischen $\tau$ und $N_p$ beobachtet wird.

b) Wir haben darum Versuche mit dem Ziel durchgeführt, eine Erholung des thermischen Fließspannungsanteils in dem Temperaturbereich nachzuweisen, in dem Davidge und Pratt eine Erholung der Kristalldichte und Mikrohärte ohne Änderung der Versetzungsdichte beobachten. Bei Raumtemperatur mit konstanter Abgleitgeschwindigkeit $\dot{a} = 1{,}9 \cdot 10^{-3}\ s^{-1}$ bis zu einer Spannung $\tau = 500\ p/mm^2$ (in den Bereich II) verformte, [001]-orientierte Kristalle wurden anschließend bei 120, 250, 430 bzw. 670 °C 24 Stunden an Luft geglüht und danach bei Raumtemperatur weiterverformt. Der hierbei von Davidge und Pratt beobachtete breite Abfall der Gesamtfließspannung $\tau$ mit zunehmender Glühtemperatur zwischen 200 und 500 °C konnte bestätigt werden. Der kleine thermische Fließspannungsanteil bei Raumtemperatur, der durch Geschwindigkeitswechsel ermittelt wurde, erholte sich in einem ähnlich breiten Glühtemperatur-Intervall, das jedoch um etwa 130° zu tieferen Temperaturen verschoben ist (Fig. 16).

---

[2]) Die von uns angenommenen Sprünge sollten keinen großen Einfluß auf die Kristalldichte haben.

Das entspricht qualitativ den Erwartungen des in dieser Arbeit aus Ätzgrubenzählungen erschlossenen Modells.

c) Man kann erwarten, daß die eingangs erwähnte, bei kfz. Kristallen mit Erfolg angewandte Untersuchung von Gleitlinien nach verschiedenen Verformungen zur Klärung des Verfestigungsmechanismus von NaCl beizutragen vermag. Bei lichtmikroskopischer Beobachtung sind Gleitbänder auf NaCl gut sichtbar. Sie sind auf diesem Wege von Davidge und Pratt [45] untersucht worden. Insbesondere wurden bei [001]-orientierten Kristallen neben den Gleitlinien der beiden spannungsmäßig gleichberechtigten, wenn auch ungleich stark betätigten orthogonalen Gleitsysteme auch schwache Gleilinien anderer Gleitsysteme beobachtet. Diese sind vielleicht bei einem Studium der Orientierungsabhängigkeit der VK von Interesse. Wir haben vergeblich versucht, diese lichtmikroskopisch sichtbaren Gleitlinien auf (an Luft) verformten NaCl-Einkristallen mittels eines Abdruckverfahrens auch bei elektronenmikroskopischer Vergrößerung sichbar zu machen. Dieser Fehlschlag könnte zum einen dadurch verursacht werden, daß Gleitstufen auf NaCl grundsätzlich von atomarer Höhe sind. Zum anderen weist Bethge [18] darauf hin, daß der in der Luft enthaltene Wasserdampf genügt, um geringe Oberflächenschichten des NaCl anzulösen und somit Gleitstufen zu ,,verschmieren" Ist letzteres richtig, so sollte eine Verformung im Vakuum mit unmittelbar anschließender Abdrucknahme durch Kohlebedampfung Gleitlinien auch elektronenmikroskopisch sichtbar werden lassen. Das ist in der Tat der Fall, wie folgender Vorversuch zeigt: Es wurde ein NaCl-Kristall in 3-Schneiden-Biegung (Schneidenabstand 15 mm, Probenquerschnitt $5 \times 5$ mm$^2$) bei $5 \cdot 10^{-5}$ Torr und 294 °K verformt und unmittelbar darauf von der Dehnungsseite ($\varepsilon = 0{,}4\%$) ein Kohleabdruck mit Schrägbeschattung (Pd) hergestellt. Die Untersuchung des Abdrucks im Elektronenmikroskop ergab parallele Gleitstufen im Abstand von ca. 5000 Å und einer geschätzten Stufenhöhe von einigen 100 Å. In dieser Richtung weiterführende Untersuchungen mit dem Ziel, Versetzungslaufwege, Störgleitung, Quergleitung u. a. nachzuweisen und damit die oben entwickelten Vorstellungen zu präzisieren, sind im Gange.

Herrn Professor Dr. P. Haasen bin ich für sein Interesse an dieser Arbeit und viele klärende Diskussionen zu Dank verpflichtet. Die Deutsche Forschungsgemeinschaft hat die Arbeit finanziell gefördert.

## Literatur

[1] E. Schmid und W. Boas, Kristallplastizität, Springer-Verlag, Berlin 1935.
[2] A. W. Stepanov, Phys. Z. SU 8, 25 (1934).
[3] S. Mendelson, J. appl. Phys. **33**, 2175 (1962).
[4] L. M. Brown und P. L. Pratt, Phil. Mag. 8, 717 (1963).
[5] F. Agullo-Lopez und P. W. Levy, Proc. Brit. Ceramic. Soc. **1**, 183 (1964).
[6] A. Seeger, Handbuch der Physik VII/2, Springer-Verlag, Berlin 1958 (S. 1).
[7] C. Bean, Thesis, University of Illinois 1952; zitiert bei A. B. Lidiard, Handbuch der Physik XX, Springer-Verlag, Berlin 1957 (S. 306).
[8] W. G. Johnston, J. appl. Phys. **33**, 2050 (1962).
[9] W. in der Schmitten, Trans. AIME **221**, 409 (1961).
[10] P. L. Pratt, Acta metall. **1**, 103 (1953).
[11] F. T. Wimmer, W. Kobes und M. E. Fine, J. appl. Phys. **34**, 1775 (1963).
[12] R. L. Fleischer, J. Mech. Phys. Solids **6**, 301 (1957).
[13] S. Dommerich, Z. Phys. **90**, 189 (1934).
[14] M. A. Durand, Phys. Rev. **50**, 449 (1936).

[15] L. Hunter und S. Siegel, Phys. Rev. **61**, 84 (1942).
[16] W. C. Overton und R. T. Swim, Phys. Rev. **84**, 758 (1951).
[17] J. J. Gilman, J. appl. Phys. **30**, 1584 (1959).
[18] H. Bethge, phys. stat. sol. **2**, 1 und 775 (1962).
[19] J. Hesse, Diplomarbeit, Univ. Göttingen 1962.
[20] R. Moran, J. appl. Phys. **29**, 1768 (1958).
[21] M. Ekstein, Z. Kristall. **92**, 253 (1935).
[22] J. D. Eshelby, C. W. Newey, P. L. Pratt und A. B. Lidiard, Phil. Mag. **3**, 75 (1958).
[23] L. Graf und H. Klatte, zitiert bei [6].
[24] A. V. Stepanov und V. P. Bobrikov, Soviet Physics-Tech. Phys. **1**, 777 (1957), (engl. Übers.).
[25] A. Edner, Z. Phys. **73**, 623 (1931).
[26] K. H. Dommerich, Z. Phys. **90**, 189 (1934).
[27] J. Diehl, S. Mader und A. Seeger, Z. Metallk. **46**, 650 (1955).
[28] W. G. Johnston und J. J. Gilman, J. appl. Phys. **31**, 632 (1960).
[29] P. Haasen, Phil. Mag. **3**, 384 (1958).
[30] A. Seeger, R. Berner und H. Wolf, Z. Phys. **155**, 247 (1955).
[31] V. Speidel, Diplomarbeit, Stuttgart 1964.
[32] H. Alexander und P. Haasen, Acta metall. **9**, 1001 (1961).
[33] J. J. Gilman und W. G. Johnston, J. appl. Phys. **30**, 129 (1959).
[34] W. in der Schmitten und P. Haasen, J. appl. Phys. **32**, 1790 (1961).
[35] P. Haasen und J. Hesse, in: The Relation between the Structure and Mechanical Properties of Metals. Her Majesty's Stationary Office, London 1963 (S. 137).
[36] F. W. Young, J. appl. Phys. **33**, 963 (1962).
[37] R. J. Stokes, T. L. Johnston und C. H. Li, Trans. AIME **215**, 437 (1959).
[38] J. J. Gilman und W. G. Johnston, Dislocations and Mechanical Properties of Metals, J. Wiley and Sons, New York 1957 (S. 116).
[39] B. Ilschner und B. Reppich, phys. stat. sol. **3**, 2093 (1963).
[40] N. F. Mott und M. J. Littleton, Trans. Faraday Soc. **34**, 485 (1958).
[41] G. J. Dienes, J. chem. Phys. **16**, 620 (1948).
[42] G. Schoeck, Acta metall. **9**, 382 (1961).
[43] E. Yu. Gutmanas, E. M. Nadgornyi und A. V. Stepanov, Soviet Phys.-Solid State **5**, 743 (1963), (engl. Übers.).
[44] M. J. Buerger, Amer. Mineralogist. **15**, 1, 21, 35 (1930).
[45] R. W. Davidge und P. L. Pratt, phys. stat. sol. **6**, 759 (1964).
[46] R. L. Fleischer, Acta metall. **10**, 835 (1962).

*(Received February 4, 1965)*

phys. stat. sol. 9, 231 (1965)

*Institut für theoretische und angewandte Physik der Technischen Hochschule Stuttgart und Max-Planck-Institut für Metallforschung, Stuttgart*

# Thermisch aktivierte Quergleitung in Zink und Cadmium

Von

G. Schottky, A. Seeger und V. Speidel

**Die Deutung der Experimente von Gilman zur Prismengleitung von Zn und Cd durch thermisch aktivierte Quergleitung von aufgespaltenen Schraubenversetzungen aus der Basisebene heraus wird quantitativ behandelt. Die Rechnung geht von flächenhaften Versetzungsverteilungen aus, die kontinuumstheoretisch behandelt werden. Die theoretische Spannungsabhängigkeit der Aktivierungsenergie stimmt gut mit den Experimenten überein; als Stapelfehlerenergien ergeben sich 300 erg/cm² (Zn) und 170 erg/cm² (Cd).**

Gilman's experiments on prismatic glide in Zn and Cd are treated quantitatively in terms of a thermally activated cross-slip of extended screw dislocations out of the basal plane. By applying elasticity theory to a dislocation density distributed in the glide plane, the activation energy is calculated as a function of the applied stress. The agreement with experiment is good. Stacking fault energies are derived for Zn (300 erg/cm²) and Cd (170 erg/cm²).

## 1. Einleitung

Bei Zugversuchen an Zn und Cd, bei denen die Basisgleitung durch die Orientierung der Basisebene parallel zur Zugachse ausgeschaltet war, fand Gilman [1, 2] (im Temperaturbereich von 256 C bis 390 °C (Zn) bzw. 158 C bis 276 °C (Cd)) eine starke Abhängigkeit der Fließspannung von der Temperatur und der Abgleitgeschwindigkeit, jedoch keine Verfestigung. Als Gleitsystem trat überwiegend Prismengleitung $\langle 1\bar{1}00\rangle \{11\bar{2}0\}$ auf; auf Grund der Übereinstimmung der Burgervektoren ($\boldsymbol{a}$-Versetzungen) kann man vermuten, daß dieselben Versetzungen wie bei der Basisgleitung beteiligt sind. Die starke Temperaturabhängigkeit der Fließspannung bei geringer Verfestigung ähnelt dem Verhalten von kfz. Metallen im Bereich III, das man auf Grund der Annahme thermisch aktivierter Quergleitung von aufgespaltenen Schraubenversetzungen gut versteht [3, 4]. Die Beobachtungen von Gilman könnten daher durch die Quergleitung aufgespaltener Schraubenversetzungen aus der Basisebene in die Prismenebene zu deuten sein, wie bereits von Friedel [5] vorgeschlagen.

Zur Prüfung der Frage, ob diese Vorstellung die Beobachtungen von Gilman erklärt, wird die Aktivierungsenergie der Quergleitung auf Grund des folgenden Modells versetzungstheoretisch berechnet: Die aufgespaltenen $\boldsymbol{a}$-Versetzungen sind nur in der spannungsfreien Basisebene frei beweglich. Damit sie in die Prismenebene $(1\bar{1}00)$ übergehen können, müssen sie längs einer Strecke $2\,l$ rekombinieren. Die dazu erforderliche Energie (genau: freie Enthalpie) hat dann ihren niedrigsten Wert $U(l)$, wenn sich die nicht rekombinierten Teile der Versetzung im Gleichgewicht befinden. Das rekombinierte Versetzungsstück baucht sich in die Prismenebene bis zum Gleichgewicht mit der in dieser wirksamen Spannung aus, wobei die Arbeit $E_P(l)$ geleistet wird. Von einer kritischen Rekombinationslänge $2\,l_0$ ab, bei der $U(l) - E_P(l)$ ein Maximum hat, wird das Hinüberwechseln unter dem Einfluß der Spannung von selbst weitergehen. $U(l_0)$ ist also die bei einem Quergleitprozeß aufzubringende Mindestenergie, d. h. die Aktivierungsenergie. Die Abgleitgeschwindigkeit ist dann gegeben durch

$$\dot{a} = \dot{a}_0 \exp\left(-U(l_0)/k\,T\right). \tag{1}$$

Die Größe $\dot{a}_0$ hängt von den Frequenzen der Gitterschwingungen und von der Anordnung der Versetzungen und Hindernisse ab; sie ist nicht genau bekannt und könnte auch etwas von der Spannung abhängen.[1])

Gleichung (1) gilt unter der Annahme, daß Reaktionen, die nicht über den angegebenen Sattelpunkt verlaufen, erheblich höhere Aktivierungsenergie benötigen. Das dürfte zutreffen, solange $l_0/\boldsymbol{a}$ nicht zu groß ist ($\boldsymbol{a}$ Gitterkonstante in der Basisebene). Im vorliegenden Fall ergab sich $l_0/\boldsymbol{a} \lesssim 30$; Gleichung (1) sollte also gelten.

Damit eine Quergleitung erfolgen kann, darf die Aufspaltung der Versetzungen einige Burgersvektoren nicht übersteigen; andernfalls wäre die Aktivierungsenergie zu groß. Man muß daher berücksichtigen, daß die Versetzung räumlich ausgedehnt ist und sich nicht in guter Näherung in zwei isolierte Halbversetzungen aufspalten läßt. Eine Rechnung auf Grund des Peierlsschen Modells ergab, daß dieses wegen der starken Krümmungen nicht ganz ausreicht (siehe 2.2). Daher wurde die Einschnürungsenergie $U$ mittels der Elastizitätstheorie, aber unter Annahme verschmierter Versetzungen, berechnet (Abschnitt 2.2). In Abschnitt 2.3 wird die in der Quergleitebene gewonnene Energie $E_P$ berechnet. Hierzu genügt die Elastizitätstheorie linienförmiger Versetzungen.

## 2. Berechnung der Einschnürungsenergie $U$

### 2.1 *Grundsätzliches, elastische Parameter*

Da in der Basisebene keine größeren Spannungen auftreten können — die Versetzung würde ihnen ja ausweichen —, ist im Gleichgewicht die Einschnürung symmetrisch (siehe Fig. 1). Die Richtung der Schraubenversetzung und des Burgersvektors, die dichtgepackte Richtung $[11\bar{2}0]$, wird mit $z \equiv x_3$ bezeichnet. Zur Berechnung von $U(l)$ im Gleichgewicht mittels des Ritzschen Verfahrens approximieren wir den Versetzungsverlauf durch eine Funktion mit einem Parameter:

$$\left.\begin{aligned} f(z) &= \eta\,[1 - \exp\,[-(|z| - l)/\xi]] \quad &&\text{für} \quad |z| \geqq l\,, \\ f(z) &= 0 &&\text{für} \quad z \leqq l\,, \end{aligned}\right\} \tag{2}$$

und bestimmen $\xi$ so, daß $U$ minimal wird. Ist $U_{\mathrm{II}}$ die Energie der eingeschnürten Konfiguration, $U_{\mathrm{I}}$ die der geradlinigen aufgespaltenen Versetzung, so ist

$$U = U_{\mathrm{II}}(l) - U_{\mathrm{I}} - \gamma\,\Delta F\,, \tag{3}$$

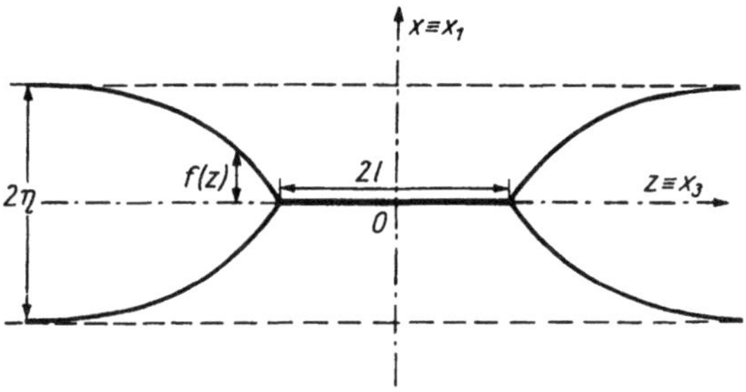


Fig. 1. Schematischer Verlauf der Versetzungslinien in einer symmetrischen Einschnürung

---

[1]) Nach [5] ist $\dot{a}_0 \sim \tau^{-2}$, was auf der Annahme $l_0 \sim \tau^{-1}$ beruht. Unsere genauere Rechnung ergibt jedoch eine wesentlich schwächere Abhängigkeit, etwa $l_0 \sim \tau^{-0,2}$ (siehe Fig. 9).

wo $\gamma$ die Stapelfehlerenergie und $\Delta F$ die Abnahme der Stapelfehlerfläche bei der Einschnürung ist.

Zur Rechnung wird die isotrope Elastizitätstheorie verwandt. Bei exakter anisotroper Behandlung von Versetzungen in der Basisebene lassen sich die elastischen Eigenschaften des Materials in der Gleitebene ebenfalls durch zwei Konstante $K_1$ und $K_2$ wiedergeben [6]. Die isotrope Rechnung stellt daher dann eine gute Näherung dar, wenn man Schubmodul $G_B$ und Querkontraktionszahl $\nu_B$ durch

$$K_1 = (1 - \nu_B)/G_B \quad \text{und} \quad K_2 = 1/G_B \tag{4}$$

festlegt. Die aus den Voigtschen elastischen Konstanten (siehe [7] und [8]) nach [6] berechneten Werte von $G_B$ sind in Fig. 2 für Zn wiedergegeben. $\nu_B$ variiert zwischen 0,12 und 0,23. Da überwiegend nur die Kombination $1/(1 - \nu_B)$ auftritt, ist diese Temperaturabhängigkeit praktisch ohne Bedeutung; wir werden $\nu_B = 0{,}12$ (Raumtemperatur) setzen. Die dimensionslose Größe $U/(G_B\, \boldsymbol{a}^3)$ ist dann nahezu unabhängig von der Temperatur.

Für die Prismenebene $\{1\bar{1}00\}$ liegt eine exakte anisotrope Behandlung nicht vor; die in einer isotropen Rechnung zu benutzenden Ersatzgrößen $G_P$ und $\nu_P$ müssen aus einer gesonderten Überlegung bestimmt werden. Nun liegt die rekombinierte Versetzung sowohl in der Prismenebene als auch in der Basisebene; ihre Energie tritt sowohl in $U$ wie in $E$ auf, muß also in beiden Fällen den gleichen Wert haben, um sich wegzuheben. Wir setzen dazu

$$G_P = 0{,}9\, G_B \quad \text{und} \quad \nu_P = 0{,}25\,. \tag{5}$$

Der Faktor 0,9 beruht darauf, daß in beiden Ebenen, ihrer verschiedenen Struktur entsprechend, verschiedene Versetzungsweiten und damit verschiedene Abschneideradien benutzt wurden. Eine Abschätzung in Abschnitt 2.4 zeigt, daß der genaue Wert nicht wesentlich ist. Der Wert für $\nu_P$ wurde an die Querkontraktionszahlen der polykristallinen Metalle (Zn: 0,25; Cd: 0,28) angepaßt.

Mit diesen Näherungen unterscheiden sich Zn und Cd nur im Schubmodul und in der Gitterkonstanten $\boldsymbol{a}$ (sowie natürlich in der Stapelfehlerenergie); die durch $G_B\, \boldsymbol{a}^3$ dividierten elastischen Energien können daher für beide Metalle gemeinsam berechnet werden.

Geht man von den isothermen elastischen Konstanten aus, so ergeben sich die Größen $U$ und $E$ thermodynamisch als freie Enthalpien, wie in (1) benötigt. Ge-

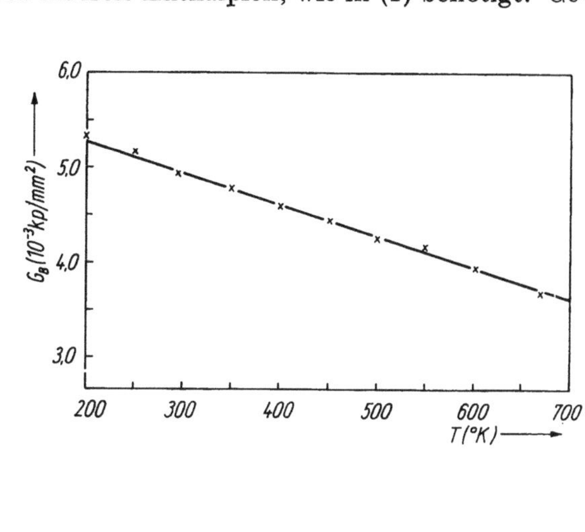


Fig. 2. Effektiver Schubmodul $G_B$ der Basisebene (Zn)

messen sind die adiabatischen Konstanten; bei $G_B$ unterscheiden sich adiabatischer und isothermer Wert nicht; bei $\nu_B$ ist eine Korrektur unnötig, da die Energien hiervon kaum abhängen.

### 2.2 *Versetzungsmodell und Berechnung von U*

Die Energie einer Versetzungsanordnung, deren Inkompatibilität $\eta^V$ und Spannungsfunktionstensor $\chi$ gegeben sind und die ganz im Volumen $V$ enthalten ist, ist[2])

$$E = \frac{1}{2} \int_V \chi_{ik}\, \eta_{ik}^V\, dV . \tag{6}$$

Wir drücken $\eta^V$ und $\chi$ durch die Versetzungsdichte $\alpha$ aus

$$E = \frac{G}{16\pi} \varepsilon_{klm} \int_V \int_V \nabla_m \alpha_{nl}(x) \Big[\varepsilon_{kfg} \nabla_f' \alpha_{ng}(x') + \varepsilon_{nfg} \nabla_f' \alpha_{kg}(x') + \frac{2\nu}{1-\nu} \delta_{kn} \varepsilon_{pfg} \nabla_f' \alpha_{pg}(x')\Big] |x - x'|\, dV\, dV' . \tag{7}$$

Eine Versetzung stellen wir durch einen Streifen konstanter Versetzungsdichte dar, der in der Gleitebene $x_2 = 0$ liegt und die Breite $2\,d$ hat (Fig. 3). Der Krümmungsradius $\varrho(x_3)$ muß dabei groß gegen $d$ sein. Gibt der Vektor $t_i(x_1, x_3)$ die Richtung der Versetzungslinie in einem Punkt an, so lautet die Versetzungsdichte für Versetzungen, die keinen allzu großen Winkel mit der $x_3$-Achse einschließen,

$$\alpha_{ij} = \frac{1}{2\,d} b_j\, t_i(x_1, x_3)\, [\Theta\,(x_1 - R_1(x_3)) - \Theta\,(x_1 - R_2(x_3))]\, \delta(x_2) . \tag{8}$$

$\Theta(x)$ ist die (Heavisidesche) Sprungfunktion.[3]) Die Randlinien $R_1$, $R_2$, die im Abstand $d$ von einer gegebenen Kurve $x_1 = f(x_3)$, der Mittellinie der Versetzung,

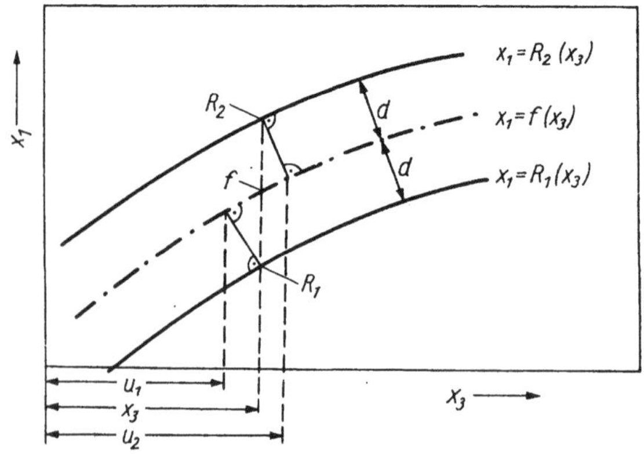


Fig. 3. Ebener Versetzungsstreifen (Bezeichnungen siehe Text)

[2]) Wir übernehmen im folgenden Bezeichnungsweise und Verfahren von Kröner [9] und verwenden die Summenkonvention.

[3]) $\Theta\,(x \geqq 0) = 1\,, \quad \Theta\,(x < 0) = 0\,.$

verlaufen sollen, lassen sich in Parameterform darstellen

$$\left.\begin{aligned} R_{1,2}(x_3) &= f(u) \mp \frac{d}{[1+f'^2(u)]^{1/2}}, \\ x_3 &= u \pm \frac{f'(u)\, d}{[1+f'^2(u)]^{1/2}}. \end{aligned}\right\} \tag{9}$$

Durch Taylor-Entwicklung erhält man näherungsweise

$$R_{1,2}(x_3) = f(x_3) \pm d\sqrt{1+f'^2(x_3)}\,. \tag{10}$$

Gültigkeitsgrenzen dieser Näherung:
Falls

$$\varrho(x_3) \geqq 10\,d\,, \quad \operatorname{arctg} f'(x_3) \leqq 60^\circ \quad \left(f'(x_3) \leqq \sqrt{3}\right), \tag{11}$$

so ist das erste vernachlässigte Glied der Entwicklung von $R_{1,2}$ weniger als $^1/_6$ des vorhergehenden.

Unter den gleichen Bedingungen kann man die Steigung der einzelnen Versetzungsfäden gleich derjenigen der Mittellinie setzen:

$$\left.\begin{aligned} t_1(x_1, x_3) &\approx t_1(x_3) = \frac{f'(x_3)}{[1+f'^2(x_3)]^{1/2}}, \\ t_3(x_1, x_3) &\approx t_3(x_3) = \frac{1}{[1+f'^2(x_3)]^{1/2}}. \end{aligned}\right\} \tag{12}$$

Die doppelten Volumintegrale (7) lassen sich auf zweifache Integrale zurückführen. Für den hier interessierenden Fall (Fig. 4), in dem sich infolge der Symmetrie zur $x_1$-Achse sowie wegen $b_2 = 0$ gewisse Vereinfachungen ergeben, ist dies im Anhang durchgeführt.

Da die Ausdehnung einer Versetzung durch die elastische Energie und die Energie des gestörten Kernbereichs gemeinsam bestimmt wird, ist die Streifenbreite $2\,d$ aus der Kontinuumstheorie allein nicht zu bestimmen. Sie wurde hier durch die Forderung festgelegt, daß die Energie einer geradlinigen aufgespaltenen Schraubenversetzung (Halbversetzungen im Abstand $2\,\eta$) mit der nach dem Peierlsschen Modell [6] berechneten übereinstimmt. (Für die in [6] eingeführte Funktion $A(\varrho)$ wurden die nach [10] korrigierten Werte genommen.) Die isolierte Halbversetzung und die vollständige Schraubenversetzung haben verschiedene Versetzungsweiten und dementsprechend auch verschiedene $d$; für endliche $\eta$

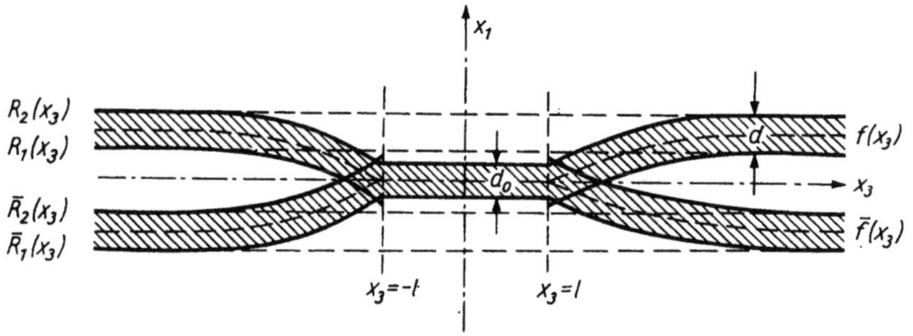


Fig. 4. Ebene Versetzungsverteilung der eingeschnürten und teilweise rekombinierten Versetzung

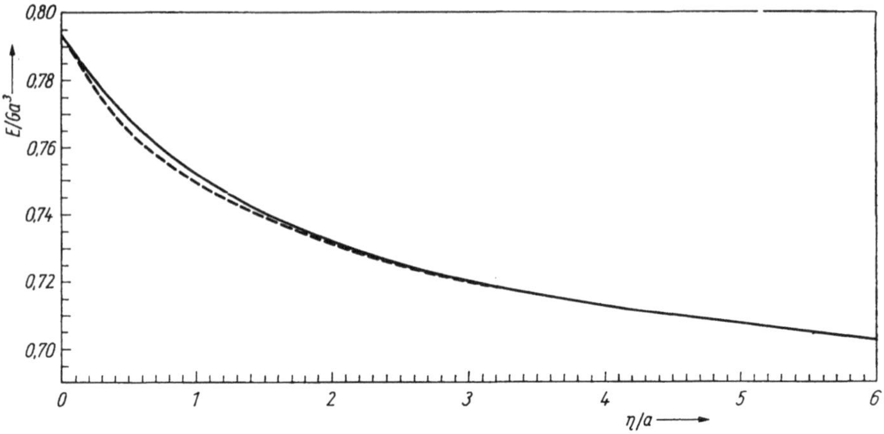


Fig. 5. Gesamtenergie $E$ von zwei Halbversetzungen im Abstand $2\,\eta$
——— Kontinuumstheorie, - - - - Peierlssches Modell

muß man daher interpolieren. Die Formel

$$d(\eta) = \begin{cases} 0{,}31\,\eta + 0{,}92\,\boldsymbol{a} & \text{für } 0 \leqq \eta \leqq 0{,}5\,\boldsymbol{a} \\ 1{,}075\,\boldsymbol{a} & \text{für } 0{,}5\,\boldsymbol{a} \leqq \eta \end{cases} \tag{13}$$

führt zu ausreichender Übereinstimmung der nach beiden Verfahren berechneten Energien (Fig. 5).

$U_{II}$ muß durch numerische Integration berechnet werden, während $U_I$ geschlossen angegeben werden kann. Zur Verringerung von Rechenungenauigkeiten wurde jedoch $U_{II} - U_I$ durch numerische Integration der Differenz der Integranden bestimmt.

Zur Berechnung von $U$ nach (3) fehlt noch der Zusammenhang zwischen $\eta$ und der Stapelfehlerenergie $\gamma$. Er wurde aus [6] entnommen, wobei wieder das korrigierte $A(\varrho)$ verwandt wurde [10]. Das Ergebnis zeigt Fig. 6. $U$ ergibt sich damit als Funktion von $\xi, \eta$ und $l$. Hierin wird $\xi$ so bestimmt, daß $U$ ein Minimum wird (näherungsweise ist $\eta/\beta = 1{,}54 - 0{,}045\,l/\boldsymbol{a}$ für $l/\boldsymbol{a} < 25$).
Die erhaltene Einschnürungsenergie (Fig. 7) hängt nahezu linear von $l$ ab:

$$U/(G\,\boldsymbol{a}^3) = c_0 + c_1\,l/\boldsymbol{a}\,. \tag{14}$$

Einige Werte der Koeffizienten $c_{\Gamma_i}$ sind in Tabelle 1 angegeben.

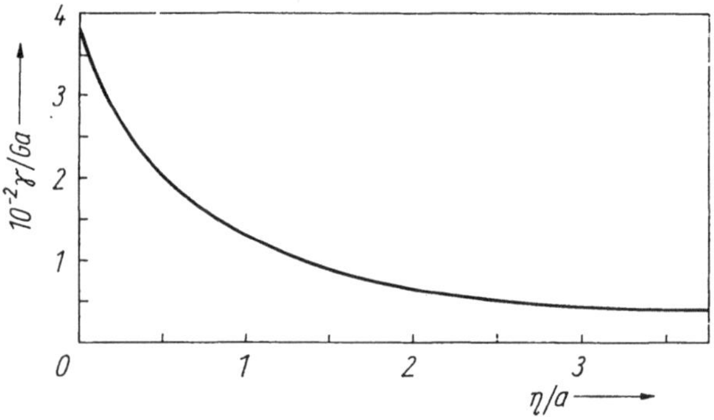


Fig. 6. Zusammenhang zwischen Aufspaltung im Gleichgewicht $2\,\eta$ und Stapelfehlerenergie $\gamma$

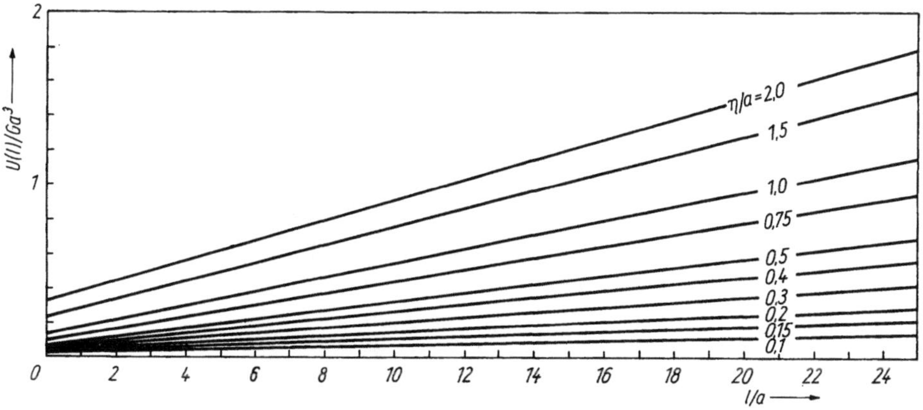


Fig. 7. Abhängigkeit der Energie $U$ von der Rekombinationslänge $l$ für verschiedene Parameterwerte der Aufspaltung $2\eta$

Tabelle 1

Koeffizienten von $U(l)$

| $\eta/a$ | 0,1 | 0,15 | 0,2 | 0,3 | 0,4 | 0,5 | 0,75 | 1,0 | 1,5 | 2,0 |
|---|---|---|---|---|---|---|---|---|---|---|
| $10^2\, c_0$ | 2,0 | 2,5 | 3,1 | 3,8 | 4,8 | 6,0 | 8,8 | 12,7 | 22,1 | 31,3 |
| $10^2\, c_1$ | 0,48 | 0,78 | 1,06 | 1,55 | 2,08 | 2,50 | 3,44 | 4,13 | 5,32 | 5,91 |

Der Gleichgewichtsverlauf der Versetzung erfüllt in allen Fällen die Bedingung (11) für $f'$; der Krümmungsradius an der Einschnürungsstelle ist jedoch bei kleinen $\eta/a$ nur von der Größenordnung $d$, dort sind also die Näherungen (10) nicht ohne weiteres mehr zulässig. Da diese Bereiche hoher Krümmung nur einen sehr kleinen Teil der Versetzung ausmachen, dürften die Ergebnisse trotzdem praktisch nicht verfälscht werden.

Eine zum Vergleich ausgeführte Rechnung auf Grund des Peierlsschen Modells, in Anlehnung an [11] durchgeführt, zeigt qualitativ dasselbe Verhalten. Die $c_0$ ergeben sich etwas größer; die $c_1$ stimmen für kleine $\eta/a$ fast überein, bei $\eta/a \geqq 1$ sind sie größer als nach der obigen Behandlung. Hier verliert eine in [11] gemachte Näherung ihre Gültigkeit. Die Krümmung der Versetzung kann nämlich bei der Rechnung nach [11] nur pauschal berücksichtigt werden und wirkt sich nur auf ein Glied der Energie aus. Dieses bestimmt das Minimum in Abhängigkeit von $\xi$, das infolgedessen unsicher erscheint. Daher erschien das oben vorgeschlagene Modell verläßlicher.

### *2.3 Versetzungsenergie in der Prismenebene*

Unter dem Einfluß der in der Quergleitebene wirkenden Spannung baucht sich der rekombinierte Teil der Versetzung in diese aus. Zur Berechnung der dabei gewonnenen Energie $E$ wurde die Form der Versetzung durch Geradenstücke angenähert (Fig. 8) und die Aufspaltung in der Basisebene vernachlässigt. An-

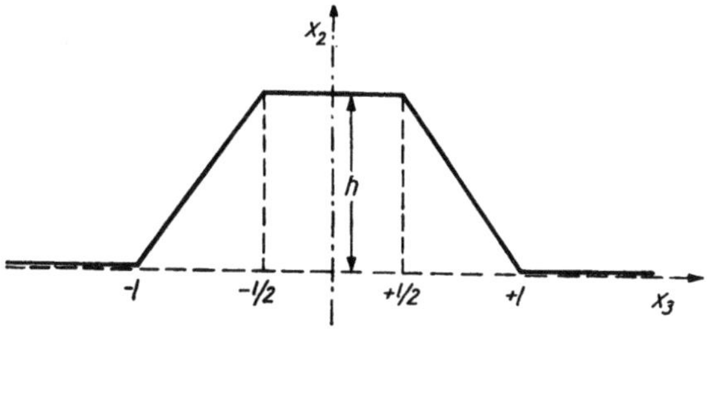


Fig. 8. Ausbauchung der Versetzung in der Quergleitebene

wendung der allgemeinen Formel für die Versetzungsenergie [9] führt dann auf Integrale, die sich geschlossen auswerten lassen. Die Größe $h$ ist ein Maß dafür, wie weit sich die Versetzung ausbaucht; sie wird so bestimmt, daß die freiwerdende Energie $E_P$ ein Maximum wird. Die dimensionslose Größe $E_P(l)/(G_P\, a^3)$ ist wieder nahezu unabhängig von der Temperatur.

### 2.4 *Aktivierungsenergie der Quergleitung*

Die kritische Länge $l_0$ ist dadurch festgelegt, daß die Differenz $U - E_P$ ein Maximum wird, oder gemäß (14)

$$c_1(\eta)\,\frac{G_B}{G_P} = \frac{\partial}{\partial l}\,\frac{E_P(l)}{G_P\, a^3}\,. \tag{15}$$

Das zu $l_0$ gehörige $U$ stellt die Aktivierungsenergie (genauer: die freie Enthalpie) der Quergleitung dar. Die für $G_P/G_B = 0{,}9$ gewonnenen Werte von $l_0$ und $U$ sind in Fig. 9 bzw. Fig. 10 dargestellt. Läßt man $G_P/G_B$ zwischen den plausiblen Grenzen 0,8 und 1 variieren, so ergibt dies bei festgehaltenem $l_0$ bzw. $U$ für $\eta$ eine Unsicherheit von etwa $\pm$ 10%.

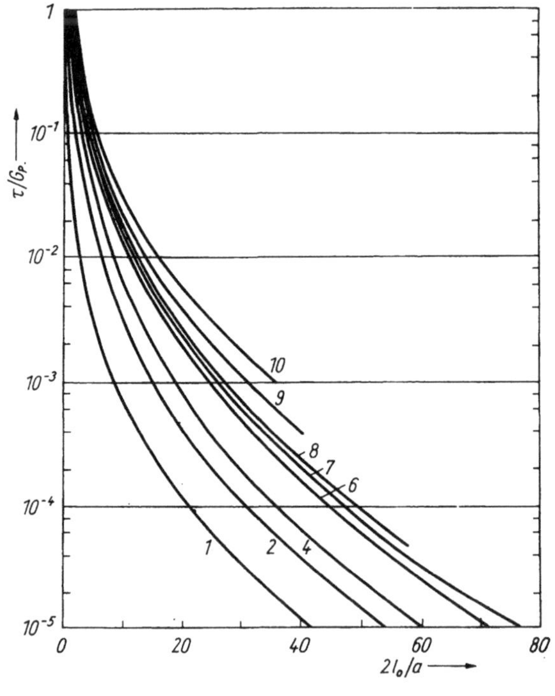


Fig. 9. Zusammenhang zwischen der kritischen Länge $l_0$ und der Spannung mit Aufspaltung bzw. Stapelfehlerenergie als Parameter. In den Fig. 9 bis 11 hat die Bezeichnung der Kurven mit arabischen Zahlen folgende Bedeutung:

| Nr. | 1 | 2 | 3 | 4 | 5 | 6 | 7 | 8 | 9 | 10 |
|---|---|---|---|---|---|---|---|---|---|---|
| $2\,\eta/a$ | 0,2 | 0,3 | 0,35 | 0,4 | 0,45 | 0,6 | 0,8 | 1,0 | 1,5 | 2,0 |
| $10^3\,\gamma/G_B\,a$ | 32 | 29,5 | 28,5 | 27,5 | 27 | 24,5 | 21,5 | 20,2 | 15,8 | 12,9 |

Für $l_0$ ergeben sich wesentlich größere Werte als bei der Quergleitung von kfz. Metallen [12], weil die äußere Spannung nicht die Rekombination erleichtert, sondern nur die spontane Ausbreitung der Quergleitung nach zufälliger (statistischer) Rekombination ermöglicht. Aus dem gleichen Gunde wird die Aktivierungsenergie des in der vorliegenden Arbeit behandelten Prozesses selbst bei noch so hoher Spannung nicht null.

## 3. Vergleich mit den Experimenten

Mit $l_0$ ist auch die Aktivierungsenergie in Gleichung (1) eine Funktion $U(\tau)$ der Spannung. Zum Vergleich mit den theoretischen Kurven wurden aus den Messungen von Gilman [1, 2] gemäß

$$\frac{U(\tau)}{G_B \boldsymbol{a}^3} = - \frac{k\,T}{\boldsymbol{a}^3\,G_B(T)} \ln \frac{\dot{a}}{\dot{a}_0} \tag{16}$$

freie Aktivierungsenthalpien für einige Werte von $\dot{a}_0$ berechnet. Sie sind in Fig. 11a (Zn) bzw. Fig. 11b (Cd) eingetragen. Wenn sich der Prozeß durch eine Arrhenius-Gleichung (1) wiedergeben läßt, müssen sich die aus Messungen bei verschiedenen Temperaturen gewonnenen Punkte zu einer einheitlichen Kurve zusammenschließen. Bei Zn fallen die Messungen bei den tiefsten Temperaturen heraus;

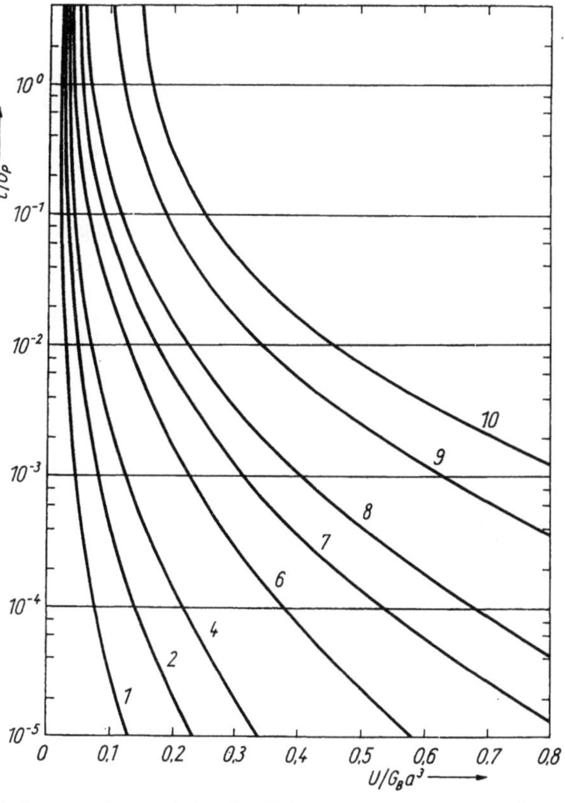


Fig. 10. Zusammenhang zwischen der Aktivierungsenergie $U$ und der Spannung $\tau$

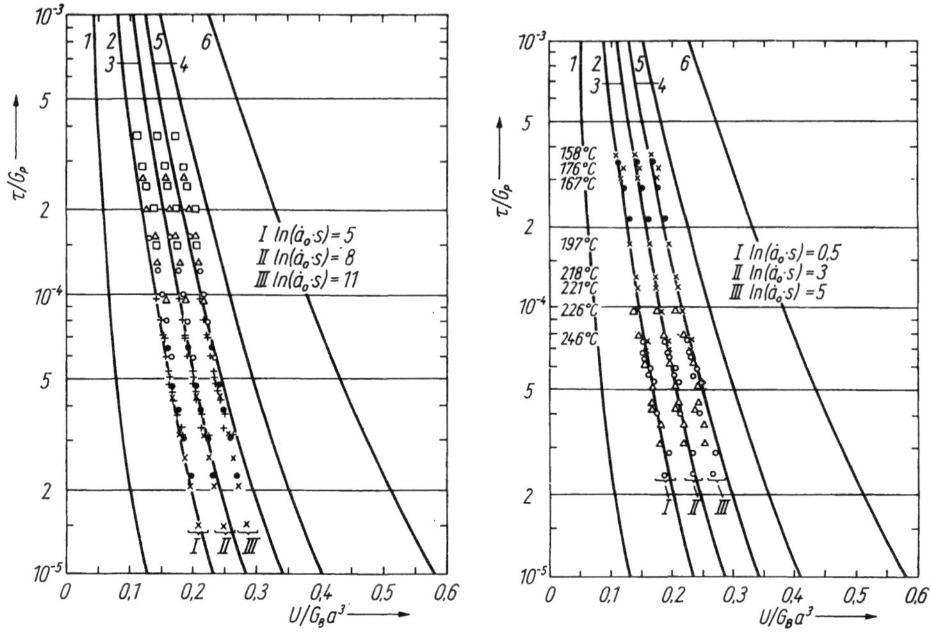


a b

Fig. 11. Vergleich des experimentellen und theoretischen Verlaufs von $U(\tau)$. Die bei verschiedenen Temperaturen $T$ ermittelten experimentellen Punkte sind durch verschiedene Symbole gekennzeichnet. Die Sätze I, II und III beziehen sich auf eine verschiedene Wahl von $\dot{a}_0$.

a) Zn: □ $T = 256$ °C; △ $T = 280$ °C; ○ $T = 306$ °C; + $T = 330$ °C; ● $T = 363$ °C; × $T = 390$ °C
b) Cd: × 158 °C $\leqq T \leqq$ 246 °C; ● $T = 191$ °C; △ $T = 266$ °C; ○ $T = 276$ °C

Gilman selbst gibt an, daß bei diesen Temperaturen möglicherweise ein zweiter Deformationsmechanismus (vielleicht Pyramidengleitung) auftrete. Die Streuung der übrigen Punkte wird für $\ln(\dot{a}_0\, s) \approx 5$ am geringsten. Für diesen Wert ist auch die Übereinstimmung mit der Theorie am besten; man entnimmt $2\,\eta/\boldsymbol{a} \approx 0{,}3$. Bei Cd ist die gesamte Übereinstimmung besser. Die Abhängigkeit von der Wahl des $\dot{a}_0$ ist zwar weniger ausgeprägt, doch kann man $\ln(\dot{a}_0\, s) \approx 3$ als guten Wert ansehen und bekommt $2\,\eta/\boldsymbol{a} \approx 0{,}35$.

Die Stapelfehlerenergie läßt sich aus der Aufspaltung bestimmen (siehe Fig. 6; diese wurde für Zn berechnet, gilt aber mit Abweichungen von wenigen Prozent auch für Cd). Man erhält

$$\gamma/G_B\,\boldsymbol{a} = 0{,}03 \text{ (Zn)} \quad \text{bzw.} \quad \gamma/G_B\,\boldsymbol{a} = 0{,}029 \text{ (Cd)}$$

und

$$\gamma = 300 \text{ erg/cm}^2 \text{ (Zn)} \quad \text{bzw.} \quad \gamma = 170 \text{ erg/cm}^2 \text{ (Cd)}\,.$$

Die gute Übereinstimmung zwischen dem experimentellen und dem theoretischen Verlauf in Fig. 11a und 11b spricht dafür, daß die vorgeschlagene Deutung der Messungen von Gilman im großen und ganzen richtig ist. Die Größenordnung der angegebenen Stapelfehlerenergien ($\gamma/G\,\boldsymbol{a}$ etwa wie bei Al) erwartet man auch nach den Erfahrungen an Schneidprozessen [13]. Dazu noch eine Bemerkung: bei hexagonalen Kristallen gibt es drei Arten von Stapelfehlern; die von Price [14] untersuchten sind von anderer Art als die bei aufgespaltenen Versetzungen auftretenden. Die von Price und anderen Autoren beobachteten großen Versetzungsringe mit Stapelfehlern sprechen also nicht gegen die hier angegebenen hohen $\gamma$-Werte.

Unmittelbar physikalische Bedeutung haben freilich nur die Aufspaltungen $\eta$, nicht die Werte von $\gamma$, da der Zusammenhang zwischen $\eta$ und $\gamma$ unter der Annahme berechnet wurde, daß die Energie eines Stapelfehlers seiner Fläche proportional ist. Das gilt jedoch nur für $\eta \gg a$, da man sonst die eigentliche Stapelfehlerfläche nicht von den Randverzerrungen trennen kann. Die obigen Werte für $\gamma$ stellen daher nur Rechengrößen, nicht jedoch die spezifischen Energien großer Stapelfehler dar. Immerhin besteht zwischen beiden Größen ein eindeutiger Zusammenhang, da $\gamma$ in $U$ in erster Linie nur über $\eta$ eingeht; das dritte Glied in (3) ist klein.

Über das spezielle Ergebnis für die Metalle Zn und Cd hinaus dürfte das hier angewandte Verfahren zur Berechnung der Energien flächenhafter Versetzungsverteilungen auch in anderen Fällen nützlich sein, in denen eine ebene Versetzungskonfiguration so kleine Abmessungen hat, daß ihre Beschreibung durch linienförmige Teilversetzungen nicht mehr gerechtfertigt ist (z. B. in Ionenkristallen und kubisch-raumzentrierten Metallen sowie in kubisch-flächenzentrierten Metallen hoher Stapelfehlerenergie).

## *Anhang*

### *Umformung der Volumintegrale*

Infolge des Auftretens der $\delta$- und Sprungfunktion in (8) lassen sich die Integrationen über $x_1$ und $x_2$, $x_1'$ und $x_2'$ sofort ausführen. Die gemischten Glieder ($b_1 b_3'$, $b_3 b_1'$) sind weggelassen, da sie sich im Fall der Versetzungsanordnung Fig. 4 wegheben. Da bei der Integration eine Aufteilung in einzelne Teile der Versetzung zweckmäßig ist, wird die Energie als Summe von Eigen- und Wechselwirkungsenergien angegeben

$$E = \frac{G}{16\pi} \sum_{A,B} [W_1^{AB} + W_2^{AB} + W_3^{AB}].$$

Bei der Summation durchlaufen $A$ und $B$ einzeln alle Versetzungen bzw. Versetzungsteile. Die Terme sind Doppelintegrale, die sich über die beiden Teile $A$ und $B$ erstrecken (bei $A = B$ (Eigenenergie!) tritt keine Divergenz auf):

$$W_1^{AB} = \frac{1}{4d^2} \Delta\Delta \iint \left\{ t_1^A t_1^B \left( b_1^A b_1^B + \frac{1+\nu}{1-\nu} b_3^A b_3^B \right) + t_3^A t_3^B \frac{2}{1-\nu} b_1^A b_1^B \right\} r_{AB}\, dx_3^A\, dx_3^B ,$$

$$W_2^{AB} = -\frac{1}{4d^2} \Delta\Delta \iint \left\{ t_1^A t_1^B \left( b_1^A b_1^B + \frac{2}{1-\nu} b_3^A b_3^B \right) + t_3^A t_3^B \left( \frac{2}{1-\nu} b_1^A b_1^B + b_3^A b_3^B \right) \right\} \times$$
$$\times (x_1^A - x_1^B) \ln (x_1^A - x_1^B + r_{AB})\, dx_3^A\, dx_3^B ,$$

$$W_3^{AB} = -\frac{1}{4d^2} b_1^A b_1^B \Delta\Delta \iint \left\{ -\frac{1}{2} (t_1^{A'} t_1^{B'} + t_3^{A'} t_3^{B'}) \left[ \frac{1}{3} r_{AB}^3 - (x_3^A - x_3^B)^2 r_{AB} + \right.\right.$$
$$\left. + (x_3^A - x_3^B)^2 (x_1^A - x_1^B) \ln (x_1^A - x_1^B + r_{AB}) \right] + \frac{1}{2} \left[ (t_1^{A'} t_1^B + t_3^{A'} t_3^B) \frac{dx_1^B}{dx_3^B} - \right.$$
$$\left. - (t_1^A t_1^{B'} + t_3^A t_3^{B'}) \frac{dx_1^A}{dx_3^A} \right] [(x_1^A - x_1^B) r_{AB} + (x_3^A - x_3^B)^2 \ln (x_1^A - x_1^B + r_{AB})] +$$
$$\left. + (t_1^A t_1^B + t_3^A t_3^B) \frac{dx_1^A}{dx_3^A} \frac{dx_1^B}{dx_3^B} r_{AB} \right\} dx_3^A\, dx_3^B .$$

Hier bedeuten

$$r_{AB} \equiv [(x_1^A - x_1^B)^2 + (x_3^A - x_3^B)^2]^{1/2} ,$$
$$t_i^A \equiv t_i^A(x_3^A) , \quad t_i^{A'} \equiv dt_i^A(x_3^A)/dx_3^A , \quad t_i^B \equiv t_i^B(x_3^B) \quad \text{usw.} \qquad (i = 1, 3) .$$

Das Symbol $\Delta\Delta$ deutet an, daß für $x_1^A(x_3^A)$ und $x_1^B(x_3^B)$ sowie deren Ableitungen entsprechend der Vorschrift

$$\Delta\Delta\, f(x_1^A, x_1^B) \equiv f(R_2^A(x_3^A), R_2^B(x_3^B)) - f(R_2^A(x_3^A), R_1^B(x_3^B)) - f(R_1^A(x_3^A), R_2^B(x_3^B)) + \\ + f(R_1^A(x_3^A), R_1^B(x_3^B))$$

die Funktionen der Versetzungsränder bzw. deren Ableitungen einzusetzen sind.

## Literatur


[1] J. J. GILMAN, Trans. AIME **206**, 1326 (1956).
[2] J. J. GILMAN, Trans. AIME **221**, 456 (1961).
[3] A. SEEGER, Kristallplastizität in: S. FLÜGGE, Handbuch der Physik, Bd. VII/2, Springer-Verlag, Berlin 1958.
[4] R. BERNER, Moderne Probleme der Metallphysik I, Kap. 2, herausgeg. von A. SEEGER, Springer-Verlag, Berlin 1965.
[5] J. FRIEDEL, Internal Stresses and Fatigue in Metals, herausgeg. von G. M. RASSWEILER und W. J. GRUBE, Elsevier, Amsterdam 1959 (S. 220).
[6] A. SEEGER und G. SCHÖCK, Acta metall. **1**, 519 (1953).
[7] G. A. ALERS und J. R. NEIGHBOURS, J. Phys. Chem. Solids **7**, 58 (1958).
[8] American Institute of Physics Handbook, D. E. GRAY ed., McGraw-Hill, New York 1957.
[9] E. KRÖNER, Kontinuumstheorie der Versetzungen und Eigenspannungen, Erg. angew. Math. 5, Springer-Verlag, Berlin 1958.
[10] G. SCHOTTKY, phys. stat. sol. **5**, 697 (1964).
[11] G. SCHÖCK, Dissertation, TH Stuttgart 1954; siehe auch G. SCHÖCK und A. SEEGER, Rep. Conf. Defects in Solids, Physical Society, London 1955 (S. 340).
[12] H. WOLF, Z. Naturf. **15a**, 180 (1960).
[13] A. SEEGER, Rep. Conf. Defects in Solids, Physical Society, London 1955 (S. 398).
[14] P. B. PRICE, Electron Microscopy and Strength of Crystals, herausgeg. von G. THOMAS und J. WASHBURN, Interscience Publishers, New York 1963 (S. 41).


*(Received February 8, 1965)*

phys. stat. sol. 9, 243 (1965)

*Istituto Nazionale di Ultracustica „O. M. Corbino", Roma*

# Electrical Resistance Measurements on Hydrogen-Charged Tantalum and Niobium

By

M. Verani Borgucci and L. Verdini

By measuring the electrical resistance of tantalum and niobium wires, it is possible to detect the effective introduction of hydrogen in these b.c.c. metals by electrolytic charging. In both metals this process gives an increase of the electrical resistivity which, for low concentrations, at room temperature is $\Delta\varrho_H = 0.80$ μΩ cm/at.-% hydrogen in tantalum and $\Delta\varrho_H = 0.75$ μΩ cm/at.-% of hydrogen in niobium.

Subsequent isochromal annealings in vacuum ($10^{-4}$ mm Hg) shows that the hydrogen introduced by electrolytic charging is completely removed at temperatures above 800 °C. This degasing process becomes important only for temperatures above 500 °C for tantalum and 400 °C for niobium.

Durch Messung des elektrischen Widerstandes von Tantal- und Niobiumdrähten konnte nach einer elektrolytischen Aufladung das Vorhandensein von Wasserstoff in diesen krz.-Metallen nachgewiesen werden. In beiden Metallen führt dieser Prozeß zu einer Zunahme des elektrischen Widerstandes, der bei Raumtemperatur und geringen Wasserstofkonzentrationen beim Tantal $\Delta\varrho = 0{,}80$ μΩcm/At.-% Wasserstoffgehalt und beim Niobium $\Delta\varrho_H = 0{,}75$ μΩcm/At.-% Wasserstoffgehalt beträgt.

Durch aufeinanderfolgende Temperungen von gleicher Dauer in einem Vakuum von $10^{-4}$ mm Hg wird der durch die elektrolytische Aufladung eingeführte Wasserstoff bei Temperaturen oberhalb 800 °C wieder vollständig entfernt. Dieser Entgasungsprozeß ist nur bei Temperaturen oberhalb von 500 °C für Tantal und oberhalb 400 °C für Niobium von Bedeutung.

## 1. Introduction

The main purpose of the present research has been to study the possibility of introducing hydrogen atoms into tantalum and niobium specimens by means of electrolytic charging. This problem is not completely new, but up to date the literature [1] presents many confusing results, mainly due to the difficulty of the experiments themselves and to the poor purity of the samples obtainable in the past.

The electrical resistance of long wires has been chosen as a parameter because of its high sensitivity to the presence of impurity atoms and defects in the metal lattice. The measurements have been carried out in the temperature interval between 0 and 100 °C where there is a linear dependence upon temperature, and at the boiling point of oxygen in order to detect possible changes of both the residual and the thermal components of the electrical resistivity

$$\varrho = \varrho_0 + \varrho_i \tag{1}$$

accordingly to Matthiessen's rule.

In fact it is well known that static imperfections like point defects and dislocations mainly affect the residual resistivity $\varrho_0$, the periodicity of the lattice being distorted, whilst changes of the thermal or ideal resistivity $\varrho_i$ are due to possible changes of the vibrational spectrum as a consequence of the impurity atoms [2].

By means of subsequent isochronal annealings in vacuum, the possibility of degasing the specimens by heating them at temperatures above 800 °C has been verified, in good agreement with some previous results [3].

## 2. Experimental Technique

The electrical resistance has been measured on polycrystalline wires (1.65 mm diameter and about 1 m length) wound into cylindrical coils about 4 cm in diameter and 10 cm long. Copper potential leads of 0.8 mm diameter were fixed in small holes at the ends of the specimens in order to measure the potential drop. The measuring circuit was made completely of copper with low thermal e.m.f. solder at all joints. A 60 mA steady current was used and the potential across the specimen and a standard resistor was measured by means of a Cambridge Vernier Potentiometer to 0.1 μV. The sensitivity of the apparatus was such that resistivity changes of $10^{-10}$ Ω cm could be easily detected.

The measurements in the interval between 0 and 100 °C were made with the specimen immersed in a stirred bath of silicone oil kept at a temperature fixed to within $\pm 0.05$ °C by means of an electronic controller. Some readings have been taken also in a liquid oxygen bath by direct immersion of the specimen. The experimental errors of resistance measurements, which can be essentially due to spurious thermal e.m.f. and to temperature gradients in the specimen or temperature changes during the measurement time, are extimated to be of the order of $2 \times 10^{-4}$.

The specimens have been supplied in form of long wires by the Haynes Stellite Co. and their chemical analysis is given in Table 1.

Before any measurement the coils were vacuum annealed in a controlled furnace at a temperature of 1000 °C for a few hours, with a residual gas pressure always less than $10^{-3}$ mm Hg. After this standard treatment, necessary to reduce the specimens to a *reference state*, they were immersed in the oil thermostat and the resistance was measured at several temperatures in the above mentioned interval.

The hydrogen atoms were introduced by means of an electrolytic charging process using the specimens as the cathode in an electrolytic cell with a platinum sheet as the anode. Distilled water with 4% sulphuric acid and a few drops of $CS_2$

Table 1

Chemical composition per cent of tantalum and niobium specimens

| Tantalum | C | $N_2$ | $H_2$ | $O_2$ | Si | Nb | Others |
|---|---|---|---|---|---|---|---|
| ≈ 99.9 | 0.010 | 0.005 | 0.0004 | 0.031 | 0.010 | not mentioned | Fe, Ni, Cr, Ti, Cu, Co 0.004 each |

| Niobium | C | $N_2$ | $H_2$ | $O_2$ | Mn | Ta |
|---|---|---|---|---|---|---|
| ≈ 99.9 | 0.030 | 0.015 | 0.001 | 0.030 | Bal | not mentioned |

was used as an electrolyte. The current density was chosen between 2 and 50 mA/cm² and the charging time was varied for different specimens, it was longer for tantalum.

In order to check the effective introduction of hydrogen the specimens, accurately cleaned and dried, were weighed before and after the charge. In every case a small appreciable increase in weight was observed.

After this, the electrical resistance of the wires was again measured in the same temperature interval in order to detect the effect of the hydrogen introduction. In every case a large increase of the electrical resistance has been found.

In order to observe the movement of the hydrogen atoms and the degassing process at high temperatures, the specimens were submitted to subsequent isochronal annealing treatments in vacuum for increasing temperatures up to 1000 °C. After each annealing treatment the electrical resistance was measured from 0 °C to about 100 °C and the corresponding values at 25 °C were easily extrapolated from the experimental curves with sufficient accuracy.

Four different specimens of tantalum were used: no. 1 for some preliminary investigations, no. 2 for cold-working effects, no. 3 for low current charging and low hydrogen concentration and no. 4 for high current charging and high hydrogen concentration. In the case of niobium the specimens were three, namely: no. 1 for preliminary measurements, no. 2 for high hydrogen concentration and no. 3 for lower hydrogen concentration, the current density being the same for both wires.

## 3. Experimental Results and Discussion

The experimental results of the electrical resistivity measurements are shown by Fig. 1 and 2 for the two metals respectively.

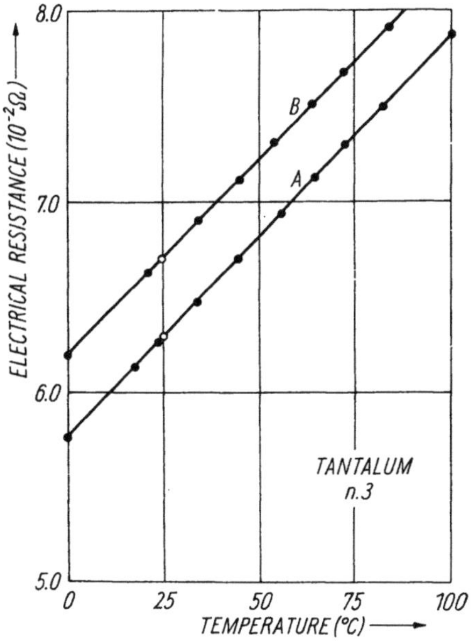


Fig. 1. Electrical resistance of tantalum between 0 and 100 °C before (curve A) and after (curve B) electrolytic hydrogen charging (2 mA/cm² current density for 2 h)

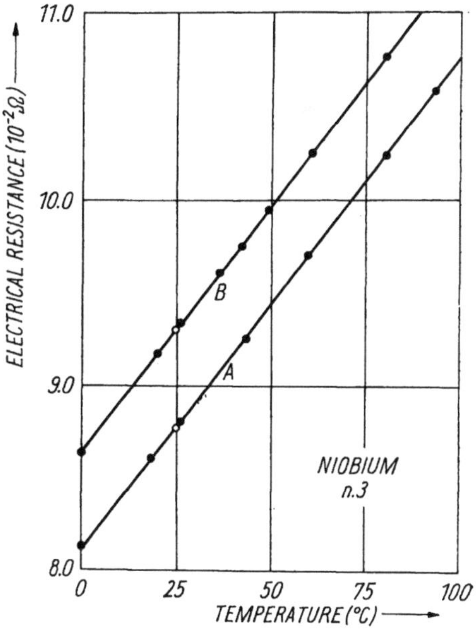


Fig. 2. Electrical resistance of niobium between 0 and 100 °C before (curve A) and after (curve B) electrolytic hydrogen charging (10 mA/cm² current density for 20 min)

The curves B of both figures show that the electrolytic charging of the specimens gives rise to a considerable increase in the resistance which is always at least two orders of magnitude greater than the experimental errors. From the measured values of resistance and from the geometry of the specimens the electrical resistivity has been computed and its values before and after the hydrogen charge are given for several temperatures in Table 2 for tantalum (specimen no. 3) and Table 3 for niobium (specimen no. 3). These values are in a good agreement with those reported in [4, 5, 6].

A comparison has also been made between the electrical resistivity measured at 20 °C and the one measured at the boiling point of oxygen. For both metals the ratio of the latter to the former is about 0.28 in the annealed condition.

The tantalum specimen no. 4 has been charged for 3 h with a current density of about 40 mA/cm², with a total decomposition of 56 mg of hydrogen atoms at the specimen surface. The measured increase of weight of the charged wire was 2.4 mg with a charging efficiency of the electrolytic process of about 4%. The increase of 2.4 mg corresponds to an introduction of about $14.4 \times 10^{20}$ hydrogen atoms, that is to a composition of about 5% of hydrogen in tantalum.

Table 2
Electrical parameters of tantalum

| $T$ (°C) | Vacuum annealed at 1000 °C | | After hydrogen charging | |
|---|---|---|---|---|
| | $\varrho$ ($\mu\Omega$ cm) | $\alpha_\varrho$ (degree$^{-1}$) | $\varrho$ ($\mu\Omega$ cm) | $\alpha_\varrho$ (degree$^{-1}$) |
| 0 | 12.30 | $3.66 \times 10^{-3}$ | 13.22 | $3.34 \times 10^{-3}$ |
| 20 | 13.20 | $3.41 \times 10^{-3}$ | 14.10 | $3.13 \times 10^{-3}$ |
| 40 | 14.11 | $3.19 \times 10^{-3}$ | 14.98 | $2.93 \times 10^{-3}$ |
| 60 | 15.01 | $3.00 \times 10^{-3}$ | 15.86 | $2.77 \times 10^{-3}$ |
| 80 | 15.91 | $2.83 \times 10^{-3}$ | 16.74 | $2.63 \times 10^{-3}$ |
| | $\frac{\varrho\ (90\ °K)}{\varrho\ (293\ °K)} = 0.280$ *) | | $\frac{\varrho\ (90\ °K)}{\varrho\ (293\ °K)} = 0.268$ | |

*) For the same specimen, this ratio in the "as received" conditions was 0.269.

Table 3
Electrical parameters of niobium

| $T$(°C) | Vacuum annealed at 1000 °C | | After hydrogen charging | |
|---|---|---|---|---|
| | $\varrho$ ($\mu\Omega$ cm) | $\alpha_\varrho$ (degree$^{-1}$) | $\varrho$ ($\mu\Omega$ cm) | $\alpha_\varrho$ (degree$^{-1}$) |
| 0 | 14.30 | $3.27 \times 10^{-3}$ | 15.20 | $3.08 \times 10^{-3}$ |
| 20 | 15.24 | $3.07 \times 10^{-3}$ | 16.14 | $2.90 \times 10^{-3}$ |
| 40 | 16.17 | $2.90 \times 10^{-3}$ | 17.08 | $2.74 \times 10^{-3}$ |
| 60 | 17.10 | $2.74 \times 10^{-3}$ | 18.02 | $2.60 \times 10^{-3}$ |
| 80 | 18.08 | $2.60 \times 10^{-3}$ | 18.96 | $2.47 \times 10^{-3}$ |
| | $\frac{\varrho\ (90\ °K)}{\varrho\ (293\ °K)} = 0.280$ *) | | | |

*) The ratio $\varrho$(90 °K/$\varrho$(293 °K) for the niobium specimen no. 2 in the "as received" conditions was 0.270.

The electrical resistivity increase at 20 °C obtained by this charge was 3.9 μΩ cm which corresponds to an extra resistivity $\Delta\varrho_H = 0.8$ μΩ cm/at.% of hydrogen. This value is very near to the extra resistivity due to one at.% of point defects in metals as vacancies (in gold $\Delta\varrho = 0.77$ μΩ cm/at.% of vacancies) or substitutional atoms (silver in gold gives $\Delta\varrho = 0.68$ μΩ cm/at.%, and copper in gold gives $\Delta\varrho = 0.48$ μΩ cm/at.%) [7].

The tantalum specimen no. 3 (see Table 2) was charged for 2 h with a current density of 2 mA/cm² (decomposition of 7.5 mg of hydrogen) obtaining an electrical resistivity increase of 0.3 μΩ cm at 20 °C; subsequently it has been charged again for 1 h with a current density of 10 mA/cm² corresponding to a decomposition of about 20 mg of hydrogen. The resistivity increase was then 0.6 μΩ cm and this shows a saturation effect or a decreased efficiency of the second electrolytic charging. From the values obtained with specimen no. 4 we calculate that with a total decomposition of 27.5 mg of hydrogen there is a composition of about 1.2% of hydrogen atoms in tantalum which corresponds to the introduction of 2.8 mg of hydrogen and to an efficiency of about 10%. This indicates the advantage of using low currents and longer times of charging.

The fact that the resistivity increase is essentially due to the presence of the foreign hydrogen atoms is clearly shown by comparing Table 2 and Table 4. In the latter are collected the values of the electrical resistivity and the temperature coefficient $\alpha_\varrho$ at different temperatures for the tantalum specimen no. 2 before and after heavy cold-working. The introduction of lattice defects of a geometrical nature (vacancies, dislocations, etc.) produces an increase of resistivity just as the introduction of interstitial hydrogen atoms does, but it also produces an increase of the slope $\Delta\varrho/\Delta T$ at room temperature from $4.45\times10^{-2}$ to $4.65\times10^{-2}$ μΩ cm × × degree$^{-1}$ with an increase of the ratio $\varrho(90)/\varrho(293)$. This means that the lattice, distorted by geometrical imperfections, presents a change of both the residual resitivity $\varrho_0$ and the ideal resistivity $\varrho_i$ in such a way that the region where $\varrho_i \sim T$ is shifted to higher temperatures.

The interstitial hydrogen produces on the contrary a small decrease of $\Delta\varrho/\Delta T$ from $4.50\times10^{-2}$ to $4.40\times10^{-2}$ μΩ cm degree$^{-1}$ and a decrease of the ratio $\varrho(90)/\varrho(293)$. In this case the region where $\varrho_i \sim T$ occurs increased towards the lower temperatures.

Table 4
Effect of cold-working on the electrical resistivity of tantalum

| $T$ (°C) | As received | | After heavy cold-working *) | |
|---|---|---|---|---|
| | $\varrho$ (μΩ cm) | $\alpha_\varrho$ (degree$^{-1}$) | $\varrho$ (μΩ cm) | $\alpha_\varrho$ (degree$^{-1}$) |
| 0 | 12.11 | $3.67\times10^{-3}$ | 12.84 | $3.62\times10^{-3}$ |
| 20 | 12.99 | $3.42\times10^{-3}$ | 13.77 | $3.38\times10^{-3}$ |
| 40 | 13.89 | $3.20\times10^{-3}$ | 14.70 | $3.16\times10^{-3}$ |
| 60 | 14.78 | $3.00\times10^{-3}$ | 15.63 | $2.97\times10^{-3}$ |
| 80 | 15.67 | $2.83\times10^{-3}$ | 16.56 | $2.81\times10^{-3}$ |
| | $\frac{\varrho\,(90\ °K)}{\varrho\,(293\ °K)} = 0.268$ | | $\frac{\varrho\,(90\ °K)}{\varrho\,(293\ °K)} = 0.273$ | |

*) The wire originally 16 cm long and with 2.14 mm² of cross section (specimen no. 2) has been cold-worked and reduced to a strip 46 cm long with a cross section of 0.73 mm².

Table 5
Increase of electrical resistivity in tantalum for hydrogen charging and cold-working

| Treatment | $\Delta\varrho$ ($\mu\,\Omega$ cm) | |
|---|---|---|
| | $T = 293$ °K | $T = 90$ °K |
| Hydrogen charge | 0.9 | 0.11 |
| Cold-work | 0.8 | 0.08 |

This can be seen also in Table 5 where the increase of electrical resistivity in tantalum for hydrogen charging and cold-working is given at room temperature and at the oxygen boiling point.

The niobium specimen no. 2 was charged for 90 min with a current densityof 10 mA/cm$^2$ with a total decomposition of 28 mg of hydrogen. The measured increase of weight was 14 mg which gives a charging efficiency of 50% and a composition of about 6% atoms of hydrogen in niobium. The electrical resistivity change measured at 20 °C was 2.64 $\mu\Omega$ cm, corresponding to an extra resistivity $\Delta\varrho_H = 0.44$ $\mu\Omega$ cm/at.% of interstitial hydrogen. The wire after this charge appeared very brittle and could be broken very easily by bending it.

The niobium specimen no. 3 (see Table 3) was charged for 20 min with a current density of 10 mA/cm$^2$ obtaining a weight increase of 3 mg and a concentration of 1.2% hydrogen atoms. The efficiency was also in this case about 50% but the electrical resistivity was increased by 0.90 $\mu\Omega$ cm with an extra resistivity $\Delta\varrho_H = 0.75$ $\mu\Omega$ cm/at.% of interstitial hydrogen. This result seems to indicate that the extra resistivity does not increase linearly with the hydrogen concentration.

After the hydrogen charge the specimens were submitted to a succession of isochronal annealing treatments in vacuum, for different increasing temperatures up to 1000 °C. These degasing treatments lasted 3 h in the case of tantalum and 2 h for the niobium specimens. After each anneal the electrical resistivity at 25 °C has been calculated from the experimental straight lines like those of Fig. 1 and Fig. 2, obtained by several measurements carried out at different temperatures in the interval from 0 °C and about 100 °C as previously described. The error for the electrical resistivity can be considered to be of the order of $0.5 \times 10^{-4}$.

From these measurements it has been found that the resistance of the wires changes comparatively slowly until the annealing temperature $T_A$ reaches 600 °C for tantalum and 450 °C for niobium. Above these temperatures each annealing treatment gives rise to a remarkable decrease of the resistance. The original value corresponding to the *reference state* before the charge (specimens annealed in vacuum at 1000 °C) is reached when the specimens have been annealed at about 800 °C.

The results concerning the influence of the degasing treatments upon the electrical resistivity of tantalum and niobium are summarized in Fig. 3. The abscissae give the temperature $T_A$ of the last annealing treatment and the ordinates give the fractional recovery of resistivity defined by the equation

$$r = 100 \frac{R_H - R_H(T_A)}{R_H - R_0}, \tag{2}$$

where $R_0$ is the electrical resistance of the specimen at 25 °C in the *reference state*, $R_H$ is the electrical resistance of the same specimen at 25 °C after a given hydrogen

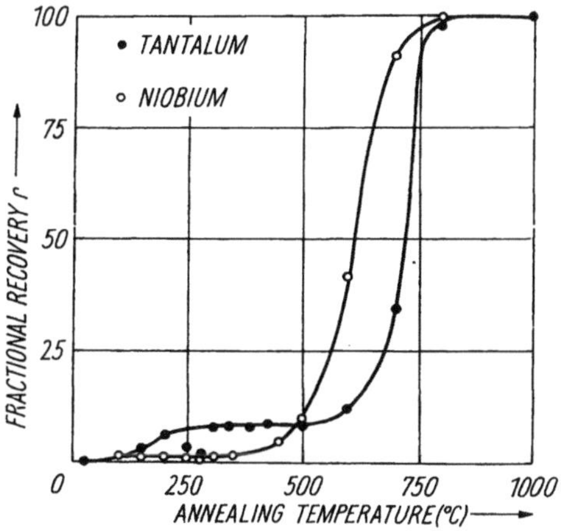


Fig. 3. Fractional recovery $r$ of the electrical resistance of hydrogen charged tantalum and niobium after subsequent isochronal annealing treatments in vacuum. The annealing time at each temperature $T_A$ is 3 h for tantalum and 2 h for niobium

charge and $R_H(T_A)$ is the resistance at the same temperature after the hydrogen charging and the isochronal annealing treatments up to the temperature $T_A$ for a given time (3 h for tantalum and 2 h for niobium).

According to this definition the recovery $r$ depends not only upon the basic variable $T_A$ but also upon two parameters, i.e. the total amount of the hydrogen charge and the length of the annealing and degasing treatments. The experimental data concerning the recovery in tantalum and niobium differ somewhat in both these parameters; hence the two curves of Fig. 3 are not exactly comparable. However the differences for the two metals are of limited interest for the present investigation which is essentially concerned with the introduction and removal of hydrogen in these b.c.c. metals and its control by means of electrical resistance measurements.

The curves of Fig. 3 show that the temperature range for the degasing process between room temperature and 1000 °C may be divided into three parts corresponding to a different behaviour with respect to the recovery process:

a) *Temperatures below 500 °C.* In this range almost no recovery takes place after a small effect obtained by the first annealing treatments. This can be ascribed to the recovery of lattice imperfections like dislocations which are introduced into the specimen by charging.[1]) In fact cathodic charging seems to produce very large pressures on the surface of the specimen (Smith [10] reports values of the order of 20 to 200 atm) and also pressures of considerable magnitudes are certainly developed within the lattice by direct occlusion of hydrogen. The fluctuations which are observed in the values of the electrical resistivity and also in its temperature coefficient $\alpha_\varrho$ after the annealing treatments in this range for both metals are probably due to the formation of partially stable hydrogen-metal compounds.

b) *Temperatures between 500 and 800 °C.* A treatment of a few hours in this temperature range gives a substantial recovery of resistivity.

c) *Temperature above 800 °C.* For these temperatures the recovery is complet within a very short time in agreement with some results reported in [3].

[1]) Experimental evidence of the effective introduction of dislocations is given by the presence of a small Bordoni peak at about 160 °K for a vibration frequency of about 20 kHz in a tantalum specimen after electrolytic charging, which is completely removed by an annealing treatment at temperatures below 400 °C [8]. In a similar experiment it has been found that electrolytic charging of a niobium specimen slightly enlarges the Bordoni peak [9].

## 4. Conclusions

The experimental results of the present research show the possibility of introducing hydrogen into the b.c.c. metals tantalum and niobium by means of a simple electrolytic charging at room temperature.

One of the effects produced by this process is to increase the electrical resistivity in both metals, the increase being proportional to the hydrogen introduced into the specimens for low concentrations only. This saturation effect, which clearly appears for the niobium specimen no. 2 when a concentration of 6% hydrogen atoms was achieved and the specimen appeared very brittle, is possibly due to the segregation of hydrogen atoms at the grain boundaries and at the dislocation lines or to the formation of some partially stable hydrogen-metal compounds.

The electrolytic charging is also responsible for the formation of new dislocations by the large pressures produced at the surface and inside the specimens by direct occlusion of hydrogen atoms. These dislocations are easily removed by annealing treatments at temperatures below 400 °C (for instance 8 h at 200 °C) as has been proved by anelastic measurements of the Bordoni peak in tantalum and niobium [8, 9].

The presence of hydrogen atoms affects both the residual and the thermal component of the electrical resistivity, but the temperature dependence of this parameter in the interval between 0 and 100 °C still remains linear within the experimental errors. More profound changes in the temperature dependence of the electrical resistivity could be possible at lower temperatures.

Annealing treatments in vacuum ($10^{-4}$ mm Hg) at temperatures above 800 °C are able to remove any trace of the presence of the hydrogen previously introduced by electrolytic charging. For annealing temperatures below 500 °C the degasing process appears very slow and the initial observed recovery can be ascribed to the recovery of dislocations, as has been mentioned.

The fluctuations in the values obtained after annealing in this temperature range for both metals (Fig. 3) seems to indicate the formation of hydrogen-metal compounds which disappear at higher temperatures.

These experiments also suggest the possibility of determining the activation energy of hydrogen migration in tantalum and niobium by measuring during isothermal annealing treatments between 500 and 800 °C the recovery of the electrical resistivity of charged wires as a consequence of the degassing process.

## References

[1] G. L. Miller, Tantalum and Niobium, Butterwords Sci. Publ., London 1959 (chapter10: Reaction with gases).

[2] F. J. Blatt, Theory of Mobility of Electrons in Solids, in Solid State Physics, F. Seitz and D. Turnbull Ed. Vol. 4, Academic Press Inc., New York 1957.

[3] G. L. Miller, [1] p. 450.

[4] Handbuch der Physik, Vol. XIX/1, Springer-Verlag, Berlin 1956 (p. 156).

[5] Rare metals Handbook, Ed. by C. A. Hampel, Reinhold Publ. Co., London 1961.

[6] G. K. White and S. B. Woods, Proc. Roy. Soc. **A 251**, 273 (1959).

[7] B. G. Lazarev and O. N. Ovcharenko, Zh. eksper. teor. Fiz. **36**, 60 (1959); Soviet Physics Zh. eksper. teor. Fiz. **36**, 42 (1959).

[8] G. Cannelli and L. Verdini, to be published.

[9] P. G. Bordoni, M. Nuovo, and L. Verdini, Nuovo Cimento Supplemento **25**, 187 (1962).

[10] D. P. Smith, Hydrogen in Metals, Chicago University Press, Chicago 1958 (p. 147).

*(Received February 8, 1965)*

phys. stat. sol. 9, 251 (1965)

*Nuclear Engineering Department, The Pennsylvania State University*

# Diffusion of Tritium from Neutron-Irradiated Lithium Fluoride

By

H. Cohen and W. S. Diethorn

Release of tritium from LiF is well described by volume diffusion kinetics below 500 °C and an activation energy of 51 kcal/mole. The tritium is introduced into the LiF by the $Li^6(n, \alpha)H^3$ reaction. Tritium release from massive LiF is complex; important factors include temperature history, initial tritium concentration (neutron exposure) and trapping of tritium in the LiF structure.

Die Ablösung des Tritium vom LiF unterhalb von 500 °C wird zufriedenstellend beschrieben durch eine Volumendiffusionskinetik mit einer Aktivierungsenergie von 51 kcal/Mol. Das Tritium wurde durch die Reaktion $Li^6(n, \alpha)H^3$ im LiF erzeugt. Die Ablösung des Tritiums von massivem LiF ist kompliziert und hängt von der thermischen Vorgeschichte, der anfänglichen Tritiumkonzentration (durch Neutronenbestrahlung erzeugt) und Anhaftprozessen des Tritiums im LiF ab.

## 1. Introduction

In an earlier note [1] appearing in this journal, Mantescu and Costea presented some preliminary results on the high-temperature release of tritium from thermal-neutron irradiated lithium halides. Few details were given but at least one, incomplete tritium release from lithium chloride at a temperature 150 °C above the melting point, is unusual in view of the quantitative release of tritium from molten lithium fluoride reported elsewhere [2]. We are investigating the diffusion of tritium from lithium fluoride with the objective of defining the diffusion mechanism. In agreement with these authors, we find the diffusion process to be complex at high temperature. In this note we present some interesting features of the diffusion process and report diffusion constants and activation energy for tritium diffusion below 500 °C.

Diffusion experiments were carried out with monochromator-grade, natural lithium fluoride in the form of either a 10 mm × 10 mm × 2 mm plate[1]) or a 75 micron powder prepared by crushing plates with a mortar and pestle. As expected, microscopic examination revealed numerous cracks in the particles in contrast to the very small number of cracks found in the plates. Tritium was introduced into the LiF via the $Li^6(n, \alpha)H^3$ reaction by irradiating the plates in air in a thermal neutron flux of $5 \times 10^{11}$ n/cm²s at a temperature less than 50 °C. The plates were irradiated in the as-received condition unless otherwise noted.

## 2. LiF Plates

Our first experiments were performed with plates in the temperature range 700 °C up to the melting point (870 °C). A wider temperature range was not studied because the release rate is always low in the most useful time region of a diffusion run and below 700 °C is too low to permit accurate measurement of release with our flow-through radiation detector. The rate of tritium release from a plate is measured continuously during isothermal heating of the plate in flowing helium in a constant temperature furnace. The helium carries the evolved

[1]) Supplied by Harshaw Chemical Company, Cleveland, Ohio.

tritium through a small flow ionization chamber which, with a vibrating-reed electrometer and recorder, gives a continuous record of tritium activity versus diffusion time. The apparatus is calibrated by irradiating a small sample of LiF with a cobalt flux wire and melting this sample in the furnace to liberate the known amount of tritium [2]. Confirming the earlier work [1], the curve of fractional cumulative tritium release versus time rises quickly after insertion of the plate into the furnace and then levels off to a pseudo plateau where the release rate is very low. At 700 °C, for example, a plateau release of 2.5 per cent is reached in five minutes.

Work with plates revealed several interesting features in addition to the plateau just described. The rate of tritium release increases rapidly in the first few minutes of a diffusion run and then decreases in a short series of steps. These steps are not observed when a fine powder is heated or when a sample is melted. Possible reasons for this behavior include (1) local increases in tritium diffusion rate caused by formation of new cracks and (2) the occasional migration of tritium-filled bubbles [3] to a plate surface. Heating a plate at 700 °C for 15 hours and then cooling slowly to room temperature prior to irradiation has no effect on the release curve. On the other hand, heating an irradiated plate at 540 °C for 30 minutes prior to a diffusion run at 815 °C reduced the plateau cumulative tritium release by 50 per cent. These plates contained $1.5 \times 10^{16}$ atoms of tritium per gram of LiF.

The plateau release is also a function of tritium concentration (neutron exposure). For example, at 815 °C a three-fold *increase* in the plateau tritium release is observed when the concentration is increased from $2 \times 10^{16}$ ($1.3 \times 10^{15}$ n/cm$^2$) to $8.5 \times 10^{17}$ ($5.5 \times 10^{16}$ n/cm$^2$) atoms of tritium per gram of LiF. Reasons for this increase are not clear. The plateau phenomenon shows that some of the tritium is trapped or immobilized in the plate and is therefore unavailable for diffusion; this process may be a non-linear function of concentration. A second factor is the enhanced tendency of a plate to crack with increasing neutron exposure (damage), thereby decreasing the diffusion path and increasing tritium release. These results with plates clearly show the complex nature of tritium release from massive LiF at elevated temperature.

## 3. LiF Powder

Tritium release curves obeying simple volume diffusion kinetics were obtained with the 75 micron powder. This powder contained $1 \times 10^{16}$ tritium atoms per gram of LiF. Forty milligram portions of the as-crushed powder were sealed in small pyrex capsules containing a carrier gas of 10 mm Hg of helium and 0.1 mm Hg of hydrogen. A diffusion experiment consists of heating a capsule at constant temperature for a selected interval of time, breaking it under vacuum, and sweeping the carrier gas containing the diffused tritium through the ionization chamber. The addition of hydrogen to the capsules prevents tritium loss by adsorption on surfaces during a diffusion experiment [2]. Some tritium loss to surfaces occurred in the experiments with plates because pure helium was used as a carrier gas; this loss is small and does not have any significant effect on the observations reviewed above. A series of capsules heated for different time intervals at a given temperature give a plot of cumulative fractional tritium release squared $F^2$ versus diffusion time. The familiar expression for volume diffusion of a uniformly distributed species out of a semi-infinite flat plate at constant temperature was used to determine the diffusion constants.

$$F^2 = \frac{16\, D\, t}{\pi\, b^2}\,.$$

$D$ is the diffusion constant, $t$ the diffusion time, and $b$ the thickness of the plate (particle). This equation is valid when the fractional release $F < 0.20$. Diffusion experiments were restricted to temperatures below 450 °C because hydrogen (tritium) diffuses rapidly through pyrex or silica above this temperature.

Fig. 1 shows the experimental data obtained with fourteen capsules containing the 75 micron powder. The time scale of the diffusion experiments has been expanded or contracted in order to facilitate the presentation of four curves on one graph. The longest diffusion time at each temperature is given in parentheses. $F$ never exceeded 1% at any temperature. $F^2$ versus time is a straight line at all four temperatures as predicted by the diffusion equation. The data extrapolate through the origin, suggesting no deviation from linearity in early stages of the diffusion. Kalbitzer [4] observed enhanced release in this region in a study of argon diffusion from a crushed powder of irradiated KCl and showed that the effect disappears if the powder is thermally annealed before a diffusion run. Apparently, his observations do not apply to crushed powders in general.

Diffusion constants were calculated from the slopes of the straight lines in Fig. 1 (corrected for scaling factor) and the diffusion equation, and these give a least-squares activation energy of 51 kcal/mole in an Arrhenius plot shown in Fig. 2. This activation energy is somewhat higher than the activation energy of 41 kcal/mole reported [4] for helium diffusion in LiF. Diffusion constants for helium are larger than those for tritium by a factor of 100.

In Fig. 1, the fractional tritium release ranges from a low of $3 \times 10^{-4}$ to a high of $10^{-2}$ which corresponds to an amount of tritium present initially in 100 to 3700 lattice planes, respectively, of the 75 micron LiF powder. This fact and the low activation energy for diffusion of impurities along dislocation pipes [5] in alkali halides suggest that the release is a bulk diffusion phenomenon. Results with the powder are also free of effects resulting from evaporation of LiF during the diffusion heat treatment. At 427 °C, the extrapolated vapor pressure [6] of LiF is $10^{-9}$ mm Hg and only a fraction $10^{-14}$ of the 40 milligram powder is in the vapor state in the capsules. Additional evidence is provided by the release

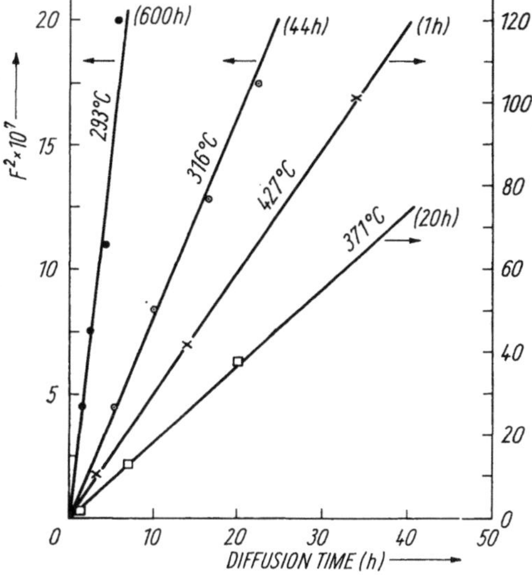


Fig. 1. Square of fractional tritium release $F$ versus heating time for 75-micron LiF powder: as-irradiated, $1 \times 10^{16}$ T atoms per gram of LiF

Fig. 2. Arrhenius plot of tritium diffusion constants in Fig. 1

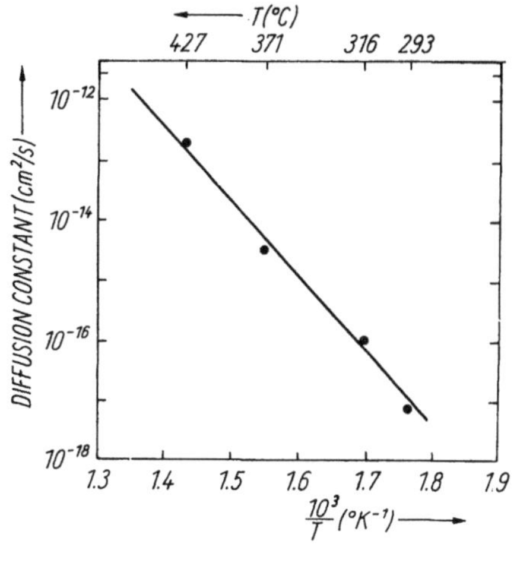

kinetics. If tritium is released solely by evaporation of LiF from the particles, $F$ should be a linear function of diffusion time instead of the $t^{1/2}$ dependency observed. Evaporation is certainly significant in the experiments with plates but this effect is important only after the plateau is reached.

## 4. Discussion

We interpret the plate results to mean that part of the diffusing tritium, whether ionic, atomic, or molecular, becomes trapped in the plates in the form of molecular tritium $T_2$. Trapping sites may include dislocations and cavities discussed elsewhere [3]. The characteristic shape of the release curve is then the result of a tritium trapping process in competition with ordinary volume diffusion of tritium out of the plate. In the study of powder, the released tritium originates in a shallow region just below the surface of the particles where the trapping process, at the relatively low temperatures used, is not competitive with volume diffusion. As a result, the release of small amounts of tritium at moderate temperatures follows the observed $t^{1/2}$ kinetics with no evidence of the perturbing trapping process.

The nature of the diffusing tritium species is uncertain. A large number of anion vacancies are produced during irradiation. If tritium is present as the ion $T^-$ located on sites in the $F^-$ sublattice, it may diffuse to the surface by a vacancy mechanism and leave LiF via exchange with hydrogen supplied to the surface by carrier gas. Assuming a low activation energy for the exchange process, the observed activation energy of about 2 eV for tritium diffusion then corresponds to the activation energy for migration of $T^-$ in the LiF lattice. However, an exchange process is not essential because tritium release from the plates is observed when the carrier gas is free of hydrogen.

Several investigations have shown that the hydrogen atom is unstable in KCl [7] and $CaF_2$ [8], combining to form molecular hydrogen at low temperature. We are unaware of any reported evidence of molecular tritium in the lattice of irradiated LiF, but $H_2$ is known to diffuse into KBr [9], KCl [7], and $CaF_2$ [8] and to be present in this form in the latter two at room temperature. The tetrahedral hole in the 1/4, 1/4, 1/4 position in LiF has a diameter of 1.3 Å based on the corrected $F^-$ radius [10] and is large enough to accommodate a $T_2$ molecule. These arguments favor the diffusion of tritium as $T_2$ by an interstitial mechanism, thus paralleling the mechanism proposed by Kalbitzer [4] for helium diffusion in LiF.

This work was supported by the National Science Foundation.

## References

[1] C. MANTESCU and T. COSTEA, phys. stat. sol. **3**, K 290 (1963).
[2] H. COHEN and W. S. DIETHORN, Internat. J. appl. Radiation and Isotopes **15**, 553 (1964).
[3] J. J. GILMAN and W. G. JOHNSTON, J. appl. Phys. **29**, 877 (1958).
[4] S. KALBITZER, Z. Naturf. **17a**, 1071 (1962).
[5] R. L. MOMENT and R. B. GORDON, J. appl. Phys. **35**, 2489 (1964).
[6] D. L. HILDENBRAND, W. F. HALL, and N. D. POTTER, J. chem. Phys. **40**, 2882 (1964).
[7] C. J. DELBEQ, B. SMALLER, and P. H. YUSTER, Phys. Rev. **104**, 599 (1956).
[8] R. T. SCHUMACHER, Phys. Rev. **127**, 1892 (1962).
[9] R. HILSCH, Ann. Phys. (Germany) **29**, 407 (1937).
[10] B. S. GOURAY and F. J. ADRIAN, Solid State Physics **10**, 127 (1960).

*(Received February 8, 1965)*

phys. stat. sol. 9, 255 (1965)

*Max-Planck-Institut für Metallforschung, Stuttgart*

# Streuung von Blochwellen schneller Elektronen in ferromagnetischen Kristallen

Von

M. WILKENS

Die Beugung schneller Elektronen in Kristallen mit magnetischem Feld wird theoretisch untersucht, wobei das Vektorpotential des magnetischen Feldes als schwache Störung betrachtet wird. Man erhält Differentialgleichungen für die Ortsabhängigkeit der Anregungsstärken der Blochwellen, wie sie in ähnlicher Form für die Streuung von Blochwellen in Kristallen mit Gitterbaufehlern gefunden wurden [1]. In der Säulennäherung ist die Wirkung des magnetischen Feldes einer Krümmung des Gitters gleichwertig. Die Differentialgleichungen werden für den Zweistrahlfall und ein homogenes Magnetfeld näherungsweise gelöst und der elektronenmikroskopische Hellfeld- bzw. Dunkelfeld-Flächenkontrast von ferromagnetischen Domänen diskutiert. Es wird gezeigt, daß dieser Flächenkontrast als Folge der Wanderung der Anregungspunkte sogenannter „modifizierter Blochwellen" im Sinne von Penning und Polder bzw. Kato verstanden werden kann. Die bisher vorliegenden experimentellen Untersuchungen, über die teilweise schon berichtet wurde [2], sind mit der Theorie im Einklang.

The diffraction of fast electrons in a crystal, under the influence of a magnetic field, is investigated theoretically. The vector potential of the magnetic field is considered as a weak perturbation. Differential equations are obtained for the excitation strength of Bloch waves as a function of the space-coordinates, and these are similar to the corresponding equations for the scattering of Bloch waves by lattice defects [1]. Within the column approximation, the action of a magnetic field is equivalent to a bending of the lattice. The differential equations are solved approximately for the two-beam case and a homogeneous magnetic field. The electron microscope bright-field and dark-field contrast images of ferromagnetic domains are discussed. It is shown that this contrast can be described, as in the works of Penning and Polder, and Kato, as a consequence of the migration of excitation points of the "modified Bloch waves". The existing experimental data, which have been reported earlier [2], are in agreement with the theory.

## Einleitung

Um das hohe Auflösungsvermögen des Elektronenmikroskopes für Untersuchungen zur Bereichsstruktur in ferromagnetischen Kristallen nutzbar machen zu können, müssen die einzelnen Domänen im Elektronenmikroskop sichtbar gemacht werden. Hierfür werden in der Literatur bislang zwei Verfahren beschrieben und angewandt, die sich wie folgt charakterisieren lassen.

a) Fuller und Hale [3] haben gezeigt, daß Domänenwände bei defokussierter Abbildung als helle oder dunkle Streifen sichtbar werden. Da die Elektronen infolge der Lorentzablenkung in benachbarten, in verschiedene Richtungen magnetisierten Domänen auch in verschiedenen Richtungen abgelenkt werden, entstehen bei defokussierter Abbildung auf dem Leuchtschirm Bildüberschneidungen (helle Linien) bzw. Auseinanderklaffungen der Bilder (dunkle Linien). Infolge der Defokussierung ist allerdings die gleichzeitige Beobachtung von Gitterfehlern (Versetzungen, Stapelfehler) erschwert.

b) Der Bildpunkt der Elektronenstrahlquelle in der hinteren Brennebene des Objektives (Austrittspupille) ist infolge der Lorentzablenkung, die in den verschiedenen Domänen verschieden gerichtet ist, in mehrere Teilpunkte aufgespalten. Benützt man nach Boersch [4] durch Einschieben einer Aperturblende nur einen dieser Teilpunkte zur weiteren Abbildung, so erscheinen auf dem Leuchtschirm nur diejenigen Domänen hell, deren magnetische Feldrichtung zu dem ausgeblendeten Teil der Austrittspupille gehört.

Beiden Verfahren ist gemeinsam, daß die Sichtbarmachung der Domänen durch Eingriffe in den optischen Strahlengang des Elektronenmikroskopes erreicht wird, ohne daß die kristalline Natur der durchstrahlten Kristallfolie darauf Einfluß hat. Es ist aber bekannt, daß bei der Durchstrahlung kristalliner Folien die durch die Aperturblende gelangende Intensität sehr empfindlich von der Orientierung des Elektronenstrahls gegenüber dem Kristallgitter abhängt. Wie kürzlich Jacubovics [5, 6] gezeigt hat, beobachtet man in der Tat an den sogenannten Extinktionskonturen eine mit der Domänenstruktur gekoppelte Besonderheit, die nicht durch Eingriffe in das abbildende optische System entsteht, sondern unmittelbar mit der kristallinen Natur der Folie zusammenhängt. Der innerhalb der Domänen glatte Verlauf der Extinktionskonturen zeigt bei jedem Durchtritt durch eine Domänengrenze einen Sprung, weil die in benachbarten Domänen verschieden gerichtete Lorentzablenkung der Elektronen über eine Domänengrenze zu einem Wechsel der „effektiven" Einstrahlrichtung führt. Eine andere Form des „magnetischen Beugungskontrastes" wurde von Thieringer und Wilkens [2] beschrieben: In vergleichsweise dicken Folien (z. B. Kobalt) tritt ein Flächenkontrast der Domänen auf, der direkt mit der Lorentzablenkung der Elektronen innerhalb des Kristalls zusammenhängt. In [2] wurde zur Erklärung dieses, in der Literatur bislang nicht beschriebenen Flächenkontrastes wie in [5] angenommen, daß in benachbarten Domänen die „effektive" Einstrahlrichtung der Elektronen verschieden ist. Für eine mehr qualitative Erklärung reicht diese Annahme aus. Es zeigt sich aber, daß für ein quantitatives Verständnis der Beugungsvorgang in ferromagnetischen Kristallen näher untersucht werden muß. Das Problem wird dadurch erleichtert, daß bei 100 keV Energie der Krümmungsradius der Bahn eines freien Elektrons im inneren Feld eines Ferromagnetikums etwa um einen Faktor $10^3$ größer ist als die durchstrahlbare Foliendicke. Man kann deshalb die gleiche Methode anwenden, die in [1] für die Elektronenbeugung in Kristallen mit Gitterfehlern angewandt wurde.

## 1. Ableitung der Differentialgleichungen aus der Schrödingergleichung

Für die in den Kristall eingestrahlten Elektronen benützen wir die Schrödingergleichung in der Form

$$\left\{\frac{1}{2\,m}\,[\boldsymbol{p} + e\,\mu_0\,\boldsymbol{A}]^2 + V(\boldsymbol{r})\right\}\psi = E\,\psi\,. \tag{1.1}$$

Dabei ist $\boldsymbol{p} = (h/2\,\pi\,i)\,\nabla$ der Impulsoperator, $h$ das Plancksche Wirkungsquantum, $\boldsymbol{A}$ das magnetische Vektorpotential, $e$ die Ladung eines Elektrons, $m$ dessen Masse, $\mu_0$ die Permeabilitätskonstante des Vakuums, $E = h^2\,k_0^2/2\,m$ die Gesamtenergie des Elektrons, $k_0^{-1}$ die Wellenlänge des Elektrons außerhalb des Kristalls, $V$ die (negative) potentielle Energie im Kristall, die durch eine Fourierreihe dargestellt ist.

$$V(\boldsymbol{r}) = \sum_n V_n\, e^{2\pi i(\boldsymbol{g}_n,\,\boldsymbol{r})}\,. \tag{1.2}$$

$\boldsymbol{g}_n$ sind die reziproken Gittervektoren mit $\boldsymbol{g}_0 \equiv 0$. Die magnetische Feldstärke $\boldsymbol{H}$ ist mit dem Vektorpotential $\boldsymbol{A}$ durch

$$\boldsymbol{H} = [\nabla, \boldsymbol{A}] \tag{1.3}$$

verbunden. Bei Abwesenheit eines äußeren Feldes folgt die Feldstärke $\boldsymbol{H}$ aus der Magnetisierung $\boldsymbol{M}$ der Kristallfolie.

$$\boldsymbol{H} = 4\pi \boldsymbol{M} . \tag{1.4}$$

Wir betrachten $e \mu_0 \boldsymbol{A}$ als kleine Störung in (1.1) und vernachlässigen deshalb das in $\boldsymbol{A}$ quadratische Glied.

$$\left[-\frac{h^2}{8\pi^2 m} \Delta + \frac{e \mu_0 h}{4\pi i m} \{(\boldsymbol{A}, \nabla) + (\nabla, \boldsymbol{A})\} + V(\boldsymbol{r})\right] \psi = E \psi . \tag{1.5}$$

Ist $\boldsymbol{A} \equiv 0$, so ist die allgemeine Lösung im sogenannten $N$-Strahlfall und bei unendlich ausgedehnter Strahleneintrittsgrenzfläche durch eine Linearkombination von $N$ Blochwellen $\psi^l(\boldsymbol{r})$, $l = 1, \ldots, N$, gegeben [7, 8, 1]:

$$\psi = \sum_{l=1}^{N} \varphi^l \psi^l(\boldsymbol{r}) . \tag{1.6}$$

Die $\varphi^l$ sind Konstante, die als Anregungsstärken der Blochwellen $\psi^l$ aufzufassen sind. Jede Blochwelle besteht aus einer Summe von ebenen Wellen,

$$\psi^l = \sum_{n=0}^{N-1} c_n^l e^{2\pi i (\boldsymbol{K}_n^l, \boldsymbol{r})} , \quad \sum_{n=0}^{N-1} |c_n^l|^2 = 1 , \tag{1.7}$$

deren Wellenvektoren $\boldsymbol{K}_n^l$ der Beziehung

$$\boldsymbol{K}_n^l = \boldsymbol{K}_0^l + \boldsymbol{g}_n . \tag{1.8}$$

gehorchen. $\boldsymbol{K}_0^l$ folgt aus den Randbedingungen und als $l$-ter Eigenwert aus dem Säkulargleichungssystem

$$c_n^l \left[k_0^2 - (\boldsymbol{K}_0^l + \boldsymbol{g}_n)^2\right] = \frac{2m}{h^2} \sum_{n'} V_{n-n'} c_{n'}^l , \quad n = 0, \ldots, N-1 . \tag{1.9}$$

Die Säkulargleichungen bestimmen ihrerseits die Amplitudenverhältnisse $c_n^l$.

Im Falle $\boldsymbol{A} \neq 0$ werden die Anregungsstärken als ortsabhängig angesetzt. Der Lösungsansatz lautet

$$\psi = \sum_{l} \varphi^l(\boldsymbol{r}) \psi^l(\boldsymbol{r}) . \tag{1.10}$$

Die Anwendung des Deltaoperators auf (1.10) ergibt drei Glieder.

$$\Delta\psi = \Delta_0\psi + \Delta_1\psi + \Delta\psi_2 . \tag{1.11}$$

Dabei bedeutet

$$\Delta_0\psi = \sum_l \varphi^l \Delta\psi^l , \quad \Delta_1\psi = 2 \sum_l (\nabla\varphi^l, \nabla\psi^l) , \quad \Delta_2\psi = \sum_l \psi^l \Delta\varphi^l . \tag{1.12}$$

Setzt man $\Delta_0\psi$ in die störungsfreie Gleichung (1.5) ein ($\boldsymbol{A} \equiv 0$), so ist die Gleichung identisch erfüllt. $\Delta_2\psi$ kann wie in [1] als quadratisch klein vernachlässigt werden. Ferner können, weil die Störung nur klein ist, in $[(\boldsymbol{A}, \nabla) + (\nabla, \boldsymbol{A})] \psi$ die Glieder $2(\boldsymbol{A}, \nabla\varphi^l)$ und $\varphi^l(\nabla, \boldsymbol{A})$ gegenüber $4\pi i(\boldsymbol{K}_n^l, \boldsymbol{A}) \varphi^l$ vernachlässigt werden und man erhält aus (1.5)

$$\sum_n \sum_l \left[(\nabla\varphi^l, \boldsymbol{K}_n^l) + \frac{2\pi i e \mu_0}{h} (\boldsymbol{A}, \boldsymbol{K}_n^l) \varphi^l\right] c_n^l e^{2\pi i (\boldsymbol{K}_n^l \boldsymbol{r})} = 0 . \tag{1.13}$$

Die Wellenvektoren $\boldsymbol{K}_n^l$ schreiben wir in der Form

$$\boldsymbol{K}_n^l = \boldsymbol{k}_0 + \boldsymbol{g}_n + \delta\boldsymbol{K}^l\,, \qquad \boldsymbol{k}_0 + \boldsymbol{g}_n = \boldsymbol{k}_n\,. \tag{1.14}$$

$\boldsymbol{k}_0$ ist der Wellenvektor der einfallenden Elektronen außerhalb des Kristalls. Wegen der hohen Energie der Elektronen gilt

$$|\delta\boldsymbol{K}^l| \ll |\boldsymbol{K}_n^l|\,,\ |\boldsymbol{g}_n|\,. \tag{1.15}$$

Deshalb darf $\delta\boldsymbol{K}^l$ außerhalb des Exponenten vernachlässigt werden. Die Faktoren $\exp\big(2\pi i(\boldsymbol{g}_n, \boldsymbol{r})\big)$ oszillieren mit der Periodizität des Gitters. Verglichen damit sind die anderen Faktoren in (1.13) nur schwach ortsabhängig. Deshalb muß jede Teilsumme über $l$ für sich verschwinden. Man erhält mit (1.14) und (1.15)

$$\sum_l \left[(\boldsymbol{k}_n, \nabla\varphi^l) + \frac{2\pi i e \mu_0}{h}(\boldsymbol{k}_n, \boldsymbol{A})\,\varphi^l\right] c_n^l\, e^{2\pi i(\delta\boldsymbol{K}^l, \boldsymbol{r})} = 0\,, \quad n = 0, \ldots, N-1\,. \tag{1.16}$$

Diese Gleichungen entsprechen den Gleichungen (1.15) bzw. 1.17) in [1], die die Beugung in gestörten Kristallen beschreiben. Dabei besteht folgende formale Entsprechung:

$$-\frac{e\mu_0}{h}(\boldsymbol{k}_n, \boldsymbol{A}) = \big(\boldsymbol{k}_n, \nabla(\boldsymbol{R}, \boldsymbol{g}_n)\big)\,. \tag{1.17}$$

($\boldsymbol{R}$ Atomverschiebungsfeld des gestörten Kristalls)

Es soll die Frage untersucht werden, ob die Wirkung des magnetischen Feldes auf die Beugung durch ein fiktives Verschiebungsfeld $\boldsymbol{R}'$ beschrieben werden kann, wobei (1.17) bei gegebenem Vektorpotential $\boldsymbol{A}$ als Bestimmungsgleichung für $\boldsymbol{R}'$ dienen soll. Für $n = 0$ folgt wegen $\boldsymbol{g}_0 \equiv 0$

$$(\boldsymbol{k}_0, \boldsymbol{A}) = 0\,. \tag{1.18}$$

Sollte diese Forderung nicht erfüllt sein, so läßt sie sich wegen der Eichinvarianz der Schrödingergleichung durch die Ersetzung von $\boldsymbol{A}$ durch $\boldsymbol{A}'$ mit

$$\boldsymbol{A}' = \boldsymbol{A} - \frac{1}{k_0}\nabla \int (\boldsymbol{A}, \boldsymbol{k}_0)\, ds_0\,, \tag{1.19}$$

befriedigen, wobei $s_0$ die Ortskoordinate parallel $\boldsymbol{k}_0$ bedeutet. Für $n \neq 0$ folgt dann mit (1.18) und (1.14)

$$\frac{-e\mu_0}{h}(\boldsymbol{g}_n, \boldsymbol{A}) = \big(\boldsymbol{k}_0, \nabla(\boldsymbol{R}', \boldsymbol{g}_n)\big) + \big(\boldsymbol{g}_n, \nabla(\boldsymbol{R}', \boldsymbol{g}_n)\big)\,. \tag{1.20}$$

Bestehen keine Beschränkungen bezüglich der zu berücksichtigenden reziproken Gittervektoren $\boldsymbol{g}_n$, so muß aus Symmetriegründen der zweite Term auf der rechten Seite von (1.20) für sich verschwinden.

$$(\boldsymbol{g}_n, \nabla(\boldsymbol{R}', \boldsymbol{g}_n) = 0 \quad \text{oder} \quad (\boldsymbol{g}_n, \mathbf{D}, \boldsymbol{g}_n)\,. \tag{1.21}$$

$\mathbf{D}$ sei der Distorsionstensor des Verschiebungsfeldes $\boldsymbol{R}'$. Bei beliebigen $\boldsymbol{g}_n$ ist das nur möglich, wenn $\mathbf{D}$ eine verzerrungsfreie Rotation des Gitters beschreibt. Damit kann aber (1.20) nicht erfüllt werden. Daraus folgt, daß es im allgemeinen Fall kein Verschiebungsfeld gibt, das der Wirkung des Magnetfeldes äquivalent ist.

In Spezialisierung auf die Säulennäherung kann vorausgesetzt werden, daß alle Vektoren $\boldsymbol{g}_n$ in einer Ebene liegen, deren Normale — mit $\boldsymbol{n}$ bezeichnet — die $z$-Achse eines kartesischen Koordinatensystems sei. Alle Wellenvektoren $\boldsymbol{k}_n$ liegen dann ungefähr parallel $\boldsymbol{n}$. Aus (1.15) werden gewöhnliche Differentialgleichungen in der $z$-Koordinate, in der die Abhängigkeit des Vektorpotentials von den zur $z$-Achse senkrechten Koordinaten $x$ und $y$ als Parameterabhängigkeit aufzufassen ist. Im Distorsionstensor $\mathbf{D}$ sind dann nur die Ableitungen der Verschiebungsfeldkomponenten nach der $z$-Richtung zu berücksichtigen, und wegen $(\boldsymbol{g}_n, \boldsymbol{n}) = 0$ ist (1.21) immer erfüllt. Aus (1.20) folgt dann

$$\boldsymbol{R}' = -\frac{e\,\mu_0}{h\,k_0}\int \boldsymbol{A}\,dz\,. \tag{1.22}$$

Im Falle eines örtlich konstanten Magnetfeldes $\boldsymbol{H} = [H_x, H_y, H_z]$ erfüllt der Ansatz

$$\boldsymbol{A} = \left[H_y\,z - \frac{1}{2}H_z\,y\,,\quad -H_x\,z + \frac{1}{2}H_z\,x\,,\quad 0\right] \tag{1.23}$$

die Gleichung (1.3) und wegen der Säulennäherung auch (1.18). Die Integration (1.22) liefert

$$\boldsymbol{R}' = -\frac{e\,\mu_0}{h\,k_0}\left[\frac{1}{2}H_y\,(z-\alpha)^2,\quad -\frac{1}{2}H_x\,(z-\beta)^2,\quad 0\right],$$

$$\alpha = (H_z/H_y)\,\frac{1}{2}\,y\,,\qquad \beta = (H_z/H_x)\,\frac{1}{2}\,x\,.$$

Da der Koordinatenursprung in die jeweils gerade betrachtete „Säule“ gelegt werden kann, haben die Konstanten $\alpha$ und $\beta$ und damit die $z$-Komponente des Magnetfeldes keine Bedeutung und können weggelassen werden. Das Verschiebungsfeld $\boldsymbol{R}'$ bedeutet dann eine gleichförmige Krümmung des Gitters um die Richtung der Komponente von $\boldsymbol{H}$ senkrecht zur Richtung des Elektronenstrahls. Die Krümmung entspricht — bis auf das entgegengesetzte Vorzeichen — der Bahnkrümmung eines freien Elektrons in dem betreffenden Magnetfeld. In der Säulennäherung kann man also bei der Berechnung der Beugung formal das Magnetfeld „vergessen“ und statt dessen das Gitter entsprechend der Lorentzablenkung eines freien Elektrons, aber in entgegengesetzter Weise, krümmen. Damit ist das Thema dieser Arbeit auf das Thema von [1] zurückgeführt.

## 2. Spezialisierung auf den Zweistrahlfall und Säulennäherung

Es wird eine planparallele Kristallplatte vorausgesetzt, deren Oberflächennormale senkrecht auf dem einzigen, im Zweistrahlfall zu berücksichtigenden reziproken Gittervektor $\boldsymbol{g}$ steht (symmetrischer Lauefall). In der Eintrittsgrenzfläche liegt der Ursprung eines kartesischen Koordinatensystems mit der $z$-Achse senkrecht auf der Grenzfläche und der $x$-Achse parallel zu $\boldsymbol{g}$, siehe Fig. 1. Die tiefstehenden Indices $n$ nehmen die Werte 0 (Rich-

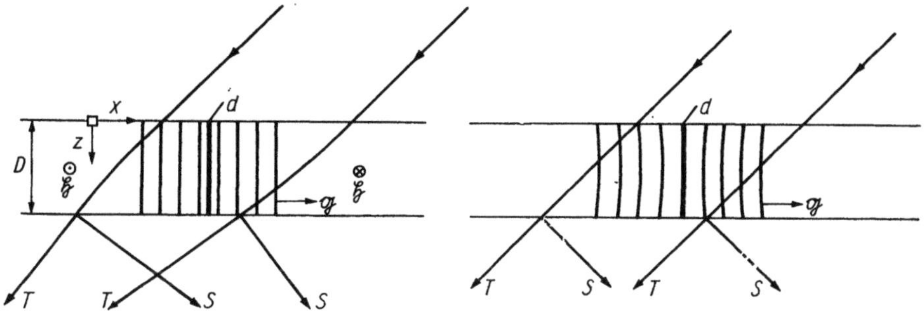


a b

Fig. 1. Elektronenbeugung in einem Kristall in Anwesenheit eines Magnetfeldes.
a) Krümmung der Elektronenbahn durch das Magnetfeld.
b) Ersatz des Magnetfeldes durch eine Krümmung des Gitters. $d$ = Domänengrenze

tung der einfallenden Elektronen) und $g$ (Richtung der gebeugten Elektronen) an. Für $l$ gilt $l = 1$ oder 2. Die Amplitudenverhältnisse $c_n^l$ werden aus [1] übernommen.

$$c_0^1 = \frac{+(p-s)}{\sqrt{|2\,p\,(p-s)|}}\,, \quad c_g^1 = \frac{\sigma}{\sqrt{|2\,p\,(p-s)|}}\,, \quad c_0^2 = \frac{-(p+s)}{\sqrt{|2\,p\,(p+s)|}}\,, \quad c_g^2 = \frac{\sigma}{\sqrt{|2\,p\,(p+s)|}}\,. \tag{2.1}$$

$s$ ist der Anregungsfehler und kennzeichnet die Abweichung $\Delta\Theta$ der Einstrahlrichtung vom Braggwinkel $\Theta_0$,

$$s = g\,\Delta\Theta\,, \qquad g = |\boldsymbol{g}|\,. \tag{2.2}$$

$\sigma$ ist der Reziprokwert der Extinktionslänge,

$$\sigma = k_0\,V_g/E\,, \qquad p = \sqrt{\sigma^2 + s^2}\,. \tag{2.3}$$

Die kleinen Differenzen $(\delta\boldsymbol{K}^l, \boldsymbol{r}) = (\boldsymbol{K}_n^l - \boldsymbol{k}_n, \boldsymbol{r})$ lauten

$$(\delta\boldsymbol{K}^l, \boldsymbol{r}) = \frac{1}{2}\,(\varkappa + s \pm p)\,z\,, \qquad \varkappa = k_0\,V_0/E\,. \tag{2.4}$$

$\sigma$ und $\varkappa$ sind im allgemeinen komplex,

$$\sigma = \sigma_r + i\,\sigma_i\,, \qquad \varkappa = \varkappa_r + i\,\varkappa_i\,, \tag{2.5}$$

wobei die Imaginärteile $\varkappa_i$ bzw. $\sigma_i$ die normale bzw. die anormale Absorption (Borrmanneffekt) beschreiben [10]. Mit $\boldsymbol{R}$ nach (1.24) ist

$$(\boldsymbol{g}, \boldsymbol{R}) = \frac{1}{2}\,m\,z^2\,, \qquad m = -\frac{e\,\mu_0}{h\,k_0}\,g\,H_y\,, \tag{2.6}$$

und mit den Transformationen

$$\varphi^1(z) = \Phi^1(z)\,e^{i\pi\frac{s}{p}m\frac{z^2}{2}}\,, \qquad \varphi^2(z) = \Phi^2(z)\,e^{-i\pi\frac{s}{p}m\frac{z^2}{2}}\,, \tag{2.7}$$

folgt aus (1.28) in [1]

$$\left.\begin{aligned} \frac{d\Phi^1}{dz} &= i\,\pi\,m\,z\,\gamma_1\,\frac{\sigma}{p}\,\Phi^2\,e^{-2\pi i\left(\frac{s}{p}m\frac{z^2}{2}+p\,z\right)}\,, & \frac{d\Phi^2}{dz} &= i\,\pi\,m\,z\,\gamma_2\,\frac{\sigma}{p}\,\Phi^1\,e^{+2\pi i\left(\frac{s}{p}m\frac{z^2}{2}+p\,z\right)}\,, \\ \gamma_1 &= \frac{(p+s)\,|p-s|}{\sigma\,|\sigma|}\,, & \gamma_2 &= \frac{|p+s|\,(p-s)}{\sigma\,|\sigma|}\,. \end{aligned}\right\} \tag{2.8}$$

Die Grenzbedingungen an der Strahleintrittsgrenzfläche $z = 0$ lauten

$$\Phi^1(0) = c_g^2\,, \qquad \Phi^2(0) = -\,c_g^1\,. \tag{2.9}$$

Sind $T$ und $S$ die Amplituden der in Richtung $\boldsymbol{k}_0$ (Hellfeld) bzw. $\boldsymbol{k}_g$ (Dunkelfeld) nach Verlassen des Kristalls fortschreitenden ebenen Wellen, so gilt mit $D$ = Foliendicke

$$\left.\begin{matrix} T \\ S \end{matrix}\right\} = e^{-\pi\varkappa_i D}\left[\Phi^1(D)\;e^{i\pi\frac{s}{p}m\frac{D^2}{2}}\begin{Bmatrix} c_0^1 \\ c_g^1 \end{Bmatrix} e^{i\pi p D} + \Phi^2(D)\;e^{-i\pi\frac{s}{p}m\frac{D^2}{2}}\begin{Bmatrix} c_0^2 \\ c_g^2 \end{Bmatrix} e^{-i\pi p D}\right]. \tag{2.10}$$

## 3. Integration der Differentialgleichungen

Man erhält nach dem in [1] begründeten Näherungsverfahren an der unteren Foliengrenzfläche ($z = D$) folgendes Ergebnis:

$$\Phi^1(D) = \Phi^1(0)\,G + i\,\pi\,\frac{\sigma}{p}\,\gamma_1\,K^{(-)}\,\Phi^2(0)\,, \quad \Phi^2(D) = \Phi^2(0)\,G + i\,\pi\,\frac{\sigma}{p}\,\gamma_2\,K^{(+)}\,\Phi^1(0)\,. \tag{3.1}$$

Dabei ist

$$K^{(\pm)} = m \int_0^D z\, e^{\pm 2\pi i \left(\frac{s}{p} m \frac{z^2}{2} + p z\right)} dz\,, \tag{3.2}$$

$$G = 1 - \frac{\pi^2 \sigma^2}{2 p^2} K^{(+)} K^{(-)}\,. \tag{3.3}$$

Diese Näherung gilt, solange $|1 - G|$ hinreichend klein gegen 1 bleibt. Wie sich herausstellt, gilt das in praktischen Fällen immer.

Die Integrale $K^{(\pm)}$ können nach partieller Integration auf Fresnelsche Integrale zurückgeführt werden. Bei Benützung der asymptotischen Reihenentwicklung erhält man

$$K^{(\pm)} = \mp i \frac{m D}{2\pi p \left(1 + \frac{s m D}{p^2}\right)} e^{\pm 2\pi i \left(\frac{s}{p} m \frac{D^2}{2} + p D\right)} - \\ - \frac{m}{4 \pi^2 p^2} \left[1 - \frac{1}{\left(1 + \frac{s m D}{p^2}\right)^3} e^{\pm 2\pi i \left(\frac{s}{p} m \frac{D^2}{2} + p D\right)}\right] + \cdots. \tag{3.4}$$

Zur Abschätzung der Konvergenz dieser Reihenentwicklung ist es zweckmäßig, über die Parameter einige Größenangaben zu machen. Es sei $k_0 = 27$ Å$^{-1}$ (entsprechend einer Energie der Elektronen von 100 keV) und $g = 0{,}5$ Å$^{-1}$ (das entspricht einem niedrig indizierten Reflex). Für die Foliendicke und die reziproke Extinktionslänge sind $D = 3 \cdot 10^3$ Å und $\sigma_r = 3 \cdot 10^{-3}$ Å$^{-1}$ vernünftige Größenordnungen. Für die wirksame Feldkomponente $H_y$ wird die Sättigungsmagnetisierung von Kobalt gewählt, $H_y = 4\pi J_s = 1{,}7 \cdot 10^4$ Gauß. Daraus folgt $m \approx -10^{-7}$ Å$^{-2}$. Da ferner $|s/p| < 1$ und $|\sigma/p| < 1$ ist, folgt als Abschätzung

$$\left|\frac{m D}{2\pi p}\right| \le 1/60\,, \qquad \left|\frac{m}{4\pi^2 p^2}\right| : \left|\frac{m D}{2\pi p}\right| = |1/2\pi p D| \approx 1/57\,.$$

Man erkennt, daß man sich auf das erste Glied beschränken und dabei den Klammerausdruck im Nenner vernachlässigen kann. Einsetzen von (3.4) in (3.1) bzw. (2.10) ergibt

$$\left.\begin{aligned} T(D) &= \frac{1}{2} e^{-\pi \varkappa_i D} \left[ e^{i\pi\left(\frac{s}{p} m \frac{D^2}{2} + p D\right)} \left\{ \left(1 - \frac{s}{p}\right) G - \frac{\sigma^2 m D}{2 p^3} \right\} + \right. \\ &\qquad \left. + e^{-i\pi\left(\frac{s}{p} m \frac{D^2}{2} + p D\right)} \left\{ \left(1 + \frac{s}{p}\right) G + \frac{\sigma^2 m D}{2 p^3} \right\} \right], \\ S(D) &= \frac{1}{2} e^{-\pi \varkappa_i D} \left[ e^{i\pi\left(\frac{s}{p} m \frac{D^2}{2} + p D\right)} \left\{ \frac{\sigma}{p} G + \frac{\sigma}{p^2} \left(1 - \frac{s}{p}\right) \frac{m D}{2} \right\} - \right. \\ &\qquad \left. - e^{-i\pi\left(\frac{s}{p} m \frac{D^2}{2} + p D\right)} \left\{ \frac{\sigma}{p} G - \frac{\sigma}{p^2} \left(1 + \frac{s}{p}\right) \frac{m D}{2} \right\} \right], \\ G &= 1 - \frac{\sigma^2 m^2 D^2}{8 p^4}\,. \end{aligned}\right\} \tag{3.5}$$

Wie im Anhang gezeigt wird, gelangt man in einfacherer Weise zum gleichen Ergebnis, wenn man die Beugung mit modifizierten Blochwellen beschreibt, wie sie von Penning und Polder [11], Kato [12] und Wilkens [13, 1] eingeführt wurden.

Die Abhängigkeit der ungebeugten bzw. der gebeugten Intensität $|T|^2$ bzw. $|S|^2$ vom magnetischen Feld (proportional zum Faktor $m$) ist experimentell besonders leicht an den Intensitätssprüngen über eine Domänengrenze zu beobachten. Wir bilden deshalb die Verhältnisse $V_T$ und $V_S$ der Intensitäten diesseits ($m < 0$) und jenseits ($m > 0$) einer Domänengrenze.

$$V_T = \left|\frac{T\,(m < 0)}{T\,(m > 0)}\right|^2, \quad V_S = \left|\frac{S\,(m < 0)}{S\,(m > 0)}\right|^2. \tag{3.6}$$

Im Anschluß an [10] kann man

$$\sigma_i = 0{,}1\,\sigma_r, \quad |\sigma| \approx \sigma_r, \quad p = p_r + i\,p_i, \quad p_i \approx \frac{\sigma_i\,\sigma_r}{p} \tag{3.7}$$

setzen. Dann gilt

$$|e^{\pm i\pi p D}| = e^{\mp \pi p D} \approx e^{\pm\left[\frac{\pi}{10}\left|\frac{\sigma}{p}\right||\sigma D|\right]}, \quad e^{+[]} \gg e^{-[]} \text{ für } |\sigma D| \gg 1,\ |s| < |\sigma|\,. \tag{3.8}$$

Mit den weiter vorne gewählten Annahmen über $\sigma$ und $D$ ($|\sigma D| = 9$) kann offenbar die Blochwelle 1 (mit anormal starker Absorption) gegenüber der Blochwelle 2 (mit anormal schwacher Absorption) vernachlässigt werden. Die sich dann aus (3.5) ergebenden Werte für die Intensitätssprünge $V_T$ und $V_S$ zeigt Fig. 2 über dem Anregungsfehler $s$ aufgetragen. Dabei wurden die vor (3.5) angegebenen Konstanten benützt.

Ferner interessiert als Verallgemeinerung des speziellen Beispiels in Fig. 2 diejenige Kristallorientierung (gegeben durch $s$), bei der die Hellfeld- bzw. Dunkelfeldintensität in erster Näherung unabhängig vom Magnetfeld ist ($V_T = 1$, $V_S = 1$). Mit $G \approx 1$ und (3.7) findet man aus (3.5)

$$V_T = 1, \text{ wenn } s = \sigma_r\,w_T, \qquad V_S = 1, \text{ wenn } s = \sigma_r\,w_S\,,$$

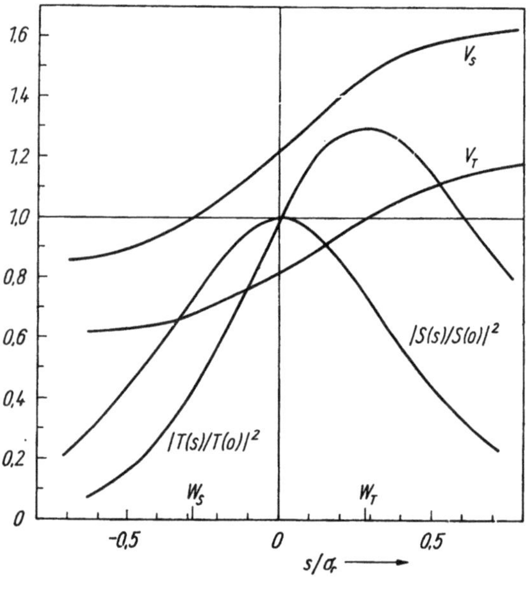


Fig. 2. Die Intensitätsverhältnisse $V_T$ und $V_S$ an einer Domänengrenze in Hellfeld- bzw. Dunkelfeldabbildung in Abhängigkeit vom Anregungsfehler $s$. Zum Vergleich sind die Durchlässigkeitskurven $|T|^2$ und $|S|^2$ für den unmagnetischen Kristall mit eingetragen

wobei sich die $w_T$ und $w_S$ aus folgenden Gleichungen bestimmen:

$$\left.\begin{aligned}(\pi\,\sigma_i\,D)\,w_T\,[1 + w_T\,(1 + w_T^2)^{-1/2}] &= +\,1\,,\\ w_S\,(1 + w_S)^{-1/2}\,[(\pi\,\sigma_i\,D)\,(1 + w_S{}^2)^{-1/2} + 1] &= -\,1\,.\end{aligned}\right\} \tag{3.9}$$

Wenn $(\pi\,\sigma_i\,D)$ groß gegen 1 ist, gilt $w_T \approx -w_S \approx 1/(\pi\,\sigma_i\,D)$. Die durch $s = \sigma_r\,w_T$ charakterisierte Einstrahlrichtung entspricht auch gerade dem Maximum der Hellfeld-Durchlässigkeit im unmagnetischen Kristall.

## 4. Diskussion

In Abschnitt 1 wurde gezeigt, daß in der Säulennäherung die Beugung in einem ungestörten Kristall mit Magnetfeld der Beugung in einem gestörten Kristall ohne Magnetfeld gleichwertig ist, wobei sich das (fiktive) Atomverschiebungsfeld unmittelbar aus der Lorentzablenkung eines freien Elektrons in dem betreffenden Magnetfeld ergibt. Die weitere Behandlung des Problems konnte dann nach der in [1] gegebenen Theorie der Beugung in gestörten Kristallen erfolgen. Die Differentialgleichungen für die Anregungsstärken der Blochwellen wurden für den Zweistrahlfall näherungsweise gelöst. Weil die in praktischen Fällen auftretenden magnetischen Felder nur einen geringen Einfluß auf die Beugung haben, reichte eine erste Näherung aus.

Die Rechnung ergibt eine Verstärkung oder Abschwächung der Hellfeld- bzw. Dunkelfeldintensität, die von der Richtung des magnetischen Feldes und von der Einstrahlungsrichtung (gegeben durch den Anregungsfehler $s$) abhängt. Für das Hellfeld und für das Dunkelfeld besteht je eine Einstrahlungsrichtung, für die die Intensität in erster Näherung vom magnetischen Feld unabhängig ist, und zwar für $s = \sigma_r\,w_T$ im Hellfeld und für $s = \sigma_r\,w_S$ im Dunkelfeld. Dabei ist $\sigma_r$ der Realteil der reziproken Extinktionslänge. Die Konstanten $w_T$ und $w_S$ folgen aus (3.9). Näherungsweise gilt $w_T = -w_S$. Bei niedrig indizierten Reflexen und Foliendicken in der Größenordnung von 3000 Å ist $w_T \cong 0{,}3$. Im Hellfeld entspricht diese ausgezeichnete Einstrahlungsrichtung gerade derjenigen, die im unmagnetischen Kristall maximale Intensität gibt (Maximum der Rockingkurve). Für die Dunkelfeldintensität gilt das Entsprechende nicht, da hier das Maximum bei $s = 0$ liegt. Dieser letztgenannte Umstand bedeutet, daß die in [2] gegebene qualitative Erklärung, wonach der Domänenflächenkontrast durch einen, von der Richtung der Feldstärke abhängigen „effektiven" Anregungsfehler $s_{\text{eff}} \neq s$ bestimmt ist, nicht ausreicht.

Bei einem Vergleich mit experimentellen Beobachtungen ist die vereinfachende Annahme des Abschnittes 3 zu berücksichtigen, wonach die Feldstärke keine Komponente senkrecht zur Kristallfolie hat. Das war bei den Untersuchungen von Thieringer [2, 14] an Kobalt-Einkristallfolien jeweils dann der Fall, wenn die $c$-Achse der hexagonalen Elementarzelle, d. h. die Richtung der leichten Magnetisierung, in der Folienebene lag. Domänengrenzen, über die hinweg die Magnetisierung ihre Richtung wechselt (180°-Blochwände), sind dann allerdings nur relativ selten zu beobachten. Das gilt besonders, wenn im Siemens Elmiskop I mit dem normalen Objektivpolschuh (2,7 mm Brennweite) gearbeitet wird, bei dem das Präparat noch in den Ausläufern des Objektiv-Feldes liegt. In Übereinstimmung mit der Erwartung findet Thieringer keinen Sprung in der Hellfeld- bzw. Dunkelfeldintensität an einer Domänengrenze, wenn die Richtung des magnetischen Feldes in der vom primären und vom gebeugten Strahl aufgespannten Ebene liegt.

Ferner findet Thieringer in Übereinstimmung mit Fig. 2, daß der Intensitätssprung an einer Domänengrenze sein Vorzeichen umkehrt, wenn man die Einstrahlungsrichtung von der einen Flanke der Hellfelddurchlässigkeitskurve zur anderen Flanke ändert (z. B. $s < \sigma_r w_T$ bzw. $s > \sigma_r w_T$). Dabei wurden Intensitätssprünge zwischen 5 und 10% beobachtet. Da die Foliendicken in diesen Fällen zwischen 2000 und 4000 Å lagen, können für einen qualitativen Vergleich die Angaben der Fig. 2 herangezogen werden, die gerade auf Intensitätssprünge dieser Größenordnung führen. Untersuchungen zur Frage, ob der „magnetische Kontrast" entsprechend den Aussagen der Theorie bei $s = \sigma_r w_T$ (Hellfeld) bzw. bei $s = \sigma_r w_S$ (Dunkelfeld) verschwindet, sind im Gange [14].

Der Fall, daß die Magnetisierung eine Komponente senkrecht zur Folienebene hat, wurde in der vorliegenden Arbeit ausgeklammert. In diesem Fall stellt sich eine von der Kristallorientierung und -dicke abhängige Domänenstruktur ein, die das Streufeld außerhalb des Kristalls auf einen Bereich von der Größenordnung der Domänendicke beschränkt. Das Streufeld vor der Eintrittsgrenzfläche trägt dann ebenfalls zum Flächenkontrast der Domänen bei, da es durch die Lorentzablenkung die Einstrahlungsrichtung der Elektronen an der Eintrittsgrenzfläche ändert. Eine Abschätzung dieses Streufeldeinflusses soll in dieser Arbeit nicht untersucht werden. Es wird jedoch auf die Arbeit von Jacubovics [5] verwiesen, in der die Verschiebung der Extinktionskonturen durch das Streufeld außerhalb des Kristalls untersucht wird.

Nachdem in Abschnitt 1 gezeigt wurde, daß in der Säulennäherung die Wirkung des Magnetfeldes durch eine Krümmung der Gitterebenen simuliert werden kann, ist es naheliegend, daß Beugungsproblem durch Anwendung der sogenannten modifizierten Blochwellen zu lösen [11, 12, 1]. Im Anhang wird gezeigt, daß der Domänenkontrast durch die Wanderung der Anregungspunkte der modifizierten Blochwellen verursacht wird. Ferner wird dort abgeschätzt, daß die Streuung zwischen den modifizierten Blochwellen an dem in Abschnitt 3 gewonnenen Ergebnis nur noch wenige Prozente ändert und damit zu vernachlässigen ist.

Zum Abschluß weisen wir darauf hin, daß ganz ähnliche Erscheinungen, wie sie in dieser Arbeit für den Flächenkontrast von ferromagnetischen Domänen untersucht wurden, auch für einen Flächenkontrast von ferroelektrischen Domänen gelten sollte, da das innere elektrische Feld eine der Lorentzablenkung analoge Elektronenbahnkrümmung bewirkt. Ein entsprechender Flächenkontrastwechsel an 180°-Domänenwänden wurde schon beobachtet, siehe z. B. [15], und dort unter Bezugnahme auf [16] damit gedeutet, daß in nichtzentrosymmetrischen Kristallen die Friedelsche Regel ungültig wird, wenn an mindestens zwei Gitterebenenscharen gebeugt wird. Ob diese Erklärung oder eine der Wirkung des elektrischen Feldes äquivalente fiktive Gitterkrümmung die Ursache des Flächenkontrastes ist, sollte sich experimentell entscheiden lassen.

Herrn Dipl.-Phys. H.-M. Thieringer danke ich für die Mitteilung von unveröffentlichten experimentellen Ergebnissen und für anregende Diskussionen. Der Deutschen Forschungsgemeinschaft sei auch an dieser Stelle für die Unterstützung der Arbeit gedankt.

## *Anhang*

In Abschnitt 1 bis 3 wurde die Elektronenbeugung durch Streuung zwischen Blochwellen des ungestörten, unmagnetischen Kristalls beschrieben. Physikalisch befriedigender, aber im allgemeinen mathematisch komplizierter ist die Anwendung modifizierter Blochwellen. Darunter werden solche Blochwellen verstanden, deren Wellenvektor $\boldsymbol{K}_0$ und deren Amplitudenverhältnisse $c_n^l$ als Lösungen der Säkulargleichung (1.9) keine Konstanten sind, wie es in einem ungestörten Kristall der Fall ist, sondern dem lokalen Gitterzustand (gegeben durch Gitterebenenabstand und -orientierung) angepaßt sind. Diesem Anpassungsvorgang entspricht eine Wanderung der Anregungspunkte auf den Dispersionsflächen, wobei die Dispersionsflächen jetzt entsprechend dem am jeweiligen Ort vorliegenden Gitterzustand definiert sind. Während diese Wanderung der Anregungspunkte wesentlich zum Verständnis der Röntgenbeugung in gestörten Kristallen beiträgt (Penning und Polder [11], Kato [12]), ist sie bei der elektronenmikroskopischen Abbildung z. B. von Versetzungen im allgemeinen von untergeordneter Bedeutung [1]. Im Folgenden soll jedoch kurz gezeigt werden, daß im Falle einer schwachen Krümmung des Gitters die Wanderung der Anregungspunkte das Wesentliche der Elektronen-Beugung wiedergibt. Wir schließen dabei direkt an den Anhang 2 in [1] an.

Die Anregungsstärken der modifizierten Blochwellen werden mit $\bar{\varphi}^1$ und $\bar{\varphi}^2$ bezeichnet. Die Streuung zwischen $\bar{\varphi}^1$ und $\bar{\varphi}^2$ folgt den Differentialgleichungen

$$\frac{d\bar{\varphi}^1}{dz} = \frac{\sigma}{2\,\bar{p}^2}\,\bar{\varphi}^2\, e^{2\pi i \int_0^z \bar{p}\, d\xi}\, \frac{d^2}{dz^2}(\boldsymbol{g}, \boldsymbol{R}')\,, \qquad \frac{d\bar{\varphi}^2}{dz} = -\frac{\sigma}{2\,\bar{p}^2}\,\bar{\varphi}^1\, e^{+2\pi i \int_0^z \bar{p}\, d\xi}\, \frac{d^2}{dz^2}(\boldsymbol{g}, \boldsymbol{R}')\,. \tag{A. 1}$$

Dabei ist

$$\bar{p} = \sqrt{\sigma^2 + \bar{s}^2}\,, \qquad \bar{s} \equiv \bar{s}(z) = s + \frac{d}{dz}(\boldsymbol{g}, \boldsymbol{R}')\,. \tag{A. 2}$$

Nähert man das Integral im Exponenten wegen $(\boldsymbol{g}, \boldsymbol{R}') \ll p\,z$ durch

$$\int_0^z \bar{p}(\xi)\, d\xi \approx p\,z + \frac{s}{p}\,(\boldsymbol{g}, \boldsymbol{R}') + \cdots\,, \qquad (\boldsymbol{g}, \boldsymbol{R}') = \frac{1}{2}\, m\, z^2\,, \tag{A. 3}$$

so ist (A. 1) ähnlich wie die entsprechenden Differentialgleichungen (2.8) in Abschnitt 2 gebaut. Ein Vergleich der Vorfaktoren

$$\frac{\sigma}{2\,\bar{p}^2}\frac{d^2}{dz^2}(\boldsymbol{g}, \boldsymbol{R}') \quad \text{in} \quad (\text{A. 1})\,, \qquad \pi\frac{\sigma}{p}\frac{d}{dz}(\boldsymbol{g}, \boldsymbol{R}') \quad \text{in} \quad (2.8)$$

zeigt, daß der Vorfaktor in (2.8) im Mittel etwa um einen Faktor $|\pi\, p\, D|$ größer ist als der Faktor von (A.1). In dem weiter vorne untersuchten Beispiel war $|\pi\, p\, D| = 9\,\pi$. Als grobe Abschätzung folgt, daß die Streuung zwischen den modifizierten Blochwellen $\Delta\varphi = |\varphi^l(D) - \varphi^l(0)|$, ($D$ = Foliendicke), nur etwa 3% der Streuung $\Delta\Phi^l = |\Phi^l(D) - \Phi^l(0)|$ zwischen den Blochwellen des ungestörten Kristalls beträgt. Da schon $|\Delta\Phi^l/\Phi^l(0)|$ nur wenige Prozente betrug, kann $|\Delta\varphi^l/\varphi^l(0)|$ vernachlässigt werden. Für die Hellfeld- und Dunkelfeldamplitude folgt nach [1]

$$\left.\begin{aligned} T(D) &= \bar{c}_g^2(0)\,\bar{c}_0^1(D)\, e^{i\pi \int_0^D \bar{p}\, dz} - \bar{c}_g^1(0)\,\bar{c}_0^2(D)\, e^{-i\pi \int_0^D \bar{p}\, dz}\,,\\ S(D) &= \bar{c}_g^2(0)\,\bar{c}_g^1(D)\, e^{i\pi \int_0^D \bar{p}\, dz} - \bar{c}_g^1(0)\,\bar{c}_g^2(D)\, e^{-i\pi \int_0^D \bar{p}\, dz}\,. \end{aligned}\right\} \tag{A. 4}$$

Dabei gehen die $\bar{c}_n^l(z)$ aus den $c_n^l$ in (2.1) hervor, indem dort überall $s$ und $p$ durch $\bar{s}$ und $\bar{p}$ nach (A. 2) ersetzt werden. Das jeweils vordere Amplitudenverhältnis $\bar{c}_n^l(0)$ rührt von den Randbedingungen an der Strahleneintrittsgrenzfläche her. Das zweite Amplitudenverhältnis $\bar{c}_n^l(D)$ bedeutet das Amplitudenverhältnis an der Strahlenaustrittsgrenzfläche, das infolge der Wanderung des Anregungspunktes von dem an der Eintrittgrenzfläche verschieden ist. Die Integrale im Exponenten entstehen durch die Aufsummierung der Phasen während dieser Wanderung.

Entwickelt man in (A. 4) die $\bar{c}_n^l(D)$ nach Potenzen von $m\, D/p$ ($< 0{,}1$) und berücksichtigt (A. 3), so findet man bis einschließlich quadratischer Glieder von $m\, D/p$ das Ergebnis für $T(D)$ und $S(D)$ in (3.5) wieder. Das bedeutet, daß die in Abschnitt 3 berechnete Streuung zwischen Blochwellen des ungestörten Gitters hier gerade der Wanderung der Anregungspunkte von modifizierten Blochwellen entspricht. Beide Beschreibungsformen des Beugungsvorganges liefern im wesentlichen das gleiche. Insbesondere erscheint die Näherungsrechnung in Abschnitt 3 nochmals gerechtfertigt.

## Literatur

[1] M. WILKENS, phys. stat. sol. **6**, 939 (1964).
[2] H.-M. THIERINGER und M. WILKENS, phys. stat. sol. **7**, K 5 (1964).
[3] H. W. FULLER und M. E. HALE, J. appl. Phys. **31**, 1699 (1960).
[4] H. BOERSCH, H. RAITH und D. WOHLLEBEN, Z. Phys. **159**, 388 (1960).
[5] J. P. JACUBOVICS, Phil. Mag. **10**, 277 (1964).
[6] J. P. JACUBOVICS, Phil. Mag. **10**, 675 (1964).
[7] H. A. BETHE, Ann. Phys. (Leipzig) **85**, 55 (1928).
[8] M. VON LAUE, Materiewellen und ihre Interferenzen, Akad. Verl. Ges., Leipzig **1944**.
[9] P. B. HIRSCH, A. HOWIE und M. J. WHELAN, Phil. Trans. **A 252**, 499 (1960).
[10] H. HASHIMOTO, A. HOWIE und M. J. WHELAN, Proc. Roy. Soc. **A 269**, 80 (1962).
[11] P. PENNING und D. POLDER, Philips Res. Rep. **16**, 419 (1961).
[12] N. KATO, J. Phys. Soc. Japan, **18**, 1785 (1963); **19**, 67 (1964).
[13] M. WILKENS, phys. stat. sol. **5**, 175 (1964).
[14] H.-M. THIERINGER, unveröffentlicht.
[15] M. TANAKA und G. HONJO, J. Phys. Soc. Japan, **19**, 954 (1964).
[16] F. FUJIMOTO, J. Phys. Soc. Japan, **14**, 1558 (1959).

*(Received February 8, 1965)*

phys. stat. sol. 9, 267 (1965)

*Institute of Metal Physics, Academy of Sciences of the USSR,*
*Tchelyabinsk Pedagogical State Institute*

# Theory of Superconductivity of Electron System Containing Singlet and Triplet Pairs

By

S. V. Vonsovsky and M. S. Svirsky

The general case of a superconductor with singlet and triplet pairs is investigated. The method uses the $B$-operators for creation and annihilation of singlet and triplet pairs, and $A$-operators for interchange of multiplicity of these pairs [1, 2]. The theory utilises the properties resulting from the symmetry type of the electron-pair wave function which do not involve the conventional assumptions regarding the dependence of the matrix element $V_{\varkappa,\varkappa}$ on the vectors $\varkappa$ and $\varkappa'$. A more general form of electron-pair Hamiltonian is proposed which includes both the previously discussed [7] exchange terms and those due to the alternation of electron-pair multiplicity. The variational problem for the coexistence of singlet and triplet pairs is solved. The trial wave functions are established both from the properties of the $B$-operator and the generalized unitary Yosida operator [6] for singlet and triplet pairs. The physical significance of the limitations imposed in [8, 9] on the solutions of the superconductive problem with triplet pairs is clarified. The distribution functions are established for the different types of pairs and it is shown that the solutions for an isotropic gap may correspond to an anisotropic distribution of these pairs. The properties of a superconductor at non-zero temperature are investigated using both the method of double-time Green's functions and the method of variation of the thermodynamic potential with the interaction parameter. Some modifications are considered which allow an analysis of the problem by quantum-field techniques.

Es wird ein Supraleiter mit Singulett- und Triplett-Paaren untersucht. Die Methode verwendet die $B$-Operatoren für die Erzeugung und Vernichtung von Singulett- und Triplett-Paaren sowie die $A$-Operatoren für den Wechsel der Multiplizität dieser Paare [1, 2]. Die Theorie verwendet Eigenschaften, die sich aus dem Symmetrie-Typ der Elektronen-Paar-Wellenfunktion ergeben. Sie enthält nicht die übliche Annahme bezüglich der Abhängigkeit des Matrixelementes $V_{\varkappa,\varkappa}$ von den Vektoren $\varkappa$ und $\varkappa'$. Es wird eine allgemeinere Form des Elektron-Paar-Hamiltonoperators vorgeschlagen, der sowohl die früher diskutierten Austausch-Terme [7] als auch die von der Änderung der Elektron-Paar-Multiplizität herrührenden Terme mit einschließt. Das Variationsproblem für das gleichzeitige Vorhandensein von Singulett- und Triplett-Paaren wird gelöst. Die empirischen Wellenfunktionen werden mit Hilfe der Eigenschaften des $B$-Operators und denen des verallgemeinerten Yosida-Operators [6] für Singulett- und Triplett-Paare begründet. Die physikalische Bedeutung der Beschränkungen, die in [8] und [9] den Lösungen des Supraleitungsproblems mit Triplett-Paaren auferlegt wurden, wird geklärt. Verteilungsfunktionen für verschiedene Arten von Paaren werden aufgestellt, und es wird gezeigt, daß die Lösungen für einen isotropen Bandabstand einer isotropen Verteilung dieser Paare entsprechen können. Die Eigenschaften eines Supraleiters bei Temperaturen $T \neq 0$ werden unter Verwendung der Methode der Doppel-Zeit-Greenschen Funktion [4, 12] und der Methode der Variation des thermodynamischen Potentials mit dem Wechselwirkungsparameter untersucht. Es werden einige Modifikationen diskutiert, die eine Analyse des Problems mit Hilfe der Quanten-Feld-Theorie gestatten [5, 11].

**1.** The interaction between conduction electrons which comes from virtual phonons may be expressed, following Bardeen, Cooper, and Schrieffer (BCS) [10], in the form

$$H'' = \sum_{k,k',\,x,\sigma,\sigma'} V_{k,x,k+x}\, \overset{\times}{C}_{k'-x,\sigma'}\, C_{k',\sigma'}\, \overset{\times}{C}_{k+x,\sigma}\, C_{k,\sigma}\,, \tag{1}$$

where $C_{k\sigma}$ and $\overset{\times}{C}_{k\sigma}$ are the annihilation and creation operators based on Bloch states specified by the wave vector $k$ and spin projection $\sigma$, and $V_{k,x,k+x}$ is the matrix element. Putting $k + x = k_1$, (1) becomes

$$H'' = \sum_{k, k', k_1, \sigma, \sigma'} V_{k, k_1} \overset{\times}{C}_{k'+k-k_1, \sigma'} C_{k', \sigma'} \overset{\times}{C}_{k_1, \sigma} C_{k, \sigma} . \tag{2}$$

We consider two cases which permit us to keep in the "fourfold" products of $C$-operators only the wave vectors $k$ and $k_1$ on which the matrix element $V_{k,k_1}$ depends.

At first we put $k' = -k$. Then

$$H_1'' = \sum_{k, k_1, \sigma, \sigma_1} V_{k, k_1} \overset{\times}{C}_{k_1, \sigma} \overset{\times}{C}_{-k_1, \sigma_1} C_{-k, \sigma_1} C_{k, \sigma} , \tag{3}$$

which can be written in the form

$$H_1'' = \sum_{k, k_1} V_{k, k_1} \left( \overset{\times}{B}_{k_1\uparrow} B_{k\uparrow} + \overset{\times}{B}_{k_1\downarrow} B_{k\downarrow} + \overset{\times}{B}{}^T_{k_1} B^T_k + \overset{\times}{B}{}^S_{k_1} B^S_k \right) , \tag{4}$$

where $\overset{\times}{B}{}^S_k$, $\overset{\times}{B}{}^T_k$, $\overset{\times}{B}_{k\uparrow}$, and $\overset{\times}{B}_{k\downarrow}$ are creation operators of singlet and triplet pairs [1] with spin projections equal to 0, +1, −1 respectively. The expression (4) is just the same as (15) from [1] and describes only those transitions in which both the multiplicity and spin projection of the electron pairs are conserved.

Now consider the second case which usually is not taken into account and also permits us to retain on the right-hand side of (2) only the wave vectors $k$ and $k_1$. Namely, we put $k' = k_1$. Then

$$H_2'' = - \sum_{k, k_1} V_{k, k_1} \Big[ n_{k\uparrow} (n_{k_1\uparrow} - 1) + n_{k\downarrow} (n_{k_1\downarrow} - 1) + \\ + \overset{\times}{C}_{k_1\downarrow} C_{k_1\uparrow} \overset{\times}{C}_{k\uparrow} C_{k\downarrow} + \overset{\times}{C}_{k_1\uparrow} C_{k_1\downarrow} \overset{\times}{C}_{k\downarrow} C_{k\uparrow} \Big] , \tag{5}$$

where $n_{k\sigma}$ is the single-particle number operator. The last terms in (5) may be transformed using the following relation between operators $\overset{\times}{C}_{k,\sigma} \overset{\times}{C}_{k,-\sigma}$ and $B$:

$$\overset{\times}{C}_{k\downarrow} C_{k\uparrow} \to \frac{1}{\sqrt{2}} \left( \overset{\times}{B}_{k\downarrow} B^S_k - \overset{\times}{B}{}^S_k B_{k\uparrow} \right) + \frac{1}{\sqrt{2}} \left( \overset{\times}{B}_{k\downarrow} B^T_k + \overset{\times}{B}{}^T_k B_{k\uparrow} \right) , \tag{6}$$

and also the relations

$$\sqrt{2} \left( \overset{\times}{B}_{k\downarrow} B^T_k + \overset{\times}{B}{}^T_k B_{k\uparrow} \right) = \overset{-}{S}_k , \qquad \sqrt{2} \left( \overset{\times}{B}_{k\downarrow} B^S_k - \overset{\times}{B}{}^S_k B_{k\uparrow} \right) = \overset{-}{A}_k , \tag{7}$$

where $\overset{-}{S}_k$ (respectively $\overset{+}{S}_k$) describes the decrease (increase) of the pair spin projection by unity when its multiplicity is conserved, and the operator $\overset{-}{A}_k$ (respectively $\overset{+}{A}_k$) also changes the pair multiplicity. From (4) to (7) we are led to the following general expression for the interaction Hamiltonian of conduction electron pairs possessing different multiplicity:

$$H'' = \sum_{k, k_1} V_{k, k_1} \Big[ \overset{\times}{B}_{k_1\uparrow} B_{k\uparrow} + \overset{\times}{B}_{k_1\downarrow} B_{k\downarrow} + \overset{\times}{B}{}^T_{k_1} B^T_k + \overset{\times}{B}{}^S_{k_1} B^S_k - \\ - n_{k\uparrow} (n_{k_1\uparrow} - 1) - n_{k\downarrow} (n_{k_1\downarrow} - 1) - \\ - \frac{1}{4} \Big( \overset{+}{A}_{k_1} \overset{-}{A}_k + \overset{-}{A}_{k_1} \overset{+}{A}_k + \overset{+}{S}_{k_1} \overset{-}{S}_k + \overset{-}{S}_{k_1} \overset{+}{S}_k + \\ + \overset{+}{A}_{k_1} \overset{-}{S}_k + \overset{-}{A}_{k_1} \overset{+}{S}_k + \overset{+}{S}_{k_1} \overset{-}{A}_k + \overset{-}{S}_{k_1} \overset{+}{A}_k \Big) \Big] . \tag{8}$$

Using the symmetry properties of $B$-operators (see (7) and (9) from [1]) we may transform (8) into

$$H'' = \sum_{k,k_1}' G_{k,k_1} \left[ \overset{\times}{B}{}^S_{k_1} B^S_k - n_{k\uparrow} (n_{k_1\uparrow} - 1) - n_{k\downarrow} (n_{k_1\downarrow} - 1) - \frac{1}{4} \left( \overset{+}{S}_{k_1} \bar{S}_k + \bar{S}_{k_1} \overset{+}{S}_k \right) \right] +$$
$$+ \sum_{k,k_1}' U_{k,k_1} \left[ \overset{\times}{B}_{k_1\uparrow} B_{k\uparrow} + \overset{\times}{B}_{k_1\downarrow} B_{k\downarrow} + \overset{\times}{B}{}^T_{k_1} B^T_k - \frac{1}{4} \left( \overset{+}{A}_{k_1} \bar{A}_k + \bar{A}_{k_1} \overset{+}{A}_k \right) \right] -$$
$$- \frac{1}{4} \sum_{k,k_1}' P_{k,k_1} \left( \overset{+}{A}_{k_1} \bar{S}_k + \bar{A}_{k_1} \overset{+}{S}_k \right) - \frac{1}{4} \sum_{k,k_1}' Q_{k,k_1} \left( \overset{+}{S}_{k_1} \bar{A}_k + \bar{S}_{k_1} \overset{+}{A}_k \right), \tag{9}$$

where the prime attached to the summation symbol means to exclude the half-spaces $k_Z < 0$ and $k_{1,Z} < 0$ and the matrix elements are defined by

$$\left.\begin{aligned} G_{k,k_1} &= V_{k,k_1} + V_{-k,-k_1} + V_{-k,k_1} + V_{k,-k_1}, \\ U_{k,k_1} &= V_{k,k_1} + V_{-k,-k_1} - (V_{-k,k_1} + V_{k,-k_1}), \\ P_{k,k_1} &= V_{k,k_1} - V_{-k,-k_1} + (V_{-k,k_1} - V_{k,-k_1}), \\ Q_{k,k_1} &= V_{k,k_1} - V_{-k,-k_1} - (V_{-k,k_1} - V_{k,-k_1}). \end{aligned}\right\} \tag{10}$$

In the Hamiltonian (9) there are pair transitions without and with change in multiplicity and spin projection. It may be seen, however, that in general the contribution of the latter transitions to the mean energy of the system is zero.[1]) For this we must consider the wave functions whose form will be established in the next section.

2. As it was mentioned in [1], the trial wave function may contain $\overset{\times}{B}_{k\sigma}$ operators only in the first power and $\overset{\times}{B}{}^S_k$ and $\overset{\times}{B}{}^T_k$ operators in a degree not greater than two. Thus we may write this function in the form

$$\Psi = \prod_k{}' \left[ \alpha_k + \beta_k \overset{\times}{B}{}^T_k + \gamma_k \overset{\times}{B}_{k\uparrow} + \delta_k \overset{\times}{B}_{k\downarrow} + \eta_k \overset{\times}{B}{}^S_k + \lambda_k \left( \overset{\times}{B}{}^T_k \right)^2 \right] |0\rangle, \tag{11}$$

where the prime attached to the product means to exclude the half-space $k_Z < 0$, $|0\rangle$-is the vacuum wave function, $\alpha_k$, $\beta_k$, $\gamma_k$, $\delta_k$, $\eta_k$ and $\lambda_k$ are the probability amplitudes.

The function (11) may be obtained also by generalizing the unitary transformation established for BCS pairs in [6, 7] and for singlet and triplet pairs with zero spin projections in [1, 2]. In this case the states $k\uparrow$, $-k\downarrow$, $-k\uparrow$, and $k\downarrow$ have to be taken into account simultaneously. From the operators $C_{k\uparrow}$, $C_{-k\uparrow}$, $C_{k\downarrow}$, $C_{-k\downarrow}$, $\overset{\times}{C}_{k\uparrow}$, $\overset{\times}{C}_{-k\uparrow}$, $\overset{\times}{C}_{k\downarrow}$, and $\overset{\times}{C}_{-k\downarrow}$ 28 pairs of normal products, 70 normal fourfold products, 28 normal products of six $C$-operators and one normal product of eight such operators may be composed. Any power of a linear function of these 127 products and any constant leads again to a linear function of these operators. Therefore, in the general case, $Y$ in the unitary operator $e^Y$ should be taken as a linear function of 128 operators. However, calculating the trial wave function according to

$$\Psi = e^Y |0\rangle = \sum_{n=0}^{\infty} \frac{1}{n!} Y^n |0\rangle \tag{12}$$

---

[1]) This is trivial for transitions due to matrix elements $P_{k,k_1}$ and $Q_{k,k_1}$ when $V_{k,k_1} = V_{-k,-k_1}$, as in this case $P_{k,k_1}$ and $Q_{k,k_1}$ are (according to (10)) simply zero.

non-zero contributions are made only by the operators

$$\text{const}; \ \overset{\times}{C}_{k\sigma}\,\overset{\times}{C}_{-k\sigma} = \overset{\times}{B}_{k\sigma}; \quad \overset{\times}{C}_{k\uparrow}\,\overset{\times}{C}_{-k\downarrow} = \overset{\times}{b}_k; \quad \overset{\times}{C}_{-k\uparrow}\,\overset{\times}{C}_{k\downarrow} = \overset{\times}{b}_{-k}; \tag{13}$$

$$\overset{\times}{C}_{k\uparrow}\,\overset{\times}{C}_{k\downarrow}; \quad \overset{\times}{C}_{-k\uparrow}\,\overset{\times}{C}_{-k\downarrow}; \tag{14}$$

$$\overset{\times}{C}_{k\uparrow}\,\overset{\times}{C}_{-k\uparrow}\,\overset{\times}{C}_{k\downarrow}\,\overset{\times}{C}_{-k\downarrow} = \overset{\times}{B}_{k\uparrow}\,\overset{\times}{B}_{k\downarrow} = \left(\overset{\times}{B}{}^S_k\right)^2 = -\left(\overset{\times}{B}{}^T_k\right)^2 = \overset{\times}{b}_k\,\overset{\times}{b}_{-k}, \tag{15}$$

where $\overset{\times}{b}_k$ is the creation operator of a BCS pair [10]. Since the operators (14) are connected with processes which increase the momentum of the system, they are unimportant for the Hamiltonian (9) and can be excluded from $Y$, as the operator (15) (since from (13) and (12) it is easy to see that the even powers of $Y$ lead to the appearance of $\left(\overset{\times}{B}{}^T_k\right)^2 |0\rangle$ in $\Psi_k$). Therefore, restricting ourselves to the operators (13), we get for $Y$

$$Y = \sum_k{}' \Big(i\,\psi_k + a_1\,\overset{\times}{B}{}^S_k - \mathring{a}_1\,B^S_k + a_2\,\overset{\times}{B}{}^T_k - \mathring{a}_2\,B^T_k + \\ + a_3\,\overset{\times}{B}_{k\uparrow} - \mathring{a}_3\,B_{k\uparrow} + a_4\,\overset{\times}{B}_{k\downarrow} - \mathring{a}_4\,B_{k\downarrow}\Big), \tag{16}$$

where $i\,\psi_k$, $a_1$, $a_2$, $a_3$, and $a_4$ are some constants. Although the action of $B^S_k$, $B^T_k$, and $B_{k\sigma}$ on the vacuum function gives zero it is necessary to include them in (16) for the requirement $\overset{\times}{Y} = -Y$. For the same reason it is necessary to consider the value $i\,\psi_k$ as imaginary. Substituting (16) into (22) it is easy to see that when $n$ is even the wave function $Y^n|0\rangle$ is a superposition of states $|0\rangle$ and $\left(\overset{\times}{B}{}^T_k\right)^2|0\rangle$ and at an odd $n$ it is a superposition of states $\overset{\times}{B}{}^T_k|0\rangle$, $\overset{\times}{B}{}^S_k|0\rangle$, $\overset{\times}{B}_{k\uparrow}|0\rangle$, and $\overset{\times}{B}_{k\downarrow}|0\rangle$. Therefore (16) and (12) lead to the above mentioned expression (11) for the trial wave function.

Using (16), we may now find the type of the canonical transformation [3] corresponding to the wave function (11). It is convenient in this case to use the relation

$$\alpha_{k\sigma} = e^Y\,C_{k\sigma}\,e^{-Y} = C_{k\sigma} + \sum_{n=1}^{\infty} \frac{1}{n!}\,[Y[Y\ldots[Y C_{k\sigma}]_-\ldots]]_{-(n)}, \tag{17}$$

where the index $n$ denotes the number of commutations. From (17) and (16) it follows that all odd commutations of $Y$ and $C_{k\sigma}$ lead to a linear function of the operators $\overset{\times}{C}_{-k\downarrow}$ and $\overset{\times}{C}_{-k\uparrow}$, and all even commutations to a linear function of the operators $C_{k\uparrow}$ and $C_{k\downarrow}$. Therefore, in general, (17) represents a linear combination of the operators $C_{k\uparrow}$, $C_{k\downarrow}$, $\overset{\times}{C}_{-k\uparrow}$, and $\overset{\times}{C}_{-k\downarrow}$, and this leads to the canonical transformation which was applied in [8] to the superconductivity due to triplet pairs in the p-wave state. From the wave function (11), however, it may be seen that this transformation has a more general meaning as it includes both the realization of singlet or triplet pairs separately and their coexistence.

**3.** The Hamiltonian of the superconductor may be expressed as a sum of the interaction operator (9) and the kinetic energy operator,

$$H_{\text{kin}} = 2\sum_{k>k_F}{}' \varepsilon_k\,(n_{k\uparrow} + n_{k\downarrow}) + 2\sum_{k<k_F}{}' |\varepsilon_k|\,(2 - n_{k\uparrow} - n_{k\downarrow}), \tag{18}$$

where $k_F$ is the Fermi surface wave vector and $\varepsilon_k$ is the Bloch energy measured relative to the Fermi energy. Calculating the mean values of (18) and (9), the exchange terms of the type $\sum'_{k,k_1,\sigma} \bar{n}_{k\sigma}(\bar{n}_{k_1\sigma} - 1)$ may be omitted because in the absence of submagnetization the formation of superconductivity does not change the mean number of electrons having a definite spin projection. The remaining terms lead to the following expression for the mean energy:

$$\begin{aligned}
W = {} & 2 \sum_{k>k_F}{}' \varepsilon_k \left[|\beta_k|^2 + |\eta_k|^2 + |\gamma_k|^2 + |\delta_k|^2 + 2\,|\lambda_k|^2\right] + \\
& + 2 \sum_{k<k_F}{}' |\varepsilon_k| \left[2 - |\beta_k|^2 - |\eta_k|^2 - |\gamma_k|^2 - |\delta_k|^2 - 2\,|\lambda_k|^2\right] + \\
& + \sum_{k,k_1}{}' G_{k,k_1} \left(\overset{\times}{\eta}_{k_1} \alpha_{k_1} - \eta_{k_1} \overset{\times}{\lambda}_{k_1}\right)\left(\eta_k \overset{\times}{\alpha}_k - \overset{\times}{\eta}_k \lambda_k\right) + \\
& + \sum_{k,k_1}{}' U_{k,k_1} \Big\{\left(\overset{\times}{\beta}_{k_1} \alpha_{k_1} + \beta_{k_1} \overset{\times}{\lambda}_{k_1}\right)\left(\beta_k \overset{\times}{\alpha}_k + \overset{\times}{\beta}_k \lambda_k\right) + \\
& + \left(\overset{\times}{\gamma}_{k_1} \alpha_{k_1} - \delta_{k_1} \overset{\times}{\lambda}_{k_1}\right)\left(\gamma_k \overset{\times}{\alpha}_k - \lambda_k \overset{\times}{\delta}_k\right) + \\
& + \left(\overset{\times}{\delta}_{k_1} \alpha_{k_1} - \gamma_{k_1} \overset{\times}{\lambda}_{k_1}\right)\left(\delta_k \overset{\times}{\alpha}_k - \lambda_k \overset{\times}{\gamma}_k\right)\Big\} - \\
& - \frac{1}{2} \sum_{k,k_1}{}' G_{k,k_1} \Big[\left(\beta_{k_1} \overset{\times}{\gamma}_{k_1} + \delta_{k_1} \overset{\times}{\beta}_{k_1}\right)\left(\beta_k \overset{\times}{\delta}_k + \gamma_k \overset{\times}{\beta}_k\right) + \\
& + \left(\beta_{k_1} \overset{\times}{\delta}_{k_1} + \gamma_{k_1} \overset{\times}{\beta}_{k_1}\right)\left(\beta_k \overset{\times}{\gamma}_k + \delta_k \overset{\times}{\beta}_k\right)\Big] - \\
& - \frac{1}{2} \sum_{k,k_1}{}' U_{k,k_1} \Big[\left(\delta_{k_1} \overset{\times}{\eta}_{k_1} - \eta_{k_1} \overset{\times}{\gamma}_{k_1}\right)\left(\eta_k \overset{\times}{\delta}_k - \gamma_k \overset{\times}{\eta}_k\right) + \\
& + \left(\eta_{k_1} \overset{\times}{\delta}_{k_1} - \gamma_{k_1} \overset{\times}{\eta}_{k_1}\right)\left(\delta_k \overset{\times}{\eta}_k - \eta_k \overset{\times}{\gamma}_k\right)\Big] - \\
& - \frac{1}{2} \sum_{k,k_1}{}' (P_{k,k_1} + Q_{k,k_1}) \Big[\left(\delta_{k_1} \overset{\times}{\eta}_{k_1} - \eta_{k_1} \overset{\times}{\gamma}_{k_1}\right)\left(\beta_k \overset{\times}{\delta}_k + \gamma_k \overset{\times}{\beta}_k\right) + \\
& + \left(\eta_{k_1} \overset{\times}{\delta}_{k_1} - \gamma_{k_1} \overset{\times}{\eta}_{k_1}\right)\left(\beta_k \overset{\times}{\gamma}_k + \delta_k \overset{\times}{\beta}_k\right)\Big] .
\end{aligned} \tag{19}$$

Before the minimization of (19) it is convenient to simplify this expression using the following properties of the amplitudes of wave function (11).

Firstly, from the unitarity of $e^Y$ it follows that the amplitudes of (11) obey the relation

$$|\alpha_k|^2 + |\beta_k|^2 + |\gamma_k|^2 + |\delta_k|^2 + |\eta_k|^2 + |\lambda_k|^2 = 1 . \tag{20}$$

Secondly, in the absence of a spin polarization of conduction electrons the equalities hold

$$\bar{S}_k^x = \bar{S}_k^y = S_k^z = 0 , \tag{21}$$

where $\bar{S}_k^i$ is the mean value of i-th spin projection in the state $k$. According to (11) the mean values $\bar{n}_{k\sigma}$ are determined by the expressions

$$\left.\begin{aligned}
\bar{n}_{k\uparrow} &= \frac{1}{2}\left(|\beta_k|^2 + |\eta_k|^2 + \beta_k \overset{\times}{\eta}_k + \overset{\times}{\beta}_k \eta_k\right) + |\gamma_k|^2 + |\lambda_k|^2 , \\
\bar{n}_{k\downarrow} &= \frac{1}{2}\left(|\beta_k|^2 + |\eta_k|^2 - \beta_k \overset{\times}{\eta}_k - \overset{\times}{\beta}_k \eta_k\right) + |\delta_k|^2 + |\lambda_k|^2 ,
\end{aligned}\right\} \tag{22}$$

and therefore the condition $\overline{S_k^z} = 0$ leads to the equality

$$|\delta_k|^2 - |\gamma_k|^2 = \beta_k \overset{\times}{\eta}_k + \overset{\times}{\beta}_k \eta_k \,. \tag{23}$$

On the other hand, the condition $\overline{S_k^x} = \overline{S_k^y} = 0$ leads to the system of equations

$$\overline{\overset{\times}{C}_{k\downarrow} C_{k\uparrow}} + \overline{\overset{\times}{C}_{k\uparrow} C_{k\downarrow}} = 0 \,, \qquad \overline{\overset{\times}{C}_{k\downarrow} C_{k\uparrow}} - \overline{\overset{\times}{C}_{k\uparrow} C_{k\downarrow}} = 0 \,, \tag{24}$$

from which it follows

$$\overline{\overset{\times}{C}_{k\downarrow} C_{k\uparrow}} = \overline{\overset{\times}{C}_{k\uparrow} C_{k\downarrow}} = \overline{\overset{\times}{C}_{-k\downarrow} C_{-k\uparrow}} = \overline{\overset{\times}{C}_{-k\uparrow} C_{-k\downarrow}} = 0 \,. \tag{25}$$

The equations (25) represent just the conditions under which the matrix $\omega^k$ and $\omega^{-k}$ or $W^k$ in the expressions (24) and (24′) of [8] become diagonal. In [8] this diagonalization was achieved by means of the restriction that the gap matrix is proportional to a unitary matrix. In [9] an analogous condition has been formulated by means of the requirement that the two solutions obtained there have to coincide. The above statement shows that the restriction to a special class of solutions in [8] and the requirement of [9] have a simple physical meaning, namely, they are connected with the absence of a mean spin-polarization of the conduction electrons.

The equations (25) lead, according to (11), to the following system of equations

$$(\beta_k \pm \eta_k)\, \overset{\times}{\delta}_k + \gamma_k \left(\overset{\times}{\beta}_k \mp \overset{\times}{\eta}_k\right) = 0 \,, \tag{26}$$

from which it follows

$$\beta_k \overset{\times}{\delta}_k = -\, \overset{\times}{\beta}_k \gamma_k \,, \qquad \eta_k \overset{\times}{\delta}_k = \overset{\times}{\eta}_k \gamma_k \,. \tag{27}$$

From (27) we obtain further

$$|\beta_k|^2 \left(|\delta_k|^2 - |\gamma_k|^2\right) = 0 \,, \qquad |\eta_k|^2 \left(|\delta_k|^2 - |\gamma_k|^2\right) = 0 \,, \tag{28}$$

from which it follows that in the case of the existence of singlet or triplet pairs having zero spin projection (i.e. non-zero $|\beta_k|^2$ or $|\eta_k|^2$) the equation holds

$$|\gamma_k|^2 = |\delta_k|^2 \,. \tag{29}$$

The relation (29) has also a simple physical meaning: it expresses the equality of the population probabilities of the states $(k\uparrow, -k\uparrow)$ and $(k\downarrow, -k\downarrow)$. Therefore we may suppose that it always holds when the spin polarization of the conduction electrons is zero. From (29) and (23) it follows

$$\beta_k \overset{\times}{\eta}_k + \overset{\times}{\beta}_k \eta_k = 0 \,, \tag{30}$$

which represents the equality condition of the probabilities of states $\overset{\times}{b}_k |0\rangle$ and $\overset{\times}{b}_{-k} |0\rangle$, differing from each other by the spin projection of the BCS pair components.

Thirdly, the presence of the phase $\psi_k$ in (16) allows us to choose the amplitudes $\alpha_k$ in (11) to be real and positive. Therefore we may rewrite the expression in square brackets (11) as the following product

$$\begin{aligned} \Psi_k &= \left[\alpha_k + \beta_k \overset{\times}{B}{}_k^T + \gamma_k \overset{\times}{B}_{k\uparrow} + \delta_k \overset{\times}{B}_{k\downarrow} + \eta_k \overset{\times}{B}{}_k^S + \lambda_k \left(\overset{\times}{B}{}_k^T\right)^2\right] |0\rangle = \\ &= \left(\sqrt{\alpha_k} + \frac{\eta_k + \beta_k}{\sqrt{2\,\alpha_k}}\, \overset{\times}{b}_k + \frac{\gamma_k}{\sqrt{\alpha_k}}\, \overset{\times}{B}_{k\uparrow}\right) \left(\sqrt{\alpha_k} + \frac{\eta_k - \beta_k}{\sqrt{2\,\alpha_k}}\, \overset{\times}{b}_{-k} + \frac{\delta_k}{\sqrt{\alpha_k}}\, \overset{\times}{B}_{k\downarrow}\right) |0\rangle \,, \end{aligned} \tag{31}$$

where the operators $\overset{\times}{b}_k$ and $\overset{\times}{B}_{k\uparrow}$ from the first bracket and the operators $\overset{\times}{b}_{-k}$ and $\overset{\times}{B}_{k\downarrow}$ from the second one refer to states with opposite spin projections of the pair components. From (31) and (15) we obtain

$$\beta_k^2 - \eta_k^2 = 2\,(\alpha_k\,\lambda_k + \gamma_k\,\delta_k)\,. \tag{32}$$

After the multiplication of both parts of (32) by $\overset{\times}{\beta}_k$ and taking into account (30), (27), (29), and (20) we get

$$\beta_k\,(1 - \alpha_k^2 - |\lambda_k|^2) = 2\,\overset{\times}{\beta}_k\,\alpha_k\,\lambda_k\,. \tag{33}$$

Multiplying both parts of (33) by the complex conjugate expressions we find

$$(1 - \alpha_k^2 - |\lambda_k|^2)^2 = 4\,\alpha_k^2\,|\lambda_k|^2 \tag{34}$$

from which it follows

$$\alpha_k + |\lambda_k| = 1\,. \tag{35}$$

At last, from (35) and (20) we obtain an expression for $|\lambda_k|$,

$$|\lambda_k| = \frac{1}{2} - \sqrt{\frac{1}{4} - \frac{1}{2}\,(|\beta_k|^2 + |\eta_k|^2 + |\gamma_k|^2 + |\delta_k|^2)}\,. \tag{36}$$

Let us return now to the expression (19) for the mean energy. When the condition (27) is fulfilled the last three sums in (19) vanish. The remaining terms may be transformed regarding that in accordance with (27), (30), (33), (34), and (35) the following equalities hold:

$$\left.\begin{aligned}\overset{\times}{\eta}_k\,\alpha_k - \eta_k\,\overset{\times}{\lambda}_k &= \overset{\times}{\eta}_k\,, & \overset{\times}{\beta}_k\,\alpha_k + \beta_k\,\overset{\times}{\lambda}_k &= \overset{\times}{\beta}_k\,,\\ \overset{\times}{\gamma}_k\,\alpha_k - \delta_k\,\overset{\times}{\lambda}_k &= \overset{\times}{\gamma}_k\,, & \overset{\times}{\delta}_k\,\alpha_k - \gamma_k\,\overset{\times}{\lambda}_k &= \overset{\times}{\delta}_k\,.\end{aligned}\right\} \tag{37}$$

Thus from (19) we get the expression for the mean energy of the system under consideration,

$$\begin{aligned} W = {} & 2\sum_{k>k_F}{}'\,\varepsilon_k\,[|\beta_k|^2 + |\eta_k|^2 + |\gamma_k|^2 + |\delta_k|^2 + 2\,|\lambda_k|^2] + \\ & + 2\sum_{k<k_F}{}'\,|\varepsilon_k|\,[2 - |\beta_k|^2 - |\eta_k|^2 - |\gamma_k|^2 - |\delta_k|^2 - 2\,|\lambda_k|^2] + \\ & + \sum_{k,k_1}{}'\,G_{k,k_1}\,\overset{\times}{\eta}_{k_1}\,\eta_k + \sum_{k,k_1}{}'\,U_{k,k_1}\left(\overset{\times}{\beta}_{k_1}\,\beta_k + \overset{\times}{\gamma}_{k_1}\,\gamma_k + \overset{\times}{\delta}_{k_1}\,\delta_k\right). \end{aligned} \tag{38}$$

**4.** Minimizing (38) for $\overset{\times}{\eta}_k$, $\overset{\times}{\beta}_k$, $\overset{\times}{\gamma}_k$, and $\overset{\times}{\delta}_k$, we find with the help of (36) the following set of equations:

$$\left.\begin{aligned}\varepsilon_k\,\eta_k\left(\frac{1}{2} - |\lambda_k|\right)^{-1} &= -\,A_k\,, & \varepsilon_k\,\beta_k\left(\frac{1}{2} - |\lambda_k|\right)^{-1} &= -\,B_k\,,\\ \varepsilon_k\,\gamma_k\left(\frac{1}{2} - |\lambda_k|\right)^{-1} &= -\,\Gamma_k\,, & \varepsilon_k\,\delta_k\left(\frac{1}{2} - |\lambda_k|\right)^{-1} &= -\,D_k\,,\end{aligned}\right\} \tag{39}$$

where $A_k$, $B_k$, $\Gamma_k$, and $D_k$ are determined by

$$\left.\begin{aligned}A_k &= \sum_{k_1}{}'\,G_{k,k_1}\,\eta_{k_1}\,, & B_k &= \sum_{k_1}{}'\,U_{k,k_1}\,\beta_{k_1}\,,\\ \Gamma_k &= \sum_{k_1}{}'\,U_{k,k_1}\,\gamma_{k_1}\,, & D_k &= \sum_{k_1}{}'\,U_{k,k_1}\,\delta_{k_1}\,.\end{aligned}\right\} \tag{40}$$

From (39) we find

$$\eta_k = -\frac{A_k}{2\,E_k}, \qquad \beta_k = -\frac{B_k}{2\,E_k}, \qquad \gamma_k = -\frac{\Gamma_k}{2\,E_k}, \qquad \delta_k = -\frac{D_k}{2\,E_k}, \tag{41}$$

where $E_k$ has the form

$$E_k = \sqrt{\varepsilon_k^2 + \varepsilon_{0\,k}^2} \tag{42}$$

and the energy gap $\varepsilon_{0\,k}$ is

$$\varepsilon_{0\,k}^2 = \frac{1}{2}\left(|A_k|^2 + |B_k|^2 + |\Gamma_k|^2 + |D_k|^2\right). \tag{43}$$

Regarding (29), we may write (43) in the form

$$\varepsilon_{0\,k}^2 = \frac{1}{2}\left(|A_k|^2 + |B_k|^2\right) + |\Gamma_k|^2 . \tag{44}$$

Using (41) and (43), we find from (36) the following expression for $|\lambda_k|$:

$$|\lambda_k| = \frac{1}{2}\left(1 - \frac{\varepsilon_k}{E_k}\right) = h_k , \tag{45}$$

where $h_k$ is the usual distribution function of the BCS pairs [10]. For $|\alpha_k|$ we get, according to (35), the expression

$$|\alpha_k| = 1 - h_k . \tag{46}$$

Taking into account (43), (47), (31), and (32) we get from (22) the following expression for $\bar{n}_{k\,\sigma}$

$$\bar{n}_{k\uparrow} = \bar{n}_{k\downarrow} = h_k . \tag{47}$$

Further, using (45), (41), (43), and (40) we get from (38) an expression for the mean energy of the system

$$W = 2 \sum_{k>k_F} \varepsilon_k\, h_k + 2 \sum_{k<k_F} |\varepsilon_k|\,(1 - h_k) - \frac{1}{2} \sum_k \frac{\varepsilon_{0\,k}^2}{E_k} . \tag{48}$$

From this we get, in the weak-coupling limit, the usual expression of the BCS theory [10]

$$W \approx -\frac{1}{2} N(0)\, \varepsilon_0^2 . \tag{49}$$

In connection with the expressions (49) and (43) it is necessary to point out that they represent a generalization of the results of [8] and [9], where the energy gaps $\Delta^k_{\uparrow\downarrow}, \Delta^k_{\uparrow\uparrow}$, and $\Delta^k_{\downarrow\downarrow}$ correspond to our values $B_k$, $\Gamma_k$, and $D_k$. But the magnitude $A_k$, which depends on the even matrix element $G_{k,\,k'}$ does not have an analogy in [8] and [9], as in these works the solution has been limited only to the case of triplet pairs.

Now we study the condition for the coexistence of singlet and triplet pairs. From (41) and (39) we obtain the following values for $A_k$, $B_k$, $\Gamma_k$, and $D_k$:

$$\left.\begin{aligned} A_k &= -\sum_{k'}{}' G_{k,\,k'} \frac{A_{k'}}{2\,E_{k'}}, \qquad & B_k &= -\sum_{k'}{}' U_{k,\,k'} \frac{B_{k'}}{2\,E_{k'}}, \\ \Gamma_k &= -\sum_{k'}{}' U_{k,\,k'} \frac{\Gamma_{k'}}{2\,E_{k'}}, \qquad & D_k &= -\sum_{k'}{}' U_{k,\,k'} \frac{D_{k'}}{2\,E_{k'}} . \end{aligned}\right\} \tag{50}$$

If, in analogy with the BCS theory [10], we replace the odd matrix element $U_{k,k'}$ by its mean value $-U > 0$ within the region $|\varepsilon_k| \leqq \nu_T$, and the even matrix element $G_{k,k'}$ by its mean value $-G > 0$ within the region $|\varepsilon_k| \leqq \nu_S$, and accordingly suppose $A_k$, $B_k$, $\Gamma_k$, and $D_k$ to be constants we get from (50), in the weak-coupling limit,

$$\varepsilon_0 = 2\,\nu_S\, e^{-\frac{2}{N(0)G}} = 2\,\nu_T\, e^{-\frac{2}{N(0)U}} . \tag{51}$$

Therefore in the case $\nu_S = \nu_T$ the coexistence of singlet and triplet pairs become possible when the mean values of odd and even matrix elements are equal,

$$G = U\,, \tag{52}$$

which coincides with the result obtained in the appendix A of [8].

In the particular case when $V_{k,k'}$ may be expanded near the Fermi surface in the form

$$V_{k,k'} = -\sum_l g_l \frac{2\,l+1}{4\pi} P_l(\hat{k}, \hat{k}')\,, \tag{53}$$

where $P_l$ is the Legendre Polynomial of order $l$, and $\hat{k}$ is the unit vector parallel to $k$, the condition for the coexistence of singlet and triplet pairs in a state having an isotropic energy gap restricts the coefficients $g_l$. For example, consider in a more detailed manner the case of the coexistence of singlet and triplet pairs in $S$ and $P$ states, respectively. In this case the sum in (53) is restricted by the values $l = 0$ and $l = 1$. For the solution in the case of an isotropic energy gap the equality $g_0 = g_1$ must hold. Accordingly we take $V_{k,k'}$ in the form

$$V_{k,k'} = -\,g_0\left[1 + \frac{3}{4\,\pi} P_1(\hat{k}, \hat{k}')\right]. \tag{54}$$

Let us put

$$A_k = A_{|k|}\, Y_{0,0}\,, \qquad B_k = \Delta_{|k|}\, Y_{1,0}\,, \qquad \Gamma_k = \Delta_{|k|}\, Y_{1,1}\,, \qquad D_k = \Delta_{|k|}\, Y_{1,-1}\,, \tag{55}$$

where $Y_{l,m}$ is a spherical harmonic and $A_{|k|}$, $\Delta_{|k|}$ depends only on $|k|$. Then, taking into account (43), we find

$$\varepsilon_{0\,k}^2 = \frac{1}{8\,\pi}\left(|A_{|k|}|^2 + 3\,|\Delta_{|k|}|^2\right) \tag{56}$$

from which it follows, that under the assumptions (55) the energy gap is isotropic. Substituting (54) and (55) into (41), we obtain the following expressions for the distribution amplitudes of the singlet and triplet pairs:

$$\left.\begin{aligned} \eta_k &= -\frac{A_{|k|}}{2\,E_k}\,\frac{1}{4\,\pi}\,, & \beta_k &= -\,i\,\frac{\Delta_{|k|}}{2\,E_k}\sqrt{\frac{3}{4\,\pi}}\cos\theta_k\,,\\ \gamma_k &= i\,\frac{\Delta_{|k|}}{2\,E_k}\sqrt{\frac{3}{8\,\pi}}\sin\theta_k\, e^{i\varphi_k}\,, & \delta_k &= -\,i\,\frac{\Delta_{|k|}}{2\,E_k}\sqrt{\frac{3}{8\,\pi}}\sin\theta_k\, e^{-i\varphi_k}\,. \end{aligned}\right\} \tag{57}$$

Thus the distribution of the singlet pairs becomes isotropic and the distribution of triplet pairs is anisotropic. However, the total distribution function of the conduction electrons involving both the singlet and triplet pairs is isotropic, according to (47).

**5.** Considering the case of non-zero temperatures we use both the method of the double-time Green functions [4] and the method of variation of the thermodynamical potential as a function of the interaction parameter [11].

According to (3) we start from the Hamiltonian

$$H = \sum_{k>k_F} \varepsilon_k (n_{k\uparrow} + n_{k\downarrow}) + \sum_{k<k_F} |\varepsilon_k| (2 - n_{k\uparrow} - n_{k\downarrow}) + \\ + \frac{1}{2} \sum_{k_1, k_2} (V_{k_1, k_2} + V_{-k_1, -k_2}) \Big( \overset{\times}{C}_{k_1\uparrow} \overset{\times}{C}_{-k_1\uparrow} C_{-k_2\uparrow} C_{k_2\uparrow} + \\ + \overset{\times}{C}_{k_1\downarrow} \overset{\times}{C}_{-k_1\downarrow} C_{-k_2\downarrow} C_{k_2\downarrow} + 2 \overset{\times}{C}_{k_1\uparrow} \overset{\times}{C}_{-k_1\downarrow} C_{-k_2\downarrow} C_{k_2\uparrow} \Big) . \tag{58}$$

We introduce now the double-time Green functions $G_{k\sigma} = \langle\langle C_{k\sigma}(t) ; \overset{\times}{C}_{k\sigma}(t') \rangle\rangle$, which obey the following equations of motion

$$i \frac{dG_{k\sigma}}{dt} = \delta(t - t') + \varepsilon_k G_{k\sigma} + \frac{1}{2} \sum_{k_1} U_{k k_1} \Gamma_{k, k_1, \sigma, \sigma} - \sum_{k_1} V_{k, k_1, \sigma} \Gamma_{k, k_1, -\sigma, \sigma} , \tag{59}$$

where $V_{k, k_1, \uparrow} = V_{k, k_1} + V_{-k, -k_1}$, $V_{k, k_1, \downarrow} = V_{-k, k_1} + V_{k, -k_1}$ and $\Gamma_{k, k_1, \sigma, \sigma'}$ are double-time Green functions, defined by the expressions

$$\left.\begin{aligned} \Gamma_{k, k_1, \sigma, \sigma} &= \langle\langle \overset{\times}{C}_{-k\sigma} C_{-k_1\sigma} C_{k_1\sigma} ; \overset{\times}{C}_{k\sigma}(t') \rangle\rangle , \\ \Gamma_{k, k_1, \uparrow\downarrow} &= \langle\langle \overset{\times}{C}_{-k\uparrow} C_{-k_1\downarrow} C_{k_1\uparrow} ; \overset{\times}{C}_{k\downarrow}(t') \rangle\rangle , \\ \Gamma_{k, k_1, \downarrow\uparrow} &= \langle\langle \overset{\times}{C}_{-k\downarrow} C_{k_1\uparrow} C_{-k_1\downarrow} ; \overset{\times}{C}_{k\uparrow}(t') \rangle\rangle . \end{aligned}\right\} \tag{60}$$

The equations of motion of the functions (60) can be decoupled by means (with an asymptotic accuracy [4]) of the following simplifications: we neglect the terms, which contain the symbols $\delta_{k_1, \pm k}$ and replace the average value of the product of the $C$-operators of two pairs by the product of the average values of these $C$-pairs. Then, using (25), performing the Fourier transformation of the Green functions and taking into account that, according to the simplifications mentioned above, we may put

$$\left.\begin{aligned} \Gamma_{k, k_1, \sigma, \sigma} = \bar{B}_{k_1\sigma} \Gamma_{k, \sigma, \sigma} ; \quad \Gamma_{k, k_1, \downarrow\uparrow} &= - \bar{b}_{k_1} \Gamma_{k\downarrow\uparrow} ; \quad \Gamma_{k, k_1, \uparrow\downarrow} = \bar{b}_{k_1} \Gamma_{k\uparrow\downarrow} , \\ \langle C_{-k_1\sigma} C_{k_1\sigma} \overset{\times}{C}_{k_2\sigma} \overset{\times}{C}_{-k_2\sigma} \rangle &= \bar{B}_{k_1\sigma} \overset{\times}{\bar{B}}_{k_2\sigma} , \\ \langle C_{k_1\uparrow} C_{-k_1\downarrow} \overset{\times}{C}_{k_2\uparrow} \overset{\times}{C}_{-k_2\downarrow} \rangle &= - \bar{b}_{k_1} \overset{\times}{\bar{b}}_{k_2} , \end{aligned}\right\} \tag{61}$$

where

$$\Gamma_{k, \sigma, \sigma'} = \langle\langle \overset{\times}{C}_{-k\sigma} ; \overset{\times}{C}_{k\sigma'} \rangle\rangle . \tag{62}$$

We obtain

$$(E - \varepsilon_k) G_{k\uparrow} - T_{k\uparrow} \Gamma_{k\uparrow\uparrow} - L_k \Gamma_{k\downarrow\uparrow} = \frac{1}{2\pi} , \tag{63}$$

$$(E - \varepsilon_k) G_{k\downarrow} - T_{k\downarrow} \Gamma_{k\downarrow\downarrow} + L_{-k} \Gamma_{k\uparrow\downarrow} = \frac{1}{2\pi} , \tag{64}$$

$$(E + \varepsilon_k) \Gamma_{k\sigma\sigma} - \overset{+}{T}_{k\sigma} G_{k\sigma} = 0 , \tag{65}$$

$$(E + \varepsilon_k) \Gamma_{k\downarrow\uparrow} - \overset{+}{L}_k G_{k\uparrow} = 0, \qquad (E + \varepsilon_k) \Gamma_{k\uparrow\downarrow} + \overset{+}{L}_{-k} G_{k\downarrow} = 0 , \tag{66}$$

$$2 \varepsilon_k \bar{B}_{k\sigma} + T_{k\sigma} (1 - 2 \bar{n}_{k\sigma}) = 0, \qquad 2 \varepsilon_k \bar{b}_k + L_k (1 - 2 \bar{n}_{k\sigma}) = 0 . \tag{67}$$

Here the quantities $L_k$ and $T_{k\sigma}$ are defined by the expressions

$$L_k = \sum_g (V_{k, g} + V_{-k, -g}) \bar{b}_g , \qquad T_{k\sigma} \doteq \sum_g{}' U_{k, g} \bar{B}_{g\sigma} . \tag{68}$$

Solving the set of equations (63) to (66), we find

$$\left.\begin{aligned} G_{k\sigma} &= \frac{1}{2\pi}\frac{E+\varepsilon_k}{E^2-\omega_{k\sigma}^2}\,, & \Gamma_{k,\sigma,\sigma} &= \frac{1}{2\pi}\frac{\overset{+}{T}_{k\sigma}}{E^2-\omega_{k\sigma}^2}\,, \\ \Gamma_{k\downarrow\uparrow} &= \frac{1}{2\pi}\frac{\overset{+}{L}_k}{E^2-\omega_{k\uparrow}^2}\,, & \Gamma_{k\uparrow\downarrow} &= -\frac{1}{2\pi}\frac{\overset{+}{L}_{-k}}{E^2-\omega_{k\downarrow}^2}\,, \end{aligned}\right\} \tag{69}$$

where the spectrum of elementary excitations has the form

$$\omega_k = \omega_{k\uparrow} = \sqrt{\varepsilon_k^2 + |T_{k\uparrow}|^2 + |L_k|^2} = \omega_{k\downarrow} = \sqrt{\varepsilon_k^2 + |T_{k\downarrow}|^2 + |L_{-k}|^2}\,. \tag{70}$$

From (70) it follows

$$|T_{k\uparrow}|^2 = |T_{k\downarrow}|^2\,, \qquad |L_k|^2 = |L_{-k}|^2\,, \tag{71}$$

where the first is in accordance with (29) and the second one is evident in the case of pure singlet or pure triplet pairs. Indeed, we may write $L_k$ from (68) in the form

$$L_k = \Lambda_k^S + \Lambda_k^T = \frac{1}{\sqrt{2}}\sum_g{}' G_{kg}\,\bar{B}_g^S + \frac{1}{\sqrt{2}}\sum_g{}' U_{k,g}\,\bar{B}_g^T\,. \tag{72}$$

From this and (10) it follows that for the singlet pairs $L_{-k}^S = L_k^S$ and for the triplet pairs $L_{-k}^T = -L_k^T$. It is clear that for $L_k^S$ and $L_k^T$ the second equation in (71) holds. In general, when there are both singlet and triplet pairs, the second equation of (71) and the equation (72) mean that the relations hold,

$$|L_k|^2 = |\Lambda_k^S|^2 + |\Lambda_k^T|^2\,, \qquad \overset{\times}{\Lambda}{}_k^S\,\Lambda_k^T + \Lambda_k^S\,\overset{\times}{\Lambda}{}_k^T = 0\,, \tag{73}$$

the last of them corresponding to (30).

Using (69) it is easy to find $\bar{n}_{k\sigma}$, taking into account the expression

$$\bar{n}_{k\sigma} = \int_{-\infty}^{\infty} I_{k\sigma}(\omega)\,d\omega\,,$$

where the spectral density $I_{k\sigma}(\omega)$ is connected with $G_{k\sigma}$ by means of (3.25) from [4]. Accordingly we obtain

$$\bar{n}_{k\sigma} = \frac{1}{2}\left(1 - \frac{\varepsilon_k}{\omega_k}\,\mathrm{th}\,\frac{\omega_k}{2\theta}\right), \tag{74}$$

where $\theta$ is the temperature. In the same way, taking into account the relations between the Green functions $\Gamma_{k,k_1,\sigma,\sigma'}$ and the spectral densities of the proper correlation functions we find

$$\bar{B}_{k\sigma} = -\frac{T_{k\sigma}}{2\omega_k}\,\mathrm{th}\,\frac{\omega_k}{2\theta}\,, \qquad \bar{b}_k = -\frac{L_k}{2\omega_k}\,\mathrm{th}\,\frac{\omega_k}{2\theta}\,. \tag{75}$$

From this and (68) we obtain equations for $L_k$ and $T_{k\sigma}$.

$$L_k = -\sum_g (V_{k,g} + V_{-k,-g})\,\frac{L_g}{2\omega_g}\,\mathrm{th}\,\frac{\omega_g}{2\theta}\,, \qquad T_{k\sigma} = -\sum_g{}' U_{k,g}\,\frac{T_{g\sigma}}{2\omega_g}\,\mathrm{th}\,\frac{\omega_g}{2\theta}\,. \tag{76}$$

For the average energy of the system we obtain from (58), (74), (68), (75), and (71) the expression

$$W = \sum_{k>k_F} \varepsilon_k\left(1 - \frac{\varepsilon_k}{\omega_k}\,\mathrm{th}\,\frac{\omega_k}{2\theta}\right) + \sum_{k<k_F} |\varepsilon_k|\left(1 + \frac{\varepsilon_k}{\omega_k}\,\mathrm{th}\,\frac{\omega_k}{2\theta}\right) - \sum_k{}' \frac{\varepsilon_{0k}^2}{\omega_k}\,\mathrm{th}\,\frac{\omega_k}{2\theta}\,, \tag{77}$$

where the energy gap is defined by the equality $\varepsilon_{0k}^2 = |L_k|^2 + |T_{k\sigma}|^2$. Supposing $G_{k,g} = -G$ and $U_{k,g} = -U$ within the region $|\varepsilon_k| < \nu$ and $G_{k,g} = U_{k,g} = 0$ outside this region and taking accordingly the quantities $L_k$, $T_{k\sigma}$, and $\varepsilon_{0k}$ as constants, we obtain from (76) the equations

$$\frac{1}{G} = \sum_k{}' \frac{1}{2\,\omega_k} \operatorname{th} \frac{\omega_k}{2\,\theta}, \qquad \frac{1}{U} = \sum_k{}' \frac{1}{2\,\omega_k} \operatorname{th} \frac{\omega_k}{2\,\theta}, \tag{78}$$

from which it follows that at $\theta > 0$ the coexistence of singlet and triplet pairs is possible only at $G = U$, according to our assumptions. When this condition is fulfilled we find that the energy gap goes to zero at the critical temperature

$$\theta_c = \frac{2\,\gamma}{\pi} \nu\, e^{-\frac{2}{N(0)U}}, \tag{79}$$

where $\ln \gamma = 0{,}577$.

Calculating the difference between the free energies of the normal and superconducting states we bear in mind that, according to (77) and (78), $\langle H_{\text{int}} \rangle = -2\frac{\varepsilon_0^2}{U}$.

Therefore

$$F_s - F_n = 2 \int_0^{\varepsilon_0} \frac{d\left(\frac{1}{U}\right)}{d\varepsilon_0} \varepsilon_0^2\, d\varepsilon_0, \tag{80}$$

where the index $s$ refers to the superconducting state and the index $n$ to the normal state. Using (78), we obtain from (80)

$$F_s - F_n = N(0) \left[ -\frac{1}{2} \varepsilon_0^2 + 2 \sum_{n=1}^{\infty} (-1)^{n+1} \left(\frac{\theta}{n}\right)^2 \int_0^{\frac{n\varepsilon_0}{\theta}} K_1(x)\, x^2\, dx \right], \tag{81}$$

where $K_1(x)$ is the first-order Bessel function. Hence, using (78), it is not difficult to obtain, in the regions $\theta \to 0$ and $\theta \to \theta_c$, expressions for $\varepsilon_0(\theta)$, the free energy, specific heat, and the critical magnetic field, which differ from the conventional [11] expressions only in replacing $\varepsilon_0$ by $\varepsilon_0^2 = |\Lambda_k^S|^2 + |\Lambda_k^T|^2 + |T_k|^2$. In the case of pure singlet or pure triplet pairs $\varepsilon_0$ has the form

$$(\varepsilon_0^S)^2 = |L_k^S|^2 \quad \text{and} \quad (\varepsilon_0^T)^2 = |L_k^T|^2 + |T_k|^2, \tag{82}$$

respectively.

**6.** Consider now the problem of the singlet and triplet pairs by means of the quantum-field techniques [5, 11]. Introducing the field operators $\psi_\sigma(\mathfrak{r})$ we write the Hamiltonian of the system under consideration in the form

$$H = -\int \left(\overset{+}{\psi} \frac{\nabla^2}{2\,m} \psi\right) d\mathfrak{r} + \int V(\mathfrak{r}_1 - \mathfrak{r}_2, \mathfrak{r}_3 - \mathfrak{r}_4) \left(\overset{+}{\psi}(\mathfrak{r}_1) \left(\overset{+}{\psi}(\mathfrak{r}_2)\, \psi(\mathfrak{r}_3)\right) \psi(\mathfrak{r}_4)\right) d\mathfrak{r}_1\, d\mathfrak{r}_2\, d\mathfrak{r}_3\, d\mathfrak{r}_4\,. \tag{83}$$

Passing from the Schrödinger to the Heisenberg representation and introducing the Green functions $G_\sigma(x-x') = -i\left\langle T\left(\tilde{\psi}_\sigma(x)\,\overset{+}{\tilde{\psi}}_\sigma(x')\right)\right\rangle$ we obtain the equations

$$\begin{aligned}
&\left(i\frac{\partial}{\partial t}+\frac{\nabla^2}{2m}\right)G_\sigma(x-x')+\\
&+i\int\Big\{[V(\mathfrak{r}-\mathfrak{r}_1,\mathfrak{r}_2-\mathfrak{r}_3)-V(\mathfrak{r}_1-\mathfrak{r},\mathfrak{r}_2-\mathfrak{r}_3)]\left\langle T\left(\overset{+}{\tilde{\psi}}_\sigma(x_1)\,\tilde{\psi}_\sigma(x_2)\,\tilde{\psi}_\sigma(x_3)\,\overset{+}{\tilde{\psi}}_\sigma(x')\right)\right\rangle+\\
&+[V(\mathfrak{r}-\mathfrak{r}_1,\mathfrak{r}_2-\mathfrak{r}_3)+V(\mathfrak{r}_1-\mathfrak{r},\mathfrak{r}_3-\mathfrak{r}_2)]\left\langle T\left(\overset{+}{\tilde{\psi}}_\sigma(x_1)\,\tilde{\psi}_\sigma(x_2)\,\tilde{\psi}_\sigma(x_3)\,\overset{+}{\tilde{\psi}}_\sigma(x')\right)\right\rangle\Big\}\times\\
&\times d\mathfrak{r}_1\,d\mathfrak{r}_2\,d\mathfrak{r}_3=\delta(x-x'),
\end{aligned}\tag{84}$$

where $t_1 = t_2 = t_3 = t$. The products of four $\tilde{\psi}$-operators appearing in (84) we write in the form

$$\left\langle T\left(\overset{+}{\tilde{\psi}}_{\sigma_1}(x_1)\,\tilde{\psi}_{\sigma_1}(x_2)\,\tilde{\psi}_{\sigma_2}(x_3)\,\overset{+}{\tilde{\psi}}_{\sigma_2}(x')\right)\right\rangle \to F_{\sigma_1,\sigma_2}(x_2-x_3)\,\overset{+}{F}_{\sigma_1,\sigma_2}(x_1-x'),\tag{85}$$

where for the $\overset{+}{F}_{\sigma_1,\sigma_2}$ the following equations holds:

$$\left.\begin{aligned}
&\left(i\frac{\partial}{\partial t}-\frac{\nabla^2}{2m}-2\mu\right)\overset{+}{F}_{\sigma,\sigma}(x-x')+i\int[V(\mathfrak{r}_1-\mathfrak{r}_2,\mathfrak{r}_3-\mathfrak{r})-V(\mathfrak{r}_1-\mathfrak{r}_2,\mathfrak{r}-\mathfrak{r}_3)]\times\\
&\qquad\times\overset{+}{F}_{\sigma,\sigma}(x_1-x_2)\,G_\sigma(x_3-x')\,d\mathfrak{r}_1\,d\mathfrak{r}_2\,d\mathfrak{r}_3=0,\\
&\left(i\frac{\partial}{\partial t}-\frac{\nabla^2}{2m}-2\mu\right)\overset{+}{F}_{\sigma,-\sigma}(x-x')+i\int[V(\mathfrak{r}_1-\mathfrak{r}_2,\mathfrak{r}_3-\mathfrak{r})+V(\mathfrak{r}_2-\mathfrak{r}_1,\mathfrak{r}-\mathfrak{r}_3)]\times\\
&\qquad\times\overset{+}{F}_{\sigma,-\sigma}(x_1-x_2)\,G_{-\sigma}(x_3-x')\,d\mathfrak{r}_1\,d\mathfrak{r}_2\,d\mathfrak{r}_3=0.
\end{aligned}\right\}\tag{86}$$

Introducing the functions

$$\left.\begin{aligned}
T_{\sigma,\sigma}(\mathfrak{r}-\mathfrak{r}_1)&=\int[V(\mathfrak{r}-\mathfrak{r}_1,\mathfrak{r}_2-\mathfrak{r}_3)-V(\mathfrak{r}_1-\mathfrak{r},\mathfrak{r}_2-\mathfrak{r}_3)]\,F_{\sigma,\sigma}(\mathfrak{r}_3-\mathfrak{r}_2)\,d\mathfrak{r}_2\,d\mathfrak{r}_3,\\
L_{\sigma,-\sigma}(\mathfrak{r}-\mathfrak{r}_1)&=\int[V(\mathfrak{r}-\mathfrak{r}_1,\mathfrak{r}_2-\mathfrak{r}_3)+V(\mathfrak{r}_1-\mathfrak{r},\mathfrak{r}_3-\mathfrak{r}_2)]\,F_{\sigma,-\sigma}(\mathfrak{r}_3-\mathfrak{r}_2)\,d\mathfrak{r}_2\,d\mathfrak{r}_3
\end{aligned}\right\}\tag{87}$$

we obtain in the momentum representation

$$\left.\begin{aligned}
&\left(\omega-\frac{p^2}{2m}\right)G_\sigma(p,\omega)-i\,T_{\sigma,\sigma}(p)\,\overset{+}{F}_{\sigma,\sigma}(p,\omega)-i\,L_{\sigma,-\sigma}(p)\,\overset{+}{F}_{-\sigma,\sigma}(p,\omega)=1,\\
&\left(\omega+\frac{p^2}{2m}-2\mu\right)\overset{+}{F}_{\sigma,\sigma}(p,\omega)+i\,\overset{+}{T}_{\sigma,\sigma}(p)\,G_\sigma(p,\omega)=0,\\
&\left(\omega+\frac{p^2}{2m}-2\mu\right)\overset{+}{F}_{-\sigma,\sigma}(p,\omega)+i\,\overset{+}{L}_{-\sigma,\sigma}(p)\,G_\sigma(p,\omega)=0,
\end{aligned}\right\}\tag{88}$$

which $\left(\text{after the substitution } \omega = E+\mu,\ \varepsilon_p = \frac{p^2}{2m}-\mu\right)$ coincides with the system (63) to (66). Therefore the method considered here leads to the results which agree with those obtained in section 5.

We note that if we take, instead of (85), the decoupling approximation

$$\left\langle T\left(\overset{+}{\tilde{\psi}}_{\sigma_1}(x_1)\,\tilde{\psi}_{\sigma_1}(x_2)\,\tilde{\psi}_{\sigma_2}(x_3)\,\overset{+}{\tilde{\psi}}_{\sigma_2}(x')\right)\right\rangle \to \sum_m F_{m\,\sigma_1,\sigma_2}(x_2-x_3)\,\overset{+}{F}_{m\,\sigma_1,\sigma_2}(x_1-x'),\tag{89}$$

where, following [14], we have restricted ourselves to a definite $l$, and where $m$ is the quantum number of the projection of the pair angular momentum, then, instead of (88), we obtain a set of equations like (3) in [14]. However, these equations differ from (3) in [14] by the quantities $\Delta_{m,\sigma,\sigma} = T_{m,\sigma,\sigma}$ and $\Delta_{m,\sigma,-\sigma} = L_{m,\sigma,-\sigma}$ which are determined not simply by the matrix element $V_{pp'}$ (see formula (4) from [14]) but by the expressions $V_{p,p'} - V_{-p,p'}$ and $V_{p,p'} + V_{-p,-p'}$. So the symmetry properties of the space (or accordingly spin) part of the pair wave function are displayed in the decoupling approximation (89) in the same manner, as in section 5 or in (85). In the decoupling approximation (89) the energy gap is defined for even $l$ by the expression

$$|\varepsilon_0|^2 = \sum_m |L_{m,\sigma,-\sigma}(p)|^2 , \tag{90}$$

and for odd $l$ by

$$|\varepsilon_0|^2 = \sum_m |L_{m,\sigma,-\sigma}(p)|^2 + \sum_m |T_{m,\sigma,\sigma}(p)|^2 . \tag{91}$$

Under the assumption $L_{m,\sigma,-\sigma}(p) = \Delta_1 Y_{l,m}(\theta, \varphi)$ and $T_{m,\sigma,\sigma}(p) = \Delta_2 Y_{l,m}(\theta, \varphi)$ the energy gap is (in contrast to the solution [13]) isotropic according to (90) and (91). It is necessary, however, to point out, that the decoupling approximation (89) proposed in [14] was opposed in the papers [15 to 17] in which the Green functions of higher order and the principle of vanishing correlation [18] were taken into account. Moreover, as we have shown in section 4, the variational method leads, contrary to [14], to a dependence of $\varepsilon_0^2$ not on $\sum_m |L_m|^2$ or $\sum_m |T_m|^2$ but on the quantities $|L|^2$, $|T|^2$ corresponding to $|A|^2$ or $|B|^2$ and $|\Gamma|^2$ or $|D|^2$ in (43). So the decoupling approximation (85) seems to be more reasonable.

In conclusion we emphasize that the results obtained above by taking into account the symmetry properties of the pair wave function are independent on the detailed dependence of $V_{k,k'}$ on $k$ and $k'$. Moreover, these results have a general nature and are independent of whether the interaction of the conduction electrons is induced by virtual phonons, Coulomb forces, or virtual spin waves (see [1]).

## References

[1] S. V. VONSOVSKY and M. S. SVIRSKY, Zh. eksper. teor. Fiz. **46**, 1619 (1964).
[2] M. S. SVIRSKY, Fiz. Metallov i Metallovedenie **17**, 629 (1964).
[3] N. N. BOGOLIUBOV, V. V. TOLMACHEV and D. V. SCHIRKOV, The New Method in the Superconductivity Theory, Moscow 1958.
[4] D. N. ZUBAREV, Uspekhi fiz. Nauk **71**, 71 (1960).
[5] L. P. GORKOV, Zh. eksper. teor. Fiz. **34**, 735 (1958).
[6] K. YOSIDA, Phys. Rev. **111**, 1255 (1958).
[7] H. KOPPE and B. MÜHLSCHLEGEL, Z. Phys. **151**, 613 (1958).
[8] R. BALIAN and N. R. WERTHAMER, Phys. Rev. **131**, 1553 (1963).
[9] A. V. SVIDZINSKY, Dokl. Akad. Nauk SSSR **153**, 1044 (1963).
[10] J. BARDEEN, L. N. COOPER, and J. R. SCHRIEFFER, Phys. Rev. **108**, 1175 (1957).
[11] A. A. ABRIKOSOV, L. P. GORKOV, and I. E. DZIALOSCHINSKY, The Quantum Field Methods in Statistical Physics, Moscow 1962.
[12] N. N. BOGOLIUBOV and S. V. TYABLIKOV, Dokl. Akad. Nauk SSSR **126**, 53 (1959).
[13] P. ANDERSON and P. MOREL, Phys. Rev. **123**, 1911 (1961).
[14] L. P. GORKOV and V. M. GALICKY, Zh. eksper. teor. Fiz. **40**, 1124 (1961).
[15] D. HONE, Phys. Rev. Letters **8**, 370 (1962).
[16] E. E. TAREEVA, Fiz. Metallov i Metallovedenie **16**, 161 (1963).
[17] A. V. SVIDZINSKY and V. A. SLIUSAREV, Fiz. Metallov i Metallovedenie **17**, 801 (1964).
[18] N. N. BOGOLIUBOV, Physica **26**, 1 (1960).

*(Received January 5, 1965)*

phys. stat. sol. 9, 281 (1965)

*Институт физики Академии наук Латвийской ССР, Рига*

# Спиновая теплоемкость ферромагнетика при высоких температурах

В. Н. Кащеев

На основе расцепления уравнений для спиновых функций Грина по методу Тябликова [1] получено интегральное уравнение для коррелятора $\langle S^z(\boldsymbol{q})\, S^z(-\boldsymbol{q})\rangle$. С помощью этого уравнения вычислены энергия и теплоемкость спиновой системы по обе стороны от точки Кюри. В самой точке Кюри $T_c$ энергия спиновой системы непрерывна, а ферромагнитная теплоемкость имеет там особенность типа $(T_c-T)^{-1/2}$. Подробно обсуждено происхождение полученных результатов и границы применимости расцепления Тябликова.

On the basis of the splitting of equations for the Green's spin function an integral equation for the correlation $\langle S^z(\boldsymbol{q})\, S^z(-q)\rangle$ is obtained by the method of Tyablikov [1]. The energy and heat capacity of the spin system on both sides of the Curie point are calculated from this equation. At the Curie point $T_c$ the energy of the spin system is discontinuous and the ferromagnetic heat capacity has a singularity of the form $(T_c - T)^{-1/2}$. The origin of these results and the limits of applicability of the splitting are discussed in detail.

## 1. Введение. Постановка задачи

При рассмотрении термодинамики гайзенберговского ферромагнетика в области высоких температур (окрестность точки Кюри и парамагнитная область) с помощью формализма спиновых функций Грина удается, кроме точки Кюри, получить лишь выражения для намагниченности и восприимчивости [1 до 7]. Вычисление же средней энергии спиновой системы (или каких — либо других термодинамических потенциалов), а также спиновой теплоемкости упирается в необходимость определения коррелятора продольных компонент спинов парамагнитных ионов $\langle S_n^z\, S_m^z\rangle = \mathrm{Sp}\,(S_n^z\, S_m^z\, e^{-\beta \mathcal{H}})\,(\mathrm{Sp}\, e^{-\beta \mathcal{H}})^{-1}$, $\beta = (k\,T)^{-1}$. Прямое вычисление этого коррелятора в формализме функций Грина, как показывает практика соответствующих расчетов, невозможно — по крайней мере, в первом приближении — при существующих методиках расцепления уравнений для спиновых гринианов [1, 4]. Знание же этого коррелятора существенно не только для термодинамических приложений, но и для теории ферромагнитного резонанса и критического магнитного рассеяния нейтронов в кристаллах.

В настоящей работе мы укажем путь вычисления коррелятора $\langle S_n^z S_m^z\rangle$ для изотропного гайзенберговского ферромагнетика в случае спина $S = \frac{1}{2}$, составив для него интегральное уравнение.

Из последнего будут найдены энергия и теплоемкость спиновой системы такого магнетика по обе стороны от точки Кюри $T_c = (k\,\beta_c)^{-1}$, а также в самой точке Кюри. Весь расчет будет базироваться лишь на двух предположениях: во-первых, расцепление уравнений для спиновых функций Грина по Тябликову [1]. Вместе с данными по намагниченности и восприимчивости, полученными с использованием этого предположения [1 до 3], знание спиновой теплоемкости

$$C_v = -k\beta^2 \frac{\partial\langle\mathcal{H}\rangle}{\partial\beta} \tag{1.1}$$

позволит оценить влияние характера расцепления Тябликова на различные термодинамические характеристики и, тем самым, выделить те из них, которые наиболее чувствительны к типу расцепления.[1]) Во-вторых, будет использовано приближение ближайших соседей. Как хорошо известно, оно является традиционным в теории ферромагнетизма и не носит принципиального характера, служа лишь для упрощения вычислений.

## 2. Уравнение для $\langle S_n^z S_m^z \rangle$

Гамильтониан изотропного гайзенберговского ферромагнетика в однородном внешнем поле $\boldsymbol{H}(0, 0, H)$ можно записать в виде

$$\mathcal{H} = \mathcal{H}_z + \mathcal{H}_e, \tag{2.1}$$

$$\mathcal{H}_z = -g\mu_0 H \sum_n S_n^z, \quad \mathcal{H}_e = -\sum_{nm} J(\boldsymbol{R}_n - \boldsymbol{R}_m) S_n S_m. \tag{2.2}$$

Здесь $\mathcal{H}_z$ — зеемановская, а $\mathcal{H}_e$ — обменная энергия, так что $g$ — фактор Ландэ, $\mu_0$ — магнетон Бора, $J(\boldsymbol{R}_n - \boldsymbol{R}_m)$ — интеграл обмена между $n$-м и $m$-м спинами.

Удобно перейти к Фурье — образам

$$\left.\begin{aligned} S_n^\alpha &= \frac{1}{\sqrt{N}} \sum_{\boldsymbol{q}} S^\alpha(\boldsymbol{q})\, e^{i\boldsymbol{q}\boldsymbol{R}_n}, \qquad S^\alpha(\boldsymbol{q}) = \frac{1}{\sqrt{N}} \sum_n S_n^\alpha\, e^{-i\boldsymbol{q}\boldsymbol{R}_n}, \\ J(\boldsymbol{R}_n - \boldsymbol{R}_m) &= \frac{1}{N} \sum_{\boldsymbol{q}} J(\boldsymbol{q})\, e^{i\boldsymbol{q}(\boldsymbol{R}_n - \boldsymbol{R}_m)}, \quad J(\boldsymbol{q}) = J(-\boldsymbol{q}), \end{aligned}\right\} \tag{2.3}$$

так что

$$\mathcal{H}_z = -g\mu_0 H \sqrt{N} S^z(0), \qquad \mathcal{H}_e = -\sum_{\boldsymbol{q}} J(\boldsymbol{q}) S(\boldsymbol{q}) S(-\boldsymbol{q}). \tag{2.4}$$

И вместо коррелятора

$$\langle S_n^z S_m^z \rangle = \frac{1}{N} \sum_{\boldsymbol{q}} \langle S^z(\boldsymbol{q}) S^z(-\boldsymbol{q}) \rangle\, e^{i\boldsymbol{q}(\boldsymbol{R}_n - \boldsymbol{R}_m)} \tag{2.5}$$

мы будем иметь дело в дальнейшем с его Фурье — образом $\langle S^z(\boldsymbol{q}) S^z(-\boldsymbol{q}) \rangle$. Заметим, что именно выражение $\langle S^z(\boldsymbol{q}_1) S^z(\boldsymbol{q}_2) \rangle = \Delta(\boldsymbol{q}_1 + \boldsymbol{q}_2) \langle S^z(\boldsymbol{q}_1) S^z(-\boldsymbol{q}_1) \rangle$ с $\boldsymbol{q}_1 = -\boldsymbol{q}_2$ существенно как для термодинамических, так и для релаксационных приложений.

В случае $S = \frac{1}{2}$

$$S_n^z = S - S_n^- S_n^+, \quad S_n^\pm = S_n^x \pm i S_n^y, \tag{2.6}$$

---

[1]) Сравнение полученных с помощью расцепления Тябликова результатов будет произведено с соответствующими результатами, даваемыми наименее модельной из существующих теорий высокотемпературного ферромагнетизма — термодинамической [8].

так что, согласно (2.3) до (2.5),

$$\langle S^z(\boldsymbol{q})\, S^z(-\boldsymbol{q})\rangle = N\, S^2\, \Delta(\boldsymbol{q}) - 2\, S\, \Delta(\boldsymbol{q}) \sum_{\boldsymbol{k}} \langle S^-(-\boldsymbol{k}) S^+(\boldsymbol{k})\rangle + \frac{1}{N} \sum_{\boldsymbol{k}_1 \boldsymbol{k}_2} Q(\boldsymbol{k}_1, \boldsymbol{k}_2, \boldsymbol{q}), \tag{2.7}$$

$$Q(\boldsymbol{k}_1, \boldsymbol{k}_2, \boldsymbol{q}) = \langle S^-(\boldsymbol{k}_1)\, S^+(\boldsymbol{q} - \boldsymbol{k}_1)\, S^-(\boldsymbol{k}_2)\, S^+(-\boldsymbol{q} - \boldsymbol{k}_2)\rangle\,. \tag{2.8}$$

Подлежащие вычислению в (2.7) средние имеют вид $\langle \mathcal{A}\, S^+(\boldsymbol{k})\rangle$. Если ввести двухвременную функцию Грина

$$G(\boldsymbol{k}, \mathcal{A}) = \langle\langle S^+(\boldsymbol{k}); \mathcal{A}\rangle\rangle \equiv -i\,\theta(t)\,\langle [S^+(\boldsymbol{k})|_t, A|_0]\rangle\,, \tag{2.9}$$

$$A|_t = e^{i\mathcal{H}t/\hbar} A|_0\, e^{-i\mathcal{H}t/\hbar}\,, \qquad \theta(t) = \begin{cases} 1, & t > 0 \\ 0, & t < 0\,, \end{cases} \tag{2.10}$$

то, согласно известной в теории двухвременных гринианов спектральной теореме [9],

$$\langle \mathcal{A}\, S^+(\boldsymbol{k})\rangle = i \int_{-\infty}^{\infty} d\omega\, N(\omega)\, [G_{\omega+i\varepsilon}(\boldsymbol{k}, \mathcal{A}) - G_{\omega-i\varepsilon}(\boldsymbol{k}, \mathcal{A})]\,, \quad \varepsilon \to +0\,, \tag{2.11}$$

$$N(\omega) = (e^{\beta\hbar\omega} - 1)^{-1} = \frac{1}{2}\left(\operatorname{cth}\frac{\beta\,\hbar\,\omega}{2} - 1\right), \tag{2.12}$$

где

$$G_\omega(\boldsymbol{k}, \mathcal{A}) = \frac{1}{2\pi} \int_{-\infty}^{\infty} dt\, e^{i\omega t}\, G(\boldsymbol{k}, \mathcal{A})\,, \tag{2.13}$$

— Фурье — образ гриниана $G(\boldsymbol{k}, \mathcal{A})$.

Далее, хорошо известно [1 до 3], что в случае расцепления Тябликова для спиновой системы, описываемой гамильтонианом (2.4),

$$G_\omega(\boldsymbol{k}, \mathcal{A}) = \frac{1}{2\pi} \frac{\langle [S^+(\boldsymbol{k}), \mathcal{A}]\rangle}{\omega - \omega_{\boldsymbol{k}}}\,, \tag{2.14}$$

$$\hbar\,\omega_{\boldsymbol{k}} \equiv E_{\boldsymbol{k}} = g\,\mu_0\,H + 2\,\langle S^z\rangle\,\zeta_{\boldsymbol{k}}\,,\ \zeta_{\boldsymbol{k}} = J(0) - J(\boldsymbol{k}) = \zeta_{-\boldsymbol{k}}\,,\ \langle S^z\rangle = \langle S_n^z\rangle\,, \tag{2.15}$$

так что, согласно (2.11),

$$\langle S^-(-\boldsymbol{k})\, S^+(\boldsymbol{k})\rangle = 2\,\langle S^z\rangle\, N_{\boldsymbol{k}} = \langle S^+(\boldsymbol{k})\, S^-(-\boldsymbol{k})\rangle - 2\,\langle S^z\rangle,\ N_{\boldsymbol{k}} \equiv N(\omega_{\boldsymbol{k}})\,. \tag{2.16}$$

Теперь, по (2.7) и (2.8), для нахождения $\langle S^z(\boldsymbol{q})\, S^z(-\boldsymbol{q})\rangle$ надо знать лишь коррелятор $Q(\boldsymbol{k}_1, \boldsymbol{k}_2, \boldsymbol{q})$. Он находится сразу из (2.11) и (2.14), если половить $A = S^-(\boldsymbol{k}_1)\, S^+(\boldsymbol{q} - \boldsymbol{k}_1)\, S^-(\boldsymbol{k}_2)$. При этом, однако, надо найти средние $\langle S^-(\boldsymbol{k}_1)\, S^+(\boldsymbol{q} - \boldsymbol{k}_1)\, S^z(-\boldsymbol{q})\rangle$ и $\langle S^z(\boldsymbol{k}_1 - \boldsymbol{q} - \boldsymbol{k}_2)\, S^+(\boldsymbol{q} - \boldsymbol{k}_1)\, S^-(\boldsymbol{k}_2)\rangle$, появляющиеся в $\langle [S^+(\boldsymbol{k}), \mathcal{A}]\rangle$ в числителе (2.14). Для их вычисления мы, воспользовавшись известными перестановочными соотношениями

$$\left.\begin{aligned} [S^+(\boldsymbol{q}), S^-(\boldsymbol{q}')] &= \frac{2}{\sqrt{N}} S^z(\boldsymbol{q} + \boldsymbol{q}')\,, \\ [S^+(\boldsymbol{q}), S^z(\boldsymbol{q}')] &= -\frac{1}{\sqrt{N}} S^+(\boldsymbol{q} + \boldsymbol{q}')\,, \\ [S^-(\boldsymbol{q}), S^z(\boldsymbol{q}')] &= \frac{1}{\sqrt{N}} S^-(\boldsymbol{q} + \boldsymbol{q}')\,, \end{aligned}\right\} \tag{2.17}$$

переставим в этих средних оператор $S^+(\boldsymbol{q}-\boldsymbol{k}_1)$ так, чтобы он занял крайнее правое положение. Получившиеся таким образом корреляторы снова и точно так же (т.е. с помощью (2.11) и (2.14)) вычисляются, причем в (2.14) теперь $A = S^-(\boldsymbol{k}_1)\,S^z(-\boldsymbol{q})$ и $A = S^z(\boldsymbol{k}_1-\boldsymbol{q}-\boldsymbol{k}_2)\,S^-(\boldsymbol{k}_2)$ соответственно. Собирая в (2.7) все полученные таким образом выражения, вместо (2.7) находим

$$S\,(2\langle S^z\rangle - S)\,\langle S^z(\boldsymbol{q})\,S^z(-\boldsymbol{q})\rangle = N\,S\,\langle S^z\rangle^2\,(2\langle S^z\rangle - S)\,\Delta(\boldsymbol{q}) - \\ - \frac{8\langle S^z\rangle^3}{N^2}\sum_{\boldsymbol{k}_1\boldsymbol{k}_2} N_{\boldsymbol{q}+\boldsymbol{k}_2} N_{\boldsymbol{k}_1}(1+N_{\boldsymbol{q}-\boldsymbol{k}_1}) + \\ + \frac{4\langle S^z\rangle^2}{N^2}\sum_{\boldsymbol{k}_1\boldsymbol{k}_2} N_{\boldsymbol{k}_2}(1+N_{\boldsymbol{q}-\boldsymbol{k}_1})\,\langle S^z(\boldsymbol{k}_1-\boldsymbol{k}_2)\,S^z(\boldsymbol{k}_2-\boldsymbol{k}_1)\rangle\,. \qquad (2.18)$$

Встречающаяся при этом вычислении величина

$$\Phi = \frac{1}{N}\sum_{\boldsymbol{q}} N_{\boldsymbol{q}}\,, \qquad (2.19)$$

выражалась через $\langle S^z\rangle$ согласно хорошо известному [1 до 4] равенству

$$\langle S^z\rangle = \frac{S}{1+2\,\Phi}\,, \qquad S = \frac{1}{2}\,. \qquad (2.20)$$

Уравнение (2.18) является интегральным уравнением для интересующего нас коррелятора $\langle S^z(\boldsymbol{q})\,S^z(-\boldsymbol{q})\rangle$. Его следует решать при условии

$$\frac{1}{N}\sum_{\boldsymbol{q}}\langle S^z(\boldsymbol{q})\,S^z(-\boldsymbol{q})\rangle = S^2\,, \qquad (2.21)$$

являющимся просто иной записью очевидного в случае спина $S = \frac{1}{2}$ соотношения

$$\langle (S_n^z)^2\rangle = S^2 = \frac{1}{4}\,. \qquad (2.22)$$

Если просуммировать обе части уравнения (2.18) по $\boldsymbol{q}$, воспользовавшись определением (2.19), уравнениями (2.20) и (2.21), то оно превращается в тождество. Следовательно, полученное нами интегральное уравнение (2.18) совместно с условием (2.21).

Вместо коррелятора $\langle S^z(\boldsymbol{q})\,S^z(-\boldsymbol{q})\rangle$ удобно ввести величину

$$A_{\boldsymbol{q}}(\boldsymbol{H},\beta) \equiv \langle S^z(\boldsymbol{q})\,S^z(-\boldsymbol{q})\rangle - N\,\langle S^z\rangle^2\,\Delta(\boldsymbol{q})\,, \qquad (2.23)$$

удовлетворяющую линейному интегральному уравнению

$$S\,(2\langle S^z\rangle - S)\,A_{\boldsymbol{q}} = \frac{4\langle S^z\rangle^3}{N^2}\sum_{\boldsymbol{k}_1\boldsymbol{k}_2} N_{\boldsymbol{k}_1}(1+N_{\boldsymbol{q}-\boldsymbol{k}_1})\,[N\,\langle S^z\rangle\,\Delta(\boldsymbol{k}_2) - 2\,N_{\boldsymbol{q}+\boldsymbol{k}_2}] + \\ + \frac{4\langle S^z\rangle^2}{N^2}\sum_{\boldsymbol{k}_1\boldsymbol{k}_2} N_{\boldsymbol{k}_2}(1+N_{\boldsymbol{q}-\boldsymbol{k}_1})\,\mathcal{A}_{\boldsymbol{k}_1-\boldsymbol{k}_2}\,, \qquad (2.24)$$

и подчиняющуюся условию

$$\frac{1}{N}\sum_{\boldsymbol{q}}\mathcal{A}_{\boldsymbol{q}} = S^2 - \langle S^z\rangle^2\,. \qquad (2.25)$$

Теперь мы можем перейти к вычислению средней энергии $\langle\mathcal{H}\rangle$ и теплоемкости (1.1) в окрестности точки Кюри, имея в виду, что получаемые при этом результаты будут справедливы в той же мере (т.е. тоже отражают характер расцепления Тябликова [1]), что и полученные ранее этим методом [1 до 4] выражения для намагниченности и восприимчивости.

## 3. Левая окрестность точки Кюри

Мы имеем в виду область температур $T < T_c$, достаточно близких к $T_c$, когда величина

$$\varepsilon = 1 - \frac{\beta_c}{\beta} > 0 \tag{3.1}$$

мала: $\varepsilon \ll 1$. Во всех дальнейших вычислениях будем полагать $H = 0$.

Найдем среднюю энергию спиновой системы $\langle \mathcal{H} \rangle \equiv \langle \mathcal{H} \rangle^{\Phi}$ при $\beta > \beta_c$ и $H = 0$, когда, согласно (2.1), (2.2), $\langle \mathcal{H} \rangle^{\Phi} = \langle \mathcal{H}_e \rangle$. Подставляя в усредненное выражение (2.4) формулы (2.16), (2.23) и $J(\boldsymbol{q}) = J(0) - \zeta_{\boldsymbol{q}}$ и используя тот факт, что

$$\langle (S_n)^2 \rangle = \frac{1}{N} \sum_{\boldsymbol{q}} \langle S(\boldsymbol{q})\, S(-\boldsymbol{q}) \rangle = S\,(S+1)\,, \tag{3.2}$$

получим

$$\frac{\langle \mathcal{H} \rangle^{\Phi}}{N\,J(0)} = -\,S\,(S+1) + \frac{1}{N} \sum_{\boldsymbol{q}} \frac{\zeta_{\boldsymbol{q}}}{J(0)} \langle S^z \rangle \operatorname{cth} \frac{\beta\, E_{\boldsymbol{q}}}{2} + h\,, \tag{3.3}$$

$$h = \frac{1}{N} \sum_{\boldsymbol{q}} \frac{\zeta_{\boldsymbol{q}}}{J(0)} \mathcal{A}_{\boldsymbol{q}}\,. \tag{3.4}$$

Поскольку при рассматриваемых условиях $\langle S^z \rangle \ll 1$, то по (2.15) $\beta\, E_{\boldsymbol{k}} \ll 1$, так что

$$\operatorname{cth} \frac{\beta\, E_{\boldsymbol{k}}}{2} = \frac{2}{\beta\, E_{\boldsymbol{k}}} + \frac{1}{6}\,\beta\, E_{\boldsymbol{k}}\,, \tag{3.5}$$

— с точностью до членов порядка $\langle S^z \rangle^2$. При разложении $\langle \mathcal{H} \rangle^{\Phi}$ по степеням $\langle S^z \rangle$ мы будем пренебрегать членами порядка $\langle S^z \rangle^n$, $n > 2$, так как, согласно [1, 2, 6]

$$\langle S^z \rangle = \sqrt{\frac{\varepsilon}{\sigma}}\,, \qquad \sigma = \frac{F(-1)}{3\,S^2}\,, \tag{3.6}$$

$$F(m) = \frac{1}{N} \sum_{\boldsymbol{q}} \left[ \frac{\zeta_{\boldsymbol{q}}}{J(0)} \right]^m, \qquad F(1) = 1\,, \qquad F(2) = 1 + z^{-1} \tag{3.7}$$

($z$ число ближайших соседей; константу $F(-1)$, определенную в приближении ближайших соседей, для трех типов кубических решеток можно найти, например, в [2 до 6]). В теплоемкости (1.1) при этом опускаются слагаемые порядка $\sqrt{\varepsilon}$ и более высокого. Использование общепринятого в теории высокотемпературного ферромагнетизма [1 до 7] разложения (3.5) является, таким образом, оправданным.

Подставляя (3.5) в (3.3) и учитывая (3.7), получим

$$\frac{\langle \mathcal{H} \rangle^{\Phi}}{N\,J(0)} = -\,S\,(S+1) + \frac{1}{\beta\, J(0)} + \frac{1}{3}\,\beta\, J(0)\, F(2)\, \langle S^z \rangle^2 + h\,. \tag{3.8}$$

Для вычисления $h$ разложим, сохраняя тот же порядок точности, величину $\mathcal{A}_{\boldsymbol{q}}$ по степеням $\langle S^z\rangle$:

$$A_{\boldsymbol{q}} = \mathcal{A}_{\boldsymbol{q}}^{(1)} + \mathcal{A}_{\boldsymbol{q}}^{(2)}\langle S^z\rangle + \mathcal{A}_{\boldsymbol{q}}^{(3)}\langle S^z\rangle^2 . \tag{3.9}$$

Уравнения для функций $\mathcal{A}_{\boldsymbol{q}}^{(i)}(\boldsymbol{H}, \beta)$ $(i = 1, 2, 3)$ получаются из (2.24) подстановкой туда (3.9) и

$$\beta = \beta_c (1 + \varepsilon) \tag{3.10}$$

с последующим сравнением коэффициентов при $\langle S^z\rangle^{i-1}$ $(i = 1, 2, 3)$ в правой и левой частях уравнения (2.24)

$$-S^2 \mathcal{A}_{\boldsymbol{q}}^{(1)} = -\frac{1}{\beta_c^3 N^2} \sum_{\boldsymbol{k}_1 \boldsymbol{k}_2} \frac{1}{\zeta_{\boldsymbol{k}_1} \zeta_{\boldsymbol{q}-\boldsymbol{k}_1} \zeta_{\boldsymbol{q}+\boldsymbol{k}_2}} + \frac{1}{(\beta_c N)^2} \sum_{\boldsymbol{k}_1 \boldsymbol{k}_2} \frac{\mathcal{A}_{\boldsymbol{k}_1-\boldsymbol{k}_2}^{(1)}}{\zeta_{\boldsymbol{k}_2} \zeta_{\boldsymbol{q}-\boldsymbol{k}_1}} , \tag{3.11}$$

$$A_{\boldsymbol{q}}^{(1)} - S^2 \mathcal{A}_{\boldsymbol{q}}^{(2)} = \frac{1}{(\beta_c N)^2} \sum_{\boldsymbol{k}_1 \boldsymbol{k}_2} \frac{\mathcal{A}_{\boldsymbol{k}_1-\boldsymbol{k}_2}^{(2)}}{\zeta_{\boldsymbol{k}_2} \zeta_{\boldsymbol{q}-\boldsymbol{k}_1}} + \frac{1}{\beta_c^2 N} \sum_{\boldsymbol{k}} \frac{1}{\zeta_{\boldsymbol{k}} \zeta_{\boldsymbol{q}-\boldsymbol{k}}} , \tag{3.12}$$

$$\begin{aligned} A_{\boldsymbol{q}}^{(2)} - S^2 A_{\boldsymbol{q}}^{(3)} = {} & \frac{3\sigma}{\beta_c^3 N^2} \sum_{\boldsymbol{k}_1 \boldsymbol{k}_2} \frac{1}{\zeta_{\boldsymbol{k}_1} \zeta_{\boldsymbol{q}-\boldsymbol{k}_1} \zeta_{\boldsymbol{q}+\boldsymbol{k}_2}} + \frac{1}{(\beta_c N)^2} \sum_{\boldsymbol{k}_1 \boldsymbol{k}_2} \frac{A_{\boldsymbol{k}_1-\boldsymbol{k}_2}^{(3)} - 2\sigma A_{\boldsymbol{k}_1-\boldsymbol{k}_2}^{(1)}}{\zeta_{\boldsymbol{k}_2} \zeta_{\boldsymbol{q}-\boldsymbol{k}_1}} + \\ & + \frac{1}{\beta_c^3 N} \sum_{\boldsymbol{k}} \frac{1}{\zeta_{\boldsymbol{k}} \zeta_{\boldsymbol{q}-\boldsymbol{k}}} + \frac{1}{3 N^2} \sum_{\boldsymbol{k}_1 \boldsymbol{k}_2} \left( \frac{\zeta_{\boldsymbol{q}-\boldsymbol{k}_1}}{\zeta_{\boldsymbol{k}_2}} + \frac{\zeta_{\boldsymbol{k}_2}}{\zeta_{\boldsymbol{q}-\boldsymbol{k}_1}} - 3 \right) \mathcal{A}_{\boldsymbol{k}_1-\boldsymbol{k}_2}^{(1)} - \\ & - \frac{1}{3 \beta_c N^2} \sum_{\boldsymbol{k}_1 \boldsymbol{k}_2} \frac{1}{\zeta_{\boldsymbol{k}_1}} \left( \frac{\zeta_{\boldsymbol{q}+\boldsymbol{k}_2}}{\zeta_{\boldsymbol{q}-\boldsymbol{k}_1}} + \frac{2 \zeta_{\boldsymbol{q}-\boldsymbol{k}_1}}{\zeta_{\boldsymbol{q}+\boldsymbol{k}_2}} - 3 \right) . \end{aligned} \tag{3.13}$$

После подстановки (3.9) в (2.25) это условие принимает вид

$$\frac{1}{N} \sum_{\boldsymbol{q}} A_{\boldsymbol{q}}^{(1)} = S^2 , \tag{3.14}$$

$$\frac{1}{N} \sum_{\boldsymbol{q}} \mathcal{A}_{\boldsymbol{q}}^{(2)} = 0 , \tag{3.15}$$

$$\frac{1}{N} \sum_{\boldsymbol{q}} \mathcal{A}_{\boldsymbol{q}}^{(3)} = -1 . \tag{3.16}$$

Уравнения (3.11) до (3.13) должны быть совместны с условиями (3.14) до (3.16). Хотя уравнения (2.24) и (2.25), как мы видели в п. 2, совместны, совместность уравнений (3.11) до (3.13) и (3.14) до (3.16), представляющих собой результат разложения (2.24) и (2.25) в ряды по степеням $\langle S^z\rangle$ — так сказать, ,,парциальная" совместность — не очевидна. Однако её легко доказать.

В соответствии с разложением (3.9) искомую величину (3.4) запишем в виде

$$h = \sum_{i=1}^{3} h_i \langle S^z\rangle^{i-1} , \qquad h_i = \frac{1}{N} \sum_{\boldsymbol{q}} \frac{\zeta_{\boldsymbol{q}}}{J(0)} \mathcal{A}_{\boldsymbol{q}}^{(i)} . \tag{3.17}$$

Подставляя (3.17) в (3.8), получаем среднюю энергию спиновой системы ферромагнетика слева от точки Кюри

$$\frac{\langle \mathcal{H}\rangle^{\Phi}}{N J(0)} = \frac{1}{\beta J(0)} - S(S+1) + h_1 + h_2 \langle S^z\rangle + \left[ \frac{1}{3} F(2) \beta J(0) + h_3 \right] \langle S^z\rangle^2 . \tag{3.18}$$

Последнее слагаемое в правой части (3.18) может быть отброшено как малое по сравнению, скажем, с предыдущим — ввиду (3.1). Оно не существенно и при вычислении теплоемкости (1.1) из (3.18) (смотри ниже).

Полагая в (3.18) $\beta = \beta_c$, т. е. $\varepsilon = \langle S^z \rangle = 0$, подставляя туда $h_1$ и выражая $\beta_c J(0)$ через константу $F(-1)$, получаем следующее выражение для энергии спиновой системы в точке Кюри при стремлении к ней слева:

$$\frac{\langle \mathscr{H} \rangle_c^{\Phi}}{N\, J(0)} = -\frac{F(-1) - 1}{2\, F(-1)} \frac{3\, F^2(-1) - 3\, F(-1) + 1}{2\, F^2(-1) - 2\, F(-1) + 1} < 0\,. \tag{3.19}$$

Поскольку, согласно (3.6) и (3.1),

$$\beta \frac{\partial \langle S^z \rangle}{\partial \beta} \sim \frac{1}{\sqrt{\varepsilon}} \gg 1\,, \tag{3.20}$$

то при вычислении спиновой теплоемкости $C_v\,(\beta > \beta_c) \equiv C_v^{\Phi}(\beta)$ (1.1) из (3.18) в последнем уравнении следует оставить лишь слагаемое $h_2 \langle S^z \rangle$. Спиновая теплоемкость слева от точки Кюри принимает вид

$$\frac{C_v^{\Phi}(\beta)}{N_k} = \frac{S\, \sqrt{3\, F(-1)}\, [2\, F(-1) - 1]\, [F(-1) - 1]^2}{[2\, F^2(-1) - 2\, F(-1) + 1]^2} \frac{1}{\sqrt{1 - \frac{\beta_c}{\beta}}}\,. \tag{3.21}$$

Так как, согласно [2 до 5], $F(-1) > 1$, то $C_v^{\Phi} > 0$, как и должно быть. Результат (3.21) показывает, что при стремлении к точке Кюри слева ($T = T_c - \delta$, $\delta \to +0$) теплоемкость спиновой системы изотропного магнетика обращается в ней в бесконечность, имея там одновременно и точку ветвления. Согласно же термодинамической теории [8] величина $C_v^{\Phi}(\beta_c)$ конечна. Поскольку использованное при получении (3.21) приближение ближайших соседей принципиальной роли не играет (физически очевидно, что основные особенности[2]) термодинамических характеристик ферромагнетика в точке Кюри связаны с кооперативным характером явления ферромагнетизма, которое определяется самим фактом наличия достаточно сильного обменного взаимодействия между парами спинов, а не характером пространственного хода последнего), то очевидно, что результат (3.21) есть следствие расцепления Тябликова, использованного при выводе нашего основного уравнения (2.24), — другого основного приближения в данной работе. Если сравнивать результаты основанной на приближении Тябликова теории [1 до 3] с результатами термодинамической теории [8] по таким характеристикам гайзенберговского ферромагнетика, как спонтанная намагниченность $M_z = g\, \mu_0 N \langle S^z \rangle|_{H=0}$, продольная восприимчивость $\chi_{zz}(0, \beta)$ и спиновая теплоемкость $C_v(0, \beta)$ в нулевом внешнем поле, то к характеру расцепления уравнений для спиновых гринианов наиболее чувствительной оказалась теплоемкость; результаты же обеих теорий для $M_z$ и $\chi_{zz}(0, \beta)$ оказались одинаковыми в смысле.[2])

[2]) Имеется в виду, например, обращение при $\beta = \beta_c$ в нуль спонтанной намагниченности и в бесконечность — восприимчивости, а не конкретный закон (тип нуля и полюса), по которому это происходит.

## 4. Правая окрестность точки Кюри

Теперь на основе уравнения (2.24) найдем энергию спиновой системы $\langle \mathcal{H} \rangle^{\text{п}}$ при $H = 0$ в случае $\beta < \beta_c$, т. е. справа от точки Кюри, в парамагнитной области. Введем величину

$$\zeta(\beta) = \lim_{H \to 0} \frac{g \mu_0 H}{2 \langle S^z \rangle} = \frac{(g \mu_0)^2 N}{2 \chi_{zz}^{\text{п}}(0, \beta)}, \qquad \chi_{zz}^{\text{п}}(H, \beta) \equiv \chi_{zz}(H, \beta < \beta_c). \quad (4.1)$$

В усредненном выражении (2.4) положим $H = \langle S^z \rangle = 0$, использовав (2.12), (3.5)

$$\frac{\langle \mathcal{H} \rangle^{\text{п}}}{N J(0)} = -\frac{\zeta + J(0)}{J(0)} S(S+1) + \frac{1}{\beta J(0)} + h, \quad (4.2)$$

$$h = \frac{1}{N} \sum_{\boldsymbol{q}} \frac{\zeta + \zeta_{\boldsymbol{q}}}{J(0)} \mathcal{A}_{\boldsymbol{q}}. \quad (4.3)$$

Для нахождения величины $h$ (4.3) снова используем уравнение (2.24), в котором теперь положим $H = \langle S^z \rangle = 0$ и учтем (2.21), (3.5)

$$S^2 \mathcal{A}_{\boldsymbol{q}} = \frac{1}{\beta^3 N^2} \sum_{\boldsymbol{k}_1 \boldsymbol{k}_2} \frac{1}{(\zeta + \zeta_{\boldsymbol{k}_1})(\zeta + \zeta_{\boldsymbol{q}-\boldsymbol{k}_1})(\zeta + \zeta_{\boldsymbol{q}+\boldsymbol{k}_2})} -$$
$$- \frac{1}{(\beta N)^2} \sum_{\boldsymbol{k}_1 \boldsymbol{k}_2} \frac{\mathcal{A}_{\boldsymbol{k}_1 - \boldsymbol{k}_2}}{(\zeta + \zeta_{\boldsymbol{k}_2})(\zeta + \zeta_{\boldsymbol{q}-\boldsymbol{k}_1})}. \quad (4.4)$$

При этих условиях равенство (2.25) примет вид

$$\frac{1}{N} \sum_{\boldsymbol{q}} \mathcal{A}_{\boldsymbol{q}}(0, \beta < \beta_c) = S^2. \quad (4.5)$$

Совместность уравнений (4.4) и (4.5) доказывается теперь точно так же, как совместность (3.11) – (3.13) и (314) – (3.16), лишь роль определения (3.7) константы $F(-1)$ теперь играет равенство

$$\frac{1}{N} \sum_{\boldsymbol{q}} \frac{1}{\zeta + \zeta_{\boldsymbol{q}}} = S\beta. \quad (4.6)$$

Последнее же получается, если в уравнении (2.20) с $\Phi$ по (2.19), (2.12), (2.16), (2.15) положить $H = \langle S^z \rangle = 0$.

Согласно определению (4.3) уравнение для величины $h(\beta)$ получается из (4.4), если последнее умножить на $N^{-1} J^{-1}(0)(\zeta + \zeta_{\boldsymbol{q}})$ и просуммировать по $\boldsymbol{q}$.

В итоге получается следующее, определяющее $h(\beta)$, линейное уравнение

$$S^2 h = \frac{S}{[\beta J(0)]^2} \{S\beta[\zeta + J(0)](2 - S\zeta\beta) - 1\} - \frac{S^3}{\beta J(0)} -$$
$$- \frac{S^2(1 - S\zeta\beta)}{[\beta J(0)]^2} \{S\beta[\zeta + J(0)] - 1\} - h \frac{\{S\beta[\zeta + J(0)] - 1\}^2}{[\beta J(0)]^2}. \quad (4.7)$$

Его решение для $h(\beta)$ весьма громоздко. Для упрощения выражения для $h(\beta)$ можно воспользоваться следующим обстоятельством. Как показано в работе [3], величина $\zeta(\beta)$, получаемая решением трансцендентного уравнения (4.6), имеет в точке Кюри двукратный нуль

$$\zeta(\beta) \sim \left(1 - \frac{\beta}{\beta_c}\right)^2, \quad (4.8)$$

т. е. $\lambda = \zeta(\beta)\, J^{-1}(0) \ll 1$. Ввиду этого $h(\beta)$ (4.7) можно разложить по степеням $\lambda$ и ограничиться в правой окрестности точки Кюри нулевым членом такого разложения. Если подставить полученную таким образом величину $h(\beta)$ в (4.2), то получается следующее выражение для энергии спиновой системы справа от точки Кюри (в (4.2) также мы положили $\lambda = 0$)

$$\frac{\langle \mathscr{H} \rangle^{\text{п}}}{N\, J(0)} = -S\,(S+1) + \frac{1}{\beta\, J(0)} + S^2 \frac{\beta\, J(0) - 1}{S[\beta\, J(0)]^2 - \beta\, J(0) + 1}. \tag{4.9}$$

Отсюда, исключая $\beta_c\, J(0)$, находим энергию спиновой системы в точке Кюри при стремлении к ней справа

$$\langle \mathscr{H} \rangle_c^{\text{п}} = \langle \mathscr{H} \rangle_c^{\text{ф}}. \tag{4.10}$$

Таким образом, средняя энергия спиновой системы оказалась непрерывной в точке Кюри, как и должно быть из общих термодинамических соображений [8].

Спиновая теплоемкость выше точки Кюри $C_v^{\text{п}}(\beta) \equiv C_v\, (\beta < \beta_c)$ определяется по (1.1) после подстановки туда (4.9)

$$\frac{C_v^{\text{п}}(\beta)}{N\, k} = 1 - \frac{S^2[\beta\, J(0)]^3\, [1 - S\, \beta\, J(0)]}{\{S\, [\beta\, J(0)]^2 - \beta\, J(0) + 1\}^2}. \tag{4.11}$$

Как ясно из метода получения формулы (4.9), в выражении (4.11) опущены малые слагаемые порядка $1 - \beta/\beta_c$ и более высокого. В точке Кюри, после исключения $\beta_c\, J(0)$,

$$\frac{C_v^{\text{п}}(\beta_c)}{N\, k} = 1 + \frac{S\, F^3(-1)\, [F(-1) - 1]}{[F^2(-1) - F(-1) + S]^2}. \tag{4.12}$$

Сравнение (3.21) и (4.11) показывает, что в достаточной близости от точки Кюри $C_v^{\text{ф}}(\beta) > C_v^{\text{п}}(\beta)$, как и должно быть из общих термодинамических соображений [8]; однако в самой точке Кюри скачок теплоемкости $\Delta C_v = C_v^{\text{ф}}(\beta_c) - C_v^{\text{п}}(\beta_c)$ оказывается бесконечным, что связано с характером расцепления уравнений для спиновых гринианов по Тябликову.

В методе Тябликова [1 до 3] спиновую теплоемкость $C_v^{\text{п}}(\beta)$ можно получить и без знания коррелятора $\langle S^z(\boldsymbol{q})\, S^z(-\boldsymbol{q})\rangle$. Действительно, при $H = 0$ в парамагнитной области, когда $\beta < \beta_c$, коррелятор $\langle S^\alpha(\boldsymbol{q})\, S^\alpha(-\boldsymbol{q})\rangle$ не должен зависеть от $\alpha = x, y, z$ (изотропия корреляционных функций $\langle S_n^\alpha\, S_m^\alpha\rangle$, следующая из самого смысла парамагнитного состояния изотропного ферромагнетика как полностью спин-разупорядоченного), и в этом случае, по определению (2.6),

$$\langle S^z(\boldsymbol{q})\, S^z(-\boldsymbol{q})\rangle = \langle S^x(\boldsymbol{q})\, S^x(-\boldsymbol{q})\rangle = \frac{1}{4} \langle S^+(\boldsymbol{q})\, S^-(-\boldsymbol{q}) + S^-(\boldsymbol{q})\, S^+(-\boldsymbol{q})\rangle = \frac{1}{2} \langle S^z\rangle \operatorname{cth} \frac{\beta\, E_{\boldsymbol{q}}}{2}. \tag{4.13}$$

где был использован результат (2.16). Средняя энергия спиновой системы, которую мы, в отличие от (4.2), обозначим $\overline{\mathscr{H}}^{\text{п}}$, равна

$$\frac{\overline{\mathscr{H}}^{\text{п}}}{N\, J(0)} = -\frac{3\, \langle S^z\rangle}{2\, N} \sum_{\boldsymbol{q}} \frac{J(\boldsymbol{q})}{J(0)} \operatorname{cth} \frac{\beta\, E_{\boldsymbol{q}}}{2}. \tag{4.14}$$

Используя в (4.14) разложение (3.5) и полагая в (4.14) $H = \langle S^z \rangle = 0$, получим

$$\frac{\overline{\mathscr{H}}^{\text{п}}}{N\,J(0)} = -\frac{3}{2\,\beta\,J(0)}\,\frac{1}{N}\sum_{\boldsymbol{q}}\frac{J(\boldsymbol{q})}{\zeta + \zeta_{\boldsymbol{q}}}\,. \tag{4.15}$$

Выразим здесь $J(\boldsymbol{q})$ через $\zeta_{\boldsymbol{q}}$ с помощью определения (2.15), разделим числитель на знаменатель дроби в (4.15), а оставшуюся сумму $N^{-1}\sum_{\boldsymbol{q}}(\zeta + \zeta_{\boldsymbol{q}})^{-1}$ заменим на $S\,\beta$ по (4.6). Полагая наконец $\zeta = 0$, т. е. рассматривая, как и в (4.9), $\overline{\mathscr{H}}^{\text{п}}$ в нулевом по $\lambda$ приближении, находим

$$\frac{\overline{\mathscr{H}}^{\text{п}}}{N\,J(0)} = -\frac{3\,S}{2} + \frac{3}{2\,\beta\,J(0)}\,. \tag{4.16}$$

Это выражение отличается от (4.9). В частности, в точке Кюри, исключая из (4.16) $\beta_c\,J(0)$, получаем следующее значение энергии спиновой системы

$$\frac{\overline{\mathscr{H}}{}^{\text{п}}_c}{N\,J(0)} = -\frac{3\,S\,[F(-1) - 1]}{2\,F(-1)}\,. \tag{4.17}$$

Несовпадающие выражения (4.10) и (4.17) были получены при одних и тех же предположениях — использование расцепления Тябликова и приближения ближайших соседей. Но при выводе (4.17), в отличие от (4.10), еще учитывалась изотропия парных спиновых корреляторов $\langle S^\alpha_n\,S^\alpha_m \rangle$ в парамагнитной области. Таким образом, из $\overline{\mathscr{H}}^{\text{п}} \neq \langle \mathscr{H} \rangle^{\text{п}}$ следует, что уравнение (2.18), на основе которого получено $\langle \mathscr{H} \rangle^{\text{п}}$, нарушает вышеупомянутую изотропию. Прежде чем обсудить причины возникновения такой ситуации, оценим количественно различие $\overline{\mathscr{H}}^{\text{п}}$ и $\langle \mathscr{H} \rangle^{\text{п}}$. Из (3.19), (4.10) и (4.17) следует, что

$$\mu = \frac{\langle \mathscr{H} \rangle^{\text{п}}_e - \overline{\mathscr{H}}^{\text{п}}}{|\overline{\mathscr{H}}^{\text{п}}|} = \frac{1}{3}\,\frac{1}{2\,F^2(-1) - 2\,F(-1) + 1}\,. \tag{4.18}$$

С помощью приведенных в [2 до 6] численных значений константы $F(-1)$ отсюда находим, что $\mu = 0{,}13;\ 0{,}16;\ 0{,}17$ соответственно для простой, объемноцентрированной и гранецентрированной кубических решеток. Различие $\langle \mathscr{H} \rangle^{\text{п}}$ и $\overline{\mathscr{H}}^{\text{п}}$, следовательно, довольно заметное.

Подстановкой (4.16) в (1.1) получаем значение парамагнитной теплоемкости спиновой системы, вычисленное с учетом изотропии спиновых корреляторов

$$\frac{c^{\text{п}}_v(\beta)}{N\,k} = \frac{3}{2}\,. \tag{4.19}$$

Так же, как в (4.11), в этом выражении опущены малые слагаемые порядка $1 - \beta/\beta_c$ и более высокого. Относительное различие $c^{\text{п}}_v(\beta_c)$ и $C^{\text{п}}_v(\beta_c)$, оцененное с помощью (4.19) и (4.12), как и в случае с энергиями (4.18), оказывается порядка десяти процентов.

Выясним теперь причины этого расхождения. При решении системы уравнений для спиновых функций Грина результаты вычисления конкретной физической величины на основе получаемых решений этих уравнений зависят, во-первых, от способа расцепления системы зацепляющихся уравнений для спиновых гринианов и, во-вторых, при одном и том же способе расцепления — от порядка сделанного при этом приближения. Расцепления Тябликова [1] и Коллена [4] таковы, что не позволяют принципиально продвинуться дальше первого приближения. Результаты (4.9) до (4.12) и (4.16) до (4.19) получены в первом приближении при решении уравнений для спиновых гринианов и при одном и том же способе расцепления — по Тябликову [1]. При наличии какого — либо другого способа расцепления, отличающегося от способа Тябликова (и Коллена [4]) однозначностью в любом приближении при решении уравнений для спиновых гринианов можно было бы попытаться вычислить $\langle S^z(\boldsymbol{q})\, S^z(-\boldsymbol{q})\rangle$ при $\beta < \beta_c$, $H = 0$, используя второе приближение, и сравнить с $\langle S^x(\boldsymbol{q})\, S^x(-\boldsymbol{q})\rangle$, найденном в первом приближении.

Такой способ расцепления был недавно предложен Томитой и Танакой [10]; он основан на аналогии со взаимосвязью между моментами и семиинвариантами в статистике [11]. В следующей работе мы покажем, что первое приближение при вычислении $\langle S^x(\boldsymbol{q})\, S^x(-\boldsymbol{q})\rangle$ и второе — при определении $\langle S^z(\boldsymbol{q})\, S^z(-\boldsymbol{q})\rangle$ для $H = 0$ и $\beta < \beta_c$ дают, при использовании расцепления Томиты-Танаки [10], одинаковые результаты.

Таким образом, отмеченное выше нарушение изотропии спиновых корреляторов в парамагнитной области связано с использованием первого приближения при решении уравнений для спиновых функций Грина, и при использовании расцепления Тябликова (а также Коллена) его появление необходимо. Недостаточность первого приближения и, тем самым, и вышеупомянутых расцеплений обнаруживается и в обращении в бесконечность спиновой теплоемкости (3.21) в точке Кюри при стремлении к ней слева.

## 5. Заключение

Предпринятое в настоящей работе вычисление коррелятора $\langle S^z(\boldsymbol{q})\, S^z(-\boldsymbol{q})\rangle$ в окрестности точки Кюри позволило прийти к следующим выводам.

Если для получения особенности (3.6) спонтанной намагниченности в точке Кюри достаточно было самого факта самосогласованности теории Тябликова, приведшей к нелинейному уравнению для $\langle S^z\rangle$ (этого же достаточно для того, чтобы восприимчивость $\chi^{\text{п}}_{z;z}(0,\beta)$ имела полюс в точке Кюри [3]), то для вычисления средней энергии и теплоемкости спиновой системы необходим выход за рамки первого приближения в решении уравнений для спиновых функций Грина. А расцепления Тябликова [1] (и Коллена [4]) не позволяют этого сделать принципиально.

## Литература

[1] С. В. Тябликов, Украйн. матем. ж. **11**, 287 (1959).
[2] R. A. Tahir-Kheli and D. ter Haar, Phys. Rev. **127**, 88 (1962).
[3] K. Kawasaki and H. Mori, Progr. theor. Phys. **28**, 690 (1962).
[4] H. B. Callen, Phys. Rev. **130**, 890 (1963).
[5] R. A. Tahir-Kheli, Phys. Rev. **132**, 689 (1963).

[6] В. Н. Кащеев, phys. stat. sol. **5**, 373 (1964).
[7] В. Н. Кащеев, phys. stat. sol. **7**, 777 (1964).
[8] Л. Д. Ландау и Е. М. Лифшиц, Статистическая физика, ГИТТЛ, Москва 1951;
Электродинамика сплошных сред, ГИТТЛ, Москва 1957.
[9] Н. Н. Боголюбов и С. В. Тябликов, Докл. Акад. Наук СССР **126**, 53 (1959).
Д. Н. Зубарев, Успехи физ. наук **71**, 71 (1960).
[10] K. Tomita and M. Tanaka, Progr. theor. Phys. **29**, 528 (1963).
[11] R. Kubo, J. Phys. Soc. Japan **17**, 1100 (1957).

*(Received December 28, 1964)*

See Short Note by V. M. SIMIĆ and Ž. B. MARINKOVIĆ

a b

c

Fig. 1 a to c. PbS films containing $AgNO_3$ impurities, thickness 1.3 μm

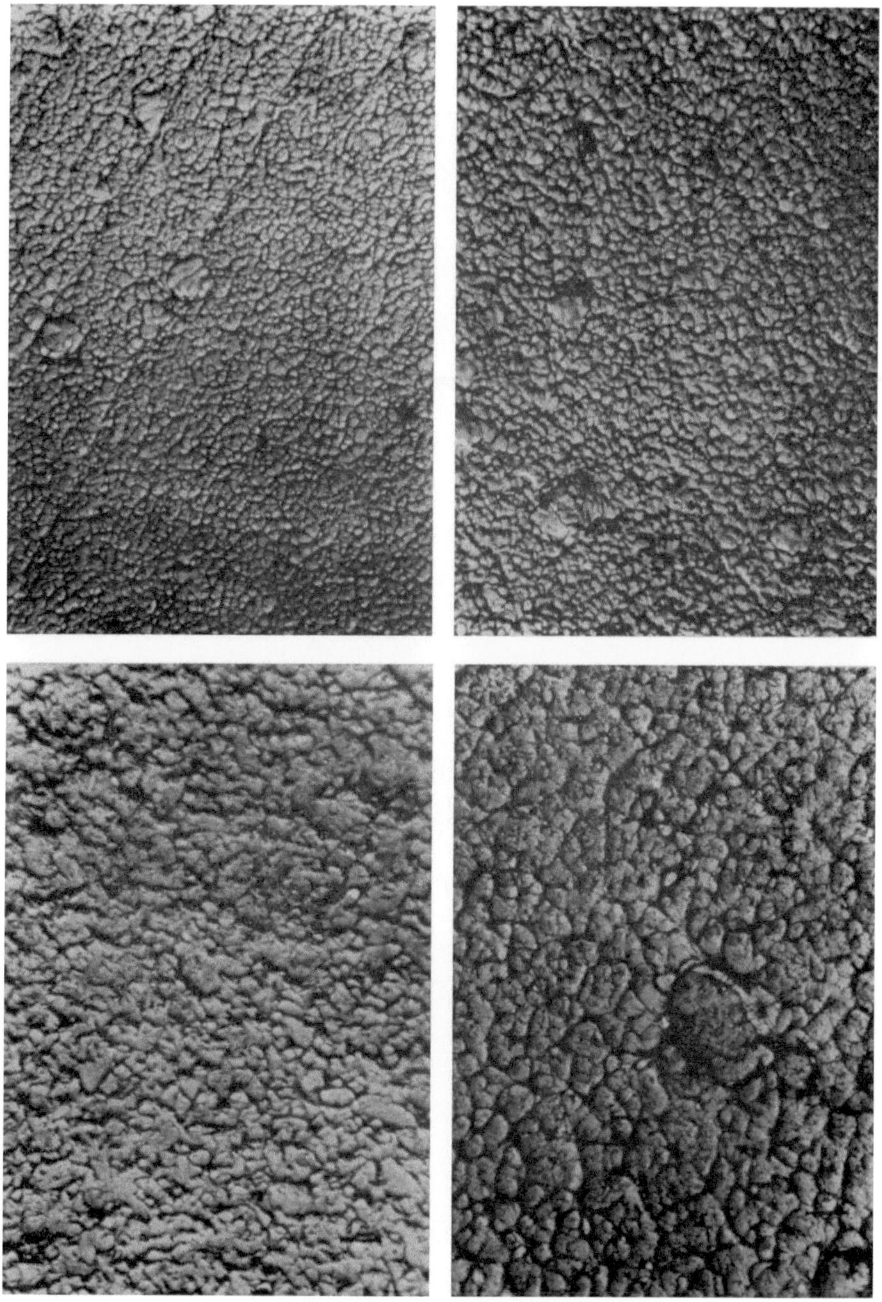

a b c d

Fig. 2. Effect of heat treatment on PbS films:
a) untreated film,
b) after heat treatment for 10 min at 100 °C,
c) 10 min at 300 °C,
d) 10 min at 500 °C

See Short Note by P. SVISZT and P. KOVÁCS

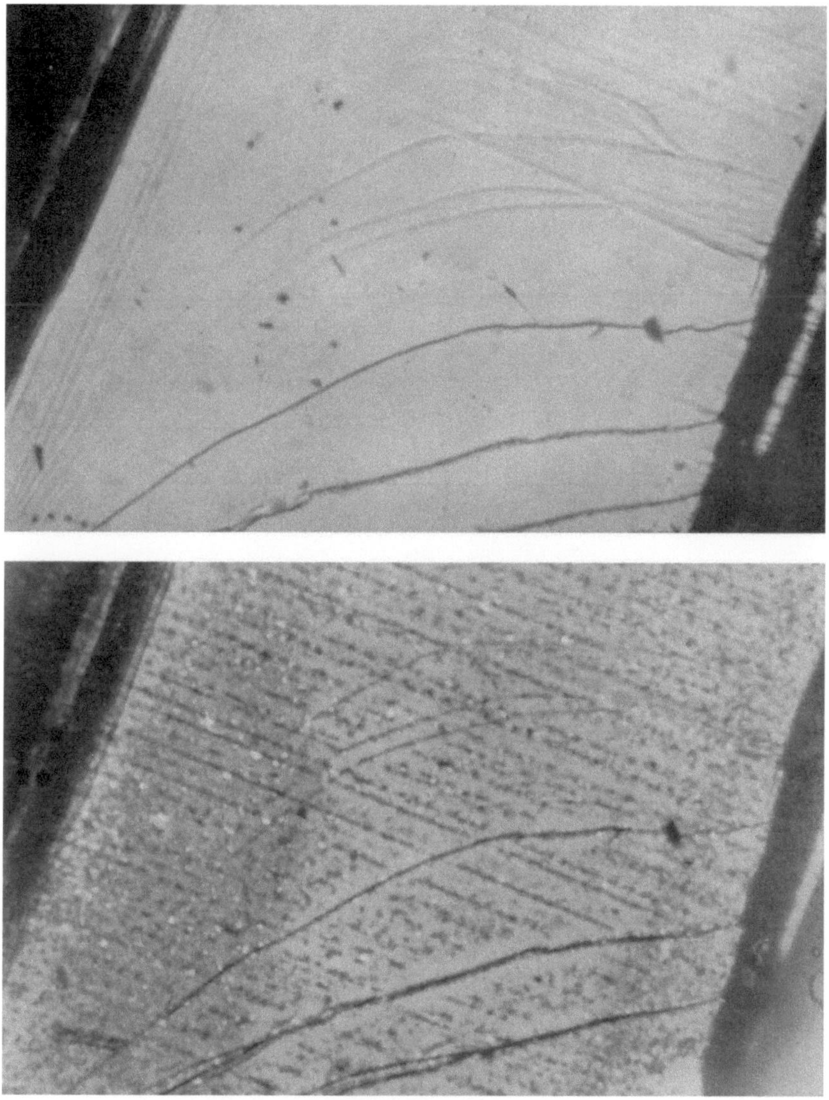

a

b

Fig. 1. Microphotograph of a cleavage surface of a ZnS single crystal,
a) before irradiation,
b) after 2 min uv irradiation in humid air (256 ×)

See Short Note by H. POSER

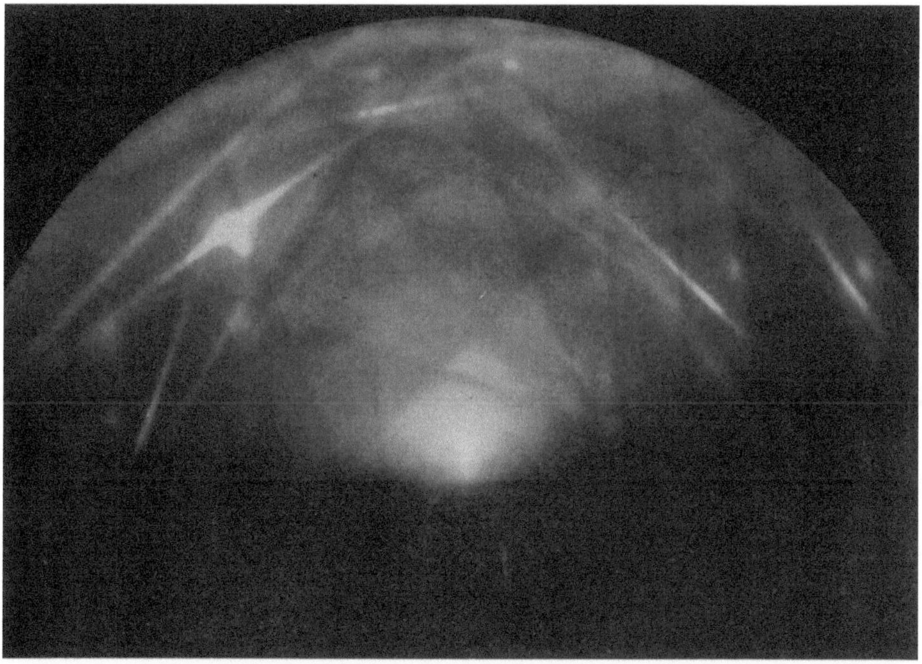

Fig. 1. Elektronenbeugungsaufnahme einer aufgedampften Germaniumschicht

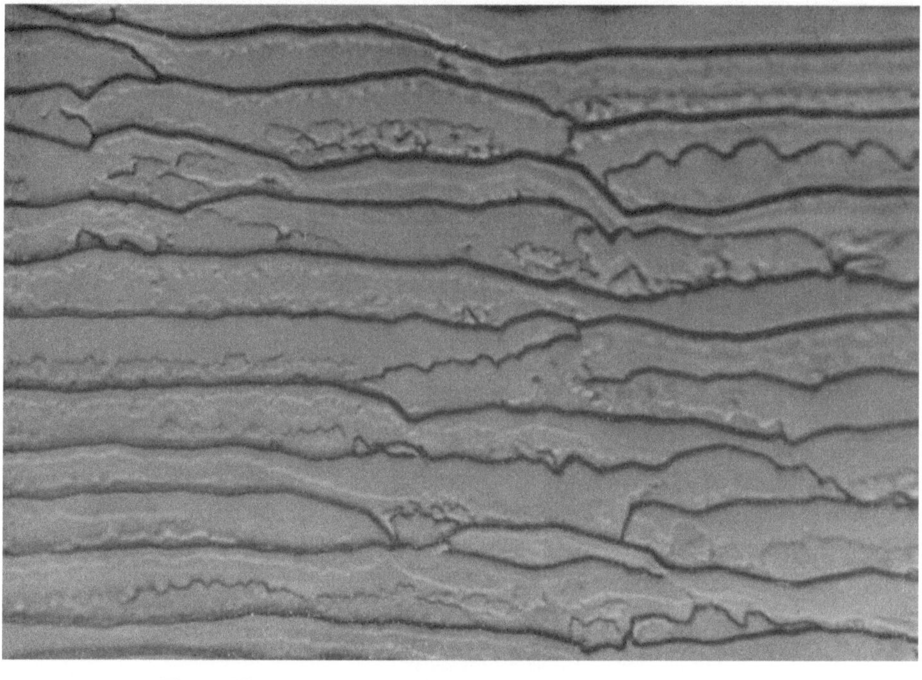

Fig. 2. Mikroaufnahme einer aufgedampften Germaniumschicht (1050:1)

## *Short Notes*

phys. stat. sol. 9, K1 (1965)

Faculty of Science, Department of Physics,
University of Beograd

# Influence of Layer Thickness and Grain Size of Chemically Deposited Lead Sulfide Films on the Long-Wavelength Limit of Photoconductivity

By

V.M. SIMIĆ and Ž.B. MARINKOVIĆ

It is known (1) that the thickness of chemically deposited lead sulfide films influences the long-wavelength limit of photoconductivity. With increasing thickness this limit is shifted towards longer wavelengths. It is also known (2) that the size of the grains in the layer shows an analogous effect in the case of lead telluride films evaporated in vacuum. In this case an increase of grain size is accompanied by a shift of the long-wavelength limit towards longer wavelengths.

We have examined chemically deposited lead sulfide films (3) with and without $SnCl_2$ or $AgNO_3$ impurities. The film thickness was calculated from the weight difference of the substrate with and without film (4, 5). The equipment used for the measurements of the spectral response of photoconductivity consisted of a single-pass monochromator, Model No. 98(Perkin-Elmer) with sodium-chloride prism, and a Globar as ir source. For the grain size measurements the electron microscope ELMI-D2 (of the University of Beograd) was used.

During the examination of chemically deposited lead-sulfide films we have observed that some films with identical thickness show different long-wavelength limits of photoconductivity. Electron microscopic observations of these layers have shown that different films consist of grains having different sizes. Films with smaller grains have a long-wavelength limit at shorter wavelength, contrarily to the films consisting of larger grains, for which a shift towards longer wavelengths has been observed. A typical

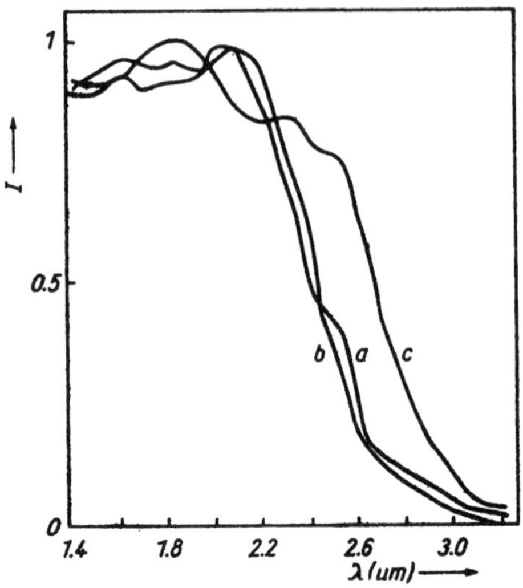


Fig. 1 d) Spectral distributions of the photoconductivity of the PbS films shown in Fig. 1 a) to c)

example is represented by three films having an identical thickness of 1.3 μm and containing $AgNO_3$ impurities. These films had long-wavelength limits as shown by the curves a, b, and c, respectively (Fig. 1 d). The corresponding electron-microscopic photographs (Fig. 1 a, b, and c) show that these films have different grain-size: the larger the grains in the film, the larger is the corresponding long-wavelength limit. In the case of the films containing $SnCl_2$ impurities a similar phenomenon was observed.

Heat treatment of the deposited films results in a shift of the long-wavelength limit towards longer wavelengths, without any change in the layer thickness. Electron microscopic observations have shown that the grain size is also increased by this treatment. The PbS films were heat-treated for 10 min at 100 °C, 300 °C, and 500 °C. It has been established that the shift of the long-wavelength limit increases monotonically with the temperature and time of heat treatment. The films were heat-treated in air, oxygen, hydrogen, and in vacuum. Identical results were obtained for all conditions studied. It was established, too, that this phenomenon occurs in an identical manner for films deposited with and without impurities. Fig. 2 shows electron-microscopic photographs and the spectral distribution of photoconductivity for an untreated film (a) and films treated at 100 °C (b), 300 °C (c), and 500 °C (d). In a number of cases the heat treatment did not shift the long-wavelength limit towards

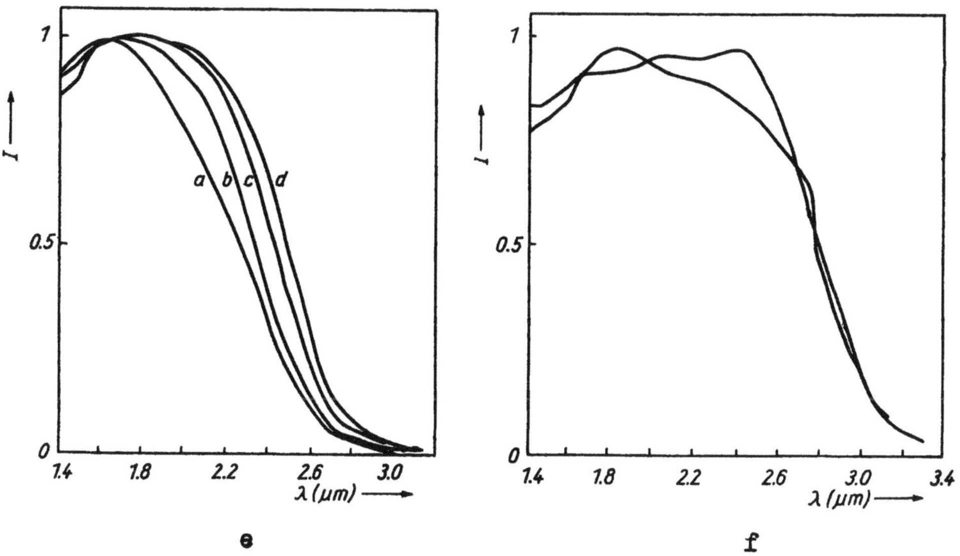


Fig. 2 e) Spectral distributions of photoconductivity corresponding to the annealing stages 2 a) to d)
f) Effect of heat treatment on the spectral distribution of photoconductivity of layers consisting of large grains

longer wavelengths (Fig. 2 f). In all these cases the grain size in the untreated film was greater than a critical value, and was not increased by heat treatment.

All results and conclusions presented in this work are based on the experimental examination of about 350 films. From the results presented above it may be concluded that the size of the grains of which the film consists, is a fundamental factor influencing the long-wavelength limit of the photoconductivity of chemically deposited lead sulfide films.

The authors wish to thank D.A. Tjapkin and D.D. Bugarinović for helpful discussions.

References

(1) H.E. SPENCER, Phys. Rev. 113, 1417 (1959).
(2) W.D. LAWSON, F.A. SMITH, and A.S. YOUNG, J. Electrochem. Soc. 107, 206 (1960).

(3) F. KICINSKI, Chem. Ind. 4, 54 (1948).
(4) G.W. MAHLMAN, Phys. Rev. 103, 1619 (1956).
(5) P.L. MJULLER, A.V. DANILOV, and JAN IN-GUJ, Ž. prikl. Khim. 34, 71 (1961).

(Received January 21, 1965)

phys. stat. sol. 9, K5 (1965)

Research Institute for Technical Physics of the Hungarian Academy of Sciences, Budapest

# Decoration Patterns of ZnS Single Crystals Obtained by Photolysis

By

P. SVISZT and P. KOVÁCS

It is known that there are different ways to reveal the imperfections (dislocations and other defects) of crystal lattices.

Besides etching, followed by subsequent microscopical examination of the etch pits, several methods have been used recently for revealing lattice imperfections [1]. One of the most common methods is to make lattice imperfections visible by an excess of metal precipitated around them, obtained in a variety of ways. This method has been used successfully for ionic crystals (2, 3).

Endeavours have been made to apply this method to ZnS as well. In (4) excess zinc or silver has been introduced into natural transparent ZnS crystals at temperatures between 500 $^{\circ}$C and 800 $^{\circ}$C. After such a treatment zones were observed, e.g. areas in which precipitates of excess metal were present. These were small circular areas, in which the specks were situated on nearly concentric circles, or zones filled with decorated lines forming the perimeter of triangles. The authors proved that the zones were formed by limited cleavage occuring in the early stages of heat treatment.

During the investigation of the photochemical properties of ZnS, we found that some lattice imperfections of ZnS single crystals might be decorated by photolysis. This phenomenon could be observed most clearly on cleaved surfaces of crystals which were grown in our laboratory from

---

1) The detailed descriptions of some of these methods and the results of their application can be found in (1).

the vapour phase (5). These were hexagonal prisms, the c-axes of which were parallel to their geometrical axes. Cleavage was carried out parallel to the c-axis.

Fig. 1a shows the microphotograph of a typical crystal surface produced by cleavage. On the upper part of the figure striations are visible. These striations, as it is well known, are of importance for electroluminescence (6 to 7) and evidently represent defects which lie in planes perpendicular to the c-axis((0001) planes) (8). This figure shows crack steps as well. These crack steps might be caused, e.g., by the fact that the mechanical stress causing the cleavage does not work exactly along the respective crystal planes. Apart from this, the crack steps might be caused by the imperfections in the crystal, since it is well known that these imperfections greatly influence the quality of cleavage (9).

Fig. 1b shows the same surface after irradiation with uv-radiation for 2 min in humid air. This irradiation was performed with filtered light with wavelengths corresponding to the absorption of ZnS in its fundamental band. A certain regularity in the position of the particles of photolytic Zn can be observed. It can be well seen that these specks are precipitated chiefly along the stacking faults and crack steps. It is especially remarkable that the stacking faults which are in the homogeneous, apparently perfectly clear areas of the crystal, might be revealed as well. Thus our observations show that there is a possibility of making visible certain imperfections in ZnS single crystals by photolysis. Moreover, we believe that these results can give valuable information on the mechanism of the darkining of ZnS.

In one of our previous papers (10) we pointed out that the rate of the darkening is strongly influenced by the numb of photolysis centers per unit surface which are present at the beginning of darkening. If the number of these centers is high, the crystal darkens more rapidly under given experimental conditions.

The following question arises: why are these spots more active than other centers and what is their nature?

We think that on the basis of our experiments we can already answer these questions partly.

In the first line: lattice imperfections act as preferred spots in the formation of photolysis centers and Zn specks. It is known that these defects are associated with certain excess strain energy (11). Due to this energy the crystal should be attacked more rapidly at these spots than on the rest of the surface because the reactivity of these spots is higher than that of the other parts. This might be one of the reasons why the photochemical decomposition of ZnS starts at these spots. Apart from this, the humidity, necessary for the photolysis is more effective at these spots, which have a higher adsorptivity than the other parts of the surface.

## References


(1) Dislocations and Mechanical Properties of Crystals, John Wiley and Sons, New York 1957.

(2) A. HEDGES and D. MITCHEL, Phil. Mag. 44, 223, 357 (1953).

(3) S. AMELINCKX, Phil. Mag. 1, 269 (1956).

(4) W. BONTINCK and W. DEKEYSER, Physica 22, 607 (1956).

(5) P. KOVÁCS and J. SZABÓ, Acta phys. Hungar. 14, 131 (1962).

(6) V.E. ORANOVSKII and V.A. KHEMILIN, Optika i Spektroskopiya 7, 398 (1959).

(7) J.L. GILLSON, Jr. and F.J. DARNELL, Phys. Rev. 125, 149 (1962).

(8) L.T. CHADDERTON, A.G. FITZGERALD, and A.D. YOFFE, Phil.Mag. 8, 167 (1963).

(9) W.J. DUNNING in: Physics and Chemistry of the Organic Solid State, New York-London 1963 (p.411).

(10) P. SVISZT, phys. stat. sol. 4, 631 (1964).

(11) B.A. IRVING in: The Electrochemistry of Semiconductors, Academic Press, London-New York 1962 (p.256).

(Received January 28, 1965)

phys. stat. sol. 9, K9 (1965)

VEB Halbleiterwerk Frankfurt/Oder,
Werkteil Stahnsdorf, Bereich Metallurgie

## Über die Anwendung von Molekularstrahlen bei der Herstellung von p-n-Übergängen durch Aufdampfen von Germanium vorgegebener Dotierung auf Germaniumeinkristallunterlagen von entgegengesetztem Leitungstyp

Von
H. POSER

Durch epitaxiales Aufwachsen von Schichten halbleitender Substanzen auf Halbleitereinkristallen von entgegengesetztem Leitungstyp lassen sich p-n-Übergänge erzeugen. Mit der Möglichkeit einer beliebigen Wahl der Dotierungskombination zwischen Schicht- und Substratmaterial könnten Halbleiteranordnungen hergestellt werden, die mit den üblichen Verfahren der Diffusion und Legierung, u.a. wegen ungeeigneter Diffusions- oder ungünstiger Verteilungskoeffizienten der Dotierungselemente, technologisch kaum durchführbar sind.

Weinreich u.a. (1) dampften p-leitendes Germanium auf n-leitende Germaniumeinkristalle auf. Ihr Arbeitsvakuum betrug $5 \cdot 10^{-6}$ Torr. Es gelang ihnen, p-n-Übergänge herzustellen mit einer Reststromdichte von 1,25 mA/cm$^2$ bei 1 V Sperrspannung.

In der vorliegenden Arbeit wurden frühere Untersuchungen (2) fortgesetzt und ebenfalls p-n-Übergänge durch Aufdampfen von Germanium auf arteigene Unterlagen erzeugt. Es sollte versucht werden, durch den Einsatz von Ionen- und Elektronenstrahlen zum Ätzen bzw. Aufheizen der Substrate und Dampfquelle die von (1) beobachteten Reststromdichten herabzusetzen. Die Untersuchungen wurden in einem technischen Vakuum durchgeführt. Im folgenden werden einige vorläufige Versuchsergebnisse mitgeteilt.

Als Substrat dienten (111)-orientierte, n-leitende Germaniumeinkristallplättchen mit einem spezifischen Widerstand von 4 $\Omega$cm. Die Kondensationsflächen waren geläppt, poliert und chemisch geätzt. Unmittelbar vor dem Bedampfen wurden die -lächen im Vakuum einer Ionenätzung unterzogen. Die Ionenätzung erfolgte in einer Niederdruckentladung mit niederenergetischen Argonionen. Elektronenbeugungsuntersuchungen ließen erkennen, daß die ionengeätzten Kristallflächen sauber waren und die Gitterstruktur der Oberflächenbereiche durch den Aufprall der beschleunigten Ionen nicht gestört wird; darüber hinaus zeigten elektrische Messungen, daß durch die Ionenätzung weder der Leitungstyp noch die Leitfähigkeit der Substratplättchen verändert werden.

Es wurde p-leitendes Germanium mit einem spezifischen Widerstand von $4 \cdot 10^{-3}$ $\Omega$ cm verdampft. Das Aufheizen der Quelle erfolgte mittels Elektronenbombardement. Die kondensierten Schichten waren p-leitend und hatten den gleichen spezifischen Widerstand wie das Quellenmaterial. Der Restgasdruck im Rezipienten betrug etwa $5 \cdot 10^{-5}$ Torr, die Dicke der aufgedampften Schichten etwa 5 $\mu$m.

Die Schichten hatten eine Einkristallstruktur von hoher Perfektion. Fig. 1 zeigt eine typische Elektronenbeugungsaufnahme einer bei 800 °C kondensierten Germaniumschicht mit beliebiger Einstrahlungsrichtung (50 kV, L = 481 mm). Eine Mikroaufnahme der gleichen Schicht ist in Fig. 2 zu sehen (Vergrößerung 1050 : 1).

Von den kontaktierten Proben wurde die Strom-Spannungs-Charakteristik aufgenommen. Der Sperrstrom bei 1 V betrug 20 $\mu$A, das entspricht einer Stromdichte von 0,12 mA/cm$^2$ bei der gewählten Schichtfläche. Der Durchlaßstrom betrug bei 1 V 500 mA, das Verhältnis JD/JSp ist demnach $2{,}5 \cdot 10^4$ bei 1 V.

Der Übergang zum breakdown erfolgte allmählich, ein scharfer Abknick der Kennlinie zum Durchbruch wurde nicht beobachtet. Die mitgeteilten Daten sind vorläufige Versuchsergebnisse und bedürfen noch der Optimierung. Trotz des relativ hohen Restgasdruckes im Rezipienten konnte die Reststromdichte gegenüber (1) um eine Größenordnung verringert werden.

Ein ausführlicher Bericht über weitere Versuchsergebnisse ist in Vorbereitung.

Literatur

(1) O. WEINREICH, G. DERMIT und C. TUFTS, J. appl. Phys. 32, 1170 (1961).

(2) H. POSER, Tagung Festkörperphysik, Balatonfüred 1959, Akademie-Verlag, Berlin 1961 (S. 51).

(Received February 13, 1965)

phys. stat. sol. 9, K13 (1965)

Institute of Physics of the Roumanian Academy, Bucharest

# Observations of the Reflection Spectrum of Thin CuI Layers in the Exciton Absorption Region

By

L. GHIŢĂ and E. TENESCU

The exciton spectra of copper halides are well known from the studies made by S. Nikitine and co-workers (1), E.F. Gross and co-workers (2), M. Cardona (3), and S.K. Deb (4).

In this Short Note some results are reported concerning the influence of the substrate on the position and relative intensity of the reflection lines of very thin polycrystalline CuI layers, at 77 °K, in the region of the first exciton doublet (4051 and 4066 Å).

We have chosen as substrates monocrystalline plates of NaCl, KCl, LiF, and mica, and fused quartz.

The samples had thicknesses between 400 and 2000 Å, measured with an interference microscope by the Tolansky method.

The CuI samples were obtained by exposing thin Cu layers in evacuated tubes to $I_2$ vapour at 100 °C. The Cu layers were prepared by simultaneous evaporation of spectroscopically pure Johnson Matthey copper on the different substrates in vacuum ($10^{-5}$ Torr). The $I_2$ was analytical-grade resublimated before the utilization. The crystalline substrates were freshly cleaved before deposition. The diffraction patterns obtained in an electron microscope correspond to the crystalline modification $\gamma$-CuI.

The reflection spectra have been obtained with the help of a spectral equipment with photoelectric receiver. The spectrograph (a Soviet plane grating DFS-8 spectrograph having 6 Å/mm linear dispersion and 50000 resolution) was used as a monochromator with automatic scanning of wavelength, by coupling the wavelength drum of the spectrograph with a SEFRAM recording galvanometer. A mechanical device permitted the speed of scanning to be varied. A RCA IP 28 photomultiplier was used as a receiver.

The reflection spectra for different substrates at the same thickness of the samples were compared.

Significant differences appear depending on the nature of the substrate, as it is seen in Fig. 1. Here the reflection spectra of CuI are recorded both for the free face of the sample and the face in contact with the substrate, which are denoted by F.F. and C.F., respectively.

In the case of NaCl, KCl, and LiF substrates we notice the occurrence of a doublet of well-pronounced reflection lines, lying at 4045 to 4046 Å and 4055 to 4056 Å, while for the case of quartz and mica a single pronounced maximum is found at 4050 to 4051 Å. In addition we observed for some samples two broader and weaker maxima at about 4065 and 4091 Å, which have been noticed in reflection by Gross (2) for layers of CuI obtained by sublimation (the latter has been assigned by him to the excess of I in the CuI layers).

It should be noted that in the case of NaCl, KCl, and LiF substrates the two maxima are symmetric with respect to 4050 (4051) Å, the position of the maximum in the case of quartz and mica.

A great number of experiments performed under the same conditions, and also experiments in which the samples were previously heated to 100 °C in dynamic vacuum in order to remove the excess of I, showed the same results (except for the maxima at 4065 and 4091 Å which disappear in this case). The results for the samples prepared in one of these experiments are given in Fig. 1.

It is seen that the relative intensities of the two maxima resolved on the "free face" and "contact face" of the CuI layer change in a striking manner; this indicates that the noticed effect is connected with the state of the two faces of the sample.

The reflection spectrum of a CuI layer which is detached from the substrate by dissolving the NaCl or KCl, and

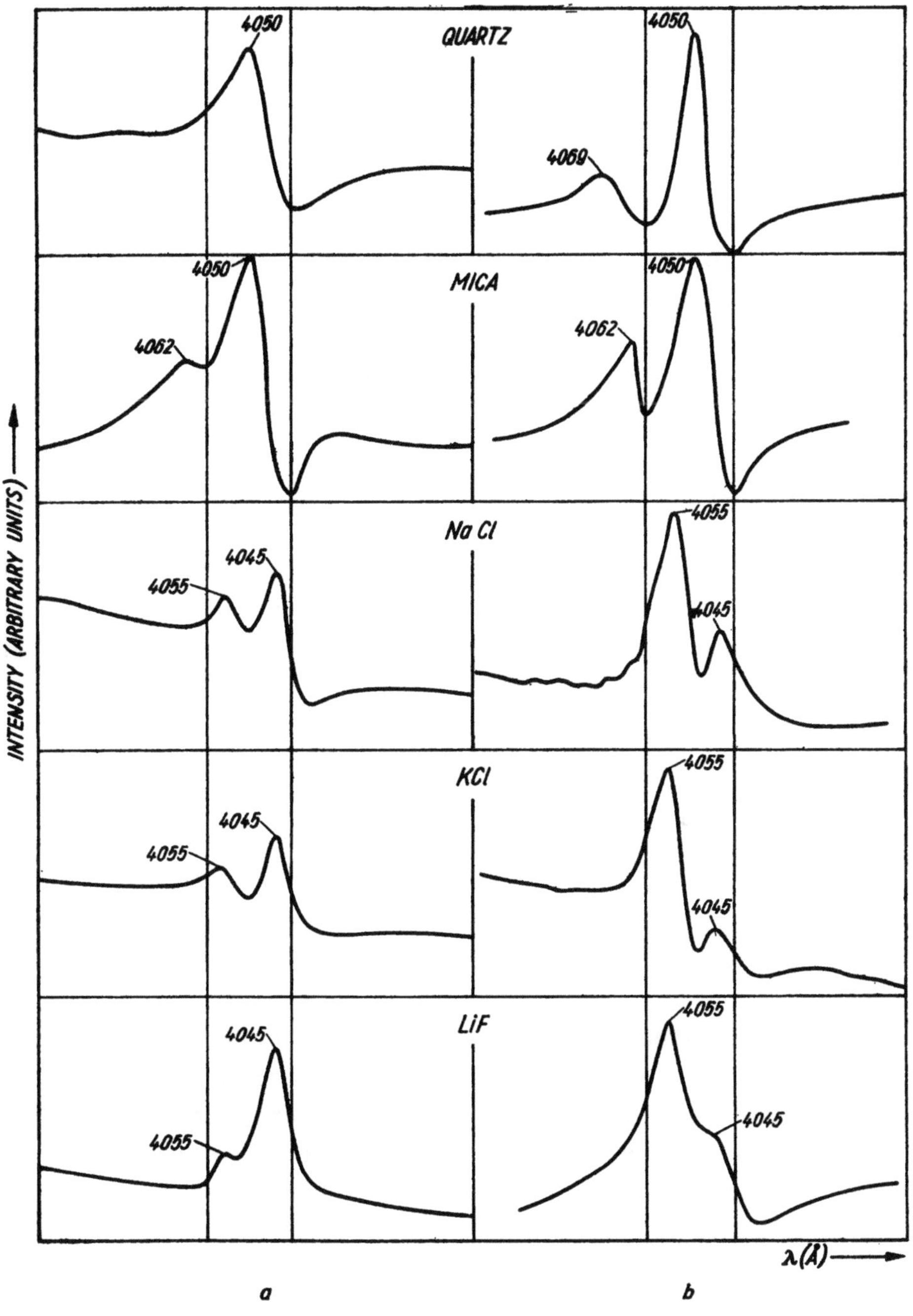


Fig. 1. Reflection spectra of polycrystalline CuI layers of thickness 700 Å
a) "free face", b) "contact face"

put on a quartz plate, exhibits a single maximum only, namely that corresponding to the position in the case when the sample is initially prepared on a quartz substrate. A sample detached from a NaCl substrate and put on another monocrystaline NaCl plate, after complete drying, also shows the same doublet.

The influence of temperature on the two reflection maxima was also studied. We noticed that, as the temperature increases above 77 °K, the distance between the two maxima as well as the ratio of the height of the first maximum (4045 Å) to that of the second maximum decrease.

It was found that the position of the reflection line doublet is independent of layer thickness over a large range (about 2000 Å), and of the reflection angle.

We also studied the influence of the dimensions of the crystallites, supposing that crystalline substrates would favour the formation of larger crystallites. It was reported by S. Nikitine and co-workers (5) that the dimensions of the crystallites affect the details of the exciton spectra.

Two kinds of experiments perfoimed by us showed that the effect observed is not connected with the dimensions of the crystallites: These were 1) the transplantation of CuI layers from NaCl or KCl to quartz substrates and 2) diffraction experiments which did not yield significant differences between the layers obtained on crystalline and amorphous substrates.

The mechanical stress which occurs between the sample and the substrate when the temperature decreases to 77 °K, may be responsible for the observed effect. The magnitudes of the thermal expansion coefficients of the used substrates (6) and CuI (7) and their variation with temperature seem to support this supposition.

At present further investigations are made especially of the influence of the substrates on samples directly prepared by evaporation of powdered CuI in vacuum.

## References

(1) S. NIKITINE and R. REISS, C. R. 244, 1478 (1957); J. chem. Phys. 56, 572 (1959); J. Phys. Chem. Solids 16, 237 (1960);
S. NIKITINE, R. REISS, J. RINGEISSEN, A. PETERS, J. BIELLMANN, J. BURCKEL, J.B. GRUN, and M. SIESKIND, Proc. of International Conference on Semicond. Phys., Prague 1960.

(2) E.F. GROSS, B.S. RAZBIRIN, and R.I. SEHMAMETIEV, Optika i Spektroskopiya 7, 232 (1960).

(3) M. CARDONA, Phys. Rev. 129, 69 (1963).

(4) S.K. DEB, Canad. J. Phys. 41, 992 (1963).

(5) S. NIKITINE, L. WURSTEISEN, and J. RINGEISSEN, Phys. of Semicond. International Conference, Exeter 1962;
S. NIKITINE, L. WENGER-WURSTEISEN, C. SCHWAB, and J. RINGEISSEN, Phys. Semicond. Proc. of the 7th International Conference, Paris 1964.

(6) American Institute of Physics - Handbook, McGraw-Hill Book Comp. 1963.

(7) B.R. LAWN, Acta cryst. 17, 1341 (1964).

(Received February 13, 1965)

phys. stat. sol. 9, K19 (1965)

Department of Physics, Brunel College, London (a), and Department of Metallurgy, College of Technology, Enfield (b)

# Large Torsional Plastic Deformation and the Poynting Effect in Metals

By

P. FELTHAM (a) and J. SPEARS (b)

In recent work on the specific resistivity of point defects and dislocations in metals, and in studies of their work-hardening behaviour, Kovács and coworkers (1 to 4) have made extensive use of torsional deformation of wires. This method facilitates attainment of shear strains of several hundred percent without entailing fracture of the specimens, and it enables one to measure resistivity and work-hardening parameters while the specimen is being strained in situ in a cryostat or other temperature-controlled enclosure. In view of the large strains which can be reached, and the continuity of the deformation, torsion has obvious advantages over tension or rolling; however the strain is not constant over the wire or rod crossection, and the shear deformation is generally accompanied by an unwanted small tensile elongation of the specimen, sometimes referred to as the Poynting effect (5). The attraction of experimental simplicity is therefore often marred by the anticipation of difficulties in interpreting the measurements, and this has no doubt led to the neglect of a potentially useful method in the study of the physics of metal plasticity. The main object of the present work was to show that, in fact, relatively simple considerations enable one to determine the state of work-hardening at any point of the crossection of a plastically twisted metal rod or wire.

Kovács et al. (2, 3) have shown that from the point of view of work-hardening, i.e. the tensile flow stress attained, the axial elongation of the rod $\Delta l$ is equivalent to a shear strain $\gamma_l = 3\,\Delta l/l_0$ additional to that due to twisting. However, in the present experiments it was found possible to twist vacuum annealed (1 h at 300 °C) aluminium rods of 99.999 % purity, with a gauge length of 15 cm and 0.64 cm diameter, up to 30 times in a lathe at room temperature before significant warping due to elongation of the specimens occurred. The strain $\gamma_1$ was estimated to be less than 5 % of the mean torsional strain at fracture, and was therefore not taken into account in the analysis of the deformation.

Hence, with the Poynting effect neglected, the only operative stresses are $\tau_{z\theta}$, and the corresponding strains are $\gamma_{z\theta}(r)$. As no strains of type $\gamma_{r\theta}$ occur the deformation is one of pure shear; the rod can be visualised as deforming by the relative rotational displacement of adjacent circular lamellae, like cards in a pack. Consequently the shear strain at a point distant r from the axis must be equal to

$$\gamma_{z\theta} = r\theta/l_o \; , \qquad (1)$$

where $\theta$ is the angle of twist, and $l_o$ the length of the rod. For a given twist the shear strain is therefore proportional to r, varying from 0 at the centre to a maximum $r_o\theta/l_o$ at the rod surface.

The mean torsional strain, defined by

$$\gamma_t = (1/\pi r_o^2) \int_0^{r_o} (r\theta/l_o)\, 2\pi r \cdot dr \qquad (2)$$

therefore takes the value $2r_o\theta/3\,l_o$, obtained by evaluating the integral, irrespective of the mode of work-hardening. The assumption of ideal plasticity made by Kovács and Feltham (2) in deriving equation (2) is therefore unnecessarily restrictive. Further, if the metal obeys a work-hardening law, which without loss of generality we may take to be

$$\tau^m_{z\theta} = h\,\gamma_{z\theta}, \quad m = \text{const} \; , \qquad (3)$$

where h is the temperature dependent coefficient of work-hardening in shear, we must have, from equations (1) and (3):

$$\tau_{z\theta}^{m} = h(r_o\theta/l_o)(r/r_o). \tag{4}$$

Thus, if h is known, the flow stress $\tau_{z\theta}$ at any point of the wire crossection can be found for a given angle of twist.

In practice it is generally convenient to relate equation (3) to a tensile work-hardening law. The equivalent tensile stress and strain are then given by (6)

$$\sigma(r) = 3\,\tau_{z\theta} \tag{5}$$

and

$$\varepsilon(r) = \frac{1}{3}\,\gamma_{z\theta} = \frac{1}{3}\,r\theta/l_o\,, \tag{6}$$

so that

$$\sigma^m = h'\varepsilon\,; \qquad h' = 3^{m+1}h\,. \tag{7}$$

Consequently, if the tensile stress/strain curve of the metal is available, so that h' is known, then h may be found, and $\tau_{z\theta}$ determined, i.e. the flow stress in shear across the rod crossection may be deduced.

In order to compare the work-hardening curve, obtained with a rod of the annealed aluminium in a conventional tensile test (full curve in Fig. 1), with equation (7), it would be necessary to measure the flow stress $\sigma(r)$ at several points along the radius of a sectioned torsion specimen and to correlate it with $\varepsilon(r)$ as given by equation (6). Direct measurement of $\sigma(r)$ was impossible; instead microhardness measurements were made across electropolished sections of specimens which had been given up to 20 complete twists. A diamond pyramid with a 100 g load was used. About 70 μm was removed from each surface by electropolishing to dissolve the layer hardened by the saw cut. A linear relation between the flow stress $\sigma(r)$ and the diamond pyramid hardness (DPH) was assu-

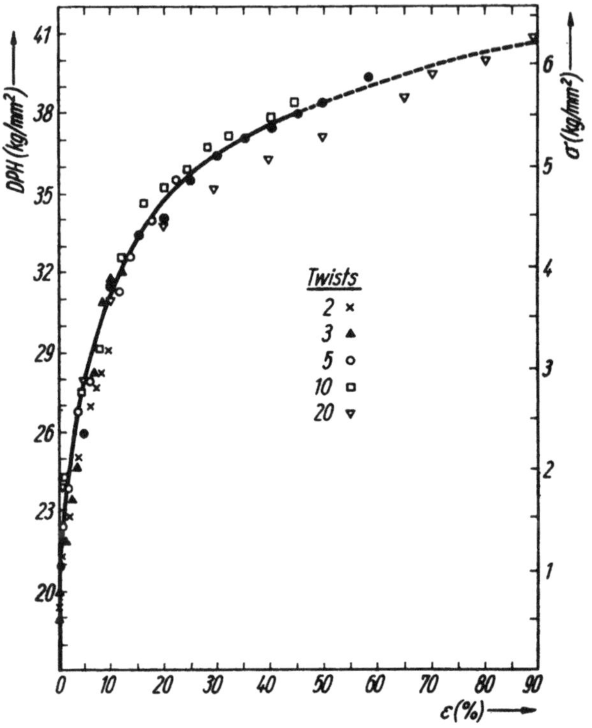


Fig. 1

med. The actual relation was taken to be

$$DPH = 17 + 3.8\sigma(r),$$

where $\sigma$ is expressed in $kg/mm^2$. Here 17 represents the measured DPH of annealed specimens not subjected to twisting; the dimensionless slope of the curve (3.8) was obtained by fitting the DPH/ε hardness measurements to the experimental tensile $\sigma/\varepsilon$ curv (full line in Fig. 1) so as t coincide at the fracture stra attained in the tensile test, i.e. at about 40 %. As can be seen, agreement is satisfactory.

It may be concluded that the flow stress in tension or shear across a section of a twisted wire or rod can be evaluated if the tensile work hardening curve of the material is available. Conversely, measurements of hardness could be used to determine the stress/strain curves of materials which are ductile in torsion but brittle in tension.

## References

(1) I. KOVÁCS, Acta phys. Hungar. 15, 65 (1962).
(2) I. KOVÁCS and P. FELTHAM, phys. stat. sol. 3, 2379 (1963)
(3) I. KOVÁCS, E. NAGY and P. FELTHAM, Phil. mag. 9, 797 (196
(4) I. KOVÁCS and E. NAGY, phys. stat. sol. 8, 795 (1965).
(5) J.H. POYNTING, Proc. Roy. Soc. A 82, 546 (1909); 86,534 (1912).
(6) P. FELTHAM, Phil. Mag. 8, 989 (1963).

(Received February 20, 1965)

phys. stat. sol. 9, K23 (1965)

Institut für Magnetische Werkstoffe
der Deutschen Akademie der Wissenschaften zu Berlin, Jena

# Note on Coupled Magnetic Thin Films

By
W. ANDRÄ

Coupling between magnetic thin films is possibly due to different mechanisms, e.g. magnetostatic interaction, magnetoelastic interaction, and exchange interaction. The latter is assumed to act only on neighbouring surfaces of the coupled films. For example, the films investigated by Bean (1), by Berkowitz and Greiner (2), and by Bruyère, Massenet, Montmory and Néel (3, 4) may exhibit a kind of interaction similar to the exchange type. In this case generally an inhomogeneous distribution of the magnetization is to be expected. The purpose of the following calculation of a simple example is to estimate the difference between the most frequently used model of homogeneous magnetization and a more accurate treatment of the pure surface interaction.

We calculate the magnetization distribution of a system consisting of two identical ferromagnetic films with thickness D and easy axes at a right angle but parallel to the film plane. These films (for example separated by a nonmagnetic layer of thickness d) are coupled by an interfacial interaction (coupling constant C). The model of homogeneous magnetization treated by Yelon and Montmory (5) has, for zero external field, the energy density

$$E/F = KD\left[\sin^2\varphi_1 + \cos^2\varphi_2\right] + C\left[1 - \cos(\varphi_2 - \varphi_1)\right], \qquad (1)$$

where $\varphi_i$ is the angle between the magnetization of the film $i$ and one of the easy axes (Fig. 1), K the constant of uniaxial anisotropy, and F the surface area. Solutions are

$$2\varphi_1 = \arctan(C/KD), \qquad 2\varphi_2 = \pi - 2\varphi_1. \qquad (2)$$

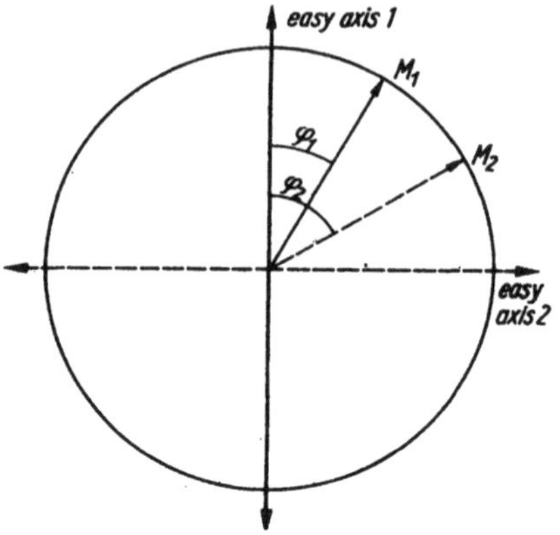


Fig. 1. Schematic top view of the coupled films with homogeneous magnetization

In our model we start, in analogy to the treatment of Ruske (6), from the variation problem

$$E/F = \int_{-D}^{0}\left[K\sin^2\varphi(x) + A(d\varphi/dx)^2\right]dx + \int_{d}^{d+D}\left[K\cos^2\varphi(x) + A(d\varphi/dx)^2\right]dx + C\left[1 - \cos\Delta\varphi\right] = \mathrm{Min}, \qquad (3)$$

where $\varphi$ denotes the angle between the local magnetization and one of the two easy axes, x is the direction perpendicular to the film plane, A the internal exchange constant, and $\Delta\varphi$ the angle between the magnetizations at x = 0 and x = d (Fig. 2). Because of the symmetry of the problem it is sufficient to minimize only one of the two integrals in formula (3). Simplifying the mathematical treatment by the approximation $D = \infty$ we get the well known result

$$\varphi(x) = 2\arctan\left\{\exp\left[\ln\tan(\varphi_0/2) + x/\delta\right]\right\} \quad \text{for } x \leq 0, \qquad (4)$$

where $\delta = (A/K)^{1/2}$ and $\varphi_0 = \varphi(x=0)$. From formula (3), (4), and $\Delta\varphi = \pi/2 - 2\varphi_0$ it follows

$$E/F = 4(AK)^{1/2}(1 - \cos\varphi_0) + C(1 - \sin 2\varphi_0). \qquad (5)$$

By putting $\partial E/\partial\varphi_0 = 0$ we find the minimum energy for

$$\sin\varphi_0 = (AK/4C^2)^{1/2}\left[(1 + 2C^2/AK)^{1/2} - 1\right]. \qquad (6)$$

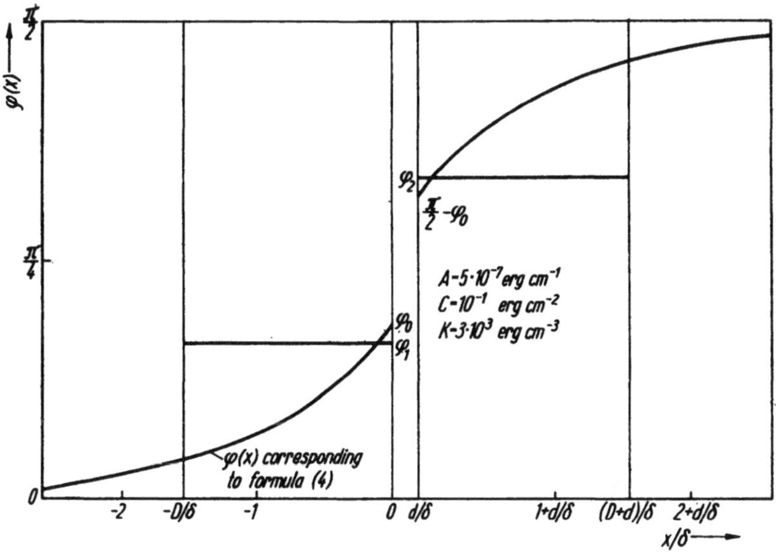


Fig. 2. Magnetization distribution $\varphi(x)$ calculated from formula (3) with $D = \infty$, and the values of $\varphi_1$ and $\varphi_2$ according to formula (2) for a typical material

Typical values of coupled Ni-Fe films ( ~ 80% Ni) are $C = 10^{-1}$ ergcm$^{-2}$, $K = 3x10^{3}$ ergcm$^{-3}$ (3), and $A = 5x10^{-7}$ ergcm$^{-1}$ (7). Using these values we get $\varphi_0 \sim 33^{\circ}$. On the other hand, for $D = 2x10^{-5}$ cm the model of homogeneous magnetization gives $\varphi_1 \sim 30^{\circ}$, $\varphi_2 \sim 60^{\circ}$.

If $D \neq \infty$ the magnetization distribution (4) is of course also not correct, but we can compare the approximations (2) and (4) by calculating E/F. For the model of homogeneous magnetization (with $D = 2x10^{-5}$ cm) we get E/F = 0,043 ergcm$^{-2}$ whereas (4) gives E/F = 0,034 ergcm$^{-2}$, although the integration extends from $x = -\infty$ to $x = 0$. The thicker the films, the better is the approximation (4). As shown in Fig. 3 for $D > 1.4x10^{-5}$ cm the distribution (4) seems to be the better model. A rigorous treatment of the expression (3) should of course give energies lower than that of the homogeneous magnetization model, also for $D < 1.4x10^{-5}$ cm.

Our results show that in interfacially coupled films the magnetization distribution is generally inhomogeneous unless the magnetizations of the films are parallel. This

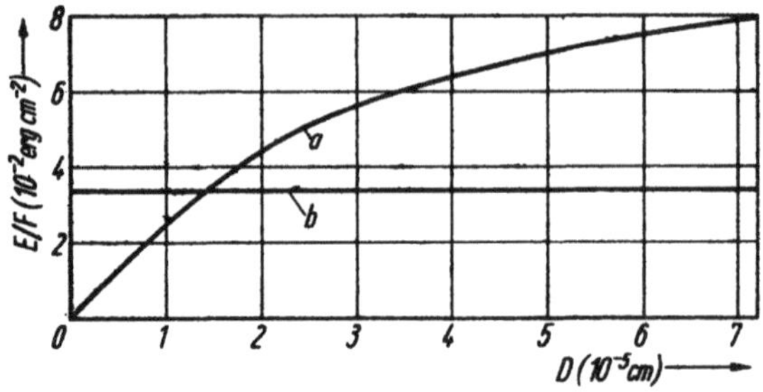


Fig. 3. Energy density E/F as a function of film thickness D for both models
a) homogeneous magnetization
b) inhomogeneous magnetization with D = ∞

fact should be taken into consideration for calculations of stable states and magnetization reversal of film systems consisting of ferro- and nonmagnetic or ferro- and antiferromagnetic materials.

References

(1) C.P. BEAN, Structure and Properties of Thin Films, John Wiley and Sons, New York 1959 (p. 331).

(2) A.E. BERKOWITZ and J.H. GREINER, J. appl. Phys. 35, 925 (1964).

(3) J.C. BRUYÈRE, O. MASSENET, R. MONTMORY, and L. NÉEL, C.R. Acad. Sci.(France) 258, 841, 1423 (1964).

(4) O. MASSENET and R. MONTMORY, C.R. Acad. Sci.(France) 258, 1752 (1964).

(5) A. YELON and R. MONTMORY, Proc. Internat. Conf. on Magnetism, Nottingham 1964.

(6) W. RUSKE, phys. stat. sol. 6, 893 (1964).

(7) S. METHFESSEL, S. MIDDELHOEK, and H. THOMAS, Z.angew. Phys. 14, 185 (1962).

(Received February 25, 1965)

phys. stat. sol. 9, K27 (1965)

Physikalisch-Technisches Institut der
Deutschen Akademie der Wissenschaften zu Berlin

# Der Einfluß der Spinabhängigkeit der Energie der Leitungselektronen auf den elektrischen Widerstand ferromagnetischer Metalle bei tiefen Temperaturen

Von
M. RÖSLER

Betrachtet man die Elektronen der inneren nichtabgeschlossenen Schalen der Ferromagnetika (d-Elektronen) als an den entsprechenden Gitterpunkten lokalisiert, so führt die Austauschwechselwirkung dieser Elektronen mit den Leitungselektronen (s-Elektronen) zu einer Spinabhängigkeit der Energie der letzteren von der Form (1, 2)

$$E_{\mathfrak{k}}^{\pm} = E_{\mathfrak{k}} - S(1 \pm \mu) J(\mathfrak{k},\mathfrak{k}). \qquad (1)$$

Dabei ist $E_{\mathfrak{k}}$ die Blochsche Energie, S das resultierende Gesamtspinmoment der nichtabgeschlossenen Schale und $\mu$ die relative Magnetisierung der d-Elektronen. Der Operator der Austauschwechselwirkung lautet in der Darstellung der 2. Quantelung (1, 2)

$$H_{sd} = \frac{1}{G^3} \sum_{\mathfrak{k}\mathfrak{k}'\mathfrak{q}\mathfrak{q}'\mathfrak{K}} J(\mathfrak{k}',\mathfrak{k})\, \delta_{\mathfrak{k}'-\mathfrak{k}+\mathfrak{q}'-\mathfrak{q},\mathfrak{K}}\, b_{\mathfrak{q}'}^{+} b_{\mathfrak{q}} \left[ a_{\mathfrak{k}'+}^{+} a_{\mathfrak{k}+} - a_{\mathfrak{k}'-}^{+} a_{\mathfrak{k}-} \right] - \left(\frac{2S}{G^3}\right)^{\frac{1}{2}} \sum_{\mathfrak{k}\mathfrak{k}'\mathfrak{q}\mathfrak{K}} J(\mathfrak{k}',\mathfrak{k}) \left[ \delta_{\mathfrak{k}'-\mathfrak{k}-\mathfrak{q},\mathfrak{K}}\, b_{\mathfrak{q}} a_{\mathfrak{k}'-}^{+} a_{\mathfrak{k}+} + \delta_{\mathfrak{k}'-\mathfrak{k}+\mathfrak{q},\mathfrak{K}}\, b_{\mathfrak{q}}^{+} a_{\mathfrak{k}'+}^{+} a_{\mathfrak{k}-} \right]. \qquad (2)$$

$J(\mathfrak{k}',\mathfrak{k})$ ist das verallgemeinerte Austauschintegral, $\mathfrak{K}$ ein reziproker Gittervektor, $G^3$ die Zahl der Atome im Grundgebiet $\Omega$ ($\Omega = G^3 \Omega_0$), $b_{\mathfrak{q}}^{+}$ bzw. $b_{\mathfrak{q}}$ und $a_{\mathfrak{k}s}^{+}$ bzw. $a_{\mathfrak{k}s}$ Erzeugungs- bzw. Vernichtungsoperatoren für Magnonen mit dem Wellenvektor $\mathfrak{q}$ und Elektronen mit dem Wellenvektor $\mathfrak{k}$ und dem Spin s. Wir berechnen jetzt den Beitrag der Ein-Magnon(EM)-Prozesse, die durch den 2. Teil des Operators (2) beschrieben werden, zum elektrischen Widerstand bei Berücksichtigung von (1).

Aus dem Variationsverfahren zur Lösung des Boltzmanngleichungssystems gewinnt man folgende Formel für den elektrischen Widerstand

$$\varrho_{EM} = - \frac{\Omega}{(\delta^{1}_{+0})^2}\left[ e^{++}_{oo} - \frac{(e^{+-}_{oo})^2}{e^{--}_{oo}} \right]. \tag{3}$$

Wir haben dabei die in (3) angegebene Transformation der Determinanten, durch die die Transportkoeffizienten dargestellt werden, benutzt. Es ist

$$e^{\pm\pm}_{oo} = d^{+}_{oo} + d^{-}_{oo} \mp 2\, d^{+-}_{oo} \tag{4}$$

$$e^{+-}_{oo} = d^{+}_{oo} - d^{-}_{oo} \tag{5}$$

$$\delta^{1}_{\pm 0} = \alpha^{1}_{+0} \pm \alpha^{1}_{-0} , \tag{6}$$

wobei

$$d^{\pm}_{oo} = - \frac{1}{k_B T} \sum_{\mathfrak{k}\mathfrak{k}'\mathfrak{q}} P_{\mathfrak{k}\pm \to \mathfrak{k}'\mp,\mathfrak{q}} (\varphi^{o}_{\mathfrak{k}\pm})^2 \tag{7}$$

$$d^{\pm\mp}_{oo} = \frac{1}{k_B T} \sum_{\mathfrak{k}\mathfrak{k}'\mathfrak{q}} P_{\mathfrak{k}\pm \to \mathfrak{k}'\mp,\mathfrak{q}}\, \varphi^{o}_{\mathfrak{k}\pm} \varphi^{o}_{\mathfrak{k}'\mp} \tag{8}$$

und $\alpha^{1}_{so}$ in (4) definiert ist. Der in (4) definierte Koeffizient $d^{sEM}_{1,00}$ ist gerade die Summe von (7) und (8). Vernachlässigt man die Spinabhängigkeit der Energie, so reduziert sich (3) auf den in (4) angegebenen Ausdruck. Die $\varphi^{\nu}_{\mathfrak{k}s}$ sind die Entwicklungsfunktionen im Variationsverfahren. Wir wählen $\varphi_{\mathfrak{k}s} = k_x$ ($\mathfrak{k} = \{E, o, o\}$). Die Berechnung der Koeffizienten (4) und (5) verläuft in der gleichen Weise wie die von $d^{sEM}_{1,00}$ in (4). Jetzt hat man jedoch in der Energie-$\delta$-Funktion die Beziehung (1) zu berücksichtigen. Es ist mit der Näherung $J(\mathfrak{k}',\mathfrak{k}) \approx J(0)$ und unter Annahme sphärischer Energieflächen

$$\delta\left(E^{-}_{|\mathfrak{k}+\mathfrak{q}+\mathfrak{K}|} - E^{+}_{k} - \varepsilon_{\mathfrak{q}}\right) = \frac{1}{|\mathfrak{q}+\mathfrak{K}|\frac{dE^{+}_{k}}{dk}}\, \delta\left(\cos\Theta - \frac{|\mathfrak{q}+\mathfrak{K}|}{2k} + \frac{\varepsilon_{\mathfrak{q}}}{|\mathfrak{q}+\mathfrak{K}|\frac{dE^{+}_{k}}{dk}} - \frac{S\mu J(0)}{|\mathfrak{q}+\mathfrak{K}|\frac{dE^{+}_{k}}{dk}}\right), \tag{9}$$

wobei $\Theta = \sphericalangle(-k, q + k)$ und $\varepsilon_q$ die Magnonenenergie ist. Für den elektrischen Widerstand erhält man zunächst

$$\varrho_{EM} = \frac{3\pi^3 \hbar\, g_{max}\, S\,|J(0)|^2}{e^2 G^3 k_F^4 \left(\frac{dE_k}{dk}\Big|_F\right)^2} \sum_{qk} \frac{\lambda}{(e^{\lambda}-1)(1-e^{-\lambda})} \left[ \frac{|q+k|}{g_{max}} - \frac{k_F^2}{g_{max}^2} \left( \frac{S\mu\, J(0)}{k_F \frac{dE_k}{dk}\big|_F} \right)^2 \frac{g_{max}}{|q+k|} \right]. \tag{10}$$

Dabei ist $\lambda = \varepsilon_q / k_B T$ und $g_{max}$ ist der Radius der durch eine Kugel approximierten Magnonenzone. Vernachlässigt man die Umklapp-Prozesse, so folgt

$$\varrho_{EM} = \frac{9\pi^3 \hbar\, g_{max}\, S\,|J(0)|^2}{2 e^2 k_F^4 \left(\frac{dE_k}{dk}\Big|_F\right)^2} \left(\frac{T}{\vartheta}\right)^2 \left[ R_2\left(\frac{\vartheta}{T}, \frac{T_0}{T}\right) - \frac{T_0}{T} R_1\left(\frac{\vartheta}{T}, \frac{T_0}{T}\right)\right], \tag{11}$$

wobei

$$R_n\left(\frac{\vartheta}{T}, \frac{T_0}{T}\right) = \int_{T_0/T}^{\vartheta/T} \frac{\lambda^n}{(e^{\lambda}-1)(1-e^{-\lambda})}\, d\lambda \tag{12}$$

und

$$T_0 = \frac{k_F^2}{g_{max}^2} \left( \frac{S\mu\, J(0)}{k_F \frac{dE_k}{dk}\big|_F} \right)^2 \vartheta \tag{13}$$

die kritische Temperatur ist, unterhalb der die EM-Prozesse, d.h. die Prozesse, die unter Spinänderung der s-Elektronen verlaufen, unwirksam werden. Es ist $\vartheta = \frac{1}{k_B} 2S\, I\, (a g_{max})^2$, wo I das d-d-Austauschintegral und a die Gitterkonstante ist. Für $n \geq 2$ ist $R_n(\frac{\vartheta}{T}, \frac{T_0}{T})$ durch Transportintegrale darstellbar und für n = 1 kann man (12) elementar integrieren. Für $\vartheta \gg T \gg T_0$ [1] ist $R_1 \approx 1 + \ln \frac{T}{T_0}$ und $R_2 \approx \frac{\pi^2}{3} - \frac{T_0}{T}$, d.h.

$$\varrho_{EM} = \frac{3\pi^5 \hbar\, g_{max}\, S\,|J(0)|^2}{2e^2 k_F^4 \left(\frac{dE_k}{dk}\Big|_F\right)^2} \left(\frac{T}{\vartheta}\right)^2 \left[ 1 - \frac{3}{\pi^2} \frac{T_0}{T} \left(2 + \ln \frac{T}{T_0}\right)\right]. \tag{14}$$

Mit wachsender Temperatur geht die Klammer gegen 1, und es ergibt sich gerade das Resultat aus (4). Im Bereich $T \sim T_0$ muß man die allgemeine Formel (11) verwenden, und für $T \ll T_0$ ist $\varrho_{EM} \sim \exp(-\frac{T_0}{T})$.

Das Experiment ergibt (5), daß bei tiefen Temperaturen neben dem $T^2$ proportionalen Beitrag auch ein in T linearer

---

1) Bei vernünftiger Abschätzung der in den Formeln für $\vartheta$ und $T_0$ auftretenden Größen ergibt sich, daß $\vartheta$ von der Größenordnung $10^3$ °K und $T_0$ von der Größenordnung einiger °K ist.

Beitrag zum elektrischen Widerstand auftritt. Die hier dargestellte Theorie kann das Auftreten eines solchen Beitrages nicht erklären. Es erscheint uns unmöglich, auf der Grundlage des hier gewählten Modells (d.h. (2) (bei Vernachlässigung der Zwei-Magnon-Prozesse) und (1)) eine Übereinstimmung mit dem Experiment zu erzielen. Zwar spricht die Tatsache, daß die Theorie einen $T^2$ proportionalen Beitrag zum elektrischen Widerstand liefert, der sich auch im Experiment findet, für das Modell, doch hat man zu beachten, daß auch die Wechselwirkung der s-Elektronen untereinander einen $T^2$ proportionalen Beitrag zum elektrischen Widerstand liefert.

**Abelski** und Turow (6) (siehe auch (2)) erhielten auf der Grundlage des hier gewählten Modells auch einen in T linearen Beitrag zum elektrischen Widerstand. Man erhält das Ergebnis dieser Autoren aus (3), wenn man dort den 2. Term wegläßt und bei der Berechnung von $e^{++}_{00}$ die Entwicklungsfunktion $\varphi^{0}_{\mathfrak{k}s} = (\nabla_{\mathfrak{k}} E^{s}_{\mathfrak{k}})_x$ verwendet. Man muß annehmen, daß die in (6) benutzte Methode nicht korrekt ist. Verwendet man in Formel (3) $\varphi^{0}_{\mathfrak{k}s} = (\nabla_{\mathfrak{k}} E^{s}_{\mathfrak{k}})_x$ , so ergibt sich ebenfalls (11), auch wenn man den in (1) angegebenen nur von $|\mathfrak{k}|$ und $|\mathfrak{k}'|$ abhängigen Ausdruck für das verallgemeinerte Austauschintegral benutzt. Man hat lediglich in den bei uns auftretenden Formeln J(0) durch $J(k_F, k_F)$ zu ersetzen.

## Literatur


(1) S.W. WONSOWSKI und E.A. TUROW, Zh. eksper. teor. Fiz. 24, 419 (1953).

(2) S.W. WONSOWSKI und J.A. ISJUMOW, Uspekhi fiz. Nauk 78, 3 (1962).

(3) M. BAILYN, Westinghouse Research Report 029-B 000-P1 (1961).

(4) M. RÖSLER, phys. stat. sol. 5, 583 (1964).

(5) E.E. SEMENENKO und A.J. SUDOWZOW, Zh. eksper. teor. Fiz. 42, 1022, 1488 (1962).

(6) S.S. ABELSKI und E.A. TUROW, Fiz. Metallov i Metallovedenie 10, 801 (1960).


(Received March 5, 1965)

phys. stat. sol. 9, K31 (1965)

Physikalisch-Technisches Institut der
Deutschen Akademie der Wissenschaften zu Berlin

# Der Beitrag der Zwei-Magnon-Prozesse zum elektrischen Widerstand ferromagnetischer Metalle bei tiefen Temperaturen

Von
M. RÖSLER

Der Operator der Austauschwechselwirkung der als lokalisiert angenommenen Elektronen der inneren nichtabgeschlossenen Schalen der Ferromagnetika (d-Elektronen) mit den Leitungselektronen (s-Elektronen) lautet in der Darstellung der 2. Quantelung (1, 2)

$$H_{sd} = \frac{1}{G^3} \sum_{\mathfrak{k}\mathfrak{k}'\mathfrak{q}\mathfrak{q}'\mathfrak{h}} J(\mathfrak{k}',\mathfrak{k})\, \delta_{\mathfrak{k}'-\mathfrak{k}+\mathfrak{q}'-\mathfrak{q},\mathfrak{h}}\, b^+_{\mathfrak{q}'} b_{\mathfrak{q}} \left[ a^+_{\mathfrak{k}'+} a_{\mathfrak{k}+} - a^+_{\mathfrak{k}'-} a_{\mathfrak{k}-} \right] - \left(\frac{2S}{G^3}\right)^{\frac{1}{2}} \sum_{\mathfrak{k}\mathfrak{k}'\mathfrak{q}\mathfrak{h}} J(\mathfrak{k}',\mathfrak{k}) \left[ \delta_{\mathfrak{k}'-\mathfrak{k}-\mathfrak{q},\mathfrak{h}}\, b_{\mathfrak{q}}\, a^+_{\mathfrak{k}'-} a_{\mathfrak{k}+} + \delta_{\mathfrak{k}'-\mathfrak{k}+\mathfrak{q},\mathfrak{h}}\, b^+_{\mathfrak{q}}\, a^+_{\mathfrak{k}'+} a_{\mathfrak{k}-} \right]. \qquad (1)$$

Die Bedeutung der einzelnen Größen ist aus (3) zu entnehmen. Der 1. Teil des Operators (1) beschreibt die Zwei-Magnon(ZM)-Prozesse und der 2. Teil die Ein-Magnon(EM)-Prozesse. Auf Grund der s-d-Austauschwechselwirkung wird die Energie der Leitungselektronen spinabhängig (1 bis 3). Diese Tatsache bewirkt, daß es bei den EM-Prozessen, d.h. den Prozessen, die unter Spinänderung der Leitungselektronen verlaufen, einen minimalen Magnonenwellenvektor $g_{min}$ gibt. EM-Prozesse mit $|\mathfrak{q}| < g_{min}$ können also nicht auftreten, und das wiederum bedeutet, daß es eine Temperatur $T_o$ gibt, unterhalb derer die EM-Prozesse aussterben. Eine Abschätzung der in $T_o$ eingehenden Größen ergibt, daß $T_o$ von der Größenordnung einiger $^oK$ ist. Im Temperaturbereich unterhalb $T_o$ ist $\varrho_{EM} \sim \exp(-\frac{T_o}{T})$. Bei den ZM-Prozessen, die ohne Spinänderung der Leitungselektronen verlaufen, tritt keine solche Beschränkung auf, d.h. sie treten im gesamten Temperaturbereich auf, für den die Spinwellennäherung gültig ist.

Wir werden hier $\varrho_{ZM}$ berechnen. Interessant ist dabei neben der Temperaturabhängigkeit die Frage, ob im Temperaturbereich unterhalb $T_o$ $\varrho_{ZM}$ gegenüber $\varrho_{EM}$ bestimmend wird (4).

Die Übergangswahrscheinlichkeit für einen ZM-Prozeß liest man sofort an (1) ab. Es ist

$$P_{\mathbf{k}s\to\mathbf{k}'s,\mathbf{q}\mathbf{q}'} = \frac{2\pi}{\hbar}\,\frac{1}{G^6}\sum_{\mathbf{K}}|J(\mathbf{k}',\mathbf{k})|^2\,\delta_{\mathbf{k}'-\mathbf{k}+\mathbf{q}'-\mathbf{q},\mathbf{K}}\,\delta(E_{\mathbf{k}'s}-E_{\mathbf{k}s}+\varepsilon_{\mathbf{q}'}-\varepsilon_{\mathbf{q}})\times$$
$$\times\, n^0_{\mathbf{q}}(1+n^0_{\mathbf{q}'})\,f^0_{\mathbf{k}s}(1-f^0_{\mathbf{k}'s}). \qquad (2)$$

Aus dem Variationsverfahren zur Lösung des Boltzmanngleichungssystems, das sich auch bei Berücksichtigung der ZM-Prozesse anwenden läßt, ergibt sich für $\varrho_{ZM}$

$$\varrho_{ZM} = -\frac{\Omega}{2(\alpha_0^1)^2}\,d_{00}^{ZM} \qquad (3)$$

mit

$$d_{00}^{ZM} = -\frac{1}{2k_BT}\sum_{\mathbf{k}\mathbf{k}'\mathbf{q}\mathbf{q}'}P_{\mathbf{k}\to\mathbf{k}',\mathbf{q}\mathbf{q}'}(\varphi^0_{\mathbf{k}'}-\varphi^0_{\mathbf{k}})^2. \qquad (4)$$

$\alpha_0^1$ ist in (5) gegeben. In den Gleichungen (3) und (4) kann man die Spinabhängigkeit der Energie der Leitungselektronen vernachlässigen. Mit $\varphi^0_{\mathbf{k}} = k_x$ und der Näherung $J(\mathbf{k}',\mathbf{k}) \approx J(0)$ erhält man, wenn man mit (2) in (4) eingeht und die Summationen über $\mathbf{k}'$ und $\mathbf{k}$ in der bereits in (5) beschriebenen Weise ausführt,

$$d_{00}^{ZM} = -\frac{1}{2}\,\frac{2\pi}{\hbar}\,\frac{1}{G^6}\,\frac{1}{3}\,|J(0)|^2\,\frac{\Omega}{8\pi^3}\,2\pi\,\frac{k_F^2}{\left(\left.\frac{dE_k}{dk}\right|_F\right)^2}\times$$
$$\times\sum_{\mathbf{q}\mathbf{q}'\mathbf{K}}|\mathbf{q}-\mathbf{q}'+\mathbf{K}|\,\frac{\lambda'-\lambda}{(e^{\lambda}-1)(1-e^{-\lambda'})(e^{\lambda'-\lambda}-1)}. \qquad (5)$$

Dabei ist $\lambda = \frac{\varepsilon_{\mathbf{q}}}{k_BT}$.

Wir werden die ZM-Umklapp-Prozesse vernachlässigen. Von der Summation über $\mathbf{q}$ und $\mathbf{q}'$ gehen wir zum Integral über. Der Integrand hängt nur von g, g' und dem Winkel zwischen $\mathbf{q}$ und $\mathbf{q}'$ ab. Die Integration über diesen Winkel wird in eine Integration über $|\mathbf{q}-\mathbf{q}'| = s$ übergeführt. Es ist

$$\sum_{\mathbf{q}\mathbf{q}',\mathbf{K}=0}(\dots) = \left(\frac{\Omega}{8\pi^3}\right)^2 8\pi^2\iiint\frac{\lambda'-\lambda}{(e^{\lambda}-1)(1-e^{-\lambda'})(e^{\lambda'-\lambda}-1)}\,s^2g'g\,ds\,dg'\,dg\,. \qquad (6)$$

Man kann nun den Variationsbereich von g in 3 Bereiche einteilen, von denen wir nur einen angeben mit den dazugehörigen Grenzen von g' und s:

$$0 \leq g \leq 2\,k_F - g_{max} \begin{cases} 0 \leq g' \leq g, & g - g' \leq s \leq g + g', \\ g \leq g' \leq g_{max}, & g' - g \leq s \leq g + g'. \end{cases} \tag{7}$$

Beide Integrale über g' sind gleich bis auf Terme der Ordnung $e^{-\frac{\vartheta}{T}}$ ($\vartheta$ ist von der Größenordnung $10^3$ $^oK$. Es ist stets $T \ll \vartheta$, denn nur für solche Temperaturen gilt die Spinwellennäherung). Von der gleichen Größenordnung sind auch die von den beiden anderen oben erwähnten Integrationsbereichen über g herrührenden Beiträge, so daß man sie vernachlässigen kann. Auch in der folgenden Rechnung werden Terme dieser Ordnung stets weggelassen. Wir benutzen in (6) $\frac{1}{e^{\lambda} - 1} = \sum_{s=1}^{\infty} e^{-s\lambda}$ und die entsprechenden Entwicklungen für die beiden anderen Exponentialfaktoren. Geht man von der Integration über g und g' zur Integration über $\lambda$ und $\lambda'$ über, so erhält man

$$\sum_{q q', \lambda = 0} (\ldots) = \left(\frac{\Omega}{8\pi^3}\right)^2 8\pi^2 g_{max}^7 \left(\frac{T}{\vartheta}\right)^{\frac{7}{2}} \times$$
$$\times \sum_{r,s,t=1}^{\infty} \left[\frac{1}{(s+t-1)^3}\,\frac{1}{s+r-1} + \frac{1}{(s+t-1)^2}\,\frac{1}{(s+r-1)^2}\right] \int_0^{\varepsilon\frac{\vartheta}{T}} \frac{e^{-(s+r-1)\lambda}}{\sqrt{\lambda}}\, d\lambda, \tag{8}$$

mit $\varepsilon = \left(\frac{2\,k_F - g_{max}}{g_{max}}\right)^2$. Nun ist $\int_0^{\varepsilon\frac{\vartheta}{T}} \frac{e^{-(s+r-1)\lambda}}{\sqrt{\lambda}}\, d\lambda = \left(\frac{\pi}{s+r-1}\right)^{\frac{1}{2}} \Phi\left(\sqrt{2(s+r-1)\varepsilon\frac{\vartheta}{T}}\right)$,

wo $\Phi(x)$ das Gaußsche Fehlerintegral ist. Da $\varepsilon\frac{\vartheta}{T} \gg 1$ und für große x $\Phi(x) = 1$ gesetzt werden kann, folgt

$$\sum_{q q', \lambda = 0} (\ldots) = \left(\frac{\Omega}{8\pi^3}\right)^2 8\pi^2 \sqrt{\pi}\; g_{max}^7 \left(\frac{T}{\vartheta}\right)^{\frac{7}{2}} \times$$
$$\times \sum_{r,s,t=1}^{\infty} \left[\frac{1}{(s+t-1)^3}\,\frac{1}{(s+r-1)^{3/2}} + \frac{1}{(s+t-1)^2}\,\frac{1}{(s+r-1)^{5/2}}\right]. \tag{9}$$

Für $\varrho_{ZM}$ erhält man, wenn man mit (9) in (5) eingeht und damit wiederum in (3)

$$\varrho_{ZM} = \frac{297\pi^3 g_{max} \hbar\, |J(0)|^2}{4 e^2 k_F^4 \left(\frac{dE_k}{dk}\Big|_F\right)^2} \left(\frac{T}{\vartheta}\right)^{\frac{7}{2}}. \tag{10}$$

Daß $\varrho_{ZM}$ mit einer höheren Potenz von T gehen muß als $\varrho_{EM}$, ist auch aus allgemeinen Überlegungen verständlich (4).

$\varrho_{EM}$ ist in (3) angegeben. Im Bereich $\vartheta \gg T \gg T_c$ ist $\varrho_{ZM}/\varrho_{EM} \approx 5 \frac{1}{s} \left(\frac{T}{\vartheta}\right)^{\frac{3}{2}}$. In diesem Temperaturbereich kann man somit die ZM-Prozesse bei der Berechnung des elektrischen Widerstandes (und auch der anderen Transportkoeffizienten) vernachlässigen. Auf diesen Temperaturbereich bezieht sich auch die Aussage in (5) und (6) bezüglich der Vernachlässigbarkeit der ZM-Prozesse. $\varrho_{ZM}$ übersteigt $\varrho_{EM}$ erst bei Temperaturen unterhalb 1/10 $T_0$, d.h. in einem Temperaturbereich, in dem der elektrische Widerstand bereits durch die Verunreinigung bestimmt wird. Somit sind die ZM-Prozesse im gesamten Meßbereich vernachlässigbar.

## Literatur

(1) S.W. WONSOWSKI und E.A. TUROW, Zh. eksper. teor. Fiz. 24, 419 (1953).

(2) S.W. WONSOWSKI und J.A. ISJUMOW, Uspekhi fiz. Nauk 78, 3 (1962).

(3) M. RÖSLER, phys. stat. sol. 9, K 27 (1965).

(4) N.F. MOTT, Adv. Phys. 13, 325 (1964).

(5) M. RÖSLER, phys. stat. sol. 5, 583 (1964).

(6) M. BAILYN, Phys. Rev. 126, 2040 (1962).

(Received March 5, 1965)

phys. stat. sol. 9, K35 (1965)

Physics Department, University of Delaware, Newark

## Scanning of Light Beams using Franz-Keldysh-Effect [1)]

By
K.W. BÖER

In a preceding note (1)[2)] it was shown that a light beam can be deflected by several degrees using the shift of the absorption edge due to Franz-Keldysh-Effect (2), and an inhomogeneous electric field, causing the index of refraction to be inhomogeneous.

In the geometrical optics approach the light rays obey the differential equation:

$$\frac{d}{ds}\left(n \frac{d\vec{r}}{ds}\right) = \text{grad } n, \qquad (1)$$

where s is the length along the ray, $\vec{r}$ the position vector to a point on the ray, and n the index of refraction. For an essentially twodimensional problem as indicated in (1) (see Fig. 1), equation (1) reduces to

$$\frac{d}{ds}\left(n \frac{dz}{ds}\right) = 0 \qquad (2)$$

with $n = n(z)$.

In order to prevent defocusing effects due to the finite width of the light beam it is assumed that $\frac{dn}{dz} =$ const [3)] in the entire region of the crystal exposed to light,

---

1) Work supported by the U.S. Army Research Office Durham.

2) In this preceding note cdt was erroneously omitted in the expression for $d\varphi$. The correction results in

$$d\varphi = \frac{dn}{dz}\, c\,dt,\ \varphi = \Delta n \frac{L}{d} \simeq \sqrt{2\Delta n},\ \alpha = n\sqrt{2\Delta n},\ \text{and } L = d\sqrt{2/\Delta n}.$$

3) Equal path length for parallel entering rays.

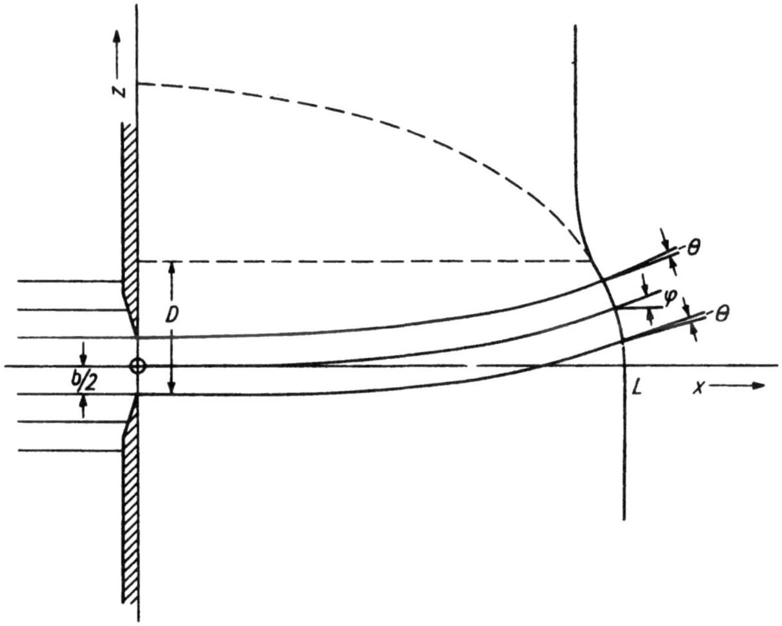


Fig. 1

and the entrance and exit surfaces of the crystal are perpendicular to the light rays there (see equation (7)). After integration, using $n(z) = \alpha z + n_o$ and the boundary condition $\left(\frac{dz}{dx}\right)_{x=0} = 0$ equation (2) leads to:

$$\frac{dz}{dx} = \sqrt{\left(\frac{\alpha z + n_o}{n_o}\right)^2 - 1} \tag{3}$$

which, for a ray starting at x = z = 0 has the solution

$$\frac{\alpha}{n_o} z + 1 = \cosh \frac{\alpha}{n_o} x. \tag{4}$$

For small arguments equation (4) reduces to

$$z = \frac{\alpha}{2n_o} x^2. \tag{4a}$$

After passing through the crystal for a certain length x the slope of this parabolic ray is given by

$$\varphi \simeq \tan \varphi = \frac{\alpha}{n_o} x \tag{5}$$

and depends on the gradient $\alpha$ of the index of refraction. This gradient can be changed by variation of the electric field e.g. by variation of the applied voltage in a p-n junction, thus resulting in a variable deflection of the light ray. Using equation (4a) the slope can also be written as 2z/x and therefore the orthogonal trajectory through all different light rays starting at x = z = 0 for different $\alpha$ is given by

$$-\frac{dx}{dz} = \frac{2z}{x} \tag{6}$$

which has the solution

$$z^2 + \left(\frac{x}{\sqrt{2}}\right)^{12} = \left(\frac{L}{\sqrt{2}}\right)^2 \tag{7}$$

and is an ellipse cutting the x-axis at L (crystal thickness).

A light beam of a finite width will have a minimum of defocusing if the exit surface of the crystal is formed in this elliptical shape. However, since the light beam must be relatively narrow, a spread because of diffraction [4] has to be taken into consideration. Assuming a circular aperture of the radius b, the Rayleigh angle of resolution is given by

$$\theta = 2.44\, n \frac{\lambda}{b} \simeq 2.44\, n_o \frac{\lambda}{b} \tag{8}$$

(the change of index of refraction is of the order of one percent only).

For good resolution one may ask for a wide beam. However, the width of the beam is limited because it shall stay entirely in the region of constant $\alpha$, and widening this range reduces $\alpha$ which in turn must reduce the deflection angle $\varphi$ (see equation (5)).

In order to optimize the resolution $\varphi/\theta$, one must take into consideration that the maximum $\alpha$ can be attained if the total change of index of refraction $\Delta n$ due to the Franz-Keldysh-Effect occurs across the optically active width $D = z + \frac{b}{2}$:

$$\alpha = \frac{\Delta n}{D} . \tag{9}$$

From equations (4a), (8), and (9) one obtains

$$\theta = \frac{2.44 n_o^2 \lambda D}{2nD^2 - \Delta n x^2} . \tag{8a}$$

From (5) it follows that

$$\varphi = \frac{\Delta n}{n_o} \frac{x}{D} . \tag{5a}$$

4) The separation of a geometrical optics discussion from the diffraction study seems to be appropriate for a medium of constant gradient of refraction index.

The function $\varphi/\theta$ has a maximum at

$$x_o = \sqrt{\frac{2n_o}{3\Delta n}}\, D = L_o \qquad (10)$$

leading to

$$\varphi_o = \sqrt{\frac{2\Delta n}{3n_o}}, \text{ and } \theta_o = 1.83\, n_o \frac{\lambda}{D}. \qquad (11)$$

Equations (10) and (11) show that large angle of deflection and good resolution can be obtained for high $\Delta n$, D, and L, and low $n_o$ and $\lambda$. In GaAs and Ge Serafin (3) has observed $\Delta n \simeq 0.02$. Assuming that similar changes in the index of refraction can be obtained in large band gap semiconductors at which a field gradient of $10^5$V/cm$^2$ can be sustained [5] across a width of $10^{-2}$ cm, for the following computation values of $D = 10^{-2}$ cm, $n_o = 1.5$ and $\lambda = 500$ nm may be chosen. This leads to $L_o = 7.05\times10^{-2}$ cm, $\varphi_o = 0.0945 \hat{=} 5^o\ 25'$, and $\theta_o = 0.0137 \hat{=} 45'$.

If a reduction of resolution by a factor $\delta$ is satisfactory, i.e. $\theta = \delta\theta_o$, then this results in the possibility of increasing the crystal thickness to:

$$L = L_o \cdot \frac{1}{\delta}\left(\sqrt{1 + 3\delta^2} - 1\right) \qquad (12)$$

which results in an increase of 30% for $\delta = 2$, of 44% for $\delta = 3$, and of an increase of 73% over $L_o$ in the limit of high $\delta$, thus one obtains a maximum deflection angle of

$$\varphi_{max} = 1.73\varphi_o \qquad (11a)$$

which for the example evaluated, results in $\varphi_{max} = 0.164 \hat{=} 9^o\ 20'$.

If on the other hand an increase of resolution is requested one concludes from equation (11)

5) CdS layerlike field inhomogeneities show a field strength drop (4) from about $10^5$V/cm to less than $10^4$V/cm in about $10^{-2}$ cm.

$$\frac{\varphi}{\theta} = 0.446 \sqrt{\frac{\Delta n}{n_o^3} \frac{D}{\lambda}} \tag{13}$$

or, for a resolution of $\varphi/\theta = 1000$ assuming the same values for $n_o$, and $\Delta n$, as used above, one obtains $D = 2.9 \times 10^4 \lambda$, or for $\lambda = 5000$ Å one must increase the layer thickness to 1.5 cm. This however necessitates the choice of a wavelength where the absorption is sufficiently low for penetration of the crystal and thereby in a reduction of $\Delta n$. Further investigations are necessary as to whether substances exist which show a change of refractive index with the field at lower absorption coefficient, sufficiently large to fulfill equation (13).

Since the problem discussed here is twodimensional, there is no difficulty to add a second deflection system perpendicular to the first in order to construct a two-dimensional scanning and display system. Simple optical magnifications allow an increase in deflection angle and essentially maintain the resolution.

The author wishes to thank Professors E.H. Kerner and J.H. Miller for many stimulating remarks and discussions.

## References

(1) K.W. BÖER, phys. stat. sol. 8, K179 (1965).
(2) W. FRANZ, Z. Naturf. 13a, 484 (1958).
L.V. KELDYSH, Zh. eksper. teor. Fiz. 34, 1138 (1958).
(3) B.O. SERAFIN and N. BOTTKA, Bull. Amer. Phys. Soc. 10, 106 (1965).
B.O. SERAFIN, R.B. HESS, and N. BOTTKA, Bull. Amer. Phys. Soc. 9, 714 (1964).
B.O. SERAFIN, Proc. Int. Conf. Semicond., Paris 1964 (p.165).
(4) K.W. BÖER and W.E. WILHELM, phys. stat. sol. 4, 237 (1964).

(Received March 11, 1965)

# *Pre-printed Titles and Abstracts*

Papers to be published in "physica status solidi"
Vol. 9, No. 2

## Review Article

W. KLOSE, Forschungslaboratorium der Siemens-Schuckert-Werke AG, Erlangen, Phänomenologische Theorien der Supraleiter zweiten Typs und ihre Gültigkeitsgrenzen

## Original Papers

J.E. CAFFYN, J.C. DE FREITAS, and T.L. GOODFELLOW, Northhampton College of Advanced Technology, London, Charged Dislocations in Sodium Chloride Crystals Containing Sodium Hydroxide

P.S. MAHESH and B. DAYAL, Department of Physics, Banaras Hindu University, Varanasi, Krebs's Model for the Alkali Metals and the Screening Parameter The specific heats of sodium, potassium, rubidium, and caesium are calculated on the basis of Krebs's model (1). It is found that the theoretical $\Theta$ - T curves agree with experiment if the screening parameter is taken as an adjustable constant. The deduced values of this parameter show a gradual change from the Bohm-Pines to the Thomas-Fermi form during the transition from sodium to caesium. The model, however, fails to give agreement in the case of lithium. Since the measured elastic constants of this metal do not give the correct value of $\Theta_0$, the discrepancy for this case may be due to the errors in measurement.

(1) K. KREBS, Phys. Letters (Netherlands) 10, 12 (1964).

H. KOPPE und R.J. JELITTO, Institut für Theoretische Physik der Universität Kiel, Dünne ferromagnetische Schichten: Ableitung der Valentaschen Molekularfeldgleichungen aus einem Variationsverfahren für die Freie Energie des Heisenberg- und des Ising-Ferromagneten Die Molekularfeldgleichungen von Valenta (1,2) für die Magnetisierung dünner ferromagnetischer Schichten wurden erneut abgeleitet, wobei das Bogoljubovsche Variationsprinzip für die Freie Energie verwendet wird.

(1) L. VALENTA, Czech. J. Phys. 7, 127 und 136 (1957).
(2) L. VALENTA, phys. stat. sol. 2, 112 (1962).

T. PIECH and J. HAǸDEREK, First Chair of Physics, Mining and Metallurgical Academy of Cracow, and Chair of Physics Higher Teacher's College, Katowice, Some Remarks on Electret Theory Continuing earlier papers (1,2) on the effect of the conditions of polarization and storage on the properties of beeswax electrets, electrets made of resin, resin-wax mixtures, and polymethacrylate are investigated. The experimental results lead to a new theory of charge production and change-in-sign in electrets of organic materials. The formulas thus derived for the transition time from heterocharge to homocharge are in better agreement with experiments than those of Swann and Gubkin (3 to 7).

(1) J. HAǸDEREK and T. PIECH, Acta phys. Polon. 24, 3/9 (196
(2) J. HAǸDEREK, Fiz. tverd. Tela 5, 2517 (1963).
(3) W.F. SWANN, J. Franklin Inst. 250, 219 (1950).
(4) W.F. SWANN, Phys. Rev. 78, 811 (1950).
(5) W.F. SWANN, J. Franklin Inst. 255, 513 (1953).
(6) W.F. SWANN, J. Franklin Inst. 258, 167 (1953).
(7) A.N. GUBKIN, Zh. tekh. Fiz. 27, 1954 (1957).

B. PISTOULET et M. ROZEYRE, Centre d'Etudes d'Electronique des Solides de la Faculté des Sciences de Montpellier, Sur le mode de fonctionnement des transistors à interface métal-semiconducteur Deux modes de fonctionnement ont été proposés pour le transistor à interface métal-semoconducteur: injection d'électrons chauds ou fonctionnement par courbure des équipotentielles. Les mesures effectuées sur les transistors que nous avons fabriqués nous font conclure à la prédominance du dernier mécanisme. Les propriétés des diodes et la réversibilité du rôle des deux métaux dans le fonctionnement en triode ne peuvent en effet absolument pas être expliquées par le premier modèle. Des études complémentaires susceptibles de conduire à un fonctionnement par transport d'électrons chauds sont en cours.

R.P. GUPTA and B. DAYAL, Department of Physics, Banaras Hindu University, Varanasi, Study of the Lattice Dynamics of Magnesium by an Electron Force Model The electron gas model described in a previous paper (1), is extended to the case of magnesium. The dispersion curves and the specific heats computed from this model show good agreement with experimental results.

(1) R.P. GUPTA and B. DAYAL, phys. stat. sol. 8, 115 (1965).

R. MĂNĂILĂ and P. PĂUSESCU, Institute of Physics, Bucharest, Structural Changes in $MgMn_2O_4$ at High Temperatures The distribution of cations in $MgMn_2O_4$ was studied between 25 and 1000 $^oC$ by means of X-ray diffraction. The values of the c/a ratio agree with the observed repartition of the cations. From the inversion of the distribution at high temperatures the activation energy of the ionic migration was found to be $\Theta = 8100 - 18400\lambda$ ($^oK$). Near the tetragonal to cubic transition temperature both structures exist and an hysteresis of the proportion of the cubic phase is found. The appearance of the cubic phase seems to be facilitated by the inversion of the ionic distribution in the cubic nuclei.

H.M. OTTE and I.D. BLUCHER, Materials Research Laboratory, Martin Company, Orlando, Diffraction Effects from Faults in Ultra Pure Carbon Samples of ultra purity spectroscopic carbon have been examined by electron transmission microscopy and selected area diffraction. The transmission images and diffraction patterns have been interpreted in terms of stacking faults and dislocations in the carbon samples. Quantitative estimates yielded a value of between $10^{11}$ and $10^{12}$ dislocations per $cm^2$, associated principally with "rotational" stacking faults every 200 Å on average. These values are comparable with those found in other types of carbons and graphites.

V.N. KASCHTSCHEEV, Institute of Physics, Academy of Sciences of the Lithuanian SSR, Riga, On the Thermodynamics of a Heisenberg Ferromagnet (III) (in Russian) With the

Tanaka-Tomita splitting (1) an expression is derived for the correlation $\langle S^z(q)\, S^z(-q) \rangle$ of the longitudinal spin component of a Heisenberg ferromagnet. At low temperatures and small values of $|q|$ the results agree with those of the theory of spin waves. The construction of a thermodynamic for a ferromagnet at high temperatures, based on this correlation, has the following results. The temperature of the Curie point $T_c$ is somewhat higher than that derived from the other theories which use the Green's function formalism. The longitudinal component of the susceptibility has a singularity of second order at the Curie point. The spontaneous magnetization has a usual $\sqrt{T_c - T}$ singularity, and the spin heat capacity undergoes a jump at $T_c$.

(1) M. TANAKA and K. TOMITA, Progr. theor. Phys. 29, 651 (1963).

J.T. DEVREESE, Studiecentrum voor Kernenergie, Mol, and R.P. EVRARD, Institut de Physique, Université de Liège,
On the Strong Coupling Techniques of Polaron Theory The validity of Pekar's polaron theory (1,2) is investigated by using it to solve Gross's simplified model (3) in which the electron interacts with only one lattice oscillator. The results are compared with the exact solutions. This shows, as expected, that Pekar's approximation provides an accurate strong coupling limit. The accuracy decreases with the mean number of virtual phonons, which is used to define the coupling strength. For a certain value of this parameter, Pekar's method becomes less accurate than the Lee-Low-Pines method (4). At this point the relative error is about 15 %. The present study makes it possible to introduce an "intermediate coupling region" in Gross's model. In this region the relative error of the Lee-Low-Pines approximation is about 10 %.

(1) S.I. PEKAR, Zh. eksper. teor. Fiz. 16, 335 and 341 (1946).
(2) L. LANDAU, Soviet Physics 3, 664 (1933).
(3) E.P. GROSS, Phys. Rev. 84, 818 (1951).
(4) T.D. LEE, F.E. LOW, and D. PINES, Phys. Rev. 90, 297 (1953).

R. OGGIONI and P. SCARAMELLI, Istituto di Fisica dell'

Università, Milano, Optical Absorption and Photoluminescence of Cu-Doped Alkali Halide Crystals Absorption, excitation, and emission spectra of KCl, KBr, and KI single crystals, doped with Cu, are investigated in the spectral range from 200 to 1200 nm at temperatures varying from 77 to 700 $^{o}$K. Absorption and excitation spectra show for KBr:Cu at 77 $^{o}$K three bands centered at 210, 235, and 265 nm. Since the ratio of intensities of the 210 and 235 nm bands to that of the 265 nm band is remarkably constant for different Cu concentrations, the three bands can be assigned to transitions occurring in the same center. Optical excitation in each of these three absorption bands yields an emission spectrum showing only one band, centered at 392 nm (for KBr:Cu at 77 $^{o}$K). The oscillator strength f for the 265 nm band is computed at 77 and 290 $^{o}$K resulting of the order of 6 x $10^{-2}$. From the experimental data, configurational curves for the emitter centers in KCl, KBr, and KI are obtained.

R. OGGIONI and P. SCARAMELLI, Istituto di Fisica dell' Università, Milano, Mechanism of X-Ray Emission in KBr:Cu Single Crystals The mechanism of Cu luminescence in KBr:Cu single crystals, excited by ionizing radiation, is investigated. The following results are obtained: 1) In the spectral range from 200 to 1200 nm the same emission band is found (centered at about 392 nm at 77 $^{o}$K) as with u.v. excitation at 265, 235, and 210 nm. 2) Under optical stimulation in the F band the same emission band at 392 nm is observed. The build-up of the 392 nm band under X-ray and F light stimulation in the temperature range from 77 to 700 $^{o}$K is also studied, the results are very complex. 3) KBr:Cu samples X-irradiated at 77 $^{o}$K or F-stimulated at 77 $^{o}$K after X-ray irradiation at 290 $^{o}$K show four glow peaks of thermoluminescence due to Cu impurities, besides the glow peaks of pure KBr crystals. Emission spectra for all glow peaks are also observed: in these spectra the emission band due to Cu is always present. 4) Measurements of thermal bleaching of crystals X-irradiated at 77 $^{o}$K are correlated with the intensity changes of photoluminescence bands of the Cu emitter. – The assumption that emission under X-irradiation can be explained as an alternate trapping of free holes and electrons by $Cu^+$ emitter centers, is consistent with most of the results. Thermoluminescence and thermal bleaching experiments are also discussed. They suggest that some of the glow peaks due to Cu impurities can be attributed to electron traps bound to $Cu^+$ ions, substitutionally present in the lattice. The presence of these traps seems to justify the observed behaviour of build-up of the 392 nm emission band under X-irradiation and of effects after ageing at different temperatures.

ST. PENEVA und ST. BUDUROV, Universität "Kliment Ochridski" und Institut für Physikalische Chemie, Sofia, Über die Wachstumsformen von Rubidiumeinkristallen aus der Gasphase In der vorliegenden Arbeit wird das Wachstum von Rubidium-Einkristallkugeln aus der Gasphase untersucht. Bei kleinen Übersättigungen treten auf der Anfangswachstumsform die Flächen {110} und {100} auf; bei großen Übersättigungen erscheinen nur die Flächen {110} . Bei fortgeschrittenen Wachstumsformen erscheinen auch die Flächen {211} als schmale Streifen zwischen den Rhombendodekaederflächen; Temperaturschwankungen vergrößern die Ausmaße der {211}-Flächen. Die Versuchsergebnisse werden vom Standpunkt der Theorie von Stranski und Kaischew (1,2) diskutiert und gedeutet.

(1) I.N. STRANSKI und R. KAISCHEW, Z. Krist. 78, 374 (1931).
(2) I.N. STRANSKI und R. KAISCHEW, Ann. Phys. 23, 330 (1935).

H.M. OTTE and A.G. CROCKER, Materials Research Laboratory, Martin Company, Orlando, Crystallographic Formulae for Hexagonal Lattices For structures with hexagonal symmetry, three different axial systems (rhombohedral, orthorhombic, and hexagonal) are in general use to define the indices of directions and planes. The hexagonal axial system is the one in which confusion is most likely to occur if the axes and the notation are not clearly defined since, for this one crystal system, three distinct sets of crystallographic formulae arise. The difference between these formulae is demonstrated. The advantages of using the ortho-hexagonal variant of the orthorhombic system are indicated. The relevant direct and reciprocal lattice bases are defined and the required crystallographic formulae given using both vector and tensor notations. Recommendations are made on nomenclature and notation.

D. KOSWIG und I. KUNZE, Institut für Kristallphysik der Deutschen Akademie der Wissenschaften zu Berlin, Optische Absorption Cr-dotierter Silberhalogenide (I) Es werden die Absorptionsspektren von $Cr^{2+}$ in AgCl und AgBr bei Zimmertemperatur und bei tiefen Temperaturen mitgeteilt. Der Einbau der $Cr^{2+}$-Ionen in das Silberhalogenidgitter und die Möglichkeiten für eine Störung der oktaedrischen Umgebung der Cr-Ionen werden diskutiert.

G. DUESING und G. LEIBFRIED, Institut für Theoretische Physik, Lehrstuhl C, der Technischen Hochschule Aachen, Fokussierende Stoßfolgen in flächenzentrierten Kristallen und ihre Bedeutung für verschiedene Bestrahlungseffekte Es wurden <110>-Stoßfolgen in flächenzentrierten Kristallen mit einem Born-Mayer-Wechselwirkungspotential behandelt. In einer wesentlich besseren Näherung als der harter Kugeln sind Energie und Stoßwinkel im Verlauf einer Folge sowie die Reichweite von Fokussonen, weiterhin die Grenzenergie für den Transport von Zwischengitteratomen und daraus die Reichweite von Ersetzungsketten berechnet worden. Die Zahl von fokussierenden Folgen, die ein Primäratom erzeugt, wurde abgeschätzt, und folgende auf Stoßfolgen beruhenden Effekte wurden damit untersucht: Abtransport von Energie aus Primärzonen, Erzeugung von Zwischengitteratomen außerhalb von Primärzonen, Erzeugung von Defekten an Versetzungen, Zerstäubung von Oberflächen. Zahlenbeispiele werden für Cu angegeben.

D. KRAUSE und E. GÖTTLER, II. Physikalisches Institut der Universität München, Untersuchung zur Verfestigungskurve vielkristallinen Kupfers Vielkristallines Kupfer wird bei verschiedenen Temperaturen zwischen 85 und 295 °K verformt und die Verfestigungskurve mit Hilfe der Ableitung $d\varepsilon/d\sigma$ in Abhängigkeit von der Spannung $\sigma$ analysiert. Es zeigt sich, daß deren Verhalten bei allen Temperaturen dieselbe Bereichseinteilung der Verfestigungskurve erlaubt, die früher schon für vielkristallines Nickel nachgewiesen wurde (1,2). Die Abhängigkeit der charakteristischen Spannungen $\sigma_1$, $\sigma_2$ und $\sigma_3$ von der Temperatur und Korngröße wird bestimmt und diskutiert. Temperaturwechselversuche sowie die Größe und Temperaturabhängigkeit von $\sigma_3$ deuten darauf hin, daß Quergleitung als Ursache anzunehmen ist. Ein Vergleich der Meßwerte mit kürzlich veröffentlichten theoretischen Ansätzen (3) für die Spannungen $\sigma_1$ und $\sigma_2$ ergibt befriedigende Übereinstimmung.

(1) G. ZANKL, Z. Naturf. 18a, 795 (1963).
(2) CH. SCHWINK und D. KNOPPIK, phys. stat. sol. 8, 729 (1965
(3) CH. SCHWINK, phys. stat. sol. 8, 457 (1965).

R.E. VILLAGRANA and G. THOMAS, Department of Mineral Technology, College of Engineering, University of California, Berkeley, Interstitial Ordering of Carbon in Tantalum The effect of interstitial carbon on the structure of tantalum was investigated by transmission electron microscopy and diffraction. Interstitial ordering was found, and the ordered structure was determined from computation and comparison with electron diffraction data. The superlattice structure is tetragonal, with a c/a ratio of 1.128, and an ideal composition of $Ta_{64}C$. Since the superlattice was determined from thin foils, it was necessary to compare the thin foil results with bulk specimens, alloyed to correspond to $Ta_{64}C$. Microscopic examination of bulk specimens showed many domain boundaries, separating regions in which the tetragonality associated with ordering was oriented in different directions. An analysis of these domain boundaries indicates that there are three possible types: coherent, semicoherent, and antiphase.

S.S. MITRA, Physics Division, IIT Research Institute, Chicago, Grüneisen Parameter for Long Wavelength Optical Modes in Ionic Crystals The Grüneisen parameter, $\gamma_i$ for a normal mode of a crystal may be determined from the temperature or pressure coefficient of the normal mode frequency if it is assumed that the mode frequency is only a function of volume. $\gamma_t$ for the zone center transverse optical mode frequency of RbI is obtained from its temperature dependent infrared spectrum. Expressions for $\gamma_t$ and $\gamma_l$ for the T.O. and

L.O. modes at $k \approx 0$ are derived from the Born and Huang theory using the rigid ion approximation.

K. HAUPTMANOVÁ, J. PANTOFLÍČEK, and K. PÁTEK, Institute of Physics, Czechoslovak Academy of Sciences, Prague, Absorption and Fluorescence of $Nd^{3+}$ Ions in Silicate Glass

P. PETRESCU, Institute of Physics, Rumanian Academy of Sciences, Bucharest, Electron Emission Spectroscopy of Alkali Halides The development of techniques for the study of photoemission from colored ionic crystals have led to a new method for measuring energy levels of electrons trapped in the crystal lattice. Some particular aspects of electron emission spectra (EES) from KCl, CsCl, and RbBr, which are due to the Ioshi effect or to other perturbing agents are explained. Characteristic EES for the Li, Na, K, Rb, and Cs halides, obtained by this method, are described. The values obtained are compared with those predicted by theory or obtained by optical spectroscopy. The electron transfer between the F and M levels in potassium fluoride is analyzed.

S. ZUKOTYNSKI and M. GRYNBERG, Institute of Physics, Warsaw University, On the Theory of Transport Phenomena with Anisotropic Scattering A solution of the Boltzmann equation for parabolic and non-parabolic energy bands of the type $\gamma(\varepsilon) = a_{\alpha\beta} k_\alpha k_\beta$ is presented. The method follows that of (1). The scattering term in the transport equation is assumed to be of the form $\left(\frac{df}{dt}\right)_{scatt.} = -\frac{df_0}{d\varepsilon} \chi_i(\varepsilon) \tau_{ij}^{-1} k_j$. The principal transport tensors are calculated. The case of crystals with low symmetry is given closer consideration and, for example, it is found that for one ellipsoid the longitudinal magnetoresistance vanishes for all magnetic fields. It is shown how the results of papers dealing with first order non-parabolicity (2) and with many-valley problems (3) can be used.

(1) S. ŻUKOTYNSKI and J. KOŁODZIEJCZAK, phys. stat. sol. 3, 990 (1963).

(2) J. KOŁODZIEJCZAK, phys. stat. sol. 5, 145 (1964).

(3) W. ZAWADZKI and J. KOŁODZIEJCZAK, phys. stat. sol. 6, 419 (1964).

T. FIGIELSKI, Institute of Physics, Polish Academy of

Sciences, Warsaw, Dislocations as Traps for Holes in Germanium A further development of the barrier model of recombination at dislocations is presented. It is shown that in spite of tunnel effect, the barrier height is the main factor limiting the capture rate of electrons down to about 180 °K. Some features of photoconductivity in crystals with dislocations, such as lux-ampere characteristics or relaxation of photocurrent as well as their temperature dependences are discussed. It is shown how the density of dislocations and the position of dislocation acceptor levels can be estimated from experimental data.

H. SCHRÖDER, Institut für Magnetische Werkstoffe der Deutschen Akademie der Wissenschaften zu Berlin, Jena, Zur Analyse der Aktivierungsenergien der elektrischen Leitfähigkeit und der thermoelektrischen Kraft in Magnesiumeisen-Ferriten An stöchiometrischen, polykristallinen Magnesiumeisen-Mischferriten variablen $Fe^{2+}$-Gehaltes werden bei verschiedenen Sauerstoffpartialdrucken Temperaturmessungen der elektrischen Leitfähigkeit und der thermoelektrischen Kraft ausgeführt. Die experimentell erhaltenen Kurven stehen bei nicht zu hohen $Fe^{2+}$-Gehalten in guter Übereinstimmung mit dem Elektronen-Sprungmodell. Die Gegenüberstellung der Aktivierungsenergien der Leitfähigkeit und der Thermokraft führt zu einer einfachen empirischen Beziehung. Aus der thermo-gravimetrisch ermittelten thermischen Sauerstoffdissoziation und den Tieftemperaturparametern des Systems wird das Hochtemperaturverhalten für eine bestimmte Ausgangszusammensetzung berechnet und mit dem Experiment verglichen.

I.B. PUCHALSKA, A. SUKIENNICKI, and T. TYMOSZ, Department of General Physics "B", Technical University of Warsaw, Investigation of the Magnetic Domain Fine Structure of Thin Permalloy Films Evaporated from Different Angles The temperature-dependence of the domain fine structure (ripples) in thin permalloy films evaporated from different angles is studied. The fine structure as a function of the evaporation angle is investigated with an electron microscope and found to agree with the results of Cohen (1). The temperature-dependence of the ripples is compared with the theory of Hoffmann (2).

(1) M.C. COHEN, J. appl. Phys. Suppl. 32, 875 (1961).
(2) H. HOFFMANN, J. appl. Phys. 35, 1790 (1964).

A. SEEGER und F.J. WAGNER, Max-Planck-Institut für Metallforschung, Stuttgart und Institut für theoretische und angewandte Physik der Technischen Hochschule Stuttgart, Die mechanische Relaxation von Hantel-Zwischengitteratomen in Nickel

An plastisch verformtem ein- und vielkristallinem Nickel wird mit Hilfe von Dämpfungsmessungen (Torsionspendel) der von der Umorientierung der <100>-Vorzugsrichtungen von Ni-Zwischengitteratomen herrührende Relaxationsprozeß untersucht. Die Meßergebnisse sind in vollständiger Übereinstimmung mit den theoretischen Voraussagen, insbesondere hinsichtlich der Orientierungsabhängigkeit, der Breite und des Erholungsverhaltens dieses sogenannten Hantelmaximums. Daraus ist zu folgern, daß bei Raumtemperatur in verformtem Nickel einzelne Zwischengitteratome vorhanden sind und daß diese in Erholungsstufe III ausheilen. Während in Nickel der untersuchte Relaxationsprozeß von der Rotation der Zwischengitteratome herrührt (Aktivierungsenergie 0,87 eV), scheint der entsprechende Prozeß bei Kupfer (Aktivierungsenergie 0,66 eV) mit der Wanderung der Zwischengitteratome verbunden zu sein.

H. WOLLENBERGER and J. WURM, Institut für Reaktorwerkstoffe der Kernforschungsanlage Jülich und Institut für Allgemeine Metallkunde und Metallphysik der Technischen Hochschule Aachen, Atomic Displacement Cross Sections in Copper for Anisotropic Threshold Energy

Earlier theoretical investigations on models of $\alpha$-iron (1) and copper (2) resulted in a highly anisotropic displacement threshold energy, especially near the main crystal axes. In this paper total cross sections for atomic displacements by low energy electrons ($E < 0.5$ MeV) are calculated with respect to various anisotropic threshold energies. Generally, a minimum of the threshold energy near a crystal axis leads to "sub-threshold" events as found experimentally by Bauer and Sosin (3). Because of the large influence of the energy loss and the multiple scattering of the electrons on experimental results the cross sections derived from measurements have to be corrected before comparing with calculated values. The correction method is described and the figures regarding the Bauer and Sosin experiment (3) are given. By fitting the experimental data the angular dependent threshold energy is calculated near the <110> direction in copper, presuming the residual resistivity increase to be 2.5 $\mu\Omega$cm/at.-% Frenkel pairs. A threshold energy minimum as obtained from the fitting would be important to the production of correlated replacement collisions.

(1) G. ERGINSOY, G.H. VINEYARD, and A. ENGLERT, Phys. Rev. 133, A595 (1964).
(2) G. DUESING, Thesis, Technische Hochschule Aachen 1964.
(3) W. BAUER and A. SOSIN, J. appl. Phys. 35, 703 (1964).

C. ALBERS, S. ARNDT und H. KLOSE, II. Physikalisches Institut der Humboldt-Universität zu Berlin, VEB Stahl- und Walzwerk Hennigsdorf und VEB Werk für Fernsehelektronik Berlin, Über die infrarote Lumineszenz von CdS-Kristallen CdS-Kristalle zeigen nach Belichtung oberhalb Zimmertemperatur charakteristische Veränderungen ihres Lumineszenzspektrums, welche photochemischen Prozessen zugeschrieben werden. In Fortsetzung früherer Arbeiten (1 bis 3) wurden die Untersuchungen auf die infraroten Banden ausgedehnt. Hier wurden wesentliche Unterschiede zwischen Grundgitter- und Ausläuferanregung festgestellt, was auf Oberflächeneinflüsse hindeutet, die von uns noch nicht näher untersucht worden sind. In dem bisher angenommenen reaktionskinetischen Modell lassen sich nicht alle Meßergebnisse deuten.

(1) C. ALBERS, phys. stat. sol. 1, K58 (1961).
(2) C. ALBERS, phys. stat. sol. 2, 1268 (1962).
(3) C. ALBERS und D. GENZOW, phys. stat. sol. 3, 866 (1963).

H. DIEHL, Institut für Theoretische Physik II der Universität Marburg, Zur Theorie des Photoeffekts in p-n-Übergängen und Metall-Halbleiter-Kontakten Es wird ein Verfahren angegeben zur Berechnung der Strom-Spannungs-Kennlinien von belichteten p-n-Übergängen und Metall-Halbleiter-Kontakten bei linearer Rekombination. Die Gültigkeitsgrenze unserer Überlegungen wird im wesentlichen bestimmt durch die Forderung, daß der elektrostatische Potentialabfall in den raumladungsfreien Gebieten klein bleiben soll gegen kT/q. Die Rekombination in den Raumladungs-Gebieten wird vernachlässigt, es werden also hinreichend große Diffusionslängen vorausgesetzt. Unsere Rechnungen umfassen die Ergebnisse anderer Autoren als Spezialfälle, insbesondere wird der unbelichtete Grenzfall sowohl für den p-n-Übergang als auch für den Metall-Halbleiter-Kontakt richtig wiedergegeben.

C.M. DRUM, Metallurgy Division, Atomic Energy Research Establishment, Harwell, Electron Microscopy of Dislocations and Other Defects in Sapphire and in Silicon Carbide, Thinned by Sputtering Ion bombardment has been employed as a means of thinning crystals of silicon carbide and sapphire for subsequent investigation with transmission electron microscopy. The procedures employed are described. In sapphire, small specks were found, and these were attributed to clustering at room temperature of defects introduced by the bombardment with ~2 keV argon ions used during thinning. Upon heating to 800 °C, extensive networks of dislocations were formed, and the motion of these dislocations could be followed. Gas bubbles were present after annealing for an hour at 900 °C or above. No dissociation of the dislocations in sapphire was observed, but the Burgers vectors were along the a directions as anticipated. In silicon carbide, wide ribbons of stacking fault were found on the basal planes, and the stacking fault energy was estimated to be 4 erg $cm^{-2}$ within an order of magnitude.

Original Papers published in "Fizika Tverdogo Tela"
Vol. 7, No. 2

A.A. NRANYAN, Leningrad, Finite Adiabatic and Isothermal Elastic Deformations of Solids The second-order adiabatic elastic constants of a solid are calculated as functions of (static) initial stress. A relation is obtained between the third-order adiabatic and isothermal constants.

B.YA. PINES and N.M. GUMEN, Kharkov, Thermomechanical Treatment of a Cobalt Ferrite The magnetostriction of a polycrystalline Co ferrite is measured after annealing the sample under uniaxial stress at 300, 400, and 450 °C. The degree of magnetic texture is found to depend upon the annealing temperature. X-ray analysis shows the presence of residual deformation after heat treatment.

N.N. KALITKIN and I.A. GOVORUKHINA, Moscow, Interpolation Formulae for the Cold Compression of Solids An interpolation formula is derived which describes the cold compression of solids for all pressures. This formula is applied to fifty chemical elements and found to give satisfactory agreement with experimental data.

I.I. ERU, S.A. PESKOVATSKII, and A.N. CHERNETS, Kharkov, Spin-Lattice Relaxation of $Fe^{3+}$ Ions in Natural Andalusite at Low Temperatures The spin-lattice relaxation time of $Fe^{3+}$ ions in natural andalusite is measured from 1 to 10 kG and 1.4 to 8 °K, at millimetre and centimetre wavelengths. The frequency dependence of the relaxation probabilities $w_{ik}$ is deduced from the results and found to agree with theory.

E.Z. VINTAIKIN, V.V. GORBACHEV, and P.L. GRUZIN, Neutron-Spectrometric Investigation of Thermal Lattice-Vibrations in Copper An experimental arrangement is described which enables the vibrational dispersion-relations to be derived from the inelastic scattering of neutrons. The dispersion relations are obtained for Cu in the [100], [110], and [111] directions. These results are compared with

X-ray data.

I.P. DZYUB, Kiev, <u>Theory of the Mössbauer Effect in Imperfect Crystals</u> The dependence on impurity concentration of the intensity of the Mössbauer line and its temperature shift, which results from the mass difference between impurity and host atoms, is calculated. The result is compared with experimental data.

A.A. PREDVODITELEV and M.V. ZAKHAROVA, Moscow, <u>Strength of Cadmium and Zinc Whiskers</u> It is found that the strength of Cd and Zn whiskers with various orientations is inversely proportional to the square of their diameter. The results are compared with theoretical values of shear strength. The effect of axial dislocations is discussed.

M.V. GOMOYUNOVA and N.A. LETUNOV, Leningrad, <u>Inelastic Reflection of Electrons from Alkali Halide Compounds</u> The inelastic reflection of electrons from solid compounds is studied theoretically on the basis of (1), by introducing the concept of the "equivalent element". The inelastic reflection coefficients of all alkali halide compounds are measured at electronic energies between 0.2 and 4 keV. The experimental data obtained are in satisfactory agreement with the theoretical results.

(1) T.E. EVERHART, J. appl. Phys. <u>31</u>, 1483 (1960).

M.V. GOMOYUNOVA and N.A. LETUNOV, Leningrad, <u>Secondary Electron Emission from Alkali Halide Compounds</u> The coefficients of secondary electron emission ($\eta$) of layers of all alkali halide compounds are measured by a pulse method, at primary energies between 0.2 and 4 keV. A correlation is found between the $\eta$-value and density in terms of functions of the effective atomic number of the compound.

YU.E. ROGINSKAYA and YU.N. VENEVTSEV, Moscow, <u>Structure and Magnetic Properties of $BiFeO_3$-$LaCrO_3$ Solid Solutions</u> It is found that solid solutions of $BiFeO_3$ and $LaCiO_3$ exist over the whole range of the concentration ratio, and these occur in a rhombohedral and three pseudo-monoclinic phases at room temperature. All these solid solutions are antiferromagnetics showing weak ferromagnetism, i.e., the indirect exchange interaction $Fe^{3+}$-O-$Cr^{3+}$ is negative. Part of the phase diagram at high $BiFeO_3$ concentrations is deduced from magnetic and X-ray measurements. It is shown that electric and magnetic dipole structures exist over wide ranges of temperature and concentration. The results also indicate the presence of a correlation between these structures.

I.M. AREFEV and P.A. BAZHULIN, Moscow, Temperature Dependence of the Low-Temperature Raman Spectra of $KH_2PO_4$ and $NH_4H_2PO_4$ Crystals The Raman spectra of ferroelectric $KH_2PO_4$ and antiferroelectric $NH_4H_2PO_4$ are measured for wave numbers between the excitation point and 135 $cm^{-1}$, at various temperatures. The vibrational spectra of these substances are discussed in terms of group theory. It is shown that vibrations which are active in the ferroelectric phase-transition may also contribute to Raman scattering.

I.M. DYKMAN and E.I. TOLPYGO, Kiev, Microwave Conductivity of Semiconductors Containing Carriers Heated by a D.C. Field A calculation is made of the microwave-induced increase in the carrier temperature ($\Delta T$), and the microwave conductivity ($\sigma_m$), of a semiconductor in the presence of a d.c. field ($F_o$) which is large compared with the microwave field ($F_1$). It is found that $|\Delta T| / F_o$ decreases with frequency ($\omega$) and tends to saturate for large $F_o$. With increasing $F_o$, $\sigma_m$ at first increases to a maximum, which shifts towards larger $F_o$ with increasing $\omega$, and then decreases, approaching the differential conductivity value. The results are related to the changes in the scattering mechanism which are produced by the variation of $F_o$. The coefficients of refraction and reflection are given as functions of $\omega$ and $F_o$. It is shown that an increase of $\omega$ is equivalent to a decrease of $F_o$.

B.A. EFIMOVA and L.A. KOLOMOETS, Leningrad, Thermoelectric Properties of PbTe-SnTe Solid Solutions The thermal e.m.f. and hole mobility in p-type PbTe-SnTe solid solutions are measured as functions of hole concentration at room temperature. The results indicate that the valence band contains two types of maxima. The observed variation of the thermoelectric properties with composition is related to the variation of the band parameters.

G.A. GOGADZE and I.O. KULIK, Kharkov, Oscillations of the Tunnel Current from Metal Films A theoretical study is made of the tunnelling of electrons through the potential barrier between two metallic films, and between a metallic film and a massive metallic sample. It is found that the tunnel current is an oscillatory function of the applied voltage. The effective mass of the quasi-particles can be deduced from the period of these oscillations. A new type of oscillation having an unusual temperature-dependence occurs in a "junction" which consists of a metallic film in the normal state and a superconductor. The effect of "bulk" and "surface" collisions on the amplitude of the oscillations is discussed on the basis of (1). The presence of "surface" collisions decreases the s-th harmonic by a factor of $p^{2s}$ (p mirror coefficient). For most metals the current oscillations are significant at film thicknesses below $10^{-6}$ cm, whereas in Bi type metals they appear at thicknesses of the order $10^{-4}$ to $10^{-5}$ cm.

(1) R.B. DINGLE, Proc. Roy. Soc. A 211, 500 (1952) and A 211, 517 (1952).

V.A. MARIKHIN, A.I. SLUTSKER, and A.A. YASTREBINSKII, Leningrad, Change of the Small-Angle-X-Ray Diffraction in Polymers due to "Contrast-Formation" Measurements are made of the small angle X-ray diffraction in aligned polycaprolactame, and polyethylene which contain I and Os impurities introduced by diffusion. It is found that with increasing impurity content, the diffraction intensity at first decreases and then increases, and this is attributed to a concentration of the impurities in amorphous regions. The results are discussed in terms of supermolecular structure. It is shown that the density in the amorphous regions can be estimated from these data.

S.V. PLETMINSKII and V.G. BARYAKHTAR, Effect of Surface Currents on Transport Phenomena in the Presence of a Magnetic Field The charge and energy flow which occurs near the surface of a semiconductor in a magnetic field, in the absence of scattering, is calculated for an arbitrary energy-dependence of the distribution function. For the case $\frac{1}{\tau} \ll \omega_H \ll \frac{kT}{\hbar}$, expressions are obtained for the off-diagonal components of the kinetic coefficients, including quantum-mechanical corrections. It is found that the Wiedemann-Franz law holds for the off-diagonal components of the electric, and thermal, conductivity tensors.

A.M. KOSEVICH, Kharkov, Polarisation and Motion of a Pore in an Ionic Crystal in an Electric Field It is shown that a pore in an ionic crystal can move under the action of an external electric field, its displacement velocity being determined by the diffusion coefficients of vacancies for bulk and surface diffusion. It is found that the stationary charge-distribution around a pore is asymmetric and is characterised by a non-zero dipole moment.

R.I. GARBER and E.I. STEPINA, Kharkov, Multiplication Mechanism for Twinning Dislocations It is shown that the transverse growth of a twin layer is due to the formation of plane nuclei of dislocation loops at the boundary between the twin and the "native" crystal, and in the vicinity of inclusions. The effectiveness of this mechanism is indicated by the small energy required for the formation of a plane nucleus at this boundary. The proposed mechanism can explain the observed details of the twinning process in calcite.

A.M. KOSEVICH, I.G. MARGVELASHVILI, and Z.K. SARALIDZE, Kharkov and Tbilisi, Charge Distribution around a Prismatic Dislocation Loop in an Ionic Crystal An expression is derived for the stationary charge-distribution which occurs around a prismatic circular dislocation-loop due to the presence of the linear attraction of the discolation, and external stress. It is found that the radius of the dislocation loop is changed by the diffusion of vacancies, the sign of this change being determined by the ratio of the equilibrium concentration of vacancies, near the dislocation, to the effective "mean supersaturation" in the crystal.

V.P. LOBACHEV and D.A. KICHIGIN, Kharkov, Cyclotron Resonance of Hot Electrons The influence of an electric d.c. field on the cyclotron resonance line of Ge at 1.5 °K is studied at $3.7\times10^{10}$ Hz. It is found that the electric field affects the scattering by neutral impurities and acoustic phonons, as well as the inter-electronic scattering. The presence of incoherent emission is observed at several field strengths.

K.P. BELOV, A.N. GORYAGA, and N.V. VOLKOVA, Moscow, Anomalous Behaviour of the Conductivity of $NiFe_{1.26}V_{0.74}O_4$ near the Compensation Temperature The conductivity of $NiFe_{1.26}V_{0.74}O_4$ shows an anomalous temperature dependence in the vicinity of the compensation temperature. This behaviour agrees qualitatively with the theoretical results obtained in (1).

(1) E.A. TUROV and YU.P. IRKLIN, Ferrites, Publishing House of the Belorussian SSR, Minsk 1960 (in Russian).

K.P. BELOV, M.A. ZAITSEVA, A.M. KADOMTSEVA, and T.L. OVCHINNIKOVA, Moscow, Electric Properties of Garnet Type Yttrium Ferrites The resistivity ($\rho$) of garnet-type yttrium ferrites is measured as a function of temperature. It is found that the replacement of $Fe^{3+}$ ions, occupying different types of lattice sites, by $Ge^{4+}$ and $Ti^{4+}$ ions leads to a decrease of $\rho$ by several orders of magnitude. This decrease is related to the appearance of $Fe^{2+}$ ions on octahedral sites. The log $\rho$ vs 1/T curves show a change of slope near the Curie points.

P.A. BEZUGLYI, A.A. GALKIN, and S.E. ZHEVAGO, Kharkov, Magneto-Acoustic Effects in Gallium at 210 MHz The magneto-acoustic effects in Ga single crystals are investigated for longitudinal ultrasound of frequency 210 MHz and wave vector q parallel to the crystal axes a, b, and c, and magnetic fields H perpendicular and parallel to q. Resonance-type oscillations of the acoustic absorption coefficient are observed for q, H ∥ a, and these indicate the presence of significant deviations from a quadratic dispersion-law. It is also shown that the shape of the Fermi surface deviates from that of the free-electron model.

E.E. TOMASHEVSKII, I.N. PAVLOVA, and A.YA. SAVOSTIN, Leningrad, Effect of Stress on the Kinetics of the Photolysis of Polycaprolactame EPR measurements show that the application of stress enhances the photolysis of aligned polycaprolactame.

E.B. SOKOLOVA, Moscow, Optical Properties of Dislocations in Semiconductors A calculation is made of the absorption coefficient and emission intensitiy due to optical transitions at a straight dislocation having cylindrical symmetry. It is found that these transitions lead to absorption and emission bands. The shapes of these bands are discussed in detail. It is shown that the dislocation-induced absorption and emission are small in Ge samples having normal dislocation-densities.

R.I. GARBER, ZH.I. DRANOVA, and I.M. MIKHAILOVSKII, Kharkov, Direct Observation of the Restoration of Contact between Fragments of W Microcrystals The formation and development of a crack in a W microcrystal at liquid nitrogen temperature is studied by means of an ion microscope. It is found that the development of the crack involves field-induced evaporation, formation of "bridges", and recrystallisation. It is believed that these processes are also responsible for the restoration of microblocks destroyed during plastic deformation (1,2).

(1) R.I. GARBER, L.M. POLYAKOV, and V.M. MIKHAILOVSKII, Ukrainskii fiz. Zh. 1, 88 (1956).
(2) R.I. GARBER, I.A. GINDIN, and L.M. POLYAKOV, Fiz. tverd. Tela 2, 1089 (1960).

V.S. VAVILOV, S.I. VINTOVKIN, A.S. LYUTOVICH, A.F. PLOTNIKOV, and A.A. SOKOLOVA, Moscow and Tashkent, Radiation Defects in High-Purity Silicon Single Crystals Photoconductive spectra of p-type Si crystals are measured before and after irradiation with 1 MeV electrons. The crystals are purified by crucible-free zone melting and are found to contain only appreciable concentrations of oxygen ( $\approx 10^{14}$ $cm^{-3}$) and boron. It is shown that irradiation at 77 °K produces a continuous spectrum of levels in the forbidden gap, and these are related to point defects. Heating to room temperature leads to the appearance of a single discrete level ($E_v$ + 0.45 eV) and three discrete levels ($E_c$ - 0.16 eV, $E_v$ + 0.30 eV, $E_v$ + 0.45 eV) in the presence of small and large oxygen concentrations, respectively. Irradiation-induced changes, which are characteristic for very pure samples, are also found in the conductivity and carrier lifetime of the crystals.

V.A. CHAPNIN, Moscow, Impact Ionisation in Zinc Doped Germanium The impact ionisation of the 0.09 eV level of Zn in Ge is studied at low temperatures. It is found that the breakdown field ($E_B$) is $1.8 \times 10^3$ V/cm between 4.2 and 20.4 °K and increases at higher temperatures, reaching $6 \times 10^3$ V/cm at 77 °K. $E_B$ is nearly independent of the effective acceptor-concentration between $2 \times 10^{14}$ and $2 \times 10^{16}$ $cm^{-3}$. The effect of acoustic and optical phonon scattering on impact ionisation is discussed in detail.

G.G. GLAVIN and V.I. LYUBCHENKO, Moscow, Mass-Spectrometric Investigation of Impurity Distribution in Solids A method is proposed which enables the distribution of impurities in solids to be determined by using a mass-spectrometer, to a resolution of several hundred Å. This method is used to measure the width of a Si p-n junction and the distribution of Fe, Si, Cr, Ca, Mo, and Cl impurities having relative concentrations between $10^{-8}$ and $10^{-3}$, in zone-refined Re.

YU.YA. TOMASHPOLSKII and YU.N. VENEVTSEV, Moscow, New Perovskites Containing Pb The dielectric properties of (i) $PbSc_{2/3}W_{1/3}O_3$, (ii) $PbSc_{1/4}Cr_{1/4}Nb_{1/2}O_3$, (iii) $PbSc_{5/9}Nb_{1/3}W_{1/9}O_3$, (iv) $PbCd_{1/3}Nb_{2/3}O_3$, and (v) $PbCd_{4/9}Nb_{2/9}W_{1/3}O_3$ are investigated between -170 and 530 °C. It is found that

(ii) and (v) are ferroelectric and antiferroelectric, respectively, and that (iv) has a relaxational behaviour. The lattice parameters and the distortion of the unit cells are determined at room temperature. Superstructure is observed in (i), (ii), and (iii) and is presumed to occur also in (iv) and (v).

V.N. LUTSKII, A.A. ZHIRNOV, and M.I. ELINSON, Moscow, Transverse Hall Effect and Magnetoresistance in Ge at High Fields The Hall and magnetoresistance coefficients of p- and n-type Ge are measured at field strengths from 10 to 200 kOe, between 300 and 450 °K. Oscillations of magnetoresistance are found at high temperatures and interpreted on the basis of (1).

(1) V.L. GUREVICH and YU.A. FIRSOV, Zh. eksper. teor. Fiz. 40, 1 (1961).

M.D. MASHKOVICH and N.G. UDOVENKO, Moscow, Dielectric Properties of $MeO-Al_2O_3-SiO_2$ Glasses $\varepsilon$ and $\tan\delta$ for $MeO-Al_2O_3-SiO_2$ glasses (Me = Mg, Ca, Sr, Ba) are measured at $10^6$ and $10^{10}$ Hz. It is found that the dielectric properties depend upon the nature of the divalent ions and the coordination of the $Al^{3+}$ ions.

YU. KAGAN and L.A. MAKSIMOV, Theory of the Anomalous Hall Effect in Ferromagnetics The anomalous Hall effect in a ferromagnetic metal is treated by the density matrix method, taking into account the scattering of conduction electrons by fluctuations of the spin system, which is due to spin-orbital interaction, and the scattering by impurities. The temperature dependence of the anomalous Hall effect is calculated and found to agree with experimental results.

YU.F. KOMNIK and L.S. PALATNIK, Kharkov, Effect of Structure on the Conductivity of Thin Layers The conductivity ($\sigma$) of condensed Bi layers is measured as a function of layer thickness (d) and mean diameter ($\delta$) of the crystallites. The $\sigma$ vs d curves are explained on the basis of (1). The dependence of the mean free path of the conduction electrons on d and $\delta$ is discussed.

(1) M.I. KAGANOV and M.YA. AZBEL, Zh. eksper. teor. Fiz. 27, 762 (1954).

YU.N. TSIOVKIN and N.V. VOLKENSHTEIN, Sverdlovsk, Heat Capacity of Pt Containing 0.5 % Cr, Mn, Fe, or Ni The temperature dependence of the heat capacity (C) of Pt containing 0.5 atomic % Cr, Mn, Fe, or Ni is measured between 1.6 and 7 °K. It is found that C is larger than for pure Pt and, for Cr, Mn, and Fe, its temperature dependence can be described by $C = \gamma T + \alpha T^3 + AT^{-2}$ between 1.6 and 6 °K. The results are interpreted in terms of localised electronic states.

E.K. KUDINOV and YU.A. FIRSOV, Adiabatic Approximation in the Theory of Small Mobilities A method of performing a special summation of the expansion of the correlation function is proposed which is valid for a strong electron-phonon interaction. Prior to statistical averaging, the operator function represented by this series satisfies a second-order differential equation. For small times ( $\omega_0 t \ll 1$, $\omega_0$ optical frequency limit) and high temperatures ($kT \gg \hbar\omega_0$) this equation looses its operator character, and can be solved by the WKB method. The physical meaning of the parameters of the theory is discussed. The results are illustrated by treating the absorption of light in a semiconductor containing low-mobility carriers for the case $\eta_2 \gg 1$ and arbitrary $\eta_3$ ($\eta_2 = J^2/\hbar\omega_0 \sqrt{E_a kT}$, $\eta_3 = J^2/E_a kT$, J exchange integral, $E_a$ activation energy).

E.F. GROSS, B.S. RAZBIRIN, and S.A. PERMOGOROV, Leningrad, After-Glow and Intensity Dependence of the Edge Emission in CdS Crystals It is found that the shape of the edge emission spectrum of CdS at 4.2 °K depends upon the intensity of the exciting light, and is related to a wavelength dependence of relaxation time. The wavelength dependence of the after-glow is investigated at temperatures from 4.2 to 77 °K. The results indicate that the emission is due to transitions from a level $E_c - E_1$ close to the conduction band to a level $E_v + E_2$ close to the valence band, with $E_1 < E_2$. These levels are attributed to donor-acceptor pairs.

V.G. LITOVCHENKO, A.P. GORBAN, and V.P. KOVBASYUK, Kiev, Trapping of Photocarriers at a Silicon Surface The relation between the relaxation of the intrinsic photoconductivity in Si and the character of the space-charge layer at the surface is studied experimentally. The results indicate the presence of a type of surface state which give rise to "retarded recombination". It is found that trapping in surface states is most significant for hydrated surfaces.

YU.N. OBRAZTSOV, Leningrad, Thermal E.M.F. in Semiconductors in a Quantising Magnetic Field The effect of high magnetic fields ($\omega_c \tau \gg 1$) on the thermal e.m.f. of a semiconductor having a quadratic E(k)-dependence is treated by a special method which takes explicit account of the boundary conditions. It is found that, to zero order in the scattering probability, the thermal e.m.f. is equal to the entropy of the conduction electrons divided by their total charge. The expression obtained is in agreement with earlier calculations and the Onsager relations if these are corrected, in the case of quantising magnetic fields, by including the contribution of the diamagnetism of the conduction electrons as given in (1).

(1) YU.N. OBRAZTSOV, Fiz. tverd. Tela 6, 414 (1964).

L.E. GUREVICH and I.N. YASSIEVICH, Kiev, Anomalous Hall and Nernst Effects in Metals Containing Paramagnetic Impurities The Hall and Nernst effects in metals containing paramagnetic impurities are studied theoretically for the case in which the conduction electrons are scattered mainly by these impurities. (This condition is fulfilled in Cu containing about $10^{-3}$ atomic % $Fe^{3+}$ or $Mn^{2+}$ ions, between 10 and 20 °K.) It is shown that this scattering is asymmetric due to the interaction with the impurity spin, and this leads to the proportionality of the Hall and Nernst field to the magnetisation. Below the Curie point both anomalous effects are considerably larger than the normal effects. Far above this temperature the anomalous Nernst effect exceeds the normal effect at small magnetic field strengths ($H \ll kT/\mu_0 g$).

M.M. MYSHLYAEV, Novosibirsk, Dislocation Structure of

Aluminium during Creep It is shown that short-time plastic deformation leads to the formation of a complex dislocation-network. In the first stage of creep this network is reduced and a block structure develops. This block structure remains unchanged during the second (stationary) stage of creep. It is independent of the temperature and stress of deformation, but depends upon the previous treatment of the sample. It is found that the parameter $\gamma$ appearing in the expression for the creep rate $\dot{\varepsilon} = \dot{\varepsilon}_0 \exp(-\frac{U_0 - \gamma\sigma}{kT})$ is determined by the mean distance between the dislocations in the boundaries of the blocks.

G.A. LOMAKINA, Leningrad, Electric Properties of Hexagonal SiC Containing N and B The Hall coefficient and conductivity of n-type and B doped p-type $\alpha$ -SiC are measured as functions of temperature between 120 and 1200 $^{o}$K. For the n-type samples the concentrations of donors ($N_D$) and acceptors ($N_A$) are deduced from these measurements, and the ionisation energy of donors is found to be $(0.15 - 5.5\times10^{-8} \sqrt[3]{N_A + n})$ eV (assuming $m^* = 0.6m_0$ and $g = 1$). The activation energy of the p-type samples is found to be $(0.39 - 5.5\times10^{-8} \sqrt[3]{N_D})$ eV. The mobility vs temperature curves of n-type samples can be explained on the basis of scattering by charged and neutral impurities only for small degrees of compensation.

M.L. BELLE, Leningrad, Optical Reflection from PbSe, PbTe, and their Solid Solutions The shift of maxima in the reflection spectrum of $PbSe_xTe_{1-x}$ with composition is measured in the range $0 \leq x \leq 1$. It is found that for one of these maxima the peak position vs x curve changes its slope at about $x = 0.8$. This is attributed to a change in the symmetry of the transition.

V.V. OSTROBORODOVA, Moscow, Degeneracy Factors of Impurity Levels and Analysis of the Electric Properties of Au Doped Ge A method is described which enables the degeneracy factors ($\gamma$) of impurity levels to be determined from Hall measurements. This method is applied to the three acceptor levels and the donor level of Au, and an additional (compensating) acceptor level at $E_v$ + 0.01 eV, in n- and p-type Ge. $\gamma$ is found to be 2 for all these levels in the p-type samples and 8 for the deep acceptor levels in the n-type samples. These results are in agreement with the degeneracy of the valence band and conduction band, respectively.

V.A. KVLIVIDZE, E.S. MASHKOVA, and V.A. MOLCHANOV, Moscow, Scattering of Ions at Metal Surfaces The dependence of the scattering angle on the impact parameter is computed numerically over a wide energy-range, using the interaction potential introduced in (1). The number of fast sputtered particles is then deduced from experimental angular distributions of scattering intensity. The sputtering coefficient of polycrystalline Cu for 30 keV Ar ions is estimated using a formula given in (2).

(1) O.B. FIRSOV, Zh. eksper. teor. Fiz. 33, 696 (1957).
(2) R.S. PEASE, Rend. JSF 13, 158 (1959).

V.I. NIKOTENKO and G.P. MARTYNENKO, Moscow, Photoelastic Properties of GaAs and Si It is shown that the photoelastic constants of crystals having the symmetry $T_d$, O, or $O_h$ can be obtained from measurements which involve a variation of the direction of observation at a given single direction of deformation, or vice versa. This method is used to determine the photoelastic constants of GaAs and Si, and these are found to be strongly wavelength-dependent.

N.E. KASK and L.S. KORNIENKO, Moscow, New EPR Lines of Nd in $CaF_2$ Crystals A previously unknown EPR line is observed in Nd doped $CaF_2$. This line is attributed to transitions between levels of $Nd^{4+}$ ions which are split by the crystal field. The parameters of the spin Hamiltonian and the spin-lattice relaxation time as a function of temperature are deduced from the results.

V.I. VEKSLER, Tashkent, Effect of Crystal Structure on the Scattering of Slow Positive Ions An investigation is made of the scattering of 20 to 260 eV $Cs^+$ ions from Fe, Ni, Zr, Nb, Mo, Pd, Ta, W, Re, and Pt surfaces annealed between

1400 and 1750 °K. The energy distributions of the scattered ions are found to depend upon the structure of the target metal. The maximum value of the effective mass ($M_{eff}$) of the lattice atoms which contribute to the scattering is calculated on the basis of (1). It is shown that $M_{eff}/M$ is a monotonic function of the interatomic distance in a special group of close-packed lattice atoms (M mass of a lattice atom). This result can be understood on the basis of the scattering model proposed in (1).

(1) V.I. VEKSLER, Zh. eksper. teor. Fiz. 44, 14 (1963).

Short Notes published in "Fizika Tverdogo Tela"
Vol. 7, No. 2

A.N. IMENKOV, M.M. KOZLOV, S.S. MESKIN, D.N. NASLEDOV, V.N. RAVICH, and B.V. TSARENKOV, Leningrad
Recombination Radiation from GaAs Tunnel Diodes

KH.I. AMIRKHANOV and YA.B. MAGOMEDOV, Makhachkala
Thermal Conductivity of Solid and Liquid InSb

B.G. BERULAVA, T.I. SANADZE and O.G. KHAKHANASHVILI, Tbilisi
Relaxational Processes in the Paramagnetic Resonance of $U^{3+}$ and $Tb^{3+}$ in $CaF_2$

A.I. KITAIGORODSKII, B.D. KORESHKOV, and A.G. KULKIN, Moscow
Calculation of the Debye Temperature of Adamantan from an Intermolecular Interaction Potential

A.A. GIPPIUS, V.S. VAVILOV, L.A. GONCHAROV, and M.S. MURASHOV, Moscow
Radiative Recombination in Ge Crystals Having a Large Dislocation-Density

A.A. GIPPIUS and V.S. VAVILOV, Moscow
Radiative Recombination at Radiation-Defects in Ge

A.A. SHPUNT and V. YA. FRIDMAN, Novosibirsk
Comparison of the Strength of LiF Whiskers and "Chips"

E.M. ZARUTSKII, Leningrad
Transmission of Alkali Ions by Thin Films

A.A. ANDREEV, L.M. SYSOEVA, and E.YA. LEV, Leningrad
Effect of High Pressure on the Electric Properties of Germanium Telluride

K.L. STAROSTIN, YU.F. TUTUROV, and L.B. PORETSKII
Irradiation of n-Type Ge with Fast Neutrons

D.N. ASTROV, V.I. BAIBAKOV, G.S. PADO, and L.A. SYSOEV, Mendeleevo
Amplification of Longitudinal Ultrasonic Waves in a CdS Single

Crystal

A.B. GERASIMOV and S.M. RYVKIN, Tbilisi and Leningrad
Current Oscillations in Ge Containing Radiation Defects

N.P. BOGORODITSKII, V.N. RUDAKOV, and D.A. TAIROVA, Leningrad
Electric Anisotropy in Polarised Ceramic Materials (Electrets)

YU.V. PISAREVSKII, G.A. TREGUBOV, and YU.V. SHALDIN, Moscow
Electrooptical Properties of $NH_4H_2PO_4$, $KH_2PO_4$, and $N_4(CH_2)_6$ Crystals in Microwave Fields

N.E. KASK, L.S. KORNIENKO, and A.O. RYBALTOVSKII, Moscow
Electron Paramagnetic Resonance in Irradiated Fluorite Crystals Containing Neodym Impurities

E.I. NESIS, Stavropol
Effect of the Interaction between Layers on the Thermodynamic Behaviour of a Three-Dimensional Ising Lattice

B.I. PIROZHKOV, Perm
Dilatometric Investigation of the Vitrification of Amorphous Isomers

A.G. ZHILICH, Leningrad
Dielectric Constant and Inversion of the Magnetic Field in the Exciton Absorption Region of CdS

## List of Short Notes

## List of Short Notes - Continued

*Contents — Continued*



**Short Notes**

(listed on the last pages of the issue)

**Pre-printed Titles and Abstracts**

of papers to be published in this or in the Soviet journal „Физика Твердого Тела" (Fizika Tverdogo Tela).

32913

## Manuscripts and letters should be sent to

physica status solidi, 102 Berlin, Neue Schönhauser Str. 20
or Internationaler Buchversand GmbH, 1 Berlin, 19, Eschenalle 21.

The object of this journal is to publish original work in the general field of solid state physics. Each issue will be published on the first day of the month. Items published will fall into the following categories:

1. Review articles on topical subjects in the field of solid state physics written by arrangement with the editors.
2. Original papers on new results of research, which have not been submitted for publication elsewhere, after being reviewed. (Contributions should be sent in by the 8th day of each month, 50 days before the delivery of the journal).
3. Short notes on topical results of research. These will be published in the photographically reproduced part of the journal and are the sole responsibility of the author. (Manuscripts for this part should be sent in by the 12th day of each month, 16 days before the delivery of the journal).
4. Pre-printed titles and abstracts of papers to be published in this or in the Soviet journal „Физика Твердого Тела“ (Fizika Tverdogo Tela), the latter translated into English.

## Editorial Information

Manuscripts may be submitted in English, German, French, and Russian. Authors are asked to observe the following rules:

1. Manuscripts should be typewritten on one side only, with at least double spacing. For both review articles and original papers two copies should be sent. Manuscripts of original papers and short notes should not exceed 20 and 3 pages, respectively.
2. The author's name, initials and institution should be given.
3. An abstract of about ten lines, and, if possible, a translation of it into one of the above languages is required.
4. Drawings should be enclose don separate sheets of paper; photographs should be submitted, on white paper, only for review articles and original papers.
5. Captions for the figures should be submitted on separate sheets of paper, and special instructions with regard to the size of illustrations should be given on these.
6. References should be numbered in order of appearance and should be given, on a separate sheet, in the form used in this journal.
7. Units, symbols, etc. should be used in accordance with the recommendations given by the IUPAP.

The authors will be sent two galley proofs of review articles and original papers. Proof reading of short notes and pre-printed titles and abstracts will be done by the editorial staff.

For each original paper, and short note, a total of 75 reprints is available free of charge. The number of pre-prints free of charge per review article is 25. In addition review articles will be remunerated.

Bei Fragen zur Produktsicherheit wenden Sie sich bitte an:
If you have any questions regarding product safety,
please contact:

Walter de Gruyter GmbH
Genthiner Straße 13
10785 Berlin
productsafety@degruyterbrill.com